高等职业教育“工学结合”课程改革教材
国家示范性高职院校建设项目成果
高等学校“十三五”规划教材

建筑给水排水工程

主　编　王宇清　边喜龙
主　审　谷　峡

哈爾濱工業大學出版社

内容提要

本书主要介绍了建筑内部给水，建筑内部排水，建筑消防给水，建筑内部热水供应，建筑中水系统，居住小区给水、排水、污水提升与局部处理等内容。书中对系统的组成及工作原理、管道的布置与敷设、管材和设备的设计计算方法等内容做了较为全面系统的阐述，反映了近年来建筑给水排水工程的新技术、新材料和新设备。

本书较为鲜明地体现了职业技术教育的特点，针对性、实用性强，除可作为“供热通风与空调”、“给水排水”、“建筑水电设备安装”、“水工业技术”等专业的高等职业技术教育用书外，还可供建筑给水排水设计、施工、管理等技术人员参考。

图书在版编目(CIP)数据

建筑给水排水工程/王宇清，边喜龙主编. —哈尔滨：哈尔滨工业大学出版社，2018.1

ISBN 978-7-5603-7222-8

Ⅰ.①建…　Ⅱ.①王…　②边…　Ⅲ.①建筑工程—给水工程—教材 ②建筑工程—排水工程—教材　Ⅳ.TU82

中国版本图书馆 CIP 数据核字(2017)第 330261 号

责任编辑　贾学斌
出版发行　哈尔滨工业大学出版社
社　　址　哈尔滨市南岗区复华四道街 10 号　邮编 150006
传　　真　0451－86414749
网　　址　http://hitpress.hit.edu.cn
印　　刷　黑龙江艺德印刷有限责任公司
开　　本　787mm×1092mm　1/16　印张 24.25　字数 580 千字
版　　次　2018 年 1 月第 1 版　2018 年 1 月第 1 次印刷
书　　号　ISBN 978－7－5603－7222－8
定　　价　50.00 元

前　言

“建筑给水排水工程”课程是高职院校核心课程之一，本教材是为适应全国示范性专业的课程体系和教学改革需要，依据专业人才培养方案，并结合工学人才培养模式的要求，以职业能力为核心，以素质为本位的指导思想编写的。本教材共有两个学习项目，分为十六个单元，涵盖了专业培养方案和教学标准中规定要求的知识点和能力点，突出技术应用能力的培养，突出实践性和实用性。

本书摒弃了传统学科体系的教材模式，构建了以项目为载体，工作过程系统化的工学结合型教材。在编写过程中，力求把知识点快速切入主题，以典型的项目为案例，按照项目工作过程，突出重点环节，层次分明地介绍施工工序和细节，使知识易于学习和掌握，突出了高等职业教育的特色，满足了专业实用性。

本书由多年从事高职教育教学，同时又从事建筑给水排水工程设计、施工的双师型教师合作编写。由黑龙江建筑职业技术学院王宇清、边喜龙主编，黑龙江建筑职业技术学院张斌阁、于景洋、王全福、毕轶、刘影、刘芳、王盈参编，由黑龙江建筑职业技术学院谷峡主审。全书由黑龙江建筑职业技术学院王宇清统稿。

本书编写分工如下：单元一由毕轶编写；单元二由边喜龙编写；单元三由刘影编写；单元四由刘芳编写；单元五由王全福编写；单元六、单元七由于景洋编写；单元八、单元九、单元十、单元十一由张斌阁编写；单元十二由王盈编写；单元十三、十四、十五、十六由王宇清编写。

本书除了可作为“给水排水工程专业”“供热通风与空调工程技术专业”“水工业技术专业”及“建筑水电设备安装工程专业”的教学用书，也可作为建设单位的施工员、造价员、质检员、安全员、检验员的培训用书和从事给排水专业工作的高等工程技术人员自学用书。

本书编写过程中，参考了大量文献和工程设计、施工成果，在此一并表示感谢！

由于编者水平有限，加之时间仓促，疏漏之处在所难免，恳请读者多提宝贵意见。

编　者

2017 年 3 月

目　录

学习项目一　建筑内部给水排水工程

学习项目二 居住小区给水排水工程

学习项目一　建筑内部给水排水工程

单元一　卫生器具及卫生间

【教学目标】通过项目教学活动，培养学生具备进行建筑室内卫生间布置卫生器具和配件选择安装的能力。培养学生自我学习能力、实践动手能力和分析处理问题的能力，以及诚实、守信、善于沟通和合作的专业素养。

【知识目标】

1. 掌握建筑室内卫生器具的分类和设置定额；
2. 掌握建筑室内卫生器具布置的方法；
3. 掌握建筑室内卫生器具和配件选择及安装的方法。

【主要学习内容】

任务一　认识卫生器具

卫生器具是建筑内部排水系统的主要组成部分，主要用来满足生活和生产过程中的卫生要求。卫生器具及附件在材质和技术方面，均应符合现行的有关产品标准规定，主要应满足以下要求：①卫生器具的材质应耐腐蚀、耐磨损、耐老化、耐冷热，具有一定强度，不含对人体有害的成分，一般采用陶瓷、搪瓷、铸铁、塑料、水磨石、复合材料等制作；②设备表面光滑、不易积污纳垢、易清洗、使用方便；③便于安装和维修；④在完成卫生器具冲洗功能的基础上，节约用水，减少噪音；⑤当卫生器具内设有存水弯时，存水弯内应保持规定的水封深度。为防粗大污物进入排水管道，引起管道阻塞，除了大便器外，所有卫生器具均应在防水口处设栏栅。

一、便溺用卫生器具及冲洗设备

1. 大便器

(1)蹲式大便器。蹲式大便器(图 1.1)一般用于集体宿舍、学校、办公楼等公共场所(例如，防止接触传染的医院厕所间内)，采用高位水箱或带有破坏真空的延时自闭式冲洗阀进行冲洗。蹲式大便器的压力冲洗水经大便器周边的配水孔，将大便器冲洗干净。蹲式大便器接管时需配 P 型、S 型存水弯。

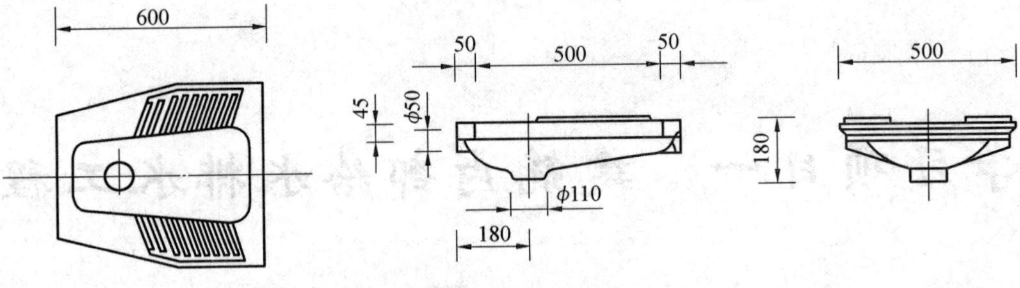

图 1.1 蹲式大便器

(2)坐式大便器。坐式大便器一般用于住宅、宾馆等卫生间内,采用低位水箱冲洗。坐式大便器构造本身带有存水弯。坐式大便器按冲洗原理及构造可分为冲洗式和虹吸式两种(图 1.2)。

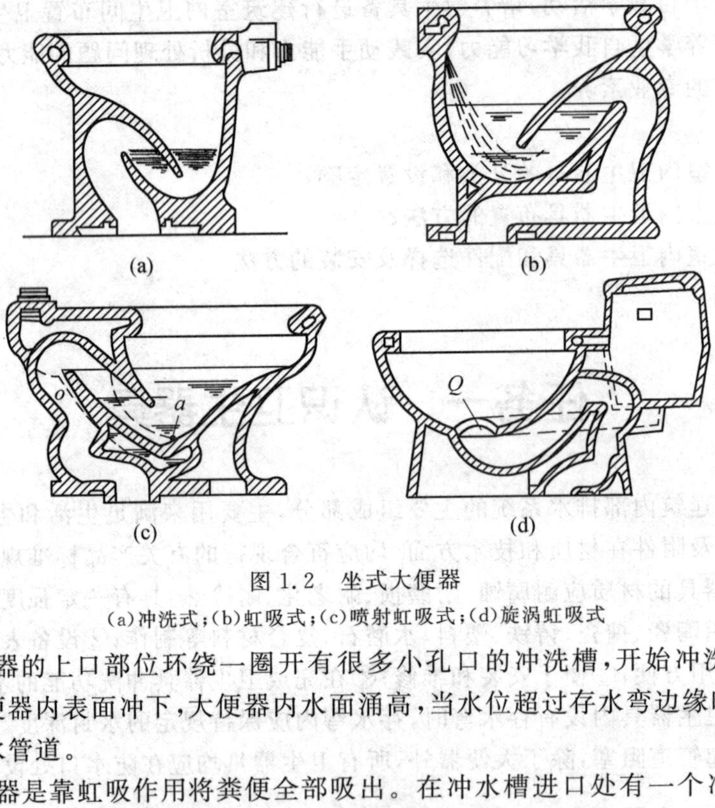

图 1.2 坐式大便器

(a)冲洗式;(b)虹吸式;(c)喷射虹吸式;(d)旋涡虹吸式

冲洗式坐便器的上口部位环绕一圈开有很多小孔口的冲洗槽,开始冲洗时,水进入冲洗槽,经小孔沿大便器内表面冲下,大便器内水面涌高,当水位超过存水弯边缘时,水将粪便冲过存水弯,流入排水管道。

虹吸式坐便器是靠虹吸作用将粪便全部吸出。在冲水槽进口处有一个冲水缺口,一部分水从缺口处冲射下来,加快虹吸作用。虹吸式坐便器因冲洗水下冲有力、流量大,所以会产生较大的噪音。

在普通虹吸式坐便器基础上,又研制了两种新型的坐便器。一种为喷射虹吸式坐便器,见图1.2(c),另一种为旋涡虹吸式坐便器,见图 1.2(d)。这两种坐便器的特点是冲洗作用快,排污力强,噪音小,节约用水。此外,近年又出现一批功能更好的产品,如日本东陶机器公司研制的无线电遥控温水洗净坐便器,其内设有强力抽风设备,人在使用时闻不到丝毫臭味;装在后方的喷嘴会自动伸出,喷出均匀的温水水流为使用者清洗;再喷出带有芳香气味的暖风为使用者烘干,从而可彻底摒弃手纸。

高水箱蹲式大便器的安装见图 1.3,低水箱坐式大便器的安装见图 1.4。

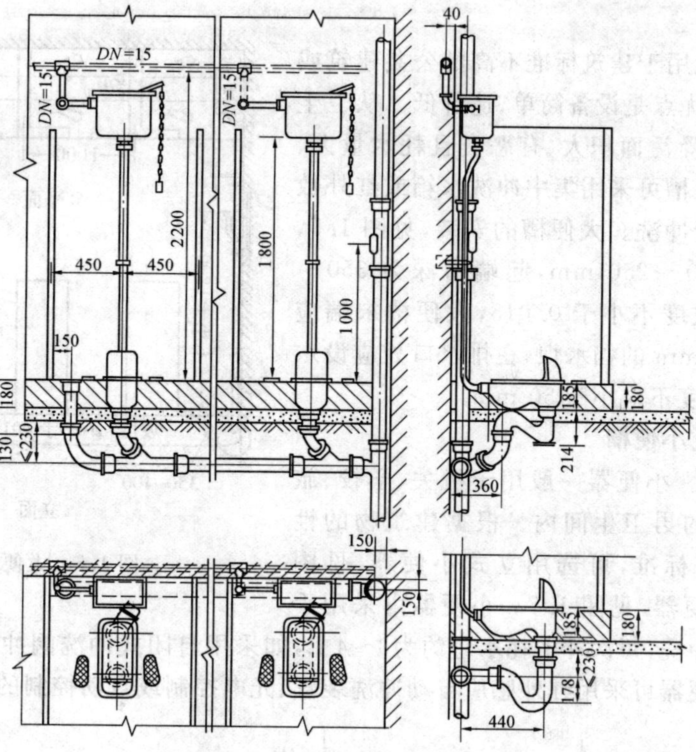

图 1.3　高水箱蹲式大便器安装图

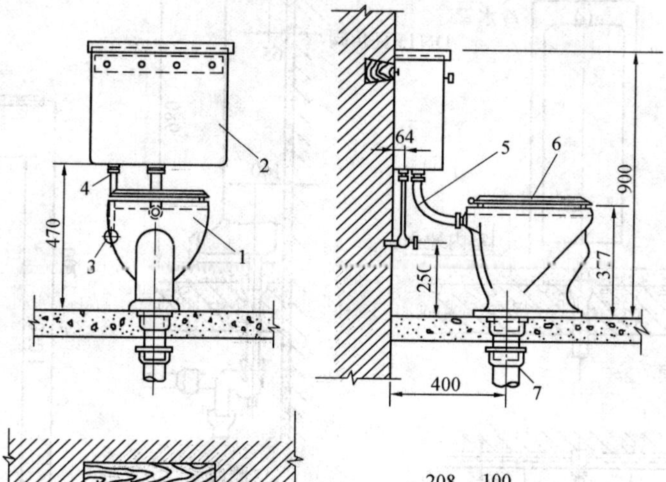

图 1.4　低水箱坐式大便器安装图

1—坐式大便器；2—低水箱；3—DN15 角型阀；4—DN15 给水管；

5—DN50 冲洗管；6—桶盖；7—DN100 排水管

2. 大便槽

大便槽一般用于建筑标准不高的公共建筑或公共厕所内，其优点是设备简单、造价低。从卫生角度看，大便槽受污面积大、有恶臭且耗水量大、不够经济。大便槽可采用集中冲洗水箱或红外数控冲洗装置进行冲洗。大便槽的安装，见图 1.5，槽宽一般为 200～250 mm，起端槽深为 350～400 mm，槽底坡度不小于 0.015，大便槽末端应设高出槽底 15 mm 的挡水坝，在排水口处应设水封装置，水封高度不应小于 50 mm。

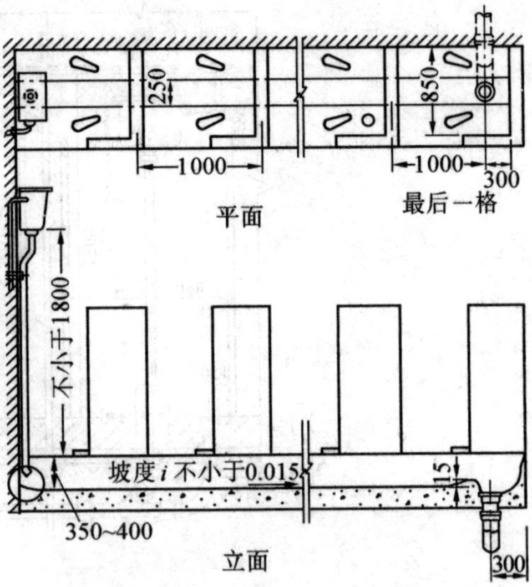

图 1.5　大便槽安装图

3. 小便器及小便槽

(1)小便器。小便器一般用于机关、学校、旅馆等公共建筑的男卫生间内。根据建筑物的性质、使用要求和标准，可选用立式小便器，见图 1.6，或挂式小便器，见图 1.7。小便器可采用手动启闭截止阀冲洗，每次冲洗耗水量约为3～4 L，如采用自闭式冲洗阀冲洗可节省冲洗水量。成组布置的小便器可采用红外感应自动冲洗装置、光电控制或自动控制的冲洗装置进行冲洗。

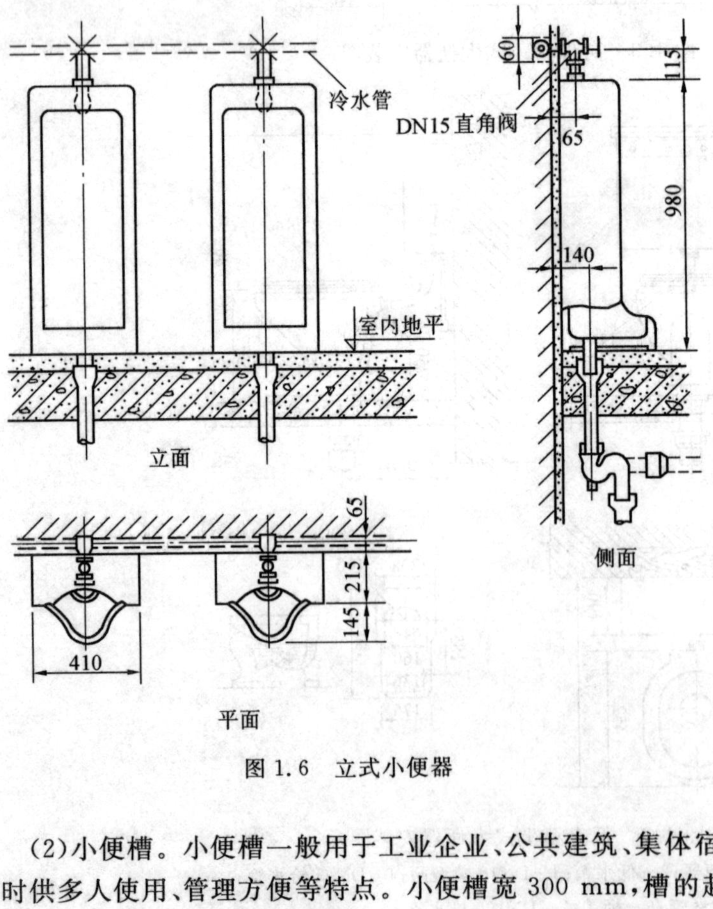

图 1.6　立式小便器

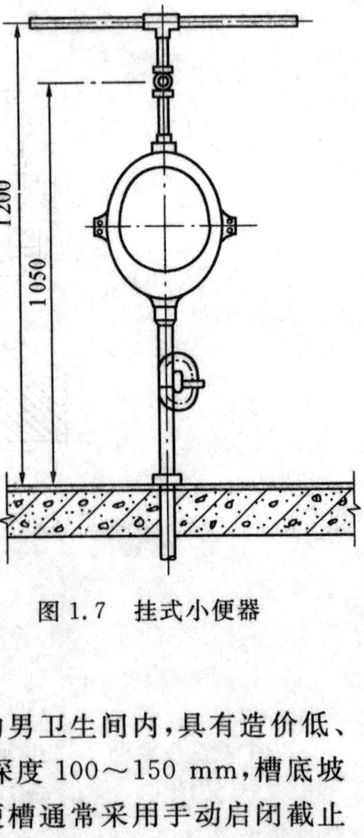

图 1.7　挂式小便器

(2)小便槽。小便槽一般用于工业企业、公共建筑、集体宿舍的男卫生间内，具有造价低、同时供多人使用、管理方便等特点。小便槽宽 300 mm，槽的起端深度 100～150 mm，槽底坡度不小于 0.01，长度一般不大于 6 m，排水口下设水封装置。小便槽通常采用手动启闭截止阀控制的多孔冲洗管进行冲洗，但应尽量采用自动冲洗水箱。

4. 冲洗设备

便溺用卫生器具必须设置冲洗设备。冲洗设备应具有冲洗效果好、耗水量小，有足够的冲洗水压，并且在构造上具有防止回流污染给水管道的功能。

常用的冲洗设备有冲洗水箱和冲洗阀两类。冲洗水箱分为高位水箱和低位水箱。

(1)冲洗水箱。

①自动虹吸冲洗水箱一般用于集体使用的卫生间或公共厕所内的大便槽、小便槽、小便器的冲洗。其特点是不需要人工控制，利用虹吸原理进行定时冲洗，其冲洗间隔由水箱进水管上的调节阀门控制的进水量而定。皮膜式自动冲洗高水箱见图 1.8。

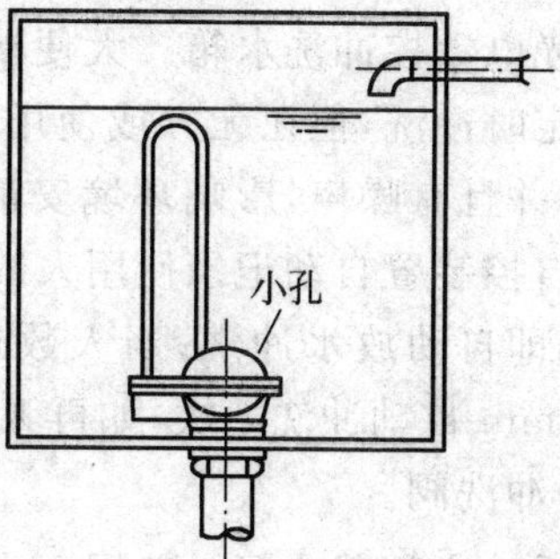

图 1.8　皮膜式自动冲洗高水箱

②套筒式手动虹吸冲洗高水箱一般用于住宅、宾馆和公共建筑的卫生间内，作为大便器的冲洗设备，具有工作可靠、冲洗强度大等特点，见图1.9。

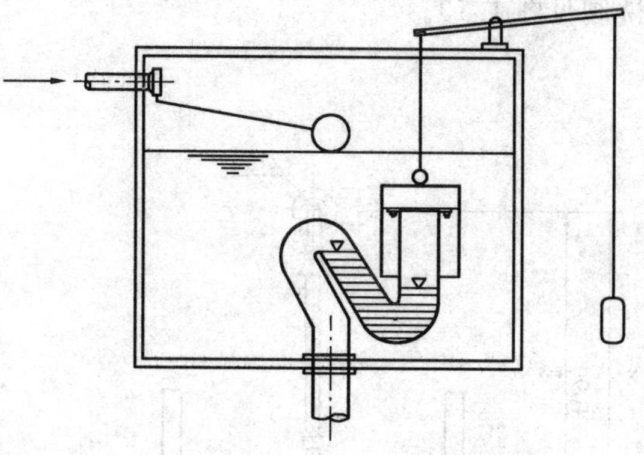
图 1.9　套筒式手动虹吸冲洗高水箱

③提拉盘式手动虹吸冲洗低水箱是坐式大便器常用的冲洗设备，其特点是人工控制形成虹吸，工作可靠；水箱出口无塞，避免了塞封漏水现象；冲洗强度大，当冲洗水量为 9 L、10 L、11 L 时，最大冲洗流量分别为 2.39 L/s、2.40 L/s、2.41 L/s。

提拉盘式手动虹吸冲洗水箱由提拉筒、弯管和筒内带橡皮塞片的提拉盘组成。使用时提起提拉盘，当提拉筒内水位上升到高出虹吸弯管顶部时，水进入虹吸弯管，造成水柱下流，形成虹吸，提拉盘上盖着的橡皮塞片在水流作用下向上翻起，水箱中的水便通过提拉盘吸入虹吸管用于冲洗坐便器。当箱内水位降至提拉筒下部孔眼时，空气进入提拉筒，虹吸被破坏，随即停止冲洗，此时，提拉盘回落到原来的位置，橡皮塞片重新盖住提拉盘上的孔眼，同时浮球阀开启进水，水通过提拉筒下部孔眼再次进入筒内，准备做下次冲洗，见图 1.10。

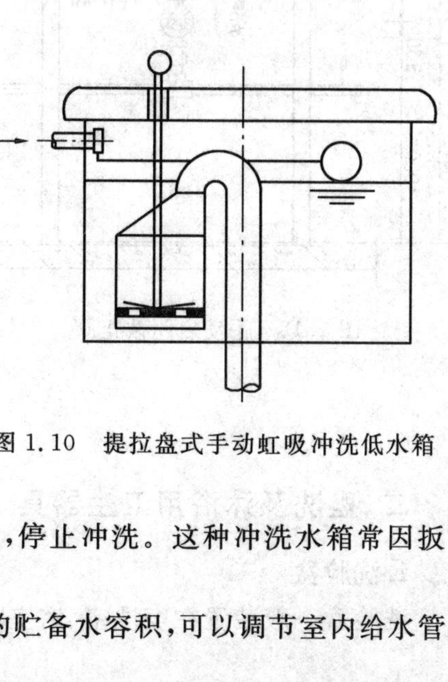
图 1.10　提拉盘式手动虹吸冲洗低水箱

④手动水力冲洗低水箱是装设在坐式大便器上的冲洗设备，使用时扳动扳手，橡胶球阀沿导向杆被提起，箱内的水立即由阀口进入冲洗管冲洗坐便器。当箱内的水快要放空时，借水流对橡胶球阀的抽吸力和导向装置的作用，橡胶球阀回落到阀口上，关闭水流，停止冲洗。这种冲洗水箱常因扳动扳手时用力过猛使橡胶球阀错位，造成关闭不严而漏水。

手动水力冲洗水箱的优点是，具有足够冲洗一次用的贮备水容积，可以调节室内给水管网同时供水的负担，使水箱进水管管径大为减小；冲洗水箱起到空气隔断作用，可以防止回流产生。在一般建筑的卫生间内常采用这种冲洗水箱。这种冲洗水箱的缺点是工作噪音较大，进水浮球阀容易漏水，水箱和冲洗管外表面易产生结露，见图1.11。

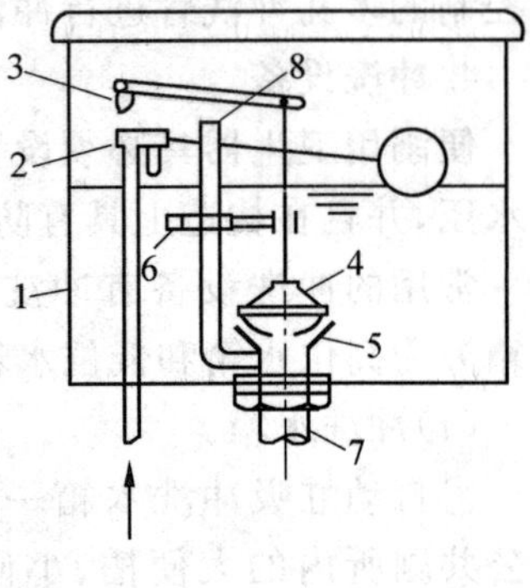

图 1.11　手动水力冲洗低水箱

1—水箱；2—浮球阀；3—扳手；4—橡胶球阀；5—阀座；6—导向装置；7—冲洗管；8—溢流管

⑤光电数控冲洗水箱。大便槽式厕所一般采用虹吸式冲洗水箱定时冲洗，但在无人或使用人数少时也会定时冲洗，浪费水量，并且有噪声，影响环境安静。而光电数控冲洗水箱利用光电自控装置自动记录使用人数，当使用人数达到预定数目时，水箱即自动放水冲洗；当人数达不到预定人数时，则延时20～30 min自动冲洗一次，如再无人入厕，则不再放水。

(2)冲洗阀。

①手动启闭截止阀一般用于小便器、小便槽的冲洗。手动启闭截止阀见图1.12。

②延时自闭式冲洗阀是直接安装在大便器冲洗管上的冲洗设备，具有体积小、外表洁净美观、不需水箱、使用便利、安装方便等优点，具有节约用水和防止回流污染功能。延时自闭式冲洗阀见图1.13。

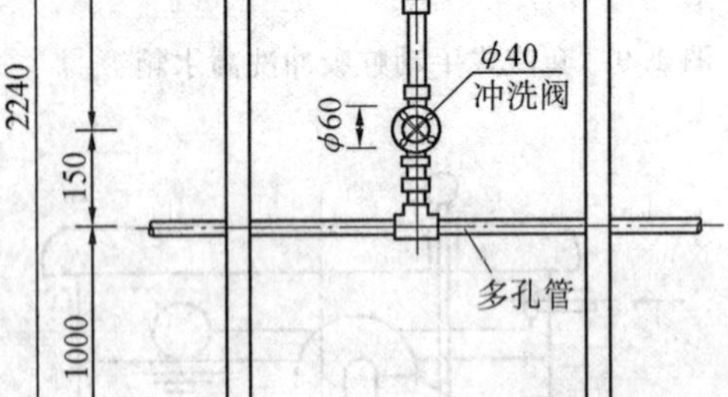

图 1.12　手动启闭截止阀

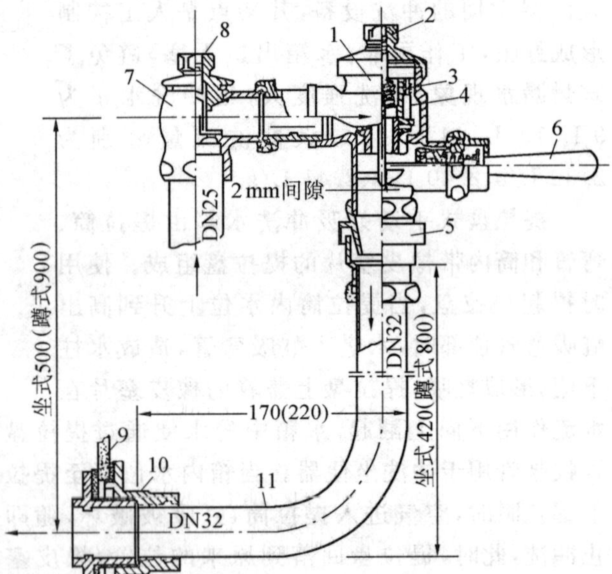

图 1.13　延时自闭式冲洗阀

1—冲洗阀；2—调时螺栓；3—小孔；4—滤网；5—防污器；6—手柄；7—直角截止阀；8—开闭螺栓；9—大便器；10—大便器卡；11—弯管

二、盥洗及沐浴用卫生器具

1. 洗脸盆

洗脸盆一般装置在盥洗室、浴室、卫生间中供洗脸、洗手用，其规格型式较多，外形有长方形、半圆形、椭圆形和三角形等。洗脸盆的安装按构造和安装方式不同,可分为墙架式、柱脚式和台式。墙架式洗脸盆的安装见图 1.14。

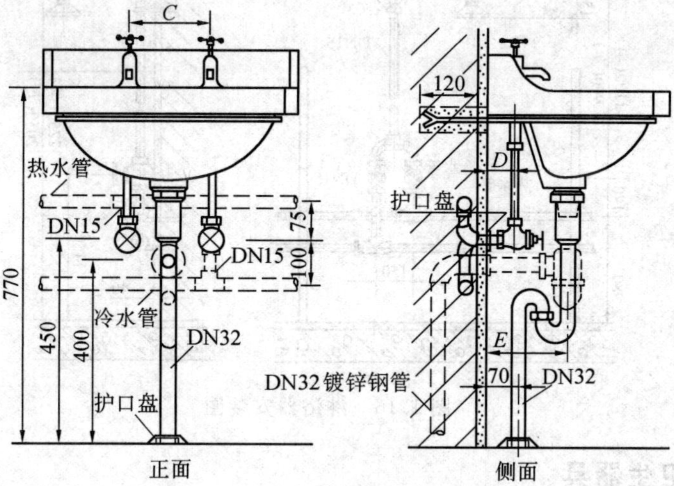

图 1.14　墙架式洗脸盆安装图

2. 盥洗槽

盥洗槽一般装置在多人同时盥洗的场所,如工厂生活间、学校集体宿舍等。盥洗槽为现场制作的卫生设备,常用的材料为瓷砖、水磨石。形状有长条形和圆形,槽宽一般为 500～600 mm,槽内靠墙一侧设有泄水沟,污水沿泄水沟流至排水栓。槽长在3 m以内,可在槽中部设一个排水栓,若超过 3 m 应设两个排水栓。参见《给水排水标准图集》S342。

3. 浴盆

浴盆设在住宅、宾馆等建筑的卫生间内及公共浴室内,供人们沐浴使用。随着人们生活水平的提高,具有保健功能的浴盆应运而生,如设有水力按摩装置的旋涡浴盆等。

浴盆的外形一般为长方形、方形或椭圆形。材质有钢板搪瓷、玻璃钢、人造大理石等。根据不同的功能分为裙板式、扶手式、防滑式、坐浴式、普通式等。

浴盆的一端设有冷、热水龙头或混合龙头,有的还配有固定式或活动式淋浴喷头。浴盆安装见图 1.15。

4. 淋浴器

淋浴器一般装置在工业企业生活间、集体宿舍及旅馆的卫生间、体育场和公共浴室内。淋浴器与浴盆相比,具有占地面积小、使用人数多、设备费用低、耗水量小、清洁卫生等优点。按配水阀门和装置的不

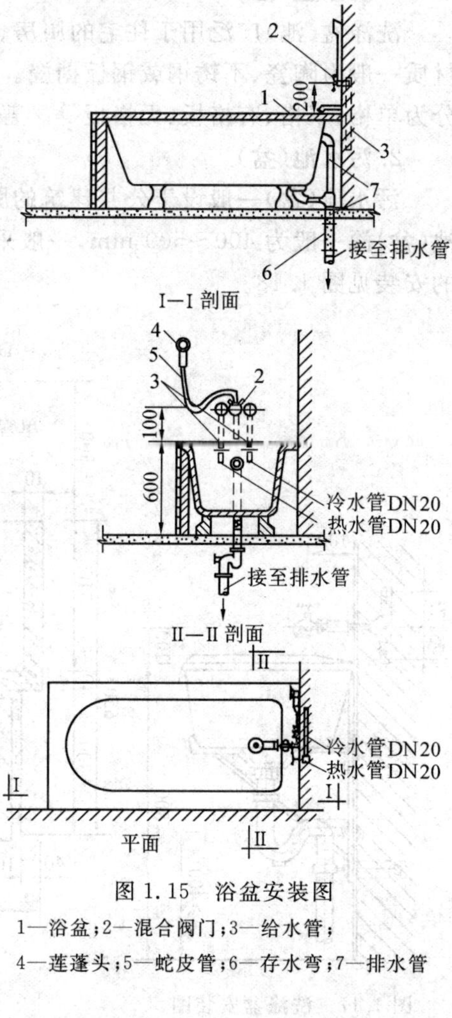

图 1.15　浴盆安装图

1—浴盆;2—混合阀门;3—给水管;4—莲蓬头;5—蛇皮管;6—存水弯;7—排水管

同，分为普通式淋浴器、脚踏式淋浴器和光电淋浴器。淋浴器的安装见图1.16。

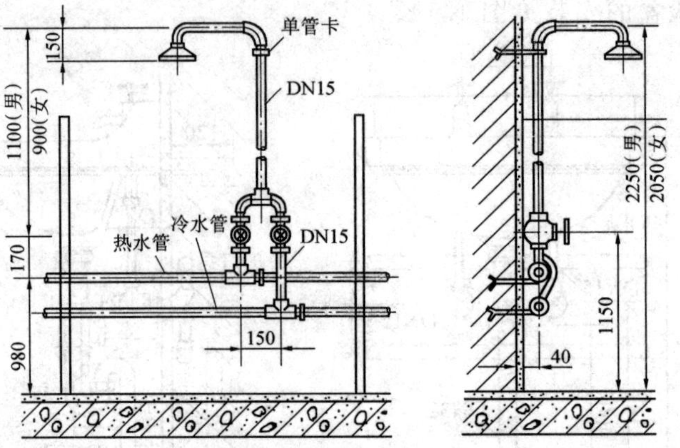

图 1.16　淋浴器安装图

三、洗涤用卫生器具

1. 洗涤盆(池)

洗涤盆(池)广泛用于住宅的厨房、公共食堂等场所，具有清洁卫生、使用方便等优点。其材质一般为陶瓷、不锈钢或钢板搪瓷。洗涤盆按安装方式可分为墙挂式、柱脚式或台式；又可分为单格、双格、有格板、无格板等。普通洗涤盆的安装见图1.17。

2. 污水池(盆)

污水池(盆)一般设于公共建筑的厕所或盥洗室内，供打扫卫生、洗涤拖布或倾倒污水用。池(盆)深一般为400～500 mm，一般采用水磨石或瓷砖贴面的钢筋混凝土制品。污水池(盆)的安装见图 1.18。

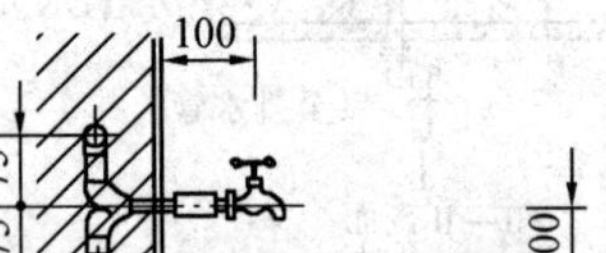

图 1.17　洗涤盆安装图

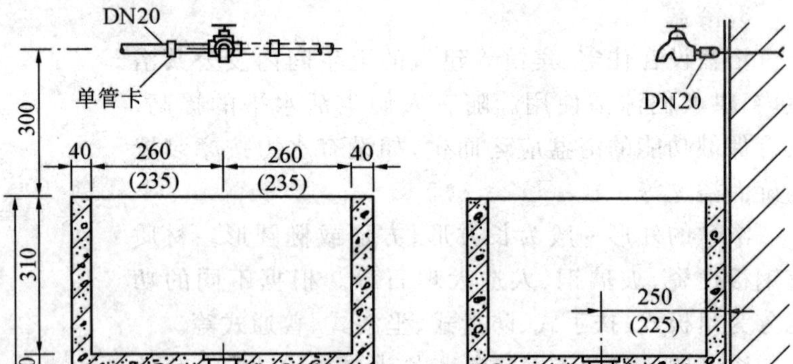

图 1.18　污水池(盆)安装图

四、专用卫生器具

1. 饮水器

饮水器一般设置在工厂、学校、火车站、公园等公共场所，是供人们饮用冷水、冷开水的器具，具有卫生、方便等特点。

2. 妇女卫生盆

妇女卫生盆一般设在妇产科医院、工业企业生活间的妇女保健室、宾馆的卫生间及设有完善卫生设备的居住建筑内，专供妇女卫生冲洗用。妇女卫生盆的安装见图 1.19。

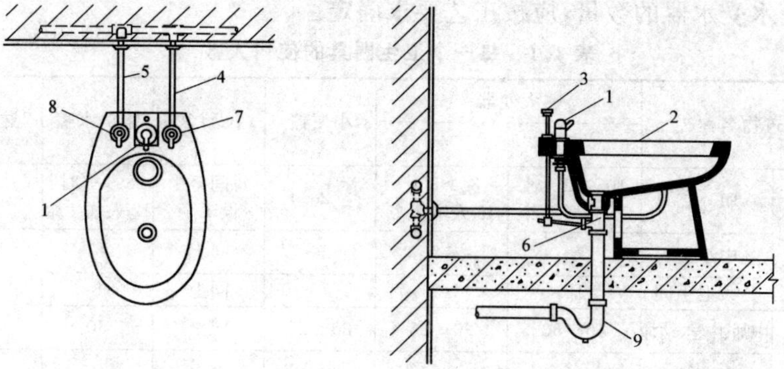

图 1.19　妇女卫生盆安装图

1—混合阀；2—净身盆；3—提手杆；4—冷水管；5—热水管；

6—排水栓；7—角式截止阀(冷水)；8—角式截止阀(热水)；9—存水弯

3. 化验盆

化验盆一般设于工厂、科研机关及学校的化验室或实验室内。根据需要可装置单联、双联、三联的鹅颈龙头。化验盆的安装见图1.20。

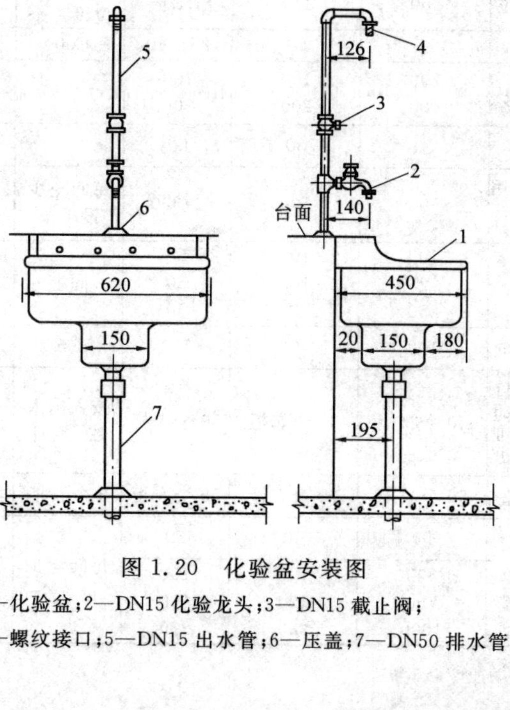

图 1.20　化验盆安装图

1—化验盆；2—DN15 化验龙头；3—DN15 截止阀；

4—螺纹接口；5—DN15 出水管；6—压盖；7—DN50 排水管

任务二　卫生器具设置定额

一、卫生器具的设置数量

卫生器具的设置数量，应符合《工业企业设计卫生标准》和现行的有关设计标准、规范或规定的要求，可参考表 1.1 选用。

设置工业废水受水器的数量，应按工艺要求确定。

表 1.1　每一个卫生器具的使用人数

建筑物名称		大便器		小便器	洗脸盆	盥洗水嘴	淋浴器
		男	女				
集体宿舍	职　工	10、＞10 时 20 人增 1 个	8、＞8 时 15 人增 1 个	20	每间至少 设 1 个	8、＞8 时 12 人增 1 个	
集体宿舍	中小学	70	12	20	同上	12	
旅馆	公共卫生间	18	12	18	同上	8	30
中小学教学楼	中师、中学、幼师	40～50	20～25	20～25	同上	50	
中小学教学楼	小　学	40	20	20	同上		
医　院	疗养院	15	12	15	同上	6～8	北方 15～20 南方 8～10
医　院	综合医院 门诊 病房	120 16	75 12	60 16		12～15	12～15
办公楼		50	25	50	同上		
图书阅览楼	成人 儿童	60 50	30 25	30 25	60 60		
电影院	＜600 座位 601～1 000 座位 ＞1 000 座位	150 200 300	75 100 150	75 100 150	每间至少设 1 个，且每 4 个蹲位设 1 个		
剧　场		75	50	25～40	100		
商店 顾客用	百货、自选、专业商店 联营商场、菜市场	200 400	100 200	100 200			
商店	店员内部用	50	30	50			
公共食堂	厨房炊事员用 （职工数）	500	500	＞500	每间至少 设 1 个		250
餐厅 顾客用	＜400 座 400～650 座 ＞650 座	100 125 250	100 100 100	50 50 50	同上		
餐厅	炊事员卫生间	100	100	100			50
公共浴室	工业企业车间 卫生特征 Ⅰ Ⅱ Ⅲ Ⅳ	50 个衣柜	30 个衣柜	50 个衣柜	按人浴人数 4%计		3～4 5～8 9～12 13～24
公共浴室	商业用浴室	50 个衣柜	30 个衣柜	50 个衣柜	5 个衣柜		40
体育场	运动员	50	30	50	每间至少 设 1 个		20
体育场	观众 小　型 中　型 大　型	500 750 1000	100 150 200	100 150 200			

续表 1.1

建筑物名称		大便器		小便器	洗脸盆	盥洗水嘴	淋浴器
		男	女				
体育馆游泳池（按游泳人数计）	运动员	30	20	30	30(女 20)		10～15
	观　众	100	50	50	每间至少设 1 个		
	更衣间	50～75	75～100	25～40			
	游泳池旁	100～150	100～150	50～100			
幼儿园		5～8		5～8		3～5	10～12，可替代
工业企业车　间	≤100 人	25	20	同大便器			
	＞100 人	25，每增 50 人增 1 具	20，每增 35 人增 1 具				

注：① 0.5 m 长小便槽可折算成 1 个小便器。② 1 个蹲位的大便槽相当于 1 个大便器。③ 每个卫生间至少设 1 个污水池。

二、地漏的设置及数量

地漏是排水的一种特殊装置。地漏一般设置在经常有水溅出的地面、有水需要排除的地面和经常需要清洗的地面最低处（如淋浴间、盥洗室、厕所、卫生间等），其地漏箅子应低于地面 5～10 mm。带水封的地漏水封深度不得小于 50 mm。地漏的选择应符合下列要求：

(1)应优先采用直通式地漏，直通式地漏下必须设置存水弯；

(2)卫生要求高或非经常使用地漏排水的场所，应设置密闭地漏；

(3)食堂、厨房和公共浴室等排水宜设置网框式地漏。

地漏在家庭中还可用作洗衣机排水口。地漏有普通式、单通道式、双通道式、多通道式、双箅杯式、防倒流式、密闭式、无水式、防冻式、侧墙式、双接口多功能式等多种类型。图 1.21 为其中几种类型的地漏。淋浴室内一般用地漏排水，地漏直径按表 1.2 选用，当采用排水沟排水时，8 个淋浴器可设 1 个直径为 100 mm 的地漏。

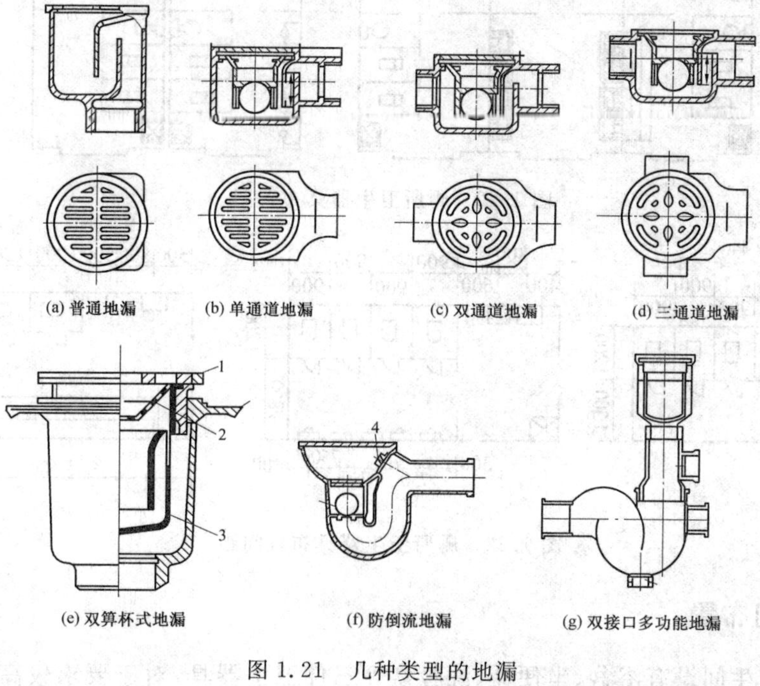

(a) 普通地漏　(b) 单通道地漏　(c) 双通道地漏　(d) 三通道地漏

(e) 双箅杯式地漏　(f) 防倒流地漏　(g) 双接口多功能地漏

图 1.21　几种类型的地漏

表 1.2 淋浴室地漏管径

淋浴器数量/个	地漏管径/mm
1～2	50
3	75
4～5	100

任务三 卫生器具的布置

一、厨房卫生器具的布置

居住建筑内的厨房一般设有单格或双格洗涤盆或污水池(盆)。

公共食堂厨房内的洗涤池配有冷热水龙头,冷水龙头中附有 1～2 个皮带水龙头。

二、厕所卫生器具的布置

公共建筑及工厂内男、女厕所一般应设前室,并应在前室内设有洗脸盆和污水池。高级宾馆厕所前室内除设洗脸盆外,还应设有自动干手器、固定皂液装置等。医院内的厕所应重点考虑防止交叉污染,尽量不采用坐式大便器;水龙头不宜采用普通水龙头,可以采用膝式、肘式、脚踏式水龙头。公共厕所内设置水冲式大便槽时,宜采用自动冲洗水箱定时冲洗。

厕所卫生器具布置见图 1.22。厕所卫生器具布置间距见图 1.23。

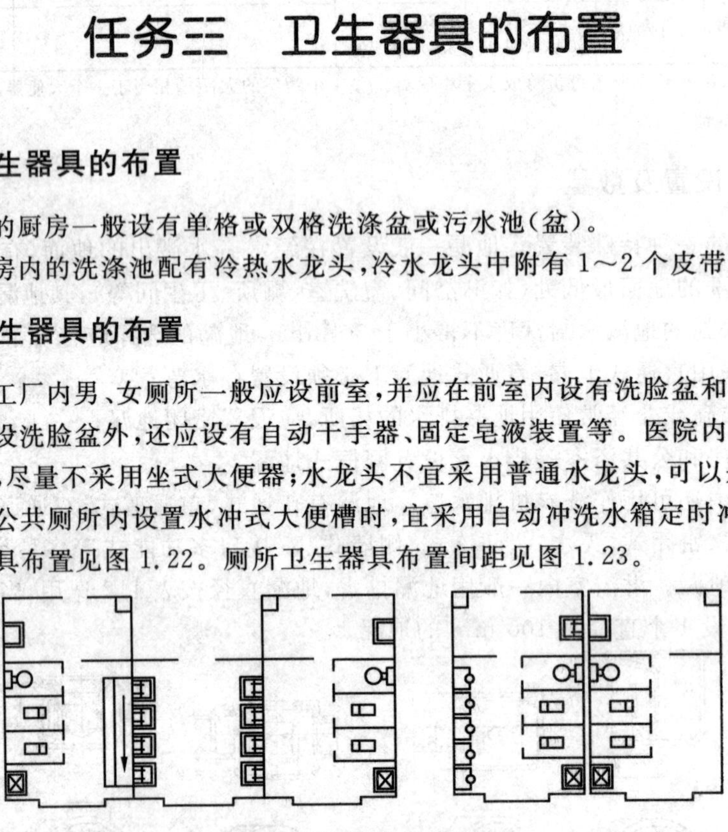

图 1.22 厕所卫生器具布置图

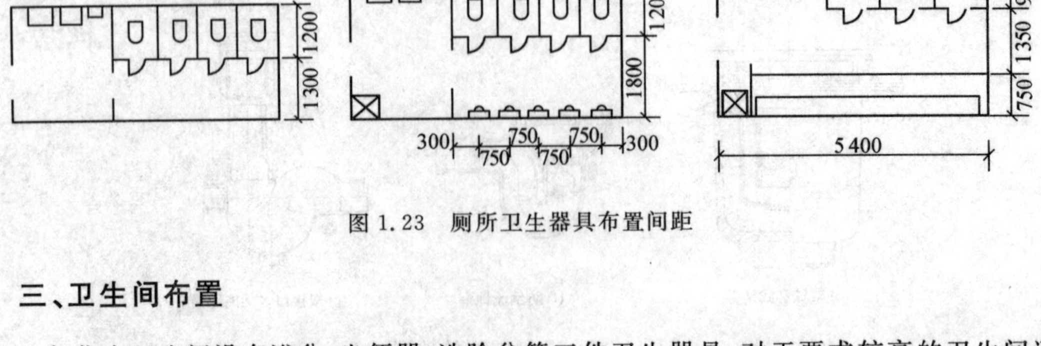

图 1.23 厕所卫生器具布置间距

三、卫生间布置

一般住宅卫生间设有浴盆、坐便器、洗脸盆等三件卫生器具,对于要求较高的卫生间还要设有妇女卫生盆、挂式小便器等卫生器具。卫生间内卫生器具布置间距见图 1.24；一般住宅卫生间布置见图 1.25；高级住宅卫生间布置见图 1.26。

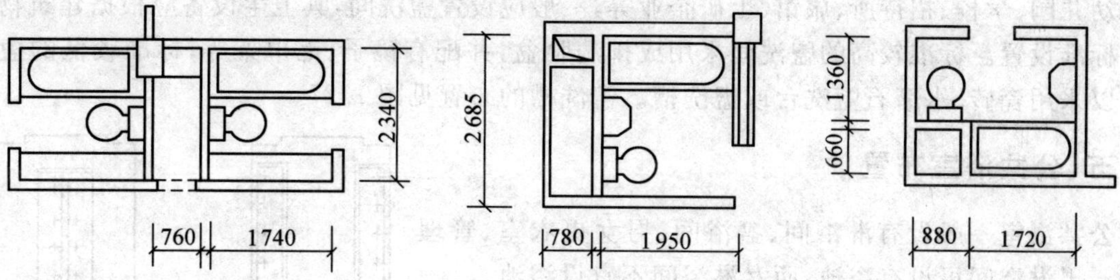

图 1.24　卫生间内卫生器具布置间距

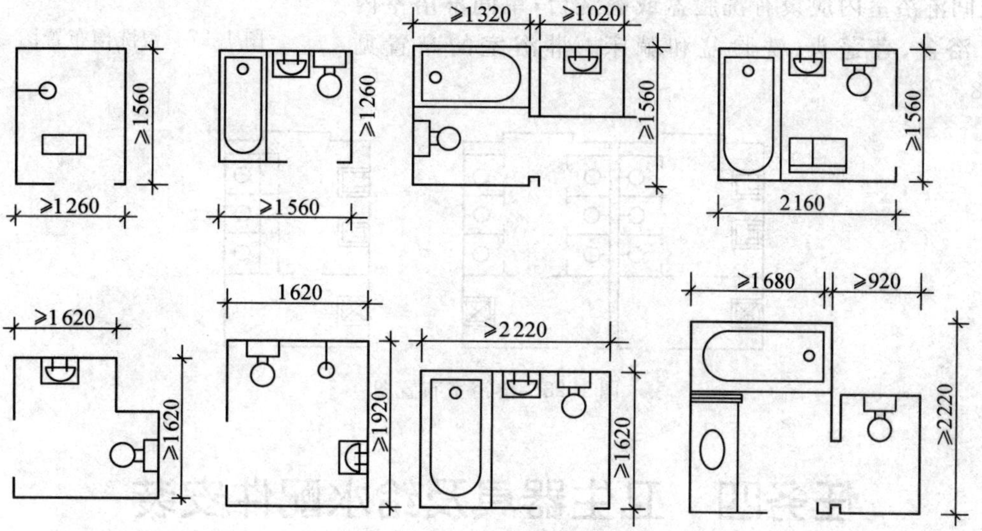

图 1.25　一般住宅卫生间布置图

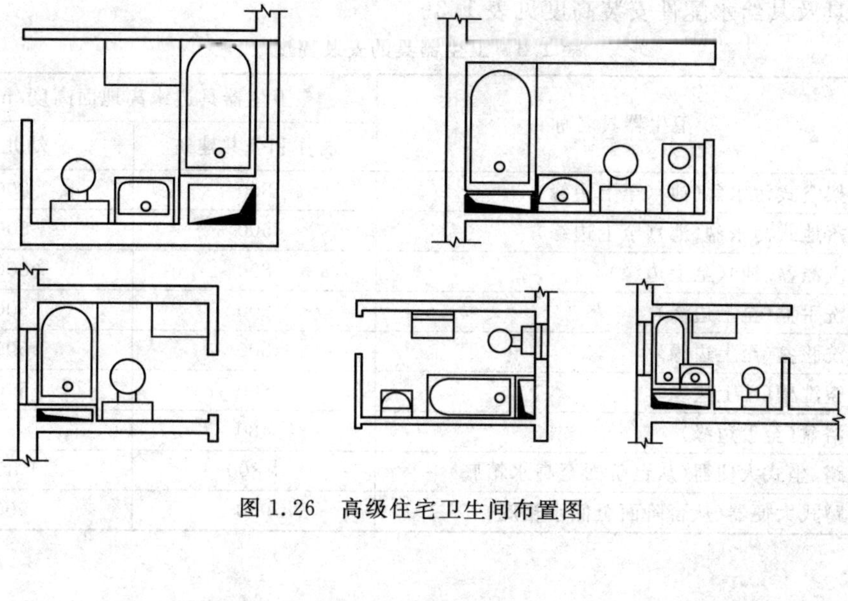

图 1.26　高级住宅卫生间布置图

四、盥洗间卫生器具的布置

幼儿园、学校、招待所、旅馆、工矿企业等，一般应设置盥洗间，其卫生设备应根据建筑物性质和标准设置。标准较高的盥洗间采用成排洗脸盆，并配有镜子、毛巾架等；标准较低的盥洗间可以采用瓷砖、水磨石盥洗台或盥洗槽。盥洗槽的布置见图 1.27。

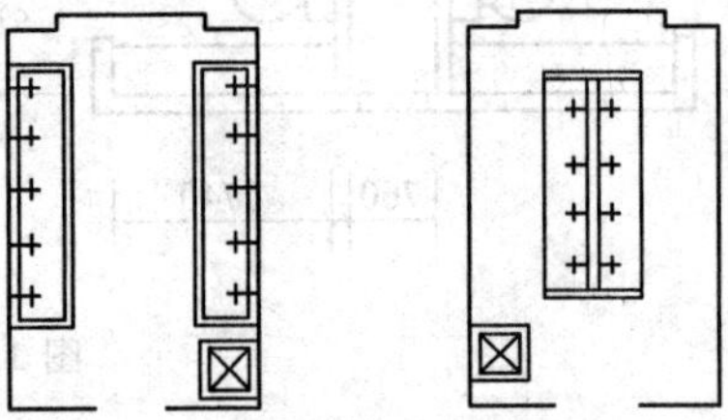

图 1.27　盥洗槽布置图

五、公共浴室布置

公共浴室一般设有淋浴间、盆浴间、男女更衣室、管理间等。男淋浴间可设有浴池，而女淋浴间不宜设浴池。

淋浴间可设无隔断的通间淋浴室或有隔断的单间淋浴室。通间淋浴室内应设有洗脸盆或盥洗台；单间淋浴室内应设有浴盆、莲蓬头、洗脸盆和躺床。淋浴室的布置见图 1.28。

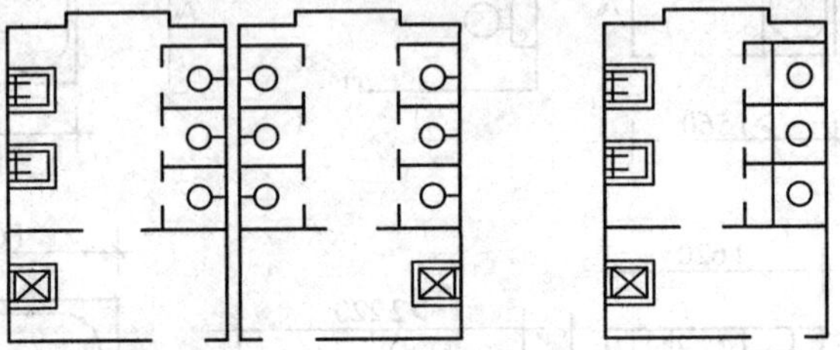

图 1.28　淋浴室布置图

任务四　卫生器具及给水配件安装

卫生器具及其给水配件安装高度见表 1.3。

表 1.3　卫生器具的安装高度

序号	卫生器具名称	卫生器具边缘离地面高度/mm	
		居住和公共建筑	幼儿园
1	架空式污水盆(池)(至上边缘)	800	800
2	落地式污水盆(池)(至上边缘)	500	500
3	洗涤盆(池)(至上边缘)	800	800
4	洗手盆(至上边缘)	800	500
5	洗脸盆(至上边缘)	800	500
6	盥洗槽(至上边缘)	800	500
7	浴盆(至上边缘)	480	—
8	蹲、坐式大便器(从台阶面至高水箱底)	1 800	1 800
9	蹲式大便器(从台阶面至低水箱底)	900	900

续表 1.3

序号	卫生器具名称	卫生器具边缘离地面高度/mm	
		居住和公共建筑	幼儿园
10	坐式大便器(至低水箱底)		
	外露排出管式	510	—
	虹吸喷射式	470	370
11	坐式大便器(至上边缘)		
	外露排出管式	400	—
	虹吸喷射式	380	—
12	大便槽(从台阶面至冲洗水箱底)	不低于 2 000	—
13	立式小便器(至受水部分上边缘)	100	—
14	挂式小便器(至受水部分上边缘)	600	450
15	小便槽(至台阶面)	200	150
16	化验盆(至上边缘)	800	—
17	净身器(至上边缘)	360	—
18	饮水器(至上边缘)	1 000	—

卫生器具给水配件的安装高度见表 1.4.

表 1.4　卫生器具给水配件的安装高度

项次	给水配件名称		配件中心距地面高度/mm	冷热水龙头距离/mm
1	架空式污水盆(池)水龙头		1 000	
2	落地式污水盆(池)水龙头		800	
3	洗涤盆(池)水龙头		1 000	150
4	住宅集中给水龙头		1 000	
5	洗手盆水龙头		1 000	
6	洗脸盆	水龙头(上配水)	1 000	150
		水龙头(下配水)	800	150
		角阀(下配水)	450	
7	盥洗槽	水龙头	1 000	150
		冷热水管(其中热水龙头上下并行)	1 100	150
8	浴盆	水龙头(上配水)	670	150
9	淋浴器	截止阀	1 150	95
		混合阀	1 150	
		淋浴喷头下沿	2 100	—

续表 1.4

项次	给水配件名称		配件中心距地面高度/mm	冷热水龙头距离/mm
10	蹲式大便器(台阶面算起)	高水箱角阀及截止阀	2 040	——
		低水箱角阀	250	——
		手动式自闭冲洗阀	6 500	——
		脚踏式自闭冲洗阀	150	——
		拉管式冲洗阀(从地面算起)	1 600	——
		带防污助冲器阀门(从地面算起)	900	——
11	坐式大便器	高水箱角阀及截止阀	2 040	——
		低水箱角阀	150	——
12	大便槽冲洗水箱截止阀(从台面算起)		≮2 400	——
13	立式小便器角阀		1 130	——
14	挂式小便器角阀及截止阀		1 050	——
15	小便槽多孔冲洗管		1 100	——
16	实验室化验水龙头		1 000	——
17	妇女卫生盆混合阀		360	——

注:装设在幼儿园内的洗手盆、洗脸盆和盥洗槽水嘴中心离地面安装高度应为 700 mm,其他卫生器具给水配件的安装高度应按卫生器具实际尺寸相应减少。

卫生器具排水管穿越楼板预留孔洞尺寸见表 1.5。

表 1.5　卫生器具排水管穿越楼板预留孔洞尺寸

卫生器具名称		预留孔洞尺寸/mm
大便器		200×200
大便槽		300×300
浴　盆	普通型	100×100
	裙边高级型	250×300
洗脸盆		150×150

续表 1.5

卫生器具名称		预留孔洞尺寸/mm
小便器(斗)		150×150
小 便 槽		150×150
污水盆、洗涤盆		150×150
地　漏	50～70 mm	200×200
	100 mm	300×300

注:如预留圆形洞,则圆洞内切于方洞尺寸。

各种立管穿越楼板、排出管穿越基础预留孔洞尺寸见表 1.6。

表 1.6　各种立管穿越楼板、排出管穿越基础预留孔洞尺寸

项次	管道名称		明管	暗管
			预留孔洞尺寸/mm (长×宽)	墙槽尺寸/mm (宽度×深度)
1	采暖或给水立管	管径小于或等于 25 mm 管径 32～50 mm 管径 70～100 mm	100×100 150×150 200×200	130×130 150×130 200×200
2	一根排水立管	管径小于或等于 50 mm 管径 70～100 mm	150×150 200×200	200×130 250×200
3	二根采暖或给水立管	管径小于或等于 32 mm	150×100	200×130
4	一根给水立管和一根排水立管在一起	管径小于或等于 50 mm 管径 70～100 mm	200×150 250×200	200×130 250×200
5	二根给水立管和一根排水立管在一起	管径小于或等于 50 mm 管径 70～100 mm	200×150 350×200	250×130 380×200
6	给水支管或散热器支管	管径小于或等于 25 mm 管径 32～40 mm	100×100 150×130	60×60 150×100
7	排水支管	管径小于或等于 80 mm 管径 100 mm	250×200 300×250	—
8	采暖或排水主干管	管径小于或等于 80 mm 管径 100～125 mm	300×250 350×300	—
9	给水引入管	管径小于或等于 100 mm	300×200	—
10	排水排出管穿越基础	管径小于或等于 80 mm 管径 100～150 mm	300×300 (管径+300)×(管径+200)	—

注:①给水引入管,管顶上部净空一般不小于 100 mm;②排水排出管,管顶上部净空一般不小于 150 mm。

卫生器具排水配件穿越楼板预留孔洞位置见表 1.7。

表 1.7　卫生器具排水配件穿越楼板预留孔洞位置

序号	卫生器具名称				排水管距墙距离/mm
1	坐便器	挂箱虹吸式S型			420
		挂箱冲落式S型			272
		自闭式冲洗阀虹吸式S型			340
		自闭式冲洗阀冲落式S型			192
		坐箱虹吸式S型	国标坐便器高度	340	300
				360	420
				390	480
			唐陶1号		475
			唐陶2号		
			唐陶3号		
			唐建陶前进1号		490
			唐建陶前进2号		500
			石建陶8402		
			石建华陶JW－640A		
			太平洋		270
			广州华美		305
		挂箱虹吸式P型			横支管在地坪上85穿入管道井
		挂箱冲落式P型	硬管连接		横支管在地坪上150
			软管连接		软管在地坪上100与污水立管相连接
		坐箱虹吸式P型			横支管在地坪上85穿入管道井
		高水箱虹吸式S型			与排水横支管为顺水正三通连接时为420 与排水横支管为斜三通连接时为375
		旋涡虹吸连体型			太平洋245
2	蹲便器	平蹲式后落水			石湾、建陶295
		平蹲式前落水			620
		前落水陶瓷存水弯			660
3	浴　盆	裙板式高档铸铁搪瓷			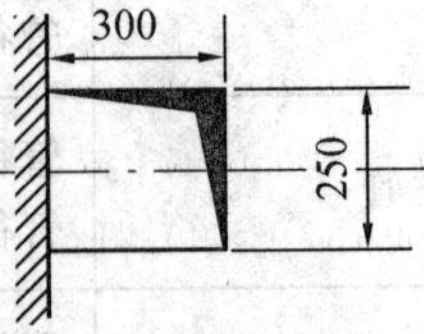
		普通型，有溢流排水管配件			靠墙预留100×100见方的孔洞
		低档型，无溢流排水管配件			200（如浴盆排水一侧有排水立管，则应从浴盆边缘算起）
4	大便槽	排水管径为100 mm时			距墙420×580
		排水管径为150 mm时			距墙420×670
5	小便槽				125

续表 1.7

<table>
<tr><th>序号</th><th colspan="3">卫生器具名称</th><th colspan="2">排水管距墙距离/mm</th></tr>
<tr><td>6</td><td>小便器</td><td colspan="2">立　式(落地)
挂式小便斗
半挂式小便器</td><td colspan="2">150
以排水距墙 70 为圆心,以 128 为半径
510 标高穿入墙内暗敷</td></tr>
<tr><td>7</td><td>净身器</td><td colspan="2">单孔、双孔</td><td colspan="2">≥380</td></tr>
<tr><td rowspan="3">8</td><td rowspan="3">洗脸盆</td><td rowspan="2">台式</td><td>普通型</td><td>距墙 175 为圆心</td><td>北京以 128 为半径内
天津以 135 为半径内
上海气动以 167 为半径内
上海气动以 125～140 为半径内(塑料瓶式)
平南以 130 为半径内
广东洁丽美以 128 为半径内</td></tr>
<tr><td>高档型</td><td colspan="2" rowspan="2">排水管穿入墙内暗设</td></tr>
<tr><td colspan="2">立式</td></tr>
<tr><td>9</td><td>污水盆</td><td colspan="2">采用 S 弯</td><td colspan="2">以 250 为圆心,160 为半径内</td></tr>
<tr><td>10</td><td>洗涤盆</td><td colspan="2">采用 S 弯</td><td colspan="2">以 155～230 为圆心,160 为半径内</td></tr>
<tr><td>11</td><td>化验盆</td><td colspan="2">构造内已有存水弯</td><td colspan="2">195</td></tr>
</table>

思考题与习题

1.1　对卫生器具材质及技术方面的主要要求是什么?

1.2　卫生器具按用途一般分为哪几类?各适用于什么场所?

1.3　冲洗设备种类有哪些?各适用于什么场合?

1.4　如何确定卫生器具的设置数量?

1.5　如何确定卫生间内卫生器具的间距?

1.6　熟悉各种卫生器具构造,了解其安装条件及安装高度。

单元二　建筑内部给水系统

【教学目标】通过项目教学活动，培养学生具备确定建筑室内给水系统方案的能力，选择建筑室内给水系统形式的能力；具备选择建筑内部常用给水管材、附件和水表的能力；具备进行建筑室内给水管道的布置与敷设能力；具备进行建筑室内给水系统水质防护的能力；具备确定高层建筑室内给水系统方案的能力。培养学生良好的职业道德、自我学习能力、实践动手能力和耐心细致的分析和处理问题的能力，以及诚实、守信、善于沟通和合作的专业素养。

【知识目标】

1. 掌握建筑室内给水系统的分类和组成，计算所需水压；
2. 掌握建筑室内给水系统给水方式的选择方法；
3. 掌握建筑内部常用给水管材、附件和水表的选择方法；
4. 掌握建筑室内给水系统给水管道的布置与敷设方法；
5. 掌握建筑室内给水系统水质防护的方法；
6. 掌握确定高层建筑室内给水系统方案的方法。

【主要学习内容】

任务一　建筑内部给水系统的分类、组成及所需水压

建筑内部给水系统的任务，就是经济合理地将水由城市给水管网（或自备水源）输送到建筑物内部的各（生活、生产、消防）用水设备处，并满足各用水点对水质、水量、水压的要求。

一、建筑内部给水系统的分类

建筑内部给水系统按用途一般分为以下三类。

1. 生活给水系统

为民用、公共建筑和工业企业建筑内的饮用、盥洗、洗涤、淋浴等生活方面用水所设的给水系统称为生活给水系统。生活给水系统除满足所需的水量、水压要求外，其水质必须严格符合国家规定的饮用水水质标准。

2. 生产给水系统

为工业企业生产方面用水所设的给水系统称为生产给水系统。例如冷却用水、锅炉用水等。生产用水对水质的要求因生产工艺及产品不同而异。

3. 消防给水系统

为建筑物扑救火灾用水而设置的给水系统称为消防给水系统。消防用水对水质要求不高，但必须符合建筑防火规范要求，保证有足够的水量和水压。

在一幢建筑内，可以单独设置以上三种给水系统，也可以按水质、水压、水量和安全方面的

需要，结合室外给水系统的情况，组成不同的共用给水系统。如生活、消防共用给水系统；生活、生产共用给水系统；生产、消防共用给水系统；生活、生产、消防共用给水系统等。

当两种及两种以上用水的水质相近时，应尽量采用共用的给水系统。根据具体情况，也可以将生活给水系统划分为生活饮用水系统和生活杂用水系统（中水系统）。

在工业企业内部，由于生产工艺不同，生产过程中各道工序对水质、水压的要求各有不同，所以，将生产给水按水质、水压要求分别设置多个独立的给水系统也是合理的。例如，为了节约用水、节省电耗、降低成本，将生产给水系统再划分为循环给水系统、重复利用给水系统等。

消防给水系统又划分为消火栓灭火系统和自动喷水灭火系统等。

二、建筑内部给水系统的组成

建筑内部给水系统如图 2.1 所示，一般由以下各部分组成。

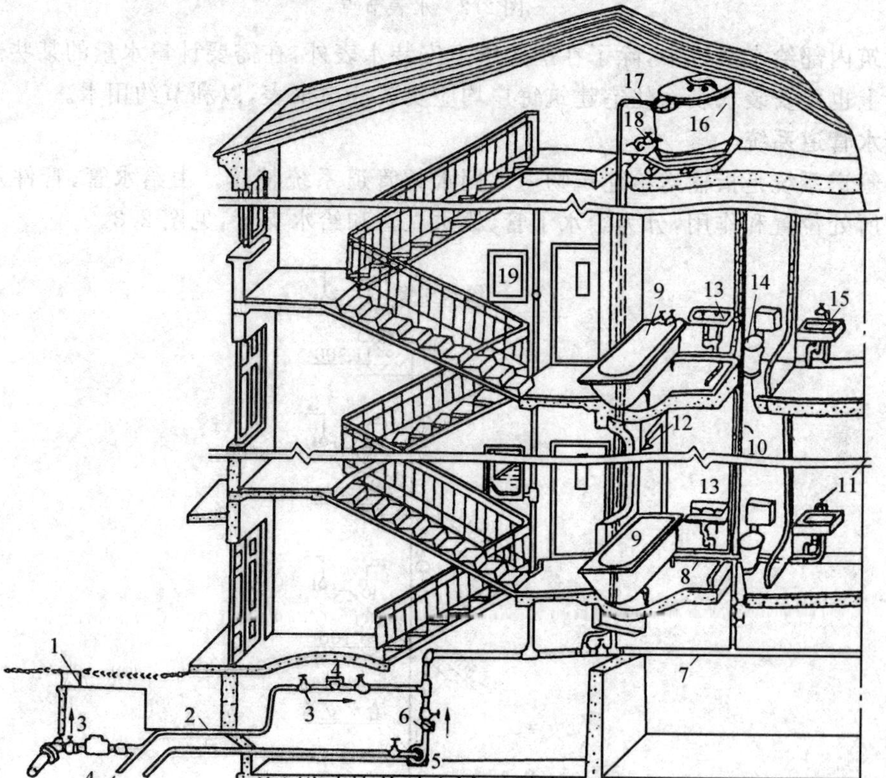

图 2.1　建筑内部给水系统

1—阀门井；2—引入管；3—闸阀；4—水表；5—水泵；6—逆止阀；7—干管；8—支管；9—浴盆；10—立管；11—水龙头；12—淋浴器；13—洗脸盆；14—大便器；15—洗涤盆；16—水箱；17—进水管；18—出水管；19—消火栓；A—入贮水池；B—来自贮水池

1.引入管

引入管又称进户管，是室外给水接户管与建筑室内给水干管相连接的管段。引入管一般埋地敷设，穿越建筑物外墙或基础。引入管受地面荷载、冰冻线的影响，一般埋设在室外地坪下 0.7 m。给水干管一般在室内地坪下 0.3～0.5 m。

2. 水表节点

水表节点是指引入管上装设的水表及其前后设置的阀门、泄水阀等装置的总称。水表用以计量建筑物总用水量；阀门用以水表检修、更换时关闭管路；泄水阀用于系统检修时放空。水表节点见图 2.2。

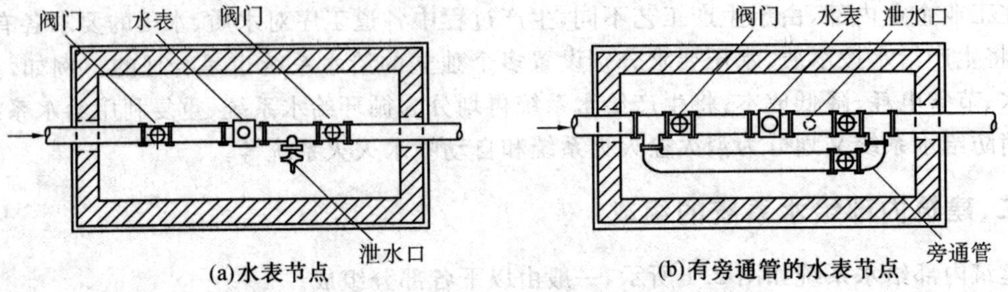

图 2.2　水表节点

在建筑内部给水系统中，除了在引入管上安装水表外，在需要计量水量的某些部位和设备的配水管上也要安装水表。住宅建筑每户均应安装分户水表，以利节约用水。

3. 给水管道系统

给水管道系统是指输送给建筑物内部用水的管道系统整体。由给水管、管件及管道附件组成。按所处位置和作用，分为给水干管、给水立管和给水支管，见图 2.3。

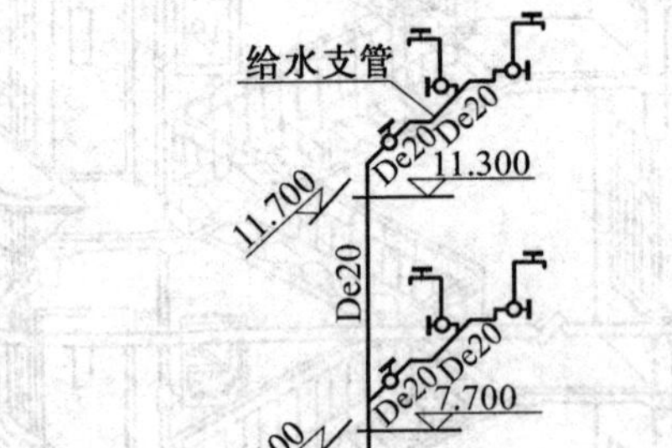

图 2.3　建筑室内给水管道系统图

从给水干管引出每一根给水立管，在出地面后设一个阀门，以便该立管检修时不影响其他立管的正常供水。

4. 给水附件

给水附件是指给水管道系统中装设的各种阀门，以及各式配水龙头、仪表等，用以调节水量、水压、控制水流方向及取用水。

5. 升压和贮水设备

当室外给水管网的水量、水压不能满足建筑物内部用水要求或要求供水压力稳定、确保供水安全时，应根据需要，在系统中设置水泵、水箱、水池、气压给水设备等增压、贮水装置。

6. 室内消防设备

按照建筑物的防火要求及规定，需要设置消防给水系统时，一般应设置消火栓灭火设备。有特殊要求时，还需设置自动喷水灭火设备。

7. 给水局部处理设施

当有些建筑对给水水质要求很高，超出我国现行生活饮用水卫生标准时；或其他原因造成水质不能满足要求时，需要设置一些设备或构筑物进行给水深度处理。

三、建筑内部给水系统所需水压

建筑内部给水系统必须保证将需要的水量输送到建筑物内最不利配水点（系统内所需给水压力最大的配水点，通常位于系统最高、最远点），并保证有足够的流出压力，见图 2.4。

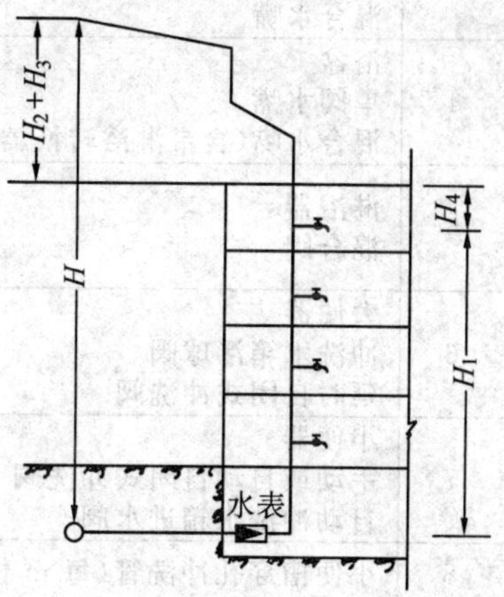

图 2.4　建筑内部给水系统所需压力

建筑内部给水系统所需水压可用下式计算，即

$$H=H_1+H_2+H_3+H_4 \tag{2.1}$$

式中　H——室内给水系统所需的水压，kPa；

H_1——最不利配水点与室外引入管起端之间的静压差，kPa；

H_2——计算管路（最不利配水点至引入管起点间的管路，亦称为最不利管路）的压力损失，kPa；

H_3——水流通过水表的压力损失，kPa；

H_4——最不利配水点所需的流出压力，kPa。

流出压力是指各种卫生器具配水龙头或用水设备处，为获得规定的出水量所需要的最小压力，其规定见表 2.1。在有条件时，还可以考虑一定的富裕压力，一般取 15～20 kPa。

对于居住建筑的生活给水系统，在进行方案的初步设计时，所需水压可根据建筑层数估算自室外地面起的最小水压值，一般一层建筑物为 100 kPa；二层建筑物为 120 kPa；三层及以上每增加一层，增加 40 kPa。

估算时应注意，以层数确定最小服务水压时，建筑的层高不超过 3.2 m，最高层卫生器具配水点的出流压力在 20 kPa 以内，室内给水管道的水流速度不宜过大。当这些因素变化（如果用自闭式冲洗阀或装有燃气快速热水器，其出流水压一般要求 50～80 kPa）时，应将变化因素估算在内。

表 2.1　卫生器具的给水额定流量、当量、连接管公称管径和最低工作压力

序号	给水配件名称	额定流量 /(L·s^{-1})	当量	连接管公 称直径 /mm	最低 工作压力 /MPa
1	洗涤盆、拖布盆、盥洗槽 单阀水嘴 单阀水嘴 混合水嘴	 0.15～0.20 0.30～0.40 0.15～ 0.20(0.14)	 0.75～1.00 1.5～2.00 0.75～ 1.00(0.70)	 15 20 15	 0.050
2	洗脸盆 单阀水嘴 混合水嘴	 0.15 0.15(0.10)	 0.75 0.75(0.50)	 15 15	 0.050
3	洗手盆 感应水嘴 混合水嘴	 0.10 0.15(0.10)	 0.75 0.75(0.50)	 15 15	 0.050
4	浴盆 单阀水嘴 混合水嘴(含带淋浴转换器)	 0.20 0.24(0.20)	 1.00 1.2(1.0)	 15 15	 0.050 0.050～0.070
5	淋浴器 混合阀	 0.15(0.10)	 0.75(0.50)	 15	 0.050～0.100
6	大便器 冲洗水箱浮球阀 延时自闭式冲洗阀	 0.10 1.20	 0.50 6.00	 15 25	 0.020 0.100～0.150
7	小便器 手动或自动自闭式冲洗阀 自动冲洗水箱进水阀	 0.10 0.10	 0.50 0.50	 15 15	 0.050 0.020
8	小便槽穿孔冲洗管(每 m 长)	0.05	0.25	15～20	0.015
9	净身盆冲洗水嘴	0.10(0.07)	0.50(0.35)	15	0.050
10	医院倒便器	0.20	1.00	15	0.050
11	实验室化验水嘴(鹅颈) 单联 双联 三联	 0.07 0.15 0.20	 0.35 0.75 1.00	 15 15 15	 0.20 0.20 0.20
12	饮水器喷嘴	0.05	0.25	15	0.50
13	洒水栓	0.40 0.70	2.00 3.50	20 25	0.050～0.100 0.050～0.100
14	室内地面冲洗水嘴	0.20	1.00	15	0.050
15	家用洗衣机水嘴	0.20	1.00	15	0.050

注：1. 表中括弧内的数值系在有热水供应时，单独计算冷水或热水时使用；

2. 当浴盆上附设淋浴器时，或混合水嘴有淋浴器转换开关时，其额定流量和当量只计水嘴，不计淋浴器。但水压应按淋浴器计；

3. 家用燃气热水器，所需水压按产品要求和热水供应系统最不利配水点所需工作压力确定；

4. 绿地的自动喷灌应按产品要求设计；

5. 当卫生器具给水配件所需额定流量和最低工作压力有特殊要求时，其值应按产品要求确定

任务二　给水方式

一、建筑内部给水方式

给水方式是指建筑内部给水系统的给水方案。给水方式必须依据用户对水质、水压和水量的要求，结合室外管网所能提供的水质、水量和水压情况、卫生器具及消防设备在建筑物内的分布、用户对供水安全可靠性的要求等因素，经技术经济比较或经综合评判来确定。

建筑内部给水方式选择应按以下原则进行。

(1)在满足用户要求的前提下，应力求给水系统简单，管道长度短，以降低工程费用和运行管理费用。

(2)应充分利用室外管网水压直接供水，如果室外管网水压不能满足建筑物用水要求时，可以考虑下面几层利用外网水压直接供水，上面数层采用加压供水。

(3)供水应安全可靠、管理维修方便。

(4)当两种及两种以上用水的水质接近时，应尽量采用共用给水系统。

(5)生产给水系统应优先设置循环给水系统或重复利用给水系统，并应利用其余压。

(6)生产、生活、消防给水系统中的管道、配件和附件所承受的水压，均不得大于产品标准规定的允许工作压力。

(7)高层建筑生活给水系统的竖向分区，应根据使用要求、材料设备性能、维修管理、建筑层数等条件，结合室外给水管网的水压合理确定。分区最不利点的卫生器具配水处的静水压力：住宅、旅馆、医院宜为300～350 kPa；办公楼宜为350～450 kPa。

(8)建筑物内部的生活给水系统，当卫生器具给水系统配件处的静水压力超过规定时，宜采用减压限流措施。

给水方式的基本类型有以下几种。

1.直接给水方式

建筑物内部只设有给水管道系统，不设加压及贮水设备，室内给水管道系统与室外供水管网直接相连，利用室外管网压力直接向室内给水系统供水。这是最为简单、经济的给水方式，见图2.5。

这种给水方式的优点是给水系统简单，投资少，安装维修方便，可充分利用室外管网水压，供水较为安全可靠。缺点是系统内部无贮备水量，当室外管网停水时，室内系统立即断水。

这种给水方式适用于室外管网水量和水压充足，能够全天保证室内用户用水要求的地区。

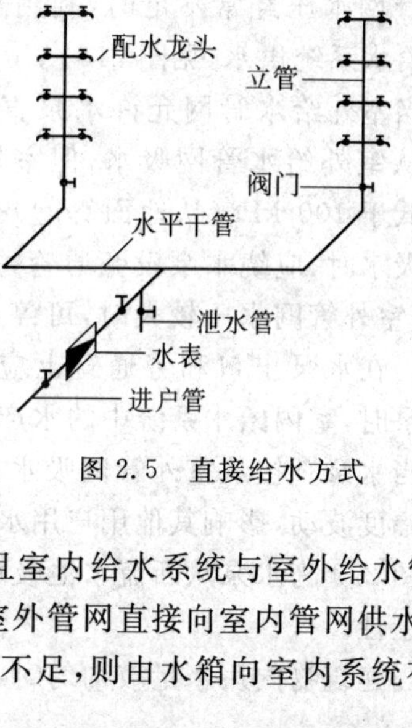

图2.5　直接给水方式

2.设水箱的给水方式

建筑物内部设有管道系统和屋顶水箱(亦称高位水箱)，且室内给水系统与室外给水管网直接连接。当室外管网压力能够满足室内用水需要时，则由室外管网直接向室内管网供水，并向水箱充水，以贮备一定水量。当高峰用水时，室外管网压力不足，则由水箱向室内系统补充供水。为了防止水箱中的水回流至室外管网，在引入管上要设置止回阀，见图 2.6。

这种给水方式的优点是系统比较简单，投资较省；可充分利用室外管网的压力供水，节省电耗；系统具有一定的贮备水量，供水的安全可靠性较好。缺点是系统设置了高位水箱，增加了建筑物的结构荷载，并给建筑物的立面处理带来一定困难。

这种给水方式适用于室外管网水压周期性不足及室内用水要求水压稳定，并且允许设置水箱的建筑物。

在室外管网水压周期性不足的多层建筑中，也可以采用如图 2.7 所示的给水方式，即建筑物下面几层由室外管网直接供水，建筑物上面几层采用设水箱的给水方式。这样可以减小水箱的容积。

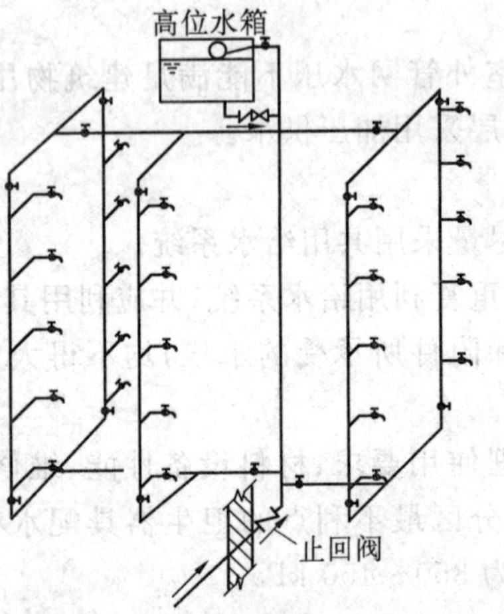

图 2.6　设水箱的给水方式

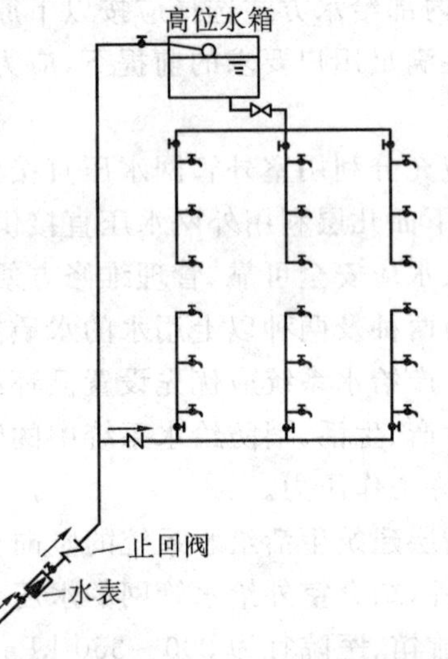

图 2.7　下层直接供水、上层设水箱的给水方式

3. 设水泵的给水方式

建筑物内部设有给水管道系统及加压水泵。当室外管网水压经常不足时，利用水泵进行加压后向室内给水系统供水，见图 2.8。

当室外给水管网允许水泵直接吸水时，水泵宜直接从室外给水管网吸水，但室外给水管网的压力不得低于 100 kPa(从地面算起)。水泵直接从室外管网吸水时，应绕水泵设旁通管，并在旁通管上设阀门，当室外管网水压较大时，可停泵直接向室内系统供水。在水泵出口和旁通管上应装设止回阀，以防止停泵时，室内给水系统中的水产生回流。

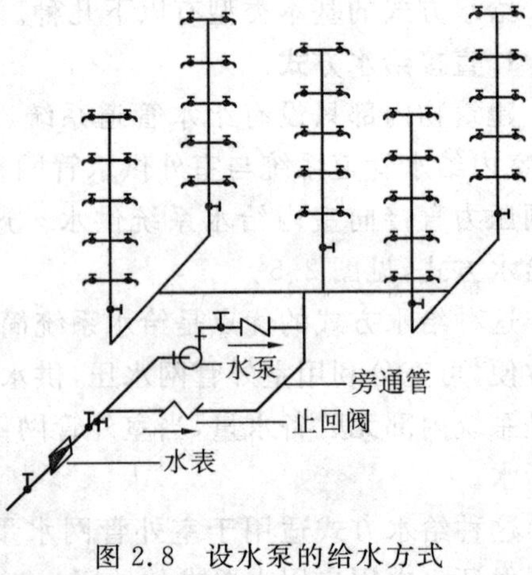

图 2.8　设水泵的给水方式

当水泵直接从室外管网吸水而造成室外管网压力大幅度波动，影响其他用户用水时，则不允许水泵直接从室外管网吸水，而必须设置断流水池。图 2.9 为水泵从断流水池吸水示意图。断流水池可以兼作贮水池使用，从而增加了供水的安全性。

当建筑物内用水量较均匀时，可采用恒速水泵供水；当建筑物内用水不均匀时，宜采用自动变频调速水泵供水，以提高水泵的运行效率，达到节能的目的。图 2.10 为设变频调速水泵给水方式。

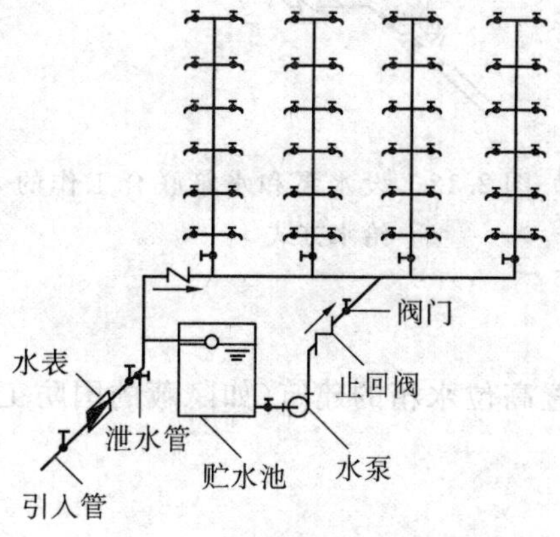

图 2.9 水泵从断流水池吸水

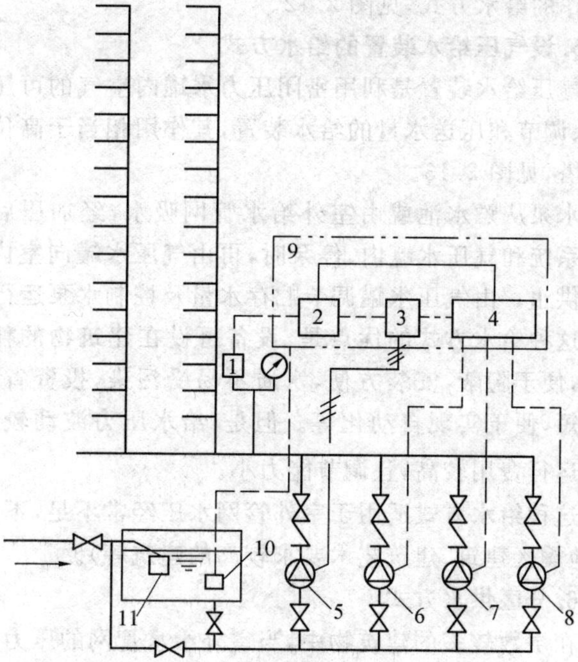

图 2.10 设变频调速水泵给水方式

1—压力传感器；2—微机控制器；3—变频调速器；
4—恒速泵控制器；5—变频调速泵；6、7、8—恒速泵；
9—电控柜；10—水位传感器；11—液位自动控制阀

变频调速水泵工作原理为：当给水系统中流量发生变化时，扬程也随之发生变化，压力传感器不断向微机控制器输入水泵出水管压力的信号，如果测得的压力值大于设计给水量对应的压力值时，则微机控制器向变频调速器发出降低电流频率的信号，从而使水泵转速降低，水泵出水量减少，水泵出水管压力下降，反之亦然。

4.设贮水池、水泵和水箱的给水方式

当室外给水管网水压经常不足，而且不允许水泵直接从室外管网吸水和室内用水不均匀时，常采用该种给水方式，见图 2.11。

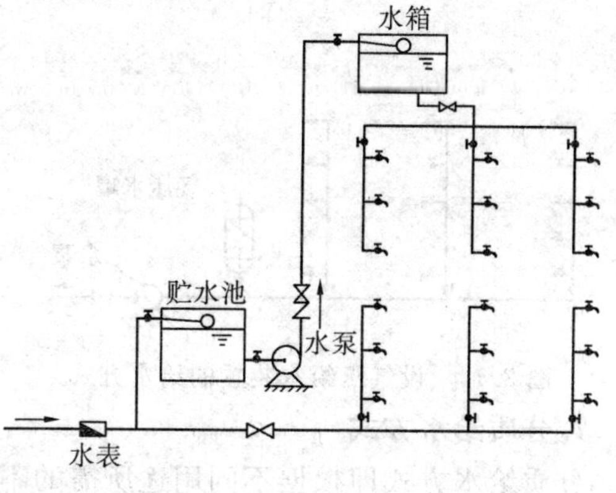

图 2.11 设贮水池、水泵和水箱联合工作的给水方式

水泵从贮水池吸水，经加压后送给系统用户使用。当水泵供水量大于系统用水量时，多余的水充入水箱贮存；当水泵供水量小于系统用水量时，则由水箱出水，向系统补充供水，以满足室内用水要求。此外，贮水池和水箱又起到了贮备一定水量的作用，使供水的安全可靠性更好。

这种给水方式由水泵和水箱联合工作，水泵及时向水箱充水，可以减小水箱容积。同时在水箱的调节下，水泵的工作稳定，能经常处在高效率下工作，节省电耗。在高位水箱上采用水位继电器控制水泵启动，易于实现管理自动化。

当允许水泵直接从外网吸水时，可采用水泵和水箱联合工作的给水方式，见图 2.12。

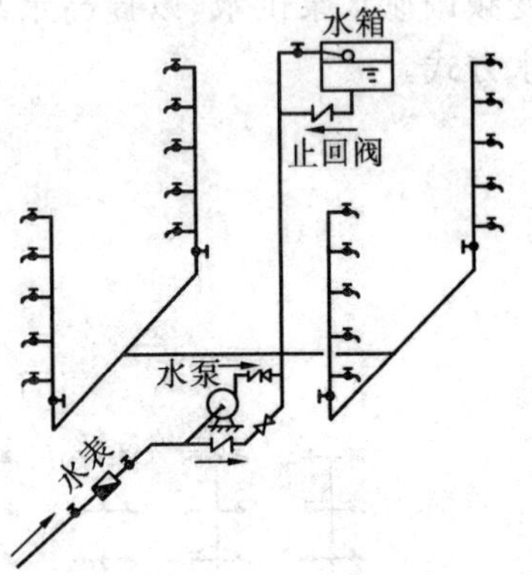

图 2.12　设水泵和水箱联合工作的给水方式

5. 设气压给水装置的给水方式

气压给水装置是利用密闭压力水罐内空气的可压缩性贮存、调节和压送水量的给水装置，其作用相当于高位水箱和水塔，见图 2.13。

水泵从贮水池或由室外给水管网吸水，经加压后送至给水系统和气压水罐内，停泵时，再由气压水罐向室内给水系统供水。由气压水罐调节贮存水量及控制水泵运行。

这种给水方式的优点是，设备可设在建筑物的任何高度上，便于隐蔽，安装方便，水质不易受污染，投资省，建设周期短，便于实现自动化等。但是，给水压力波动较大，管理及运行费用较高，且调节能力小。

这种给水方式适用于室外管网水压经常不足，不宜设置高位水箱的建筑(如隐蔽的国防工程、地震区建筑、建筑艺术要求较高的建筑等)。

6. 分区供水方式

在层数较多的建筑物中，当室外给水管网的压力只能满足建筑物下面几层供水要求时，为了充分利用室外管网水压，可将建筑物供水系统划分为上、下两区。下区由外网直接供水，上区由升压、贮水设备供水。可将两区的一根或几根立管相连通，在分区处装设阀门，以备下区进水管发生故障或外网水压不足时，打开阀门由高区水箱向低区供水，见图 2.14。

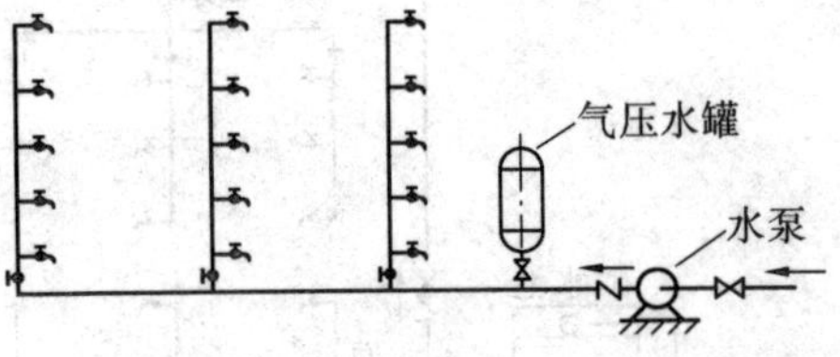

图 2.13　设气压给水装置的给水方式

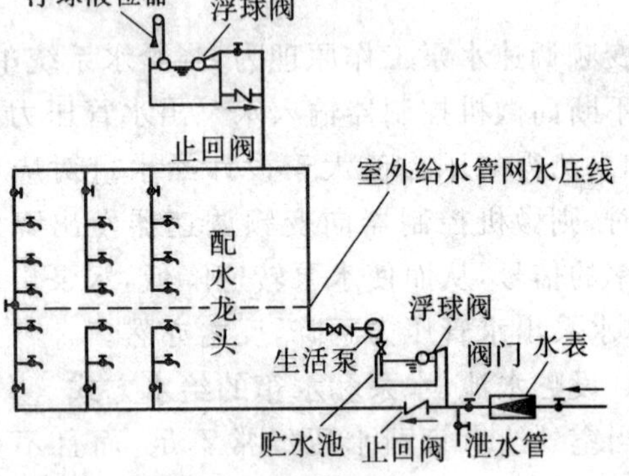

图 2.14　分区给水方式

7. 分质给水方式

分质给水方式即根据不同用途所需的不同水质，分别设置单独的给水系统，如图 2.15 所示。饮用水给水系统供饮用、烹饪、盥洗等生活用水，水质符合《生活饮用水卫生标准》。杂用水给水系统水质较差，仅符合《生活杂用水水质标准》，只能用于建筑内冲洗便器、绿化、洗车、扫除等用水。为确保水质，还可采用饮用水与盥洗、沐浴等生活用水分设两个独立管网的分质给水方式。生活用水均先进入屋顶水箱(空气隔断)后，再经管网供给各用水点，以防止回流污染；饮用水则根据需要，经深度处理达到直接饮用要求，再行输配。

在实际工程中，如何确定合理的供水方案，应当全面分析该项工程所涉及的各项因素——

技术因素，如城市给水系统对供水方案的影响——水质、水压、供水的可靠性；节水节能效果、操作管理、自动化程度等。经济因素，如基建投资、年经常费用、现值等。社会和环境因素，如对建筑立面和城市观瞻的影响、对结构和基础的影响、占地面积、对周围环境的影响、建设难度和建设周期、抗寒防冻性能、分期建设的灵活性、对使用带来的影响等。

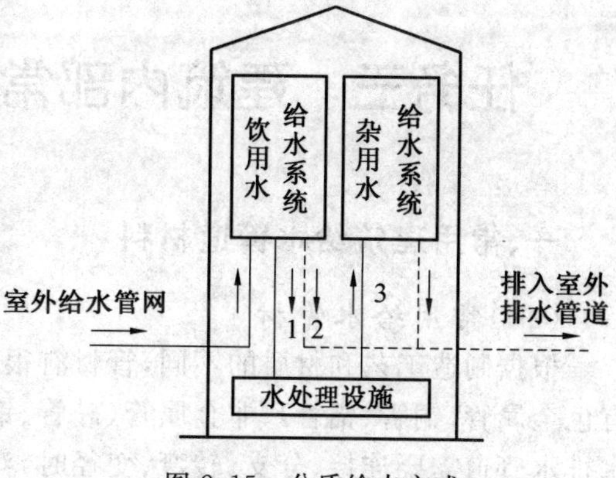

图 2.15　分质给水方式

1—生活废水；2—生活污水；3—杂用水

二、建筑内部给水系统管路图示

各种给水方式，按照水平配水干管的敷设位置，可分为下行上给式、上行下给式、中分式和环状式四种。其特征、使用范围和优缺点见表 2.2。

表 2.2　管网布置方式

名称	特征及使用范围	优　缺　点
下行上给式	水平配水干管敷设在底层（明装、埋设或沟敷）或地下室天花板下 居住建筑、公共建筑和工业建筑，在利用外网水压直接供水时多采用这种方式	形式简单，初装时便于安装维修 与上行下给式布置相比，最高层配水点流出水头较低，埋地管道检修不便
上行下给式	水平配水干管敷设在顶层天花板下或吊顶之内，对于非冰冻地区，也有敷设在屋顶上的，对于高层建筑也可设在技术夹层内 设有高位水箱的居住、公共建筑、机械设备或地下管线较多的工业厂房多采用这种方式	与下行上给式布置相比，最高层配水点流出水头稍高 安装在吊顶内的配水干管可能因漏水或结露损坏吊顶和墙面，要求外网水压稍高一些，管材消耗也比较多些
中分式	水平干管敷设在中间技术层内或某中间层吊顶内，向上、下两个方向供水 屋顶用作露天茶座、舞厅或设有中间技术层的高层建筑多采用这种方式	管道安装在技术层内便于安装维修，有利于管道排气，不影响屋顶多功能使用 需要设置技术层或增加某中间层的层高
环状式	水平配水干管或配水立管互相连接成环，组成水平干管环状或立管环状。在有两个引入管时，也可将两个引入管通过配水立管和水平配水干管相连通，组成贯穿环状 高层建筑、大型公共建筑和工艺要求不间断供水的工业建筑常采用这种方式；消防管网均采用环状式	任何管段发生事故时，可用阀门关闭事故管段而不中断供水，水流通畅，水头损失小，水质不易因滞流而变质 管网造价较高

任务三　建筑内部常用给水管材、附件和水表

一、常用建筑给水管道材料

(一)常用给水管材

根据制造工艺和材质的不同,管材有很多品种。按材质分为黑色金属管(钢管、铸铁管)、有色金属管(铜管、铝管)、非金属管(砼管、钢筋砼管、塑料管)、复合管(钢塑管、铝塑管)等。给水排水管道需要连接、分支、转弯、变径时,对不同管道就要采取不同材质的管件。管件根据材质不同,分为钢制管件、铸铁制管件、铜制管件、塑料管件等。

黑色金属管包括碳素钢管和铸铁管。碳素钢管按制造方法分为无缝钢管、有缝钢管、铸造管等。

非金属管包括砼管、钢筋砼管、塑料管等。在建筑给水中,非金属管的主流是塑料管,包括硬聚氯乙烯管(UPVC)、聚乙烯管(PE)、交联聚乙烯管(PEX)、聚丙烯管(PP)、聚丁烯管(PB)、丙烯腈一丁二烯一苯乙烯管(ABS)等。

1. 聚丙烯管(PP)

普通聚丙烯材质耐低温性差,通过共聚合的方式可以使聚丙烯性能得到改善。改性聚丙烯管有三种:均聚聚丙烯(PP-H,一型)管、嵌段共聚聚丙烯(PP-B,二型)管、无规共聚聚丙烯(PP-R,三型)管。由于PP-B、PP-R的适用范围涵盖了PP-H,故PP-H逐步退出了管材市场。PP-B、PP-R的物理特性基本相似,应用范围基本相同,不同温度下管材允许的最大压力见表2.3。常用PP-R管材管系列和规格尺寸见表2.4。

表2.3　不同温度下管材允许的最大压力

使用温度/℃	预测使用年限/年	管系列									
		S5		S4		S3.2		S2.5		S2	
		PP-R	PP-B	PP-R	PP-B	PP-R	PP-B	PP-R	PP-B	PP-R	PP-B
20	50	1.30	1.16	1.62	1.45	2.03	1.82	2.60	2.33	3.24	2.91
40	50	0.92	0.80	1.16	1.00	1.44	1.25	1.85	1.59	2.31	1.99
60	50	0.65	0.35	0.81	0.43	1.02	0.54	1.30	0.70	1.63	0.87
70	50	0.43	0.24	0.54	0.30	0.67	0.38	0.86	0.48	1.08	0.60
80	50	0.28	0.17	0.35	0.21	0.43	0.27	0.56	0.34	0.69	0.43
95	50	0.15	0.10	0.19	0.13	0.23	0.16	0.30	0.21	0.38	0.26

注:表中数值为管材理论推算的允许压力。实际选用时应根据使用条件和管道质量等因素,留有适当安全余量。

表 2.4　常用 PP－R 管材管系列和规格尺寸表　mm

公称外径 d_e	平均外径		管系列				
			S5	S4	S3.2	S2.5	S2
	最大	最小	公称壁厚 δ				
20	20.0	20.3	—	2.3	2.8	3.4	4.1
25	25.0	25.3	2.3	2.8	3.5	4.2	5.1
32	32.0	32.3	2.9	3.6	4.4	5.4	6.5
40	40.0	40.4	3.7	4.5	5.5	6.7	8.1
50	50.0	50.5	4.6	5.6	6.9	8.3	10.1
63	63.0	63.6	5.8	7.1	8.6	10.5	12.7
75	75.0	75.7	6.8	8.4	10.3	12.5	15.1
90	90.0	90.9	8.2	10.1	12.3	15.0	18.1
110	110.0	111.0	10.0	12.3	15.1	18.3	22.1

PP－R 管的优点为强度高、韧性好、无毒、温度适应范围广（5 ℃～95 ℃）、耐腐蚀、抗老化、保温效果好、不结垢、沿程阻力小、施工安装方便。目前国内产品规格在 d_e20～d_e110 之间，广泛用于冷水、热水、纯净饮用水系统。管道之间采用热熔连接，管道与金属管件通过带金属嵌件的聚丙烯管件采用丝扣或法兰连接，常用 PP－R 管件如图 2.16 所示。

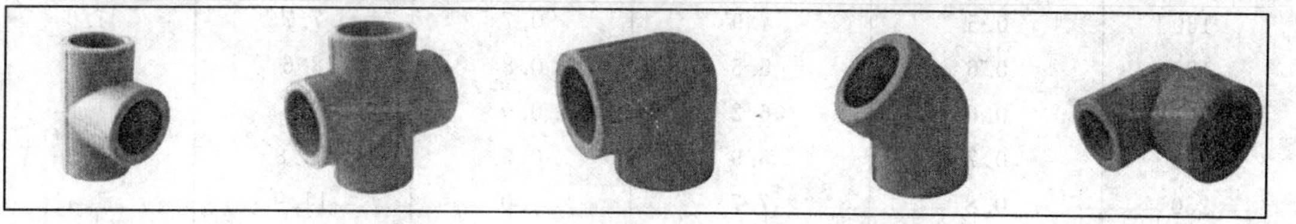

三通　四通　90° 弯头　45° 弯头　异径弯头

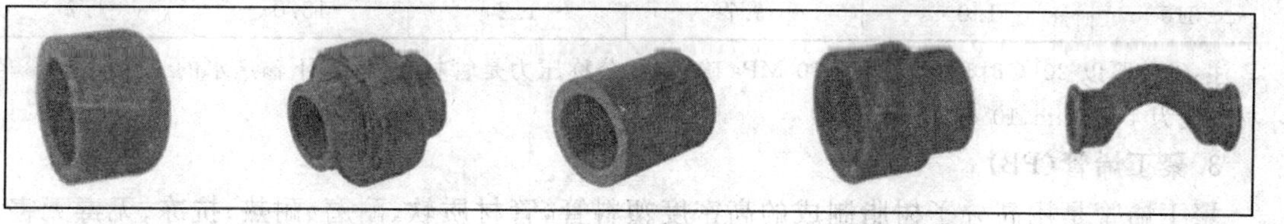

管堵　活接头　直通　异径直通　U 型弯

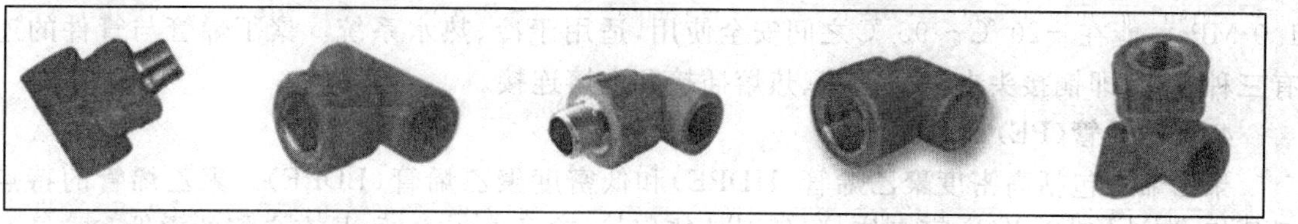

外丝三通　内丝三通　外丝弯头　内丝弯头　带座弯头

图 2.16　常用 PP－R 管件

2. 硬聚氯乙烯管（UPVC）

UPVC 给水管材质为聚氯乙烯，使用温度为 5 ℃～45 ℃，不适用于热水输送，常见规格为

d_e20～d_e315；工作压力为 1.6 MPa。优点是耐腐蚀性好、抗衰老性强、粘接方便、价格低、产品规格全、质地坚硬，符合输送纯净饮用水标准，缺点为维修麻烦、无韧性，环境温度低于 5℃时脆化，高于 45 ℃时软化，长期使用有 UPVC 单体和添加剂渗出。该管材为早期替代镀锌钢管的管材，现已不推广使用。硬聚氯乙烯管通常采用承插粘接，也可采用橡胶密封圈柔性连接、螺纹连接或法兰连接。硬聚氯乙烯给水管规格见表 2.5。

表 2.5　硬聚氯乙烯给水管(UPVC)规格

公称外径 d_e/mm		壁厚 δ/mm			
		公称压力 0.63 MPa		公称压力 1.00 MPa	
基本尺寸	允许偏差	基本尺寸	允许偏差	基本尺寸	允许偏差
20	0.3	1.6	0.4	1.9	0.4
25	0.3	1.6	0.4	1.9	0.4
32	0.3	1.6	0.4	1.9	0.4
40	0.3	1.6	0.4	1.9	0.4
50	0.3	1.6	0.4	2.4	0.5
65	0.3	2.0	0.4	3.0	0.5
75	0.3	2.3	0.5	3.6	0.6
90	0.3	2.8	0.5	4.3	0.7
110	0.4	3.4	0.6	5.3	0.8
125	0.4	3.9	0.6	6.0	0.8
140	0.5	4.3	0.7	6.7	0.9
160	0.5	4.9	0.7	7.7	1.0
180	0.6	5.5	0.8	8.6	1.1
200	0.6	6.2	0.9	9.6	1.2
225	0.7	6.9	0.9	10.8	1.3
250	0.8	7.7	1.0	11.9	1.4
280	0.9	8.6	1.1	13.4	1.6
315	1.0	9.7	1.2	15.0	1.7

注：①壁厚以 20 ℃时环向应力为 10 MPa 确定；②公称压力是管材在 20 ℃下输送水的工作压力；③管材长度为 4 m、6 m、10 m、12 m。

3. 聚丁烯管(PB)

聚丁烯管是用高分子树脂制成的高密度塑料管，管材质软、耐磨、耐热、抗冻、无毒无害、耐久性好、质量轻、施工安装简单，冷水管工作压力为 1.6～2.5 MPa，热水管工作压力为 1.0 MPa。能在－20 ℃～95 ℃之间安全使用，适用于冷、热水系统。聚丁烯管与管件的连接有三种方式，即铜接头夹紧式连接、热熔插接和电熔连接。

4. 聚乙烯管(PE)

聚乙烯管包括高密度聚乙烯管(HDPE)和低密度聚乙烯管(LDPE)。聚乙烯管的特点是质量轻、韧性好、耐腐蚀、可盘绕、耐低温性能好、运输及施工方便、具有良好的柔性和抗蠕变性能，在建筑给水中得到广泛应用。聚乙烯管道的连接可采用电熔、热熔、橡胶圈柔性连接，工程上主要采用熔接。

5. 交联聚乙烯管(PEX)

交联聚乙烯是通过化学方法,使普通聚乙烯的线性分子结构改性成三维交联网状结构。交联聚乙烯管具有强度高、韧性好、抗老化(使用寿命达 50 年以上)、温度适应范围广(−70 ℃～110 ℃)、无毒、不滋生细菌、安装维修方便、价格适中等优点。目前国内产品常用规格在 d_e16～d_e63,主要用于建筑室内热水给水系统上。管径小于等于 25 mm 的管道与管件采用卡套式连接,管径大于等于 32 mm 的管道与管件采用卡箍式连接。

6. 丙烯腈－丁二烯－苯乙烯管(ABS)

ABS 管材是丙烯腈、丁二烯、苯乙烯的三元共聚物,丙烯腈提供了良好的耐蚀性和表面硬度;丁二烯作为一种橡胶体提供了韧性;苯乙烯提供了优良的加工性能。三种组合的共同作用使 ABS 管强度大、韧性高,能承受冲击。ABS 管材的工作压力为 1.6 MPa,常用规格为 d_e15～d_e300,使用温度为−40 ℃～60 ℃;热水管规格不全,使用温度为−40 ℃～95 ℃。管材连接方式为粘接。

7. 钢塑复合管

钢塑复合管是在钢管内壁衬(涂)一定厚度的塑料层复合而成,依据复合管基材不同,可分为衬塑复合管和涂塑复合管两种。衬塑钢管是在传统的输水钢管内插入一根薄壁的 PVC 管,使二者紧密结合,就成了 PVC 衬塑钢管;涂塑钢管是以普通碳素钢管为基材,将高分子 PE 粉末熔融后均匀地涂敷在钢管内壁,经塑化后,形成光滑、致密的塑料涂层。

钢塑复合管兼备了金属管材的强度高、耐高压、能承受较强的外来冲击力和塑料管材的耐腐蚀、不结垢、导热系数低、流体阻力小等优点。钢塑复合管可采用沟槽式、法兰式或螺纹式连接方式,同原有的镀锌管系统完全相容,应用方便,但需在工厂预制,不宜在施工现场切割。

8. 铝塑复合管(PE－AL－PE 或 PEX－AL－PEX)

铝塑复合管是通过挤出成型工艺而制造出的新型复合管材,它由聚乙烯层—胶合层—铝合金层—胶合层—聚乙烯层 5 层结构构成,铝塑复合管内部结构见图 2.17,铝塑复合管规格性能见表 2.6。

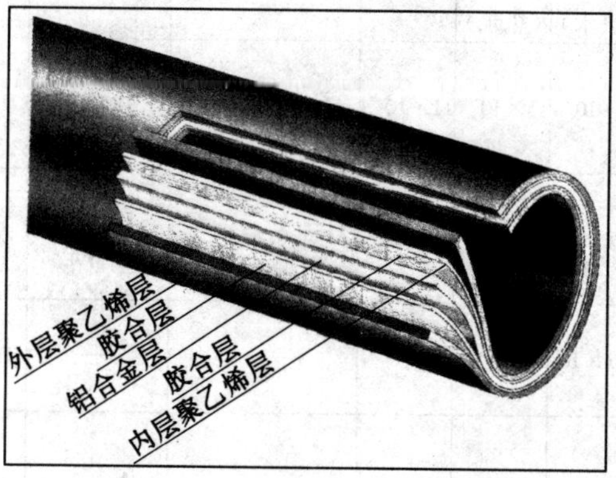

图 2.17　铝塑复合管内部结构

铝塑复合管可以分为三种型号:A 型,耐温≤60 ℃;B 型,耐温≤95 ℃;C 型,输送燃气用。管件连接主要采用厂家专用夹紧式铜接头和部分专用工具。铝塑复合管安装方便,暗装时可用弯管代替弯头。

表 2.6　铝塑复合管规格性能表

规格	外径/mm	内径/mm	壁厚/mm	工作温度/℃			工作压力/MPa	
				A 型管	B 型管	C 型管	A,B 型管	C 型管
1014	14	10	2					
1216	16	12	2					
1418	18	14	2					
1620	20	16	2					
2025	25	20	2.5	40～60	40～95	－20～40	1.0	0.4
2632	32	26	3					
3240	40	32	4					
4150	50	41	4.5					
5163	63	51	6					
6075	75	60	7.5					

常用几种新型管材的主要特性综合比较见表 2.7。

表 2.7　常用几种新型管材的主要特性综合比较表

	UPVC	PB	PP－R	PEX	ABS	铝塑复合管	塑复钢管	钢塑复合管	涂塑钢管	孔网钢带复合管
温度/℃（长期使用）	≤45	≤90	≤70	≤90	≤60	HDPE≤60 XIPE≤90	≤80	≤50	≤50	≤60
压力/MP（工作压力）	1.6	1.6～2.5（冷水）1.0（热水）	2.0（冷水）1.0（热水）	1.6（冷水）1.0（热水）	1.6	2.0～3.0	2.0	2.5	2.5	1.6（冷水）1.0（热水）
膨胀系数/[m·(m·℃)$^{-1}$]	7×10^{-5}	13×10^{-5}	11×10^{-5}	15×10^{-5}	11×10^{-5}	2.5×10^{-5}	1.18×10^{-5}	1.4×10^{-5}	1.4×10^{-5}	2.5×10^{-5}
导热率[w·(m·K)$^{-1}$]	0.16	0.22	0.24	0.41	0.26	0.45	视塑复材料定	接近钢管	接近钢管	视塑复材料定
弹性模量/(N·cm^{-2})	3.5×10^5	3.5×10^5	1.1×10^5	0.6×10^5	—	—	—	206×10^5	206×10^5	—
膨胀力/kg（D=32mm，T=50℃，L=10m）	310	48	178	253	—	—	815	2050	2050	—
管壁厚度	中间	最薄	最厚	中间	中间	厚	薄			薄
单价	便宜	贵	贵	较贵	较贵	较贵	贵	比涂塑管贵	是镀锌管的 1.3 倍	便宜

续表 2.7

	UPVC	PB	PP－R	PEX	ABS	铝塑复合管	塑复钢管	钢塑复合管	涂塑钢管	孔网钢带复合管
规格范围（外径 D/mm）	20～315	16～110	20～110	16～63	15～300	16～32	15～55	15～300	15～300	15～200
寿命/年	50	50	50	50		50	50	30	30	30
连接方式	弹性密封或粘接	夹紧式，热熔式，插接电熔合连接	热熔式连接	夹紧式，采用金属管件	粘接	夹紧式，采用金属管件	焊接式，夹紧式	管螺纹及法兰连接	管螺纹及法兰连接	电热熔式

9. 无缝钢管

按用途不同，无缝钢管分为普通和专用两种。其中普通无缝钢管又可按材质不同，分为碳素钢管、优质碳素钢管、低合金钢管和合金钢管。常用的无缝钢管为碳素钢管，一般采用 10 号、20 号、35 号、45 号钢制造；按制造工艺不同，可以分为冷扎（拔）和热扎两种，冷扎管包括外径5～200 mm的各种规格，单根长度为 1.5～9 m，热扎管有外径 32～630 mm 的各种规格，单根长度为 3～12.5 m。

无缝钢管的管件不多，有无缝冲压弯头和无缝异径管两种，材质与相应的无缝钢管材质相同。无缝冲压弯头分为 90°和 45°两种角度。无缝异径管又称无缝大小头，分为同心大小头和偏心大小头两种。

无缝钢管的强度大，品种和规格较多，广泛用于压力较高的工业管道工程，如热力管道、压缩空气管道、氧气管道、各种化工管道等。在民用安装工程中，无缝钢管一般用于采暖主干管道和煤气主干管道等，给水排水工程使用较少。在排水系统中用于检修困难地方的管段、机器设备振动较大地方的管段及管道内压力较高的非腐蚀性排水管，采用焊接或法兰连接。

10. 焊接钢管

焊接钢管又称有缝钢管，分为水煤气钢管和卷板焊接钢管两种。

水煤气钢管，由扁钢管坯卷成管线并沿缝焊接而成。按有无螺纹分为带螺纹（锥形或圆形螺纹）和不带螺纹（光管）钢管两种；按壁厚不同分为普通钢管、加厚钢管和薄壁钢管三种，普通钢管规定的水压试验压力为 2 MPa，加厚钢管为 3 MPa；按表面处理的不同分为普通焊接钢管（黑铁管）和镀锌焊接钢管（白铁管），其中镀锌焊接钢管又分为电镀锌和热浸锌两种。镀锌钢管比普通焊接钢管重 3%～6%，热浸锌焊接钢管广泛用于生活、消防给水管道和煤气管道，故又称为水煤气管。在排水系统中用作卫生器具排水支管及生产设备的非腐蚀性排水支管上管径小于或等于 50 mm 的管道。普通焊接钢管规格标准见表 2.8。

表 2.8 普通焊接钢管规格标准

公称直径/mm	外径/mm	普通焊接钢管质量/(kg · m^{-1})	镀锌焊接钢管质量/(kg · m^{-1})
15	21.25	1.26	1.34
20	26.25	1.63	1.73
25	33.5	2.42	2.57
32	42.25	3.13	3.32
40	48	3.84	4.07
50	60	4.88	5.17
70	75.5	6.64	7.04
80	88.5	8.34	8.84
100	114	10.85	11.50
125	140	15.04	15.94
150	165	17.81	18.88

镀锌钢管一度是我国生活饮用水采用的主要管材，长期使用证明，其内壁易生锈、结垢、滋生细菌、微生物等有害杂质，使自来水在输送途中造成“二次污染”。根据国家有关规定，从2000年6月1日起，在城镇新建住宅生活给水系统中禁用镀锌钢管，并根据当地实际情况逐步限时禁用热浸锌管；目前镀锌钢管主要用于水消防系统。镀锌钢管强度高、抗振性能好。

钢管的连接方法有螺纹连接、焊接、法兰连接和卡箍连接。

(1)螺纹连接。

螺纹连接是利用配件连接，连接配件的形式及连接方法见图 2.18。配件用可锻铸铁制成，抗蚀性及机械强度均较大，分镀锌和不镀锌两种，钢制配件较少。室内给水管道应用镀锌配件，镀锌钢管必须用螺纹连接。螺纹连接多用于明装管道。

(2)焊接。

焊接后的管道接头紧密、不漏水，施工迅速，不需要配件；但无法像螺纹连接那样方便拆卸。焊接只能用于非镀锌钢管。因为镀锌钢管焊接时锌层遭到破坏，会加速锈蚀。焊接连接多用于暗装管道。

(3)法兰连接。

一般在管径大于 DN50 的管道上，将法兰盘焊接或用螺纹连接在管端，再以螺栓连接，法兰盘见图 2.19。法兰连接一般用于闸阀、止回阀、水泵、水表等连接处，以及需要经常拆卸、检修的管段上。

(4)卡箍连接。

对于较大管径用丝扣连接较困难，且不允许焊接时，一般采用卡箍连接。连接时两管口端应平整无缝隙，沟槽应均匀，卡紧螺栓后，管道应平直，卡箍安装方式应一致，见图 2.20。卡箍连接常用管件见图 2.21。

承插铸铁管用承插连接接口有以下 3 种：青铅接口、石棉水泥接口、膨胀性填料接口等。

塑料管可采用螺纹连接(配件为注塑制品)、焊接(热空气焊)、法兰连接、粘接等方法。

11. 不锈钢管

耐空气、蒸汽、水等弱腐蚀介质和酸、碱、盐等化学侵蚀性介质腐蚀的钢，称为不锈钢，又称不锈耐酸钢。实际应用中，常将耐弱腐蚀介质腐蚀的钢称为不锈钢，而将耐化学介质腐蚀的钢

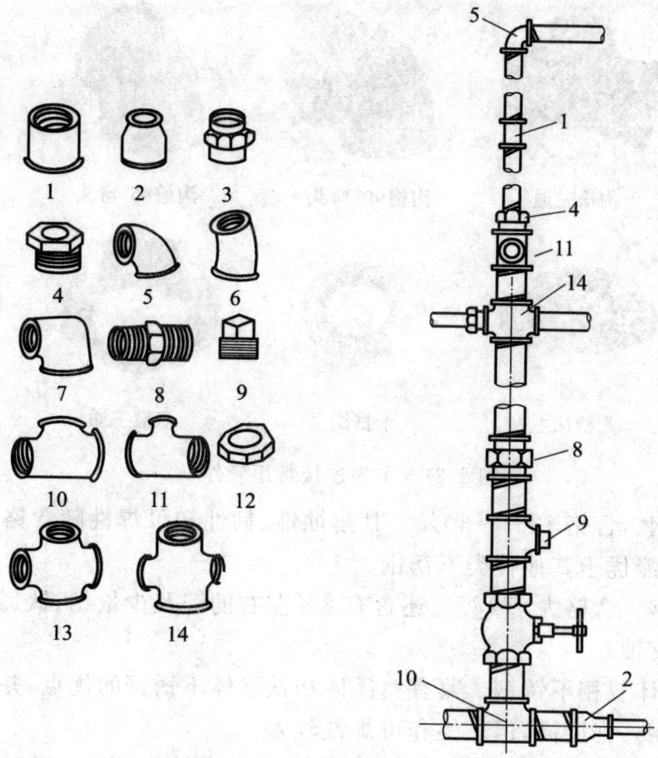

图 2.18　钢管螺纹连接配件及连接方法

1—管箍；2—异径管箍；3—活接头；4—补心；5—90°弯头；6—45°弯头；7—异径弯头；8—外丝；9—堵头；10—等径三通；11—异径三通；12—根母；13—等径四通；14—异径四通

称为耐酸钢。由于两者在化学成分上的差异，前者不一定耐化学介质腐蚀，而后者则一般均具有不锈性。

图 2.19　法兰盘

不锈钢是在普通碳钢的基础上，加入一组铬的质量分数大于 12%合金元素的钢材，它在空气作用下能保持金属光泽，也就是具有不生锈的特性。这是由于在这类钢中含有一定量的铬合金元素，能使钢材表面形成一层不溶解于某些介质的坚固的氧化薄膜（钝化膜），使金属与外界介质隔离而不发生化学作用。在这类钢中，有些除含较多的铬（Cr）外，还匹配加入较多的其他合金元素，如镍（Ni），使之在空气中、水中、蒸气中都具有很好的化学稳定性，而且在许多种酸、碱、盐的水溶液中也有足够的稳定性，甚至在高温或低温环境中，仍能保持其耐腐蚀的优点。

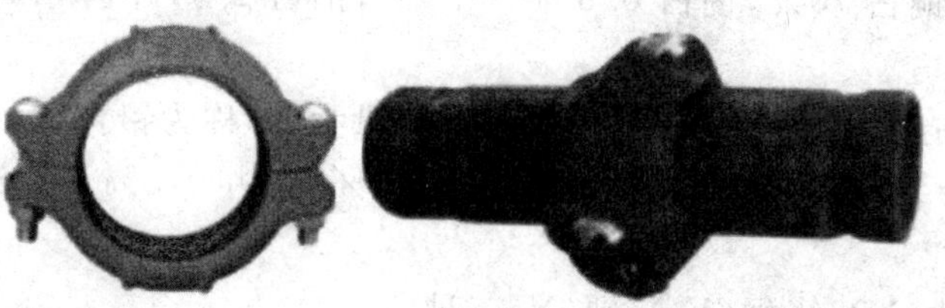

图 2.20　卡箍连接

不锈钢通常按基体组织分为：

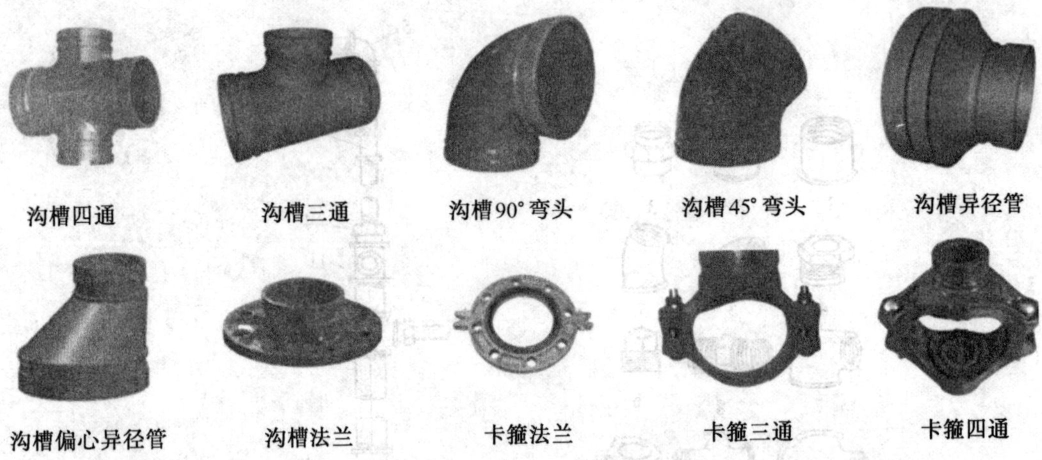

图 2.21 卡箍连接常用管件

(1)铁素体不锈钢。含铬 12%～30%。其耐蚀性、韧性和可焊性随含铬量的增加而提高，耐氯化物应力腐蚀性能优于其他种类不锈钢。

(2)奥氏体不锈钢。含铬大于 18%，还含有 8%左右的镍及少量钼、钛、氮等元素。综合性能好，可耐多种介质腐蚀。

(3)奥氏体-铁素体双相不锈钢。兼有奥氏体和铁素体不锈钢的优点，并具有超塑性。

(4)马氏体不锈钢。强度高，但塑性和可焊性较差。

不锈钢管具有很强的化学稳定性，具有机械强度高、坚固、韧性好、耐腐蚀性好、热膨胀系数低、卫生性能好、可回收利用、外表靓丽大方、安装维护方便、经久耐用等优点，适用于建筑给水特别是管道直饮水及热水系统中，直径规格为(6～630)×(1～50)。管道可采用焊接、螺纹连接、卡压式、卡套式等多种连接方式。

12. 铜管

铜管包括拉制铜管、挤制铜管、拉制黄铜管和挤制黄铜管，是传统的给水管材，具有耐温、延展性好、承压能力强、化学性质稳定、线性膨胀系数小等优点。铜管公称压力为 2.0 MPa，冷、热水均适用，因为一次性投入较高，一般在高档宾馆等建筑中采用。铜管可采用螺纹连接、焊接及法兰连接。

常用黄铜管按元素质量分数分为以下几种：

(1)H96，即铜占 96%，其余为锌，称为普通黄铜；

(2)H86，铜占 86%，其余为锌，称为普通黄铜；

(3)H62，铜占 62%，其余为锌，称为普通黄铜；

(4)HSn62，铜占 62%，锡占 1%，其余为锌，称为锡黄铜；

(5)HSn70－1，铜占 70%，锡占 0.8%～1.3%，铝占 2%，砷占 0.03%～0.06%，余量为锌，称为砷黄铜；

(6)HPb59，铜占 59%，铅占 0.8%～1.9%，余量为锌，称为铅黄铜；

(7)HFe59－1－1，铜占 59%，铝占 0.1%～0.5%，锰占 0.5%～0.8%，余量为锌，称为铁黄铜。

黄铜管又分为软(M)、半硬(Y_2)、硬(Y)三种。

(二)建筑室内给水管材的选用

选用给水管材时，首先应了解各类管材的特性指标，如耐温耐压能力、线性膨胀系数、抗冲击能力、热传导系数及保温性能、管径范围、卫生性能等，然后根据建筑装饰标准、输送水的温度及水质要求、使用场合、敷设方式等进行技术经济比较后确定。

选用管材需要遵循的原则是：安全可靠、卫生环保、经济合理、水力条件好、便于施工维护。

安全可靠性是指管材本身的承压能力，包括管件连接的可靠性，要有足够的刚度和机械强度，做到在工作压力范围内不渗漏、不破裂。卫生环保要求是指管材的原材料、改性剂、助剂和添加剂等能够保证饮用水水质不受污染。管材的内外表面应光滑、水力条件好。管材应容易加工，且有一定的耐腐蚀能力。在保证管材质量的前提下，尽可能选择价格低廉、货源充足、供货方便的管材。

埋地给水管道采用的管材，应具有耐腐蚀和能承受相应地面荷载的能力。可采用塑料给水管、有衬里的铸铁给水管、经可靠防腐处理的钢管。室内的给水管道，应选用耐腐蚀和安装连接方便可靠的管材，可采用塑料给水管、塑料和金属复合管、铜管、不锈钢管及经可靠防腐处理的钢管。

二、给水附件

安装在给水管道及设备上的启闭和调节装置称为给水附件。给水附件可分为配水附件和控制附件两类。

1. 配水附件

配水附件主要是用以调节和分配水流。常用配水附件见图 2.22。

(1)球形阀式配水龙头装设在洗脸盆、污水盆、盥洗槽上。水流经过水龙头时因水流改变流向，故压力损失较大。

(2)旋塞式配水龙头的旋塞转 90°时，即完全开启，短时间可获得较大的流量。由于水流呈直线通过，其阻力较小。缺点是启闭迅速时易产生水锤。一般用于压力为 0.1MPa 左右的配水点处，如浴池、洗衣房、开水间等。

(3)盥洗龙头装设在洗脸盆上，用于专门供给冷热水，有莲蓬头式、角式、喇叭式、长脖式等多种型式。

(4)混合配水龙头用来调节冷热水的温度，如盥洗、洗涤、浴用热水等。这种配水龙头的式样较多，可结合实际选用。

除上述配水龙头外，还有小便器角形水龙头、皮带水龙头、电子自控水龙头等。

2. 控制附件

控制附件用来调节水量和水压，关断水流等。如截止阀、闸阀、止回阀、浮球阀和安全阀等，常用控制附件——各类阀门见图 2.23。

(1)闸阀。闸阀全开时，水流呈直线通过，压力损失小，但水中杂质沉积阀座时，阀板关闭不严，易产生漏水现象。管径大于 50 mm 或双向流动的管段上宜采用闸阀。

(2)截止阀。截止阀关闭严密，但水流阻力较大，用于管径不大于 50 mm 或经常启闭的管段上。

(3)旋塞阀。旋塞阀又称转心阀，装在需要迅速开启或关闭的管段上，为防止因迅速关断水流而引起水击，常用于压力较低和管径较小的管段上。

(4)止回阀。室内常用的止回阀有升降式止回阀和旋启式止回阀，其阻力均较大。旋启式止回阀可水平安装或垂直安装，垂直安装时水流只能向上流，升降式止回阀在阀前压力大于 19.62 kPa 时方能启闭灵活。

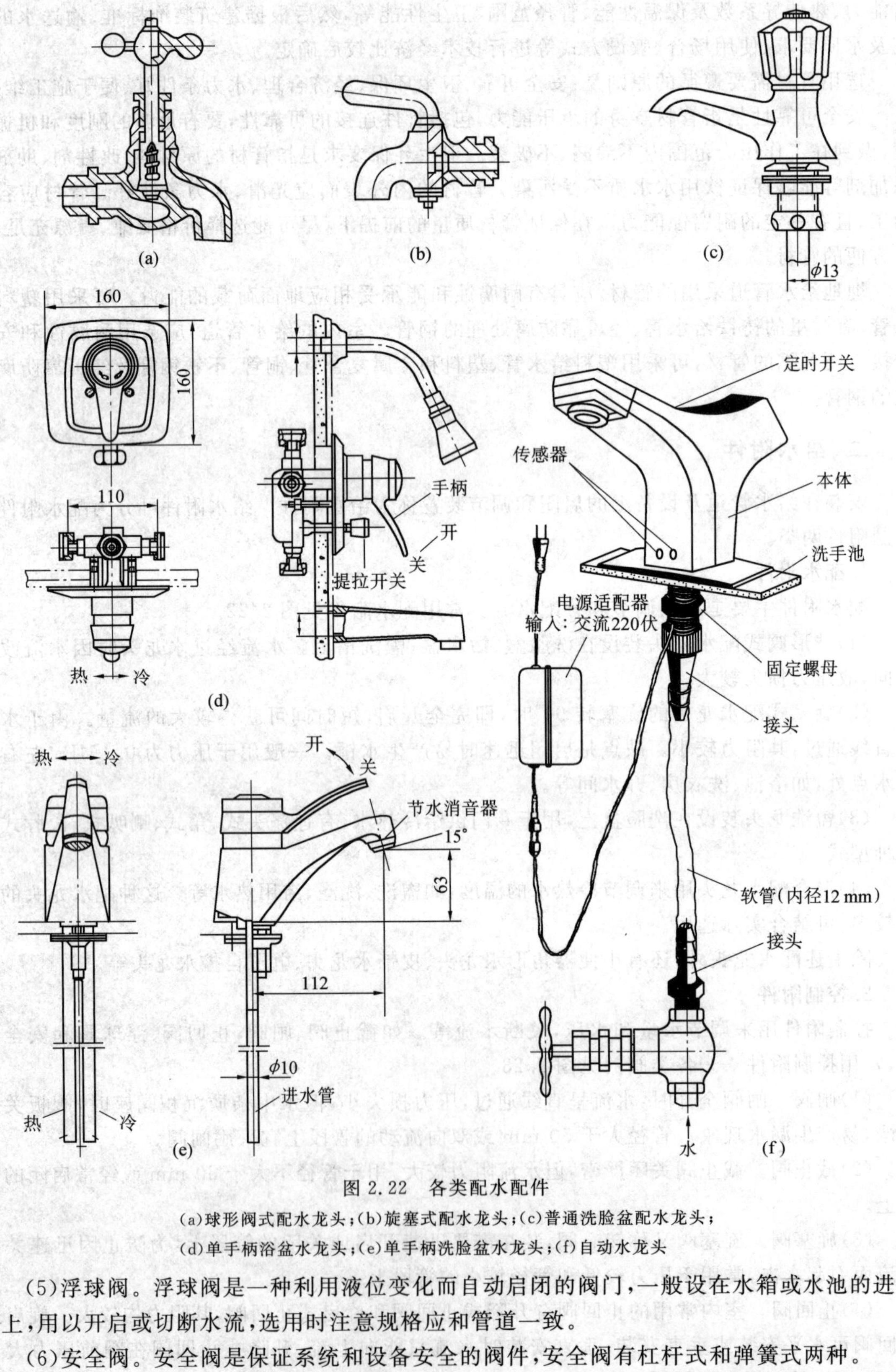

图 2.22　各类配水配件

(a)球形阀式配水龙头；(b)旋塞式配水龙头；(c)普通洗脸盆配水龙头；

(d)单手柄浴盆水龙头；(e)单手柄洗脸盆水龙头；(f)自动水龙头

(5)浮球阀。浮球阀是一种利用液位变化而自动启闭的阀门，一般设在水箱或水池的进水管上，用以开启或切断水流，选用时注意规格应和管道一致。

(6)安全阀。安全阀是保证系统和设备安全的阀件，安全阀有杠杆式和弹簧式两种。

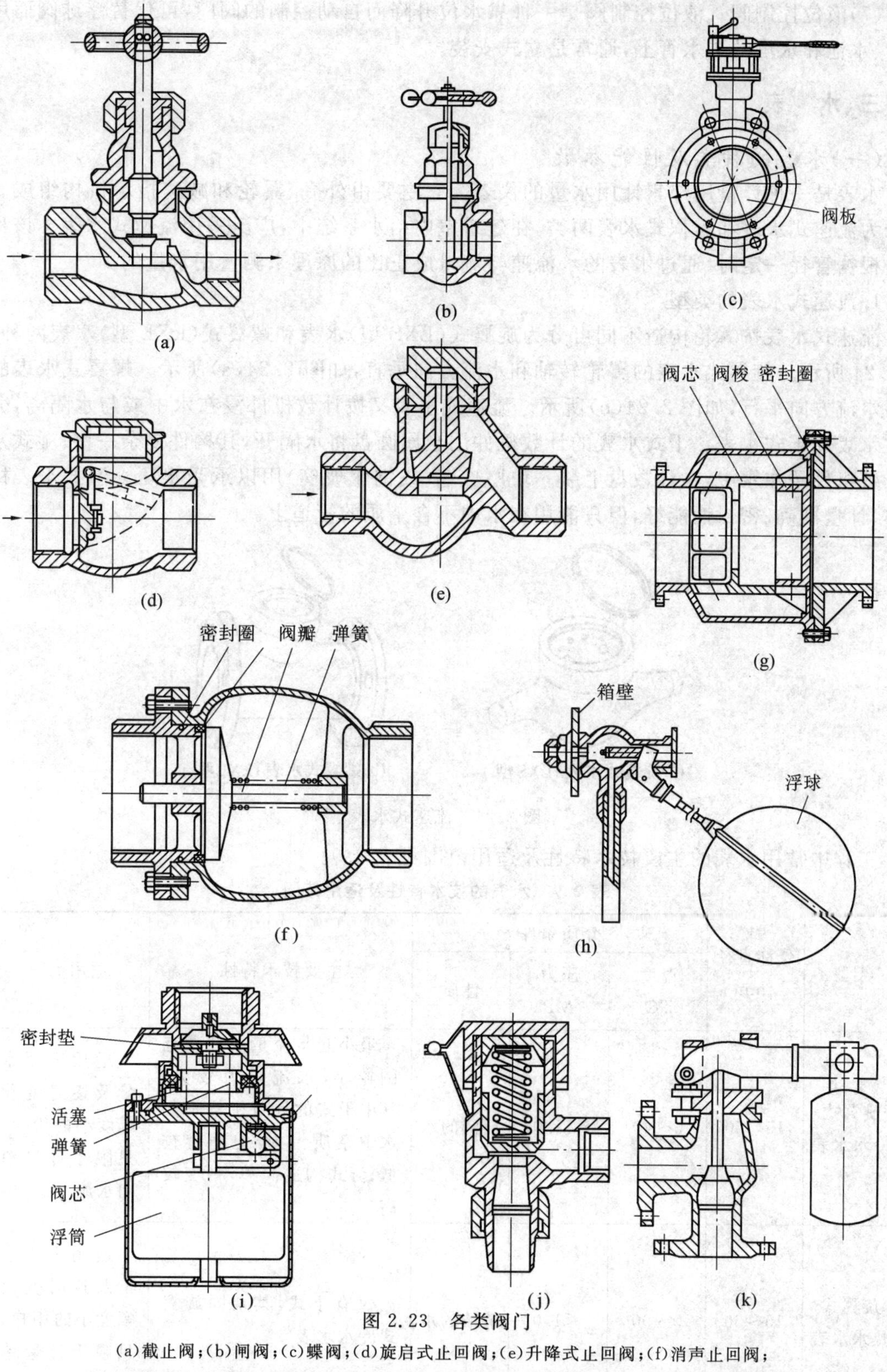

图 2.23　各类阀门

(a)截止阀；(b)闸阀；(c)蝶阀；(d)旋启式止回阀；(e)升降式止回阀；(f)消声止回阀；
(g)梭式止回阀；(h)浮球阀；(i)液压水位控制阀；(j)弹簧式安全阀；(k)杠杆式安全阀

(7)液位控制阀。液位控制阀是一种靠水位升降而自动控制的阀门，可代替浮球阀而用于水箱、水池和水塔的进水管上，通常是立式安装。

三、水　表

(一)水表的种类及性能参数

水表是一种计量用户累计用水量的仪表。它主要由外壳、翼轮和减速指示机构组成。水表分为流速式水表和容积式水表两类，在建筑室内给水系统中，广泛采用流速式水表。该种水表是根据管径一定时，通过水表的水流速与流量成正比的原理来测量用水量的。

1.流速式水表的类型

流速式水表按翼轮构造不同可分为旋翼式(LXS 型)水表和螺翼式(LXL 型)水表两种，如图 2.24 所示。旋翼式水表的翼轮转轴和水流方向垂直，如图 2.24(a)所示。螺翼式水表的转轴与水流方向平行，如图 2.24(b)所示。流速式水表又按计数机件浸在水中或与水隔离，分为湿式水表和干式水表。干式水表的计数机件用金属圆盘将水隔开，其构件复杂一些；湿式水表的计数机件浸在水中，在计数盘上装一块厚玻璃(或钢化玻璃)用以承受水压。湿式水表机件简单、计量准确、密封性能好，但只能用在水中不含杂质的管道上。

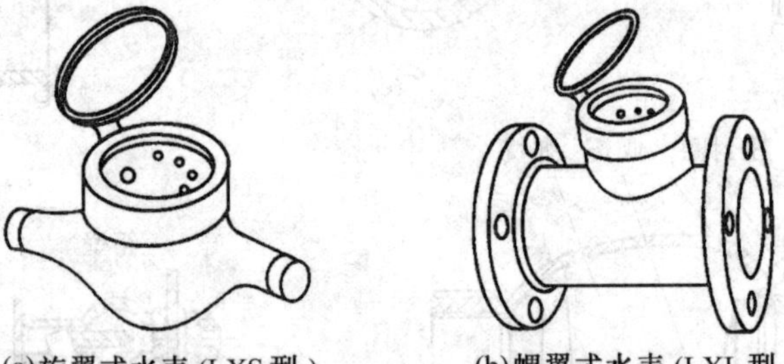

(a)旋翼式水表 (LXS 型)　　(b)螺翼式水表 (LXL 型)

图 2.24　流速式水表

工程中常用水表的主要技术特性及适用范围见表 2.9。

表 2.9　水表的技术特性及适用范围

类型	公称直径/mm	介质条件			主要技术特性	适用范围
		温度/℃	压力/MPa	性质		
旋翼式冷水水表	15～50	0～40	≤1.0	清洁的水	最小起步流量及计量范围较小，水流阻力较大。其中干式的计量机构不受水中杂质污损，但精度较低；湿式构造简单，精度较高	适用于用水量及逐时变化幅度小的用户，只限于计量单向水流
旋翼式热水水表	15～50	0～90	≤1.0	清洁的水	仅有干式，其余同旋翼式冷水水表	适用于用水量及逐时变化幅度小的用户，只限于计量单向水流

续表 2.9

类型	公称直径/mm	介质条件			主要技术特性	适用范围
		温度/℃	压力/MPa	性质		
螺翼式冷水水表	80～400	0～40	≤1.0	清洁的水	最小起步流量及计量范围较大，水流阻力小	适用于用水量大的用户，只限于计量单向水流
螺翼式热水水表		0～90	≤0.6	清洁的水	最小起步流量及计量范围较大，水流阻力小	适用于用水量大的用户，只限于计量单向水流
复式水表	主表：50～400 复表：15～40	0～40	≤1.0	清洁的水	水表由主表及副表组成，用水量较小时，仅由副表计量；用水量大时，则由主表及副表同时计量	适用于用水量变化幅度大的用户，且只限计量单向水流
正逆流水表	50～150	0～30	≤3.2	海水	可计量管内正、逆两向流量总和	主要用于计量海水的正、逆方向流量
容积式活塞式水表	15～20	0～40	≤1.0	清洁的水	为容积式流量仪表，精度较高，表型体积小，采用数码显示，可水平或垂直安装	适用于工矿企业及家庭计量水量，只限计量单向水流

旋翼式水表和螺翼式水表的技术参数分别见表 2.10、表 2.11。

表 2.10　LXS 旋翼湿式、LXSL 旋翼立式水表技术参数

型号	公称口径/mm	计量等级	最大流量/($m^3 \cdot h^{-1}$)	公称流量/($m^3 \cdot h^{-1}$)	分界流量/($m^3 \cdot h^{-1}$)	最小流量/($L \cdot h^{-1}$)	始动流量/($L \cdot h^{-1}$)	最小读数/m^3	最大读数/m^3
LXS－15C LXSL－15C	15	A	3	1.5	0.15	45	14	0.000 1	9 999
		B			0.12	30	10		
LXS－20C LXSL－20C	20	A	5	2.5	0.25	75	19	0.000 1	9 999
		B			0.20	50	14		
LXS－25C	25	A	7	3.5	0.35	105	23	0.001	99 999
		B			0.28	70	17		
LXS－32C	32	A	12	6	0.60	180	32	0.001	99 999
		B			0.48	120	27		

续表 2.10

型号	公称口径/mm	计量等级	最大流量/(m³·h⁻¹)	公称流量/(m³·h⁻¹)	分界流量/(m³·h⁻¹)	最小流量/(L·h⁻¹)	始动流量/(L·h⁻¹)	最小读数/m³	最大读数/m³
LXS－40C	40	A	20	10	1.00	300	56	0.001	99 999
		B			0.80	200	46		
LXS－50C	50	A	30	15	1.50	450	75	0.001	99 999

表 2.11　LXL 螺翼式水表技术参数

型号	公称口径/mm	计量等级	最大流量/(m³·h⁻¹)	公称流量/(m³·h⁻¹)	分界流量/(m³·h⁻¹)	最小流量/(m³·h⁻¹)	最小读数/m³	最大读数/m³
LXL－50N	50	A	30	15	4.5	1.2	0.01	999 999
		B			3.0	0.45		
LXL－80N	80	A	80	40	12	3.2	0.01	999 999
		B			8.0	1.2		
LXL－100N	100	A	120	60	18	4.8	0.01	999 999
		B			12	1.8		
LXL－150N	150	A	300	150	45	12	0.01	999 999
		B			30	4.5		
LXL－200N	200	A	500	250	75	20	0.1	9 999 999
		B			50	7.5		
LXL－250N	250	A	800	400	120	32	0.1	9 999 999
		B			80	12		

注：表 2.10、表 2.11 的适用条件是水温不超过 50 ℃，水压不大于 1 MPa 的洁净冷水。

2. 水表各项技术参数

(1)最大流量。

最大流量为只允许短时间使用的流量，为水表使用的上限值。旋翼式水表通过最大流量时的水头损失为 100 kPa，螺翼式水表通过最大流量时的水头损失为 10 kPa。其各计算式为

$$h_B = \frac{q_B^2}{K_B} \tag{2.2}$$

$$K_B = \frac{Q_{\max\cdot s}^2}{100} \text{ 或 } K_B = \frac{Q_{\max\cdot L}^2}{10}$$

式中　h_B ——水流通过水表产生的压力损失，kPa；

K_B ——水表的特性系数；

q_B ——通过水表流量，即计算管段的给水设计流量，m³/h；

$Q_{\max\cdot s}$ ——旋翼式水表的最大流量，m³/h；

100——旋翼式水表通过最大流量时的水头损失，kPa；

$Q_{\max\cdot L}$ ——螺翼式水表的最大流量，m³/h；

10——螺翼式水表通过最大流量时的水头损失，kPa。

(2)公称流量。

水表允许长期使用的流量。

(3)分界流量。

水表误差限改变时的流量。

(4)最小流量。

水表在规定误差限内,使用的下限流量。

(5)始动流量。

水表开始连续指示时的流量。

(二)水表的选用

水表的规格性能见表 2.10、表 2.11,选择时要考虑其工作性质、工作压力、工作时间、计量范围和水质情况,并应满足以下要求:

(1)一般情况下,公称直径小于或等于 50 mm 时,应采用旋翼式水表;公称直径大于 50 mm时,应采用螺翼式水表;当通过流量变化幅度很大时,应采用复式水表。在干式和湿式水表中,应优先采用湿式水表。

(2)确定水表的公称直径时,应考虑以下原则:

①当用水均匀时,应按设计流量不超过水表的公称流量来决定水表的公称直径。生活(生产)消防共用的给水系统,水表额定流量不包括消防流量,但应加上消防流量复核,使其总流量不超过水表的最大流量限值,同时,应按表 2.12 复核水表压力损失。

②当生活(生产)用水为不均匀用水,且其连续高峰负荷每昼夜不超过 2～3 h 时,设计中可按设计秒流量不大于水表最大流量来决定水表的公称直径,同时,亦应按表 2.12 复核水表的压力损失。

③住宅的分户水表,其公称直径一般可采用 15 mm,但如住宅中装有自闭式大便器冲洗阀时,为保证必要的冲洗强度,水表公称直径不宜小于 20 mm。

表 2.12　按最大小时流量选用水表时的允许压力损失值　kPa

表　型	正常用水时	消防时
旋翼式	<25	<50
螺翼式	<13	<30

(3)优质饮用水管道系统宜选用专用水表,如 LYH 和 LYHY 系列饮用水计量仪。

【例 2.1】　某栋住宅的给水系统,总进水管及各分户支管均安装水表。经计算总水表通过的设计流量为 50 m^3/h,分户支管通过水表的设计流量为 1.67m^3/h。试确定水表口径并计算水头损失,以及当消防水量为 5L/s 时,试对总水表进行校核。

[解]

1.分户水表选择。由于住宅用水不均匀性较大,应以设计流量不大于水表的最大流量来确定水表公称直径。由表 2.10 查得,LXS－20C 水表最大流量为 5.0 $m^3/h > 1.67\ m^3/h$,故满足流量要求。

水表的特性系数为　$K_B = \frac{Q^2_{max\cdot s}}{100} = \frac{5^2}{100} = 0.25$

水流通过水表的压力损失为

$$h_B/\text{kPa} = \frac{q_B^2}{K_B} = \frac{(1.67)^2}{0.25} = 11.16$$

小于表 2.12 中规定，满足要求，分户水表选用 LXS－20C 型。

2. 总水表选择。正常通过总表的设计流量为 50 m^3/h；如消防时，通过水表的总流量为 $50+5\times3.6=68$ m^3/h。从表 2.11 中查得：LXL－100N 的水平螺翼式水表的最大流量为 120 m^3/h，大于水表的设计流量 50 m^3/h，也大于消防时通过总流量 68 m^3/h，满足流量要求。

正常用水时水表压力损失为

$$K_B=\frac{Q_{\max\cdot L}^2}{10}=\frac{120^2}{10}=1440$$

$$h_B/\text{kPa}=\frac{q_B^2}{K_B}=\frac{50^2}{1440}=1.74$$

消防时水表压力损失为

$$h_B/\text{kPa}=\frac{q_B^2}{K_B}=\frac{68^2}{1440}=3.21$$

从以上计算可以看出，正常供水及消防供水时水表的压力损失均小于表 2.12 的规定。

(三)电控自动流量计(TM 卡智能水表)

TM 卡智能水表内部置有微电脑测控系统，通过传感器检测水量，用 TM 卡传递水量数据，主要用来计量(定量)经自来水管道供给用户的饮用冷水，适于家庭使用。主要技术参数见表 2.13。

表 2.13　TM 卡智能水表性能参数

公称直径/mm	计量等级	过载流量/($m^3\cdot h^{-1}$)	常用流量/($m^3\cdot h^{-1}$)	分界流量/($m^3\cdot h^{-1}$)	最小流量/($m^3\cdot h^{-1}$)	水温/℃	最高压力/MPa
15	A	3	1.5	0.15	0.06	≤60	1.0

TM 卡智能水表的安装位置要避免曝晒、冰冻、污染和水淹，以及砂石等杂物不能进入管道，水表要水平安装，字面朝上，水流方向应与表壳上的箭头一致。使用时，表内需装入 5 号锂电池 1 节(正常条件下可用 3～5 年)。用户持 TM 卡(有三重密码)先到供水管理部门购买一定的水量，持 TM 卡插入水表的读写口(将数据输入水表)即可用水。用户用去一部分水，水表内存储器的用水余额自动减少，新输入的水量能与剩余水量自动叠加。表面上有累计计数显示，供水部门和用户可核查用水总量。插卡后可显示剩余水量，当用水余额只有 1 m^3 时，水表有提醒用户再次购水的功能。

这种水表的特点和优越性是：将传统的先用水、后结算交费的用水方式改变为先预付水费、后限额用水的方式，使供水部门可提前收回资金，减少拖欠水费的损失；将传统的人工进户抄表、人工结算水费的方式改变为无须上门抄表、自动计费、主动交费的方式，减轻了供水部门工作人员的劳动强度；用户无须接待抄表人员，减少计量纠纷，还能提示人们节约用水，保护和利用好水资源；供水部门可实现计算机全面管理，提高自动化程度，提高工作效率。

(四)水表安装

(1)水表应安装在查看方便、不受曝晒、不受污染和不易损坏的地方，引入管上的水表应装在室外水表井、地下室或专用的房间内，装设水表部位的气温应在 2 ℃以上，以免冻坏水表。

(2)水表装到管道上之前，应先清除管道中的污物(用水冲洗)，以免污物堵塞水表。

(3)水表应水平安装，并使水表外壳上的箭头方向与水流方向一致，不得装反；水表前后应装阀门；对于不允许停水或设有消防管道的建筑，还应设旁通管，此时水表后侧应装止回阀，旁通管上的阀门应设有铅封。为了保证水表计量准确，螺翼式水表的上游端应有 8～10 倍水表接口公称直径的直线管段；其他型水表的前后亦应有不小于 300 mm 的直线管段。

(4)家庭户用小水表，明装于每户进水总管上，水表前应装有阀门。水表外壳距墙面净距为 10～30 mm，水表中心距另一墙面(端面)的距离为 450～500 mm，水表的安装高度为 600～1 200 mm，允许偏差为±10 mm。水表前后直管长度大于 300 mm 时，其超出管段应用弯头(或把管段煨弯)引靠至墙面，沿墙面敷设，管中心距离墙面 20～30 mm。

(5)一般工业企业与民用建筑的室内、室外水表，在工作压力≤1.0 MPa，温度不超过 40 ℃，水质为不含杂质的饮用水或清洁水的条件下，可按照国标图 S145 进行安装。

任务四　给水管道的布置与敷设

在进行建筑内部给水管道布置和敷设时，必须首先了解建筑物的建筑结构设计情况，即建筑物使用功能，建筑内供暖、供电、空调、给排水等所有设备布置情况，要与其他专业设计相协调。

一、给水管道的布置

给水管道的布置和敷设应满足以下几方面的要求。

1.满足最佳水力条件的要求

(1)给水管道的布置应力求短而直。

(2)建筑物的给水引入管，从配水平衡和供水可靠考虑，宜布置在用水水量最大处或不允许间断供水处。

(3)室内给水管网宜采用枝状布置，单向供水。对于不允许间断供水的建筑，应从室外环状管网不同侧设两条或两条以上引入管，在室内连成环状或贯通枝状双向供水。

2.力求美观与便于安装及维修

(1)管道应尽量沿墙、梁、柱呈直线敷设。

(2)对美观要求较高的建筑物，给水管道可在管槽、管井、管沟及吊顶内暗设。

(3)为便于检修，管井应每层设检修门。暗设在顶棚或管槽内的管道，在阀门、仪表附件等处应留有检修门。管道井当需要进人检修时，其通道宽度不宜小于 0.6 m。

(4)室内管道安装位置应有足够的空间以利拆换附件。给水管道与其他管道和建筑结构的最小净距见表 2.14。

(5)给水横管宜有 0.002～0.005 的坡度坡向泄水装置。

(6)给水引入管应有不小于 0.003 的坡度坡向室外给水管网或坡向阀门井、水表井，以便检修时排放存水。泄水阀门井的安装见图 2.25。

表 2.14　给水管与其他管道和建筑结构之间的最小净距

给水管道名称		室内墙面 mm	地沟壁和其他管道 mm	梁、柱、设备 mm	排水管		备　注
					水平净距 mm	垂直净距 mm	
引入管					1 000	150	在排水管上方
横干管		100	100	50 此处无焊缝	500	150	在排水管上方
立管	管径/mm						
	<32	25					
	32～50	35					
	75～100	50					
	125～150	60					

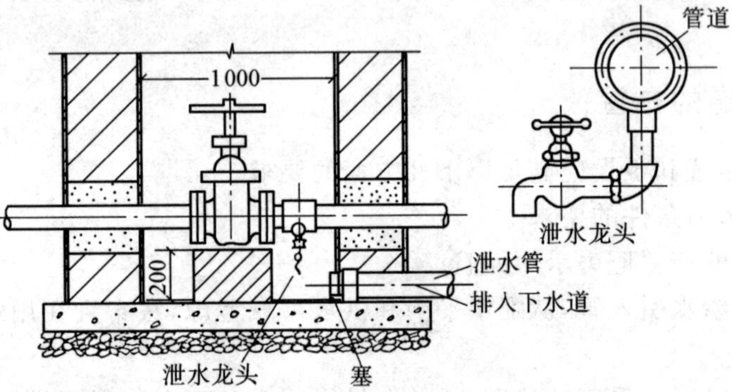

图 2.25　泄水阀门井

(7)走廊顶的管道不宜单层满布，宜分层布于两侧，以便维修。

3.应保证生产及使用安全

(1)给水管道的位置，不得妨碍生产操作、交通运输和建筑物的使用。

(2)给水管道不得布置在遇水能引起燃烧、爆炸的原料和产品的上面，并应尽量避免在生产设备上面通过。

(3)给水管道不宜穿过商店的橱窗、民用建筑的壁橱及木装修等，更不得穿过配电间。

(4)对不允许断水的建筑物，给水引入管应设置两条，在室内连成环状或贯通枝状以双向供水。每条引入管上均应设置水表和逆止阀。

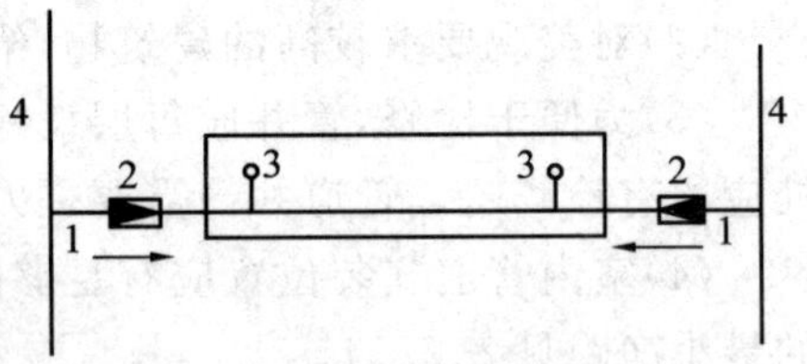

图 2.26　引入管由建筑物不同侧引入

1—引入管；2—水表井；3—立管；4—室外给水管道

(5)对设置两根引入管的建筑物，应从室外环网的不同侧引入，见图 2.26，如不能满足不同侧引入，且又不允许间断供水时，应采取下列措施之一来保证安全供水。

①设贮水池、贮水箱或增设第二水源。

②有条件时，利用循环给水系统。

③由环网的同侧引入，但两根引入管应保持一定距离。每根引入管上应设水表和逆止阀，

并在接点间的室外给水管道上设置闸门，见图 2.27。

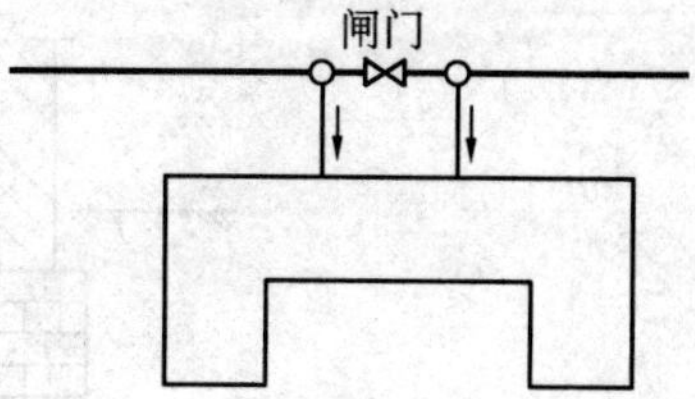

图 2.27　引入管由建筑物同侧引入

(6)给水管道穿过地下室或地下建筑物外墙处时，应采取防水措施。

(7)给水管道外表面如可能结露，应根据建筑物的性质和使用要求，采取防结露措施。

(8)管道布线时应尽量避免或减少穿越结构剪力墙。

4.应有利于避免损坏与污染

(1)给水埋地管道应避免布置在可能受重物压坏处。管道不得穿越生产设备基础；在特殊情况下，如必须穿越时，应与有关专业协商处理。

(2)给水管道不得敷设在排水沟、烟道和风道内，不得穿过大便槽和小便槽；当给水立管距小便槽端部小于及等于 0.5 m 时，应采取建筑隔断措施。

(3)给水引入管与室内排水管管外壁的水平距离不宜小于 1.0 m。

(4)建筑物内给水管与排水管平行埋设或交叉埋设时，管外壁的最小允许距离应分别为 0.5 m 和 0.15 m，且在交叉埋设时，给水管宜布置在排水管上面。

(5)给水管道穿楼板、承重墙或基础处应预留孔洞。预留孔洞和墙槽的尺寸见表2.15。管道通过楼板时，应设套管，套管顶端宜高出地面且不小于 50 mm。

表 2.15　给水管预留孔洞、墙槽尺寸

管道名称	管径/mm	明管留孔尺寸/mm 长(高)×宽	暗管墙槽尺寸/mm 宽×深
立　管	≤25 32～50 70～100	100×100 150×150 200×200	130×130 150×130 200×200
2 根立管	≤32	150×100	200×130
横支管	≤25 32～40	100×100 150×130	60×60 150×100
引入管	≤100	300×200	

(6)给水管道穿过承重墙或基础处应预留孔洞，且管顶上部净空不得小于建筑物的沉降量，一般不小于 0.1 m，其做法见图 2.28。

(7)给水管不宜敷设在可能结冻的房间内，否则应采取防冻措施。

(8)通过铁路或地下构筑物下面的给水管，宜敷设在套管内。

(9)给水管不宜穿过伸缩缝、沉降缝和抗震缝，必须穿过时应采取有效措施，常用措施如下。

①螺纹弯头法。又称丝扣弯头法，见图 2.29，建筑物的沉降可由螺纹弯头的旋转补偿，适用于小管径的管道。

②软性接头法。用橡胶软管或金属波纹管连接沉降缝、伸缩缝两边的管道。

③活动支架法。沉降缝两侧的支架使管道能垂直位移而不能水平位移，以适应沉降伸缩的变化，见图 2.30。

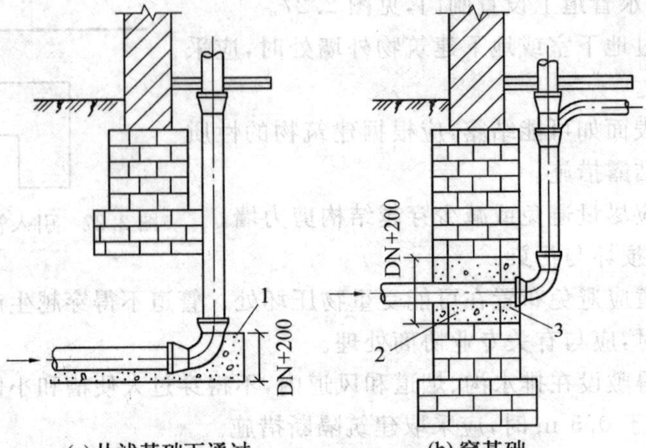

(a)从浅基础下通过 (b)穿基础

图 2.28 引入管进入建筑物

1—C7.5 混凝土支座；2—粘土；3—M5 水泥砂浆封口

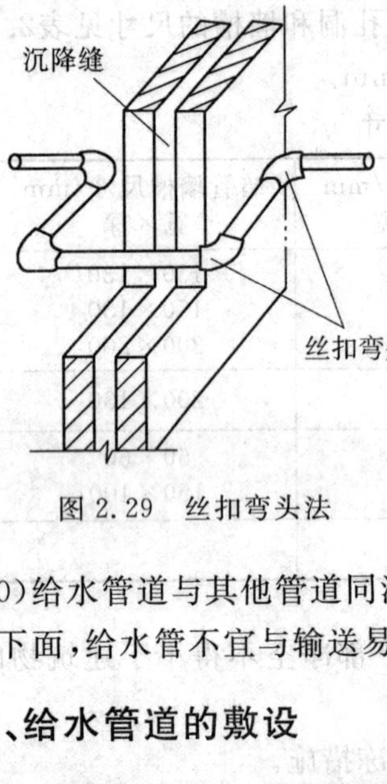

图 2.29 丝扣弯头法

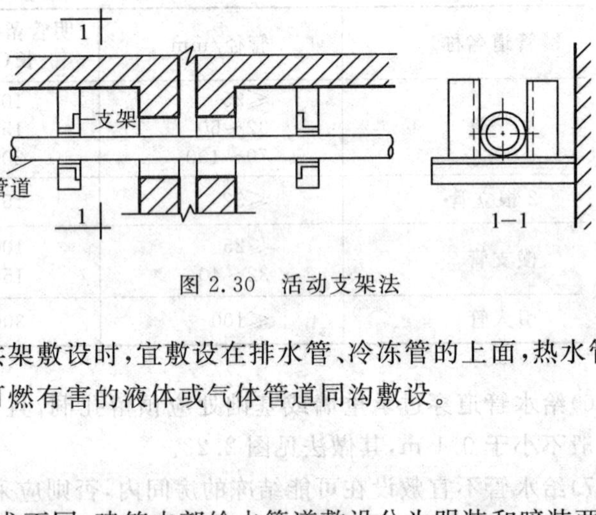

图 2.30 活动支架法

(10)给水管道与其他管道同沟或共架敷设时，宜敷设在排水管、冷冻管的上面，热水管、蒸气管的下面，给水管不宜与输送易燃、可燃有害的液体或气体管道同沟敷设。

二、给水管道的敷设

根据建筑物对卫生、美观方面的要求不同，建筑内部给水管道敷设分为明装和暗装两种方式。

(1)明装，即管道在建筑物内沿墙、梁、柱、地板等处暴露敷设。这种敷设方式造价低、安装维修方便，但由于管道表面积灰，产生凝结水而影响环境卫生，也有碍室内美观。一般的民用建筑和大部分生产车间内的给水管道可采用明装。

(2)暗装，即将管道敷设在地下室的天花板下或吊顶、管沟、管道井、管槽和管廊内。这种敷设方式的优点是室内整洁、美观，但施工复杂，维护管理不便，工程造价高。标准较高的民用住宅、宾馆及工艺技术要求较高的生产车间(例如精密仪器车间、电子元件车间)内的给水管道一般采用暗装。管道暗装时，必须考虑便于安装和检修。给水水平干管宜敷设在地下室的技术层、吊顶或管沟内；立管和支管可设在管道井或管槽内。管道井的尺寸，应根据管道的数量、管径大小、排列方式、维修条件，结合建筑的结构等合理确定。当需进入检修时，其通道宽度不宜小于0.6 m。管道井应每层设检修门，暗装在顶棚或管槽内的管道在阀门处应留有检修门。图 2.31 为管道检修门。

为了便于管道的安装和检修，管沟内的管道应尽量做单层布置。当采取双层或多层布置时，一般将管径较小、阀门较多的管道放在上层。管沟应有与管道相同的坡度和防水、排水设施。

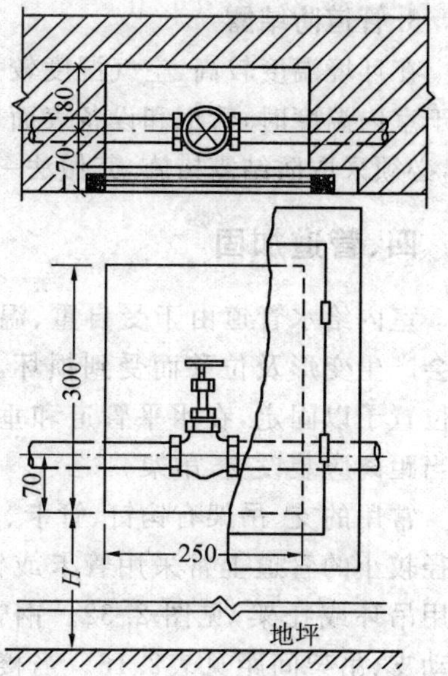

图 2.31　管道检修门

三、管道的防腐、防冻和防结露

要使给水管道系统能在较长年限内正常工作，除在日常加强维护管理外，在设计和施工过程中需要采取防腐、防冻和防结露措施。

1. 管道防腐

无论是明装管道还是暗装的管道，除镀锌钢管、给水塑料管外，都必须做防腐处理。管道防腐最常用的是刷油法。具体做法是，明装管道表面除锈，露出金属光泽并使之干燥，刷防锈漆（如红丹防锈漆等）两道，然后刷面漆（如银粉）1～2 道，如果管道需要做标志时，可再刷调和漆或铅油；暗装管道除锈后，刷防锈漆两道；埋地钢管除锈后刷冷底子油两道，再刷沥青胶（玛琋脂）两遍。质量较高的防腐做法是做管道防腐层，层数 3～9 层不等，材料为冷底子油、沥青玛琋脂、防水卷材等。对于埋地铸铁管，如果管材出厂时未涂油，敷设前在管外壁涂沥青两以道防腐；明装部分可刷防锈漆两道和银粉两道。当通过管道内的水有腐蚀性时，应采用耐腐蚀管材或在管道内壁采取防腐措施。

2. 管道保温防冻

设置在室内温度低于零度的给水管道，例如敷设在不采暖房间的管道，以及安装在受室外冷空气影响的门厅、过道处的管道应考虑防冻问题。在管道安装完毕，经水压试验和管道外表面除锈并刷防腐漆后，应采取保温防冻措施。常用的保温方法有以下几种。

(1)管道外包棉毡（指岩棉、超细玻璃棉、玻璃纤维和矿渣棉毡等）做保温层，再外包玻璃丝布保护层，表面涂调和漆。

(2)管道用保温瓦（由泡沫混凝土、硅藻土、水泥蛭石、泡沫塑料、岩棉、超细玻璃棉、玻璃纤维、矿渣棉和水泥膨胀珍珠岩等制成）做保温层，外包玻璃丝布保护层，表面刷调和漆，详见《给水排水标准图集》S159。

3.管道防结露

在环境温度较高、空气湿度较大的房间(如厨房、洗衣房和某些生产车间等)或管道内水温低于室内温度时,管道和设备表面可能产生凝结水,而引起管道和设备的腐蚀,影响使用和卫生,必须采取防结露措施,其做法一般与保温的做法相同。

四、管道加固

室内给水管道由于受自重、温度及外力作用下会产生变形及位移而受到损坏。为此,须将管道位置予以固定,在水平管道和垂直管道上每隔适当距离应装设支、吊架。

常用的支、吊架有钩钉、管卡、吊环及托架等。管径较小的管道上常采用管卡或钩钉,较大管径采用吊环或托架,见图 2.32。钢管水平安装时,活动支、吊架间距见表2.16。当楼层高度不超过 4 m 时,在立管上每层设一个管卡,通常设在地面以上 1.5～1.8 m 高度处。

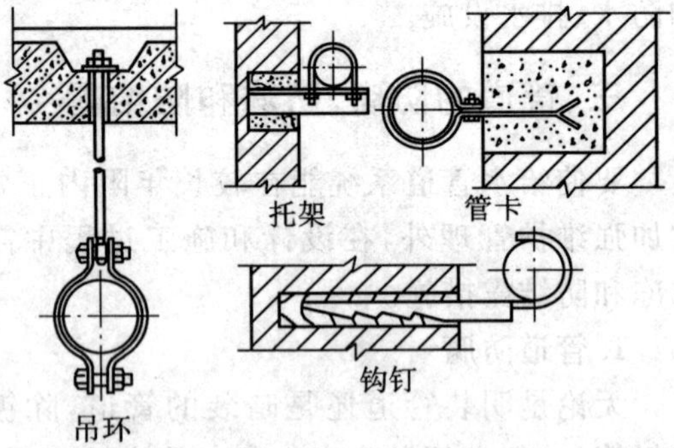

图 2.32　管道支、吊架

表 2.16　水平钢管支吊架间距

管径/mm		15	20	25	32	40	50	70	80	100	125	150
支架最大间距/m	保　温	1.5	2	2	2.5	3	3	3.5	4	4.5	5	6
	不保温	2	2.5	3	3.5	4	4.5	5	5.5	6	6.5	7

任务五　给水水质与水质防护

一、给水水质

生活饮用水的水质,应符合现行的国家标准《生活饮用水卫生标准》GB 5749—2006 的要求,见表 2.17～2.19。

表 2.17　生活饮用水水质常规指标及限值

指　　标	限　　值
1.微生物指标①	
总大肠菌群(MPN/100mL 或 CFU/100mL)	不得检出
耐热大肠菌群(MPN/100mL 或 CFU/100mL)	不得检出
大肠埃希氏菌(MPN/100mL 或 CFU/100mL)	不得检出
菌落总数(CFU/mL)	100
2.毒理指标	
砷/(mg·L^{-1})	0.01
镉/(mg·L^{-1})	0.005
铬(六价)/(mg·L^{-1})	0.05

续表 2.17

指　　标	限　　值
铅/(mg · L^{-1})	0.01
汞/(mg · L^{-1})	0.001
硒/(mg · L^{-1})	0.01
氰化物/(mg · L^{-1})	0.05
氟化物/(mg · L^{-1})	1.0
硝酸盐(以 N 计)/(mg · L^{-1})	10 地下水源限制时为 20
三氯甲烷/(mg · L^{-1})	0.06
四氯化碳/(mg · L^{-1})	0.002
溴酸盐(使用臭氧时)/(mg · L^{-1})	0.01
甲醛(使用臭氧时)/(mg · L^{-1})	0.9
亚氯酸盐(使用二氧化氯消毒时)/(mg · L^{-1})	0.7
氯酸盐(使用复合二氧化氯消毒时)/(mg · L^{-1})	0.7
3.感官性状和一般化学指标	
色度(铂钴色度单位)	15
浑浊度(NTU—散射浊度单位)	1 水源与净水技术条件限制时为 3
臭和味	无异臭、异味
肉眼可见物	无
pH(pH 单位)	不小于 6.5 且不大于 8.5
铝/(mg · L^{-1})	0.2
铁/(mg · L^{-1})	0.3
锰/(mg · L^{-1})	0.1
铜/(mg · L^{-1})	1.0
锌/(mg · L^{-1})	1.0
氯化物/(mg · L^{-1})	250
硫酸盐/(mg · L^{-1})	250
溶解性总固体/(mg · L^{-1})	1 000
总硬度(以 $CaCO_3$ 计)/(mg · L^{-1})	450
耗氧量(COD_{Mn} 法,以 O_2 计)/(mg · L^{-1})	3 水源限制,原水耗氧量>6 mg/L 时为 5
挥发酚类(以苯酚计)/(mg · L^{-1})	0.002
阴离子合成洗涤剂/(mg · L^{-1})	0.3
4.放射性指标[②]	指导值

续表 2.17

指　　标	限　　值
总 α 放射性/($Bq \cdot L^{-1}$)	0.5
总 β 放射性/($Bq \cdot L^{-1}$)	1

①MPN 表示最可能数;CFU 表示菌落形成单位。当水样检出总大肠菌群时,应进一步检验大肠埃希氏菌或耐热大肠菌群;水样未检出总大肠菌群,不必检验大肠埃希氏菌或耐热大肠菌群。

②放射性指标超过指导值,应进行核素分析和评价,判定能否饮用。

表 2.18　生活饮用水中消毒剂常规指标及要求

消毒剂名称	与水接触时间	出厂水中限值	出厂水中余量	管网末梢水中余量
氯气及游离氯制剂(游离)/($mg \cdot L^{-1}$)	至少 30 min	4	≥0.3	≥0.05
一氯胺(总氯)/($mg \cdot L^{-1}$)	至少 120 min	3	≥0.5	≥0.05
臭氧(O_3)/($mg \cdot L^{-1}$)	至少 12 min	0.3		0.02 如加氯,总氯≥0.05
二氧化氯(ClO_2)/($mg \cdot L^{-1}$)	至少 30 min	0.8	≥0.1	≥0.02

表 2.19　生活杂用水水质标准

项目	厕所便器冲洗,城市绿化	洗车,扫除
浊度/度	10	5
溶解性固体/($mg \cdot L^{-1}$)	1 200	1 000
悬浮性固体/($mg \cdot L^{-1}$)	10	5
色度/度	30	30
臭	无不快感觉	无不快感觉
pH 值	6.5～9.0	6.5～9.0
BOD/($mg \cdot L^{-1}$)	10	10
COD/($mg \cdot L^{-1}$)	50	50
氨氮(以 N 计)/($mg \cdot L^{-1}$)	20	10
总硬度(以 $CaCO_3$ 计)/($mg \cdot L^{-1}$)	450	450
氯化物/($mg \cdot L^{-1}$)	350	300
阴离子合成洗涤剂/($mg \cdot L^{-1}$)	1.0	0.5
铁/($mg \cdot L^{-1}$)	0.4	0.4
锰/($mg \cdot L^{-1}$)	0.1	0.1
游离余氯/($mg \cdot L^{-1}$)	管网末端水不小于 0.2	
总大肠菌群/(个 · L^{-1})	3	3

注:本表摘自《生活杂用水水质标准》CJ 25.1—89。

生产用水的水质应按生产工艺要求确定。消防用水一般无具体要求。对用水水质要求较高的宾馆、饭店、别墅及建筑小区等，可采用经深度处理的管道优质饮用水，其水质可以参照国家技术监督局于 2014 年 12 月颁布的《食品安全国家标准包装饮用水》(GB 19298—2014)，该标准已于 2016 年 1 月 1 日实施。

二、水质污染的现象及原因

城市给水管网中自来水的水质，必须符合《生活饮用水卫生标准》的要求，但是若建筑内部给水系统设计、施工、维护、管理不当，都可能出现水质污染现象。被污染的现象和原因主要如下。

(1)与水接触的管材、管道接口的材料、附件、水池(箱)等材料选择不当，材料中有毒有害物质溶解于水，造成水质污染。

(2)由于水在水池(箱)等贮水设备中停留时间过长，水中余氯量消耗尽，水中有害微生物繁殖，造成水质污染。

(3)贮水池(箱)管理不当，如人孔不严密，通气管或溢流管口敞开设置，致使尘土、小动物均可能通过以上各孔口进入水中，造成水质污染。

(4)非饮用水或其他液体倒流(回流)入生活给水系统，造成水质污染。形成回流的主要原因和现象有如下几方面：①埋地管道及附件连接处不严密，平时渗漏，当管道中出现负压时，管道外部的积水等污染物会通过渗漏处吸入管道内；②放水附件安装不当，即当出水口设在卫生器具或用水设备溢流水位以下(或溢流管堵塞)，而器具或设备中留有污水，当室外给水管网供水压力下降，如此时开启放水附件，污水就会在负压作用下吸入给水管道(图 2.33)；③给水管与大便器(槽)冲洗管直接相连并采用普通阀门控制冲洗，当给水系统内压力下降时，开启阀门会出现粪便污水回流污染现象；④饮用水管与非饮用水管直接相连，当非饮用水管道压力大于饮用水管道压力，并且连接其中的阀门密闭性差时，非饮用水就会渗入饮用水管道内。

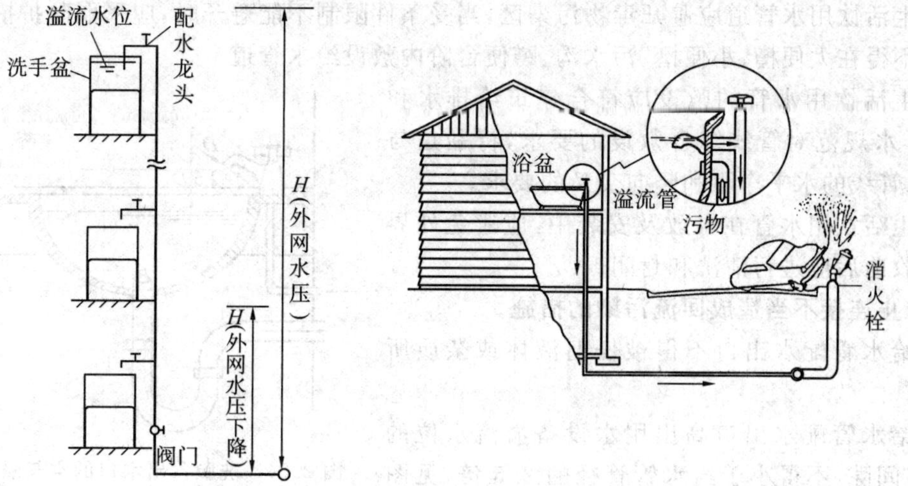

图 2.33　回流污染现象

三、防止水质污染的措施

1.贮水设施的防污染措施

(1)贮水池设在室外地下时,距污染源构筑物应不小于 10 m;设在室内时,不应设在有污染源的房间下面,当不能避开时,应采取其他防止生活饮用水被污染措施。

(2)非饮用水管道不得在贮水池、水箱中穿过,也不得将非饮用水管(包括上部水箱的溢流排水管)接入。

(3)生活或生产用水与其他用水合用的水池(箱),应采用独立结构形式,不得利用建筑物的本体结构作为水池池壁和水箱箱壁。

(4)设置水池或水箱的房间应有照明和良好的通风设施。

(5)水池和水箱的本体材料与表面涂料,不得影响水质卫生。

(6)水池或水箱的附件和构造应满足如下要求:①人孔盖、通气管应能防止尘土、雨水、昆虫等有碍卫生的物质或动物进入;地下水池的人孔应凸出地面 0.15 m;②地下贮水池的溢流排污管只能排入市政排水系统,且在接入检查井前,应设有空气隔断及防止倒灌的措施,如选用防逆水封阀等;③水池、水箱溢流排污管应与排水系统通过断流设施排水(间接排水)。

2.防止生活用水贮水时间过长引起污染的措施

(1)当消防储量远大于生活用水量时,不宜合用水池,如必须合建,应采取相应灭菌措施。

(2)贮水池的进出管,应采取相对方向进出,如有困难,则应采取导流措施、保证水流更新。

(3)建筑物内的消防给水系统与生活给水系统应分设。当分设有困难时,应考虑设独立的消防立管或消防系统定期排空措施。

(4)不经常使用的招待所、培训中心等建筑给水,宜采用变频给水,不宜采用水泵水箱供水方式,以防止贮水时间过长而引起污染。

3.生活饮用水管道敷设防污染措施

(1)生活饮用水管道应避开毒物污染区,当受条件限制不能避开时,应采取防护措施。

(2)不得在大便槽、小便槽、污水沟、蹲便台阶内敷设给水管道。

(3)生活饮用水管的敷设应符合建筑给排水和小区给排水规范对管线综合敷设的要求,特别是与生活污水管线的水平净距和竖向交叉的要求。

(4)生活饮用水管在堆放及安装中,应避免外界污染,验收前后应进行清洗和封闭。

4.防止连接不当造成回流污染的措施

(1)给水管配水出口不得被任何液体或杂质所淹没。

(2)给水管配水出口高出用水设备溢流水位的最小空气间隙,不得小于给水管管径的 2.5 倍,见图 2.34。

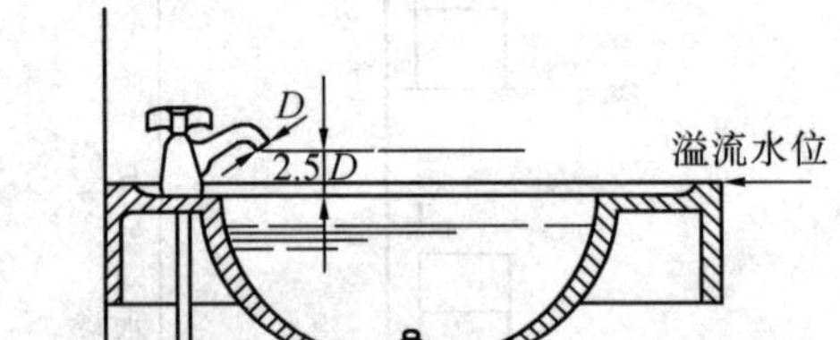

图 2.34　洗脸盆出水口的空气隔断间隙

(3)特殊器具和生产用水设备无法设置最小空气间隙时,应设置防污隔断器或采取其他有效的隔断措施。

(4)生活饮用水管道不得与非饮用水管道连接。在特殊情况下,必须以饮用水作为工业备用水源时,两种管道的连接处,应采取防止水质污染的措施,见图 2.35。在连接处,生活饮用水的水压必须经常大于其他水管的水压。

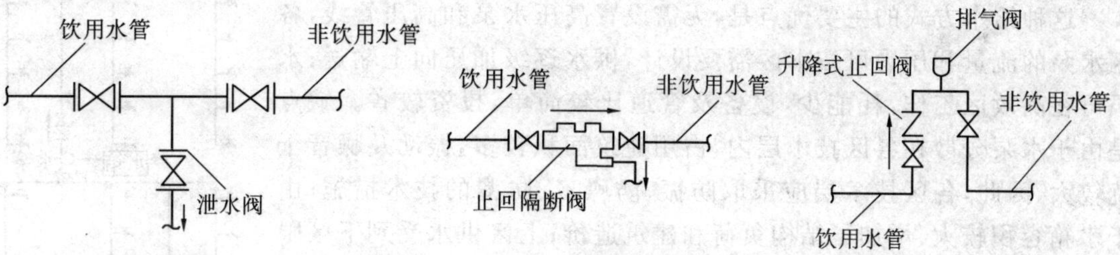

图 2.35　饮用水与非饮用水管道连接的水质防护措施

(5)由市政生活给水管道直接引入非饮用水贮水池(如消防水池等)时,进水管口应高出水池溢流水位。

(6)生活饮用水管在与加热器连接时,应有防止热水回流使饮水温度升高的措施。

(7)严禁生活饮用水管道与大便器(槽)冲洗水管直接连接。

(8)在非饮用水管道上接出用水接头时,应有明显标志,防止误接误饮。

任务六　高层建筑内部给水系统

高层建筑是指 10 层及 10 层以上住宅或建筑高度超过 24 m 的其他建筑。高层建筑如果采用同一给水系统,势必使低层管道中静水压力过大,而产生如下弊病。

(1)只能采用耐高压管材配件及器件而使得工程造价增加。

(2)开启阀门或水龙头时,管网中易产生水锤,不仅产生噪音,还可能损坏管道,造成漏水。

(3)低层水龙头开启后,由于配水龙头处压力过高,使出流量增加,造成水流喷溅,既使用不便,又浪费能量。由于高层与低层配水龙头出流量差别过大,不能满足高层使用要求,影响高层供水的安全可靠性。

因此,高层建筑给水系统必须解决低层管道中静水压力过大的问题,其技术上采用竖向分区供水的方法,即按建筑物的垂直方向分成几个供水区,各分区分别组成各自的给水系统。

确定分区范围时应考虑充分利用室外给水管网水压,在确保供水安全可靠的前提下,使工程造价和管理费用最省;要使各区最低卫生器具或用水设备配水装置处的静水压力小于产品标准中规定的允许工作压力等因素。

我国《建筑给水排水设计规范》规定,高层建筑生活给水系统竖向分区压力应符合下列要求:

(1)各分区最低卫生器具配水点处的静水压不宜大于 0.45 MPa;

(2)静水压大于 0.35 MPa 的入户管(或配水横管),宜设减压或调压设施;

(3)各分区最不利配水点的水压,应满足用水水压要求;

(4)居住建筑入户管给水压力不应大于 0.35 MPa。

高层建筑给水系统竖向分区类型常有以下几种。

1. 串联分区给水方式

如图 2.36 所示,各分区均设有水泵和水箱,分别安装在相应的技术层内。上区水泵从下区水箱中抽水供本区使用,低区水箱兼作上区水池。因而各区水箱容积为本区使用水量与转输到以上各区水量之和，因此水箱容积从上向下逐区加大。

这种给水方式的主要优点是，无需设置高压水泵和高压管线，各区水泵的流量和压力可按本区需要设计，供水逐级加压向上输送；水泵可在高效区工作，耗能少，设备及管道比较简单，投资较省。缺点是由于水泵分散在各区技术层内，占用建筑面积较多，振动及噪音干扰较大，因此，各区技术层应采取防振、防噪音、防漏的技术措施；由于水箱容积较大，增加了结构负荷和建筑造价；上区供水受到下区限制，一旦下区发生事故，则上区供水受到影响。

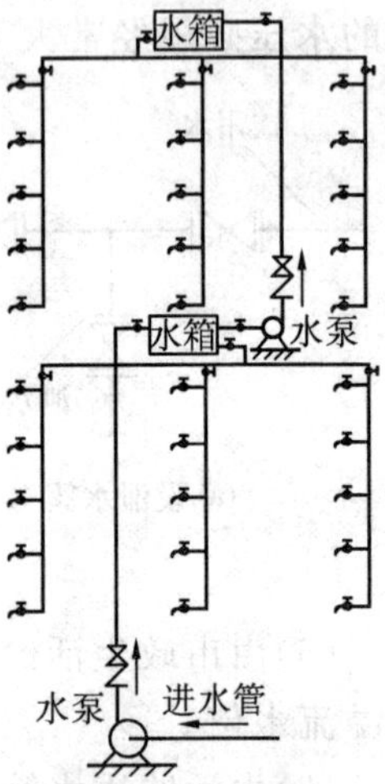

图 2.36 串联分区给水方式

2. 并联分区给水方式

按水泵与水箱供水干管的布置不同，并联分区给水分为单管式和平行式两种基本类型。

(1)并联分区单管给水方式。各区分别设有高位水箱，给水经设在底层的总泵房统一加压后，由一根总干管将水分别输送至各区高位水箱，在下区水箱进水管上需设减压阀，见图 2.37。

这种给水方式供水较为可靠，管道长度较短，设备型号统一，数量较少，因而维护管理方便，投资较省。它的主要缺点是，各区要求的水压相差较大，而全部流量均按最高区水压供水，因而在低区能量浪费较大；各区合用一套水泵与干管，如果发生事故，则断水影响范围大。该给水方式适用于分区数目较少的高层建筑。

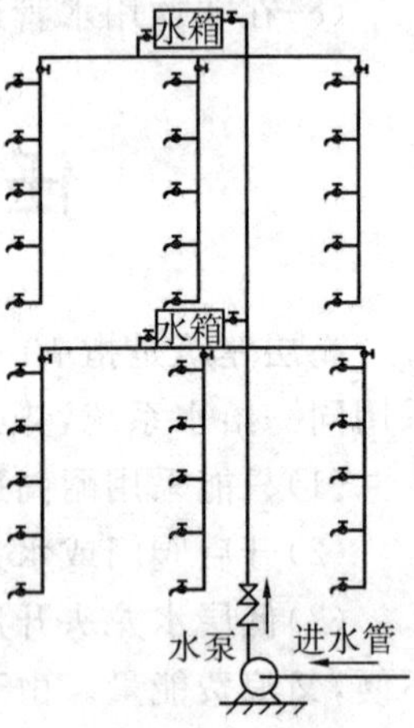

图 2.37 并联分区单管给水方式

(2)并联分区平行给水方式。并联分区每区设有专用的水泵和水箱，各区水泵集中设置在建筑物底层的总泵房内，各区水泵与水箱设独立管道连接，各区水泵和水箱联合工作供水，见图 2.38。

这种给水方式使各区独立运行的水泵在本区所需要的流量和压力下工作，因而效率较高，水泵运行管理方便，供水安全，一处发生事故，影响范围小。它的主要缺点是，水泵型号较多，压水管线较长。由于这种给水方式优点较显著，因而得到广泛的采用。

3. 减压给水方式

建筑物的用水由设置在底层的水泵加压后，输送至最高水箱，再由此水箱依次向下区供水，并通过各区水箱或减压阀减压，见图 2.39。

减压给水方式的水泵型号统一，设备布置集中，便于管理；与前面各种方式比较，水泵及管道投资较省；如果设减压阀减压，各区可不设水箱，节省建筑面积。

这种给水方式的主要缺点是，设置在建筑物高层的总水箱容积大，增加了建筑的结构荷载；下区供水受上区限制；下区供水压力损失大，所以能源消耗大。

4. 分区无水箱给水方式

如图 2.40 所示，各分区设置单独的供水水泵，未设置水箱，水泵集中设置在建筑物底层的水泵房内，分别向各区管网供水。

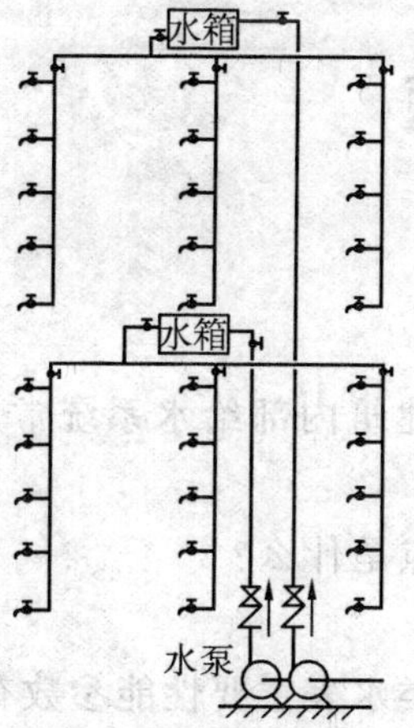

图 2.38　并联分区平行给水方式

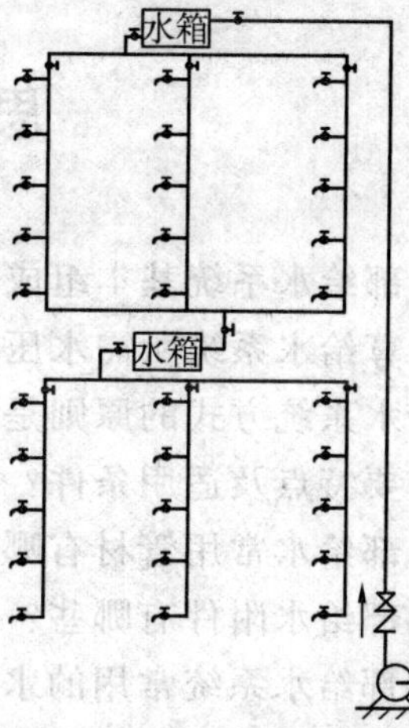

图 2.39　分区水箱减压给水方式

这种给水方式省去了水箱，因而节省了建筑物的使用面积；设备集中布置，便于维护管理；能源消耗较少。其缺点是水泵型号及数量较多，投资较大。

5.设管道泵部分加压的给水方式

设管道泵部分加压的给水方式为建筑内部给水管网与室外给水管道直接连接，下面几层利用外网水压直接供水，上层采用管道泵的加压供水。

这种给水方式可充分利用外网水压，节省能源。管道泵体积小，不需设专用房间，维护管理简单方便。管道泵抽水时，引入管中水压会有所降低，需要设置高位水箱，见图 2.41。

建筑高度不超过 100 m 的建筑的生活给水系统，宜采用垂直分区并联供水或分区减压的供水方式；建筑高度超过 100 m 的建筑，宜采用垂直串联供水方式。

高层建筑各分区内的给水管网，根据供水安全要求程度，可以设计成竖向环网式或水平环网式。

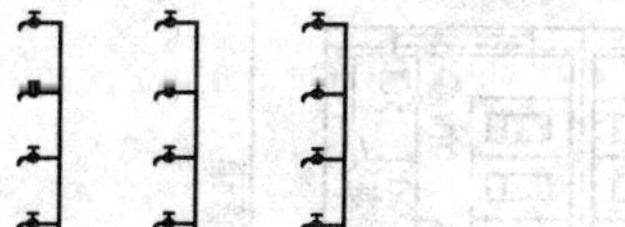

图 2.40　分区无水箱给水方式

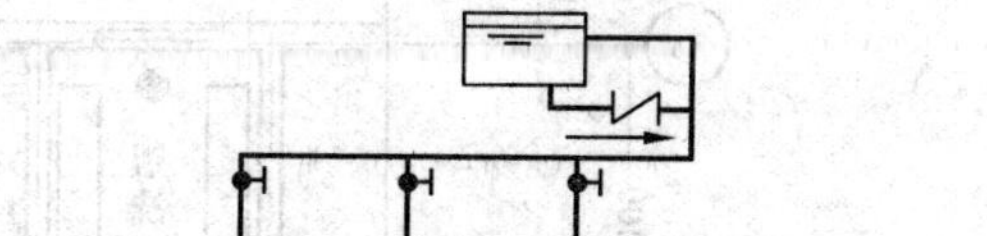

图 2.41　设管道泵部分加压的给水方式

思考题与习题

2.1　建筑内部给水系统基本组成有哪几部分？

2.2　如何计算给水系统所需水压？

2.3　确定给水系统方式的原则是什么？试述多层建筑内部给水系统常用的几种供水方式的主要特点及适用条件？

2.4　建筑内部给水常用管材有哪几种？其主要特点是什么？

2.5　建筑内部给水附件有哪些？适用条件如何？

2.6　建筑内部给水系统常用的水表有哪几种？各类水表主要性能参数有哪些？

2.7　如何选用水表及计算水表的压力损失？

2.8　建筑内部给水管道布置的原则和要求有哪些？

2.9　建筑内部给水管道常用的防腐、防冻和防结露的做法有哪些？

2.10　饮用水管道与卫生器具及其他管道相连接时，防止水质污染的措施有哪些？

2.11　高层建筑内部给水系统为什么要进行竖向分区？分区压力一般如何确定？

2.12　常用高层建筑内部给水方式有哪几种？其主要特点是什么？

2.13　图 2.42 为某学校学生宿舍卫生间平面图。宿舍楼共 5 层，层高 3.0 m，室内外地面高差为 0.6 m。每层设有男、女厕所和盥洗室，男、女厕所各设有高水箱蹲式大便器 3 套，污水池 1 个，地漏 1 个，男厕所还设有挂式小便器 3 个，洗手盆 1 个。室外给水管道位置如图所示，管径为 200 mm，管中心标高为 −2.00 m（以室内一层地面为 ±0.000 m），室外给水管道的供水压力为 275 kPa，试进行建筑内部给水管道布置。

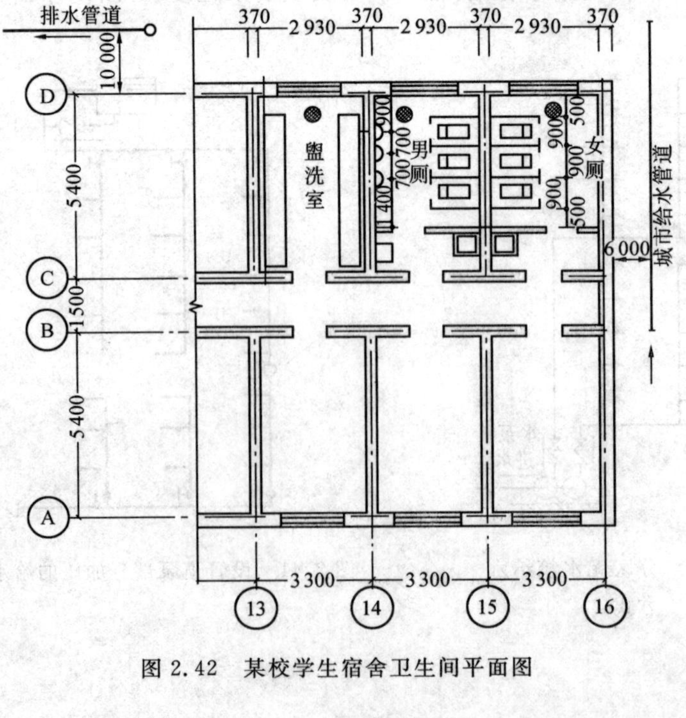

图 2.42　某校学生宿舍卫生间平面图

2.14　有一幢6层住宅楼卫生间布置，如图2.43所示。卫生间设浴盆、坐式大便器、洗脸盆、地漏各1个，楼层高度为2.8 m，试进行给水管道平面布置，并绘出给水系统图。

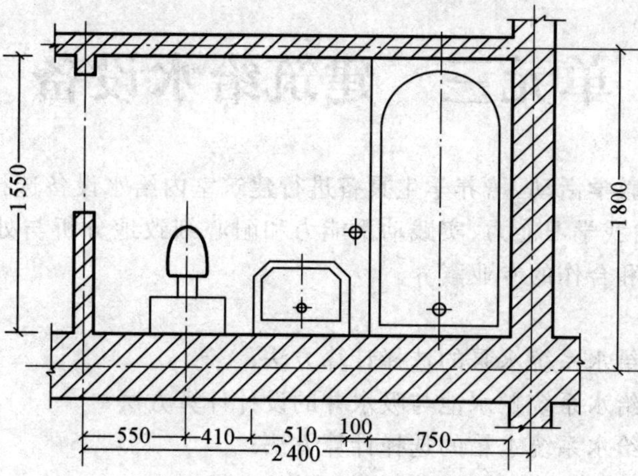

图2.43　某住宅楼卫生间平面图

单元三　建筑给水设备

【教学目标】通过项目教学活动，培养学生具备进行建筑室内给水设备选择计算的能力；培养学生良好的职业道德、自我学习能力、实践动手能力和耐心细致地分析与处理问题的能力，以及诚实、守信、善于沟通和合作的专业素养。

【知识目标】

1. 掌握建筑室内给水系统水泵的选择计算方法；
2. 掌握建筑室内给水系统贮水池与吸水井的设计计算方法；
3. 掌握建筑室内给水系统水箱的选择计算方法；
4. 掌握建筑室内给水系统气压给水设备的设计计算方法。

【主要学习内容】

任务一　水　泵

一、水泵的选择

水泵是给水系统中的主要升压设备。在建筑给水系统中，较多采用离心式水泵，它具有结构简单、体积小、效率高等优点。

水泵的选择原则，应是既满足给水系统所需的总水压与水量的要求，又能在最佳工况点(水泵特性曲线效率最高段)工作，同时还能满足输送介质的特性、温度等要求。

水泵选择的主要依据是给水系统所需要的水量和水压。

水泵的扬程和出水量应符合下列规定。

(1)在单设水泵的给水系统中，水泵的扬程应满足最不利配水点(包括消火栓及自动喷水灭火设备)所需水压。水泵的出水量应按设计秒流量确定。

(2)水泵出水管后的给水系统有水箱或其他调蓄设备时，水泵的扬程应满足水箱进水所需的水压和消火栓及自动喷水灭火设备所需水压。水泵的出水量应按最大小时流量确定。当高位水箱容积较大、用水量较均匀时，水泵的出水量可按平均小时流量确定。

(3)气压给水设备的水泵扬程应满足气压给水系统最大工作压力。当气压水罐内为平均压力时，水泵出水量不应小于管网最大小时流量的 1.2 倍。

(4)生活、生产调速水泵的出水量应按设计秒流量确定。生活、生产、消防共用调速水泵在消防时，其流量除保证消防用水量外，尚应满足《建筑设计防火规范》(GB 50016—2014)对生活、生产用水量的要求。

(5)水泵的扬程可用下式计算，即

$$H_b \geqslant \rho g H_g + H_s + H_c \tag{3.1}$$

式中　ρ——水的密度，kg/m^3；

H_b——水泵的扬程，kPa；

H_g——贮水池最低水位至给水系统最不利配水点的几何高差，m；

H_s——水泵吸入口至给水系统最不利点的总压力损失，kPa；

H_c——最不利配水点（给水龙头、消火栓、喷淋喷头、水箱进水口以及其他用水设备接口）等出流所需水压，kPa。

(6)水泵直接从室外给水管网吸水时，水泵扬程应计入室外管网的最小水压，并应以室外管网的最大水压校核水泵的效率和超压情况。

(7)当水泵由人工操作、定时运行时，应根据水泵运行时间计算其出水量，即

$$Q_b=\frac{Q_d}{T_d} \tag{3.2}$$

式中 Q_b——水泵出水量，m^3/h；

Q_d——最高日用水量，m^3；

T_d——水泵每天运行时间，h。

(8)生活给水系统的水泵，宜设一台备用机组。生产给水系统的水泵备用机组，应按工艺要求确定。每组消防水泵应有一台不小于主要消防泵的备用机组。不允许断水的给水系统的水泵，应有不间断的动力供应。

当采用设水泵、水箱的给水方式时，通常水泵直接向水箱输水，水泵的出水量与扬程几乎不变，选用离心式恒速水泵即可保持高效运行。对于无水量调节设备的给水系统，在电源可靠的条件下，可选用装有自动调速装置的离心式水泵。目前调速装置主要采用变频调速器，通过调节水泵的转速即可改变水泵的流量、扬程和功率，使水泵在变流量供水时，保持高效运行。其工作原理是在水泵出水口或管网末端安装压力传感器，将测定的压力值 H，转换成电信号输入压力控制器，再与控制器内根据用户需要设定的压力值 H_1 比较，当 $H>H_1$ 时，控制器向调速器输入降低转速的控制信号，使水泵降低转速、出水量减少；当 $H<H_1$ 时，则向调速器输入提高转速的控制信号，使水泵转速提高，出水量增加。由于保持了水泵出水口或管网末端压力恒定，因此在一定的流量变化范围内，均能使水泵高效运行、节省电能。

二、水泵装置的要求

水泵宜设置自动开关装置。消防水泵的控制应符合有关防火设计规范的要求。

水泵装置宜采用自灌式吸水，当无法做到时，则采用吸入式。当水泵中心线高出吸水井或贮水池水面时，均需设引水装置启动水泵。消防水泵应设计成自灌式充水。

每台水泵宜设置单独的吸水管，尤其是吸入式水泵，若共用吸水管，运行时可能影响其他水泵的启动。

当水泵采用自灌式吸水或直接从室外管网吸水时，吸水管上应设置阀门。吸水管的流速一般采用 1.0～1.2 m/s。

每台水泵的出水管上应设阀门、止回阀和压力表，并应采取防水锤措施。每组消防水泵的出水管应不少于两条与环状网连接，并应装设试验和检查用的放水阀门（一般为 DN65）。出水管的设计流速，一般采用 1.5～2.0 m/s。

室外给水管网允许直接吸水时，水泵宜直接从室外给水管网吸水。但室外给水管网的压力不得低于 100 kPa（从地面算起）。

水泵直接从室外给水管网吸水时，应在吸水管上装设阀门和压力表，并应绕水泵设旁通管，旁通管上应装设阀门和止回阀。

吸入式水泵的吸水管应有向水泵方向上升且大于 0.005 的坡度；如吸水管水平管段变径

时，偏心异径管的安装要求管顶平；多台水泵共用吸水管时，吸水管连接应采用管顶平接，以免存气。出水管可能滞留空气的管段上方应设排气阀。

三、水泵机组的基础

水泵机组基础应牢固地浇注在坚实的地基上。水泵块状基础的尺寸，按下列方法确定。

1. 带底座的水泵机组基础尺寸

长度(L)＝底座长度(L_1)＋(0.15～0.20) m；

宽度(B)＝底座宽度方向最大螺栓孔间距(B_1)＋(0.15～0.20) m。

2. 无底座水泵机组基础尺寸

根据水泵和电机地脚螺栓孔沿长度和宽度方向的最大间距，另外加 0.4～0.5 m 来确定其基础长度和宽度。

3. 基础高度

基础高度(h)＝地脚螺栓长度(L_2)＋(0.10～0.20) m；

地脚螺栓长度一般可按螺栓直径的 20～30 倍取用或按计算确定；

基础高度(h)常用基础质量(M_1)等于 2.5～4.0 倍的机组质量(M_2)来校核，但高度不得小于 0.5 m；基础高出地板面不得少于 0.1 m，埋深不得小于邻近地沟的深度。

四、水泵机组的布置

泵房内水泵机组的布置应保证机组工作可靠、运行安全、装卸及维修和管理方便，且管道总长度最短，接头配件最少，并考虑泵房有扩建的余地。泵房不得设在有防振和安静要求的建筑物或房间附近；在其他建筑物或房间附近设置时，亦应采取防振和隔音的措施。

泵房常采用的机组布置形式有下面两种。

1. 各机组轴线平行的单排并列布置

如图 3.1 所示，这种布置的优点是布置紧凑，泵房跨度小，适于单吸悬臂式离心泵布置(如 IS 型水泵)。其缺点是机组散热条件差，影响电机工作效率；机组轴线平行敷设，不便于布置起重设备。

2. 各机组轴线呈一直线单行顺列布置

如图 3.2 所示，此种布置方式的优点是机组布置紧凑，管路简单，水力条件好，泵房跨度小，各机组轴线在一直线上，便于选用起重设备，适于双吸式水泵布置(如 Sh 型水泵)。为便于管理和检修，机组布置应符合表 3.1 规定。

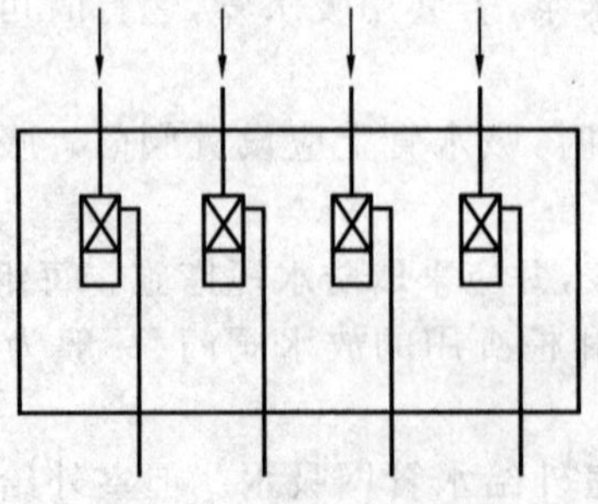

图 3.1　各机组轴线平行单排并列布置

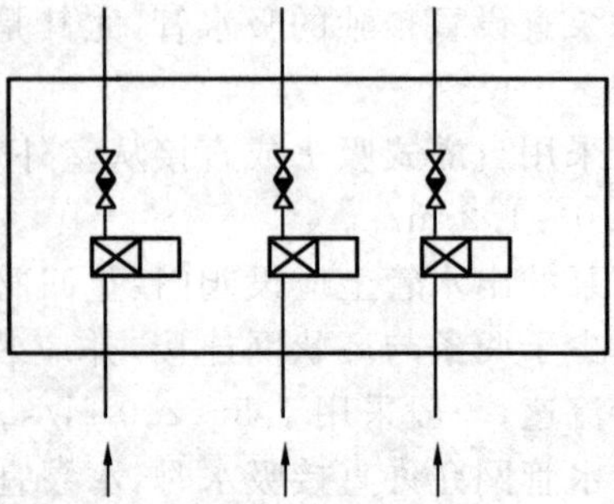

图 3.2　各机组轴线呈一直线单行顺列布置

表 3.1　水泵机组外轮廓面与墙和相邻相组间的间距

电动机额定功率/kW	水泵机组外廓面与墙面之间最小间距/m	相邻水泵机组外轮廓面之间最小距离/m
≤22	0.8	0.4
>22～<55	1.0	0.8
≥55～≤160	1.2	1.2

注:①水泵侧面有管道时,外轮廓面计至管道外壁面。②水泵机组是指水泵与电动机的联合体,或已安装在金属座架上的多台水泵组合体。

五、水泵管路的布置

吸水管路和压水管路是泵房的重要组成部分,正确设计、合理布置与安装水泵管路,对保证水泵的安全运行,节省投资,减少电能消耗有很大的关系。

(1)吸、压水管路内的流速。吸压水管内的正常流速可按表 3.2 采用。

表 3.2　吸、压水管内的正常流速

管　径/mm	250	250～1 000
吸水管内流速/($m \cdot s^{-1}$)	1.0～1.2	1.2～1.6
压水管内流速/($m \cdot s^{-1}$)	1.5～2.0	2.0～2.5

(2)每台水泵宜设置独立的吸水管,直接从吸水池吸水。几台水泵合用吸水管时,吸水管数目不得少于两条,并应装设必要的阀门,当一条吸水管检修时,另一条吸水管能满足泵房设计流量的要求,如图 3.3 所示。吸水管进水口在吸水池中的位置,如图3.4所示。

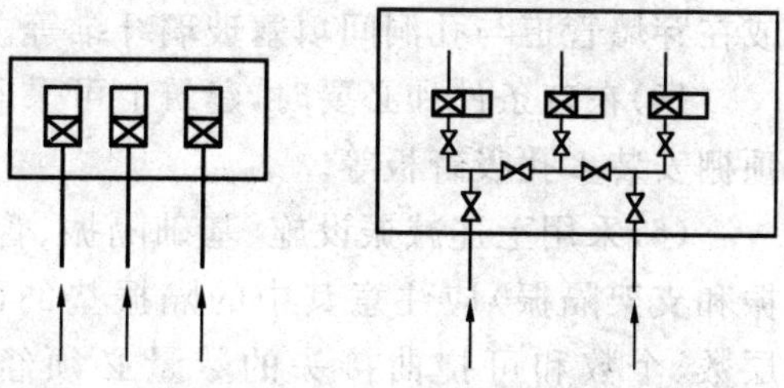

(a)独立吸水管路的布置　(b)共用吸水管路的布置

图 3.3　吸水管路的布置

吸水管长度应尽可能短、管件要少、压力损失要小。吸水管一般采用钢管,其水平段应有沿水流方向上升的坡度($i \geqslant 0.005$),以防止管内空气聚集而形成气囊。

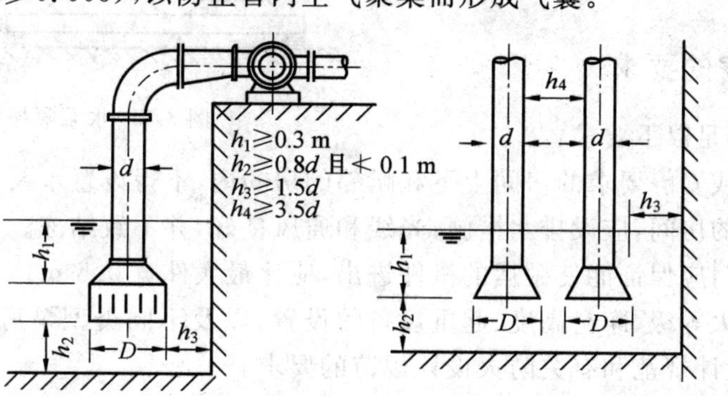

图 3.4　吸水管进水口在吸水池中的位置

(3)压水管上应设阀门,当管径大于等于 300 mm,宜采用电动或液动阀门。压水管上可不设止回阀,但在下列情况下必须设止回阀。

①水泵并联工作的泵房。

②真空引水的泵房，管道内的水放空后再抽真空困难。

③停泵后如无止回阀，给水系统内可能出现负压。

压水管路的布置形式见图 3.5。

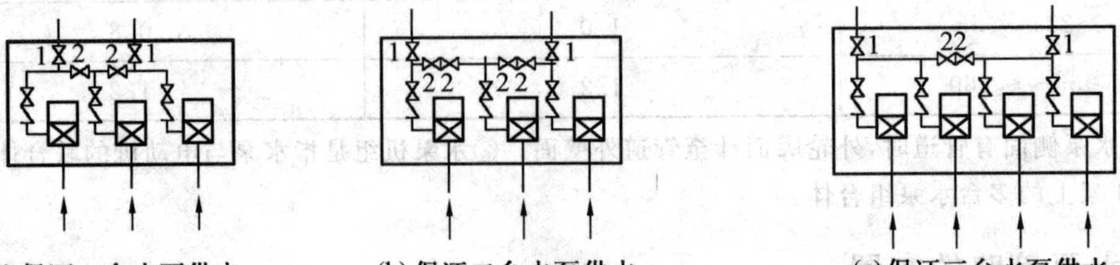

图 3.5 压水管路的布置

六、水泵的隔振与防噪

水泵的隔振、防噪措施有以下几个方面。

(1)应选用低噪声水泵。

(2)水泵机组应设隔振装置，基座下宜安装橡胶隔振垫、橡胶隔振器、橡胶减振器、弹簧减振器等，可参照《水泵隔振及其安装图集》SS657 或水泵样本提供的减振装置。

(3)在水泵吸水管和出水管上，应设隔振装置，如可挠曲橡胶接头等。

(4)管道支架和管道穿墙、穿楼板处，应采取防固体传音措施，如采用弹性吊架、弹性托架或在穿墙管道与孔洞间填塞玻璃纤维等。

(5)在有条件和必要时，建筑上可采取隔声和吸音措施，如泵房采用双层玻璃窗、门，墙面、顶棚安装多孔吸音板等。

(6)采用上述减振设施(基础隔振、管道隔振和支架隔振)应注意其中的隔振垫的面积、层数、个数和可挠曲接头的数量必须经过计算。水泵隔振安装结构见图 3.6。

(7)消防专用水泵因平时很少使用，可不受上述要求限制。

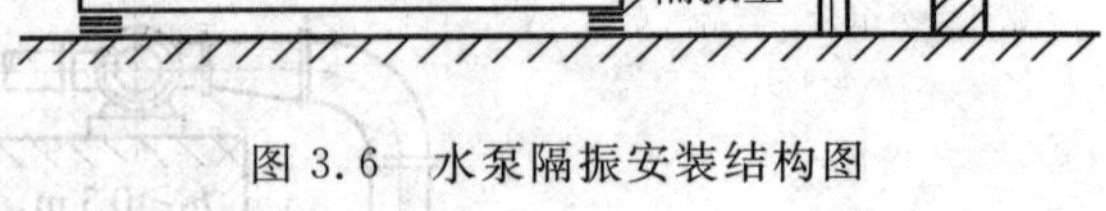

图 3.6 水泵隔振安装结构图

七、对水泵房的要求

给水泵房应满足以下要求：

(1)在有防振或安静要求的房间上下和毗邻的房间内，不得设置水泵。

(2)设置水泵的房间，应设排水措施，光线和通风良好，并不致结冻。

(3)泵房的大门应保证能使搬运的机件进出，应比最大件宽 0.5 m。

(4)泵房的耐火等级、净空高度、起重设备的设置，以及不同类型泵房的不同要求等，应符合现行给水排水设计规范和有关防火设计规范的要求。

任务二　贮水池与吸水井

一、贮水池

贮水池是建筑给水常用调节和贮存水量的构筑物，采用钢筋混凝土、砖石等材料制作，形状多为圆形或矩形。

1.贮水池的设置要求

(1)贮水池应有严格的防渗漏措施，以防贮水渗出或地下水渗入。

(2)贮水池设计应保证池内贮水经常流动，不得出现滞流和死角，以防水质变坏。

(3)贮水池一般应分为两格，并能独立工作，分别泄空，以便清洗和维修。消防水池容积超过 500 m^3 时，应分成两个。

(4)生活或生产用水与消防用水合用水池时，应设有消防用水不被挪用的措施，如设置溢流墙或在非消防用水水泵的吸水管上，于消防水位处设置透气小孔(图 3.7)。

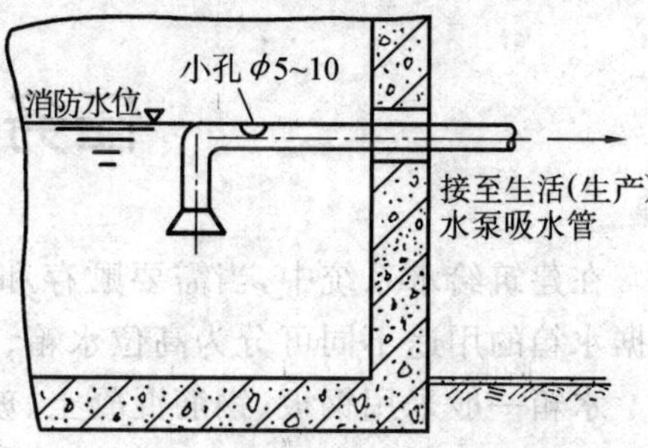

图 3.7　消防贮水不被挪用的措施举例

(5)游泳池、戏水池、水景池等在能保证常年贮水的条件下，可兼作消防贮备水池。

(6)贮水池应设进水管、出水管、溢流管、泄水管和水位信号装置。溢流管管径应按排泄水池最大入流量确定，并宜比进水管大一号。

(7)贮水池应设通气管。室外贮水池通气管的设置高度一般为 0.7～1.2 m，通气管的直径一般为 200 mm。通气管的位置及数量应与贮水池的规模、特点相适应。

(8)贮水池的水位信号应能反映到泵房及消防控制室。

(9)穿越贮水池壁的管道应设防水套管。

(10)贮水池与建筑物贴邻设置时，其间的穿越管路应采取防止因沉降不均而引起损坏的措施，如采用金属软管、橡胶接头等设施。

(11)寒冷地区的贮水池应采取保温措施；室外贮水池的结构设计还应考虑池顶荷载和抗倾覆等因素。室外钢筋混凝土贮水池的设计，可参阅国家标准图集。

(12)贮水池宜布置在地下室或室外泵房附近。

(13)贮水池内应设吸水坑，吸水坑深度不宜小于 1.0 m。

2.贮水池的容积计算

贮水池的有效容积(不含被梁、柱、墙等构件占用的容积)应根据调节水量、消防贮备水量和生产事故备用水量确定，可按下式计算，即

$$V=(Q_b-Q_L)T_b+V_x+V_s \tag{3.3}$$

$$(Q_b-Q_L)T_b\leqslant Q_L\cdot T_t \tag{3.4}$$

式中　V——贮水池有效容积，m^3；

Q_b——水泵出水量，m^3/h；

Q_L——水池进水量，m^3/h；

T_b——水泵运行时间，h；

T_t——水泵运行间隔时间，h；

V_x——消防贮备水量，m^3；

V_s——生产事故备用水量 m^3。

当资料不足时，贮水池的有效容积宜按建筑物最高日用水量的20％～25％确定。

二、吸水井(坑)

吸水井(坑)是用来满足水泵吸水要求的构筑物。在吸水井内安装吸水管和喇叭口及吸水底阀。吸水井(坑)的进水量必须大于水泵吸水量。

吸水井(坑)尺寸要满足吸水管的布置、安装、拆修和水泵正常工作的要求，其最小有效容积不得小于最大一台水泵 5 min 的出水量，其布置的最小尺寸见图 3.4。

吸水井(坑)可设置在底层或地下室，也可设置在室外地下或地上。对于生活饮用水，吸水井(坑)应有防止污染的措施。

任务三　水　　箱

在建筑给水系统中，当需要贮存和调节水量，以及需要稳压和减压时，均可以设置水箱。根据水箱的用途不同可分为高位水箱、减压水箱、断流水箱等。

水箱一般采用钢板、钢筋混凝土、玻璃钢等材料制作。钢板水箱施工安装方便，但易锈蚀，内外表面都应做防腐处理。钢板水箱的选型可参考国家标准图集。钢筋混凝土水箱适合大型水箱、经久耐用、维护简单、造价较低，但自重大，与管道连接不好时易漏水。玻璃钢水箱质量轻、强度高、耐腐蚀、造型美观，安装维修方便，大容积水箱可现场组装，因而得到普遍采用。

常用水箱的形状有矩形、方形和圆形。

一、水箱附件

水箱应设进水管、出水管、溢流管、泄水管、水位信号装置，以及液位计、通气管、人孔、内外爬梯等附件，见图 3.8。

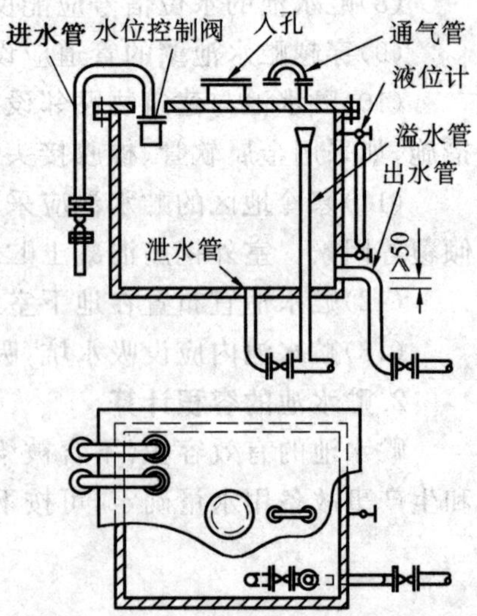

图 3.8　水箱附件平剖面图

(1)进水管。水箱进水管一般从侧壁接入，也可以从底部或顶部接入。

当水箱利用管网压力进水时，其进水管出口处应设浮球阀或液压阀。浮球阀一般不少于两个。浮球阀直径与进水管直径相同，每个浮球阀前应装有检修阀门。

(2)出水管。水箱出水管可从侧壁或底部接出。从侧壁接出的出水管内底或从底部接出时的出水管口顶面，应高出水箱内底 50 mm。出水管口应设置闸阀。

水箱的进、出水管宜分别设置，当进、出水管为同一条管道时，应在出水管上装设止回阀。

当需要加装止回阀时，应采取阻力较小的旋启式止回阀代替升降式止回阀，且标高应低于水箱最低水位 1 m 以上。生活与消防合用一个水箱时，消防出水管上的止回阀应低于生活出水虹吸管的管顶（低于此管顶时，生活虹吸管的真空被破坏，只保证消防出水管有水流出）至少 2 m，使其具备一定的压力来推动止回阀。当火灾发生时，消防贮备水量才能真正发挥作用。

消防和生活合用水箱除了确保消防贮备水量不做它用的技术措施之外，还应尽量避免产生死水区，如生活出水管采用虹吸管顶钻眼（孔径为管径的 0.1 倍）等措施，见图 3.9。

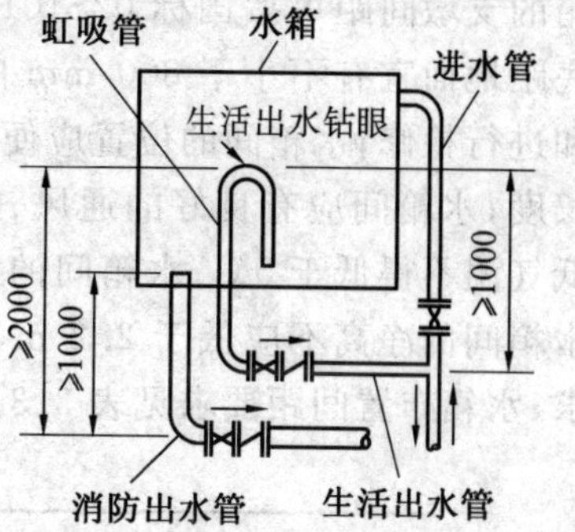

图 3.9 消防和生活合用水箱

(3)溢流管。水箱溢流管可从侧壁或底部接出，其管径应按排泄水箱最大入流量确定，并宜比进水管大 1～2 号。溢流管上不得安装阀门。

溢流管不得与排水系统直接连接，必须采用间接排水，溢流管上应有防止尘土、昆虫、蚊蝇等进入的措施，如设置水封、滤网等。

(4)泄水管。水箱泄水管应自底部最低处接出。泄水管上装有闸阀（不应装截止阀），可与溢流管相接，但不得与排水系统直接连接。泄水管管径在无特殊要求下，管径一般采用 DN50。

(5)通气管。供生活饮用水的水箱应设有密封箱盖，箱盖上应设有检修人孔和通气管。通气管可伸至室内或室外，但不得伸到有害气体的地方，管口应有防止灰尘、昆虫和蚊蝇进入的滤网，一般应将管口朝下设置。通气管上不得装设阀门、水封等妨碍通气的装置。通气管不得与排水系统和通风道连接。通气管一般采用 DN50 的管径。

(6)液位计。一般应在水箱侧壁上安装玻璃液位计，用于就地指示水位。在一个液位计长度不够时，可上下安装两个或多个液位计，相邻两个液位计的重叠部分，不宜少于 70 mm，见图 3.10。若在水箱未装液位信号计时，可设信号管给出溢水信号。信号管一般自水箱侧壁接出，其设置高度应使其管内底与溢流管底或喇叭口溢流水面平齐。管径一般采用 DN15。信号管可接至经常有人值班房间内的洗脸盆、洗涤盆等处。

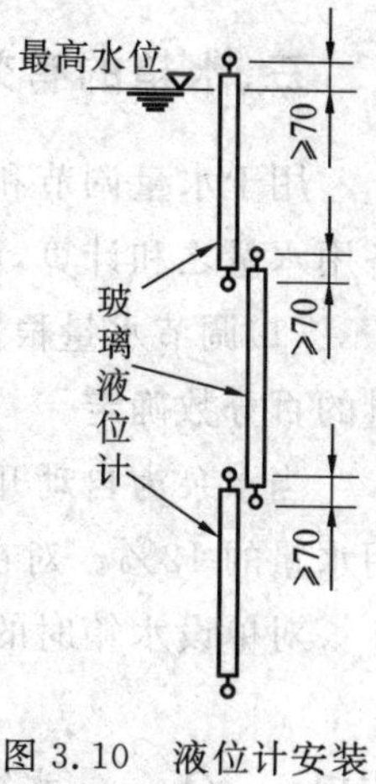

图 3.10 液位计安装

若水箱液位与水泵连锁，则应在水箱侧壁或顶盖上安装液位继电器或信号器，常用的液位继电器或信号器有浮球式、杆式、电容式与浮平式等。

水泵压力进水的水箱高低电控水位均应考虑保持一定的安全容积，停泵瞬时的最高电控水位应低于溢流水位 100 mm，而开泵瞬时的最低电控水位应高于设计最低水位 20 mm，以免由于误差而造成溢流或放空。

(7)水箱盖、内外爬梯及其他有关附件，可参考《给水排水标准图集》S151 制作及安装。

二、水箱的安装和布置

金属水箱安装采用槽钢梁或钢筋混凝土支墩支承。为防止水箱底与支承的接触面腐蚀，要在它们之间垫以石棉橡胶板、橡胶板或塑料板等绝缘材料，热水箱底的垫板还应考虑材料的耐热要求，可参阅图3.11。

整体式钢板水箱的支墩间距可按国家标准图集《矩形给水箱》02S101 处理；装配式钢板水

箱的支墩间距可按国标 02S101 或按产品说明设置。水箱底距地面宜有不小于 800 mm 的净空高度，以便安装管道和进行检修；水箱间的位置应便于管道布置，尽量缩短管线长度；水箱间应有良好的通风、采光和防蚊蝇措施，室内最低气温不得低于 5℃；水箱间的承重结构应为非燃烧材料；水箱间的净高不应低于 2.2 m，同时还应满足水箱布置要求；水箱布置间距要求见表 3.3。

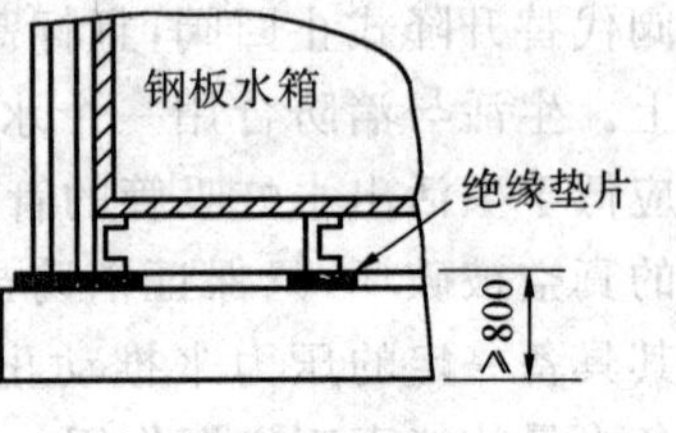

图 3.11　钢板水箱安装

表 3.3　水箱布置间距

型　式	箱外壁至墙面的距离/m		水箱之间的距离/m	箱顶至建筑最低点的距离/m
	有阀一侧	无阀一侧		
圆　形	0.8	0.5	0.7	0.8
矩　形	1.0	0.7	0.7	0.8

注：表中有阀、无阀是指有无浮球阀或液压水位控制阀。

对于大型公共建筑和高层建筑，为保证供水安全，宜将水箱分成两格或设置两个水箱。

三、水箱的有效容积

用于水量调节和贮水水箱的有效容积，应根据调节水量、生活和消防储备水量及生产事故备用水量之和计算，可按以下几方面确定。

(1)调节水量根据用水量和流入量的变化曲线确定。如无上述资料时，可根据最高日用水量的百分数确定。

当水泵为自动开闭时，水箱不得小于日用水量的 5%；当水泵为人工开闭时，不得小于日用水量的 12%。对在夜间进水的水箱，应按用水人数和用水定额确定。

对单设水箱时的水箱容积可按下式计算

$$V_t = Q_m \cdot T \tag{3.5}$$

式中　Q_m——水箱供水的最大连续平均小时用水量，m^3/h；

T——需要由水箱供水的最大连续时间，h。

由于外部管网的供水变化很大，水箱的有效容积应根据具体情况分析确定。在按式(3.5)计算确定有困难时，可按最大高峰用水量或全天用水量的 1/2 确定，有条件时也可按夜间进水，白天全部由水箱供水确定。

(2)生产事故的备用水量，应按工艺要求确定。

(3)消防的储备水量，应按现行有关建筑设计防火规范确定(见单元五)。

(4)当生活、生产、消防等共用水箱时，则水箱容积应同时满足上述要求。

四、水箱的设置高度

水箱的设置高度，应使其最低水位的标高满足最不利配水点(包括消火栓或自动喷水喷头)的流出水压要求，即

$$Z_x \geqslant Z_b + H_c + H_s \tag{3.6}$$

式中　Z_x——高位水箱最低水位标高，m；

Z_b——最不利配水点(或消火栓或自动喷水喷头)的标高,m;

H_c——最不利配水点(或消火栓或自动喷水喷头)需要的流出水头,m;

H_s——水箱出口至最不利配水点(消火栓或自动喷水喷头)的管道总压力损失,m。

对于贮备消防用水的水箱,在满足消防流出压力确有困难时,应采取增压、稳压措施,以达到防火设计规范的要求。

任务四　气压给水设备

气压给水设备是给水系统中的一种利用密闭储罐内空气的可压缩性进行贮存、调节和送水的装置。其作用相当于高位水箱或水塔,是一种应用较为广泛的给水设备。与水泵、水箱联合供水方式比较,其主要优点是便于搬迁和隐蔽,灵活性大,气压水罐可以设置于任何高度;施工安装方便,运行可靠,维护和管理方便;由于气压水罐是密闭装置,水质不易被污染;气压水罐具有一定的消除水锤作用。气压水罐调节能力较小,水泵启动频繁;变压式气压给水压力变化幅度较大,因而电频高,经常性费用较高。

一、气压给水设备工作原理

气压给水设备,主要由气压水罐、水泵、空气压缩机、控制器材等组成,见图 3.12。

变压式气压给水设备其工作原理为气压水罐内空气的起始压力高于给水系统所必需的设计压力。水在压缩空气的作用下,被送往配水点,随着罐内水量减少,空气压力相应的减少,当水位下降到最低值时,压力也减小到规定的下限值,在压力继电器的作用下,水泵自动启动,将水压入罐内和配水系统;当罐内水位逐渐上升到最高水位时,压力也达到了规定的上限值,压力继电器切断电路,水泵停止工作,如此往复循环。

二、气压给水设备类型

1.气压给水设备按压力稳定情况分为变压式和定压式两类

(1)变压式。用户对水压没有特殊要求时,一般常用变压式给水设备,气压水罐内的空气容积随供水工况而变。给水系统处于变压状态下工作。图 3.12 为单罐变压式气压给水设备。

(2)定压式。在用户要求水压稳定时,可在变压式气压给水装置的供水管上安装调节阀,使阀后的水压在要求范围内,管网处于恒压下工作,见图 3.13。

气压给水设备宜采用变压式,当供水压力有恒定要求时,应采用定压式。

2.气压给水设备按气压水罐的形式分为补气式和隔膜式两类

(1)补气式。在气压罐内空气与水接触,由于空气渗漏和溶解于水,使罐内空气逐渐损失,罐内空气逐渐减少,为确保给水系统的运行工况,需要随时补气。常用补气方式有空气压缩机补气、补气罐补气、泄空补气,同时还有利用水泵出水管中积存空气补气、水射器补气等。图 3.14 为补气罐补气。

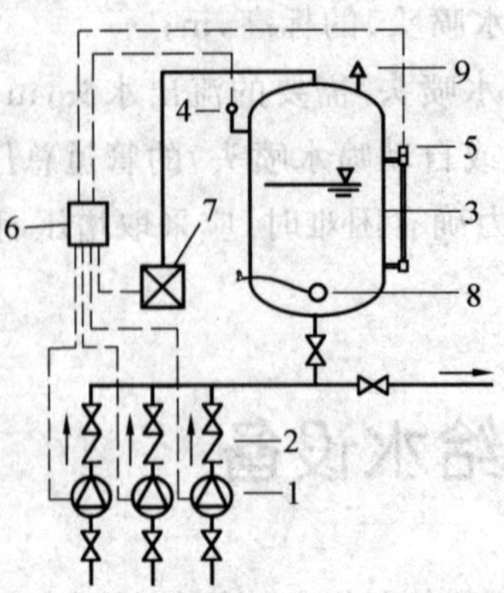

图 3.12　变压式单罐气压给水装置

1—水泵；2—止回阀；3—气压水罐；
4—压力信号器；5—液位信号器；
6—控制器；7—补气装置；
8—排气阀；9—安全阀

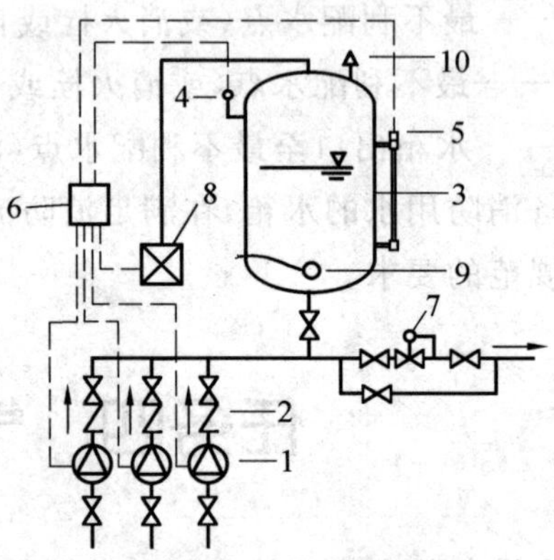

图 3.13　定压式气压给水装置

1—水泵；2—止回阀；3—气压水阀；
4—压力信号器；5—液位信号器；
6—控制器；7—压力调节阀；
8—补气装置；9—排气阀；10—安全阀

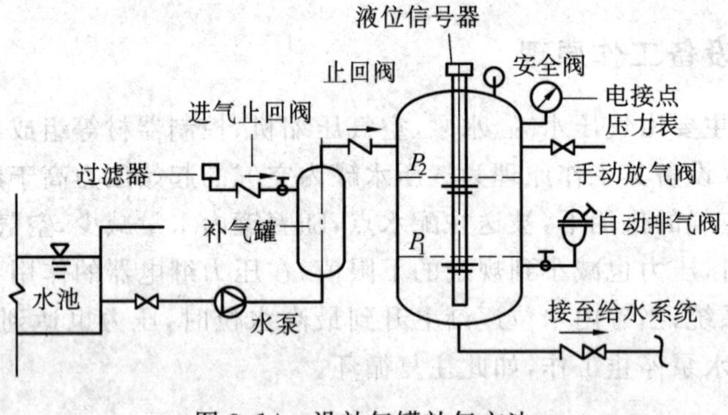

图 3.14　设补气罐补气方法

(2)隔膜式。在气压罐内装有橡胶(或塑料)囊式弹性隔膜，见图 3.15，隔膜将罐体分为气室和水室两部分，靠囊的伸缩变形调节水量，可以一次充气，长期使用，不需补气设备，并有利于保护水质不受污染。

三、气压给水设备的容积计算

气压水罐内的最小压力，应按最不利配水点或消火栓，以及自动喷淋灭火设备所需的水压来计算确定。

1. 气压水罐调节容积

气压水罐调节容积与用水量、水泵出水量之间满足以下关系

$$t_1=\frac{V_{q2}}{q_b-Q} \tag{3.7}$$

$$t_2=\frac{V_{q2}}{Q} \tag{3.8}$$

$$T=t_1+t_2=\frac{V_{q2}}{q_b-Q}+\frac{V_{q2}}{Q}=\frac{V_{q2}\,q_b}{Q(q_b-Q)} \tag{3.9}$$

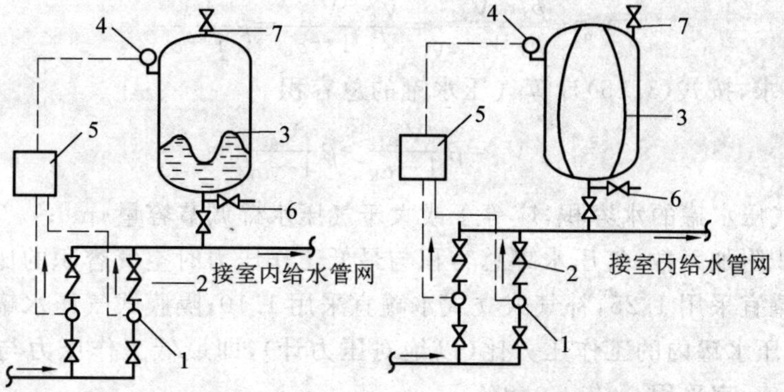

(a) 帽形隔膜　　　　(b) 胆囊形隔膜

图 3.15 隔膜式气压给水设备示意图

1—水泵；2—止回阀；3—隔膜式气压水罐；

4—压力信号器；5—控制器；6—泄水阀；7—安全阀

$$V_{q2}=\frac{TQ(q_b-Q)}{q_b}=\frac{Q(q_b-Q)}{q_b n_q} \tag{3.10}$$

式中 V_{q2}——气压水罐的调节容积，m^3；

t_1——水泵运行时段，h；

t_2——水泵停止工作时段，h；

T——水泵的工作周期，h；

n_q——水泵 1 小时启动次数，宜采用 6～8 次；

Q——用水量，m^3/h；

q_b——水泵(或泵组)的出流量，m^3/h。

气压给水设备的工作水泵流量，扬程应与气压水罐的容积相匹配，水泵在 1 h 内的启动次数，不应大于 8 次，否则易使电控装置损坏。

气压水罐的最大调节容积计算式为

$$V_{q_2}=\frac{\alpha_a q_b}{4n_q} \tag{3.11}$$

式中 α_a——安全系数，宜取 1.0～1.3。

2. 气压水罐总容积

根据波义耳－马略特定律，气压水罐内空气的压力和体积的关系为

$$V_0 p_0=V_1 p_1=V_2 p_2 \tag{3.12}$$

$$V_{q2}=V_1-V_2=V_q\frac{p_0}{p_1}-V_q\frac{p_0}{p_2}=V_q\frac{p_0}{p_1}\left(1-\frac{p_1}{p_2}\right) \tag{3.13}$$

式中 V_q——气压水罐的总容积，m^3；

V_1——气压水罐最低工作压力时的空气容积，m^3；

V_2——气压水罐最高工作压力时的空气容积，m^3；

p_0——气压水罐未充水时罐内空气的绝对压力，MPa；

p_1——以绝对压强计的最低工作压力，MPa；

p_2——以绝对压强计的最高工作压力，MPa。

由式(3.13)可得

$$V_q=\frac{p_1}{p_0}\frac{V_{q2}}{1-\alpha_b}=\frac{V_q}{V_1}\frac{V_{q2}}{1-\alpha_b}=\beta\frac{V_{q2}}{1-\alpha_b}\tag{3.14}$$

根据规范要求，按式(3.15)计算气压水罐的总容积

$$V_q=\beta\frac{V_{q1}}{1-\alpha_b}\geqslant\beta\frac{V_{q2}}{1-\alpha_b}\tag{3.15}$$

式中 V_{q1}——气压水罐的水容积，应等于或大于气压水罐调节容量，m^3；

β——容积附加系数，气压水罐总容积与最低工作压力时空气容积的比值。补气式卧式水罐宜采用 1.25，补气式立式水罐宜采用 1.10；隔膜式气压水罐取 1.05；

α_b——气压水罐内的工作压力比(以绝对压力计)，即最低工作压力与最高工作压力的比值，宜采用 0.65～0.85。

补气式气压罐应设置在空气清洁的场所。利用空气压缩机补气时，小型的气压给水设备，可采用手摇式空气压缩机；大中型气压给水设备一般采用电动空气压缩机。空气压机的工作压力应大于气压水罐的最大工作压力，一般可选用小型空气压缩机。压缩空气管道一般采用焊接钢管。

生活给水系统采用气压给水设备供水时，应符合下列规定：

气压水罐内的最低工作压力，应满足管网最不利的配水点所需水压；气压水罐内的最高工作压力，不得使管网最大水压处配水点的水压大于 0.55 MPa；水泵(或泵组)的流量(以气压水罐内的平均压力计，其对应的水泵扬程的流量)，不应小于给水系统最大小时用水量的 1.2 倍。

【例 3.1】 某住宅楼共 160 户，每户平均 4 人，用水量定额为 180 L/(人·d)，小时变化系数 K_h 为 2.5，拟采用隔膜式气压给水设备供水，试计算气压水罐的总容积。

【解】 该住宅最高日最大时用水量为

$$Q_h/(m^3\cdot h^{-1})=\frac{Q_dK_h}{T}=\frac{160\times4\times180\times2.5}{24\times1000}=12$$

水泵的流量应不小于给水系统最大小时用水时的 1.2 倍，则

$$q_b/(m^3\cdot h^{-1})=1.2Q_h=1.2\times12=14.4$$

取 $\alpha_a=1.3$，$n_q=6$，则气压水罐的调节容积为

$$V_{q2}/m^3=\frac{\alpha_aq_b}{4n_q}=\frac{1.3\times14.4}{4\times6}=0.78$$

因选用隔膜式气压水罐，取 $\beta=1.05$，$\alpha_b=0.8$，$V_{q2}=V_{q1}$，则气压水罐的总容积为

$$V_q/m^3=\beta\frac{V_{q1}}{1-\alpha_b}=1.05\times\frac{0.78}{1-0.8}=4.1$$

四、气压给水设备的布置要求

气压给水设备的布置主要应满足以下要求。

(1)气压给水设备的罐顶至建筑结构最低点的距离不得小于 1.0 m；罐与罐之间及罐壁与墙面的净距不宜小于 0.7 m。

(2)补气式气压水罐应设置在空气清洁的场所。

(3)气压给水设备工作间应采光和通风良好，不致冻结，环境温度为 5～40 ℃，相对湿度不大于 85%。

任务五　变频调速给水设备

在实际给水系统中，用于增压的水泵为提高供水的可靠性，都是根据管网最不利工况下的流量、扬程而选定的，但管网中高峰用水量时间不长，用水量在大多数时间里都小于最不利工况时的流量，其扬程将随流量的下降而上升，使水泵经常处于扬程过剩的情况下运行，形成水泵能耗增高、效率降低的运行工况。变频调速给水设备的出现，解决了供需不相吻合的矛盾，它能够根据管网中的实际用水量及水压，通过自动调节水泵的转速而达到供需平衡，从而提高水泵的运行效率。

变频调速给水设备采用变频调速泵与恒速泵组合供水方式，在用水极不均匀的情况下，为避免在给水系统小流量用水时降低水泵机组的效率，还可并联配备小型水泵或小型气罐与变频调速装置共同工作，在小流量用水时，大型水泵均停止工作，仅利用小泵或小气罐向系统供水。

变频调速给水设备运行稳定可靠，自动化程度高，效率高、耗能低；设备紧凑，占地面积少(省去了水箱、大气压罐)；对管网系统中用水量变化适应能力强，适应于不便设置其他水量调节设备的给水系统。

工作原理如图 2.10 所示。给水系统中扬程发生变化时，压力传感器即向微机控制器输入水泵出水管压力的信号，若出水管压力值大于系统中设计供水量对应的压力时，微机控制器即向变频调速器发出降低电源频率的信号，水泵转速随即降低，使水泵出水量减少，水泵出水管的压力降低。反之亦然。

采用变频调速给水设备时，应有双电源或双回路供电：电机应有过载、短路、过压、缺相、欠压过热等保护功能；水泵的工作点应在水泵特性曲线最高效率点附近，水泵最不利工况点尽量靠近水泵高效区右端。

思考题与习题

3.1　如何选择水泵？水泵布置有哪些要求？

3.2　如何确定水泵机组基础的尺寸？

3.3　水泵吸、压水管路布置有哪些要求？

3.4　给水泵房的尺寸如何确定？

3.5　如何确定贮水池容积？贮水池的设置有哪些要求？

3.6　如何确定水箱容积？水箱上应设置哪些管和配件，其作用是什么？

3.7　水箱的设置高度如何确定？

3.8　水箱间的布置有哪些要求？

3.9　气压给水设备的工作原理是什么？如何确定变压式气压水罐的容积？

3.10　气压给水设备布置有哪些要求？

单元四　建筑内部给水管道计算

【教学目标】通过项目教学活动，培养学生能够独立进行建筑内部给水管道设计计算的能力；培养学生良好的职业道德、自我学习能力、实践动手能力和耐心细致地分析与处理问题的能力，以及诚实、守信、善于沟通和合作的专业素养。

【知识目标】

1. 掌握建筑用水情况和用水定额要求；
2. 掌握建筑内部给水管道设计秒流量的计算方法；
3. 掌握建筑内部给水管道水力计算方法。

【主要学习内容】

建筑内部给水管道的计算是在完成给水管线布置，绘出管道系统图之后进行的。计算的目的是确定给水管网各管段的管径和给水系统所需的压力；同时复核室外给水管网的水压能否满足建筑内部给水系统的用水要求。设置升压给水设备的给水系统，还要选定升压及贮水设备，并确定其安装高度。

任务一　建筑用水情况和用水定额

建筑内部用水包括生活、生产和消防用水三部分。

生产用水一般比较均匀，并且具有规律性。其用水量可按消耗在单位产品上的水量计算，也可以按单位时间内消耗在生产设备上的水量计算。

消防用水量计算，见本书单元五。

生活用水量根据当地气候条件、生活习惯、建筑物的性质、建筑标准、建筑物内卫生设备的完善程度、生活水平及水价等因素确定，因此在一日内其用水量是不均匀的，变化较大。生活用水量按用水量定额和用水单位数计算确定。各种不同类型建筑物的生活用水定额及小时变化系数，按我国现行《建筑给水排水设计规范》中规定执行。

一、用水定额

用水定额是指用水对象单位时间内所需用水量的规定数值，是确定建筑物设计用水量的主要参数之一。其数值是在对各类用水对象的实际耗用水量进行多年实测的基础上，经过分析，并且考虑国家目前的经济状况以及发展趋势等综合因素而制定的，以作为工程设计时必须遵守的规范，见表 4.1～4.3。

合理选择用水定额关系到给排水工程的规模和工程投资。

表 4.1　住宅最高日生活用水定额及小时变化系数

住宅类别		卫生器具设置标准	生活用水定额/(L·(人·d)$^{-1}$)	小时变化系数
普通住宅	Ⅰ	有大便器、洗涤盆	85～150	3.0～2.5
	Ⅱ	有大便器、洗脸盆、洗涤盆、洗衣机、热水器和沐浴设备	130～300	2.8～2.3
	Ⅲ	有大便器、洗脸盆、洗涤盆、洗衣机、集中热水供应(或家用热水机组)和沐浴设备	180～320	2.5～2.0
别　墅		有大便器、洗脸盆、洗涤盆、洗衣机、洒水栓、家用热水机组和沐浴设备	200～350	2.3～1.8

注:①当地主管部门对住宅生活用水标准有规定的,按当地规定执行。

②别墅用水定额中含庭院绿化、汽车洗车水。

表 4.2　集体宿舍、旅馆和公共建筑生活用水定额及小时变化系数

序号	建筑物名称	单位	最高日生活用水定额/L	使用时数/h	小时变化系数 K_h
1	宿舍 I类,II类 III类,IV类	 每人每日 每人每日	 150～200 100～150	 24 24	 3.0～2.5 3.5～3.0
2	招待所、培训中心、普通旅馆 设公用盥洗室 设公用盥洗室、淋浴室 设公用盥洗室、淋浴室、洗衣室 设单身卫生间、公用洗衣室	 每人每日 每人每日 每人每日 每人每日	 50～100 80～130 100～150 120～200	24	3.0～2.5
3	酒店式公寓	每人每日	200～300	24	2.5～2.0
4	宾馆客房 旅客 员工	 每床位每日 每人每日	 250～400 80～100	24	2.5～2.0
5	医院住院部 设公用盥洗室 设公用盥洗室、淋浴室 设单独卫生间 医务人员 门诊部、诊疗所 疗养院、休养所住房部	 每床位每日 每床位每日 每床位每日 每人每班 每病人每次 每床位每日	 100～200 150～250 250～400 150～200 10～15 200～300	24 24 24 8 8～12 24	2.5～2.0 2.5～2.0 2.5～2.0 2.0～1.5 1.5～1.2 2.0～1.5
6	养老院、托老院 全托 日托	 每人每日 每人每日	 100～150 50～80	24 10	2.5～2.0 2.0

续表 4.2

序号	建筑物名称	单位	最高日生活用水定额/L	使用时数/h	小时变化系数 K_h
7	幼儿园、托儿所 有住宿 无住宿	 每儿童每次 每儿童每次	 50～100 30～50	24 10	3.0～2.5 2.0
8	公共浴室 淋浴 浴盆、淋浴 桑拿浴(淋浴、按摩池)	 每顾客每次 每顾客每次 每顾客每次	 100 120～150 150～200	12 12 12	2.0～1.5
9	理发室、美容院	每顾客每次	40～100	12	2.0～1.5
10	洗衣房	每 kg 干衣	40～80	8	1.5～1.2
11	餐饮业 中餐酒楼 快餐店、职工及学生食堂 酒吧、咖啡馆、茶座、卡拉 OK 房	 每顾客每次 每顾客每次 每顾客每次	 40～60 20～25 5～15	10～12 12～16 8～18	1.5～1.2 1.5～1.2 1.5～1.2
12	商场 员工及顾客	每 m^2 营业厅面积每日	5～8	12	1.5～1.2
13	图书馆	每人每次	5～10	8～10	1.5～1.2
14	书店	每 m^2 营业厅面积每日	3～6	8～12	1.5～1.2
15	办公楼	每人每班	30～50	8～10	1.5～1.2
16	教学、实验楼 中小学校 高等院校	 每学生每日 每学生每日	 20～40 40～50	8～9 8～9	1.5～1.2 1.5～1.2
17	电影院、剧院	每观众每场	3～5	8～12	1.5～1.2
18	会展中心(博物馆,展览馆)	每 m^2 展厅面积每日	3～6	8～16	1.5～1.2
19	健身中心	每人每次	30～50	8～12	1.5～1.2
20	体育场(馆) 运动员淋浴 观众	 每人每次 每人每场	 30～40 3	— 4	3.0～2.0 1.2
21	会议厅	每座位每次	6～8	4	1.5～1.2
22	航站楼,客运站旅客	每人次	3～6	8～16	1.5～1.2
23	菜市场地面冲洗及保鲜用水	每 m^2 每日	10～20	8～10	2.5～2.0
24	停车库地面冲洗水	每 m^2 每次	2～3	6～8	1.0

注：1.除养老院、托儿所、幼儿园的用水定额中含食堂用水，其它均不含食堂用水。

2.除注明外，均不含员工生活用水，员工用水定额为每人每班 40～60L。

3.医务建筑用水中已含医疗用水。

4.空调用应另计。

工业企业建筑，管理人员的生活用水定额可取 30～50 L/(人·班)，车间工人用水定额应根据车间性质确定，宜采用 30～50 L/(人·班)；用水时间宜取 8 h，小时变化系数宜取 2.5～1.5。

工业企业建筑淋浴用水定额，应根据现行国家标准《工业企业设计卫生标准》GB Z1—2010 中车间的卫生特征分级确定，可采用 40～60 L/(人·次)，延续供水时间宜取 1 h。

汽车冲洗用水定额应根据冲洗方式，以及车辆用途、道路路面等级和污染程度等确定，可以按表 4.3 确定。

表 4.3　汽车冲洗用水量定额　　L/(辆·次)

冲洗方式	高压水枪冲洗	循环用水冲洗补水	抹车、微水冲洗	蒸汽冲洗
轿　车	40～60	20～30	10～15	3～5
公共汽车 载重汽车	80～120	40～60	15～30	—

注：当汽车冲洗设备用水定额有特殊要求时，其值应按产品要求确定。

二、最高日用水量

建筑物的最高日用水量(L/d)，即一年中最大日用水量，根据建筑物的不同性质，采用相应的用水量定额进行计算。生活用水定额可以分为住宅生活用水定额、公共建筑生活用水定额、居住区生活用水定额、工业企业建筑生活用水定额和热水用水定额等。

$$Q_d = m \cdot q_d \tag{4.1}$$

式中　Q_d—— 最高日用水量，L/d；

m—— 用水单位数，人或床位等，工业企业建筑为班人数；

q_d—— 最高日生活用水定额，L/(人·d)、L/(床·d) 或 L/(人·班) 等。

三、最大小时用水量

最大小时用水量即最高日用水时间内最大小时的用水量。

$$Q_h = K_h \frac{Q_d}{T} = Q_p \cdot K_h \tag{4.2}$$

$$K_h = \frac{Q_h}{Q_p} \tag{4.3}$$

式中　Q_h—— 最大小时用水量，L/h；

T—— 建筑物内每日或每班的用水时间，h，根据建筑物的性质决定。如：住宅及一般建筑多为昼夜供水，$T=24$；工业企业若为分班工作制，则为每班用水时间；旅馆等建筑若为定时供水，则为每日供水时间；

Q_p—— 平均时用水量，又称平均小时用水量，为最高日生活用水量在给水时间内以小时计的平均值，L/h；

K_h—— 小时变化系数，最大日中最大小时用水量与该日平均小时用水量之比。

用最高日最大时用水量确定水箱、贮水池容积和水泵出水量，以及进行厂区和居住区室外给水管网的设计计算，尚能满足要求，因为室外管网服务面积大，卫生器具数量及使用人数多，用水时间参差不一，用水不会太集中而显得比较均匀。对于单栋建筑物，由于用水的不均匀性较大，按室外给水管网的设计计算方法的结果就难于满足使用要求，因此，对于建筑内部给水管道的计算，还需要建立设计流量的计算公式。

任务二 设计秒流量

给水管道的管径，应根据设计秒流量来确定。生产给水管道的设计秒流量，应根据生产工艺要求确定。消防给水管道的设计秒流量计算见本书单元五。

为保证建筑内部用水，生活给水管道的设计流量应为建筑内部生活给水管网中最大短时流量，即卫生器具按最不利情况组合出流时的最大瞬时流量，又称为设计秒流量。

建筑内部给水管道设计秒流量的确定方法，一般可分为三种类型：经验法、平方根法和概率法。其中经验法简捷方便，但是不够精确；平方根法的计算结果一般偏小；概率法在理论上是合理的，因管段上的设计流量与卫生器具的使用频率有关，属于概率随机事件范畴。使用概率理论，需要在合理地确定卫生器具的用水定额、进行大量的卫生器具使用频率实测的基础上，才能建立正确的设计流量计算公式。目前很多国家采用概率法建立设计秒流量计算公式，然后再结合经验数据，制成设计图表，供设计使用。

当前我国建筑内部生活给水管网的设计秒流量的计算方法，按建筑物用水特点不同，采用不同的公式进行计算。我国 2009 年颁布的《建筑给水排水设计规范》(GB 50015)中，对于住宅生活给水设计秒流量计算采用概率法，因住宅建筑的用水特点为用水时间长，用水设备使用情况比较分散，卫生器具的同时出流率随着卫生器具的增加而减少；而对于公共建筑，如集体宿舍、旅馆、医院、幼儿园、办公楼、学校等建筑，仍采用平方根法计算设计秒流量。另一类用水特点为密集型的建筑，如工业企业的生活间、公共浴池、洗衣房、公共食堂、实验室、影剧院、体育场等，仍采用原规范的平方根法计算设计秒流量。

不论建筑物性质如何，室内用水总是通过卫生器具配水龙头出水而体现的。但是，各种卫生器具配水龙头的出流量和出水特征各不相同，为了便于计算，引入了卫生器具当量的概念。给水计算时，以安装在污水盆上、支管直径为 15 mm 的一般球形阀配水龙头在流出水压为 20 kPa时为准，水龙头全开的流量 0.2 L/s 为 1 个给水当量(N_g)，其他卫生器具的给水额定流量折合为该标准的倍数，则其数值为该卫生器具的给水当量数。实际工程中，在一段管段上，所连接的卫生器具种类不一定相同，但是都换算成给水当量总数，计算起来就方便得多了。各种卫生器具给水当量数、额定流量以及最低工作压力可由表 4.4 查得。

一、住宅建筑的生活给水设计秒流量

$$q_g = 0.2 \cdot U \cdot N_g \tag{4.4}$$

式中 q_g—— 计算管段设计秒流量，L/s；

U—— 计算管段的卫生器具给水当量同时出流概率，%；

N_g—— 计算管段的卫生器具给水当量总数。

表 4.4　卫生器具的给水额定流量、当量、连接管公称管径和最低工作压力

序号	给水配件名称	额定流量 /(L·s^{-1})	当量	连接管公称管径 /mm	最低工作压力 /MPa
1	洗涤盆、拖布盆、盥洗槽 单阀水嘴 单阀水嘴 混合水嘴	 0.15～0.20 0.30～0.40 0.15～0.20(0.14)	 0.75～1.00 1.50～2.00 0.75～1.00(0.70)	 15 20 15	0.050
2	洗脸盆 单阀水嘴 混合水嘴	 0.15 0.15(0.10)	 0.75 0.75 (0.50)	 15 15	0.050
3	洗手盆 感应水嘴 混合水嘴	 0.10 0.15(0.10)	 0.50 0.75(0.50)	 15 15	0.050
4	浴盆 单阀水嘴 混合水嘴(含带淋浴转换器)	 0.20 0.24(0.20)	 1.00 1.20(1.00)	 15 15	 0.050 0.050～0.070
5	淋浴器 混合阀	 0.15(0.10)	 0.75(0.5)	 15	 0.050～0.100
6	大便器 冲洗水箱浮球阀 延时自闭式冲洗阀	 0.10 1.20	 0.5 6.0	 15 25	 0.020 0.100～0.150
7	小便器 手动或自动自闭式冲洗阀 自动冲洗水箱进水阀	 0.10 0.10	 0.5 0.5	 15 15	 0.050 0.020
8	小便槽穿孔冲洗管(每 m 长)	0.05	0.25	15～20	0.015
9	净身盆冲洗水嘴	0.10(0.07)	0.5(0.35)	15	0.050
10	医院倒便器	0.20	1.0	15	0.050
11	实验室化验水嘴(鹅颈) 单联 双联 三联	 0.07 0.15 0.20	 0.35 0.75 1.00	 15 15 15	 0.020 0.020 0.020
12	饮水器喷嘴	0.05	0.25	15	0.050
13	洒水栓	0.40 0.70	2.00 3.50	20 25	0.050～0.100 0.050～0.100
14	室内地面冲洗水嘴	0.20	1.00	15	0.050
15	家用洗衣机水嘴	0.20	1.00	15	0.050

注:①表中括弧内的数值系在有热水供应时,单独计算冷水或热水时使用。

②当浴盆上附设淋浴器时,或混合水嘴有淋浴器转换开关时,其额定流量和当量只计算水嘴,不计淋浴器,但水压应按淋浴器计。

③家用燃气热水器,所需水压按产品要求和热水供应系统最不利配水点所需工作压力确定。

④绿地的自动喷灌应按产品要求设计。

住宅建筑的生活水设计秒流量的计算步骤如下。

(1)根据住宅配置的卫生器具给水当量、使用人数、用水定额、使用时数及小时变化系数，计算出最大用水时卫生器具给水当量平均出流概率为

$$U_0=\frac{100q_0 mK_h}{0.2\cdot N_g\cdot T\cdot 3\,600} \tag{4.5}$$

式中 U_0—— 生活给水管道最大用水时卫生器具给水当量平均出流概率，%；

q_0—— 最高用水日用水定额，按表 4.1 取用；

m—— 每户用水人数；

K_h—— 小时变化系数，按表 4.1 取用；

N_g—— 每户设置的卫生器具给水当量数，按表 4.4 取用；

T—— 用水时数，h；

0.2—— 一个卫生器具给水当量额定流量，L/s。

当给水干管连接有两条或两条以上给水支管，而各个给水支管的最大用水时卫生器具给水当量平均出流概率具有不同的数值时，该给水干管的最大用水时卫生器具给水当量平均出流概率应按加权平均法计算，即

$$\overline{U_0}=\frac{\sum U_{0i}N_{gi}}{\sum N_{gi}} \tag{4.6}$$

式中 $\overline{U}_0$—— 给水干管最大用水时卫生器具给水当量平均出流概率；

U_{0i}—— 支管的最高用水时卫生器具给水当量平均出流概率；

N_{gi}—— 相应支管的卫生器具给水当量总数。

式(4.6)只适用于枝状管道中，各支管的最大用水时发生在同一时段的给水管道。而对最大用水时并不发生在同一时段的给水管段，应将设计秒流量最小的支管的平均用水时平均秒流量与设计秒流量大的支管的设计秒流量叠加成干管的设计秒流量。

采用概率法进行计算时，生活给水管道最大用水时卫生器具给水当量平均出流概率 的计算是关键，为了使 U_0 的计算值不致偏差过大，表 4.5 列出了住宅的卫生器具给水当量最大用水时平均出流概率值，仅供参考。

表 4.5　住宅的卫生器具给水当量最大用水时平均出流概率参考值　　%

建筑物性质	普通住宅			别墅
	Ⅰ型	Ⅱ型	Ⅲ型	
U_0 参考值	3.0～4.0	2.5～3.5	2.0～2.5	1.5～2.0

(2) 根据计算管段上的卫生器具给水当量总数，计算得出该管段的卫生器具给水当量的同时出流概率为

$$U/\%=\frac{1+\alpha_c(N_g-1)^{0.49}}{\sqrt{N_g}}\times 100 \tag{4.7}$$

式中 U—— 计算管段的卫生器具给水当量同时出流概率，%；

α_c—— 对应于不同 U_0 的系数，查表 4.6 选用；

N_g—— 计算管段的卫生器具给水当量总数。

表 4.6　$U_0 \sim \alpha_c$ 对应值

$U_0/\%$	1.0	1.5	2.0	2.5	3.0	3.5
α_c	0.003 23	0.006 97	0.010 97	0.015 12	0.019 39	0.023 74
$U_0/\%$	4.0	4.5	5.0	6.0	7.0	8.0
α_c	0.028 16	0.032 63	0.037 15	0.046 29	0.055 55	0.064 89

(3) 根据计算管段的卫生器具给水当量同时出流概率 U，即可应用式(4.4)计算，得出计算管段的设计秒流量值。

进行工程设计时，为了计算快捷、方便，可以在计算出 U_0 后，根据计算管段的 N_0 值查附录16给水管道设计秒流量计算表，可直接查出设计秒流量。若计算管段的卫生器具给水当量总数超过该计算表中的最大值时，其流量应取最大用水时的平均秒流量，即

$$q_g = 0.2 \cdot U_0 \cdot N_g \tag{4.8}$$

二、学校、医院、宾馆等公共建筑生活给水设计秒流量

宿舍(Ⅰ、Ⅱ类)、旅馆、宾馆、酒店式公寓、医院、疗养院、幼儿园、养老院、办公楼、商场、图书馆、书店、客运站、航站楼、会展中心、中小学教学楼、公共厕所等建筑的生活给水设计秒流量计算式为

$$q_g = \alpha \times 0.2\sqrt{N_g} \tag{4.9}$$

式中　q_g—— 计算管段中的设计秒流量，L/s；

N_g—— 计算管段上的卫生器具当量总数；

α—— 根据建筑物用途而定的系数，按表4.7选用。

表 4.7　根据建筑物用途而定的系数 α 值

建筑物名称	α 值	建筑物名称	α 值
幼儿园、托儿所、养老院	1.2	学校	1.8
门诊部、诊疗所	1.4	医院、疗养院、休养所	2.0
办公楼、商场	1.5	酒店式公寓	2.2
图书馆	1.6	宿舍(Ⅰ类、Ⅱ类)、旅馆、招待所、宾馆	2.5
书店	1.7	客运站、航站楼、会展中心、公共厕所	3.0

使用公式(4.9)时应注意以下几点：

(1) 如计算值小于该管段上一个最大卫生器具给水额定流量时，应采用一个最大的卫生器具给水额定流量作为设计秒流量。

(2) 如计算值大于该管段上按卫生器具给水额定流量累加所得流量值时，应按卫生器具给水额定流量累加所得流量值计算。

(3) 有大便器设置延时自闭式冲洗阀时，大便器延时自闭式冲洗阀的给水当量均按0.5计，计算得到的 q_g 附加上1.2 L/s的流量后，为该管段给水设计秒流量。

(4) 综合楼建筑的 α 值应按加权平均法计算。

三、工业企业、体育场、剧院、实验室等建筑的生活给水设计秒流量

宿舍(Ⅲ、Ⅳ 类)、工业企业的生活间、公共浴室、职工食堂或营业餐厅的厨房、体育场馆、剧院、普通理化实验室等建筑的生活给水设计秒流量计算式为

$$q_g = \sum n_0 \cdot q_0 \cdot b \tag{4.10}$$

式中 q_g—— 计算管段中的给水设计秒流量,L/s;

n_0—— 同类型卫生器具数;

q_0—— 同类型一个卫生器具给水额定流量,L/s;

b—— 卫生器具的同时给水百分数,%;设计时按表 4.8、4.9、4.10 确定。

表 4.8 卫生器具同时给水百分数

卫生器具名称	宿舍(Ⅲ、Ⅳ)	工业企业生活间	公共浴室	影剧院	体育场馆
洗涤盆	—	33	15	15	15
洗手盆	—	50	50	50	70(50)
洗脸盆、漱洗槽水嘴	5 ~ 100	60 ~ 100	60 ~ 100	50	80
浴盆	—	—	50	—	—
无间隔淋浴器	20 ~ 100	100	100	—	100
有间隔淋浴器	5 ~ 80	80	60 ~ 80	(60 ~ 80)	(60 ~ 100)
大便器冲洗水箱	5 ~ 70	30	20	50(20)	70(20)
大便槽自动冲洗水箱	100	100	100	100	100
大便器自闭式冲洗阀	1 ~ 2	2	—	10(2)	5(2)
小便器自闭式冲洗阀	2 ~ 10	10	10	50(10)	70(10)
小便器自动冲洗水箱	—	100	100	100	100
净身盆	—	33	—	—	—
饮水嘴	—	30 ~ 60	30	30	30
小卖部洗涤盆	—	—	50	50	50

表 4.9 实验室化验水嘴同时给水百分数

化验水嘴名称	同时给水百分数/%	
	科学研究实验室	生产实验室
单联化验水嘴	20	30
双联或三联化验水嘴	30	50

表 4.10 职工食堂、营业餐馆厨房设备同时给水百分数

厨房设备名称	同时给水百分数/%
洗涤盆(池)	70
煮锅	60

续表 4.10

厨房设备名称	同时给水百分数 /%
生产性洗涤机	40
器皿洗涤机	90
开水器	50
蒸汽发生器	100
灶台水嘴	30

注：职工或学生饭堂的洗碗台水嘴，按 100% 同时给水，但不与厨房用水叠加。

在实际中，首先各用户不可能同时开启水龙头用水，也不可能同时开启至最大流量；其次，不同类型的卫生器具也存在是否同时开启使用的问题；第三，配水龙头或用水器具开启后，出流量不是一直不变，而是随着时间变化的。用水时，卫生器具的配水过程中起始和终了完全吻合的可能性也很小，所以同时作用的配水器具不应该按最大流量迭加，而应采用卫生器具的同时给水百分数 b 进行计算。表 4.8、4.9、4.10 中的数据为分别对以上 3 种情况进行修正，然后综合在一起得到的同时给水百分数 b。

使用公式(4.10)时应注意以下几点：

(1)如计算值小于该管段上一个最大卫生器具给水额定流量时，应采用一个最大的卫生器具给水额定流量作为设计秒流量。

(2) 大便器设置有自闭式冲洗阀时，大便器自闭式冲洗阀应单列计算。当单列计算值小于 1.20 L/s 时，以 1.20 L/s 计；大于 1.2 L/s 时，以计算值计。

(3)对于有些标准比较高的建筑，b 值可以考虑稍微大一些。

任务三　建筑内部给水管道水力计算

水力计算是在完成管道布置，绘出管道系统轴侧图，初步选定出计算管路(即最不利管路)以后进行。

给水管道水力计算的目的是经济合理地确定出给水管网中各管段的管径、压力损失，确定给水系统所需水压。

一、管径的确定

在求得管网中各设计管段的设计流量后，根据水力学中流量公式 $q_g=\frac{1}{4}\pi D^2 v$ 可知，只需选定了设计流速，便可求得管径 D。

管段设计流速应根据节省工程造价和节省运行管理费用，以及建筑对噪音要求等因素，经过经济技术比较后确定。设计中一般应满足下列要求。

(1)生活或生产给水管道内的水流速度，不宜大于 2.0 m/s；干管流速一般采用 1.2～2.0 m/s。当有防噪音要求，且管径小于或等于 250 mm 时，生活给水管道内的水流速度可采用0.8～1.2 m/s，参见表 4.11。

表 4.11 生活给水管道的水流速度表

管道公称直径/m	15～20	25～40	50～70	≥80
水流速度/$(m \cdot s^{-1})$	≤1.0	≤1.2	≤1.5	≤1.8

(2)消火栓灭火系统的水流速度不宜大于 2.5 m/s。

(3)自动喷水灭火系统的水流速度不宜大于 5.0 m/s,但配水支管内的水流速度在个别情况下,可不大于 10.0 m/s。

(4)不允许断水的给水管网,如从几条引入管供水时,应假定其中有一条被关闭修理,其余引入管应按供给全部用水量进行计算;对于允许断水的给水管网,引入管应按同时使用计算。

(5)引入管的管径,不宜小于 20 mm。

二、管道压力损失计算

1.管道沿程压力损失计算

$$h_f = iL \tag{4.11}$$

式中 h_f——计算管段的沿程压力损失,kPa;

i——管段单位长度压力损失,kPa/m;

L——计算管段长度,m。

在计算中,管道单位长度沿程压力损失 i 的数值可以从水力计算表中查得,见附录 1、附录 2 和附录 3,表中给出了设计流量 q_g、管径 D、流速 v 和单位长度沿程压力损失 i 四个参数间的关系。已知其中两个参数,便可查得其他两个参数。

2.管道局部压力损失

$$h_j = \sum \zeta \frac{\rho v^2}{2} \tag{4.12}$$

式中 h_j——管段各局部压力损失之和,kPa;

$\sum \zeta$——管段局部阻力系数之和;

v——沿水流方向局部阻力部件下游的流速,m/s;

ρ——计算管段水流密度,kg/m^3。

一般情况下,室内给水管道中局部压力损失可以不进行详细计算,而根据经验采用沿程压力损失的百分数估算。生活给水管道取 25%～30%;生产给水管道取 20%;消火栓消防给水管段取 10%;生活、消防共用给水管道取 20%;生产、消防共用给水管道取 15%;生活、生产、消防共用给水管道取 20%。

三、建筑室内给水系统所需压力

建筑室内给水系统必须保证将需要的水量输送到建筑物内部最不利配水点,并保证有足够的流出压力。距给水系统水源点最高最远的配水点称为最不利点,最不利点可能是直接给水方式的进户管、增压给水方式的水泵吸水管、高位水箱出水管。

(1)直接给水方式 对于如图 2.4 所示的直接给水方式,系统所需水压可按式(2.1)计算。

(2)分区给水方式 竖向分区的高层建筑生活给水系统,各分区最不利配水点的水压,都应满足用水水压要求;并且各分区最低卫生器具配水点处的静水压不宜大于 0.45 MPa,特殊情况下不宜大于 0.55 MPa；对于水压大于 0.35 MPa 的入户管（或配水横管），宜设减压或调压设施。

（3）水泵增压给水方式 水泵直接由室外管网吸水时，水泵扬程按式（4.13）确定。

$$H = H_1 + H_2 + H_3 + H_4 - H_0 \tag{4.13}$$

式中 H——水泵扬程，kPa；

H_1——最不利配水点与引入管起点的静压差，kPa；

H_2——设计流量下计算管路的总水头损失，kPa；

H_3——最不利点配水附件的最低工作压力，kPa；

H_4——水表的水头损失，kPa；

H_0——室外给水管网所能提供的最小压力，kPa。

最后，应以室外管网的最大水压校核系统是否超压。

水泵从贮水池吸水时，总扬程按式（4.14）确定。

$$H = H_1 + H_2 + H_3 \tag{4.14}$$

式中 H_1—最不利配水点与贮水池最低工作水位的静压差，kPa。

其他符号意义相同。

（4）水箱供水方式 由高位水箱供水的系统，水箱设置高度可由式（4.15）确定。

$$Z = Z_1 + H_1 + H_2 \tag{4.15}$$

式中 Z——水箱最低水位标高，m；

Z_1——最不利配水点标高，m；

H_1——设计流量下水箱至最不利配水点的总水头损失，m(H_2O)；

H_2——最不利点配水附件所需最低工作压力，m(H_2O)。

四、水力计算的方法和步骤

给水管网的布置方式不同，其水力计算的方法和步骤亦有差别。现将常见给水方式的水力计算方法和步骤归纳如下。

1. 下行上给式水力计算的方法和步骤

（1）根据给水系统图，确定管网中最不利配水点（一般为距引入管起端最远最高，要求的流出压力最大的配水点），再根据最不利配水点，选定最不利管路（通常为最不利配水点至引入管起端间的管路）作为计算管路，并绘制计算简图。

（2）按流量变化对计算管段进行节点编号，并标注在计算简图上。

（3）根据建筑物的类型及性质，正确地选用设计流量计算公式，并计算出各设计管段的给水设计流量。

（4）根据各设计管段的设计流量和允许流速，查水力计算表确定出各管段的管径和管段单位长度的压力损失，并计算管段的沿程压力损失值。

（5）计算管段的局部压力损失，以及管路的总压力损失。系统中设有水表时，还需选用水表，并计算水表压力损失值。

（6）确定建筑物室内给水系统所需的总压力。

（7）将室内管网所需的总压力 H 与室外管网提供的压力 H_0 相比较。当 $H < H_0$ 时，如果小的不多，系统管径可以不做调整；如果小的很多，为了充分利用室外管网水压，应在正常流速范围内，缩小某些管段的管径。当 $H > H_0$ 时，如果相差不大时，为了避免设置局部升压装置，可以放大某些管段的管径；如果两者相差较大时，则需设增压装置。总之，既要考虑充分利用室外管网压力，又要保证最不利配水点所需的水压和水量。

(8)设有水箱和水泵的给水系统，还应计算水箱的容积；计算从水箱出口至最不利配水点间的压力损失值，以确定水箱的安装高度；计算从引入管起端至水箱进口间所需压力来校核水泵压力等。

2.上行下给式水力计算方法和步骤

(1)在上行干管中选择要求压力最大的管路作为计算管路。

(2)划分计算管段，并计算各管段的设计流量，确定各管段的管径及计算其压力损失，并计算管路的总压力损失，确定水箱的安装高度。

(3)计算各立管管径，根据各节点处已知压力和立管几何高度，自上而下按已知压力选择管径，要注意防止管内流速过大，以免产生噪音。

在水力计算时，对于管段数量较多，计算较为复杂的室内给水管网，为了便于计算及复核，可采用计算表格的形式逐段进行计算。

【例题 4.1】 已知室外给水管网供水压力为 200 kPa，引入管起端标高为−1.80 m(室内一层地坪为±0.00 m)，试进行某集体宿舍盥洗间给水管道水力计算。盥洗间给水系统示意图见图 4.1。

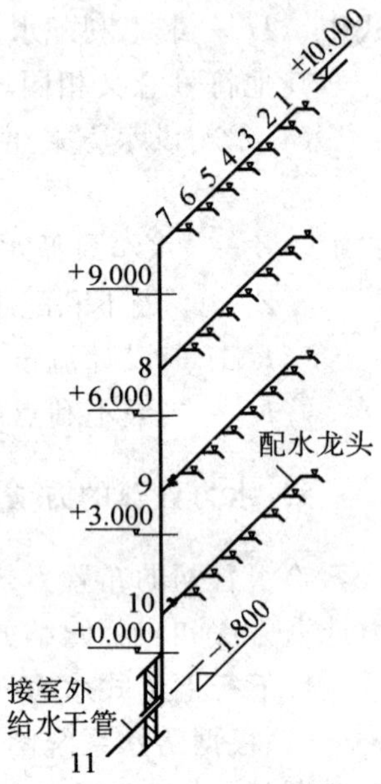

图 4.1 盥洗间给水系统图

【解】

(1)根据给水系统图，确定最不利配水点为最上层管网末端配水龙头，即图中 1 点；确定 1 点至引入管起端 11 点之间管路作为计算管路。

(2)对计算管路进行节点编号，见图 4.1。

(3)查表 2.1 算出各管段卫生器具的给水当量总数，1 个盥洗槽普通水龙头的给水当量数为 1.0。

(4)选用设计流量计算公式(4.9)，计算各管段给水设计流量，即

$$q_g = 0.2\alpha\sqrt{N_g}$$

对于集体宿舍 $\alpha = 2.5$。

管段 1−2，给水当量总数为 1.0，该管段设计流量按式(4.9)计算为 $q_g = 2.5 \times 0.2 \times \sqrt{1.0} = 0.5$ L/s，其值大于该管段上卫生器具给水额定流量累加所得的流量值，按规定，应以该管段上盥洗槽普通水龙头的给水额定流量 0.2 L/s 作为管段 1−2 的设计流量。

同理可得：

管段 2−3	$N_g = 2.0$	q_g 取 0.4 L/s
管段 3−4	$N_g = 3.0$	q_g 取 0.6 L/s
管段 4−5	$N_g = 4.0$	q_g 取 0.8 L/s
管段 5−6	$N_g = 5.0$	q_g 取 1.0 L/s
管段 6−7	$N_g = 6.0$	q_g 取 1.2 L/s
管段 7−8	$N_g = 7.0$	q_g 取 1.32 L/s
管段 8−9	$N_g = 14.0$	q_g 取 1.87 L/s
管段 9−10	$N_g = 21.0$	q_g 取 2.29 L/s

管段 10—11　　$N_g=28.0$　　q_g 取 2.65 L/s

(5)从系统图中按比例量出各设计管段长度 l。

(6)根据各管段设计流量 q_g 和正常流速 v,查附录 2,确定各管段管径 DN、管段单位长度的沿程压力损失 i 值。

(7)按公式 $h_f=il$ 计算各管段的沿程压力损失值,以及计算管路沿程压力损失值。

(8)将各种计算数据列于表 4.12 中。

表 4.12　室内给水管网水力计算

顺序号	管段编号 自	管段编号 至	管段所负担的卫生器具数及当量数	卫生器具名称及其当量值 污水盆	盥洗槽				当量总数 N	流量 $\frac{Q}{(L\cdot s^{-1})}$	管径 $\frac{DN}{mm}$	流速 $\frac{v}{(m\cdot s^{-1})}$	管道单位长度压力损失 $i/(Pa\cdot m^{-1})$	管长 $\frac{l}{m}$	管段沿程压力损失 $h_f=il/Pa$	备　注
				$N=1$	1											
1	1	2	n		1				1	0.2	20	0.62	713.19	0.7	499.23	
			N_g		1											
2	2	3	n		2				2	0.4	20	1.24	2 580.03	0.7	1 806.02	
			N_g		2											
3	3	4	n		3				3	0.6	25	1.13	1 559.80	0.7	1 091.86	
			N_g		3											
4	4	5	n		4				4	0.8	32	0.84	619.99	0.7	433.99	
			N_g		4											
5	5	6	n		5				5	1.0	32	1.05	938.82	0.7	657.17	
			N_a		5											
6	6	7	n		6				6	1.2	32	1.27	1 324.35	0.7	927.05	
			N_a		6											
7	7	8	n		7				7	1.32	40	1.05	776.37	3.7	2 872.57	
			N_a		7											
8	8	9	n		14				14	1.87	50	0.88	397.70	3.0	1 193.10	
			N_a		14											
9	9	10	n		21				21	2.29	50	1.08	580.07	3.0	1 740.21	
			N_a		21											
10	10	11	n		28				28	2.65	50	1.25	763.71	3.3	2 520.24	
			N_a		28											
			n										合计	$\sum h_f=13\ 741.44$ Pa= 13.741 kPa		
			N_a													

(9)计算室内给水系统所需总压 H,按式(2.1)计算

$$H=H_1+H_2+H_3+H_4$$

式中　H——给水系统所需的设计压力,kPa;

H_1——计算配水点 1 与引入管起端 11 点的静压差,$H_1/\text{kPa}=11.80\times10=118.00$;

H_2——计算管路沿程压力损失及局部压力损失之和,计算中取局部压力损失为沿程

压力损失 30%，则 H_2/kPa＝13.741×1.30＝17.86；

H_3——水表压力损失，因管路中无水表，故 H_3＝0；

H_4——计算配水点 1 所需的流出压力，从表 4.4 中查得，水龙头流出压力为 50 kPa，

所以，H/kPa＝118.00＋17.86＋0＋50＝185.86。

室外管网供给压力为 200 kPa，稍大于室内给水系统所需压力 185.86 kPa，因相差不多，故可以不调整管径。

思考题与习题

4.1 如何选用设计流量计算公式？

4.2 室内给水系统水力计算的目的和要求是什么？

4.3 如何确定给水系统中最不利配水点和最不利管路？为什么要按最不利管路计算给水系统所需的水压？

4.4 试述室内给水系统水力计算的方法和步骤。

4.5 如何使用给水管道水力计算表？

4.6 下行上给式系统与上行下给式系统水力计算方法有什么不同？

4.7 已知北京市一幢民用住宅共 60 户，每户设有低水箱坐式大便器，1 个阀开式洗脸盆、1 个阀开式洗涤盆、1 个阀开式浴盆，求该住宅给水引入管设计流量？（只设 1 条给水引入管）

4.8 进行习题 2.13 给水系统水力计算。

单元五 建筑消防给水系统

【教学目标】通过项目教学活动，培养学生具备确定室外消防给水系统、低层建筑室内消火栓给水系统、高层建筑室内消火栓给水系统方案的能力，具备选择室外消防给水系统、低层建筑室内消火栓给水系统、高层建筑室内消火栓给水系统形式的能力；具备进行室外消防给水系统、低层建筑室内消火栓给水系统、高层建筑室内消火栓给水系统设计计算的能力。培养学生良好的职业道德、自我学习能力、实践动手能力和分析处理问题的能力，以及诚实、守信、善于沟通和合作的专业素养。

【知识目标】

1. 掌握室外消防给水系统的分类、组成和系统形式；
2. 掌握室外消防给水系统设计计算方法；
3. 掌握低层建筑室内消火栓给水系统的分类、组成和系统形式；
4. 掌握低层建筑室内消火栓给水系统设计计算方法；
5. 掌握高层建筑室内消火栓给水系统的分类、组成和系统形式；
6. 掌握高层建筑室内消火栓给水系统设计计算方法。

【主要学习内容】

任务一 概 述

为了保护建筑物及人民生命财产的安全，减少火灾损失，建筑区及建筑物内部必须配备消防设备。

目前灭火剂主要有水、卤代烷、二氧化碳、干粉、水蒸气、泡沫等，但设置以水为灭火剂的消防给水系统最为经济有效。

建筑消防给水系统可分为室外消防给水系统和室内消防给水系统，二者之间有着不同的消防范围，同时又有着紧密的联系。

室外消防给水系统的任务是供给消防水池和消防车消防用水。

建筑消防给水常用的是消火栓系统。消火栓系统是由供水设施、消火栓、配水管网和阀门等组成的系统。湿式消火栓系统是平时配水管网内充满水的消火栓系统。干式消火栓系统是平时配水管网内不充水，火灾时向配水管网充水的消火栓系统。

建筑室外消火栓应采用湿式消火栓系统。室内环境温度不低于 4 ℃，且不高于 70 ℃的场所，应采用湿式室内消火栓系统。室内环境温度低于 4 ℃或高于 70 ℃的场所，宜采用干式消火栓系统。建筑高度不大于 27 m 的多层住宅建筑设置室内湿式消火栓系统确有困难时，可设置干式消防竖管。

干式消火栓系统的充水时间不应大于 5 min，在供水干管上宜设干式报警阀、雨淋阀或电磁阀、电动阀等快速启闭装置；当采用电动阀时开启时间不应超过 30 s；当采用雨淋阀、电磁阀和电动阀时，在消火栓箱处应设置直接开启快速启闭装置的手动按钮；在系统管道的最高处应设置快速排气阀。

民用建筑根据其建筑高度和层数可分为单、多层民用建筑和高层民用建筑。高层民用建筑根据其建筑高度、使用功能和楼层的建筑面积可分为一类和二类。民用建筑的分类应符合表 5.1 的规定。

表 5.1　民用建筑的分类

名称	高层民用建筑		单、多层民用建筑
	一类	二类	
住宅建筑	建筑高度大于 54 m 的住宅建筑（包括设置商业服务网点的住宅建筑）	建筑高度大于 27 m，但不大于 54 m 的住宅建筑（包括设置商业服务网点的住宅建筑）	
公共建筑	1. 建筑高度大于 50 m 的公共建筑； 2. 建筑高度 24 m 以上部分任一楼层建筑面积大于 1 000 m^2 的商店、展览、电信、邮政、财贸金融建筑和其他多种功能组合的建筑； 3. 医疗建筑、重要公共建筑； 4. 省级及以上的广播电视和防灾指挥调度建筑、网局级和省级电力高度建筑； 5. 藏书超过 100 万册的图书馆、书库	除一类高层公共建筑外的其他高层公共建筑	1. 建筑高度大于 24 m 的单层公共建筑； 2. 建筑高度不大于 24 m 的其他公共建筑

一、建筑高度的计算

(1) 建筑屋面为坡屋面时，建筑高度应为建筑室外设计地面至其檐口与屋脊的平均高度。

(2) 建筑屋面为平屋面（包括有女儿墙的平屋面）时，建筑高度应为建筑室外设计地面至其屋面面层的高度。

(3) 同一座建筑有多种形式的屋面时，建筑高度应按上述方法分别计算后，取其中最大值。

(4) 对于台阶式地坪，当位于不向高程地坪上的同一建筑之间有防火墙分隔，各自有符合规范规定的安全出口，且可沿建筑的两个长边设置贯通式或尽头式消防车道时，可分别计算各自的建筑高度。否则，应按其中建筑高度最大者确定该建筑的建筑高度。

(5) 局部突出屋顶的瞭望塔、冷却塔、水箱间、微波天线间或设施、电梯机房、排风和排烟机房以及楼梯出口小间等辅助用房占屋面面积不大于 1/4 者，可不计入建筑高度。

(6) 对于住宅建筑，设置在底部且室内高度不大于 2.2 m 的自行车库、储藏室、敞开空间，室内外高差或建筑的地下或半地下室的顶板面高出室外设计地面的高度不大于 1.5 m 的部分，可不计入建筑高度。

二、建筑层数的计算

建筑层数应按建筑的自然层数计算，下列空间可不计入建筑层数：

(1) 室内顶板面高出室外设计地面的高度不大于 1.5 m 的地下或半地下室；

(2) 设置在建筑底部且室内高度不大于 2.2 m 的自行车库、储藏室、敞开空间；

(3) 建筑屋顶上突出的局部设备用房、出屋面的楼梯间等。

任务二　消防水源

消防水源可以是市政给水管网、消防水池和天然水源。消防水源水质应满足水灭火设施的功能要求 。

市政给水、消防水池、天然水源等可作为消防水源，并宜采用市政给水；雨水清水池、中水清水池、水景和游泳池可作为备用消防水源。消防给水管道内平时所充水的 pH 值应为 6.0 ～ 9.0。严寒、寒冷等冬季结冰地区的消防水池、水塔和高位消防水池等应采取防冻措施。雨水清水池、中水清水池、水景和游泳池必须作为消防水源时，应有保证在任何情况下均能满足消防给水系统所需的水量和水质的技术措施。

一、市政给水

当市政给水管网连续供水时，消防给水系统可采用市政给水管网直接供水。用作两路消防供水的市政给水管网应符合下列要求：

(1) 市政给水厂应至少有两条输水干管向市政给水管网输水 ；

(2) 市政给水管网应为环状管网；

(3) 应至少有两条不同的市政给水干管上不少于两条引入管向消防给水系统供水 。

二、消防水池

为了保证消防供水要求，需要设置消防水池，设置消防水池的条件：

(1)当生产、生活用水量达到最大时，市政给水管网或入户引入管不能满足室内、室外消防给水设计流量；

(2)当采用一路消防供水或只有一条入户引入管，且室外消火栓设计流量大于 20 L/s 或建筑高度大于 50 m；

(3)市政消防给水设计流量小于建筑室内外消防给水设计流量。

当市政给水管网能保证室外消防给水设计流量时，消防水池的有效容积应满足在火灾延续时间内室内消防用水量的要求；当市政给水管网不能保证室外消防给水设计流量时，消防水池的有效容积应满足火灾延续时间内室内消防用水量和室外消防用水量不足部分之和的要求。

消防水池进水管应根据其有效容积和补水时间确定，补水时间不宜大于 48 h，但当消防水池有效总容积大于 2 000 m^3时，不应大于 96 h。消防水池进水管管径应经计算确定，且不应小于 DN100。

当消防水池采用两路消防供水且在火灾情况下连续补水能满足消防要求时，消防水池的有效容积应根据计算确定，但不应小于 100 m^3，当仅设有消火栓系统时不应小于 50 m^3。

火灾时消防水池连续补水时，消防水池应采用两路消防给水；火灾延续时间内的连续补水流量应按消防水池最不利进水管供水量计算，并可按下式计算，即

$$q_f = 3\ 600 A v \tag{5.1}$$

式中 q_f—— 火灾时消防水池的补水流量，m^3/h；

A—— 消防水池进水管断面面积，m^2；

v—— 管道内水的平均流速，m/s。

消防水池进水管管径和流量应根据市政给水管网或其他给水管网的压力、入户引入管管径、消防水池进水管管径，以及火灾时其他用水量等经水力计算确定，当计算条件不具备时，给水管的平均流速不宜大于 1.5 m/s。

消防水池的总蓄水有效容积大于 500 m^3 时，宜设两格能独立使用的消防水池；当大于 1 000 m^3 时，应设置能独立使用的 2 座消防水池。每格（或座）消防水池应设置独立的出水管，并应设置满足最低有效水位的连通管，且其管径应能满足消防给水设计流量的要求。

储存室外消防用水的消防水池或供消防车取水的消防水池，消防水池应设置取水口（井），且吸水高度不应大于 6.0 m；取水口（井）与建筑物（水泵房除外）的距离不宜小于 15 m；取水口（井）与甲、乙、丙类液体储罐等构筑物的距离不宜小于 40 m；取水口（井）与液化石油气储罐的距离不宜小于 60 m，当采取防止辐射热保护措施时，可为 40 m。

消防用水与其他用水共用的水池，应采取确保消防用水量不作他用的技术措施 。消防用水与生产、生活用水合并时，为防止消防用水被生产、生活用水所占用，因此要求有可靠的技术设施（例如生产、生活用水的出水管设在消防水面之上）保证消防用水不作他用（图 5.1）。

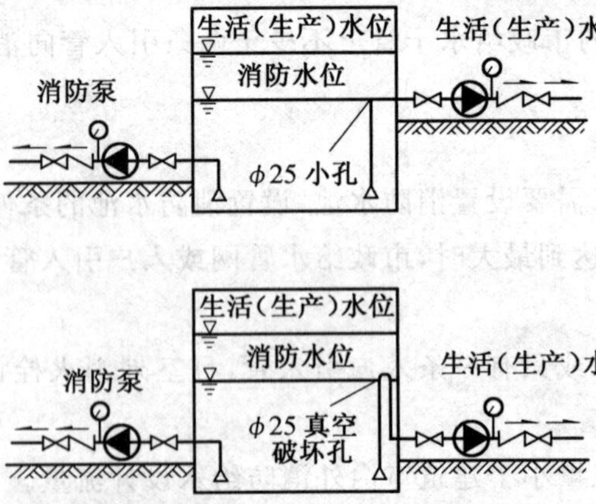

图 5.1 合用水池消防水不作他用的措施

消防水池的出水管应保证消防水池的有效容积能被全部利用；消防水池应设置就地水位显示装置，并应在消防控制中心或值班室等地点设置显示消防水池水位的装置，同时应有最高和最低报警水位；消防水池应设置溢流水管和排水设施，并应采用间接排水。消防水池最低水位措施见图 5.2。

消防水池应设置通气管；消防水池通气管、呼吸管和溢流水管等应采取防止虫鼠等进入消

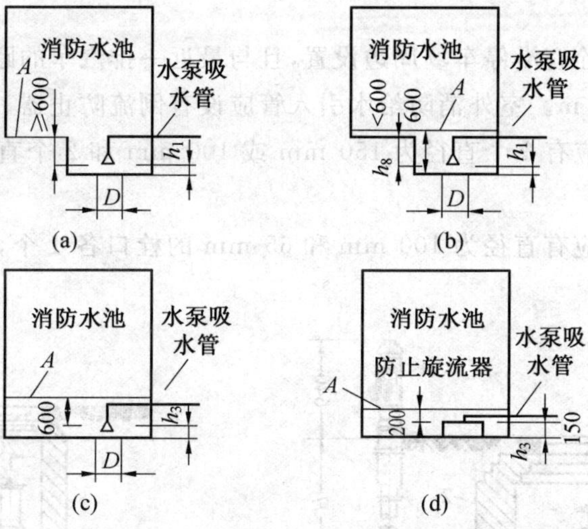

图 5.2　消防水池最低水位措施

A—消防水池最低水位线；D—吸水管喇叭口直径；

h_1—喇叭口底到吸水井底的距离；h_3—喇叭口底到池底的距离

防水池的技术措施。

高位消防水池的最低有效水位应能满足其所服务的水灭火设施所需的工作压力和流量，且其有效容积应满足火灾延续时间内所需消防用水量，高位消防水池的有效容积、出水、排水和水位，高位消防水池的通气管和呼吸管等与上述要求相同；除可一路消防供水的建筑物外，向高位消防水池供水的给水管不应少于 2 条；当高层民用建筑采用高位消防水池供水的高压消防给水系统时，高位消防水池储存室内消防用水量确有困难，但火灾时补水可靠，其总有效容积不应小于室内消防用水量的 50%；高层民用建筑高压消防给水系统的高位消防水池总有效容积大于 200 m^3 时，宜设置蓄水有效容积相等且可独立使用的两格；当建筑高度大于 100 m时应设置独立的两座。每格或座应有一条独立的出水管向消防给水系统供水；高位消防水池设置在建筑物内时，应采用耐火极限不低于 2.00 h 的隔墙和 1.50 h 的楼板与其他部位隔开，并应设甲级防火门；且消防水池及其支承框架与建筑构件应连接牢固。

任务三　建筑物室外消火栓系统

建筑室外消防给水系统是指多幢建筑所组成的小区及建筑群的室外消防给水系统。

一、布置要求

建筑室外消火栓的数量应根据室外消火栓设计流量和保护半径经计算确定，保护半径不应大于 150.0 m。

室外消火栓宜沿建筑周围均匀布置，且不宜集中布置在建筑一侧；建筑消防扑救面一侧的室外消火栓数量不宜少于 2 个。

人防工程、地下工程等建筑应在出入口附近设置室外消火栓，且距出入口的距离不宜小于

5 m，并不宜大于 40 m。

停车场的室外消火栓宜沿停车场周边设置，且与最近一排汽车的距离不宜小于 7 m，距加油站或油库不宜小于 15 m。室外消防给水引入管应设有倒流防止器。

室外地上式消火栓应有 1 个直径为 150 mm 或 100 mm 和 2 个直径为65 mm的栓口，见图 5.3。

室外地下式消火栓应有直径为 100 mm 和 65 mm 的栓口各 1 个，并应有明显的标志，见图 5.4。

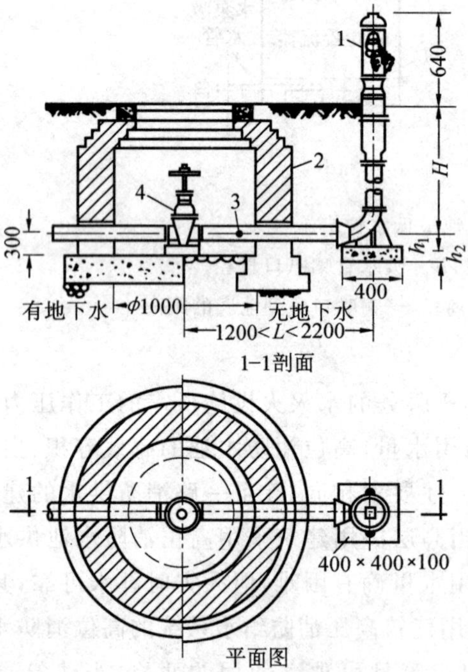

图 5.3 室外地上式消火栓安装示意

1—SS100 地上式消火栓；2—圆形阀门井；3—放水阀；4—DN100 阀门

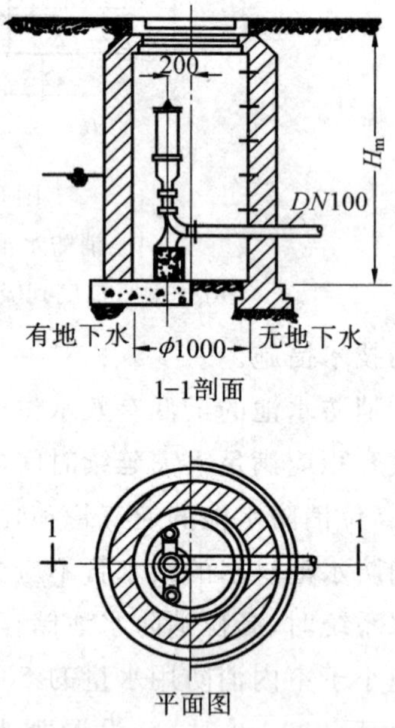

图 5.4 室外地下式消火栓安装示意

2. 建筑物室外消火栓设计流量

建筑物室外消火栓设计流量，应根据建筑物的用途功能、体积、耐火等级、火灾危险性等因素综合分析确定 。每个室外消火栓的出流量宜按 10L/s ～ 15L/s 计算。

建筑物室外消火栓设计流量不应小于表 5.2 的规定。

表 5.2　建筑物室外消火栓设计流量　　L/s

耐火等级	建筑物名称及类别			建筑体积/m^3					
				$V \leqslant 1500$	$1500 < V \leqslant 3000$	$3000 < V \leqslant 5000$	$5000 < V \leqslant 20000$	$20000 < V \leqslant 50000$	$V > 50000$
一、二级	工业建筑	厂房	甲、乙	15		20	25	30	35
			丙	15		20	25	30	40
			丁、戊	15					20
		仓库	甲、乙	15		25		—	
			丙	15		25		35	45
			丁、戊	15					20
	民用建筑	住宅		15					
		公共建筑	单层及多层	15			25	30	40
			高层	—			25	30	40
	地下建筑(包括地铁)、平战结合的人防工程			15			20	25	30
三级	工业建筑		乙、丙	15	20	30	40	45	—
			丁、戊	15			20	25	35
	单层及多层民用建筑			15		20	25	30	—
四级	丁、戊类工业建筑			15		20	25	—	
	单层及多层民用建筑			15		20	25	—	

注:①成组布置的建筑物应按消火栓设计流量较大的相邻两座建筑物的体积之和确定;②火车站、码头和机场的中转库房,其室外消火栓设计流量应按相应耐火等级的丙类物品库房确定;③国家级文物保护单位的重点砖木、木结构的建筑物室外消火栓设计流量,按三级耐火等级民用建筑物消火栓设计流量确定;④当单座建筑的总建筑面积大于 500000m^2 时,建筑物室外消火栓设计流量应按本表规定的最大值增加一倍;⑤宿舍、公寓等非住宅类居住建筑的室外消火栓设计流量,应按表 5.2 中的公共建筑确定。

三、室外管网

在工程中,如果向 2 栋或 2 座及以上建筑供水时;向两种及以上水灭火系统供水时;采用设有高位消防水箱的临时高压消防给水系统时;向 2 个及以上报警阀控制的自动水灭火系统供水时,消防给水应采用环状给水管网。

管网应用阀门分成若干独立段,以防某段发生故障及检修时影响消防供水。阀门应设在管道的三通、四通处的支管段下游一侧。图 5.5 为室外环网及阀门设置示意图。

向室外、室内环状消防给水管网供水的输水干管不应少于 2 条,当其中一条发生故障时,其余的输水干管应仍能满足消防给水设计流量。

室外消防给水采用两路消防供水时应采用环状管网,但当采用一路消防供水时可采用枝状管网;管道的直径应根据流量、流速和压力要求经计算确定,但不应小于 DN100;消防给水

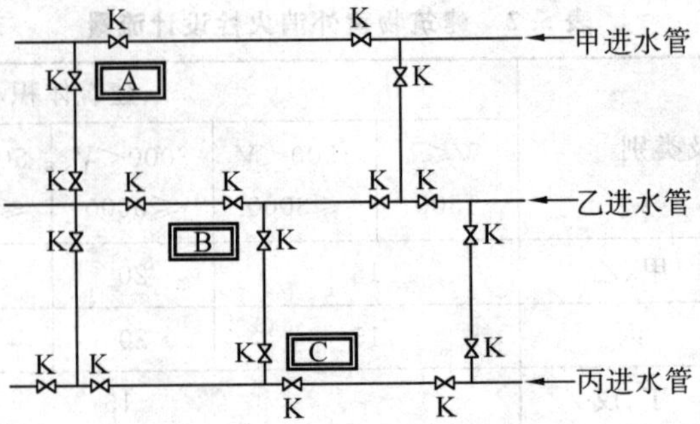

图 5.5 室外环网及阀门设置示意图

管道应采用阀门分成若干独立段，每段内室外消火栓的数量不宜超过 5 个。

任务四 室内消火栓系统

一、室内消火栓给水系统的组成

室内消火栓给水系统主要是由室内消火栓、水带、水枪、消防卷盘(消防水喉设备)、水泵结合器，以及消防管道(进户管、干管、立管)、水箱、增压设备、水源等组成。图 5.6 为低层建筑室内生活、消防合用给水系统。

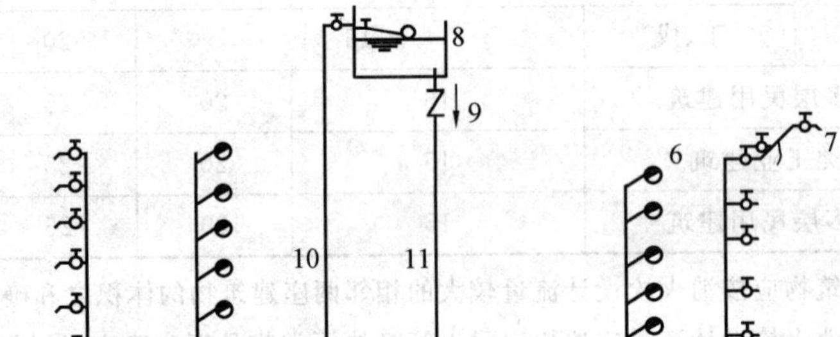

图 5.6 低层建筑室内生活、消防合用给水系统

1—室外给水管；2—贮水池；3—消防泵；4—生活水泵；

5—室内管网；6—消火栓及消火立管；7—给水立管及支管；

8—水箱；9—单向阀；10—进水管；11—出水管

二、室内消火栓给水系统主要组件

1. 消火栓

室内消火栓分为单阀和双阀两种。单阀消火栓又分为单出口和双出口，其出口形式又分为直角单出口、45°单出口和直角双出口三种。双阀消火栓为双出口。在低层建筑中单阀单出口消火栓较多采用，消火栓口直径有 DN50、DN65 两种。对应的水枪最小流量分别为2.5 L/s和 5 L/s。双出口消火栓直径为 DN65，用于每支水枪最小流量不小于 5 L/s。消火栓进口端与管道相连接，出口与水带相连接。

2. 水带

消防水带有麻质、棉织和化纤三种，有衬胶和不衬胶之分，衬胶水带水流阻力小。其规格有 ϕ50、ϕ65 两种，其长度有 15 m、20 m 、25 m 三种。

3. 水枪

室内一般采用直流式水枪，喷口直径有 13 mm、16 mm、19 mm 三种。喷嘴口径 13 mm 水枪配 ϕ50 接口；喷嘴口径 16 mm 水枪配 ϕ50 或 ϕ65 两种接口；喷嘴口径为 19 mm 水枪配 ϕ65 接口。

4. 消防卷盘(消防水喉设备)

它是由 ϕ25 的小口径消火栓、内径不小于 19 mm 的橡胶胶带和口径不小于 6 mm 的消防卷盘喷嘴组成，胶带缠绕在卷盘上，见图 5.7。

在高层建筑中，由于水压及消防水量大，对于没有经过专业训练的人员，使用 ϕ65 口径的消火栓较为困难，因此可使用消防卷盘进行有效的自救灭火。

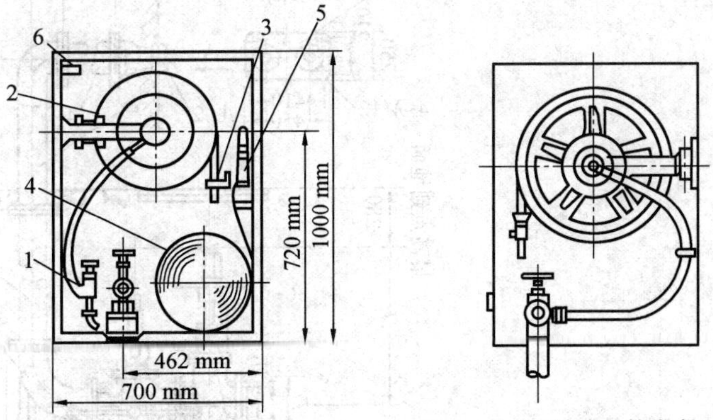

(a)自救式小口径消火栓设备　　(b)消防软管卷盘

图 5.7　消防卷盘设备

1—小口径消火栓；2—卷盘；3—小口径直流开关水枪；4—ϕ65 输水衬胶水带；5—大口径直流水枪；6—控制按钮

室内消火栓、水枪、水带之间采用内扣式快速接头连接。在同一建筑内应尽量选用同一规格的水枪、水带和消火栓，以利于维护、管理和使用。

消火栓、水枪、水带设于消防箱内，常用消防箱的规格有 800 mm×650 mm×200 mm，用钢板、铝合金等制作。消防卷盘设备可与 ϕ65 消火栓同放置在一个消防箱内，也可设单独的消防箱。图 5.8 为带消防卷盘的室内消火栓箱。

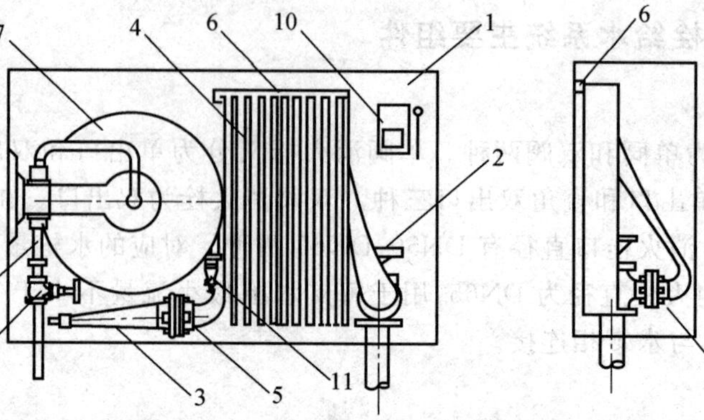

图 5.8　带消防卷盘的室内消火栓箱

1—消火栓箱；2—消火栓；3—水枪；4—水龙带；5—水龙带接扣；6—挂架；7—消防卷盘；8—闸阀；9—钢管；10—消防按钮；11—消防卷盘喷嘴

5. 水泵结合器

当建筑物发生火灾，室内消防水泵不能启动或流量不足时，消防车可由室外消火栓、水池或天然水源取水，通过水泵结合器向室内消防给水管网供水。水泵结合器是消防车或移动式水泵向室内消防管网供水的连接口。水泵结合器的接口直径有 $\phi65$ 和 $\phi80$ 两种，分地上式、地下式、墙壁式三种类型，图 5.9 为消防水泵结合器安装示意图。

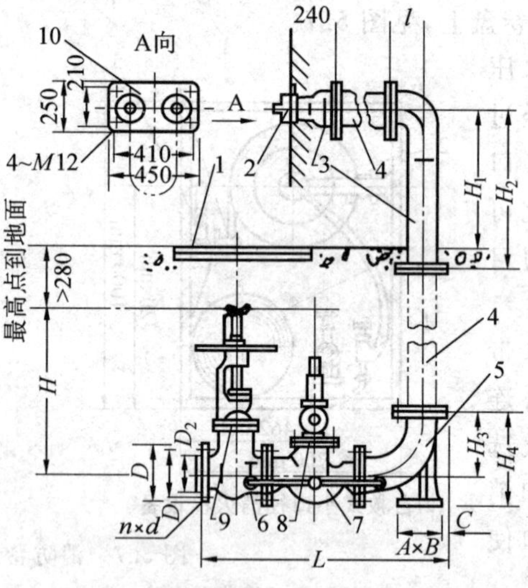

图 5.9　SQA 系列消防水泵结合器

1—井盖；2—接扣；3—本体(集管)；4—接管；5—弯管；6—放水阀；7—止回阀；8—安全阀；9—闸阀；10—标牌

三、室内消火栓给水系统的给水方式

室内消火栓给水系统的给水方式，由室外给水管网所能提供的水压、水量及室内消火栓给水系统所需水压和水量的要求来确定。

1. 无水泵、水箱的室内消火栓给水系统

当建筑物高度不大，而室外给水管网的压力和流量在任何时候均能够满足室内最不利点消火栓所需的设计流量和压力时，宜采用此种方式，见图 5.10。

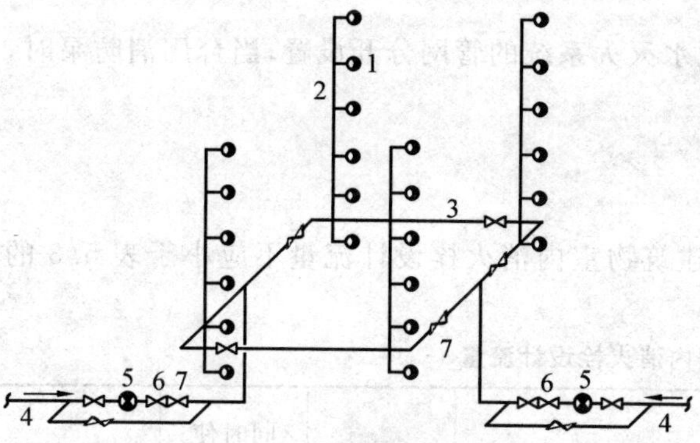

图 5.10　无水泵、水箱的消火栓给水系统

1—室内消火栓；2—消防立管；3—消防干管；4—进户管；5—水表；6—止回阀；7—闸阀

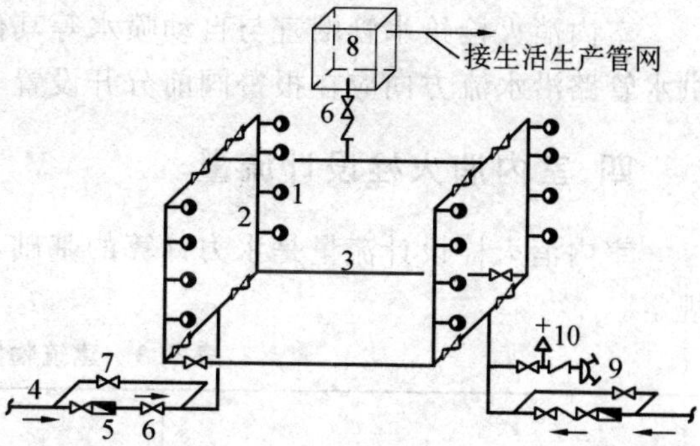

图 5.11　设有水箱的室内消火栓给水系统

1—室内消火栓；2—消防立管；3—干管；4—进户管；5—水表；6—止回阀；7—旁通管及阀门；8—水箱；9—水泵接合器；10—安全阀

2. 仅设水箱的室内消火栓给水系统

在室外给水管网中水压变化较大的情况下，而且在生活用水和生产用水达到最大，室外管网不能保证室内最不利点消火栓所需的水压和水量时，可采用此种给水方式，如图 5.11 所示。在室外管网水压较大时，室外管网向水箱充水，由水箱贮存一定水量，以备消防使用。消防水箱的容积按室内 10 min 消防用水量确定。当生活、生产与消防合用水箱时，应具有保证消防水不作他用的技术措施，以保证消防贮水量。

3. 设有消防水泵和水箱的室内消火栓给水系统

当室外管网水压经常不能满足室内消火栓给水系统水压和水量要求时，宜采用此种给水方式，如图 5.12 所示。当消防用水与生活、生产用水共用室内给水系统时，其消防水泵应保证供应生活、生产、消防用水的最大秒流量，并应满足室内最不利点消火栓的水压要求。水箱应保证贮存10 min的室内消防用水量。水箱的设置高度应保证室内最不利点消火栓所需的水压要求。

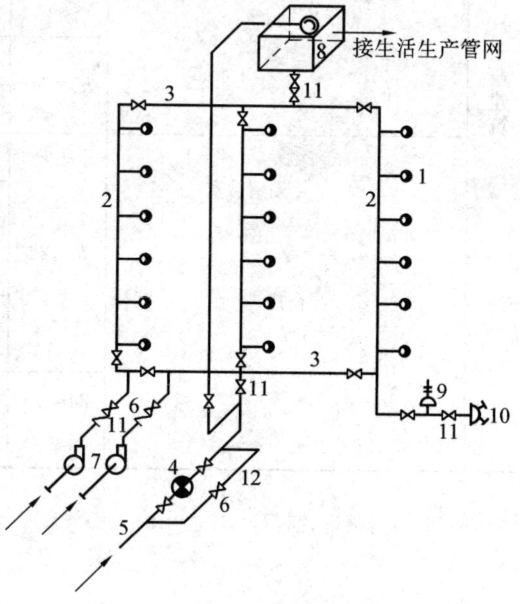

图 5.12　设有消防火泵和水箱的室内消火栓给水系统

1—室内消火栓；2—消防立管；3—消防干管；4—水表；5—进户管；6—阀门；7—消防水泵；8—水箱；9—安全阀；10—水泵接合器；11—止回阀；12—旁通管

室内消火栓系统管网应布置成环状，当室外消火栓设计流量不大于 20 L/s，且室内消火栓不超过 10 个时，没有规定要求环状管网，可布置成枝状；当由室外生产生活消防合用系统直接供水时，合用系统除应满足室外消防给水设计流量以及生产和生活最大小时设计流量的要求外，还应满足室内消防给水系统的设计流量和压力要求；室内消防管道管径应根据系统设计流量、流速和压力要求经计算确定；室内消火栓竖管管径应根据竖管最低流量经计算确定，但不应小于

DN100。

室内消火栓给水管网宜与自动喷水等其他水灭火系统的管网分开设置；当合用消防泵时，供水管路沿水流方向应在报警阀前分开设置 。

四、室内消火栓设计流量

室内消火栓设计流量是水力计算的基础，建筑物室内消火栓设计流量不应小于表 5.3 的规定。

表 5.3 建筑物室内消火栓设计流量

建筑物名称		高度 h(m)、层数、体积 V(m^3)、座位数 n(个)、火灾危险性			消火栓设计流量 /($L \cdot s^{-1}$)	同时使用消防水枪数 /支	每根竖管最小流量 /($L \cdot s^{-1}$)
工业建筑	厂房	$h \leqslant 24$	甲、乙、丁、戊		10	2	10
			丙	$V \leqslant 5000$	10	2	10
				$V > 5000$	20	4	15
		$24 < h \leqslant 50$	乙、丁、戊		25	5	15
			丙		30	6	15
		$h > 50$	乙、丁、戊		30	6	15
			丙		40	8	15
	仓库	$h \leqslant 24$	甲、乙、丁、戊		10	2	10
			丙	$V \leqslant 5000$	15	3	15
				$V > 5000$	25	5	15
		$24 < h \leqslant 50$	丁、戊		30	6	15
			丙		40	8	15

续表 5.3

建筑物名称			高度 h(m)、层数、体积 V(m^3)、座位数 n(个)、火灾危险性	消火栓设计流量/(L·s^{-1})	同时使用消防水枪数/支	每根竖管最小流量/(L·s^{-1})
民用建筑	单层及多层	科研楼、试验楼	$V\leqslant 10000$	10	2	10
民用建筑	单层及多层	科研楼、试验楼	$V>10000$	15	3	10
民用建筑	单层及多层	车站、码头、机场的候车(船、机)楼和展览建筑(包括博物馆)等	$5000<V\leqslant 25000$	10	2	10
民用建筑	单层及多层	车站、码头、机场的候车(船、机)楼和展览建筑(包括博物馆)等	$25000<V\leqslant 50000$	15	3	10
民用建筑	单层及多层	车站、码头、机场的候车(船、机)楼和展览建筑(包括博物馆)等	$V>50000$	20	4	15
民用建筑	单层及多层	剧场、电影院、会堂、礼堂、体育馆等	$800<n\leqslant 1200$	10	2	10
民用建筑	单层及多层	剧场、电影院、会堂、礼堂、体育馆等	$1200<n\leqslant 5000$	15	3	10
民用建筑	单层及多层	剧场、电影院、会堂、礼堂、体育馆等	$5000<n\leqslant 10000$	20	4	15
民用建筑	单层及多层	剧场、电影院、会堂、礼堂、体育馆等	$n>10000$	30	6	15
民用建筑	单层及多层	旅馆	$5000<V\leqslant 10000$	10	2	10
民用建筑	单层及多层	旅馆	$10000<V\leqslant 25000$	15	3	10
民用建筑	单层及多层	旅馆	$V>25000$	20	4	15
民用建筑	单层及多层	商店、图书馆、档案馆等	$5000<V\leqslant 10000$	15	3	10
民用建筑	单层及多层	商店、图书馆、档案馆等	$10000<V\leqslant 25000$	25	5	15
民用建筑	单层及多层	商店、图书馆、档案馆等	$V>25000$	40	8	15
民用建筑	单层及多层	病房楼、门诊楼等	$5000<V\leqslant 25000$	10	2	10
民用建筑	单层及多层	病房楼、门诊楼等	$V>25000$	15	3	10
民用建筑	单层及多层	办公楼、教学楼、公寓、宿舍等其他建筑	高度超过 15 m 或 $V>10000$	15	3	10
民用建筑	单层及多层	住宅	$21<h\leqslant 27$	5	2	5
民用建筑	高层	住宅	$27<h\leqslant 54$	10	2	10
民用建筑	高层	住宅	$h>54$	20	4	10
民用建筑	高层	二类公共建筑	$h\leqslant 50$	20	4	10
民用建筑	高层	一类公共建筑	$h\leqslant 50$	30	6	15
民用建筑	高层	一类公共建筑	$h>50$	40	8	15
国家级文物保护单位的重点砖木或木结构的古建筑			$V\leqslant 10000$	20	4	10
国家级文物保护单位的重点砖木或木结构的古建筑			$V>10000$	25	5	15
地下建筑			$V\leqslant 5000$	10	2	10
地下建筑			$5000<V\leqslant 10000$	20	4	15
地下建筑			$10000<V\leqslant 25000$	30	6	15
地下建筑			$V>25000$	40	8	20

续表 5.3

建筑物名称		高度 h(m)、层数、体积 $V(m^3)$、座位数 n(个)、火灾危险性	消火栓设计流量 /$(L \cdot s^{-1})$	同时使用消防水枪数 /支	每根竖管最小流量 /$(L \cdot s^{-1})$
人防工程	展览厅、影院、剧场、礼堂、健身体育场所等	$V \leqslant 1000$	5	1	5
		$1000 < V \leqslant 2500$	10	2	10
		$V > 2500$	15	3	10
	商场、餐厅、旅馆、医院等	$V \leqslant 5000$	5	1	5
		$5000 < V \leqslant 10000$	10	2	10
		$10000 < V \leqslant 25000$	15	3	10
		$V > 25000$	20	4	10
	丙、丁、戊类生产车间、自行车库	$V \leqslant 2500$	5	1	5
		$V > 2500$	10	2	10
	丙、丁、戊类物品库房、图书资料档案库	$V \leqslant 3000$	5	1	5
		$V > 3000$	10	2	

注：①丁、戊类高层厂房(仓库)室内消火栓的设计流量可按本表减少 10 L/s，同时使用消防水枪数量可按本表减少 2 支；②消防软管卷盘、轻便消防水龙及多层住宅楼梯间中的干式消防竖管，其消火栓设计流量可不计入室内消防给水设计流量；③当一座多层建筑有多种使用功能时，室内消火栓设计流量应分别按本表中不同功能计算，且应取最大值。

当建筑物室内设有自动喷水灭火系统、水喷雾灭火系统、泡沫灭火系统或固定消防炮灭火系统等一种或两种以上自动水灭火系统全保护时，高层建筑当高度不超过 50m 且室内消火栓设计流量超过 20L/s 时，其室内消火栓设计流量可按表 5.3 减少 5L/s；多层建筑室内消火栓设计流量可减少 50%，但不应小于 10L/s。

宿舍、公寓等非住宅类居住建筑的室内消火栓设计流量，当为多层建筑时，应按表 5.3 中的宿舍、公寓确定；当为高层建筑时，应按表 5.3 中的公共建筑确定。

五、消火栓布置

(1)设置室内消火栓的建筑，包括设备层在内的各层均应设置消火栓。

(2)屋顶设有直升机停机坪的建筑，应在停机坪出入口处或非电器设备机房处设置消火栓，且距停机坪机位边缘的距离不应小于 5.0 m。

(3)消防电梯前室应设置室内消火栓，并应计入消火栓使用数量。

(4)室内消火栓的布置应满足同一平面有 2 支消防水枪的 2 股充实水柱同时达到任何部位的要求，但建筑高度小于或等于 24.0 m 且体积小于或等于 5 000 m^3 的多层仓库、建筑高度小于或等于 54 m 且每单元设置一部疏散楼梯的住宅，以及表 5.3 中规定可采用 1 支消防水枪的场所，可采用 1 支消防水枪的 1 股充实水柱到达室内任何部位。

建筑室内消火栓的设置位置应满足火灾扑救要求，一般位置如下：

(1)室内消火栓应设置在楼梯间及其休息平台和前室、走道等明显易于取用，以及便于火灾扑救的位置；

(2)住宅的室内消火栓宜设置在楼梯间及其休息平台；

(3)汽车库内消火栓的设置不应影响汽车的通行和车位的设置，并应确保消火栓的开启；

(4)同一楼梯间及其附近不同层设置的消火栓，其平面位置宜相同；

(5)冷库的室内消火栓应设置在常温穿堂或楼梯间内。

建筑室内消火栓栓口的安装高度应便于消防水龙带的连接和使用，其距地面高度宜为 1.1 m；其出水方向应便于消防水带的敷设，并宜与设置消火栓的墙面成 90°角或向下。

室内消火栓宜采用 DN65 室内消火栓，并可与消防软管卷盘或轻便水龙设置在同一箱体内；应配置公称直径 65 有内衬里的消防水带，长度不宜超过 25.0 m；消防软管卷盘应配置内径不小于 Φ19 的消防软管，其长度宜为 30.0 m；轻便水龙应配置公称直径 25 有内衬里的消防水带，长度宜为 30.0 m；宜配置喷嘴直径 16 mm 或 19 mm 的消防水枪，但当消火栓设计流量为 2.5 L/s 时宜配置喷嘴直径 11 mm 或 13 mm 的消防水枪；消防软管卷盘和轻便水龙应配置当量喷嘴直径 6 mm 的消防水枪。

设有室内消火栓的建筑应设置带有压力表的试验消火栓，其设置位置应该是多层和高层建筑的屋顶设置，严寒、寒冷等冬季结冰地区可设置在顶层出口处或水箱间内等便于操作和防冻的位置；单层建筑宜设置在水力最不利处，且应靠近出入口。

室内消火栓宜按直线距离计算其布置间距，消火栓按 2 支消防水枪的 2 股充实水柱布置的建筑物，消火栓的布置间距不应大于 30.0 m；消火栓按 1 支消防水枪的 1 股充实水柱布置的建筑物，消火栓的布置间距不应大于 50.0 m。

六、分区供水

高层建筑一旦发生火灾，火势蔓延迅速，火势凶猛，人员疏散困难，扑救困难，造成的经济损失重大，因此必须予以高度重视。为了防止和减少高层建筑火灾危害，保护人身和财产的安全，我们必须遵循“预防为主，防消结合”的消防方针。针对高层建筑发生火灾的特点，立足于自防自救的原则，采取可靠的防火措施，做到安全适用、技术先进、经济合理。

各类高层建筑(不能用水扑救的建筑除外)都必须设置室内、室外消火栓给水系统，此外，还要根据建筑物的类别和使用功能，设置其他灭火系统(如自动喷水灭火系统、卤代烷气体灭火设备等)，以提高灭火的可靠性。

当消防给水系统工作压力大于 2.40 MPa；消火栓栓口处静压大于 1.0 MPa；自动水灭火系统报警阀处的工作压力大于 1.60 MPa 或喷头处的工作压力大于 1.20 MPa 时，消防给水系统应分区供水。

1.分区供水的室内消火栓给水系统可分为并联分区与串联分区

(1)并联分区供水。其特点是水泵集中布置在同一泵房内，便于集中管理。但高区使用的消防泵及水泵出水管需耐高压。由于高区水压高，因此高区水泵结合器必须有高压水泵消防车才能起作用，否则将失去作用。

(2)串联分区供水。此种供水方式的消防水泵分别设于各区，当高区发生火灾时，下面各区消防泵需要同时工作，从下向上逐区加压供水，其优点是水泵扬程低，管道承受的压力小，水泵结合器可以对高压区发挥作用。但供水安全可靠性较低，一旦低区发生故障，将对后面的供水产生影响。串联分区及并联分区室内消防给水系统见图5.13。

分区供水形式应根据系统压力、建筑特征，经技术经济和安全可靠性比较等综合因素确定，可采用消防水泵并行或串联、减压水箱和减压阀减压的形式，但当系统的工作压力大于2.40 MPa时，应采用消防水泵串联或减压水箱分区供水形式。

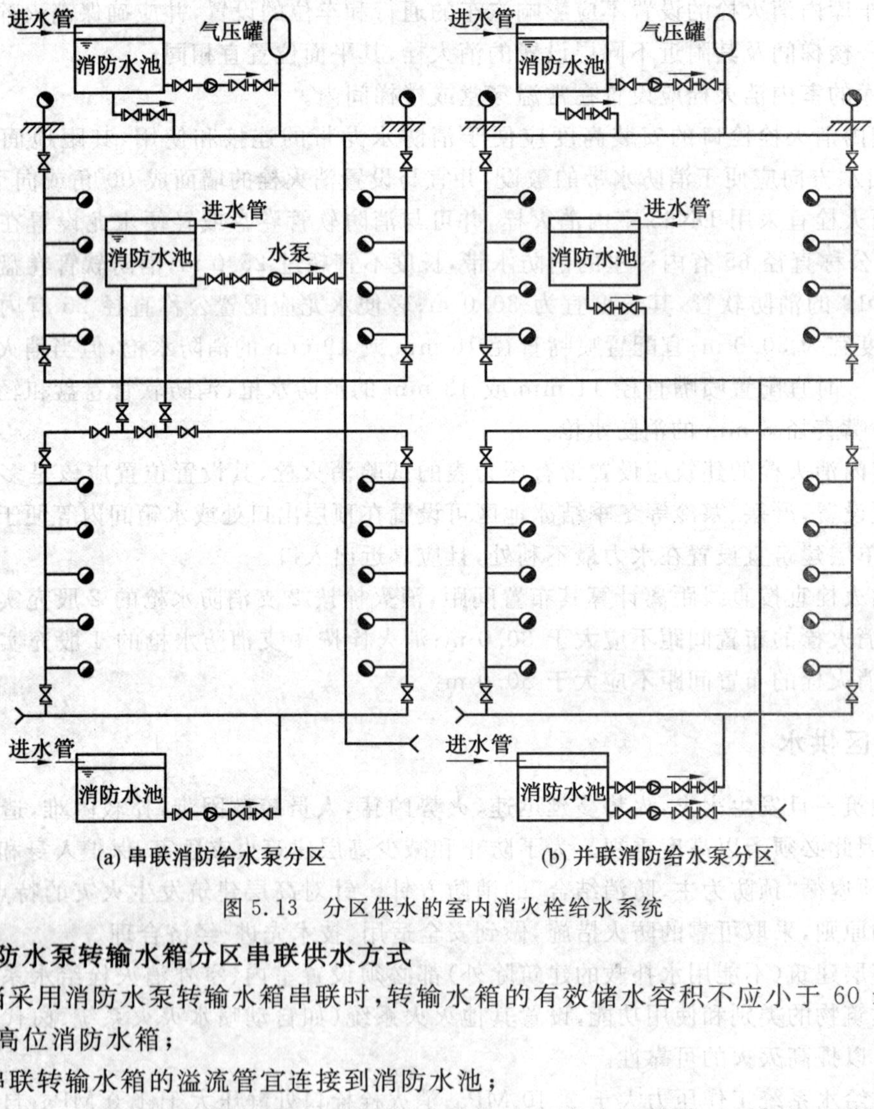

图 5.13 分区供水的室内消火栓给水系统

2.消防水泵转输水箱分区串联供水方式

(1)当采用消防水泵转输水箱串联时，转输水箱的有效储水容积不应小于60 m^3，转输水箱可作为高位消防水箱；

(2)串联转输水箱的溢流管宜连接到消防水池；

(3)当采用消防水泵直接串联时，应采取确保供水可靠性的措施，且消防水泵从低区到高区应能依次顺序启动；

(4)当采用消防水泵直接串联时，应校核系统供水压力，并应在串联消防水泵出水管上设置减压型倒流防止器。

采用减压阀减压分区供水时，减压阀应根据消防给水设计流量和压力选择，且设计流量应在减压阀流量压力特性曲线的有效段内，并校核在150%设计流量时，减压阀的出口动压不应小于设计值的65%；每一供水分区应设不少于两组减压阀组，每组减压阀组宜设置备用减压阀；减压阀仅应设置在单向流动的供水管上，不应设置在有双向流动的输水干管上；减压阀宜采用比例式减压阀，当超过 1.20 MPa 时，宜采用先导式减压阀；减压阀的阀前阀后压力比值不宜大于 3∶1，当一级减压阀减压不能满足要求时，可采用减压阀串联减压，但串联减压不应大于两级，第二级减压阀宜采用先导式减压阀，阀前后压力差不宜超过 0.40 MPa；减压阀后应设置安全阀，安全阀的开启压力应能满足系统安全，且不应影响系统的供水安全性。

消火栓栓口动压力不应大于 0.50 MPa；当大于 0.70 MPa 时必须设置减压装置；高层建筑、厂房、库房和室内净空高度超过 8 m 的民用建筑等场所，消火栓栓口动压不应小于 0.35 MPa，且消防水枪充实水柱应按 13 m 计算；其他场所，消火栓栓口动压不应小于 0.25 MPa，且消防水枪充实水柱应按 10 m 计算。

从喷嘴出口起到射流 90%的总射流量穿过直径 38 mm 圆圈处的一段射流长度，称为充实水柱长度。这段水柱具有扑灭火灾的能力，为灭火的有效段，如图 5.14 所示。

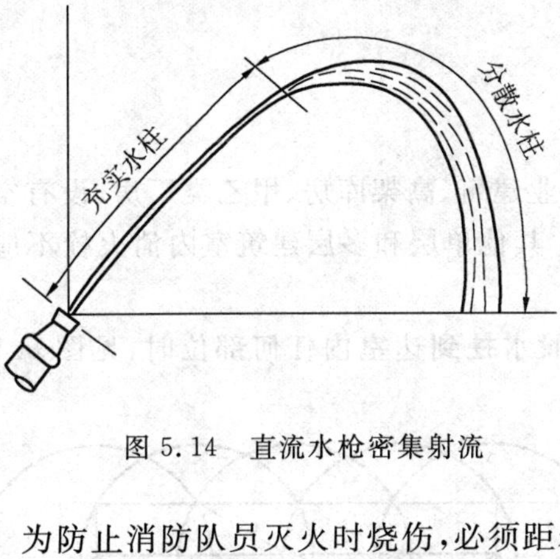

图 5.14　直流水枪密集射流

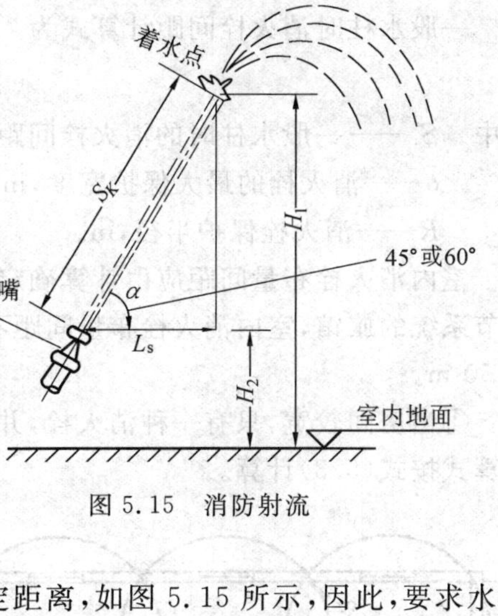

图 5.15　消防射流

为防止消防队员灭火时烧伤，必须距着火点有一定距离，如图 5.15 所示，因此，要求水枪的充实水柱有一定的长度。建筑物灭火所需的充实水柱长度按下式计算，即

$$S_k=\frac{H_1-H_2}{\sin\alpha} \tag{5.1}$$

式中　S_k——所需的水枪充实水柱长度，m；

H_1——室内最高着火点距室内地面的高度，m；

H_2——水枪喷嘴距地面的高度，一般取 1 m；

α——射流的充实水柱与地面的夹角一般取 45°或 60°。

水枪的充实水柱长度应按式(5.1)计算，但不应小于表 5.4 的规定。

消火栓的保护半径是指一定规格消火栓、水枪、水龙带配套后，以消火栓为圆心，消火栓能充分发挥灭火作用的半径。消火栓的保护半径可用下式计算，即

$$R_0=k_3L_d+L_s \tag{5.2}$$

式中　R_0——消火栓保护半径，m；

k_3——消防水带弯曲折减系数，宜根据消防水带转弯数量取 0.8～0.9；

L_d——消防水带长度，m；

L_s——水枪充实水柱长度在平面上的投影长度。按水枪倾角为 45°时计算，m；

表 5.4 各类建筑要求水枪充实水柱长度

建筑物类别		充实水柱长度/m
低层建筑	一般建筑	≥7
	甲、乙类厂房，大于 6 层民用建筑，大于 4 层厂、库房	≥10
	高架库房	≥13
高层建筑	民用建筑高度<100 m	≥10
	民用建筑高度≥100 m	≥13
	高层工业建筑	≥13
人防工程内		≥10
停车库、修车库内		≥10

一股水柱时消火栓间距计算式为

$$S_1=2\sqrt{R^2-b^2} \tag{5.3}$$

式中 S_1——一股水柱时的消火栓间距，m；

b——消火栓的最大保护宽度，m；

R——消火栓保护半径，m。

室内消火栓布量间距应由计算确定，对于高层工业建筑、高架库房、甲乙类厂房、设有空气调节系统的旅馆，室内消火栓布量间距不大于 30 m。其他单层和多层建筑室内消火栓不应大于 50 m。

①当房间较宽，只有一种消火栓，并且要求有一股水柱到达室内任何部位时，见图 5.16，计算式按式(5.3)计算。

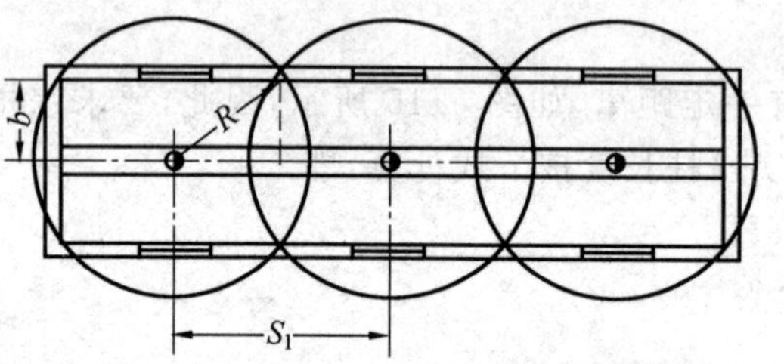

图 5.16 一股水柱时的消火栓布置间距

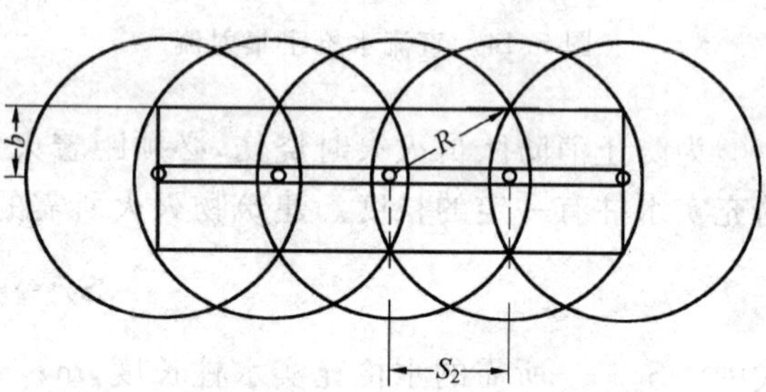

图 5.17 两股水柱时的消火栓布置间距

②当室内只有一排消火栓，并且要求有两股水柱同时到达室内任何部位时，见图 5.14，消火栓间距计算式为

$$S_2=\sqrt{R^2-b^2} \tag{5.4}$$

式中 S_2——两股水柱时的消火栓间距，m；

R——消火栓保护半径，m；

b——消火栓的最大保护宽度，m。

③当房间较宽，需要布置多排消火栓，且要求一股水柱到达室内任何部位时，消火栓间距计算式为

$$S_n=\sqrt{2}R=1.41R \tag{5.5}$$

式中　S_n——多排消火栓一股水柱时的消火栓间距，m；

R——消火栓的保护半径，m。

④当房间较宽需要布置多排消火栓，并且要求有一股水柱或两股水柱到达室内任何部位时，可按图 5.18(a)、(b)布置。

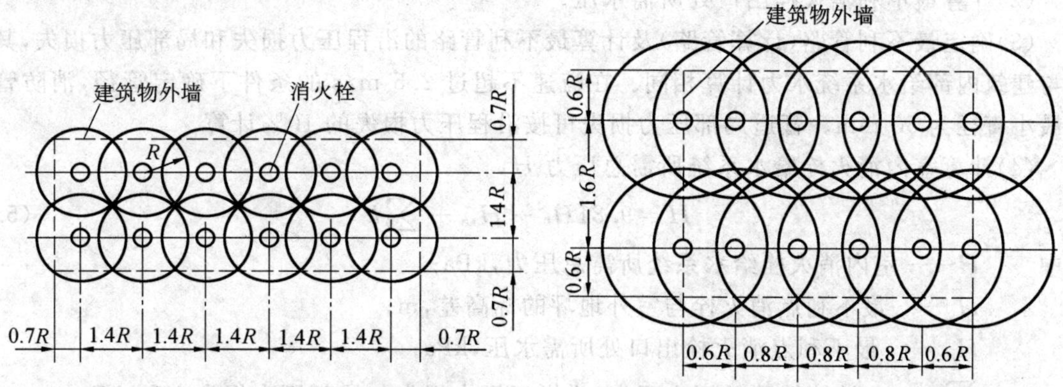

(a) 多排消火栓一股水柱时的消火栓布置间距　(b) 多排消火栓两股水柱时的消火栓布置间距

图 5.18　多排消火栓布置间距

七、消火栓栓口所需水压

(1)消火栓栓口所需水压的计算

$$H_{xh} = H_q + H_d + H_k \tag{5.6}$$

式中　H_{xh}—— 消火栓栓口的压力，MPa；

H_q—— 水枪喷嘴处的压力，MPa；

H_d—— 水带的水头损失，MPa；

H_k—— 消火栓栓口水头损失，可按 0.02 MPa 计算。

①H_d 的确定

$$H_d = A_d L_d q_{xh}^2 \tag{5.7}$$

式中　q_{xh}——消防射流量，L/s；

A_d——水带比阻，按表 5.5 采用；

L_d——水带长度，m；

H_d——同前。

②H_q 的确定

$$H_q = q_{xh}^2 / B \tag{5.8}$$

式中　B——水流特性系数，与水枪喷嘴直径有关(按表 5.6 采用)；

H_q、q_{xh}——同前。

表 5.5　水带比阻 A_d 值

水带口径/mm	比阻 A_d 值	
	帆布的、麻织的水带	衬胶的水带
50	0.150 1	0.067 7
65	0.043 0	0.017 2

表 5.6 水流特性系数 B 值

喷嘴直径/mm	6	7	8	9	13	16	19	22	25
B	0.001 6	0.002 9	0.005 0	0.007 9	0.034 6	0.079 3	0.157 7	0.283 4	0.472 7

(2)计算最不利消火栓出口处所需水压。

(3)确定最不利管路(计算管路)及计算最不利管路的沿程压力损失和局部压力损失，其方法与建筑内部给水系统水力计算相同。在流速不超过 2.5 m/s 的条件下确定管径，消防管道的最小直径为 50 mm。管道局部压力损失可按沿程压力损失的 10%计算。

(4)计算室内消火栓给水系统所需总压力 H

$$H=9.81H_0+H_{xh}+\sum h \tag{5.9}$$

式中 H——室内消火栓给水系统所需总压力，kPa；

H_0——最不利点消火栓与室外地坪的标高差，m；

H_{xh}——最不利点消火栓出口处所需水压，kPa；

$\sum h$——计算管路总压力损失，为沿程压力损失与局部压力损失之和，kPa。

(5)核算室外给水管道水压，确定本系统所选用的给水方式。

如果市政给水管道的供水压力满足公式(5.9)的条件，可以选择无加压水泵的室内消火栓供水系统，否则应采用其他供水方式。

当采用生活、生产和消防共用系统时，应按生活、生产用水达到最大时流量与室内消防用水量之和进行水力计算，淋浴用水量可按其计算水量 15%计，洗涮用水可不计算在内。

建筑高度不大于 27m 的住宅，当设置消火栓时，可采用干式消防竖管，干式消防竖管宜设置在楼梯间休息平台，且仅应配置消火栓栓口；干式消防竖管应设置消防车供水接口；消防车供水接口应设置在首层便于消防车接近和安全的地点；竖管顶端应设置自动排气阀。

住宅户内宜在生活给水管道上预留一个接 ϕ15 消防软管或轻便水龙的接口。

跃层住宅和商业网点的室内消火栓应至少满足一股充实水柱到达室内任何部位，并宜设置在户门附近。

【例 5.1】 某市有一幢长 38.28 m、宽 14.34 m、层高 2.8 m 的 8 层集体宿舍，耐火等级为二级，建筑物体积为 12 000 m^3，平屋顶，室内消火栓给水系统如图 5.19 所示。试确定系统各管段的管径及系统消防设计水压。

选用 ϕ65 直角单出口式室内消火栓，ϕ65 麻织水带，长度 25 m，喷嘴直径为 19 mm 水枪。

【解】 1.消防设计流量的确定

本建筑为集体宿舍，8 层高度约 22.4 m，属于多层建筑，建筑体积大于 10 000 m^3，按表 5.3可知，室内消火栓的用水量为 15 L/s，同时使用水枪数为 3 支，每支水枪最小出流量为 5 L/s，每根竖管最小流量为 10 L/s。

2.消火栓出口处所需水压的确定

本建筑不是高层建筑，按表 5.4，水枪充实水柱的长度不小于 10 m，按公式(5.7)，消火栓出口处需压力为

$$H_{xh}/\text{kPa}=H_q+H_d+H_k=\frac{q_{xh}^2}{B}+A_dL_dq_{xh}^2+20=\frac{5^2}{0.1577}+0.043\times25\times5^2+20=205.41$$

3. 室内消火栓给水系统压力损失计算

(1)确定本系统最不利点消火栓及最不利管路。

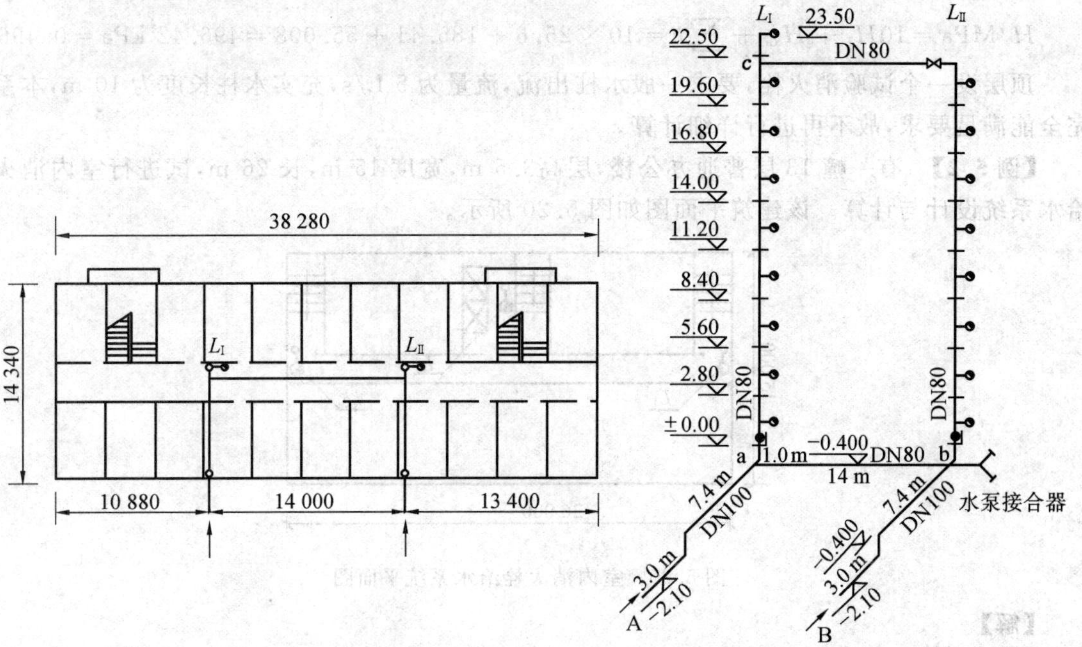

(a)消火栓平面布置图　　(b)消火栓系统图

图 5.19　消火栓平面布置图及系统图

从系统图上可知，消防竖管 $L_Ⅰ$ 和 $L_Ⅱ$ 中第八层消火栓距引入管起端的距离及高度均相同，均可确定为最不利点，现确定竖管 $L_Ⅰ$ 为最不利竖管。$L_Ⅰ$ 中第八层消火栓 c 点为最不利点，并选定 B—b—a—c 为计算管路。

(2)进行竖管的流量分配及各管段流量的确定。按表 5.3 中规定，当室内消防水量为 3×5 L/s 时，最不利消防竖管水枪数为 2 支，相邻消防竖管水枪数为 1 支。

按上述要求，竖管 $L_Ⅰ$ 和 $L_Ⅱ$ 的设计流量应为 10 L/s，竖管 $L_Ⅰ$ 及上、下水平干管的设计流量为 10 L/s，两条进水管的设计流量分别按 15 L/s 设计。

(3)计算管路总压力损失。消防给水管道流速不大于 2.5 m/s，各管段沿程压力损失计算结果见表 5.7。

表 5.7　消防系统水力计算表

序号	管段号		管段设计流量/(L·s^{-1})	管径/mm	流速/(m·s^{-1})	管道单位长度压力损失 kPa	管段长度/m	管段沿程压力损失/kPa
	起	止						
1	*c*	*a*	10	80	2.01	1.115	24.50	27.32
2	*a*	*b*	10	80	2.01	1.115	14.00	15.61
3	*b*	*B*	15	100	1.73	0.591	12.10	7.15

计算管路总的沿程压力损失为 27.32＋15.61＋7.15＝50.08 kPa，局部压力损失按沿程压力损失的 10％计算，即

$$50.08\times10\%=5.008\ \text{kPa}。$$

计算管路部分总压力损失　$\sum h/\text{kPa}=50.08+5.008=55.008$

(3)室内消防给水系统总压力 H

$$H/\text{MPa}=10H_1+H_{xh}+\sum h=10\times 25.6+185.41+55.008=496.42\ \text{kPa}=0.496$$

顶层设一个试验消火栓，要求一股水柱出流，流量为 5 L/s，充实水柱长度为 10 m，本系统完全能满足要求，故不再进行详细计算。

【例 5.2】 有一幢 13 层普通办公楼，层高3.5 m，宽度 15 m，长 26 m，试进行室内消火栓给水系统设计与计算。该建筑平面图如图 5.20 所示。

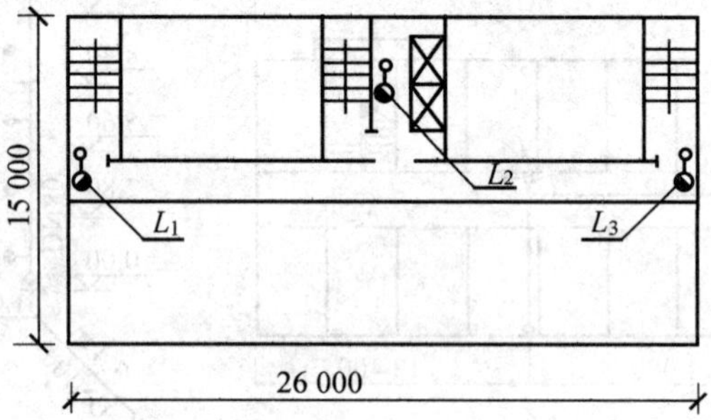

图 5.20　室内消火栓给水系统平面图

【解】

1. 消火栓给水方式的选择

本建筑物属于高层建筑，但建筑高度小于 50 m，经估算最底层消火栓栓口静压力小于 1.0 MPa，所以可以选用不分区的供水方式。

2. 消火栓的选择及布置

因高层建筑每个消防水枪的射流量不应小于 5 L/s，所以选用 DN65 消火栓，直径65 mm、长度为 25 m 麻织水带，水枪喷嘴直径为 19 mm，根据建筑物的宽度，可布置一排消火栓，按两股水柱同时到达室内任何部位进行设计。

水枪充实水柱高度按式(5.1)计算如下

$$S_k/\text{m}=\frac{H_1-H_2}{\sin\alpha}=\frac{3.5-1}{\sin 45^\circ}=3.5$$

按规定，该建筑水枪充实水柱长度应不小于 10 m，因此按 10 m 设计。

消火栓的保护半径 R 为

$$R/\text{m}\leqslant L_d+L_s=25\times 0.8+10\cos 45^\circ=27.10$$

消火栓之间的最大间距 S 按两股水柱同时到达室内任何部位计算，即

$$S/\text{m}\leqslant\sqrt{R^2-b^2}=\sqrt{27.10^2-7.5^2}=26.04$$

3. 消防竖管及管道系统的位置

本设计布置三根消防竖管(见图 5.20)，其中，L_2 供消防电梯前室消火栓使用，不应计入总数，因此，消火栓间距实指竖管 $L_1\sim L_3$ 间的间距为 26 m，小于规定 30 m，并且小于计算值 26.04 m及保护半径 27.10 m。

将三根竖管通过水平干管连成环状，图 5.21 为本建筑室内消火栓给水系统图。

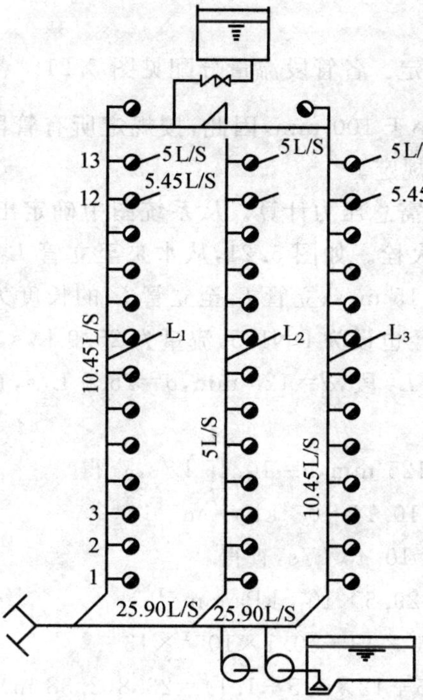

图 5.21　室内消火栓给水系统图

4. 水箱容积及设置高度的确定

该建筑属于二类建筑，据消防规定，室内高位水箱的储水量不应小于 12 m^3，故采用 12 m^3。按规定二类建筑消防水箱的高度应能保证顶层最不利点消火栓处静水压力不低于 0.07 MPa(检查用消火栓除外)，由此，水箱底距 13 层的消火栓之间间距为 7.0 m。辅以每个消火栓处设置启动消防水泵的按钮，以达到迅速加压。

5. 消防给水系统的水力计算

(1)最不利点消火栓的确定及栓口所处需压力的计算。最不利点消火栓应为距消防水泵最远，且位置最高的消火栓。从系统图上可以看出，消防竖管 L_1 上的 13 层消火栓为最不利消火栓，其出流量不应小于 5 L/s，故按 5 L/s 计算。

13 层消火栓栓口处所需的压力 H_{Bxh} 为

$$H_{xh}/\text{kPa}=H_q+H_d+H_k=\frac{q_{xh}^2}{B}+A_dL_dq_{xh}^2+20=\frac{5^2}{0.1577}+0.043\times25\times5^2+20=205.41$$

(2)消防管道流量分配。按表 5.3 规定，该建筑发生火灾时，室内消防最小流量为20 L/s，每根竖管的最小流量为 10 L/s，每支消火栓最小流量为 5 L/s。

按表 5.3 规定，火灾时需要要有 4 支水枪同时出流，其分配为最不利消防竖管与相邻消防竖管各有 2 支水枪出流。即竖管 L_1、L_3 各有 2 支水枪出流。L_1 竖管上 13 层消火栓水枪出流量为 5 L/s，12 层消火栓水枪出流量为

$$q_{12xh}/(\text{L}\cdot\text{s}^{-1})=\sqrt{\frac{H_{12xh}}{A_dL_d+1/B}}=\sqrt{\frac{H_{13xh}+35}{0.043\times25+\dfrac{1}{0.1577}}}=5.45$$

由以上计算可知，L_1竖管的设计流量为 10.45 L/s，L_3竖管上 12 层、13 层消火栓距消防泵较近，其消防出流量较 L_1竖管上的 12 层、13 层消火栓稍大，但由于差别不大，采用与 L_1竖管

相同的设计流量。

(3)消防给水管道管径的确定。各管段流量分配见图 5.21。各管段直径按 $D=\sqrt{\frac{4q_{xh}}{\pi v}}$ 计算，由计算可知，各管段管径均小于 100 mm，因此，按规定所有管段的管径均采用 DN100，各管段流速均小于 2.5 m/s，符合规定。

(4)室内消火栓给水系统所需总压力计算。从系统图中确定出计算管路为从水泵至底层水平干管至 L_1 竖管的 13 层消火栓。如图 5.21，从水泵至立管 L_2 流量为 25.90 L/s，长度为 13 m，管径取 DN125，流速为 2.15 m/s；立管 L_2 至立管 L_1 的长度为 13 m，因水泵结合器也可能进水，立管 L_2 至立管 L_1 的管径也设为 DN125，流量为 25.9 L/s，查阅《给水排水设计手册》，钢管的水力计算表，水泵至立管 L_2 段，$d=125$ mm，$q=25.9$ L/s，查得单位长度沿程水头损失 $i=58.3\times10^{-2}\,\text{kPa}\cdot\text{m}^{-1}$；

立管 L_2 至立管 L_1 段，$d=125$ mm，$q=10.45$ L/s，查得

单位长度沿程水头损失 $i=10.1\times10^{-2}\,\text{kPa}\cdot\text{m}^{-1}$；

L_1 立管段，$d=100$ mm，$q=10.45$ L/s，查得

单位长度沿程水头损失 $i=29.5\times10^{-2}\,\text{kPa}\cdot\text{m}^{-1}$；

$$\Sigma h_f/\text{kPa}=\Sigma il=58.3\times10^{-2}\times13+10.1\times10^{-2}\times13+29.5\times10^{-2}(7.5+12\times3.5+1.1)=23.8(2.38\text{ m})$$

局部水头损失取沿程损失的 20%，总水头损失为 1.2×2.38=2.856 m。

(5)消防水泵的选择。消防水泵的设计流量应为室内消防所需的最大流量 20.9 L/s，消防水池最低水位与最不利点消火栓高差 H_1 为 48 m，则消防水泵扬程为

$$P/\text{MPa}=k_2(\sum h_f+\sum h_j)+0.01H+H_0=1.3\times2.856\times0.01+0.01\times48+0.205=0.722=72.2\text{ m})$$

选择两台 125D－25×4，流量为 25.9 L/s 时，扬程为 89.32 m，满足要求。

(6)在屋顶设置 2 个试验消火栓，试验时只需 1 股或 2 股水柱出流，每股水柱流量 5 L/s，充实水柱高度为 10 m。由于流量减小，水泵扬程提高，故完全满足实验要求，故不再进行核算。

(7)水泵结合器及室外消火栓的选定。水泵结合器的设计流量按计算的室内消防用水量为 25.9 L/s 计算，故选择 2 个 DN100 的墙壁式水泵结合器，每个结合器可通过流量 13～15 L/s。

本例中室外消防水量为 20 L/s，故设 2 个 DN100 的室外地面式消火栓，每个消火栓供水量可达 10～15 L/s。

(8)消火栓减压。当消火栓出口压力大于 0.7 MPa 时，需要减压。本题采用减压孔板减压，减压孔板的局部阻力系数见表 5.8。

表 5.8　减压孔板局部阻力系数

d_k/d_j	0.3	0.4	0.5	0.6	0.7	0.8
ζ_1	292	83.3	29.5	11.7	4.75	1.83

$$H_k=\xi_1\frac{v_k^2}{2g}$$

式中　H_k—— 减压孔板的水头损失，m；

v_k—— 减压孔板后管道内水的平均流速，m/s；

ζ_1—— 减压孔板的局部阻力系数，可按表 5.8 取值 ；

d_k —— 减压孔板孔口的计算内径；取值应按减压孔板孔口直径减 1 mm 确定，m；

d_i—— 管道的内径，m。

根据水头损失计算，列表 5.9 计算减压孔板孔径。消火栓出水流量为 5 L/s，管径为 DN65，采用减压板孔口径为 24 mm，取值 23 mm。

$\frac{d_k}{d_i}=\frac{23}{65}=0.354$，根据表 5.8 进行插值，减压孔板的局部阻力系数 ξ_1 为 179.62，平均流速为 1.51m/s，减压孔板的水头损失为

$$H_k=\xi_1\frac{v_k^2}{2g}=179.62\times\frac{1.51^2}{19.6}=20.83\ m$$

表 5.9　水泵工作时消火栓前的压力及减压后水压

消火栓编号	栓前水压/m	水头损失/m	消火栓口压力/m
1	88.11	20.83	67.28
2	83.38	20.83	62.55
3	78.66	20.83	57.83
4	73.94	20.83	53.11
5	69.21		
6	64.49		
7	59.76		
8	55.04		
9	50.31		
10	45.59		
11	40.87		
12	36.14		
13	34.63		

注：编号 5 后消火栓水压小于 0.7 MPa，不需要减压。

任务五　消防排水

一、一般规定

设有消防给水系统的建设工程宜采取消防排水措施。排水措施应满足财产和消防设施安全，以及系统调试和日常维护管理等安全和功能的需要。

应该采取消防排水措施的建筑物和场所有消防水泵房，设有消防给水系统的地下室，消防电梯的井底，仓库。

室内消防排水宜排入室外雨水管道;当存有少量可燃液体时,排水管道应设置水封,并宜间接排入室外污水管道;地下室的消防排水设施宜与地下室其他地面废水排水设施共用。

消防电梯的井底排水设施主要是集水井中设置排水泵,排水泵集水井的有效容量不应小于 2.00 m^3;排水泵的排水量不应小于10 L/s。同时,室内消防排水设施应采取防止倒灌的技术措施。

二、测试排水

消防给水系统试验装置处应设置专用排水设施,自动喷水灭火系统等自动水灭火系统末端试水装置处的排水立管管径,应根据末端试水装置的泄流量确定,并不宜小于 DN75;报警阀处的排水立管宜为 DN100;减压阀处的压力试验排水管道直径应根据减压阀流量确定,但不应小于 DN100。

消防给水系统减压阀因不经常使用,因为渗漏往往经过一段时间后导致阀前后压力差减少,为保证减压阀前后压差与设计基本一致,减压间应经常试验排水;另外减压阀为测试其性能而排水,故减压阀应设置排水管道。试验排水可回收部分宜排入专用消防水池循环再利用。

单元六　自动喷水灭火系统

【教学目标】通过项目教学活动，培养学生具备确定闭式自动喷水灭火系统、水幕消防系统方案的能力，具备进行闭式自动喷水灭火系统、水幕消防系统设计计算的能力。培养学生良好的职业道德、自我学习能力、实践动手能力和耐心细致的能够分析和处理问题的能力，以及诚实、守信、善于沟通和合作的专业素养。

【知识目标】

1. 掌握闭式自动喷水灭火系统工作原理；
2. 掌握闭式自动喷水灭火系统主要组件的选择方法；
3. 掌握闭式自动喷水灭火系统设计计算方法；
4. 掌握水幕消防系统工作原理；
5. 掌握水幕消防系统主要组件的选择方法；
6. 掌握水幕消防系统设计计算方法。

【主要学习内容】

任务一　概　述

自动喷水灭火系统是一种能自动作用喷水灭火，并同时发出火警信号的灭火系统。经国内外大量事实验证，它具有安全可靠、控制火灾成功率高、经济适用等特点，是目前世界上采用广泛的一种固定消防设备。

自动喷水灭火系统一般由消防供水水源、消防供水设备、喷头、消防管网、报警阀、火灾控制器及火灾探测报警控制系统组成。按喷头平时开阀情况分为闭式和开式两大类。属于闭式自动喷水灭火系统有湿式系统、干式系统、预作用式系统、快速反应系统及自动循环启闭系统等。属于开式自动喷水灭火系统有水幕系统和雨淋系统。本章重点介绍广泛使用的湿式自动喷水灭火系统和水幕系统。

自动喷水灭火系统使用范围很广，一般说来，凡是可以用水灭火的建筑都可以设置，但鉴于我国经济发展水平，自动喷水灭火系统仅要求在火灾危险性大，发生火灾后损失大和影响大的重要建筑物和场所内设置，其设置原则见表 6.1。

表 6.1 设置各类自动喷水灭火系统的原则

自动喷水灭火系统类型	设 置 原 则
设置闭式喷水灭火系统(常用的是湿式、干式、预作用喷水灭火系统)	1. 不小于 50 000 纱锭的棉纺厂的开包、清花车间;不小于 5 000 锭的麻纺厂的分级、梳麻车间;服装、针织高层厂房;面积大于 1 500 m^2 的木器厂房;火柴厂的烤梗、筛选部位;泡沫塑料厂的预发、成型、切片、压花部位。 2. 占地面积大于 1 000 m^2 的棉、毛、丝、麻、化纤、毛皮及其制品库房;占地面积大于 6 000 m^2 的香烟、火柴库房;建筑面积大于 500 m^2 的可燃物品的地下库房;可燃、难燃物品的高架库房和高层库房(冷库除外);省级以上或藏书大于 100 万册图书馆的书库。 3. 超过 1 500 个座位的剧院观众厅、舞台上部(屋顶采用金属构件时)、化妆室、道具室、贵宾室;多于 2 000 个座位的会堂或礼堂的观众厅、舞台上部、贮藏室、贵宾室;超过 3 000 个座位的体育馆、观众厅的吊顶上部、贵宾室、器材间、运动员休息室。 4. 省级邮政楼的信函和包裹分拣间,邮袋库。 5. 每层面积大于 3 000 m^2 或建筑面积大于 9 000 m^2 的百货楼、展览楼。 6. 设有空气调节系统的旅馆、综合办公楼的走道、办公室、餐厅、商店、库房和无楼层服务台的客房。 7. 飞机发动机实验台的准备部位。 8. 国家级文物保护单位的重点砖木或木结构建筑。 9. 一类高层民用建筑,包括普通住宅、教学楼、普通旅馆、办公楼(建筑中不宜用水扑救的部位除外)的主体建筑和主体建筑相连的附属建筑的下列部位:舞台、观众厅、展览厅、多功能厅、门厅、电梯厅、舞厅、餐厅、厨房、商场营业厅和保龄房等公共活动用房、走道(电梯内走道除外)、办公室和每层无服务台的客房;超过 25 辆的汽车停车库和可燃品库房;自动扶梯底部和垃圾道顶部;避难层或避难区。 10. 二类高层民用建筑中的商场营业厅、展览厅、可燃物陈列室。 11. 建筑高度大于 100 m 的超高层建筑(卫生间、厕所除外)。 12. 高层民用建筑物顶层附设的观众厅、会议厅。 13. Ⅰ、Ⅱ、Ⅲ类地下停车库、多层停车库和底层停车库。 14. 人防工程的下列部位:使用面积大于 1 000 m^2 的商场、医院、旅馆、餐厅、展览厅、旱冰场、体育场、舞厅、电子游艺场、丙类生产车间、丙类和丁类物品库房等;大于 800 个座位的电影院、礼堂的观众厅(吊顶下表面至观众地面高度不大于 8 m,舞台面积大于 200 m^2 时)。
设置水幕系统	1. 大于 1 500 个座位的剧院和大于 2 000 个座位的会堂、礼堂的舞台口,以及与舞台相连的侧台、后台的门窗侧口。 2. 应设防火墙等防火分隔物而无法设置的开口部位。 3. 防火卷帘或防火幕的上部。 4. 高层民用建筑物内大于 800 个座位的剧院、礼堂的舞台口和设有防火卷帘、防火幕的部位。 5. 人防工程内代替防火墙的防火卷帘的上部。

续表 6.1

自动喷水灭火系统类型	设置原则
设置雨淋喷水灭火系统	1. 火柴厂的氯酸钾压碾厂房，建筑面大于 100 m² 的生产、使用硝化棉、喷漆棉、火胶棉、赛璐珞胶片、硝化纤维的厂房。 2. 建筑面积大于 60 m² 或储存量大于 2 t 的硝化棉、喷漆棉、赛璐珞胶片、硝化纤维的库房。 3. 日装瓶数量大于 3 000 瓶的液化石油贮备站的灌瓶间、实瓶库。 4. 大于 1 500 个座位的剧院和大于 2 000 个座位的会堂舞台的葡萄架下。 5. 乒乓球厂的轧坯、切片、磨球、分球检验部位。 6. 建筑面积大于 400 m² 的演播室；建筑面积大于 500 m² 的电影摄影棚。 7. 火药、炸药、弹药及火工品工厂的有关工房或工序。
设置水喷雾灭火系统	1. 单台储油量大于 5 t 的电力变压器。 2. 飞机发动机试验台的试车部位。 3. 一类民用高层主体建筑内的可燃油浸电力变压器室，充有可燃油的高压电容器和多油开关室等。

任务二　闭式自动喷水灭火系统工作原理及主要组件

一、闭式自动喷水灭火系统工作原理

1. 湿式自动喷水灭火系统

湿式自动喷水灭火系统通常由闭式喷头、湿式报警阀、管网供水设备及供水水源等组成，如图 6.1 所示。由于这种系统在报警阀前后管道内始终充满压力水，所以称为湿式自动喷水灭火系统。

该系统工作原理为：在火灾发生初期阶段室内温度不断升高，当温度上升到使闭式喷头 15 的温感元件爆破或熔化时，压力水从喷头喷出，即产生自动喷水灭火。此时，由于管道内的水由原来静止变为流动，水流指示器 14 发出电信号，在火灾报警控制台 20 上予以指示。持续喷水造成报警阀 1 上部水压低于下部水压的压力差达到某一定值时，报警阀自动开启，消防水通过湿式报警阀，流入干管和配水管供水灭火。同时水流指示器 14 和压力开关 7 的信号或消防水箱水位信号、自控箱 9 内的控制器及远距离自动启动水泵按钮，均可以自动启动消防水泵向管网内持续加压供水。此时，管道内一部分水流会沿着报警阀进入延迟器 6，压力开关 7 及水力警铃等发出火警信号。该系统适于布置在温度不低于 4℃和不高于 70℃的建筑物内，喷头向上向下安装均可以。

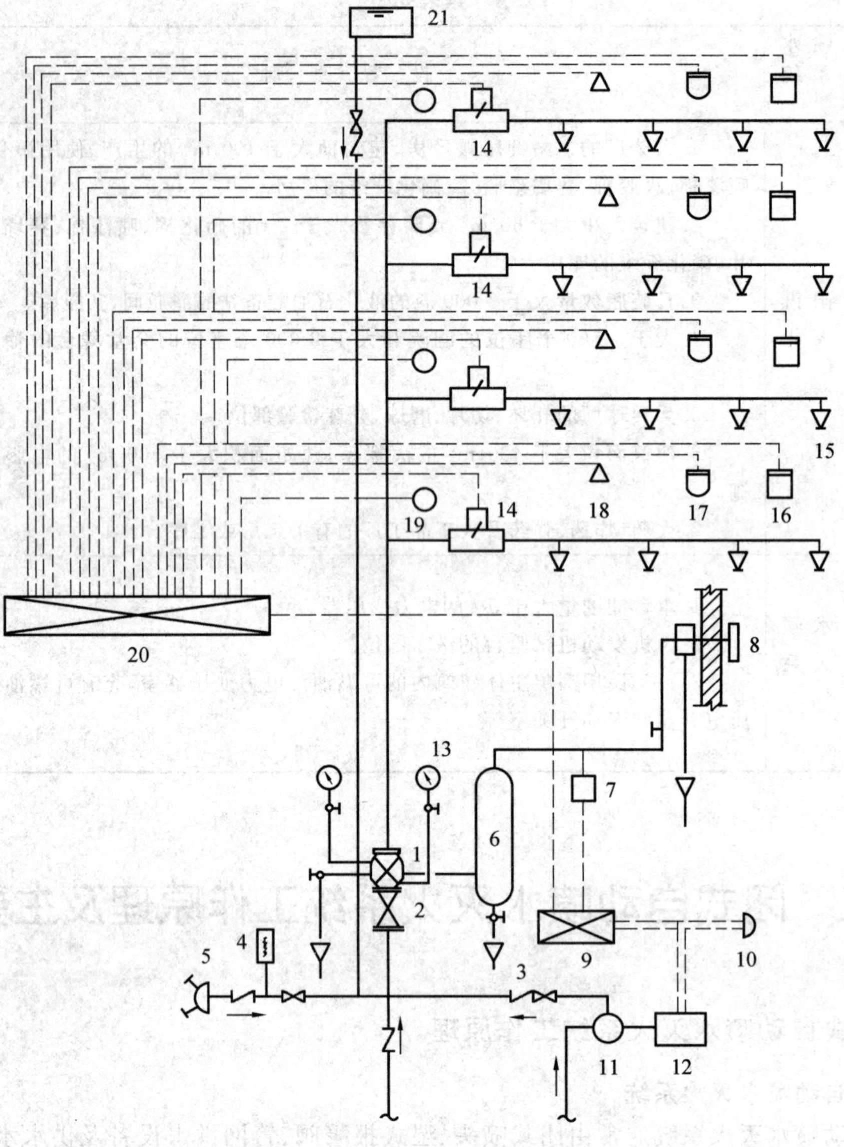

图 6.1 湿式自动喷水灭火系统

1—湿式报警阀；2—闸阀；3—止回阀；4—安全阀；5—消防水泵接合器；6—延迟器；7—压力开关(压力继电器)；8—水力警铃；9—自控箱；10—按钮；11—水泵；12—电机；13—压力表；14—水流指示器；15—易熔元件洒水喷头(或玻璃球阀洒水喷头)；16—感烟探测器；17—感温探测器；18—感光探测器；19—火灾报警按钮；20—火灾控制台；21—水箱

2.干式自动喷水灭火系统

该系统由闭式喷头、管道系统、干式报警阀、干式报警控制装置、充气装置、排气设备及供水设施等组成，如图 6.2 所示。

该系统内平时充满压缩空气，使消防水不能进入配水管网，当发生火灾时，闭式喷头打开，首先喷出压缩空气，配水管网内水压随之下降，利用压力差原理，干式报警阀 2 被打开，水流入配水管 8，并从喷头 1 流出，自动喷水灭火。同时水流到达压力继电器 3(压力开关)，并指令火灾收信机 9 及水力警铃 5 报警。

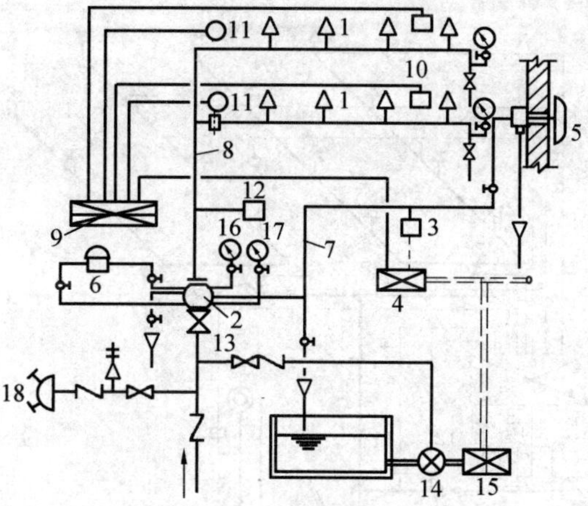

图 6.2　干式自动喷水灭火系统

1—闭式喷头；2—干式报警阀；3—压力继电器；
4—电气控制箱；5—水力警铃；6—快开器；
7—信号管；8—配水管；9—火灾收信机；
10—感温、感烟火灾探测器；11—报警装置；
12—气压保持器；13—阀门；14—消防水泵；15—电动机；
16—阀后压力表；17—阀前压力表；18—水泵接合器

该系统适于布置在环境温度低于 4℃或高于 70℃的建筑物、构筑物内。

喷头宜向上设置。由于该系统在喷头动作后有一个排气过程，对灭火产生不利影响，如果在干式报警阀出口管道上加一个排气加速器，可以加快报警阀处的降压过程，使之快速启动，缩短排气时间。

3. 预作用自动喷水灭火系统

预作用自动喷水灭火系统由闭式喷头、预作用阀门、管网、报警装置、供水设施、火灾控制器及控制系统组成，如图 6.3 所示。图中各注释见主要部件表 6.2。

表 6.2　预作用自动喷水灭火系统主要部件表

编号	名称	用途	编号	名称	用途
1	闸阀	总控制阀	11	压力开关	控制空压机启停
2	预作用阀	控制系统进水，先于喷头开启	12	压力开关	低气压报警开关
3	闸阀	检修系统用	13	止回阀	维持系统气压
4	压力表	指示供水压力	14	压力表	指示系统气压
5	过滤器	过滤水中杂质	15	空压机	供给系统压缩空气
6	截止阀	试验出水量	16	火灾报警控制箱	接收电信号并发出指令
7	手动开启截止阀	手动开启预作用阀	17	水流指示器	输出电信号，指示火灾区域
8	电磁阀	电动开启预作用阀	18	火灾探测器	感知火灾，自动报警
9	压力开关	自动报警或自动控制	19	闭式喷头	感知火灾，出水灭火
10	水力警铃	发出音响报警信号			

这种系统综合运用了湿式和干式系统的特点，系统平时为干式，火灾发生时立即变为湿式，同时进行火灾初期报警。系统由干式转为湿式的过程，含有预备动作的功能，因而称为预作用喷水灭火系统。

在该系统中，干式报警阀之后的管道平时充满压缩气体，当火灾发生时，与喷头安装在一起的火灾探测器，首先探出火灾并发出声响报警信号，控制器再将报警信号作声光显示的同

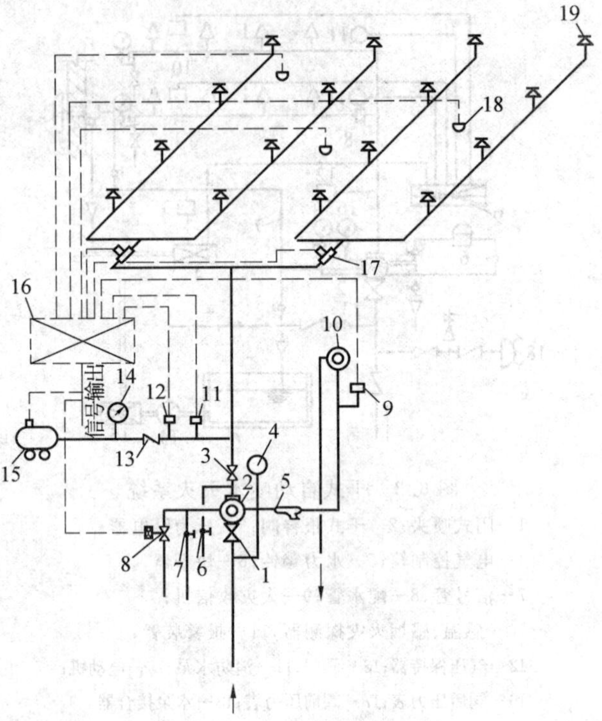

图 6.3 预作用自动喷水灭火系统

时，开启报警阀，使消防水进入管网，并在不大于 3 min 的时间内完成管网充水过程。

预作用自动喷水灭火系统适用于冬季结冰和不能采暖的建筑物内，或者平时不允许有水渍损失的建筑物和构筑物内。

二、闭式自动喷水灭火系统主要组件

1. 闭 式 喷 头

闭式喷头是指带有热敏感元件的喷头，其喷口由热敏感元件组成的释放机构封闭。该热敏感元件可在预定温度内动作，使其和密封组件与喷头主体脱离，并按照规定的水量和形状喷水灭火。在自动喷水灭火系统中，它担负着探测火灾、启动系统和喷水灭火的任务，是系统中的关键组件。

(1)类型。闭式喷头按热敏元件的不同分为玻璃球洒水喷头和易熔元件洒水喷头；按溅水盘的类型和安装方式分为直立型、下垂型、边墙型、普通型、吊顶型和干式下垂型等洒水喷头，见图 6.4。

①玻璃球洒水喷头是由喷水口、密封垫、玻璃球、溅水盘、框架等组成，见图6.5，又称爆炸瓶式喷头。该喷头的热敏元件是一个充装高膨胀液体的彩色玻璃球，球内有一个小气泡，用它顶住喷水口密封垫。当火灾发生达到规定温度时，液体因受热膨胀完全充满了瓶内空间，当压力也达到规定值时，玻璃球便炸裂，密封垫失去支撑，压力水便喷出灭火。

②易熔元件洒水喷头。易熔元件洒水喷头的热敏感元件为易熔金属或其他易熔材料制成。当火灾发生，室温达到易熔元件设计温度时，其熔化、释放机构脱落，压力水便喷出灭火。按其内部结构不同也可分为：悬臂支撑型易熔元件洒水喷头、锁片支撑型易熔元件洒水喷头和弹性锁片型易熔元件洒水喷头等等，其组成见图 6.6。

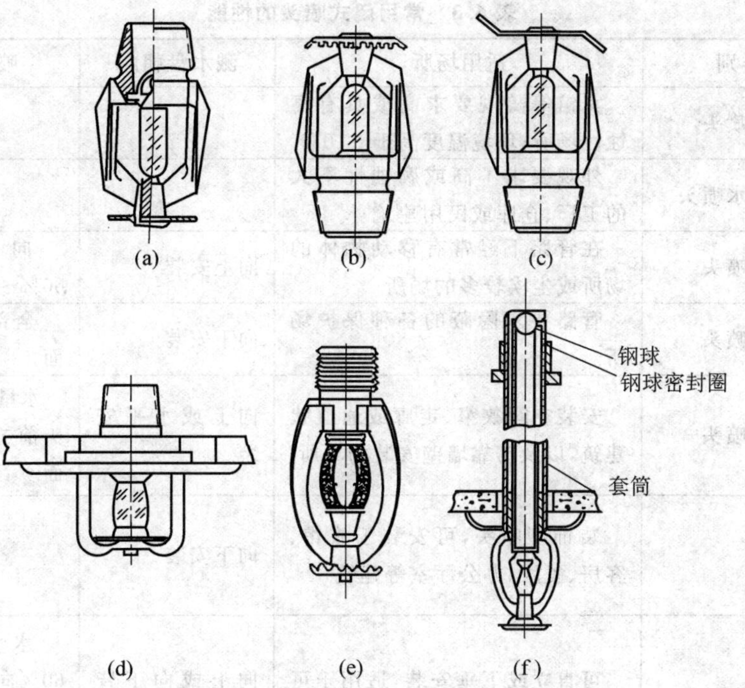

图 6.4　洒水喷头安装型式示意图

(a)下垂型;(b)直立型;(c)边墙型(立式);(d)吊顶型;(e)普通型;(f)干式下垂型

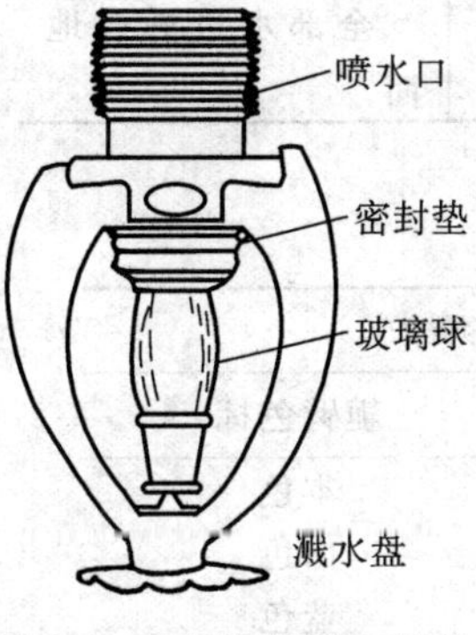

图 6.5　玻璃球洒水喷头结构示意图

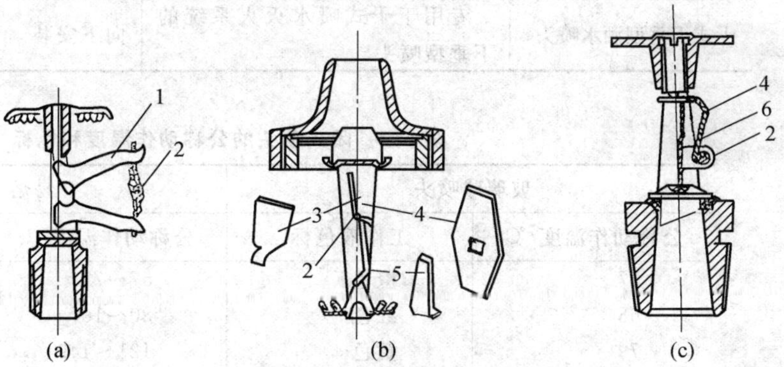

图 6.6　易熔元件洒水喷头

(a)悬臂支撑型;(b)锁片支撑型;(c)弹性锁片型

1—悬壁撑杆;2—易熔金属;3,5—锁片;4—支撑片;6—弹性片

以上各喷头的适用场所、安装朝向、喷水量分布见表 6.3,喷头的公称动作温度和色标见表 6.4。

表 6.3 常用闭式喷头的性能

喷头类别	适用场所	溅水盘朝向	喷水量分配
玻璃球洒水喷头	宾馆等美观要求高或具有腐蚀性场所；环境温度高于－10℃		
易熔元件洒水喷头	外观要求不高或腐蚀性不大的工厂、仓库或民用建筑		
直立型洒水喷头	在管路下经常有移动物体的场所或尘埃较多的场所	向上安装	向下喷水量占60%～80%
下垂型洒水喷头	管路要求隐蔽的各种保护场所	向下安装	全部水量洒向地面
边墙型洒水喷头	安装空间狭窄、走廊或通道状建筑，以及需靠墙壁安装的场所	向上或水平安装	水量的85%喷向喷头前方，15%喷在后面
吊顶型喷头	装饰型喷头，可安装于旅馆、客房、餐厅、办公厅室等建筑	向下安装	
普通型洒水喷头	可直立或下垂安装，适用于可燃吊顶的房间	向上或向下皆可	水量的40%～60%向地面喷洒，还将部分水量喷向顶棚
干式下垂型洒水喷头	专用于干式喷水灭火系统的下垂型喷头	向下安装	全部水量洒向地面

表 6.4 闭式喷头的公称动作温度和色标

玻璃球喷头		易熔元件喷头	
公称动作温度/℃	工作液色标	公称动作温度/℃	轭臂色标
57	橙色	57～77	本色
68	红色	80～107	白色
79	黄色	121～149	蓝色
93	绿色	163～191	红色
141	蓝色	204～246	绿色
182	紫红色	260～302	橙色
227	黑色	320～343	黑色
260	黑色		
343	黑色		

(2)喷头的选用。选择喷头时应注意以下情况。

①严格按照环境最高温度来选用喷头温级。自动喷水灭火系统设计规范(GB 50084—2001(2005)第 6.1.2 条规定闭式系统的喷头)，喷头公称动作温度宜比环境最高温度高 30 ℃。

②在蒸汽压力小于 0.1 MPa 的散热器附近 2 m 以内的空间，采用高温级喷头(121～149 ℃)；2～6 m 以内在空气热流趋向的一面采用中温级喷头(79～107 ℃)。

③在既无绝热措施，又无通风的木板或瓦楞铁皮房顶的闷顶中，及受到日光曝晒的玻璃天窗下，应采用中温级喷头(79～107 ℃)。

④在设有保温的蒸汽管上方 0.76 m 和两侧 0.3 m 以内的空间，应采用中温级喷头(79～107 ℃)；在低压蒸汽安全阀旁边 2 m 以内，采用高温级喷头(121～149 ℃)。

⑤在装设有喷头的场所，应注意防止腐蚀性气体的侵蚀，不得受外力的撞击，经常清除喷头上的尘土。

2.报警阀

在自动喷水灭火系统中，报警阀起到接通或切断水源、启动系统及水力警铃报警的作用。它平时处于关闭状态，只有火灾时打开，是系统中至关重要的组件。

(1)类型。根据用途不同可分为湿式、干式、干湿式报警阀 3 种，公称直径(mm)有 50、65、80、100、125、150、200、250 等 8 个规格。

①湿式报警阀主要用于湿式喷水灭火系统。其作用是当喷头开启喷水时，管路水流自动打开报警阀，并使水流进入水力警铃，发出报警信号。常用有座圈型、导阀型、蝶阀型三种，见图 6.7。

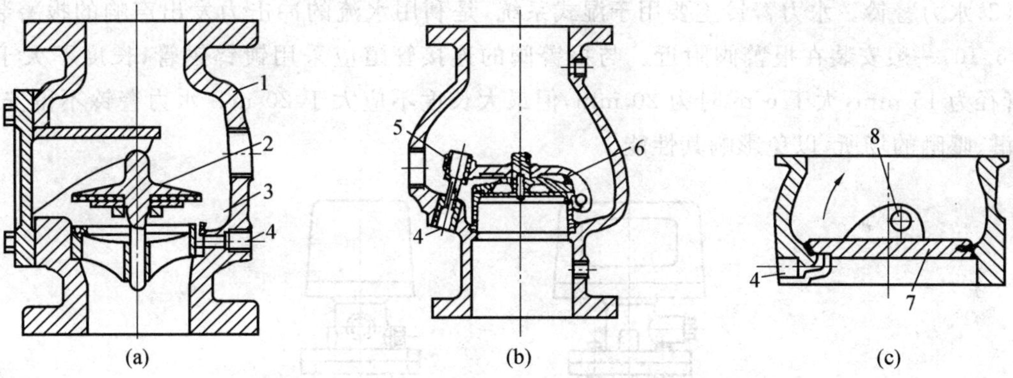

图 6.7　湿式报警阀

(a)座圈型湿式阀；(b)导阀型湿式阀；(c)蝶阀型湿式阀

1—阀体；2—阀瓣；3—沟槽；4—水力警铃接口；5—导阀；6—主阀瓣；7—阀瓣；8—阀瓣回转轴

②干式报警阀用于干式喷水灭火系统。最常用的是差动型干式阀，见图 6.8，它的阀瓣将阀门分成两部分：出口侧与系统管路和喷头相连，内充压缩空气或氮气；进口侧与水源相连，一般气压为水压的 1/4。为使比较低的气压将供水总管的水挡在供水侧，差动型的阀门中气阀座面积大于水阀座面积，以便形成较大的差动比。当喷头开启时，空气压力聚降，作用在差动阀板圆盘上的压力降低，阀板被举起，报警阀打开，通水报警。

③干湿式报警阀主要用于干、湿交替式喷水灭火系统，它由湿式报警阀与干式报警阀串联而成。在温暖季节，将差动阀板从干式报警阀中取出，报警阀前后均充满水，为湿式装置；在寒冷季节则用干式装置。

(2)设计要求。报警阀在设计、安装时应满足下列要求。

①报警阀宜设在明显而易于操作的地点，且距地面高度宜为 1.2 m，报警阀处的地面应有排水措施。

②报警阀应设在单独的阀室内，阀室一般设在建筑物底层或地下靠近水源以及供水管网

的部位。阀室内温度应在4℃以上。

③采用闭式喷头的自动喷水灭火系统的每个报警阀控制喷头数不宜超过下列规定：湿式和预作用喷水灭火系统为800个；有排气装置的干式喷水灭火系统为500个；无排气装置的干式喷水灭火系统为250个。

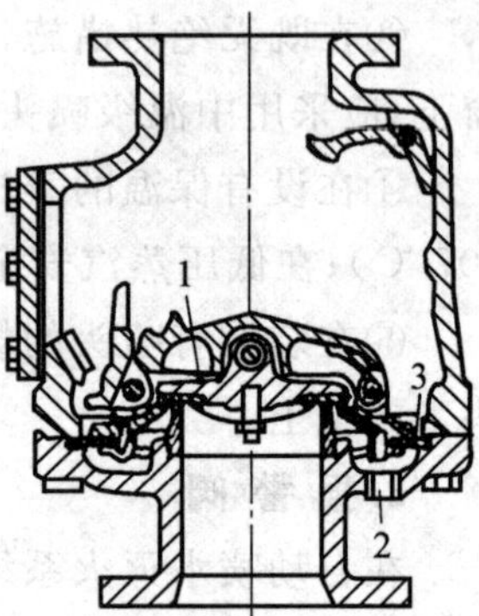

图6.8 差动型干式阀

1—阀瓣；2—水力警铃接口；3—弹性隔膜

3.报警控制装置

自动喷水灭火系统的水流报警装置主要有水流指示器、水力警铃、压力开关等等。它们属于报警控制装置，在系统中担负着探测火情、发出警报、启动系统和对系统工作状态监控的作用。

(1)水流指示器。水流指示器通常安装在系统各分区的配水干管上，可将水流动信号转换为电信号。图6.9是常用的桨片式水流指示器，它只适用于湿式系统，且应水平安装。其作用在于，当喷头开启喷水灭火或者管道发生泄漏故障时，有水流通过装有水流指示器的管道，则将输出信号送至报警控制器或控制中心，可以显示喷头喷水的区域，起辅助报警作用。

(2)水力警铃。水力警铃主要用于湿式系统，是利用水流的冲击力发出声响的报警装置，见图6.10，一般安装在报警阀附近。与报警阀的连接管道应采用镀锌钢管，长度不大于6 m时，管径为15 mm，大于6 m时为20 mm，但最大长度不应大于20 m。水力警铃不得安装在受雨淋、曝晒的场所，以免影响其性能。

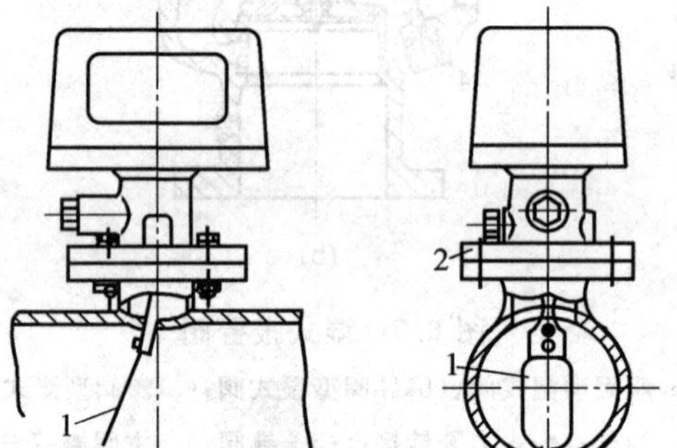

图6.9 桨片式水流指示器

1—桨片；2—连接法兰

(3)压力开关。压力开关安装在延迟器上部，可将管内水压的变化转化成电信号，以实现电动警铃报警。压力开关一般安装在其他有水压的管网或系统终端、控制接触器、启动系统的消防水泵上。

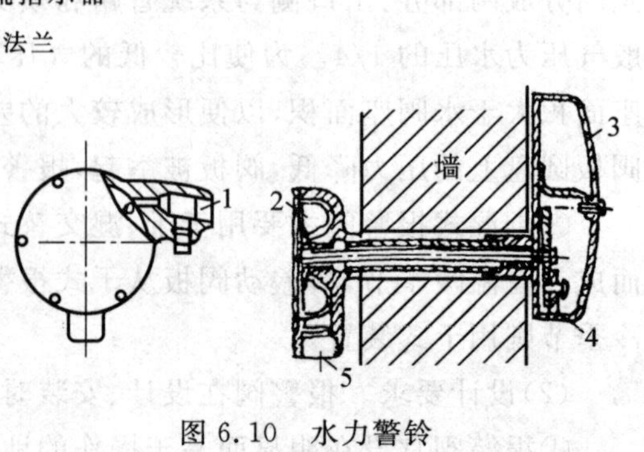

图6.10 水力警铃

1—进口；2—叶轮；3—铃壳；4—击锤；5—出口

(4)延迟器。延迟器主要用于湿式喷水灭火系统，安装在湿式报警阀与水力警铃之间，其作用是防止发生误报警。如图6.11所示，延迟器实际是一个罐式容器，当湿式报警阀因压力波动瞬间开启时，水首先进入延迟器，这时因水量很少，会很快由延迟器底部泄水孔排出而不进入水力警铃，从而起到防止误报警的作用，只有当水连续通过湿式报警阀，使其完全开启时，水才能很快充满延迟器，并由顶部流向水力警铃，发出报警。

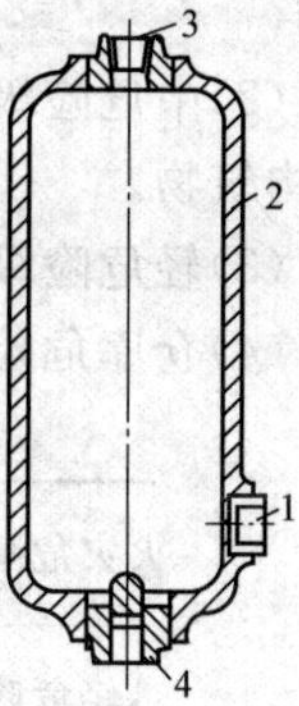

图 6.11　延迟器

1—进口；2—本体；3—出口；4—泄水孔

(5)火灾探测器。火灾探测器是自动喷水灭火系统的重要组成部分。一般布置在房间和走廊的天花板下，每若干面积设一个，其功能是及早探测火灾并通过电气自动控制进行报警。一般由电气专业人员设计。目前国内常用的有感烟探测器和感温探测器两大类，各种探测器的保护面积及安装高度见表 6.5。

探测器的设置应注意以下几个问题。

①当探测器安装在梁上时，探测器的下端到天花板安装面的距离应小于 0.3 m。

②在有空调的房间内，探测器距送风口要大于 1.5 m。安装感烟探测器时要靠近回风口。

③探测器的安装角度不能大于 45°，否则采用填块找平。

④感烟探测器距墙壁或梁的距离应大于 0.6 m。

⑤房间高度小于 2.5 m 或面积小于 40 m^2 的居室，感烟探测器应安装在门口附近。

⑥在走廊，通道等处安装感烟探测器时，间隔按步行距离 30 m 计算，10 m 以下可以不装。

⑦楼梯间以垂直距离计算，每 15 m 以内装一个感烟探测器，且避免在倾斜部位安装。

⑧在电梯、管道等竖井内，感烟探测器要安装在竖井的顶部。如竖井上部有机房，且机房地面不能水平分隔时，则在机房中安装探测器。

表 6.5　各种探测器的保护面积　m

种类 / 安装高度/m	探测器种类						
	定湿式		差湿式		复合式		离子式
	1 级	2 级	1 级	2 级	1 级	2 级	
<4	30	15	50	40	50	40	100
4～8	15		30	25	30	25	75
8～15							40
15～20							30

⑨下列场所不宜安装感烟探测器：尘埃粉末和水蒸气大量滞留的地方；有可能产生腐蚀性气体的场所；厨房及其他在正常情况下有烟停留的场所；显著高温的地方；通风速度大于 5 m/s的场所。

⑩下列场所不宜安装感温探测器：安装高度超过 20 m 的地方；吊顶与上层楼板之间的距离小于 0.5 m 的顶棚空间内；天窗及其他因外部气流通过，在火灾发生后，探测器不能有效探测的地方；厕所、浴室及其他类似的场所。

任务三　闭式自动喷水灭火系统设计

《自动喷水灭火系统设计规范》GB 50084—2001(2005 年版)对建筑物及构筑物火灾危险等级划分如下。

(1)严重危险级。火灾危险性大，可燃物多，发热量大，燃烧猛烈和蔓延迅速的建筑物、构筑物。

(2)中危险级。火灾危险性较大,可燃物较多,发热量中等,火灾初期不会引起迅速燃烧的建、构筑物。

(3)轻危险级。火灾危险性较小,可燃物少,发热量较小的建筑物、构筑物。

(4)仓库危险级。设置场所火灾危险等级见表 6.6。

表 6.6 设置场所火灾危险等级举例表

火灾危险等级		设置场所举例
轻危险级		建筑高度为 24 m 及以下的旅馆、办公楼,仅在走道设置闭式系统的建筑等
中危险级	Ⅰ级	1)高层民用建筑:旅馆、办公楼、综合楼、邮政楼、金融电信楼、指挥调度楼、广播电视楼(塔)等 2)公共建筑(含单多高层):医院、疗养院、图书馆(书库除外)、档案馆、展览馆(厅)、影剧院、音乐厅和礼堂(舞台除外)及其他娱乐场所;火车站和飞机场及码头的建筑;总建筑面积小于 5 000 m^2 的商场、总建筑面积小于 1 000 m^2 的地下商场等 3)文化遗产建筑:木结构古建筑、国家文物保护单位等 4)工业建筑:食品、家用电器、玻璃制品等工厂的备料与生产车间等;冷藏库、钢屋架等建筑构件
	Ⅱ级	1)民用建筑:书库、舞台(葡萄架除外)、汽车停车场、总建筑面积 5 000 m^2 及以上的商场,总建筑面积 1 000 m^2 及以上的地下商场、净空高度不超过 8 m 、物品高度不超过 3.5 m 的自选商场等 2)工业建筑:棉毛麻丝及化纤的纺织、织物及制品、木材木器及胶合板、谷物加工、烟草及制品、饮用酒(啤酒除外)、皮革及制品、造纸及纸制品、制药等工厂的备料与生产车间
严重危险级	Ⅰ级	印刷厂、酒精制品、可燃液体制品等工厂的备料与车间、净空高度不超过 8 m、物品高度超过 3.5 m 的自选商场等
	Ⅱ级	易燃液体喷雾操作区域、固体易燃物品、可燃的气溶胶制品、溶剂清洗、喷涂油漆、沥青制品等工厂的备料及生产车间、摄影棚、舞台葡萄架下部
仓库危险级	Ⅰ级	食品、烟酒;木箱包装的不燃难燃物品等
	Ⅱ级	木材、纸、皮革、谷物及制品、棉毛麻丝化纤及制品、家用电器、电缆、B组塑料与橡胶及其制品、钢塑混合材料制品、各种塑料瓶盒包装的不燃物品及各类物品混杂储存的仓库等
	Ⅲ级	A组塑料与橡胶及其制品;沥青制品等

一、喷头的布置

喷头布置是消防保护的重要因素，即考虑经济性又要保证消防，喷头的个数、间距、距障碍物的距离都要符合相关规范的规定。

1. 一般规定

(1)喷头应布置在顶板或吊顶下易于接触到火灾热气流并有利于均匀布水的位置。当喷头附近有障碍物时，应符合喷头距障碍物距离要求或增设补偿喷水强度的喷头。闭式喷头是自动喷水灭火系统的关键组件。受火灾热气流加热开放后喷水并启动系统。能否合理地布置喷头，将决定喷头能否及时动作和按规定强度喷水。

(2)直立型、下垂型喷头的布置，包括同一根配水支管上喷头的间距及相邻配水支管的间距，应根据系统的喷水强度、喷头的流量系数和工作压力确定，并不应大于表 6.7 的规定，且不宜小于 2.4 m。

表 6.7　同一根配水支管上喷头的间距及相邻配水支管的间距

喷水强度 /($L \cdot min^{-1} \cdot m^{-2}$)	正方形布置的边长/m	矩形或平行四边形布置的长边边长/m	一只喷头的最大保护面积/m^2	喷头与端墙的最大距离/m
4	4.4	4.5	20.0	2.2
6	3.6	4.0	12.5	1.8
8	3.4	3.6	11.5	1.7
≥12	3.0	3.6	9.0	1.5

注：①仅在走道设置单排喷头的闭式系统，其喷头间距应按走道地面不留漏喷空白点确定；

②喷水强度大于 8 $L/min \cdot m^2$ 时，宜采用流量系数 $K>80$ 的喷头；

③货架内置喷头的间距均不应小于 2 m，并不应大于 3 m。

同一根配水支管上喷头间的距离及相邻配水支管间的距离，需要根据设计选定的喷水强度、喷头的流量系数和工作压力确定。

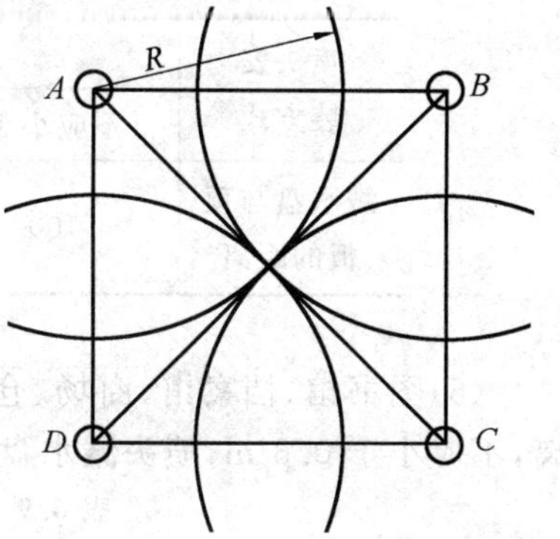

图 6.12　正方形布置喷头示意图

以喷头 A、B、C、D 为顶点的围合范围为正方形(见图 6.12)每只喷头的 25% 水量喷洒在正方形 $ABCD$ 内。根据喷头的流量系数、工作压力以及喷水强度，可以求出正方形 $ABCD$ 的面积和喷头之间的距离。

例如中危险级Ⅰ级场所，当选定喷水强度为 6 $L/min \cdot m^2$，喷头工作压力为 0.1 MPa 时，每只 $K=80$ 喷头的出水量为

$$q/(L \cdot min^{-1})=K\sqrt{10P}=80$$

所以面积 $S_{ABCD}/m=\dfrac{80}{6}=13.33$

正方形的边长为

$$AB/\mathrm{m}=\sqrt{13.33}=3.65$$

依此类推，当喷头工作压力不同时，喷头的出水量不同，因而间距也不同，例如：若喷头工作压力为 0.05 MPa，喷头的出水量 q 为

$$q/(\mathrm{L}\cdot\mathrm{min}^{-1})=56.57$$

若喷水强度为 8 L/(min · m²)，此时正方形保护面积为

$$S_{ABCD}/\mathrm{m}^2=\frac{56.57}{8}=7.07$$

$$AB/\mathrm{m}=\sqrt{7.07}=2.66$$

由于该参数将影响火场中的喷头开放时间，因此提出最大值限制。目的是使喷头既能适时开放，又能按规定的强度喷水。中危险级Ⅰ级场所采用 $K=80$ 标准喷头时，一只喷头的最大保护面积为 12.5 m²，配水支管上喷头间和配水支管间的最大距离，正方形布置时为3.6 m，矩形或平行四边形布置时的长边边长为 4.0 m。

(3)除吊顶型喷头及吊顶下安装的喷头外，直立型、下垂型标准喷头，其溅水盘与顶板的距离不应小于 75 mm，且不应大于 150 mm。

当在梁或其他障碍物底面下方的平面上布置喷头时，溅水盘与顶板的距离不应大于 300 mm，同时溅水盘与梁等障碍物底面的垂直距离不应小于 25 mm，不应大于 100 mm。

在梁间布置喷头时，应符合表 6.8 的规定。确有困难时，溅水盘与顶板的距离不应大于 550 mm。

梁间布置的喷头，喷头溅水盘与顶板距离达到 550 mm 仍不能符合表 6.8 规定时，应在梁底面的下方增设喷头。

密肋梁板下方的喷头，溅水盘与密肋梁板底面的垂直距离，不应小于 25 mm，不应大于 10 mm。

净空高度不超过 8 m 的场所中，间距不超过 4×4(m)布置的十字梁，可在梁间布置 1 只喷头，但喷水强度仍应符合相应规定。

(4)早期抑制快速响应早期抑制喷头的溅水盘与顶板的距离，应符合表 6.8 的规定。

表 6.8 早期抑制快速响应早期抑制喷头的溅水盘与顶板的距离 mm

喷头安装方式	直立型		下垂型	
	不应小于	不应大于	不应小于	不应大于
溅水盘与顶板的距离	100	150	150	360

(5)图书馆、档案馆、商场、仓库中的通道上方宜设有喷头。喷头与被保护对象的水平距离，不应小于 0.3 m；喷头溅水盘与保护对象的最小垂直距离不应小于表 6.9 的规定。

表 6.9 喷头溅水盘与保护对象的最小垂直距离 m

喷头类型	最小垂直距离
标准喷头	0.45
其他喷头	0.90

(6)货架内喷头宜与顶板下喷头交错布置，其溅水盘与上方层板的距离，应符合 (3)条的

规定，与其下方货品顶面的垂直距离不应小于 150 mm。

(7) 货架内喷头上方的货架层板，应为封闭层板。货架内喷头上方如有孔洞、缝隙应在喷头的上方设置集热挡水板。集热挡水板应为正方形或圆形金属板，其平面面积不宜小于 0.12 m^2，周围弯边的下沿，宜与喷头的溅水盘平齐。

(8)净空高度大于 800 mm 的闷顶和技术夹层内有可燃物时，应设置喷头。

(9)当局部场所设置自动喷水灭火系统时，与相邻不设自动喷水灭火系统场所连通的走道或连通门窗的外侧，应设喷头。

(10)装设通透性吊顶的场所，喷头应布置在顶板下。

(11)顶板或吊顶为斜面时，喷头应垂直于斜面，并应按斜面距离确定喷头间距。

尖屋顶的屋脊处应设一排喷头。喷头溅水盘至屋脊的垂直距离，屋顶坡度＞1/3 时，不应大于 0.8 m；屋顶坡度＜1/3 时，不应大于 0.6 m。

边墙型标准喷头的最大保护跨度与间距，应符合表 6.10 的规定。

表 6.10 边墙型标准喷头的最大保护跨度与间距 m

设置场所火灾危险等级	轻危险级	中危险级Ⅰ级
配水支管上喷头的最大间距	3.6	3.0
单排喷头的最大保护跨度	3.6	3.0
两排相对喷头的最大保护跨度	7.2	6.0

注：①两排相对喷头应交错布置；②室内跨度大于两排相对喷头的最大保护跨度时，应在两排相对喷头中间增设一排喷头。

(13)边墙型扩展覆盖喷头的最大保护跨度、配水支管上的喷头间距、喷头与两侧端墙的距离，应按喷头工作压力下能够喷湿对面墙和邻近端墙距溅水盘 1.2 m 高度以下的墙面确定。且保护面积内的喷水强度应符合规范的规定。

(14)直立式边墙型喷头，其溅水盘与顶板的距离不应小于 100 mm，且不宜大于 150 mm，与背墙的距离不应小平 50 mm，并不应大于 100 mm。水平式边墙型喷头溅水盘与顶板的距离不应小于 150 mm，且不应大于 300 mm。

(15)防火分隔水幕的喷头布置，应保证水幕的宽度不小于 6 m。采用水幕喷头时，喷头不应少于 3 排；采用开式洒水喷头时，喷头不应少于 2 排。防护冷却水幕的喷头宜布置成单排。

2.喷头与障碍物的距离

(1)直立型、下垂型喷头与梁、通风管道的距离宜符合表 6.11 的规定(见图 6.13)。

表 6.11 喷头与梁、通风管道的距离 m

喷头溅水盘与梁或通风管道的底面的最大垂直距离 b		喷头与梁、通风管道的水平距离 a
标准喷头	其他喷头	
0	0	$a<0.3$
0.06	0.04	$0.3\leqslant a<0.6$
0.14	0.14	$0.6\leqslant a<0.9$
0.24	0.25	$0.9\leqslant a<1.2$
0.35	0.38	$1.2\leqslant a<1.5$
0.45	0.55	$1.5\leqslant a<1.8$
＞0.45	＞0.55	$a=1.8$

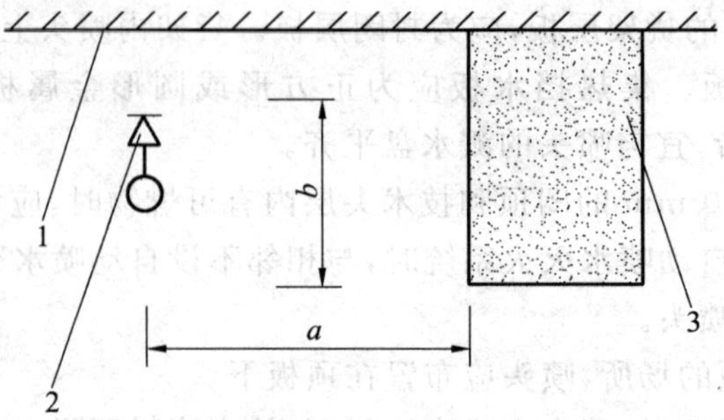

图 6.13 喷头与梁、通风管道的距离

1—顶板；2—直立型喷头；3—梁（或通风管道）

(2)直立型、下垂型标准喷头的溅水盘以下 0.45 m、其他直立型、下垂型喷头的溅水盘以下 0.9 m 范围内，如有屋架等间断障碍物或管道时，喷头与邻近障碍物的最小水平距离宜符合表 6.12 的规定(图 6.14)。

表 6.12 喷头与邻近障碍物的最小水平距离 m

喷头与邻近障碍物的最小水平距离 a	
c、e 或 $d \leqslant 0.2$	c、e 或 $d > 0.2$
$3c$ 或 $3e$（c 与 e 取大值）或 $3d$	0.6

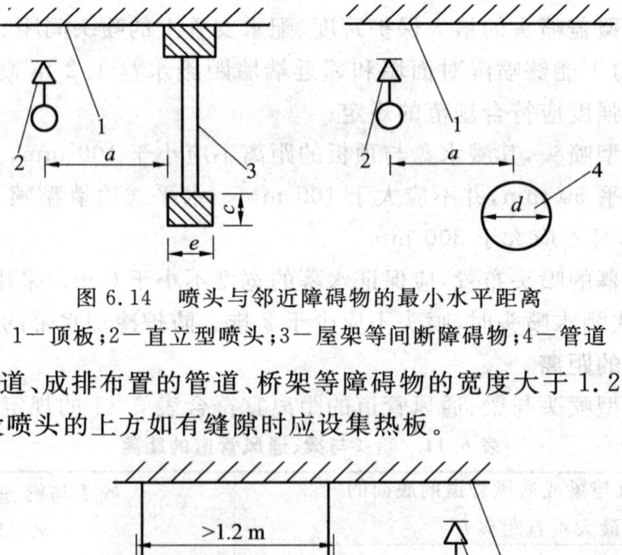

图 6.14 喷头与邻近障碍物的最小水平距离

1—顶板；2—直立型喷头；3—屋架等间断障碍物；4—管道

(3)当梁、通风管道、成排布置的管道、桥架等障碍物的宽度大于 1.2 m 时，其下方应增设喷头(图 6.15)。增设喷头的上方如有缝隙时应设集热板。

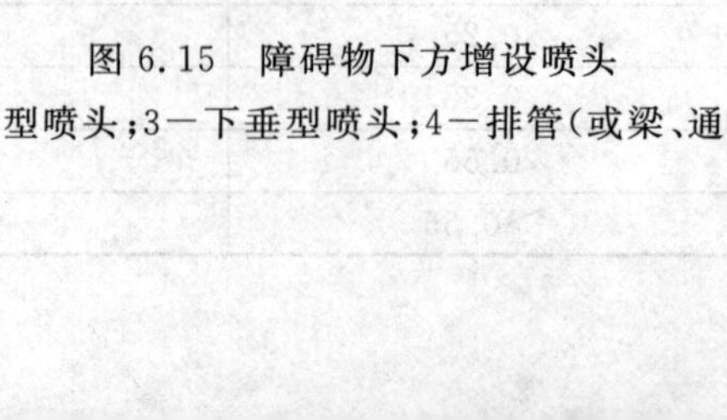

图 6.15 障碍物下方增设喷头

1—顶板；2—直立型喷头；3—下垂型喷头；4—排管（或梁、通风管道、桥架等）

(4)直立型、下垂型喷头与不到顶隔墙的水平距离，不得大于喷头溅水盘与不到顶隔墙顶面垂直距离的 2 倍(图 6.16)。

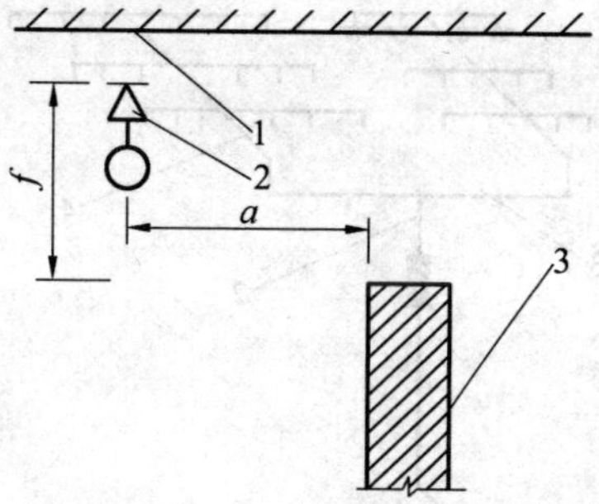

图 6.16　喷头与不到顶隔墙的水平距离

1—顶板；2—直立型喷头；3—不到顶隔墙

(5) 直立型、下垂型喷头与靠墙障碍物的距离，应符合下列规定(图 6.17)：

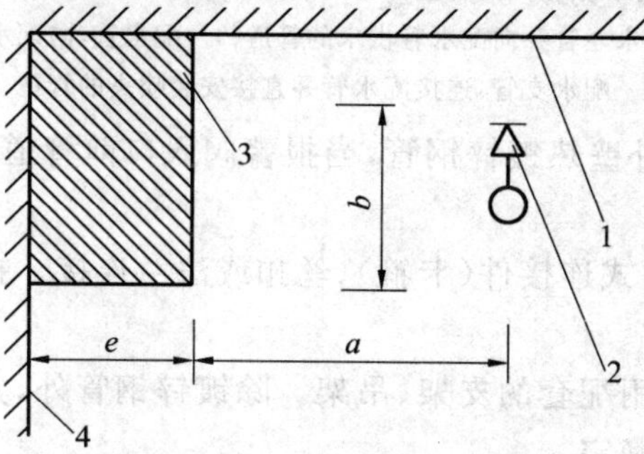

图 6.17　喷头与靠墙障碍物的距离

1—顶板；2—直立型喷头；3—靠墙障碍物；4—墙面

障碍物横截面边长小于 750 mm 时，喷头与障碍物的距离计算式为

$$a \geqslant (e-200)+b \tag{6.1}$$

式中　a——喷头与障碍物的水平距离，mm；

b——喷头溅水盘与障碍物底面的垂直距离，mm；

e——障碍物横截面的边长(mm)，$e<750$。

障碍物横截面边长等于或大于 750 mm 或 a 的计算值大于表 6.7 中喷头与端墙距离的规定时，应在靠墙障碍物下增设喷头。

(6) 边墙型喷头的两侧 1 m 及正前方 2 m 范围内，顶板或吊顶下不应有阻挡喷水的障碍物。

二、管道布置

管道是连接水泵至喷头的重要组件，管道的选材、承压能力、管道附件都有相应的要求。配水管道分为配水干管、配水管及配水支管。配水干管是报警阀后向配水管供水的管道。配水管是配水支管供水的管道。配水支管是直接或通过短立管向喷头供水的管道。管道布置形式应根据喷头布置的位置和数量确定，如图 6.18 所示，布置常见的几种形式如图 6.19 所示。

管道布置应符合以下要求。

(1)配水管道的工作压力不应大于 1.20 MPa，并不应设置其他用水设施。

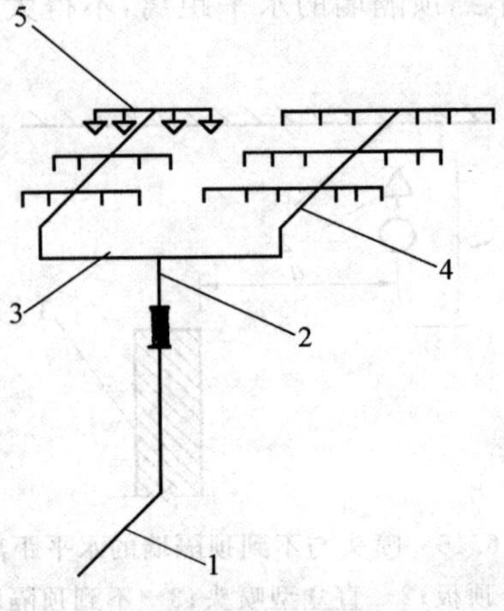

图 6.18　管道系统

1—供水管，连接供水水源和报警阀的管道；2—配水立管，连接报警阀并向配水干管供水的管道；
3—配水干管，连接配水立管并向配水管供水的管道；4—配水管，向配水支管供水的管道；
5—配水支管，连接配水管并直接安装喷头的管道

(2) 配水管道应采用内外壁热镀锌钢管，当报警阀入口前管道采用不防腐的钢管时，应在该段管道的末端设过滤器。

(3)镀锌钢管应采用沟槽式连接件（卡箍）、丝扣或法兰连接。报警阀前采用内壁不防腐钢管时，可焊接连接。

(4)铜管、不锈钢管应采用配套的支架、吊架。除镀锌钢管外，其他管道的水头损失取值应按检测或生产厂提供的数据确定。

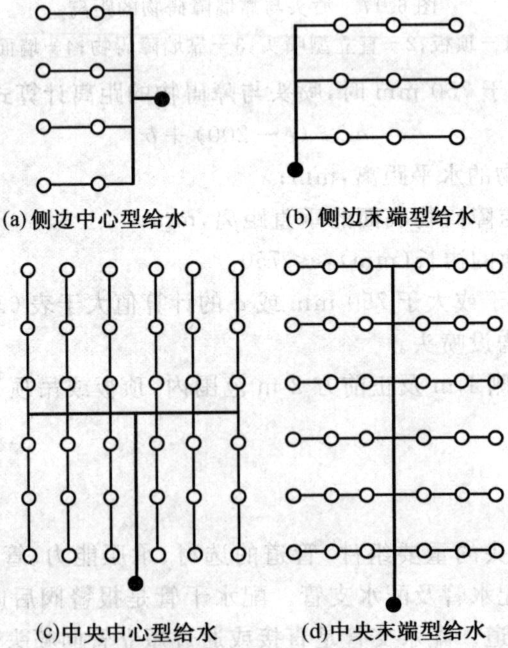

图 6.19　管道布置方式

(5)系统中直径等于或大于 100 mm 的管道，应分段采用法兰或沟槽式连接件（卡箍）连接。水平管道上法兰间的管道长度不宜大于 20 m；立管上法兰间的距离，不应跨越 3 个及以

上楼层。净空高度大于 8 m 的场所内，立管上应有法兰。

(6)管道的直径应经水力计算确定。配水管道的布置，应使配水管入口的压力均衡。轻危险级、中危险级场所中各配水管入口的压力均不宜大于 0.40 MPa。

(7)配水管两侧每根配水支管控制的标准喷头数，轻危险级、中危险级场所不应超过 8 只，同时在吊顶上下安装喷头的配水支管，上下侧均不应超过 8 只。严重危险级及仓库危险级场所均不应超过 6 只。

(8)轻危险级、中危险级场所中配水支管、配水管控制的标准喷头数，不应超过表 6.13 的规定。

表 6.13　轻危险级、中危险级场所中配水支管、配水管控制的标准喷头数

公称管径/mm	控制的标准喷头数/只	
	轻危险级	中危险级
25	1	1
32	3	3
40	5	4
50	10	8
65	18	12
80	48	32
100	—	64

(9)短立管及末端试水装置的连接管，其管径不应小于 25 mm。

(10)干式系统的配水管道充水时间，不宜大于 1 min；预作用系统与雨淋系统的配水管道充水时间，不宜大于 2 min。

(11)干式系统、预作用系统的供气管道，采用钢管时，管径不宜小于 15 mm；采用铜管时，管径不宜小于 10 mm。

(12)水平安装的管道宜有坡度，并应坡向泄水阀。充水管道的坡度不宜小于 0.2%，准工作状态不充水管道的坡度不宜小于 0.4% 。

三、报警阀组的布置

自动喷水灭火系统应设报警阀组。保护室内钢屋架等建筑构件的闭式系统，应设独立的报警阀组。水幕系统应设独立的报警阀组或感温雨淋阀。

串联接入湿式系统配水干管的其他自动喷水灭火系统，应分别设置独立的报警阀组，其控制的喷头数计入湿式阀组控制的喷头总数。

一个报警阀组控制的喷头数应符合下列规定：

(1) 湿式系统、预作用系统不宜超过 800 只；干式系统不宜超过 500 只。

(2) 当配水支管同时安装保护吊顶下方和上方空间的喷头时，应只将数量较多一侧的喷头计入报警阀组控制的喷头总数。

每个报警阀组供水的最高与最低位置喷头，其高程差不宜大于 50 m。

雨淋阀组的电磁阀，其入口应设过滤器。并联设置雨淋阀组的雨淋系统，其雨淋阀控制腔的入口应设止回阀。

报警阀组宜设在安全及易于操作的地点，报警阀距地面的高度宜为 1.2 m。安装报警阀的部位应设有排水设施。

连接报警阀进出口的控制阀应采用信号阀。当不采用信号阀时，控制阀应设锁定阀位的锁具。

水力警铃的工作压力不应小于 0.05 MPa，并应符合下列规定：

(1) 应设在有人值班的地点附近；

(2) 与报警阀连接的管道，其管径应为 20 mm，总长不宜大于 20 m。

四、自动喷水灭火系统的水力计算

自动喷水灭火系统的水力计算是自动喷水灭火系统的灵魂，不但涉及系统的经济性，而且还涉及系统的可靠性，工程技术人员在工程设计中应认真对待水力计算问题。水力计算的主要内容为系统管网计算——确定系统管网的经济管径、系统设计流量计算，系统所需的水压力，以及系统压力平衡计算等。系统管网的计算可分为枝状管网、环状管网和格栅状管网等不同的计算方法。水力计算的步骤如下：

(1)分析判断保护对象的性质、划分危险等级和选择系统。

(2)确定作用面积和喷水强度。

(3)确定喷头的形式和保护面积。

(4)确定作用面积内的喷头数。

(5)确定作用面积的形状。

(6)确定第一个喷头的压力和流量。

(7)计算第一根支管上各喷头流量、支管各管段的水头损失，以及支管流量和压力，并计算出相同支管的流量系数。

(8)根据支管流量系数计算出配水干管各支管的流量和各管段的流量、水头损失。并计算出作用面积内的流量、压力和作用面积流量系数。

(9)计算系统供水压力或水泵扬程(包括水泵的选择等)，以及灭火剂用量的计算等。

(10)确定系统水源和减压措施。

1. 系统设计流量

民用建筑和工业厂房的系统设计参数不应低于表 6.14 的规定。

表 6.14 民用建筑和工业厂房的系统设计参数

火灾危险等级		净空高度/m	喷水强度/($L \cdot min^{-1} \cdot m^{-2}$)	作用面积/m^2
轻危险级		≤8	4	160
中危险级	Ⅰ级		6	
	Ⅱ级		8	
严重危险级	Ⅰ级		12	260
	Ⅱ级		16	

注：系统最不利点处喷头的工作压力不应低于 0.05 MPa。

(1)喷头流量计算

喷头的出水流量与喷头处的压力有直接关系，同时也与喷头流量系数有关。喷头流量公式为

$$q = K\sqrt{10P} \tag{6.2}$$

式中　q——喷头流量，L/min；

P——喷头工作压力，MPa；

K——喷头流量系数。

(2)水力计算选定的最不利点处作用面积宜为矩形，其长边应平行于配水支管，其长度不宜小于作用面积平方根的 1.2 倍。

(3)系统的设计流量，应按最不利点处作用面积内喷头同时喷水的总流量确定。

$$Q_s = \frac{1}{60}\sum_{i=1}^{n} q_i \tag{6.3}$$

式中　Q_s——系统设计流量，L/s；

q_i——最不利点处作用面积内各喷头节点的流量，L/min；

n——最不利点处作用面积内的喷头数。

(4)系统设计流量的计算，应保证任意作用面积内的平均喷水强度不低于表 6.14 的规定值。最不利点处作用面积内任意 4 只喷头围合范围内的平均喷水强度，轻危险、中危险级不应低于表 6.14 规定值的 85%。

(5)设置货架内置喷头的仓库，顶板下喷头与货架内喷头应分别计算设计流量，并应按其设计流量之和确定系统的设计流量。

(6) 建筑内设有不同类型的系统或有不同危险等级的场所时，系统的设计流量，应按其设计流量的最大值确定。

(7) 当建筑物内同时设有自动喷水灭火系统和水幕系统时，系统的设计流量，应按同时启用的自动喷水灭火系统和水幕系统的用水量计算，并取二者之和中的最大值确定。

(8) 雨淋系统和水幕系统的设计流量，应按雨淋阀控制的喷头的流量之和确定。多个雨淋阀并联的雨淋系统，其系统设计流量，应按同时启用雨淋阀的流量之和的最大值确定。

(9) 当原有系统延伸管道、扩展保护范围时，应对增设喷头后的系统重新进行水力计算。

2.管道水力计算

(1)管道内的水流速度宜采用经济流速，必要时可超过 5 m/s，但不应大于 10 m/s。

(2)每米管道的水头损失应按下式计算，即

$$i = 0.0000107 \cdot \frac{v^2}{d_j^{1.3}} \tag{6.4}$$

式中　i——每米管道的水头损失，MPa/m；

v——管道内水的平均流速，m/s；

d_j——管道的计算内径，m，取值应按管道的内径减 1 mm 确定。

(3) 管道的局部水头损失

局部水头损失，宜采用当量长度法计算。当量长度表见表 6.15。

表 6.15 当量长度表

管件名称	管件直径/mm								
	25	32	40	50	70	80	100	125	150
45°弯头	0.3	0.3	0.6	0.6	0.9	0.9	1.2	1.5	2.1
90°弯头	0.6	0.9	1.2	1.5	1.8	2.1	3.1	3.7	4.3
三通或四通	1.5	1.8	2.4	3.1	3.7	4.6	6.1	7.6	9.2
蝶阀				1.8	2.1	3.1	3.7	4.7	5.1
闸阀				0.3	0.3	0.3	0.6	0.6	0.9
止回阀	1.5	2.1	2.7	3.4	4.3	4.9	6.7	8.3	9.8
异径接头	32/25	40/32	50/40	70/50	80/70	100/80	125/100	150/125	200/150
	0.2	0.3	0.3	0.5	0.6	0.8	1.1	1.3	1.6

注:1.过滤器当量长度的取值,由生产厂提供;2.当异径接头的出口直径不变而入口直径提高 1 级时,其当量长度应增大 0.5 倍;提高 2 级或 2 级以上时,其当量长度应增 1.0 倍。

(4) 水泵扬程或系统入口的供水压力

水泵扬程或系统入口的供水压力的计算式为

$$H=\sum h+P_0+Z \tag{6.5}$$

式中 H——水泵扬程或系统入口的供水压力,MPa;

$\sum h$——管道沿程和局部水头损失的累计值,MPa,湿式报警阀取值 0.04 MPa 或按检测数据确定、水流指示器取值 0.02 MPa、雨淋阀取值 0.07 MPa;

P_0——最不利点处喷头的工作压力,MPa;

Z——最不利点处喷头与消防水池的最低水位或系统入口管水平中心线之间的高程差,当系统入口管或消防水池最低水位高于最不利点处喷头时,Z 应取负值,MPa。

3. 减压措施

(1) 减压孔板要求

减压孔板结构示意如图 6.20 所示,减压孔板应设在直径不小于 50 mm 的水平直管段上,前后管段的长度均不宜小于该管段直径的 5 倍;孔口直径不应小于设置管段直径的 30%,且不应小于 20 mm;应采用不锈钢板材制作。

(2) 节流管要求

节流管应符合下列要求,直径宜按上游管段直径的 1/2 确定;长度不宜小于 1 m;节流管内水的平均流速不应大于 20 m/s,节流管结构示意如图 6.21 所示。

(3) 减压孔板要求

减压孔板的水头损失,应按下式计算,即

$$H_k=\xi\frac{v_k^2}{2g} \tag{6.6}$$

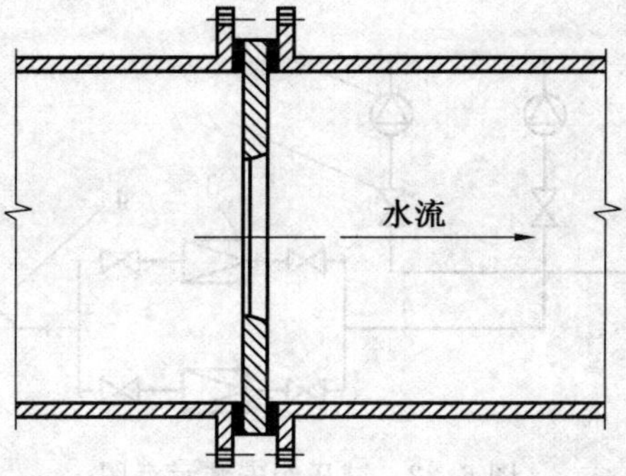

图 6.20　减压孔板结构示意图

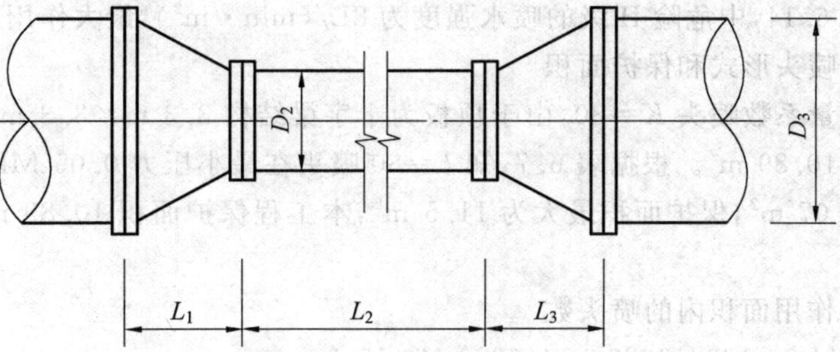

图 6.21 节流管结构示意图

式中　H_k—— 减压孔板的水头损失，10^{-2} MPa；

v_k—— 减压孔板后管道内水的平均流速，m/s；

ξ—— 减压孔板的局部阻力系数。

(4) 节流管的水头损失，应按下式计算，即

$$H_g = \xi \frac{v_g^2}{2g} + 0.00107L \frac{v_g^2}{d_g^{1.3}} \tag{6.7}$$

式中　H_g—— 节流管的水头损失，10^{-2} MPa；

ζ—— 节流管中渐缩管与渐扩管的局部阻力系数之和，取值 0.7；

v_g—— 节流管内水的平均流速，m/s；

d_g—— 节流管的计算内径，m，取值应按节流管内径减 1 mm 确定；

L—— 节流管的长度，m。

(5) 减压阀安装

减压阀的安装应符合以下要求，减压阀应设在报警阀组入口前；入口前应设过滤器；当连接两个及以上报警阀组时，应设置备用减压阀；垂直安装的减压阀，水流方向宜向下。安装示意如图 6.22 所示。

【例题 6.1】 一座净高 4.5 m，顶板为 3.3 m×3.3 m 的十字梁结构的地下车库，试设置自动喷水湿式灭火系统。

【解】 1. 分析判断保护对象的性质、划分危险等级和选择系统

根据表 6.6 设置场所火灾危险等级举例表，划分危险等级，本题地下停车场为中危险 II 级。

2. 确定作用面积和喷水强度

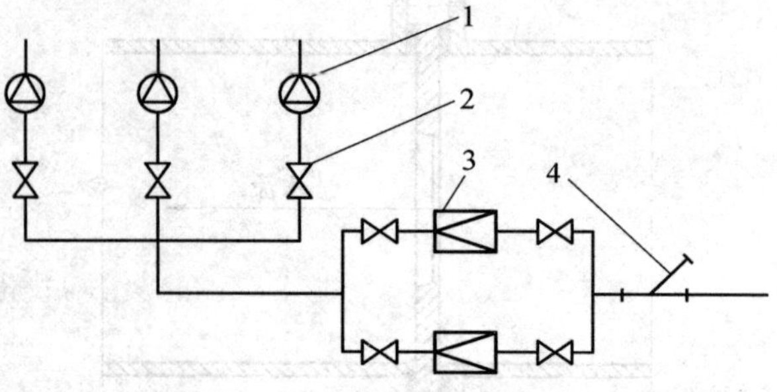

图 6.22　减压阀安装示意图

1—报警阀；2—闸阀；3—减压阀；4—过滤器

根据表 6.14，中危险 II 级的喷水强度为 8L/(min · m²)，最大作用面积为 160 m²。

3. 确定喷头形式和保护面积

采用流量系数喷头 $K=80$，由于顶板为十字梁结构 3.3 m×3.3 m，每个喷头保护面积为 3.3×3.3＝10.89 m²。根据表 6.7，知 $k=80$ 喷头在最小压力 0.05 MPa 时，四个喷头组成正方形面积 7.07 m²，保护面积最大为 11.5 m²，本工程保护面积 10.89 m² 在两者之间，因此是适合的。

4. 确定作用面积内的喷头数

$N=A/A_s=160/10.89=14.69$ 个，取 15 个。

5. 确定作用面积形状

作用面积长边 $L_{min}=1.2A^{1/2}=1.2\times160^{1/2}=15.18$ m。喷头按正方形布置，支管上计算喷头个数为 $L_{min}/3.3=15.18/3.3=4.6$ 个，取值 5 个喷头，则实际长边的长度为 $5\times3.3=16.5$ m，则短边 $B=A/L_{min}=160/16.5=9.7$ m，支管的数量为 $B/3.3=9.7/3.3=2.9$ 根，取值 3 根。

因此，计算喷头数为 15 个，计算面积为 $5\times3\times3.3\times3.3=164.7\text{m}^3$，大于最小保护面积 160 m² 的要求，作用面积内 15 个喷头，与喷头计算数量一致，作用面积如图 6.23 所示。

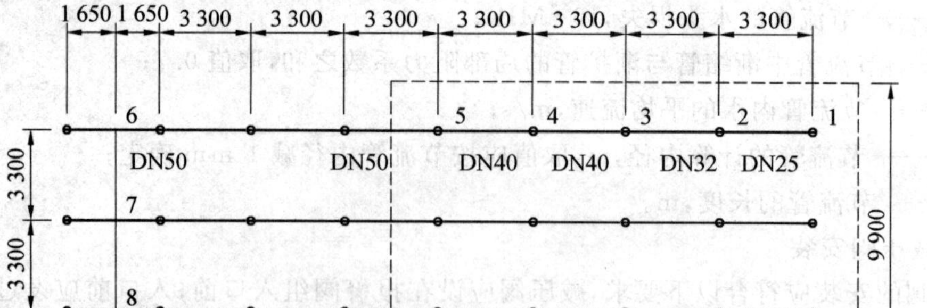

图 6.23　作用面积图

6. 第一个喷头的流量

喷头强度为 8 L/(min · m²)，单个喷头保护面积为 10.89 m²，第一个喷头流量(L/min)为

$$q=8\times10.89=87.12$$

7. 第一个喷头的压力

P_s/MPa＝$(q/k)^2$/10＝$(87.12/80)^2$/10＝0.119，大于规定值 0.05 MPa，所以该值是可行的。

8. 管道水力计算

沿程水力损失：本例中的每米沿程水头损失（MPa/m）为

$i=0.00107\{87.12/60/1000/[3.14\times0.025^2/(1/4)]\}/0.026^{1.3}=0.009\ 21$

9. 局部水头损失

局部水头损失采用当量长度法，就是把管件的所产生的局部水头损失折算成同管径的水力坡降与其管件的当量长度的乘积。图 6.23 中，5－6 的管径为 DN50，在节点 6 处为三通，根据表 6.15，其局部水头损失的当量长度为 3.1 m。

10. 喷头和支管折算流量系数

喷头折算流量系数是因喷头与配水支管之间的短立管，有长有短，当短立管产生的水头损失不可忽略，或者其高差产生的水压不可忽视时，为便于计算支管各喷头的出流量，而引入的系数，以便顺利求出支管各喷头的流量。

支管流量折算系数是把一根计算喷头数量已定的支管，通过计算求出流量和压力，然后把这一支管作为一个复合喷头，根据流量和压力求出折算流量系数，然后求出不同压力下支管的流量，从而顺利地求出作用面积内的流量和压力。下面将举例说明喷头和支管折算流量系数的求法。

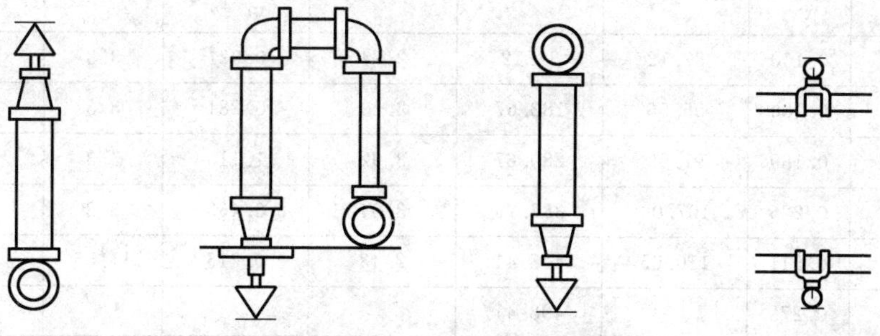

图 6.24　喷头安装形式

喷头安装形式如图 6.24 所示的 4 种形式，喷头安装形式Ⅲ、Ⅳ因对喷头出水影响不大，在实际工作中往往忽略喷头短立管对喷头出水量的影响，但喷头安装形式Ⅰ、Ⅱ因安装方式对喷头出水不利，而必须考虑短立管对喷头出流量的影响。

喷头折算流量系数公式为

$$k_S=q/[10(P_S+h_S+Z_S)]^{1/2} \tag{6.8}$$

式中　k_S—— 为喷头折算流量系数；

q—— 为作用面积内第一个喷头的出流量，L/min；

P_S—— 为作用面积内第一个喷头的工作压力，MPa；

h_S—— 喷头短立管的水头损失，MPa；

Z_S—— 喷头短立管的几何高差而产生的水压，MPa；当喷头在配水支管的上面时，Z_S 为正值，当喷头在配水支管的下面时，Z_S 为负值。

如安装方式为Ⅰ型，喷头的立管长 0.8 m，喷头与支管之间有 2 个管件，一个是 DN25×

DN15 的变径，一个是 DN25 三通。则第一个喷头的流量为 q=87.12 L/min，第一个喷头的压力为 P_S=0.119 MPa，Z_S=0.8 m=0.008 MPa。根据表 6.15，DN25×DN15 的变径的当量长度为 0.2 m，DN25 三通的当量长度为 1.5 m，管道长度为 0.8 m，则 L/m=0.2+1.5+0.8=2.5。

管道水力阻力 i 为

$$i/(\mathrm{MPa}\cdot\mathrm{m}^{-1})=0.00107\{87.12/60/1000/[3.14\times0.025^2/(1/4)]\}/0.026^{1.3}=0.009\ 21$$

水头损失为

$$h_S/\mathrm{MPa}=iL=0.009\ 21\times2.5=0.023\ 0$$

喷头折算系数为

$$K_S=87.12/[10\times(0.119+0.008+0.0230)]^{1/2}=71.225$$

支管折算流量系数的计算公式为

$$k_Z=Q_Z/(10P_Z)^{1/2} \tag{6.9}$$

式中 k_Z—— 支管折算流量系数；

Q_Z—— 支管流量，L/min；

P_Z—— 支管与配水干管管道连接处的压力，MPa。

表 6.16 支管压力、流量计算表

节点	管径/mm	起点压力/MPa	喷头出流量/(L·min^{-1})	支管流量/(L·min^{-1})	速度/(m·s^{-1})	水力坡度/(0.01 MPa·m^{-1})	管道长度/m	管件当量长度/m	水头损失/0.01 MPa
1—2	26	0.150	87.12	87.12	2.74	0.921	3.3	0	3.039
2—3	43	0.180	95.56	182.67	2.10	0.281	3.3	0	0.929
3—4	39	0.189	97.99	280.67	3.92	1.115	3.3	0	3.678
4—5	52	0.226	107.09	387.76	3.04	0.463	3.3	0	1.528
5—6	66	0.241	110.65	498.41	2.43	0.216	11.55	3.1	3.168
6	66	0.273		498.41					

表 6.17 作用面积的压力、流量计算表

节点	管径/mm	起点压力/MPa	喷头出流量/(L·min^{-1})	支管流量/(L·min^{-1})	速度/(m·s^{-1})	水力坡度/(0.01 MPa·m^{-1})	管道长度/m	管件当量长度/m	水头损失/0.01 MPa
6—7	66	0.273	0.00	498.415	2.43	0.216	3.3	0	0.714
7—8	79	0.280	504.89	1003.3	3.41	0.338	3.3	0	1.115
8—9	103	0.291	514.84	1518.14	3.04	0.190	3.3	0	0.626
9		0.298		1518.14					

在表 6.16 中，管径为管道内径减 1 mm，1—2 节点起点压力根据喷头出流量确定，水力坡度根据公式计算，2—3 起点压力为 0.15+0.03=0.18 MPa，喷出流量根据喷水流量计算。

支管折算系数为

$$K_s=498.41/(10\times0.273)^{1/2}=301.636$$

根据表 6.17，作用面积折算系数为

$$K_s = 1518.14/(10\times 0.298)^{1/2} = 880.057$$

根据最不利作用面积内的流量折算系数来校核其他作用面积因层高不同或者压力不同而产生流量的不同，以便进行减压计算。

节点 9 的流量为 1 518.14 L/min，需要压力为 0.298 MPa。

任务四　水幕消防系统

自动喷水灭火系统喷头布置成面，且有直接扑灭火灾的能力，而水幕消防系统喷头布置成线，喷出的水流形成带状幕帘，其作用在于隔离火区或冷却防火隔离物，防止火灾蔓延。

一、水幕消防给水系统的组成及主要组件

水幕消防系统主要由开式喷头、水幕系统控制设备及探测报警装置、供水设备、管网等组成。水幕消防系统型式与闭式喷水灭火系统相似，但属于开式系统。

1.水幕喷头

水幕喷头为开口喷头，按其构造和用途分为幕帘式、窗口式、檐口式三种，其口径有6 mm、8 mm、10 mm、12 mm、16 mm 和 19 mm 共 6 种。

(1)幕帘式喷头。

①双隙式水幕喷头，如图 6.25 所示。这种喷头有两条平行的出水缝隙，水喷出后由于两层水流间的互相引射作用很快汇合成角度为 150°的板状水幕，两层水流汇合时的碰撞形成良好的水雾，加强了冷却和遮断热辐射的效果。

②单隙式水幕喷头，如图 6.26 所示。这种喷头有一条出水缝隙，喷洒角度为 150°。

(2)窗口水幕喷头，如图 6.27 所示。这种喷头用于防止火灾通过窗口蔓延扩大，或增强窗扇、防火卷帘、防火幕的耐火性能。

(3)檐口水幕喷头，如图 6.28 所示。用于防止邻近建筑物火灾对屋檐的威胁或增加屋檐的耐火能力。

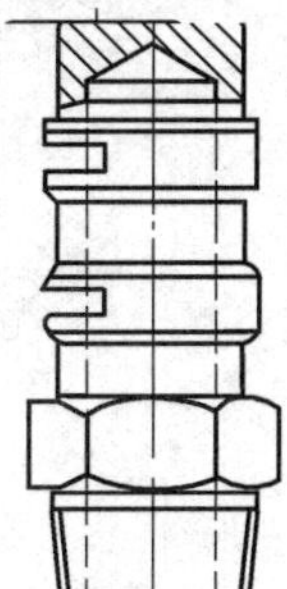

图 6.25　双隙式水幕喷头

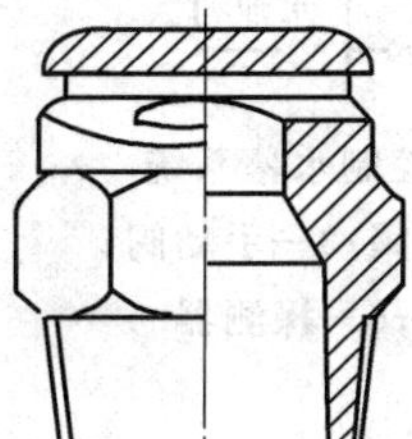

图 6.26　单隙式水幕喷头

图 6.27　窗口式水幕喷头

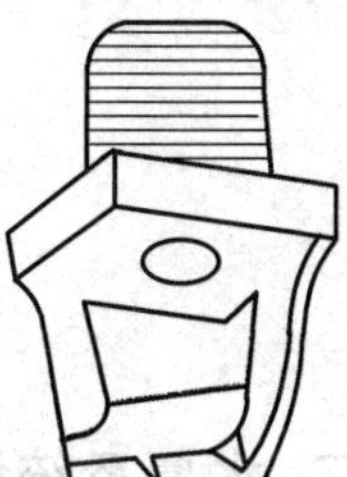

图 6.28　檐口式水幕喷头

2. 水幕系统控制设备

水幕系统的控制阀可采用自动控制，也可采用手动控制，例如手动球阀或手动蝶阀。在无人看管的场所应采用自动控制。当采用自动阀门时，还应设手动控制阀，以备自动控制失灵时，可用手动阀开启水幕，见图 6.29。手动控制阀应尽量采用快开阀门，并应设在人员便于接近的地方。当不能在墙内开启水幕时，可在墙外开启水幕。

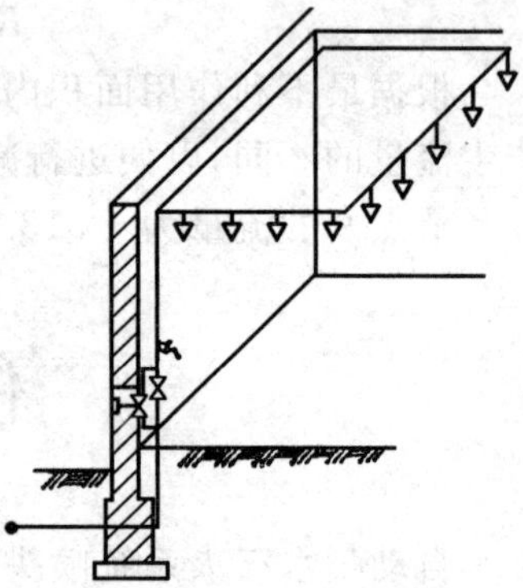

图 6.29 手动开启水幕系统

电动控制阀(如雨淋阀)是水幕等开式系统自动开启的重要组件。在水幕控制范围内，所布置的温感或烟感等火灾探测器，与水幕系统电动控制阀或雨淋阀连锁而自动开启，见图 6.30。火灾探测器 6 将火灾信号经电控箱使水泵 1 启动并打开电动阀 2，同时电铃 5 报警。如果发生火灾，火灾探测器尚未动作时，可按电钮 4 启动水泵和电动阀。如果电动阀出现事故，可打开手动阀 3。

此外可采用易熔锁封传动装置和闭式喷头传动装置，来自动控制水幕系统，详见有关设计手册。

3. 水幕系统管网

为了保证喷水均匀，水幕系统管道应对称布置。配水支管上安装的喷头数不应超过 6 个，一组水幕系统不超过 72 个。管道在控制阀之后可布置成枝状，也可以布置成环状。支管最小管径不得小于 25 mm。

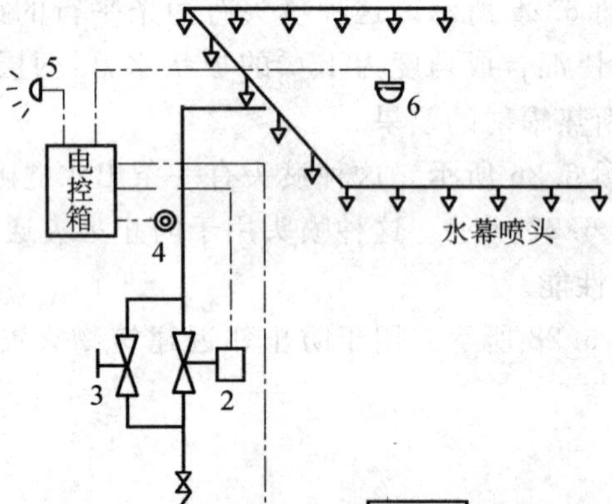

图 6.30 电动控制水幕系统

1—水泵；2—电动阀；3—手动阀；

4—电钮；5—电铃；6—探测器

二、水幕系统设计要求

(1)水幕喷头的布置，应保证在规定的喷水强度的原则下均匀分布，而不应出现空白点。喷头布置间距与其流量和喷水强度有关，一般不宜大于2.5 m。

(2)当水幕作为保护使用时，喷头成单排布置，并喷向被保护对象。舞台口及面积大于 3 m^2的洞口部位应布置双排水幕喷头，见图 6.31。

(3)在同一配水支管上应布置相同口径的喷头。

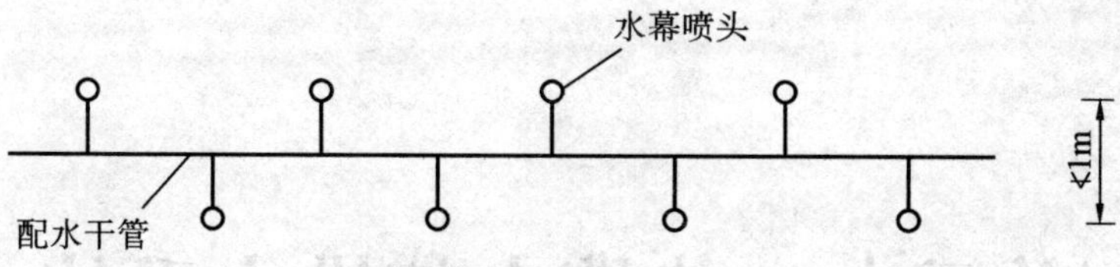

图 6.31　双排水幕喷头布置

(4)水幕系统应按同一组中所有喷头全部开放计算。当建筑物中设有多组水幕系统时，应按具体情况确定同时使用的组数。

(5)为了确保水幕的阻火作用，水幕管网最不利点喷头压力一般不应小于 0.05 MPa。

(6)水幕系统火灾延续时间按 1 h 计算。

(7)在同一系统中，处于下面的管道必要时应采取减压措施。

(8)控制阀后配水管网中流速不应大于 2.5 m/s；控制阀前输水管道流速不宜大于 5 m/s。水幕系统水力计算方法与闭式自动喷水灭火系统基本相同。

思考题与习题

6.1　自动喷水灭火系统设置的原则是什么？

6.2　湿式自动喷水灭火系统由哪些部分组成？其工作原理是什么？

6.3　干式自动喷水灭火系统及预作用自动喷水灭火系统的组成和工作原理是什么？

6.4　闭式及开式喷头有哪些种类？

6.5　如何进行闭式自动喷水灭火系统的设计与计算？

6.6　水幕消防系统由哪些部分组成？

6.7　水幕系统设计有哪些要求？

单元七 建筑内部排水系统

【教学目标】通过项目教学活动，培养学生具备确定建筑内部排水系统方案的能力；具备选择建筑内部排水系统常用排水管材、附件的能力；具备进行建筑内部排水系统管道的布置与敷设能力；具备确定建筑内部通气管系统方案的能力；具备确定高层建筑排水系统方案的能力。培养学生良好的职业道德、自我学习能力、实践动手能力和耐心细致的分析和处理问题的能力，以及诚实、守信、善于沟通和合作的专业素养。

【知识目标】

1.掌握建筑内部排水体制和排水系统的组成；

2.掌握建筑内部排水管材及附件的选择方法；

3.掌握建筑内部排水系统管道的布置与敷设要求；

4.掌握确定建筑内部通气管系统方案的方法；

5.掌握确定高层建筑排水系统方案的方法。

【主要学习内容】

任务一 建筑内部排水体制和排水系统的组成

建筑内部排水系统的任务就是把人们在生活、生产过程中使用过的水、屋面雪水、雨水尽快排至建筑物外。

一、建筑内部排水系统分类

按所排除的污、废水性质，建筑排水系统分为以下几类。

(1)粪便污水排水系统用以排除大便器(槽)、小便器(槽)等卫生设备排出的含有粪便污水的排水系统。

(2)生活废水排水系统用以排除洗涤盆(池)、洗脸盆、淋浴设备、盥洗槽、化验盆、洗衣机等卫生设备排出废水的排水系统。

(3)生活污水排水系统用以将粪便污水及生活废水合流排除的排水系统。

(4)生产污水排水系统用以排除在生产过程中被严重污染的水(如含酸、碱性污水等)的排水系统。

(5)生产废水排水系统用以排除在生产过程中污染较轻及水温稍有升高的污水(如冷却废水等)的排水系统。

(6)工业废水排水系统是将生产污水与生产废水合流排除的排水系统。

(7)屋面雨水排水系统用以排除屋面雨水及雪水的排水系统。

二、建筑排水体制

建筑内部排水体制分为分流制与合流制两种。分流制即针对各种污水分别设单独的管道系统输送和排放的排水制度；合流制即在同一排水管道系统中可以输送和排放两种或两种以上污水的排水制度。对于居住建筑和公共建筑采用"合流"与"分流"是指粪便污水与生活废水的合流与分流；对工业建筑来说，"合流"与"分流"是指生产污水和生产废水的合流与分流。

建筑内部是采用"合流"或是"分流"的排水体制，应根据污废水性质、污染程度、水量的大小，并结合室外排水体制和污水处理设施的完善程度，以及有利于综合利用与处理的要求等情况确定。

(1)在下列情况下，建筑物需设单独的排水系统。

①公共食堂、肉食品加工车间、餐饮业洗涤废水中含有大量油脂。

②锅炉、水加热器等设备排水温度超过 40 ℃。

③医院污水中含有大量致病菌或含有放射性元素超过排放标准规定的浓度。

④汽车修理间或洗车废水中含有大量机油。

⑤工业废水中含有有毒、有害物质需要单独处理。

⑥生产污水中含有酸碱，以及行业污水必须处理回收利用。

⑦建筑中水系统中需要回用的生活废水。

⑧可重复利用的生产废水。

⑨室外仅设雨水管道而无生活污水管道时，生活污水可单独排入化粪池处理，而生活废水可直接排入雨水管道。

⑩建筑物雨水管道应单独排出。

(2)在下列情况下，建筑物内部可采用合流制排水系统。

①当生活废水不考虑回收，城市有污水处理厂时，粪便污水与生活废水可以合流排出。

②生产污水与生活污水性质相近时。

三、污水排入城市管道的条件

工业废水和生活污水排入排水系统，应符合《污水排入城市下水道水质标准》的规定，见表7.1。

表 7.1　污水排入城市下水道水质标准　($mg \cdot L^{-1}$)

序号	项目名称	最高允许浓度	序号	项目名称	最高允许浓度
1	pH 值	6～9	16	氟化物	15
2	悬浮物	400	17	汞及其无机化合物	0.05
3	易沉固体	10 mg/L　15 min	18	镉及其无机化合物	0.1
4	油脂	100	19	铅及其无机化合物	1
5	矿物油类	20	20	铜及其无机化合物	1
6	苯系物	2.5	21	锌及其无机化合物	5
7	氰化物	0.5	22	镍及其无机化合物	2
8	硫化物	1	23	锰及其无机化合物	2

续表 7.1

序号	项目名称	最高允许浓度	序号	项目名称	最高允许浓度
9	挥发性酚	1	24	铁及其无机化合物	10
10	温　度	35 ℃	25	锑及其无机化合物	1
11	生化需氧量(5 d、20 ℃)	100(300)	26	六价铬无机化合物	0.5
12	化学耗氧量(重铬酸钾法)	150(500)	27	三价铬无机化合物	3
13	溶解性固体	2 000	28	硼及其无机化合物	1
14	有机磷	0.5	29	硒及其无机化合物	2
15	苯　胺	3	30	砷及其无机化合物	0.5

注:括号内数字适用于有城市污水处理厂的下水道系统。

四、排水系统的组成

建筑内部排水系统一般由以下几部分组成,见图 7.1。

1.污(废)水收集器

用来收集污(废)水的器具,如室内的卫生器具、生产污(废)水的排水设备及雨水斗等。

2.排水管道

由器具排水管、排水横支管、排水立管和排出管等组成。

(1)器具排水管。连接卫生器具和排水横支管之间的短管,除坐式大便器等自带水封装置的卫生器具外,均应设水封装置。

(2)排水横支管是将器具排水管送来的污水转输到立管中去。

(3)排水立管用来收集其上所接的各横支管排来的污水,然后再把这些污水送入排出管。

(4)排出管用来收集一根或几根立管排来的污水,并将其排至室外排水管网中去。

3.通气管

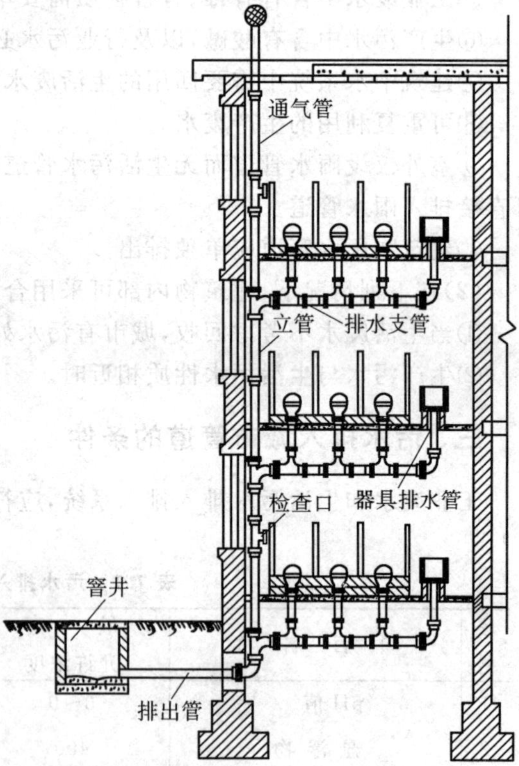

图 7.1　室内排水系统基本组成

通气管的作用是把管道内产生的有害气体排至大气中去,以免影响室内的环境卫生,减轻废水、废气对管道的腐蚀;在排水时向管内补给空气,减轻立管内气压变化的幅度,防止卫生器具的水封受到破坏,保证水流畅通。

4.清通设备

一般有检查口、清扫口、检查井等作为疏通排水管道之用。

5.抽升设备

一些民用和公共建筑的地下室,以及人防建筑、工业建筑内部标高低于室外地坪的车间和其他用水设备的房间，其污水一般难以自流排至室外，需要抽升排泄。常见的抽升设备有水泵、空气扬水器和水射器等。

6. 污水局部处理构筑物

当建筑内部污水不允许直接排入城市排水系统或水体时，而设置的局部污水处理设施。

任务二　排水管材及附件

一、常用排水管材

对敷设在建筑内部的排水管道的要求是有足够的机械强度、抗污水侵蚀性能好、不漏水等。生活污水管道一般采用排水铸铁管或硬聚氯乙烯管；当管径小于 50 mm 时，可采用钢管；生活污水埋地管道可采用带釉的陶土管。工业废水管道的管材，应根据废水的性质、管材的机械强度及管道敷设方式等因素，经技术比较后确定。

下面重点介绍几种常用管材的性能及特点。

1. 排水铸铁管

排水铸铁管具有耐腐蚀性能强，具有一定的强度、使用寿命长、价格便宜等优点。常用排水铸铁管的规格，见表 7.2。

表 7.2　排水铸铁承插直管规格

管内径/mm	δ/mm	l_1/mm	l_2/mm	D_1/mm	D_2/mm	质量/kg
50	5	60	1 500	50	80	10.3
75	5	65	1 500	75	105	14.9
100	5	70	1 500	100	130	12.6
125	6	75	1 500	125	157	29.4
150	6	75	1 500	150	182	34.9
200	7	80	1 500	200	234	53.7

直管长度一般为 1.0～1.5 m。建筑内部排水铸铁管及连接管件，见图 7.2～7.4。

铸铁管连接方式为承插连接，常用的接口材料有普通水泥接口、石棉水泥接口、膨胀水泥接口等。在高层建筑中，有抗震要求地区的建筑物排水管道应采用柔性接口。

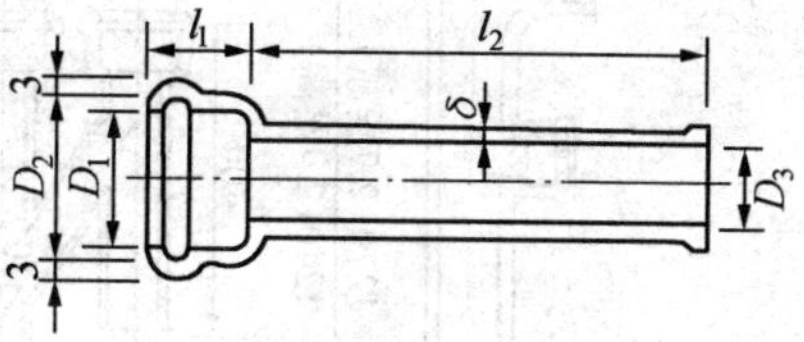

图 7.2　排水铸铁管承插口直径

2. 塑料管

塑料管具有质轻、便于安装、耐腐蚀、水流阻力小、外表美观等优点，近年来广泛用于建筑排水系统中。塑料管有硬聚氯乙烯管(UPVC)、聚丙烯管(PP)、聚丁烯管(PB)和工程塑料管(ABS)等。

目前，最广泛应用的是硬聚氯乙烯管(UPVC)它具有质量轻、强度高、易安装、抗老化、耐火性能好、造价低、使用寿命长等优点，其规格见表 7.3。

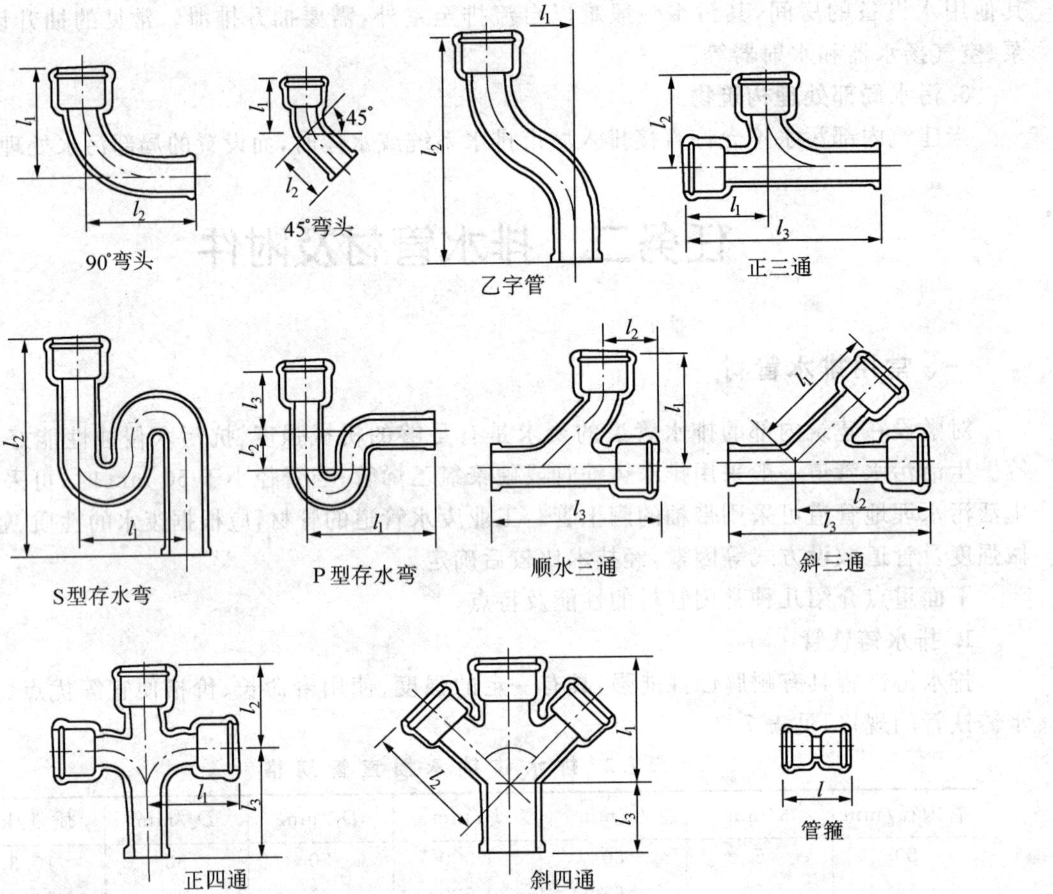

图 7.3　常用铸铁排水管件

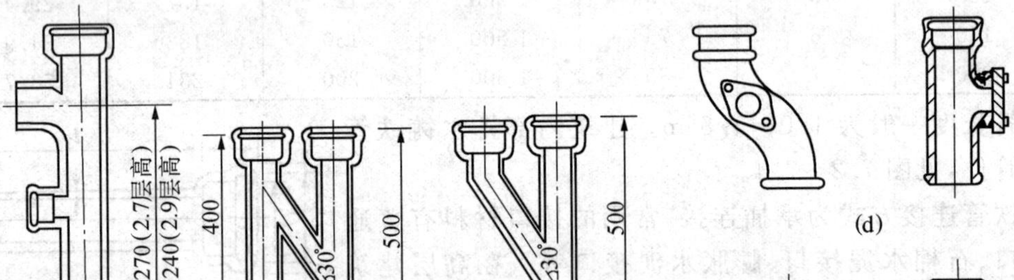

图 7.4　新型排水异型管件

(a)二联三通异型管件；(b)H 型；(c)Y 型；(d)90°弯头(左、右检查口)；(e)承插弯曲管

表 7.3　排水硬聚氯乙烯直管公称外径与壁厚及粘接承口　mm

公称外径	平均外径	直管				粘接承口		
		壁厚 e		长度 l		承口中部内径 d_3		承口深度
D	极限偏差	基本尺寸	极限偏差	基本尺寸	极限偏差	最小尺寸 d_2	最大尺寸 d_1	最小
40	+0.30	20	+0.40			40.1	40.4	25
50	+0.30	20	+0.40			50.1	50.4	25
75	+0.30	23	+0.40			75.1	75.5	40
90	+0.30	32	+0.60	4 000 或 6 000	±10	90.1	90.5	46
110	+0.40	32	+0.60			110.2	110.6	48
125	+0.40	32	+0.60			125.2	125.6	51
160	+0.50	40	+0.60			160.2	160.7	58

硬聚氯乙烯管道配件齐全，见图 7.5。

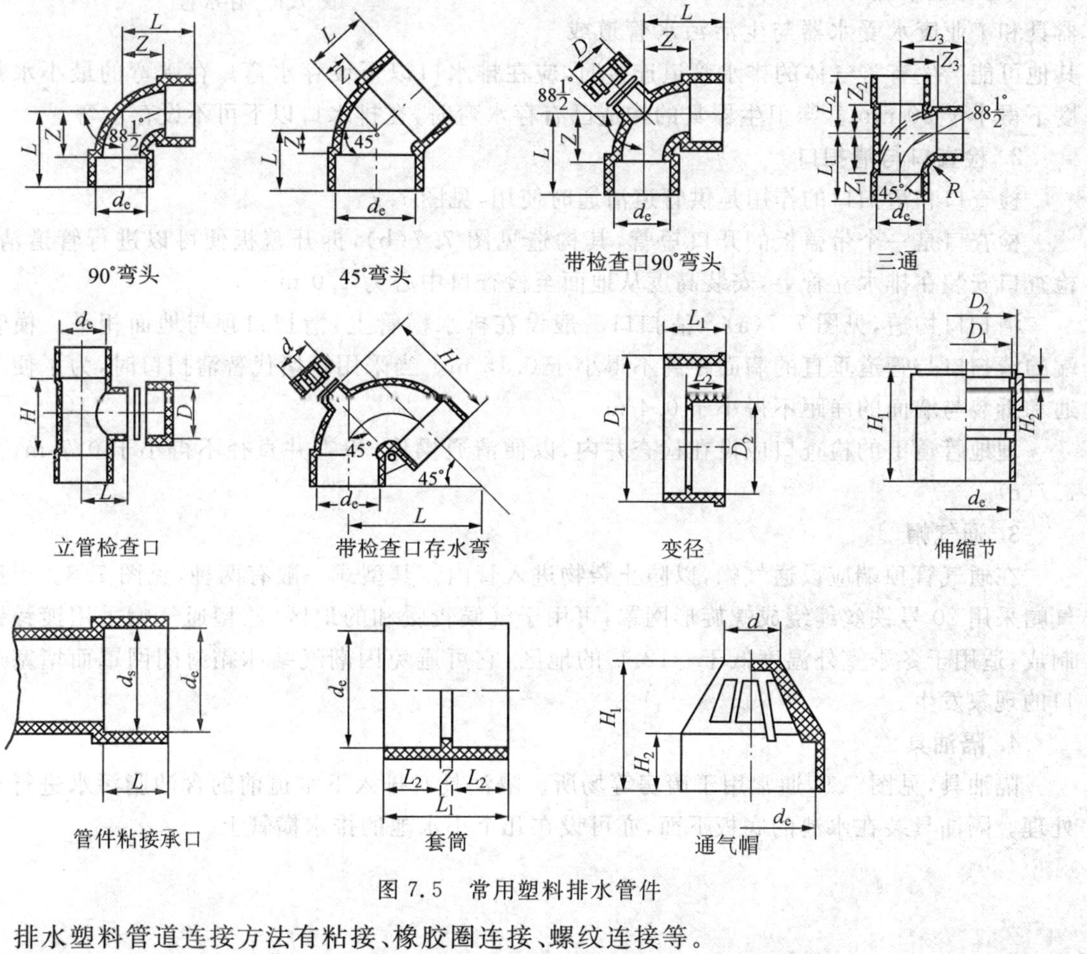

图 7.5　常用塑料排水管件

排水塑料管道连接方法有粘接、橡胶圈连接、螺纹连接等。

应用排水塑料管时，应注意以下问题。

①污水连续排放时，水温不大于 40 ℃，瞬时排放温度不大于 60 ℃。

②受环境温度和污水温度变化而引起长度伸缩，为了消除管道受温度影响而产生的胀缩，通常采用设伸缩节的方法。

在城镇新建住宅中，现已淘汰砂模铸造铸铁排水管用于室内排水管道，推广应用硬聚氯乙烯(UPVC)塑料排水管和符合《排水用柔性接口铸铁管及管件》的柔性接口机制铸铁排水管。

二、排水管道附件

1. 存水弯(水封管)

存水弯是设置在卫生器具排水支管上及生产污(废)水受水器泄水口下方的排水附件，其构造有 S 型和 P 型两种，见图 7.6。在弯曲段内存有 50～100 mm 高度的水柱，称作水封，其作用是阻隔排水管道内的气体通过卫生器具进入建筑内而污染环境。

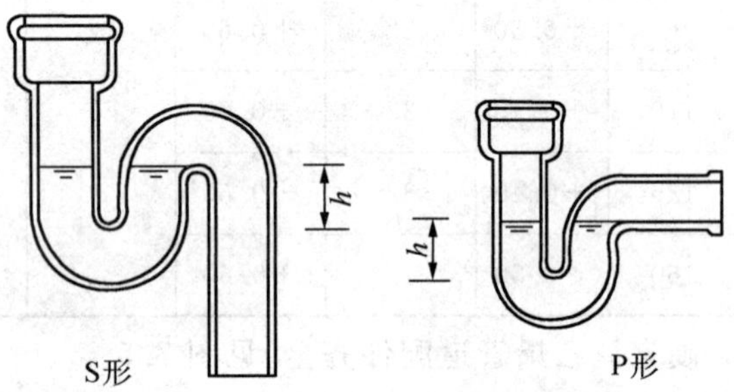

图 7.6 存水弯

《建筑给水排水设计规范》规定：卫生器具和工业废水受水器与生活污水管道或其他可能产生有害气体的排水管道连接时，应在排水口以下设存水弯。存水弯的最小水封深度不得小于 50 mm。当卫生器具的构造已有存水弯时，在排水口以下可不设存水弯。

2. 检查口与清扫口

检查口和清扫口的作用是供管道清通时使用，见图 7.7。

检查口是一个带盖板的开口短管，其构造见图 7.7(b)，拆开盖板便可以进行管道清通。检查口安装在排水立管上，安装高度从地面至检查口中心为 1.0 m。

清扫口构造，见图 7.7(a)。清扫口一般设在排水横管上，清扫口顶与地面相平。横管始端的清扫口与管道垂直的墙面距离不得小于 0.15 m。当采用管堵代替清扫口时，为了便于清通和拆装与墙面的净距不得小于 0.4 m。

埋地管道上的检查口应设在检查井内，以便清通操作，检查井直径不得小于 0.7 m，见图 7.7(c)。

3. 通气帽

在通气管顶端应设通气帽，以防止杂物进入管内。其型式一般有两种，见图 7.8。甲型通气帽采用 20 号铁丝编绕成螺旋形网罩，可用于气候较暖和的地区；乙型通气帽采用镀锌铁皮制成，适用于冬季室外温度低于－12 ℃的地区，它可避免因潮气结冰霜封闭网罩而堵塞通气口的现象发生。

4. 隔油具

隔油具，见图 7.9，通常用于厨房等场所。隔油具对排入下水道前的含油脂污水进行初步处理。隔油具装在水池的底板下面，亦可设在几个小水池的排水横管上。

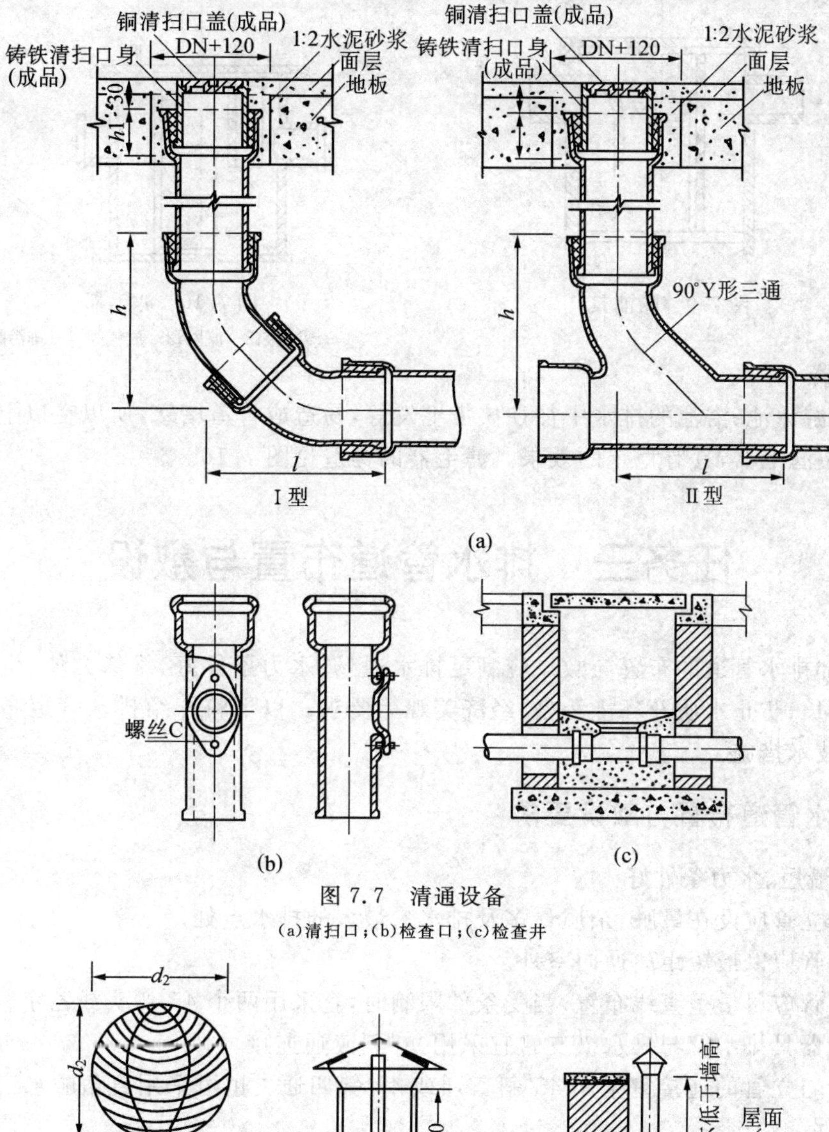

图 7.7　清通设备

(a)清扫口;(b)检查口;(c)检查井

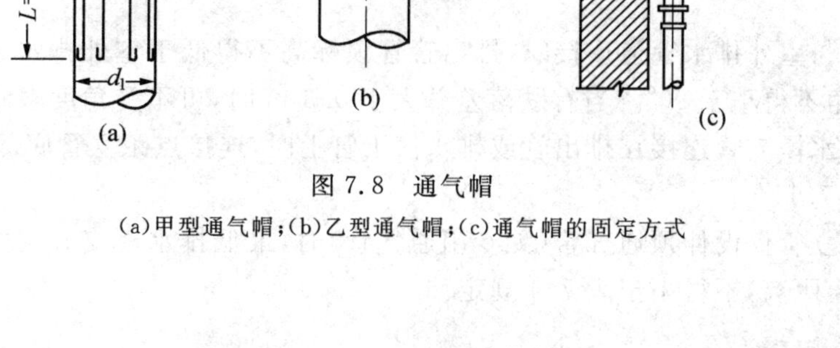

图 7.8　通气帽

(a)甲型通气帽;(b)乙型通气帽;(c)通气帽的固定方式

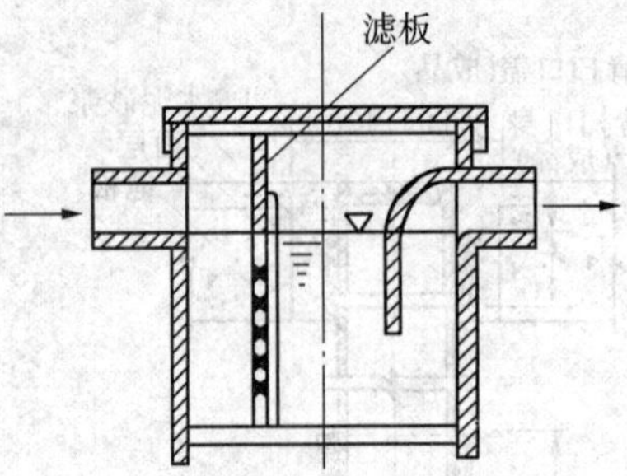

图 7.9　隔油具

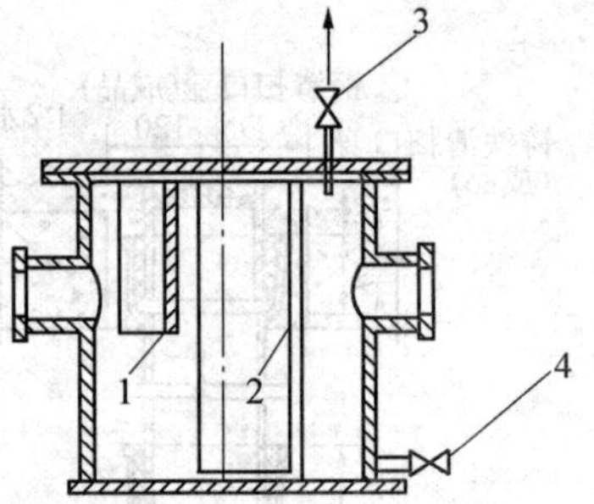

图 7.10　滤毛器

1—缓冲板;2—滤网;3—放气阀;4—排污阀

5. 滤毛器

理发室、游泳池、浴池的排水中往往挟带毛发等,易造成管道堵塞,所以在以上场所的排水支管上应安装滤毛器,具有稳定的效果。滤毛器的构造见图 7.10。

任务三　排水管道布置与敷设

建筑内部排水管道的布置与敷设应满足排水通畅、水力条件好、维修方便、生产及使用安全、使用寿命长、防止水质及环境污染、经济美观等要求。以下将介绍排水管道布置与敷设的要求与具体技术措施。

一、排水管道布置与敷设要求

1. 管线最短、水力条件好

(1)排水立管应设在最脏、杂质最多及排水量最大的排水点处。

(2)排水管应以最短距离通向室外。

(3)排水管应尽量呈直线布置,当受条件限制时,宜采用两个 45°弯头或乙字管。

(4)卫生器具排水管与排水横支管宜采用 90°斜三通连接。

(5)横管与立管的连接宜采用 45°斜三通或 45°斜四通。也可采用直角顺水三通或直角顺水四通等配件。

(6)排水立管与排水管端部的连接,宜采用两个 45°弯头或弯曲半径不小于 4 倍管径的 90°弯头。

(7)排出管与室外排水管道连接时,排出管管顶标高不得低于室外排水管管顶标高,其连接处的水流转角不得小于 90°。当有跌落差并大于 0.3 m 时,可不受角度限制。

(8)最低排水横支管连接在排出管或排水横干管上时,连接点距立管底部水平距离不宜小于 3.0 m,见图 7.11。

(9)当排水立管仅设伸顶通气管(无专用通气管)时,最低排水横支管与立管连接处,距排水立管管底垂直距离,不得小于表 7.4 规定。

表 7.4　最低横支管与立管连接处至立管管底的距离

立管连接卫生器具的层数/层	垂直距离/m
≤4	0.45
5～6	0.75
7～12	1.20
13～19	3.00
≥20	6.00

注：当与排出管连接的立管底部放大一号管径或横干管比与之连接的立管大一号管径时，可将表中垂直距离缩小一档。

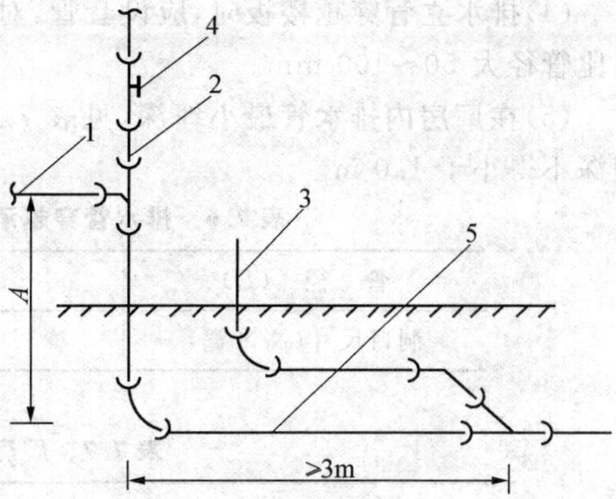

图 7.11　排水横支管与排出管连接要求

1—排水横支管；2—排水立管；3—排水支管；4—检查口；5—排水横干管(或排出管)

(10)当建筑物超过 10 层时，底层生活污水应设单独管道排至室外。

2. 便于安装、维修和清通

(1)尽量避免排水管与其他管道或设备交叉。

(2)管道一般应在地下埋设或敷设在地面上、楼板下明装，如建筑或工艺有特殊要求时，可在管槽、管道井、管沟或吊顶内暗设，但应便于安装和检修。

(3)排水立管管中心与墙面距离见表 7.5。

表 7.5　排水立管管中心与墙面距离

立管直径/mm	50	75	100	125	150	200
管轴与墙面距离/mm	50	70	80	90	110	130

3. 生产及使用安全

(1)排水管道的位置不得妨碍生产操作、交通运输或建筑物的使用。

(2)排水管道不得布置在遇水引起燃烧、爆炸或损坏的原料、产品与设备上面。

(3)架空管道不得布置在居室、食堂、厨房主副食操作间的上方；也不能布置在食品储藏间、大厅、图书馆和对卫生有特殊要求的厂房内。

(4)架空管道不得吊设在食品仓库、贵重商品仓库、通风室及配电间内。

(5)生活污水立管应尽量避免穿越卧室、病房等对卫生及安装要求较高的房间，并应避免靠近与卧室相邻的内墙。

(6)管道不得穿过烟道、风道、橱窗、壁柜。

(7)当建筑物有防结露要求时，应在管道外壁有可能结露的地方，采取防露措施。

(8)管道穿越地下室外墙或地下构筑物的墙壁处时，应采取防水措施。

4. 保护管道不受损坏

(1)排水埋地管道，不得布置在可能受重物施压处或穿越生产设备基础。在特殊情况下，应与有关专业协商处理。

(2)排水管道不得穿过沉降缝、烟道和风道，并不得穿过伸缩缝。当受条件限制必须穿过时，应采取相应的技术措施。

(3)排水管道穿过承重墙或基础时，应预留孔洞，其尺寸见表 7.6。并且管顶上部净空尺寸不得小于建筑物沉降量，一般不宜小于 0.15 m。其做法见《给水排水标准图集》S312。高层建筑的排出管应采取有效的防沉降措施。

(4)排水立管穿越楼板时，应设套管，对于现浇楼板应预留孔洞或镶入套管，其孔洞尺寸要求比管径大 50～100 mm。

(5)在厂房内排水管最小埋深，见表 7.7。在铁轨下应采用钢管或给水铸铁管，并且最小埋深不得小于 1.0 m。

表 7.6 排水管穿越承重墙或基础处预留孔洞尺寸表 mm

管 径 (*D*)	50～75	＞100
洞口尺寸(高×宽)	300×300	(*D*＋300)×(*D*＋200)

表 7.7 厂房内排水管道最小埋深

管 材	地面至管顶距离/m	
	素土夯实、缸砖、木砖等地面	水泥、混凝土、沥青混凝土等地面
排水铸铁管	0.7	0.4
混凝土管	0.7	0.5
带釉陶土管	1.0	0.6
硬聚氯乙烯管		

(6)铸铁排水管在下列情况下，应设置柔性接口。

①高耸建筑物和建筑高度超过 100 m 的建筑物内。

②排水立管高度在 50 m 以上或在抗震设防的 9 度地区。

③其他建筑在条件许可时，也可采用柔性接口。

(7)排水埋地管道应进行防腐处理。

(8)排水立管应采用管卡固定，管卡间距不得超过 3.0 m，管卡宜设在立管接头处；悬空管道采用支、吊架固定，间距不大于 1.0 m。

5. 防止水质污染

(1)下列设备和容器不得与污(废)水管道系统直接连接，应采取间接排水的方式。

①生活饮用水贮水箱(池)的泄水管和溢流管。

②厨房内食品设备及洗涤设备的排水。

③医疗灭菌消毒设备的排水。

④蒸发式冷却器、空气冷却塔等空调设备的排水。

⑤贮存食品或饮料的冷藏间、冷藏库房的地面排水和冷风机溶霜水盘的排水。

⑥开水器、热水器的排水。

间接排水是指卫生器具或用水设备排出管(口)与排水管道不能直接相连，中间应有空气隔断，使排水管出口直接与大气相通，以防止水质受到污染。间接排水要求最小空气间隙，按表 7.8 确定，见图7.12。

表 7.8　间接排水口最小空气间隙

间接排水管管径/mm	排水口最小空气间隙/mm
≤25	50
32～50	100
>50	150

注：饮料用贮水箱的间接排水口最小空气间隙，不得小于 150 mm

(2)设备间的排水宜排入邻近的洗涤盆，如不可能时，可设置排水明沟、排水漏斗或容器。

(3)间接排水的漏斗或容器不得产生溅水、溢流，并应布置在容易检查、清洁的位置。

(4)排水管与其他管道共同埋设时，最小水平净距为 1.0～3.0 m，垂直净距为 0.15～0.2 m 左右。如果排水管平行设在给水管之上，并高出净距 1.5 m 以上时，其水平净距不得小于 5.0 m。交叉埋设时，垂直净距不得小于 0.4 m，并且给水管应设有保护套管。

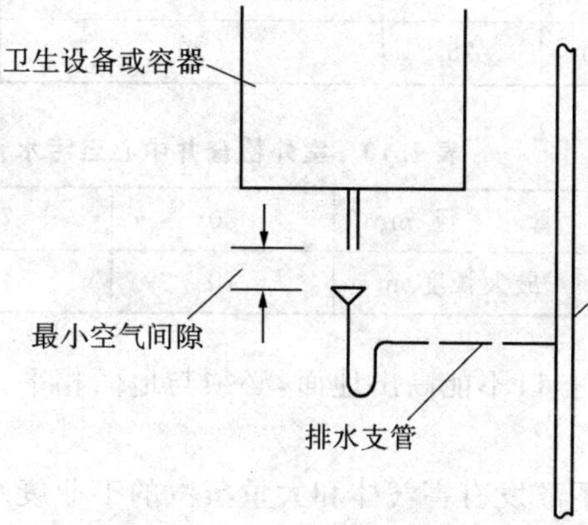

图 7.12　间接排水最小空气间隙

二、检查口、清扫口和检查井的设置要求

(1)排水立管上应设检查口，其间距不宜大于 10 m，当采用机械清通时不宜大于 15 m，但在建筑物的底层和顶层必须设置。

(2)立管上检查口的中心距地面的高度一般为 1.0 m，与墙面成 45°夹角。检查口中心应高出该层卫生器具上边缘 0.15 m。

(3)立管上如果装有乙字管，则应在乙字管上部装设检查口。

(4)在排水横管的直线管段上的一定距离处，应设清扫口，其最大间距规定见表 7.9。

(5)当排水横管连接卫生器具数量较多时，在横管起端应设置清扫口。

①连接 2 个及 2 个以上大便器的排水横管。

②连接 3 个及 3 个以上卫生器具的排水横管。

(6)在水流转角小于 135°的污水横管上，应设清扫口。

(7)管径小于 100 mm 的排水管道上，设置清扫口的尺寸应与管道同径；管径等于或大于 100 mm 的排水管道上设置的清扫口，其尺寸应采用 100 mm。

(8)污水立管上的检查口或排出管上的清扫口至室外排水检查井中心的最大长度，应按表 7.10 确定。

表 7.9 污水横管直线段上清扫口(检查口)的最大距离

管径 mm	生产废水 m	生活污水或与生活污水成分接近的生产污水/m	含有大量悬浮物和沉淀物的生产污水/m	清扫设备的种类
50～75	15	12	10	检查口
50～75	10	8	6	清扫口
100～150	20	15	12	检查口
100～150	15	10	8	清扫口
200	25	20	15	检查口

表 7.10 室外检查井中心至污水管或排出管上清扫口的最大长度

管　　径/mm	50	75	100	≥100
最大长度/m	10	12	15	20

(9)清扫口不能高出地面，必须与地面相平。污水横管起端的清扫口与墙面的距离不得小于 0.15 m。

(10)不散发有害气体和大量蒸汽的工业废水排水管道在下列情况下，可在室内设检查井。

① 在管道转弯或连接支管处。

② 在管道管径及坡度改变处。

③ 在直线管段上每隔一定距离处(生产废水不宜大于 30 m；生产污水不宜大于 20 m)。

三、排水沟排水的适用条件及敷设要求

(1)对于不散发有害气体或不产生大量蒸汽的工业废水和生活污水，在下列条件下可采用有盖或无盖的排水沟排除。

①污水中含有大量的悬浮物或沉淀物，需要经常冲洗。

②生产设备排水支管较多，用管道连接有困难。

③生产设备排水点的位置不固定。

④地面需要经常冲洗。

(2)食堂、餐厅的厨房、公共浴池、洗衣房、车间等场合多采用排水沟排水。

(3)采用排水沟排水时，如果污水中挟带纤维或大块物体，应在排水沟与排水管道连接处设格网或格栅。

(4)在室内排水沟与室外排水管道连接处应设置水封装置。

(5)生活污水不宜在建筑物内设检查井，当必须设置时，应采取密闭措施。

四、硬聚氯乙烯管道布置与敷设要求

建筑排水用硬聚氯乙烯管(以下简称 UPVC)，除应符合前面所述的基本要求外，还应符合《建筑排水硬聚氯乙烯管道工程技术规程》GJ/T 29—88 的规定。

(1)管道不宜布置在热源附件，当不能避免并导致管道表面温度大于 60 ℃时，应采取隔热措施。立管与家用灶具边缘净距不得小于 0.4 m。

(2)横干管不宜穿越防火分区隔墙和防火墙；当不可避免时，应在管道穿越墙体处的两侧，采取防火灾贯穿的措施。

(3)管道穿越地下室外墙应采取防渗漏措施。

(4)高层建筑中室内排水管道布置应符合下列规定。

①立管宜暗设在管道井内。

②立管明设且管径大于或等于 110 mm 时，在立管穿越楼层处采取防止火灾贯穿的措施，见图 7.13。

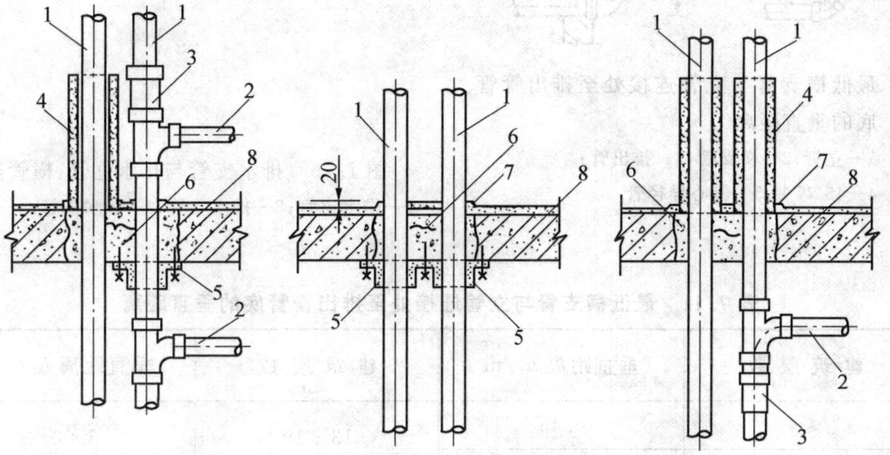

图 7.13　立管穿越楼层阻火圈、防火套管安装

1—UPVC 立管；2—UPVC 横支管；3—立管伸缩节；4—防火套管；

5—阻火圈；6—细石混凝土二次嵌缝；7—阻水圈；8—混凝土楼板

③管径大于或等于 110 mm 的明敷排水横支管，当接入管道井内的立管时，在穿越管道井壁处应采取防止火灾贯穿的措施，见图 7.14。

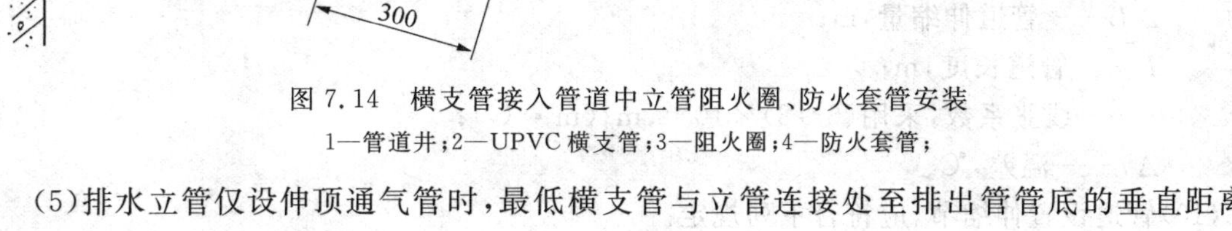

图 7.14　横支管接入管道中立管阻火圈、防火套管安装

1—管道井；2—UPVC 横支管；3—阻火圈；4—防火套管；

(5)排水立管仅设伸顶通气管时，最低横支管与立管连接处至排出管管底的垂直距离 h_1 不得小于表 7.11 的规定，并见图 7.15。

(6)当排水立管在中间层竖向拐弯时，排水支管与排水立管、排水横管连接，应符合如下规定，见图 7.16。

①排水横支管与立管底部的垂直距离 h_1 应符合第(5)条规定。

②排水支管与横管连接点至立管底部水平距离 L 不得小于 1.5 m。

③排水竖支管与立管拐弯处的垂直距离 h_2 不得小于 0.6 m。

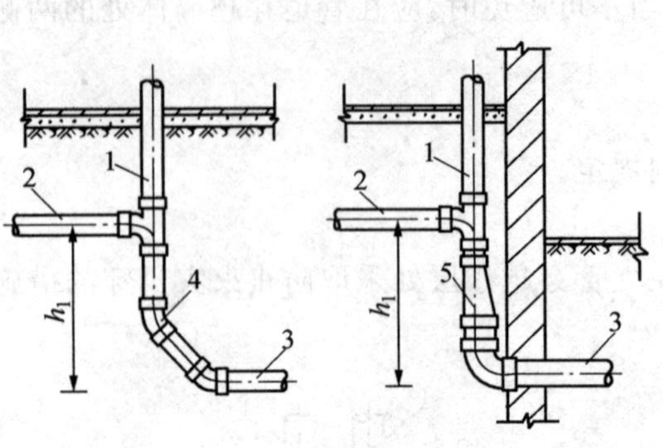

图 7.15　最低横支管与立管连接处至排出管管底的垂直距离

1—立管；2—横支管；3—排出管；4—45°弯头；5—偏心异径管

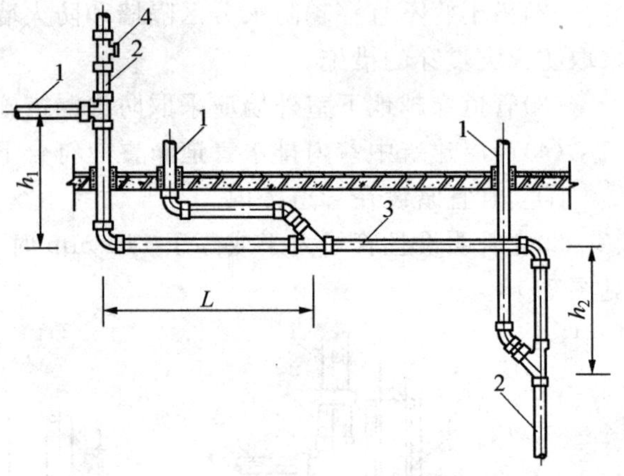

图 7.16　排水支管与排水立管、横管连接

1—排水支管；2—排水立管；3—排水横管；4—检查口

表 7.11　最低横支管与立管连接处至排出管管底的垂直距离

建筑层数	垂直距离 h_1/m	建筑层数	垂直距离 h_1/m
≤4	0.45	13～19	3.00
5～6	0.75		
7～12	1.20	≥20	6.00

注：①当立管底部、排出管管径放大一号时，可将表中垂直距离缩小一档。

②当立管底部不能满足本条及其注①的要求时，最低排水横支管应单独排出。

(7)伸顶通气管应高出屋面(含隔热层)0.3 m，且应大于最大积雪厚度。在经常有人活动的屋面，通气管伸出屋面不得小于 2.0 m。伸顶通气管管径不宜小于立管管径，并且最小管径不宜小于 110 mm。

(8)排水立管应设伸顶通气管，顶端应设通气帽。当无条件设置伸顶通气管时，宜设置补气阀。

(9)管道受环境温度变化而引起的伸缩量的计算式为

$$\Delta L = L \cdot a \cdot \Delta t \tag{7.1}$$

式中　ΔL——管道伸缩量，m；

L——管道长度，m；

a——线胀系数，采用$(6\sim8)\times10^{-5}$，m/(m·℃)；

Δt——温差，℃。

(10)管道设置伸缩节，应符合下列规定。

①当层高小于或等于 4 m 时，污水立管和通气立管应每层设一个伸缩节；当层高大于 4 m 时，其数量应根据管道设计伸缩量和伸缩节允许伸缩量计算确定。

②污水横支管、横干管、器具通气管、环形通气管和汇合通气管上无汇合管件的直线管段大于 2.0 m 时，应设伸缩节，伸缩节之间最大间距不得大于 4.0 m。伸缩节的允许伸缩量，见表 7.12。

表 7.12　伸缩节最大允许伸缩量/mm

管　径　/mm	50	75	90	110	125	160
最大允许伸缩量	12	15	20	20	20	25

(11)伸缩节设置位置应靠近水流汇合管件，见图 7.17,并应符合下列规定。

①立管穿越楼层处为固定支承且排水支管在楼板之下接入时,伸缩节应设置于水流汇合管件之处,见 7.18(a)、7.18(c)。

②立管穿越楼板处为固定支承且排水支管在楼板之上接入时,伸缩节应设于水流汇合管件之上,见图 7.18(b)。

③立管穿越楼层处如不固定支承时,伸缩节可设置于水流汇合管件之上或之下均可,见图 7.18(e)、7.18(f)。

④立管上无排水支管接入时,可按伸缩节设计间距,置于楼层任何部位均可,见图7.18(d),7.18(g)。

⑤横管上设置伸缩节应设于水流汇合管件上游端。

⑥立管穿越楼层处为固定支承时,伸缩节不得固定;伸缩节固定支承时,立管穿越楼层处不得固定。

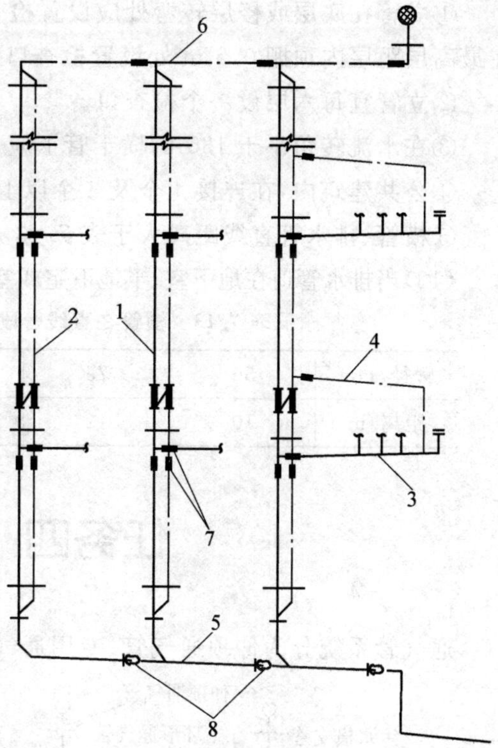

图 7.17　排水管、通气管设置伸缩节位置

1—污水立管;2—专用通气立管;3—横支管;4—环形通气管;5—污水横干管;6—汇合通气管;7—伸缩节;8—弹性密封

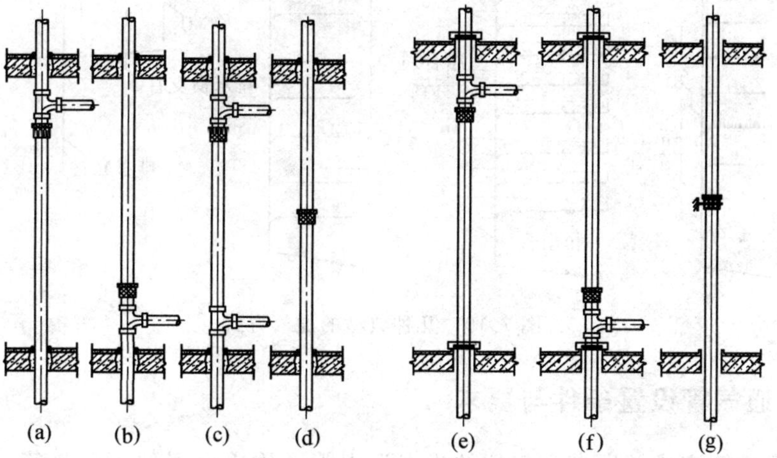

图 7.18　伸缩节设置位置

⑦伸缩节插口应顺水流方向。

⑧埋地或埋设于墙体、混凝土柱体内的管道不应设伸缩节。

(12)清扫口或检查口设置应符合下列规定,并见表 7.13。

①立管在底层或楼层转弯处应设置检查口，在最冷月平均气温低于－13℃的地区，立管应在最高层距层内顶棚 0.5 m 处设置检查口。

②立管宜每六层设一个检查口。

③在水流转角小于 135°的横干管上应设检查口或清扫口。

④公共建筑内，在连接 4 个及 4 个以上大便器的污水横管上宜设置清扫口。

⑤横管、排水管直线距离大于表 7.13 规定值时，应设置检查口或清扫口。

(13)当排水管道在地下室、半地下室或室外架空布置时，立管底部设支墩或采取固定措施。

表 7.13　横管在直线管段上检查口或清扫口之间的最大距离

管径/mm	50	75	90	110	125	160
距离/m	10	12	12	15	20	20

任务四　通气管系统

通气管系统分为伸顶通气管、专用通气系统和辅助通气系统，见图 7.19。

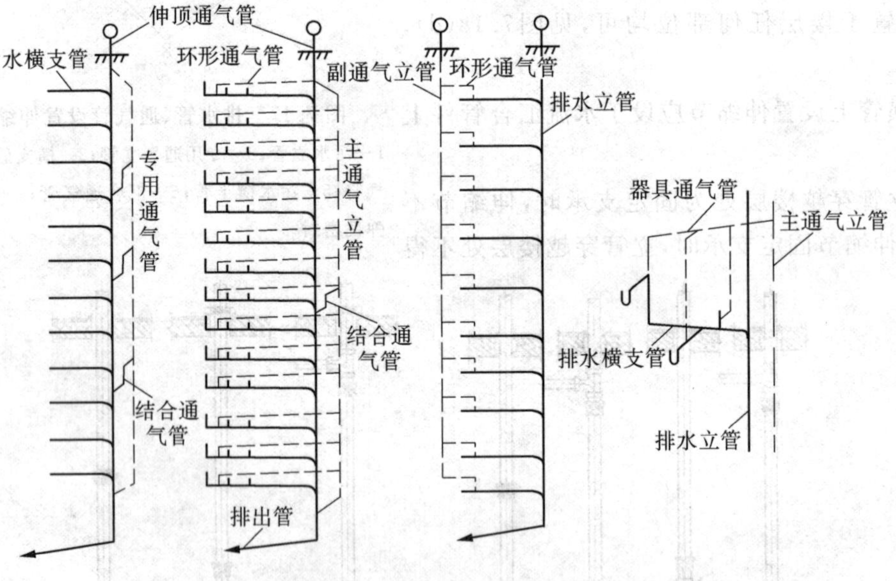

图 7.19　几种典型的通气方式

一、伸顶通气管设置条件与要求

(1)生活污水管道或散发有害气体的生产污水管道均应设置伸顶通气管。当无条件设置伸顶通气管时，可设置不通气立管。不通气立管的排水能力，不能超过表 7.14 规定。

(2)通气管应高出屋面 0.3 m 以上，并大于最大积雪厚度。通气管顶端应装设风帽或网罩，当冬季采暖温度高于－15 ℃的地区，可采用铅丝球。

(3)在通气管周围 4 m 内有门窗时，通气管口应高出窗顶 0.6 m 或引向无门窗一侧。在上人屋面上，通气管口应高出屋面 2.0 m 以上，并应根据防雷要求，考虑设置防雷装置。

(4)通气管口不宜设在建筑物挑出部分(如檐口、阳台和雨篷等)的下面。

(5)通气管不得与建筑物的通风道或烟道连接。

表 7.14　不通气的排水立管的最大排水能力

排水立管工作高度/m	排水能力/(L·s⁻¹) 排水立管管径/mm				
	50	75	100	125	150
≤2	1.0	1.70	3.80	5.00	7.00
3	0.64	1.35	2.40	3.40	5.00
4	0.50	0.92	1.76	2.70	3.50
5	0.40	0.70	1.36	1.90	2.80
6	0.40	0.50	1.00	1.50	2.20
7	0.40	0.50	0.76	1.20	2.00
≥8	0.40	0.50	0.64	1.00	1.40

注:①排水立管工作高度,系指最高排水横支管和立管连接点至排出管中心线间的距离。

②排水立管高度在表中列出的两个高度值之间时,可用内插法求得排水立管的最大排水能力数值。

③排水管管径为 100 mm 的塑料管外径为 110 mm,排水管管径为 150 mm 的塑料管外径为 160 mm。

二、专用通气系统设置条件及要求

(1)当生活污水立管所承担的卫生器具排水设计流量,超过表 7.14 中无专用通气立管最大排水能力时,应设置专用通气立管。

(2)专用通气管应每两层设结合通气管与排水立管连接,其上端可在最高层卫生器具上边缘或检查口以上与污水立管的通气部分以斜三通连接,下端应在最低污水横支管以下与污水立管以斜三通相连接。

三、辅助通气系统设置条件及要求

辅助通气系统由主通气立管或副通气立管、伸顶通气管、环形通气管、器具通气管和结合通气管组成,其通气标准高于专用通气系统。

1. 下列污水管段应设环形通气管

(1)连接 4 个及 4 个以上卫生器具并与立管的距离大于 12 m 的排水横支管。

(2)连接 6 个及 6 个以上大便器的污水横支管。

2. 对卫生、安静要求较高的建筑物,其生活污水管道宜设置器具通气管

3. 通气管与污水管连接,应遵守下列规定

(1)器具通气管应设在存水弯出口端;环形通气管应在横支管上最始端的两个卫生器具间接出,并应在排水支管中心线以上与排水支管呈垂直或 45°连接。

(2)器具通气管、环形通气管应在卫生器具上边缘之上不小于 0.15 m 处,以不小于 0.01 的上升坡度与通气立管相连。

(3)专用通气立管和主通气立管的上端可在最高层卫生器具上边缘或检查口以上与排水立管的通气部分以斜三通相连,下端应在最低排水横支管以下与排水立管以斜三通相连。

(4)主通气立管每 8～10 层设结合通气管与污水立管连接。

(5)结合通气管可用 H 管件替代,H 管与通气管的连接点应设在卫生器具上边缘以上不小于 0.15 m 处。

(6)当污水立管与废水立管合用一根通气立管时，H 管配件可隔层分别与污水立管和废水立管连接，但最低横支管连接点以下应装设结合通气管。

四、通气管管径的确定

(1)通气管管径应根据污水管排水能力及管道长度确定，一般不宜小于排水管管径的1/2，其最小管径可按表 7.15 确定。

(2)通气管长度在 50 m 以上时，其管径应与污水立管管径相同。

(3)两个及两个以上污水立管同时与一根通气立管相连时，应按最大一根污水立管确定通气立管管径，并且不得小于最大一根立管管径。

(4)结合通气管不宜小于通气立管管径。

(5)当两根或两根以上污水立管的通气管汇合连接时，汇合通气管的断面积应为最大一根通气管的断面面积加上其余通气管断面面积之和的 0.25 倍。其管径可按下式计算

$$D \geqslant \sqrt{d_{\max}^2 + 0.25\sum d_i^2} \tag{7.2}$$

式中 D——汇合通气管径，mm；

$d_{\max}$——最大一根通气管管径，mm；

d_i——其余通气管管径，mm。

(6)污水立管上部的伸顶通气管管径可与排水立管管径相同，但在最冷月平均气温低于 −13 ℃的地区，应在室内平顶或吊顶以下 0.3 m 处 将管径放大一级。

(7)排水系统采用硬聚氯乙烯管道时通气管管径的确定，应符合以下要求。

①通气管最小管径，见表 7.16。

表 7.15 通气管最小管径

通气管名称	排水管管径/mm						
	32	40	50	75	100	125	150
器具通气管	32	32	32	—	50	50	—
环形通气管	—	—	32	40	50	50	—
通气立管	—	—	40	50	75	100	100

注：①通气立管长度在 50 m 以上者，其管径应与污水立管管径相同。

②两个及两个以上污水立管同时与一根通气立管相连时，应以最大一根污水立管由表 7.15 确定通气立管管径，且其管径不宜小于其余任何一根污水立管管径。

③结合通气管不宜小于通气立管管径。

表 7.16 通气管最小管径 mm

通气管名称	排水管管径						
	40	50	75	90	110	125	160
器具通气管	40	40	—	—	50	—	—
环形通气管	—	40	40	40	50	50	—
通气立管	—	—	—	—	75	90	110

②两根及两根以上污水立管同时与一根通气立管相连时，应以最大一根污水立管确定通气立管管径，并且管径不宜小于其余任何一根污水立管管径。

③结合通气管当采用 H 管时，可隔两层设置。H 管与通气立管的连接点应高出卫生器具上边缘 0.15 m。

④当生活污水立管与生活废水立管合用一根通气立管，并且采用 H 管为连接管件时，H 管可错层分别与生活污水立管和废水立管间隔连接。但是最低生活污水横支管连接点以下应装设结合通气管。

通气管管材可采用塑料管、排水铸铁管、镀锌钢管等。

任务五　高层建筑排水系统

一、普通排水系统

普通排水系统的组成与低层建筑排水系统的组成基本相同，所以又称为一般排水系统。

在普通排水系统中，按污水立管与通气立管的根数，分为双管式和三管式两种排水系统。双管式排水系统是由两根主干立管组成，一根为排除粪便污水和生活废水的污水立管；另一根为通气立管，见图 7.20。三管式排水系统有三根立管，粪便污水及生活废水分别各用一根立管排除，第三根立管为其二者共用的通气立管，见图 7.21。

普通排水系统具有性能良好、运行可靠、维护管理方便等优点。但是，与新型排水系统相比，具有耗材多、管道系统复杂、占地及空间大、造价高等缺点。

二、新型排水系统

高层建筑新型排水系统是由一根排水立管和两种特殊的连接配件组成的，所以又称为单立管排水系统。系统中的一种配件安装在立管与横支管的连接处，称为上部特制配件。另一种配件是立管转弯处的特制弯头配件，称为下部特制配件。

这种系统具有良好的排水性能和通气性能。与普通排水系统相比，该系统管道简单、占地及空间小、造价低等。但是，该系统的配件较大、构造较复杂、安装质量要求严格。

新型排水系统具有多种形式，其中较典型的有混流式排水系统（苏维脱单立管排水系统）、旋流式排水系统（塞克斯蒂阿单立管排水系统）和环流式排水系统（小岛德原配件排水系统）三种。图 7.22 为苏维脱单立管排水系统。

三、新型排水系统设计与安装

(1)排水立管管径应根据立管所承担的卫生器具排水总量确定。

(2)每层排水横支管与立管接入处，应设混流器。

(3)当排水立管需在中间层拐弯或立管底部与总排水横管连接处，应设置跑气器。

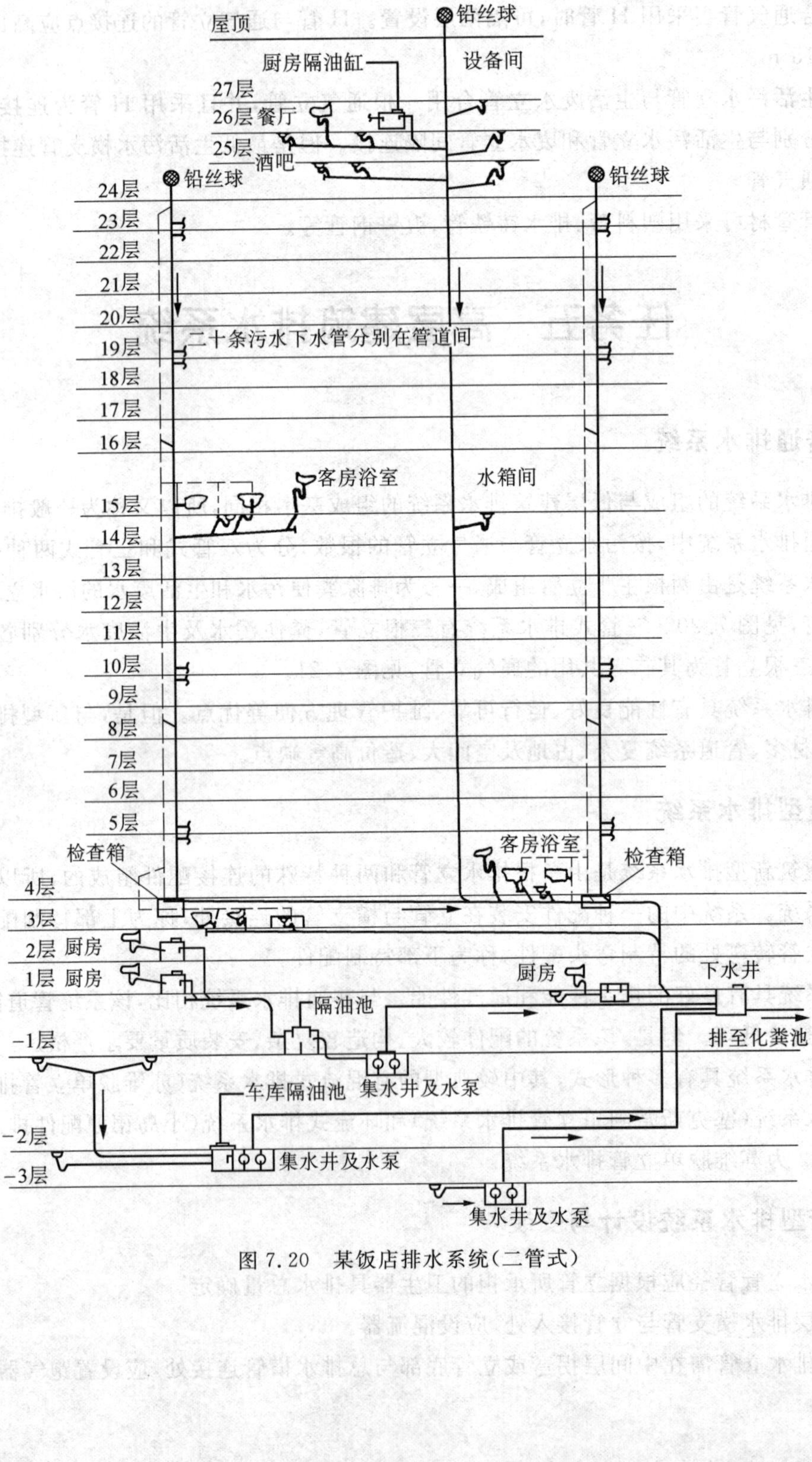

图 7.20　某饭店排水系统(二管式)

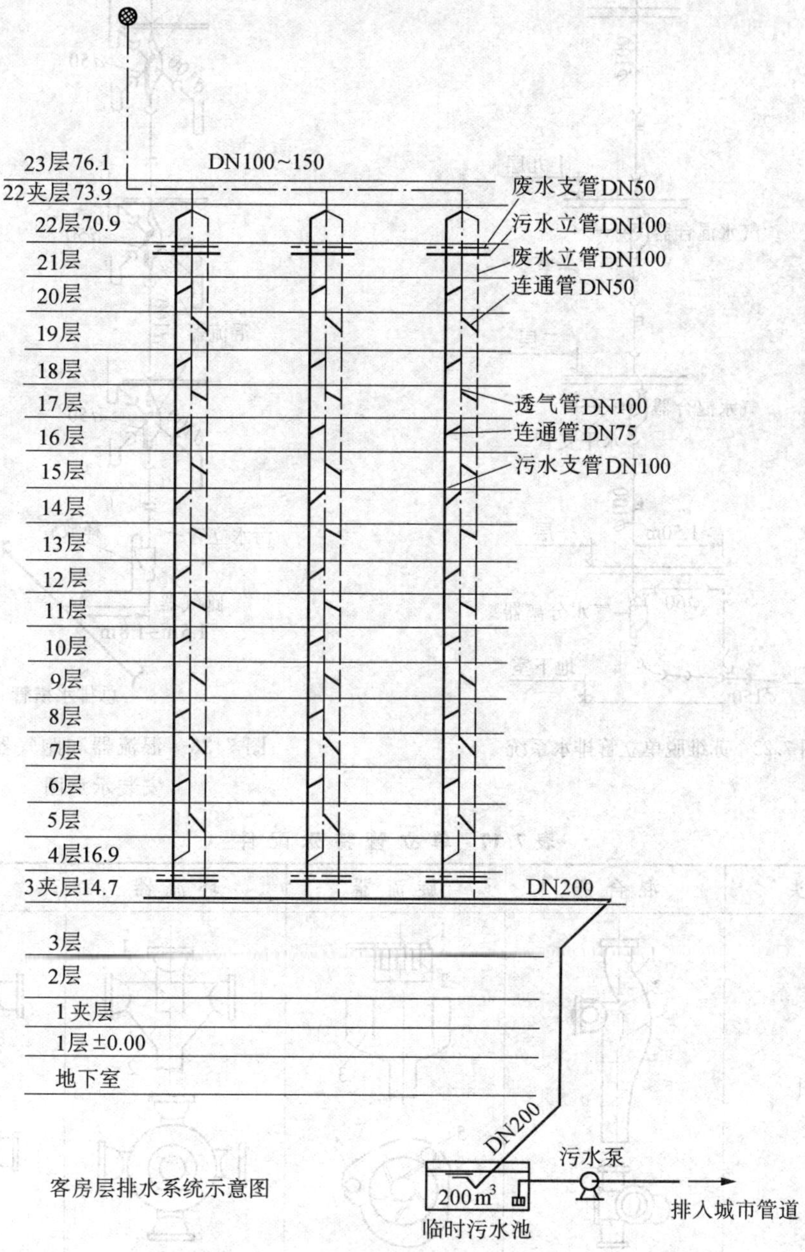

图 7.21　某宾馆排水系统（三管式）

混流器和跑气器的安装见图 7.23。

新型排水系统特殊配件的构造和连接方式见表 7.17。

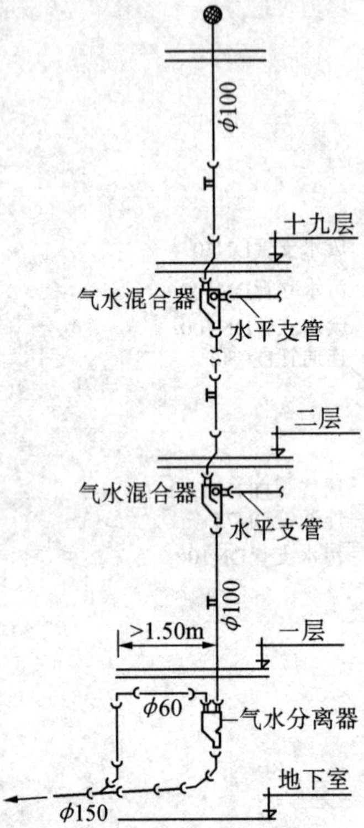

图 7.22 苏维脱单立管排水系统

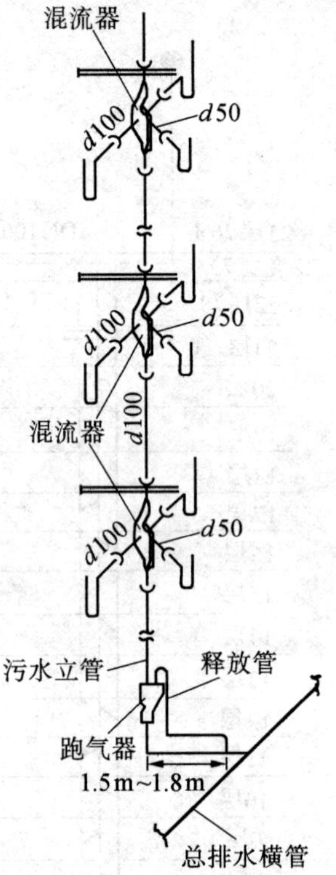

图 7.23 混流器和跑气器安装示意图

表 7.17 单立管特殊配件

特殊接头	混合器	旋流器	环流器	环旋器
简 图		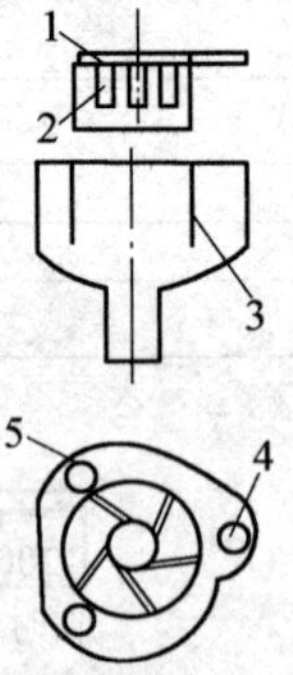	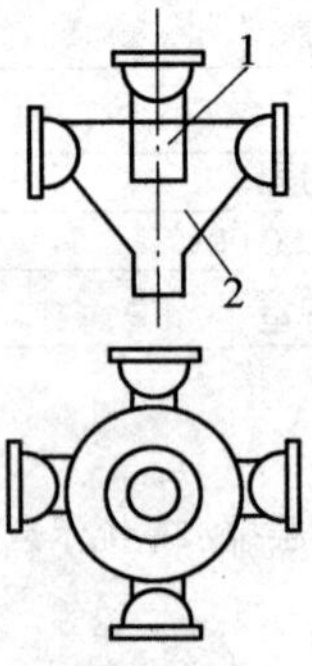	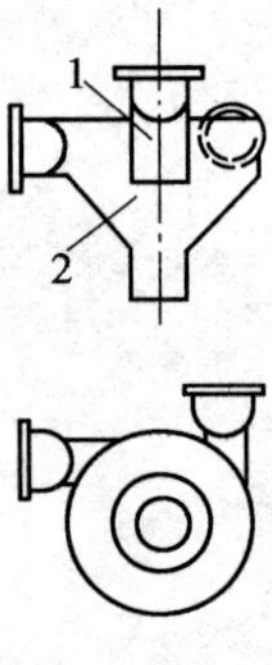
构造特点	1—乙字弯 2—缝隙 3—隔板	1—盖板 2—叶片 3—隔板 4—侧管(污水) 5—侧管(废水)	1—内管 2—扩大室	1—内管 2—扩大室
横管接入方式	三向平接入	垂直方向接入	环向正对接入	环向旋切接入

续表 7.17

特殊弯头	跑气器	导流弯	角笛弯
简图	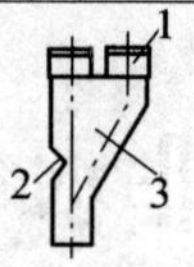		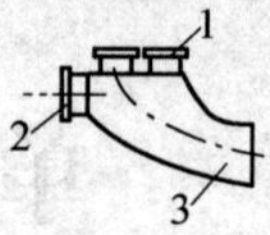
构造特点	1—跑气口 2—凸块 3—分离室	1—导向叶片（装在“凸”岸）	1—跑气口 2—清扫口 3—横管管径放大一级

思考题与习题

7.1　建筑内部污水按其性质不同，可分为哪几类？各有什么特点？

7.2　建筑内部生活污水排水系统是由哪几部分组成的？各有什么作用？

7.3　什么是排水体制？确定排水体制的原则是什么？

7.4　污水排入室外排水管道，最终输送至污水处理厂进行处理的污水排放条件是什么？

7.5　建筑内部常用排水管材有哪些？

7.6　存水弯、检查口、清扫口有哪几种？其构造、作用和规格以及设置的条件如何？

7.7　建筑内部排水管道布置与敷设要求有哪些？

7.8　建筑排水硬聚氯乙烯管道布置与敷设有哪些要求？

7.9　通气管系统分哪几种？其设置的要求和条件是什么？

7.10　新型排水系统有哪几种型式？它与一般排水系统相比有何优缺点？

7.11　什么叫双管制？什么叫三管制？

7.12　图 2.42 为某高校学生宿舍楼卫生间平面图，卫生器具设置见习题 2.13，试进行排水管道平面布置，并绘制排水管道系统图。

单元八　建筑内部排水管道计算

【教学目标】通过项目教学活动，培养学生能够熟悉排水量定额，独立进行排水设计秒流量计算的能力；培养学生能够独立进行排水管道水力计算的能力。培养学生良好的职业道德、自我学习能力、实践动手能力和耐心细致的分析和处理问题的能力，以及诚实、守信、善于沟通和合作的专业素养。

【知识目标】

1. 掌握排水量定额和排水设计秒流量计算要求；

2. 掌握排水管道水力计算的方法。

【主要学习内容】

建筑内部排水管道计算是在排水管道平面布置完成及绘出管道系统图后进行的，其目的在于经济合理地确定排水系统中各管段的管径、坡度及通气管的管径，从而保证排水系统的正常工作。

任务一　排水量定额和排水设计秒流量

一、排水量定额

建筑内部排水定额按照不同的标准一般有两种，即以每人每日为标准和以卫生器具为标准。

每人每日排放的污水量和时变化系数与气候、建筑物内卫生设备完善程度有关。生活给水在建筑内部被消耗、散失的数量很少，绝大部分被卫生器具收集排放，所以，生活污水排水量定额与生活用水量定额相同，其小时变化系数也相同，见表 4.1，4.2。生活污水平均时流量和最高时流量计算方法与生活给水亦相同。工业废水的排水量定额，最大小时排水量和设计秒流量，应按工艺设计要求计算确定。

卫生器具排水流量是经过实测得到的，主要用以计算建筑物内部排水管段的设计秒流量。各个计算管段通过流量的大小与上游所接的卫生器具的类型、数量和同时使用卫生器具的百分数有关。为了方便计算，同建筑内部给水一样，采用当量折算的办法，即以一个污水盆的排水流量 0.33 L/s 作为一个排水当量，而其他卫生器具的排水当量以此为基准进行折算。各种卫生器具的排水当量见表 8.1。

二、排水设计秒流量

排水管道设计流量是确定各管段管径的依据。目前，我国采用的排水设计秒流量计算方法是以表 8.1 规定的卫生器具排水流量和当量值作为基础，并考虑建筑物内部卫生器具排水特点及规律，按瞬时高峰排水量制定的排水管道秒流量计算公式，有以下两种形式。

1. 住宅、集体宿舍、旅馆、医院、疗养院、幼儿园、办公楼、学校、商场、会展中心等建筑用水设备使用不集中，用水时间长，同时排水百分数随卫生器具数量增加而减少

$$q_p/(\mathrm{L\cdot s^{-1}})=0.12\alpha\sqrt{N_p}+q_{max} \tag{8.1}$$

式中　q_p—— 计算管段污水设计秒流量，L/s；

N_p—— 计算管段卫生器具排水当量总数；

α—— 根据建筑物用途而确定的系数，宜按表 8.2 选用；

q_{max}—— 计算管段上最大的一个卫生器具的排水量，L/s。

使用公式(8.1)时应注意，如果按公式(8.1)计算的流量值大于该管段上按卫生器具排水流量累加值时，应按卫生器具排水流量累加值计算。

2. 工业企业生活间、公共浴池、洗衣房、公共食堂、实验室、影剧院、体育场等建筑卫生设备使用集中，排水时间集中，同时排水百分数大

$$q_p=\sum q_0 n_0 b \tag{8.2}$$

式中　q_p—— 计算管段污水设计秒流量，L/s；

q_0—— 同类型的一个卫生器具排水流量，L/s；

n_0—— 同类型卫生器具数；

b—— 卫生器具的同时排水百分数；冲洗水箱大便器的同时排水百分数按 12% 计算，其他卫生器具同给水。

使用公式(8.2)时应注意，如按公式(8.2)计算的流量值小于一个大便器的排水流量时，应按一个大便器的排水流量作为该计算管段的设计秒流量。

表 8.1　卫生器具排水的流量、当量和排水管的管径、最小坡度

序号	卫生器具名称	排水流量 /(L · s⁻¹)	当量	排水管管径 /mm
1	洗涤盆、污水盆(池)	0.33	1.0	50
2	餐厅、厨房洗菜盆(池)			
	单格洗涤盆(池)	0.67	2.0	50
	双格洗涤盆(池)	1.00	3.0	50
3	盥洗槽(每个水嘴)	0.33	1.0	50 ～ 75
4	洗手盆	0.10	0.3	32 ～ 50
5	洗脸盆	0.25	0.75	32 ～ 50
6	浴盆	1.00	3.0	50
7	淋浴器	0.15	0.45	50
8	大便器			
	高水箱	1.50	4.5	100
	低水箱虹吸式	2.0	6.0	100
9	医用倒便器	1.50	4.5	100
10	小便器			
	自闭式冲洗阀	0.10	0.3	40 ～ 50
	感应式冲洗阀	0.10	0.3	40 ～ 50

续表 8.1

序号	卫生器具名称	排水流量 /(L · s^{-1})	当量	排水管管径 /mm
11	大便槽 ≤4 个蹲位 >4 个蹲位	 2.50 3.00	 7.50 9.00	 100 150
12	小便槽(每米长) 自动冲洗水箱	 0.17	 0.5	
13	化验盆(无塞)	0.20	0.6	40 ～ 50
14	净身器	0.10	0.3	40 ～ 50
15	饮水器	0.05	0.15	25 ～ 50
16	家用洗衣机	0.05	1.50	50

注:家用洗衣机下排水软管直径为 30 mm;上水软管内径为 19 mm。

表 8.2　根据建筑物用途而定的系数 α 值

建筑物名称	宿舍(Ⅰ、Ⅱ 类)、住宅、宾馆酒店式公寓、医院、疗养院、幼儿园、养老院的卫生间	旅馆和其他建筑的盥洗室和厕所间
α 值	1.5	2.0 ～ 2.5

注:当计算所得流量值大于流管段上按卫生器具排水流量累加值时,应按卫生器具排水量累加值计。

任务二　排水管道水力计算

一、排水横干管水力计算

为了保证管道在良好的水力条件下工作,必须满足以下规定。

(1) 排水管道最大设计充满度。污水管道必须按非满流设计,以便使管道中污废水释放出来的有害气体能顺利排出,调节、稳定系统内压力,防止水封被破坏,也可以接纳短时间内超出设计流量的未预见高峰流量。污水管道最大计算充满度规定,见表 8.3。

(2) 管道坡度。管道的设计坡度与污废水性质、管径和管材有关。《建筑给水排水设计规范》规定了污水管道的最小坡度和通用坡度,见表 8.3。最小坡度为必须保证的坡度,在特殊条件下予以采用。通用坡度为正常条件下予以保证的坡度。一般情况下应采用通用坡度,当横管过长或建筑空间受限制时,可采用最小坡度。塑料排水横管的标准坡度均为 0.026。

(3) 最小管径。为了防止管道堵塞,某些污废水管道的管径应大于计算管径。

① 公共食堂厨房内的污水采用管道排除时,其管径应比计算管径大一级;干管管径不得小于 100 mm,支管管径不得小于 75 mm。

② 医院污物洗涤间内洗涤盆(池)和污水盆(池)的排水管管径,不得小于 75 mm。

③ 连接大便器的排水管,其管径不得小于 100 mm。

④ 连接大便槽的排水管,有 1 ～ 4 个蹲位时,管径不得小于 100 mm;5 ～ 12 个蹲位时,管径不得小于 150 mm。

⑤ 排泄生活污水的立管,其管径不小于 50 mm,且不得小于接入的最大横支管的管径。

⑥ 有立管接入的横支管，其管径不得小于接入的立管管径。

⑦ 小便槽或连接 3 个及 3 个以上小便器的污水支管，其管径不宜小于 75 mm。

⑧ 多层住宅厨房间的立管管径不宜小于 75 mm。

为了便于设计计算，编制了建筑内部铸铁排水管和塑料排水管水力计算图表，见附录 6、附录 7、附录 8。

表 8.3　建筑内部排水管道设计坡度和最大设计充满度

管材	管径/mm	坡度		最大设计充满度
		通用坡度	最小坡度	
塑料管	50	0.025	0.012	0.5
	75	0.015	0.007	
	110	0.012	0.004	
	125	0.010	0.0035	
	160	0.007	0.003	0.6
	200	0.005	0.003	
	250	0.005	0.003	
	315	0.005	0.003	
铸铁管	50	0.035	0.025	0.5
	75	0.025	0.015	
	100	0.020	0.012	
	125	0.015	0.010	
	150	0.010	0.007	0.6
	200	0.008	0.005	

二、排水立管水力计算

排水立管的管径可根据排水系统立管的通气方式及立管的最大排水能力确定，见表8.4。

表 8.4　生活排水立管最大设计排水能力

排水立管系统类型			最大设计排水能力/(L·s^{-1})				
			排水立管管径/mm				
			50	75	100 (110)	125	150 (160)
伸顶通气	立管与横支管连接配件	90°顺水三通	0.8	1.3	3.2	4.0	5.7
		45°斜三通	1.0	1.7	4.0	5.2	7.4
专用通气	专用通气管 75 mm	结合通气管每层连接	—	—	5.5	—	—
		结合通气管隔层连接	—	3.0	4.4	—	—
	专用通气管 100 mm	结合通气管每层连接	—	—	8.8	—	—
		结合通气管隔层连接	—	—	4.8	—	—

续表 8.4

排水立管系统类型			最大设计排水能力 /($L \cdot s^{-1}$)				
			排水立管管径 /mm				
			50	75	100 (110)	125	150 (160)
主、副通气立管＋环形通气管			—	—	11.5	—	—
自循环通气	专用通气形式		—	—	4.4	—	—
	环形通气形式		—	—	5.9	—	—
特殊单立管	混合器		—	—	4.5	—	—
	内螺旋管＋旋流器	普通型	—	1.7	3.5	—	8.0
		加强型	—	—	6.3	—	—

注：排水层数在 15 层以上时，宜乘 0.9 系数。

① 管径 *de*100 的塑料排水管公称外径为 *de*110 mm，管径 *de*150 的塑料排水管公称外径为 *de*160 mm。

② 塑料管、螺旋管、特制配件单立管的排出管、横干管以及与之连接的立管底部（最低排水横支管以下）应放大一号管径。

③ 排水立管工作高度，按最高排水横支管和立管连接点至排出管中心线间的距离计算。

④ 如排水立管工作高度在表中列出的两个高度值之间时，可用内插法求得排水立管的最大排水能力数值。

⑤ 排水立管管径不得小于横支管管径。

当排水立管上端不可能设置伸顶通气管时，应按不通气的排水立管最大排水能力确定其管径，见表 8.5。

表 8.5　不通气的排水立管的最大排水能力

立管工作高度 /m	排水能力 /($L \cdot s^{-1}$)				
	立管管径 /mm				
	50	75	100	125	150
≤2	1.0	1.70	3.80	5.0	7.0
3	0.64	1.35	2.40	3.4	5.0
4	0.50	0.92	1.76	2.7	3.5
5	0.40	0.70	1.36	1.9	2.8
6	0.40	0.50	1.00	1.5	2.2
7	0.40	0.50	0.76	1.2	2.0
≥8	0.40	0.50	0.64	1.0	1.4

注：① 排水立管工作高度，按最高排水横支管和立管连接点至排出管中心线间的距离计算。

② 如排水立管工作高度在表中列出的两个高度值之间时，可由内插法求得排水立管的最大排水能力数值。

③ 排水管管径为 100 mm 的塑料管外径为 110 mm，排水管管径为 150 mm 的塑料管外径为 160 mm。

三、排水管管径估算

根据建筑物的性质、设置通气管的情况、排水管段负荷当量总数，可按表8.6估算排水管管径。

表8.6　排水管道允许负荷卫生器具当量值

建筑物的性质	排水管道名称		允许负荷当量总数			
			50 mm	75 mm	100 mm	150 mm
住宅、公共居住建筑的小卫生间	横支管	无器具通气管	4	8	25	
	横支管	有器具通气管	8	14	100	
	横支管	底层单独排出	3	6	12	
	横干管			14	100	1 200
	立管	仅有伸顶通气管	5	25	70	
	立管	有通气立管			900	1 000
集体宿舍、旅馆、医院、办公楼、学校等公共建筑的盥洗室、厕所	横支管	无环形通气管	4.5	12	36	
	横支管	有环形通气管			120	
	横支管	底层单独排出	4	8	36	
	横干管			18	120	2 000
	立管	仅有伸顶通气管	6	70	100	2 500
	立管	有通气立管			1 500	
工业企业生活间、公共浴室、洗衣房、公共食堂、实验室、影剧院、体育场	横支管	无环形通气管	2	6	27	
	横支管	有环形通气管			100	
	横支管	底层单独排出	2	4	27	
	横干管			12	80	1 000
	立管（仅有伸顶通气）		3	35	60	800

注：将计算管段上卫生器具排水当量数相叠加查本表即得管径。

【例题8.1】　某学校有一幢六层学生宿舍楼，每层设厕所间、盥洗间各一个。厕所间内设有高水箱蹲式大便器4套，手动冲洗小便器3个，洗脸盆1个；盥洗间内设有5个水龙头的盥洗槽2个、污水池1个；厕所间设地漏1个，盥洗室内设地漏2个。排水管道平面布置，见图8.1；排水管道系统图，见图8.2。管材采用排水铸铁管。进行该排水系统水力计算，确定管道管径和坡度。

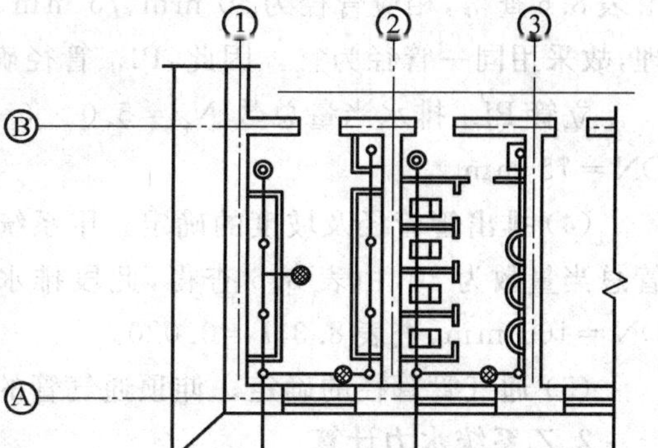

图8.1　排水管道平面布置图

【解】

1. 甲系统水力计算

甲系统排水当量总数 $N_p = 1 \times 60 + 1 \times 6 = 66$，未超过表8.6中有关规定，因此，可按表8.6确定该系统管道直径和按表8.3确定坡度。

(1) 卫生器具支管管径的确定。由表8.1查得污水池排水支管管径DN＝50 mm。每个盥洗槽采用两个排水栓，每个支管DN＝50 mm，采用规格DN＝50 mm的地漏。

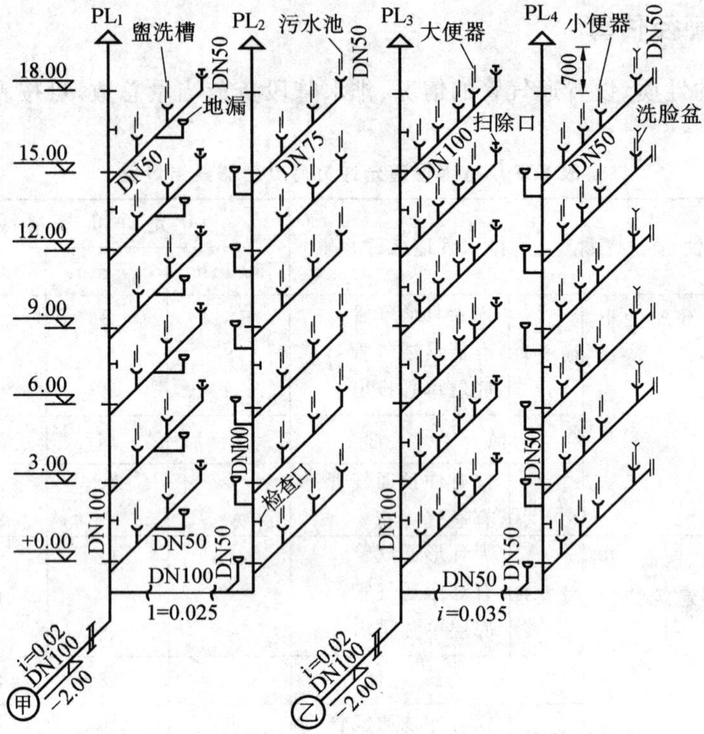

图 8.2 排水管道系统图

(2) 排水横支管管径和坡度的确定。立管 PL_1 上每层盥洗槽排水当量总数 $N_p=1.0\times5=5$，由表 8.6 查得，盥洗槽排水横支管管径 DN＝75 mm，由表 8.3 查得坡度 $i=0.025$。

立管 PL_2 上每层横支管排水当量总数 $N_p=1\times5+1=6$，由表 8.6 查得，横支管管径 DN＝75 mm，由表 8.3 查得坡度 $i=0.025$。

(3) 立管管径的确定。立管 PL_1 从 6 层至 1 层，各段排水当量分别为 5、10、15、20、25、30，由表 8.6 查得，相应管径为 50 mm、75 mm、75 mm、75 mm、75 mm、75 mm，为方便施工和管理，故采用同一管径为宜。因此，PL_1 管径确定为 DN＝75 mm。

立管 PL_2 排水当量总数 $N_p=5.0\times6+1.0\times6=36$，由表 8.6 查得，确定 PL_2 立管管径 DN＝75 mm。

(4) 排出管管径及坡度的确定。甲系统排出管排水总当量为 66，PL_1—PL_2 立管间排水横管总当量数为 30，由表 8.6 查得，此段排水横管管径 DN＝100 mm，$i=0.020$，排出管管径 DN＝100 mm，查表 8.3，$i=0.020$。

(5) 通气管管径的确定。伸顶通气管的管径放大一级，即 DN＝100 mm。

2. 乙系统水力计算

乙系统排水当量总数 $N_p=117.9$，未超过表 8.6 中有关规定，因此，可由此表确定该系统管道管径和坡度，其方法同甲系统；水力计算结果见图 8.2。

【例题 8.2】 某市有一幢 14 层宾馆，2～13 层为客房，各客房的卫生间内均设有低水箱坐式大便器、洗脸盆、浴盆各 1 件，地漏 1 个。洗涤废水与生活污水分别排除，通气系统采用三管制，即洗涤废水立管与生活污水立管合用一根通气管，管道布置见图 8.3 和图 8.4。管材采用排水铸铁管，试进行该排水系统水力计算。

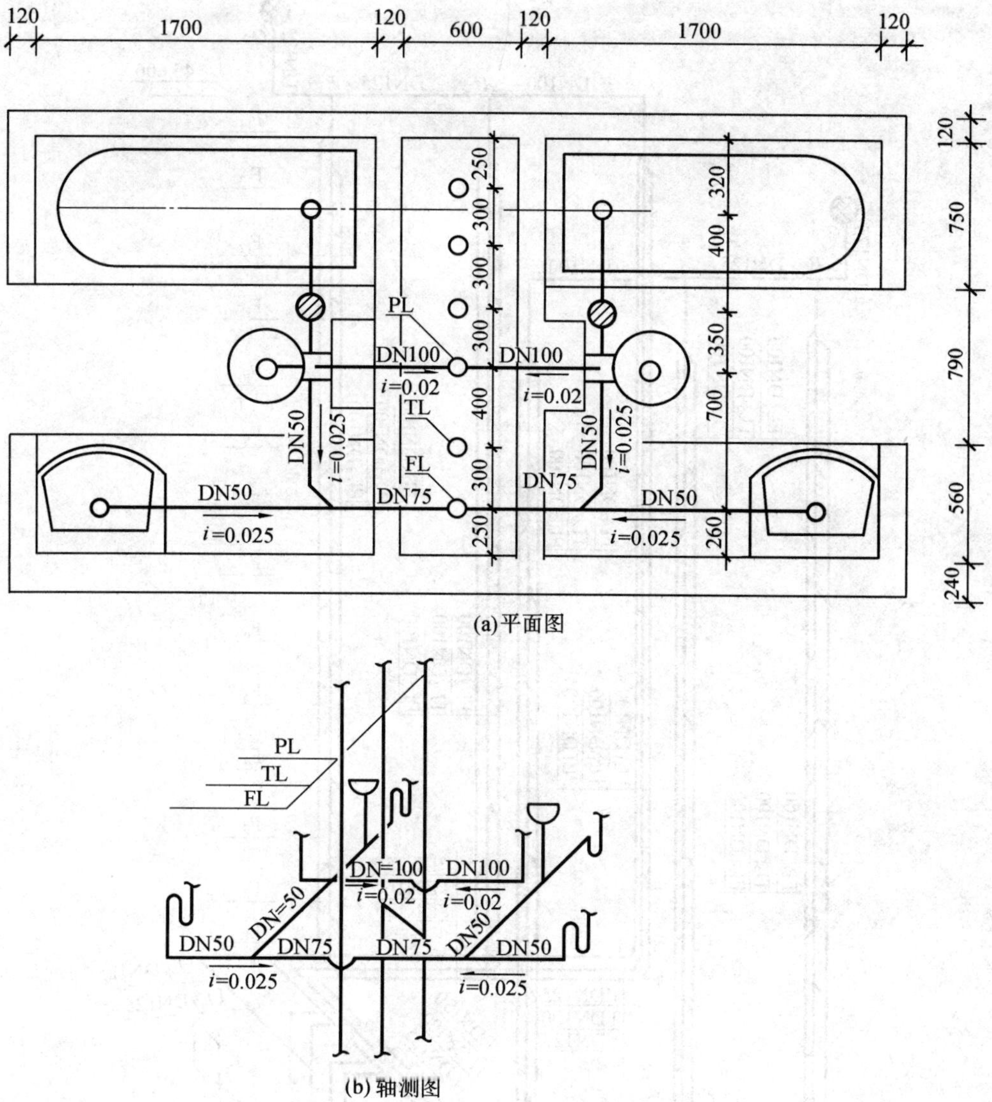

(a)平面图

(b)轴测图

图 8.3　卫生间大样图

【解】

1. 由表 8.1 查得卫生间内各种卫生器具的排水流量和当量

低水箱坐式大便器　　2.00 L/s　$N_p = 6.00$；

洗脸盆　　0.25 L/s　$N_p = 0.75$；

浴盆　　1.00 L/s　$N_p = 3.00$。

2. 由表 8.1 查得各卫生器具排水支管管径如下

大便器　　DN＝100 mm；

洗脸盆　　DN＝50 mm；

浴盆　　DN＝50 mm。

3. 洗涤废水排水横支管管径

浴盆排水支管与洗脸盆排水支管汇合后，排入废水立管的一段横支管，其废水流量为 $q_p/(\text{L}\cdot\text{s}^{-1}) = 0.12\times2.5\times3.75^{1/2}+1.0=1.58$，DN＝75 mm，$i=0.025$。

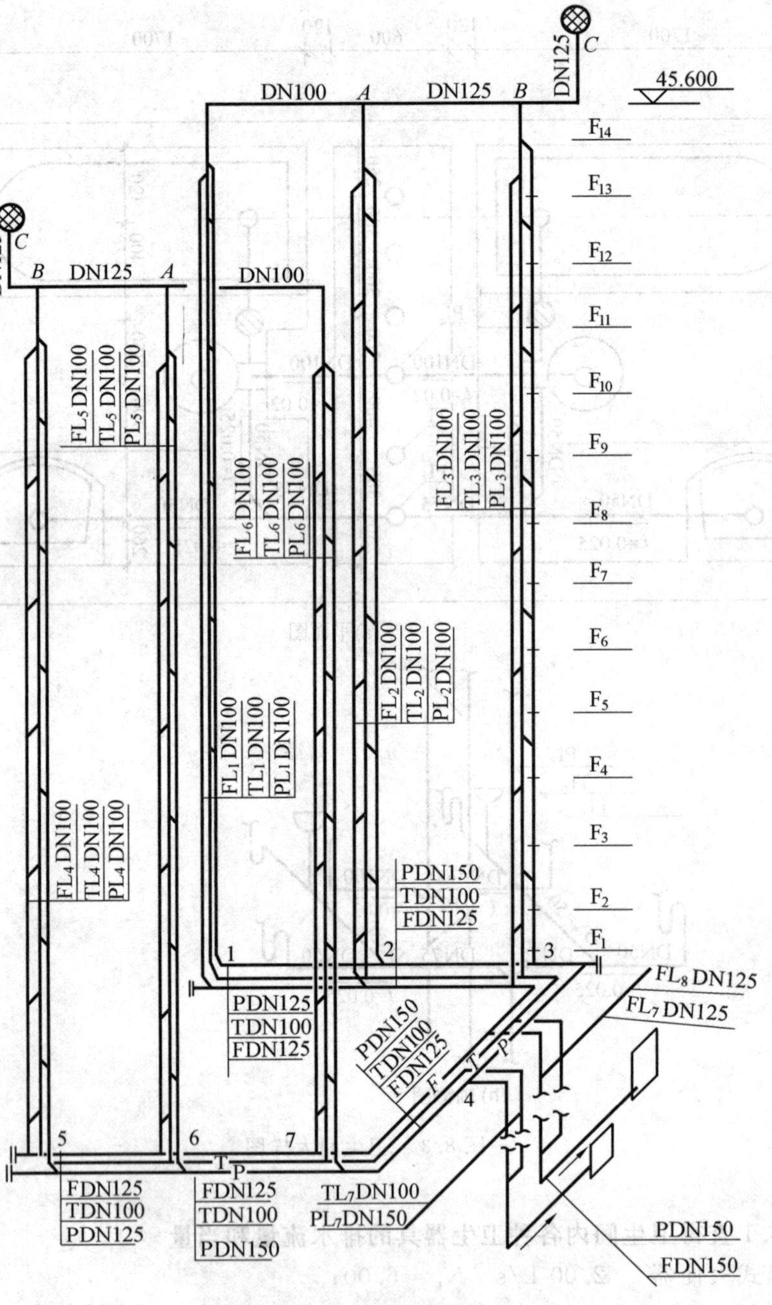

图 8.4　排水轴测图

大便器排入污水立管的一段横支管管径采用 DN＝100 mm，$i=0.02$。

4. 生活污水排水系统

(1) 生活污水立管 PL_1、PL_2、PL_3、PL_4、PL_5、PL_6 的排水当量总数均相同，即 $N_p=6.0\times 2\times 12=144$，则流量 $q_p/(L\cdot s^{-1})=0.12\times 2.5\times 144^{1/2}+2=5.6$，由表 8.4 查得，各污水立管管径均为DN＝100 mm。

(2) 污水立管 PL_7 排水当量总数 $N_p=144\times 6=864$，则流量 $q_p/(L\cdot s^{-1})=0.12\times 2.5\times 864^{1/2}+2=10.82$，由表 8.4 查得 PL_7 的管径 DN＝125 mm。

(3) 生活污水排水系统其他各管段排水当量总数 N_p、设计流量 q_p 的计算方法同上。根据

管段设计流量 q_p，由附录 6 可确定各设计管段的管径 DN、流速 v、坡度 i、充满度 h/D。其计算结果见表 8.7。

表 8.7　水力计算表

管 段	N_p	$q_p/(L \cdot s^{-1})$	DN/mm	$v/(m \cdot s^{-1})$	i	h/D
1 ～ 2	144	5.60	125	0.99	0.015	0.5
2 ～ 3	288	7.09	150	0.90	0.010	0.6
3 ～ 4	432	8.24	150	0.92	0.010	0.6
5 ～ 6	144	5.60	125	0.99	0.015	0.5
6 ～ 7	288	7.09	150	0.90	0.010	0.6
7 ～ 4	432	8.24	150	0.92	0.010	0.6
排出管	864	10.82	150	1.02	0.012	0.6

5. 洗涤废水排水系统

(1) 洗涤废水立管 FL_1、FL_2、FL_3、FL_4、FL_5、FL_6 的排水当量总数均相同，各立管排水当量总数 $N_p = 3.75 \times 2 \times 12 = 90$，设计流量 $q_p/(L \cdot s^{-1}) = 0.12 \times 2.5 \times 90^{1/2} + 1.0 = 3.85$，由表 8.4 查得各废水立管管径皆为 DN＝100 mm。

(2) 立管 FL_7 排水当量总数为 $N_p = 90 \times 6 = 540$，流量 $q_p/(L \cdot s^{-1}) = 0.12 \times 2.5 \times 540^{1/2} + 1 = 7.97$，由表 8.4 查得 FL_7 管径 DN＝100 mm。

(3) 洗涤废水排水系统中其余各管段的排水当量总数 N_p、设计流量 q_p、管径 DN、流速 v、坡度 i、充满度 h/D 的计算方法同上，计算结果见表 8.8。

表 8.8　水力计算表

管 段	N_p	$q_p/(L \cdot s^{-1})$	D/mm	$v/(m \cdot s^{-1})$	i	h/D
1 ～ 2	90	3.85	125	0.90	0.010	0.5
2 ～ 3	180	5.02	125	0.89	0.012	0.5
3 ～ 4	270	5.93	125	0.99	0.015	0.5
5 ～ 6	90	3.85	125	0.90	0.010	0.5
6 ～ 7	180	5.02	125	0.89	0.012	0.5
7 ～ 4	270	5.93	125	0.99	0.015	0.5
排出管	540	7.97	150	0.80	0.007	0.6

6. 通气管道系统

(1) 通气立管 TL_1、TL_2、TL_3、TL_4、TL_5、TL_6 及横支管 1—2、2—3、5—6、6—7 的管径，按规定及查表 8.4 应为 100 mm；横支管 3—4、4—7 的管径取 100 mm。

(2) 通气立管汇合管段管径按下式计算

A—B 段　$DN/mm = (100^2 + 0.25 \times 100^2)^{1/2} = 125$；

B—C 段　$DN/mm = (100^2 + 0.25 \times 2 \times 100^2)^{1/2} = 125$；

思考题与习题

8.1 室内排水系统水力计算的任务是什么？

8.2 什么是排水当量？为什么每个卫生器具的排水当量比相应的给水当量大？

8.3 在室内排水横管的水力计算中，为什么充满度、坡度、流速等诸值的大小有所规定？

8.4 伸顶通气管的管径应如何确定？其伸出屋面高度应考虑哪些因素？

8.5 试进行习题7.12中排水系统水力计算。

单元九　建筑雨水排水系统

【教学目标】通过项目教学活动，培养学生具备确定屋面雨水排水方式的能力；培养学生能够独立进行雨水排水系统设计计算的能力。培养学生良好的职业道德、自我学习能力、实践动手能力和耐心细致的分析和处理问题的能力，以及诚实、守信、善于沟通和合作的专业素养。

【知识目标】

1. 掌握屋面雨水排水方式；
2. 掌握雨水排水系统设计计算方法。

【主要学习内容】

任务一　屋面雨水排水方式

降落在屋面上的雨水和融化的雪水，在短时间内会形成积水，如果不能及时排除，则会造成屋面积水四处溢流，甚至造成屋面漏水，形成水患，影响人们的生产和生活。为了有组织地排除屋面雨水，必须设置完整的屋面雨水排水系统。

屋面雨水排水系统可分为外排水系统、内排水系统和混合排水系统。在设计时应根据建筑物的类型、结构形式、屋面面积大小、当地气候条件及使用要求等因素来确定其排水方式。当经济技术比较合理时，应优先采用外排水系统。

一、雨水外排水系统

雨水外排水系统各部分均设在室外，建筑物内部没有雨水管道，因此不会产生室内管道漏水及地面冒水等现象。按屋面有无天沟，外排水系统又可分为檐沟外排水和天沟外排水两种方式。

1. 檐沟外排水系统

檐沟外排水系统又称为水落管排水系统，该系统由檐沟、雨水斗及水落管（立管）组成，见图 9.1。

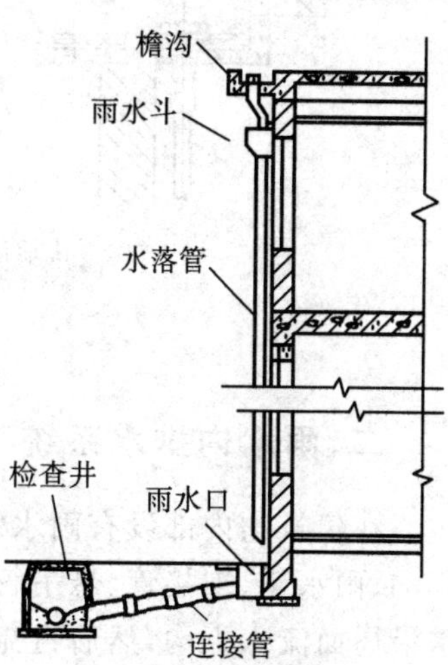

图 9.1　檐沟外排水

降落在屋面上的雨水沿屋面流入檐沟，然后流入雨水斗及水落管后，排入室外散水坡或地下管沟内。

这种排水系统适用于一般居住建筑、屋面面积较小的公共建筑和小型单跨厂房等建筑屋面雨水的排除。

檐沟常用镀锌铁皮或混凝土制成。水落管可用 26 号镀锌铁皮制作，接口用锡焊，断面为圆形或方形。水落管也可采用 UPVC 管、铸铁管或石棉水泥管。

水落管的布置间距应根据当地暴雨强度、屋面汇水面积和水落管的通水能力来确定。据经验，一般为15～20 m设一根直径为100 mm的水落管，其汇水面积不超过250 m^2。阳台上的水落管可采用直径为50 mm的水落管。

2. 天沟外排水系统

天沟外排水系统由天沟、雨水斗、排水立管和排出管组成。该系统由天沟汇水后，流入雨水口和雨水立管，再由排出管流至室外雨水管渠。这种排水系统适用于长度不超过100 m的多跨工业厂房，以及厂房内不允许布置雨水管道的建筑。

天沟外排水，应以建筑的伸缩缝或沉降缝作为屋面分水线。天沟的流水长度，应结合天沟的伸缩缝布置，一般不宜大于50 m，其坡度不宜小于0.003。为防止天沟末端处积水，应在女儿墙、山墙上或天沟末端设置溢流口，溢流口比天沟上檐低50～100 mm。

天沟的断面可视屋面的情况而定，可以采用矩形、梯形、三角形或半圆形。天沟的做法，一般为在屋面板上铺设泡沫混凝土或炉渣，其上作防水层，上撒一层绿豆砂。天沟内用水泥砂浆抹面，也可采用预制钢筋混凝土槽，表面用1:2水泥砂浆抹面。

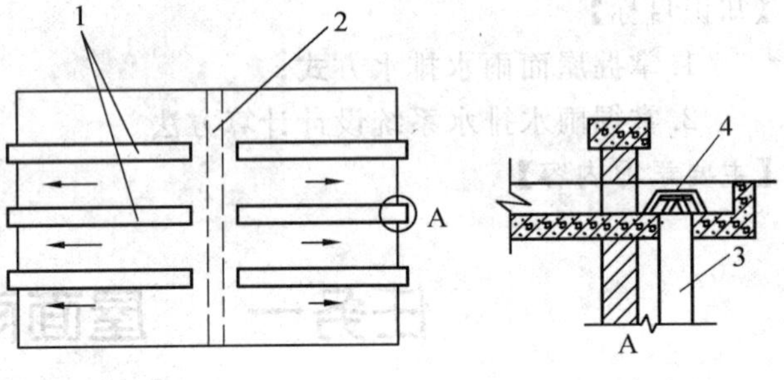

图 9.2　屋面天沟布置示意图

1— 天沟；2— 伸缩缝；3— 立管；4— 雨水斗

排水立管及排出管可采用铸铁管、UPVC管，低矮厂房也可采用石棉水泥管。

立管直接排水到地面时，需采取防冲刷措施，在湿陷性土壤地区，不准直接排水，冰冻地区立管需采取防冻措施。

天沟布置及立管敷设要求见图 9.2；天沟雨水斗与立管连接见图 9.3。

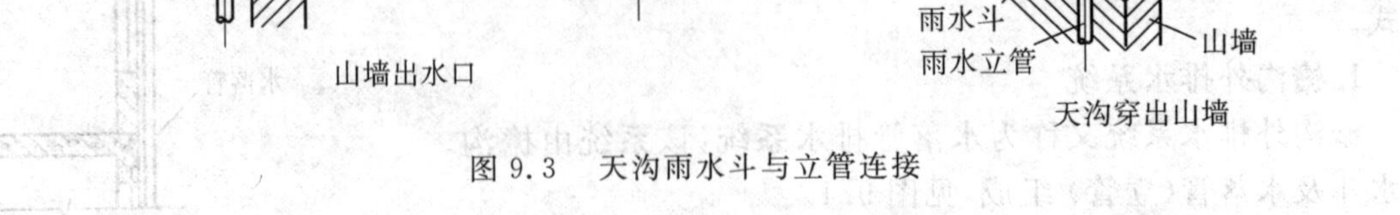

图 9.3　天沟雨水斗与立管连接

二、雨水内排水系统

在建筑物内部设有雨水管道的雨水排除系统称为雨水内排水系统。该系统由厂房设有的天沟、雨水斗、连接管、悬吊管、立管和排出管等部分组成，如图 9.4 所示。降落到屋面上的雨水沿屋面流入天沟，然后再流入雨水斗，经连接管、悬吊管流入排水立管，再经排除管流入雨水检查井，或经埋地干管排至室外雨水管道。

1. 雨水内排水系统分类

按每根立管接纳雨水斗的个数，内排水系统分为单斗和多斗雨水排水系统。单斗排水系统一般不设悬吊管，在多斗排水系统中，悬吊管将几个雨水斗和排水立管连接起来。单斗系统较多斗系统排水的安全性好，所以应优先采用单斗雨水排水系统。

按排除雨水的安全程度，内排水系统分为敞开式和密闭式。敞开式内排水系统是重力排水，由架空的管道将雨水引入建筑物内埋地管道和检查井或明渠内，然后由埋地管渠排出建筑。这种系统如果设计和施工不妥，常引起冒水现象，但该系统可接纳生产废水排入。密闭式排水系统为压力排水，在建筑物内设有密闭的埋地管和检查口，当雨水排泄不畅时，室内也不会发生冒水现象，该系统不能接纳生产废水排入。为安全起见，当屋面雨水为内排水系统时，宜采用密闭式系统。

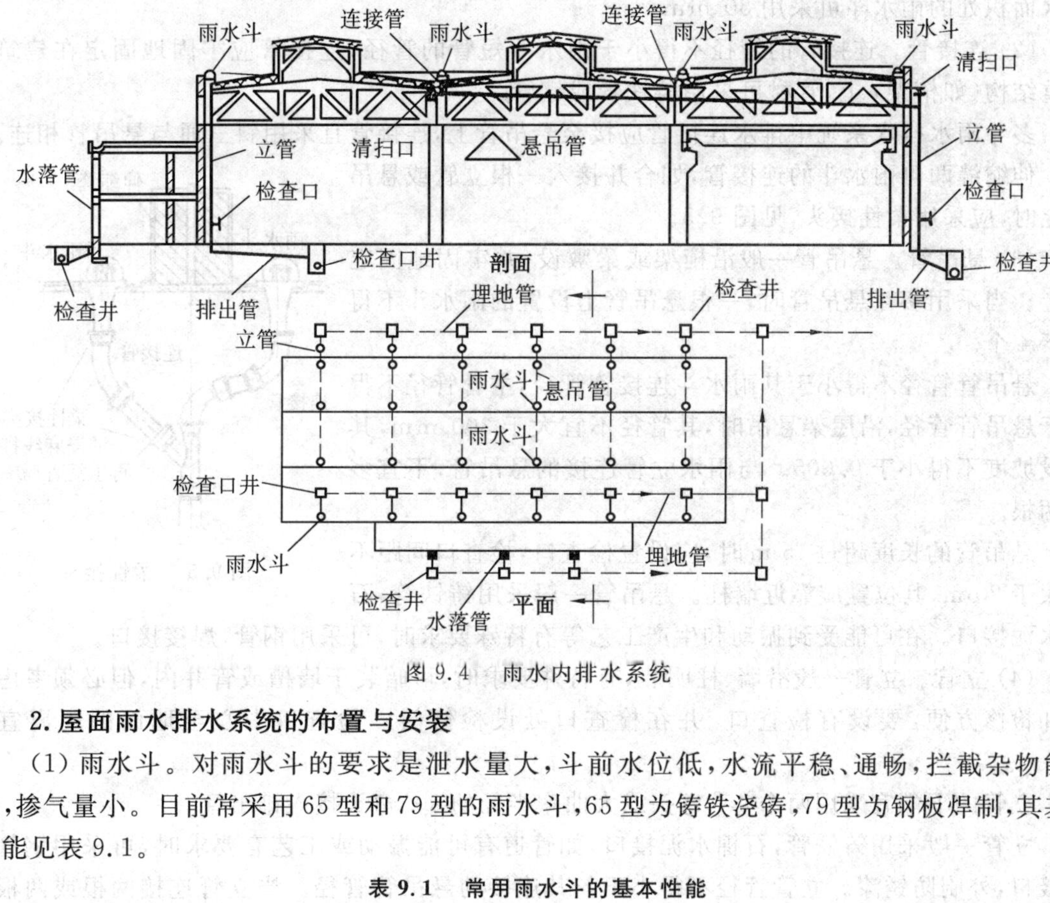

图 9.4　雨水内排水系统

2. 屋面雨水排水系统的布置与安装

(1) 雨水斗。对雨水斗的要求是泄水量大，斗前水位低，水流平稳、通畅，拦截杂物能力强，掺气量小。目前常采用 65 型和 79 型的雨水斗，65 型为铸铁浇铸，79 型为钢板焊制，其基本性能见表 9.1。

表 9.1　常用雨水斗的基本性能

斗型	出水管直径 d_d/mm	进出口面积比	水力性能			材料
			斗前水深	稳定性	掺气量	
65	100	1.5:1	浅	稳定，旋涡少	较少	铸铁
79	75、100、150、200	2.0:1	较浅	稳定，旋涡少	少	钢板
平篦	75、100	1.3:1	较深	不稳定，旋涡大	多	铸铁

晒台、屋顶花园等供人们活动的屋面上，宜采用平篦式雨水斗。

布置雨水斗时，应以伸缩缝或沉降缝为排水分水线，否则应在该缝两侧各设一个雨水斗。

当两个雨水斗连接在同一根立管或悬吊管上时，应采用伸缩接头，并保证密封。

在防火墙外设置雨水斗时，应在防火墙的两侧各设一个雨水斗。

在寒冷地区，雨水斗应尽量布置在受室内温度影响的屋面及雪水易融化的天沟范围内，雨水立管应布置在室内。

雨水斗的间距除按计算决定外，还应根据建筑结构的特点（如柱子的布置等）确定，一般采用 12 ～ 24 m。天沟坡度不宜小于 0.003。

接入同一根立管的雨水斗，其安装高度应相同，当雨水立管的设计流量小于最大设计泄流量时，可将不同高度的雨水斗接入同一立管或悬吊管内。

多斗雨水排水系统宜对立管作对称布置，并不得在立管顶端设置雨水斗。雨水斗与屋面连接处必须做好防水处理。雨水斗的出水管管径一般不小于 100 mm。设在阳台、窗井很小汇水面积处的雨水斗可采用 50 mm。

(2) 连接管。连接管的管径不得小于雨水斗短管的管径，连接管应牢固地固定在建筑物承重结构（如桁架）上，管材可采用铸铁管或钢管。

多斗雨水排水系统中排水连接管应接至悬吊管上，连接管宜采用斜三通与悬吊管相连。

伸缩缝两侧雨水斗的连接管，如合并接入一根立管或悬吊管上时，应采用柔性接头，见图 9.5。

(3) 悬吊管。悬吊管一般沿桁架或梁敷设，并牢固地固定其上。当采用多斗悬吊管时，一根悬吊管上设置的雨水斗不得多于 4 个。

悬吊管管径不得小于其雨水斗连接管管径，主管管径不得小于悬吊管管径，沿屋架悬吊时，其管径不宜大于 300 mm，其敷设坡度不得小于 0.005。与雨水立管连接的悬吊管，不宜多于两根。

悬吊管的长度超过 15 m时，应设置检查口，检查口间距不得大于 20 m，其位置应靠近墙柱。悬吊管一般采用铸铁管，石棉水泥接口。在可能受到振动和生产工艺等有特殊要求时，可采用钢管，焊接接口。

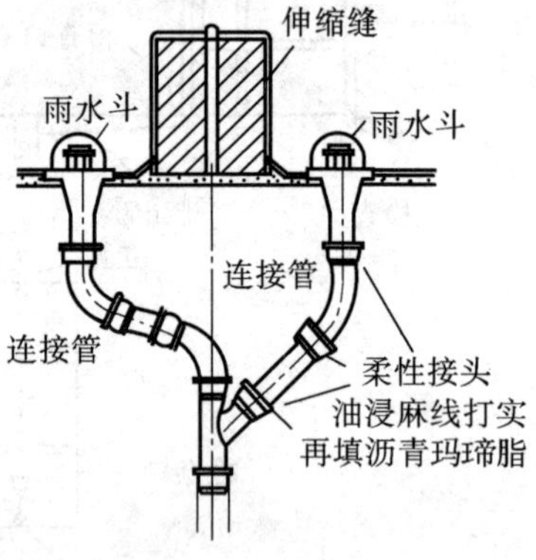

图 9.5　柔性接头

(4) 立管。立管一般沿墙、柱明装，有特殊要求时，可暗装于墙槽或管井内，但必须考虑安装和检修方便，要设有检查口，并在检查口处设检修门。检查口中心至地面的距离宜为 1.0 m。

立管的下端宜采用两个 45° 弯头或大曲率半径的 90° 弯头接入排出管。

立管一般采用铸铁管，石棉水泥接口，如管道有可能振动或工艺有要求时，可采用钢管焊接接口，外刷防锈漆。立管管径不得小于与其连接的悬吊管管径。当立管连接两根或两根以上悬吊管时，其管径不得小于最大一个悬吊管的管径。在寒冷地区雨水立管应布置在室内。

(5) 排出管。排出管的管径不得小于立管的管径。排出管管材宜采用铸铁管，石棉水泥接口。当排出管穿越地下室墙壁时，应采取防水措施。

(6) 埋地管。埋地管不得穿越设备基础及可能受水而发生危害的地下构筑物。埋地管的最小埋设深度可按建筑内部排水管道有关规定确定。埋地管坡度应按工业废水管道坡度的规定执行，并且不应小于 0.003。封闭系统的埋地管道，应保证严密、不漏水。敞开系统的埋地管道起点检查井内，不宜接入生产废水排水管。

埋地雨水管道可采用非金属管，但立管至检查井的管段宜采用铸铁管。雨水封闭系统埋地管在靠近立管处，应设水平检查口。

(7) 检查井(口)。封闭系统埋地管道交叉处或长度超过30 m时，应设水平检查口，并应设检查口井，见图 9.6。

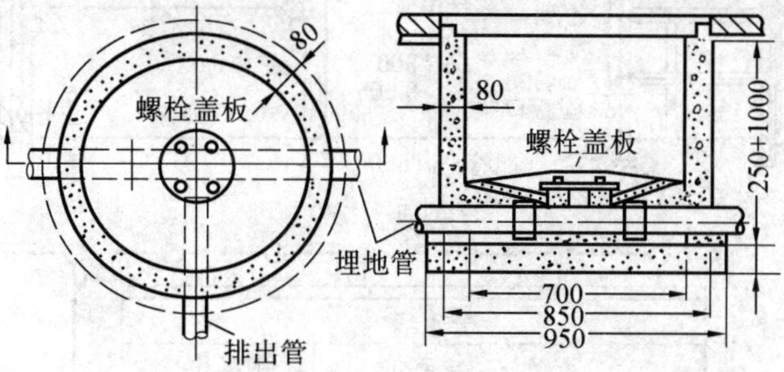

图 9.6　水平检查口井

敞开系统埋地管道交叉、转弯、坡度及管径改变，以及长度超过 30 m 处，均应设置检查井。井内接管应采用管顶平接、水平转角不得小于 135°。敞开式系统的检查井内，应做高流槽，槽应高出管顶200 mm，见图 9.7。

敞开式系统的排出管应先接入放气井，见图9.8，然后再接入检查井，以便稳定水流。

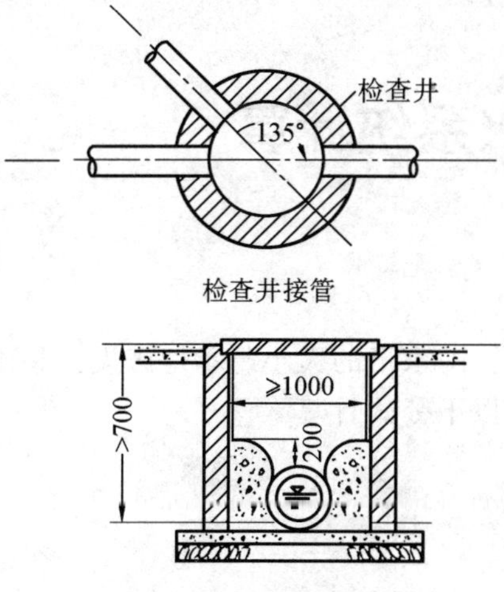

图 9.7　高流槽检查井

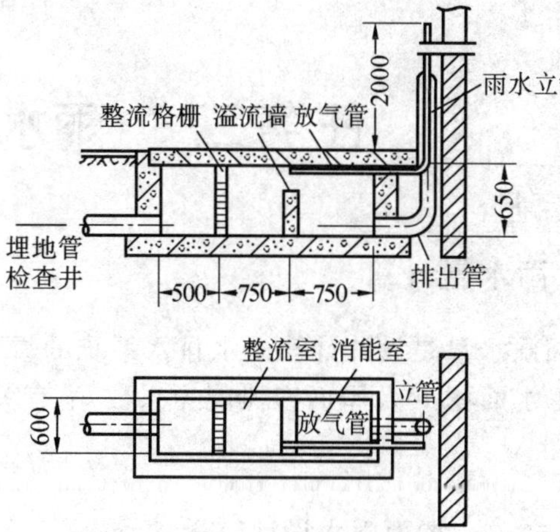

图 9.8　放气井

三、混合式排水系统

当大型工业厂房的屋面比较复杂时，可在屋面的不同部位，采用几种不同型式的雨水排除系统，称为混合式排水系统。

混合式排水系统可采用内外排水系统结合；压力、重力排水结合；暗管、明沟结合等系统。具有形式多样、使用灵活、容易满足排水和生产要求等优点。

图 9.9 为混合式排水系统图。右跨为封闭式直接外排水系统，中跨为敞开式，左跨为檐沟式。

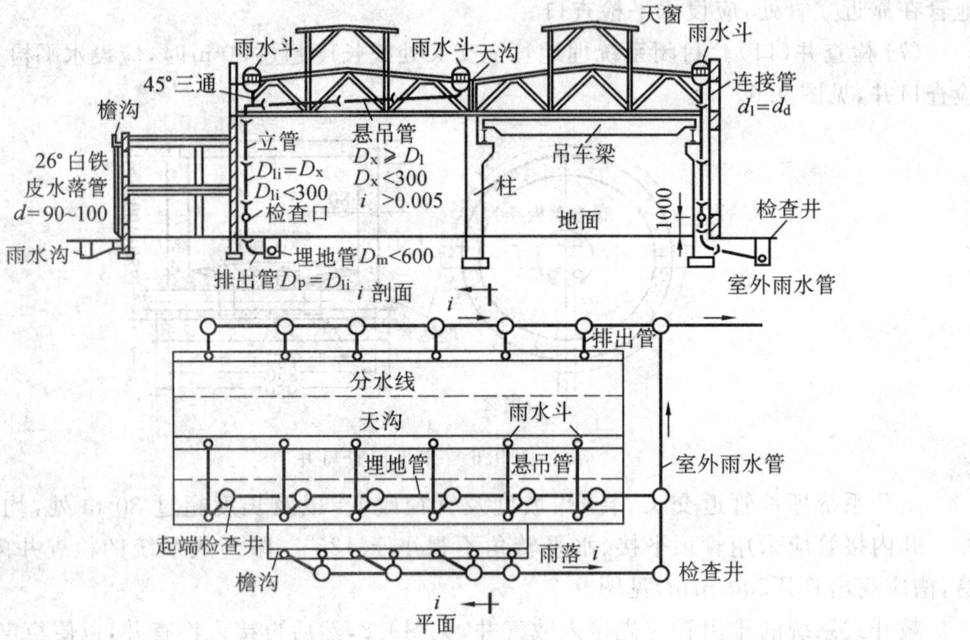

图 9.9　混合式排水系统

任务二　雨水排水系统计算

一、雨水量计算

屋面雨水量是设计计算雨水排水系统的重要数据。雨水量的大小与本地区设计暴雨程度 q、屋面汇水面积 F 及屋面宣泄能力系数 k_1 有关，可按以下公式计算

$$q_r = k_1 \frac{F \cdot q_5}{100} \tag{9.1}$$

式中　q_r —— 屋面雨水设计流量，L/s；

F —— 屋面设计汇水面积，m^2；

q_5 —— 当地降雨历时为 5 min 时的暴雨强度，$L/(s \cdot 10^2 m^2)$；

k_1 —— 设计重现期为 1a 时屋面宣泄能力系数（坡度小于 2.5% 的平屋面 $k_1=1.0$；坡度大于及等于 2.5% 的斜屋面 $k_1=1.5 \sim 2.0$）。

1. 设计暴雨强度

暴雨强度是指单位时间降落到地面的雨水深度。

我国暴雨强度公式常采用以下公式计算

$$i = \frac{A_1(1 + C \cdot \lg P)}{(t+b)^n} \tag{9.2}$$

式中　i —— 暴雨（降雨）强度，mm/min；

P —— 设计重现期，a；

t —— 降雨历时（屋面雨水集水时间），min；

A_1, b, C, n —— 当地降雨参数。

设计暴雨强度公式中有设计重现期 P 和降雨历时 t 两个参数。设计重现期 P 应根据生产工艺性质及建筑物性质来确定，一般采用 1 a，工业建筑可按表 9.2 确定。屋面雨水集水时间按 5 min 计算。

在工程设计上，暴雨强度常用单位时间单位面积上的降雨体积表示，符号为 q，单位为 $L/(s \cdot 10^4 m^2)$。q 与 i 的关系如下

$$q=\frac{10\ 000\times 1\ 000}{1\ 000\times 60}i=167i \tag{9.3}$$

降雨历时为 5 min时的暴雨强度用符号 q_5 表示。我国部分城市 q_5 值见《建筑给水排水设计手册》。我国各大中城市的暴雨强度公式可以在《建筑给水排水设计手册》第 5 册中查得。

2. 汇水面积

屋面的汇水面积按屋面的水平投影面积计算。

高出屋面的侧墙汇水面积按以下方面计算：

(1) 一侧有侧墙，按侧墙面积的 50% 折算成汇水面积；

(2) 两面积相对并且高度相等的侧墙，可不计入汇水面积；

(3) 两面相邻侧墙，按两侧墙面积的平方和的平方根的 50% 折算成汇水面积，即

$$\sqrt{a^2+b^2}\cdot 50\%$$

(4) 两侧面相对不同高度的侧墙，按高出低墙上面面积的 50% 折算成汇水面积；

(5) 三面侧墙，按最低墙顶以下的中间墙面积的 50% 加上(3)、(4) 两种情况最低墙的墙顶以上墙面面积值；

(6) 四面侧墙，最低墙顶以下面积不计入，增加(1)、(3)、(4) 及(5) 的情况最低墙以上的面积。

表 9.2　工业建筑雨水管道设计重现期 P

工　业　企　业　特　征	P/a
1. 生产工艺因素	
生产和机械设备不会因水受损害	0.5
生产可能因水受影响，但机械设备不会因水受损害	1.0
生产不会因水受影响，但机械设备可能因水受损害	1.5
生产和机械设备均可能因水而受损害	2.0
2. 土建因素	
房屋最低层地板标高低于室外地面标高	0.5
天窗玻璃位于天沟之上小于 100 mm	0.5
屋顶各个方向被屋面高出部分紧紧包围着妨碍雨水流动	0.5

注：① 将表中 1、2 两项中有关相应的数值相加，即可求得计算 P 值。

② 机械设备可能因受水损害的生产，系指下列类型工厂：丝绸厂、卷烟厂、棉纺厂、冶金厂，以及各种金属加工厂、化学联合企业等。

排入雨水管中的生产废水量如超过雨水量的 5% 时，应计入雨水设计流量中，一般可将废水量按式(9.4) 换算为“当量汇水面积”，即

$$F_e=KQ_w \tag{9.4}$$

式中 F_e —— 当量汇水面积，m^2；

Q_w —— 生产废水流量，L/s；

K —— 换算系数，$m^2 \cdot s/L$，见表 9.3。

表 9.3 降雨强度与系数 K 的关系

小时降雨厚度（$mm \cdot h^{-1}$）	50	60	70	80	90	100	110	120	140	160	180	200
系数 K 值	72	60	51.4	45	40	36	32.7	30	25.7	22.5	20	18

注：降雨强度介于表中两数之间时，K 值按内插法确定。

二、溢流口排水量

溢流口排水量按下式计算

$$q_{yL} = mb\sqrt{2gH^3} \tag{9.5}$$

式中 q_{yL} —— 溢流口的排水量，L/s；

H —— 溢流口前堰上水头，m；

b —— 溢流口宽度，m；

m —— 流量系数，一般可采用 320。

三、雨水排水系统的水力计算

1. 天沟外排水系统水力计算

天沟外排水系统水力计算的目的，是在已知屋面需要排泄的雨水量及天沟坡度的情况下，确定天沟的断面尺寸、雨水斗及立管管径。

(1) 天沟内水流速度计算公式

$$v = \frac{1}{n} R^{2/3} i^{1/2} \tag{9.6}$$

式中 v —— 天沟内水流速度，m/s；

R —— 水力半径，m；

i —— 天沟坡度；

n —— 天沟粗糙系数，各种材料的 n 值，见表 9.4。

表 9.4 各种材料的 n 值

壁面材料的种类	n 值
钢管、石棉水泥管、水泥砂浆光滑水槽	0.012
铸铁管、陶土管、水泥砂浆抹面混凝土槽	0.012 ～ 0.013
混凝土及钢筋混凝土槽	0.013 ～ 0.014
无抹面的混凝土槽	0.014 ～ 0.017
喷浆护面的混凝土槽	0.016 ～ 0.021
表面不整齐的混凝土槽	0.020
豆砂沥青玛𤧛脂护面的混凝土槽	0.025

(2) 天沟过水断面面积计算公式

$$w=\frac{q_r}{1\ 000v} \tag{9.7}$$

式中　w —— 天沟过水断面面积，m^2；

其余符号含义同前。

天沟过水断面多采用矩形、梯形、三角形、半圆形。天沟的实际断面面积应增加保护高度 50 ～ 100 mm，天沟起端深度不宜小于 80 mm。

(3) 天沟的坡度。天沟的坡度视屋顶情况而定，一般采用 0.003 ～ 0.006，当天沟较长时，天沟坡度不能太大，但最小坡度不得小于 0.003。

(4) 天沟排水立管。天沟排水立管的管径可按表 9.5 选用。

表 9.5　雨水立管最大设计泄流量

管　径 /mm	75	100	125	150	200
最大设计泄流量 /($L \cdot s^{-1}$)	9	19	29	42	75

注：75mm 管径立管用于阳台排放雨水。

(5) 溢流口。天沟末端山墙、女儿墙上设置溢流口，用以排泄超过排水立管泄水能力的那部分雨水量，其排水能力按宽顶堰计算，见公式(9.5)。

2. 天沟内排水系统水力计算

雨水内排水系统水力计算的任务主要是选择布置雨水斗，布置并计算确定连接管、悬吊管、立管、排出管和埋地管的管径。

(1) 雨水斗。雨水斗的泄流量与雨水斗前水深有关，斗前水深愈大，则泄流量愈大。斗前水深一般不超过 100 mm。表 9.6 是在雨水斗前水深约 83.7 mm 时，实验得到的一个雨水斗最大允许泄流量，可在计算时选用。

表 9.6　雨水斗最大允许泄流量　　($L \cdot s^{-1}$)

雨水斗直径 /mm	75	100	125	150	200
单斗系统	9.5	15.5	22.5	31.5	51.5
多斗系统	7	12	18	26	39

屋面雨水斗的设计泄流量可按下式计算

$$q_d=k_1\frac{F_d \cdot h_5}{3\ 600} \tag{9.8}$$

式中　q_d —— 雨水斗的设计泄流量，L/s；

h_5 —— 当地降雨历时为 5 min 时的小时降雨厚度，见《建筑给水排水设计手册》，mm/h；

k_1 —— 屋面宣泄能力系数。

根据公式(9.8) 和表 9.6，可计算出不同小时降雨厚度时单斗的最大允许汇水面积、多斗系统中一个雨水斗的最大允许汇水面积，见表 9.7。

表 9.7　$k_1=1$ 时雨水斗最大允许汇水面积　m^2

系统类型	雨水斗直径/mm	小时降雨厚度 $h/(mm \cdot h^{-1})$											
		50	60	70	80	90	100	110	120	140	160	180	200
单斗系统	75	684	570	489	428	380	342	311	285	244	214	190	171
	100	1 116	930	797	698	620	558	507	465	399	349	310	279
	150	2 268	1 890	1 620	1 418	1 260	1 134	1 031	945	810	709	630	567
	200	3 708	3 090	2 647	2 318	2 060	1 854	1 685	1 545	1 324	1 159	1 030	927
多斗系统	75	569	474	406	356	316	284	259	237	203	178	158	142
	100	929	774	663	581	516	464	422	387	332	290	258	232
	150	1 865	1 554	1 331	1 166	1 036	932	847	777	666	583	518	466
	200	2 822	2 352	2 016	1 764	1 568	1 411	1 283	1 176	1 008	882	784	706

设计时可根据当地 5 min 的小时降雨厚度 h_5 查表 9.7 确定雨水斗直径。

(2) 连接管。一般情况下，一根连接管上接一个雨水斗，因此，连接管的管径一般与雨水斗相同。

(3) 悬吊管。悬吊管的排泄能力与连接的雨水斗数量和雨水斗至立管的距离有关。连接雨水斗的数量愈多，则雨水斗掺气量愈大，水流阻力大；雨水斗至立管愈远，则水流阻力愈大，悬吊管的排水量愈小。一般来讲，单斗系统的排水量较多斗系统大 20% 左右。

表 9.8 给出了在 $k_1=1$，$h_5=100$ mm/h 情况下，多斗系统悬吊管最大允许汇水面积、悬吊管管径及坡度，可供设计时选用。

表 9.8　多斗雨水排水系统中悬吊管最大允许汇水面积　m^2

管　坡	管　径　/mm				
	100	150	200	250	300
0.007	152	449	967	1 751	2 849
0.008	163	480	1 034	1 872	3 046
0.009	172	509	1 097	1 986	3 231
0.010	182	536	1 156	2 093	3 406
0.012	199	587	1 266	2 293	3 731
0.014	215	634	1 368	2 477	4 030
0.016	230	678	1 462	2 648	4 308
0.018	244	719	1 551	2 800	4 569
0.020	257	758	1 635	2 960	4 816
0.022	270	795	1 715	3 105	5 052
0.024	281	831	1 791	3 243	5 276
0.026	293	865	1 864	3 375	5 492
0.028	304	897	1 935	3 503	5 699
0.030	315	929	2 002	3 626	5 899

注：① 本表计算中 $h/D=0.8$。② 管道的 $n=0.013$。③ 小时降雨厚度为 100 mm。

当屋面宣泄能力系数 $k_1 \neq 1$ 时，应将实际汇水面积折算成相当于 $k_1=1$ 时的汇水面积。

$$F' = k_1 \cdot F \tag{9.9}$$

式中　F' —— 相当于 $k_1=1$ 时的汇水面积，m^2；

F —— 实际汇水面积，m^2；

k_1 —— 宣泄能力系数。

当该地小时降雨厚度 $h_5 \neq 100$ mm/h 时，应按下式将汇水面积 F' 或 F 换算成 $h_5 = 100$ mm/h 的汇水面积，然后再查表 9.8，确定悬吊管的管径和坡度。

$$F_{100} = h_5 \cdot F'/100 \tag{9.10}$$

式中　F_{100} —— 相当于 $h_5 = 100$ mm/h 时的汇水面积，m^2；

F'、h_5 —— 含义同前。

(4) 立管。立管只连接一根悬吊管时，立管管径不得小于悬吊管管径，可与悬吊管管径相同，其泄流量还应满足表 9.5 的要求。如果一根立管连接两根悬吊管时，应先计算立管的汇水面积 F'，再根据小时降雨厚度 h_5，查表 9.9 确定立管管径。

表 9.9　立管最大允许汇水面积　　m^2

管　径　/mm	75	100	150	200	250	300
汇水面积 /m^2	360	680	1 510	2 700	4 300	6 100

(5) 排出管。排出管管径一般采用与立管相同的管径，不必另行计算，如果加大一号管径，可以改善管道排水的水力条件，增加立管的泄水能力。

(6) 埋地管。埋地管按重力流计算，采用建筑排水横管水力计算方法，控制最大计算充满度(见表 9.10)和最小坡度(见表 8.3)。埋地管最小管径为 200 mm。

表 9.11 为埋地管最大允许汇水面积表；表 9.12 为埋地管满流时最大允许汇水面积表，供设计时选用。

表 9.10　雨水悬吊管和埋地管的最大计算充满度

管　道　名　称	管　径 /mm	最大计算充满度
悬吊管		0.80
密封系统的埋地管		1.00
敞开系统的埋地管	≤300	0.50
	350～450	0.65
	≥500	0.80

表 9.11　埋地管最大允许汇水面积　　m^2

充满度 / 管径/mm / 水力坡度	0.50						0.65			0.80	
	75	100	150	200	250	300	350	400	450	500	600
0.001 0	13	27	81	174	315	512	1 165	1 663	2 277	3 902	6 346
0.001 5	15	33	98	212	385	626	1 427	2 037	2 789	4 779	7 772
0.002 0	18	39	114	245	445	723	1 648	2 352	3 220	5 519	8 974
0.002 5	20	43	127	274	497	809	1 842	2 630	3 600	6 170	10 034

续表 9.11

充满度 / 管径/mm / 水力坡度	0.50						0.65			0.80	
	75	100	150	200	250	300	350	400	450	500	600
0.003 0	22	47	140	300	545	886	2 018	2 881	3 944	6 759	10 991
0.003 5	24	51	150	325	588	957	2 180	3 112	4 260	7 300	11 872
0.004 0	25	55	161	345	629	1 023	2 330	3 327	4 554	7 805	12 692
0.004 5	27	57	171	368	667	1 085	2 471	3 529	4 830	8 298	13 461
0.005 0	28	61	180	388	703	1 144	2 605	3 719	5 092	8 726	14 190
0.005 5	30	64	189	407	738	1 200	2 732	3 900	5 340	9 152	14 882
0.006 0	31	67	197	423	771	1 253	2 854	4 074	5 578	9 559	15 544
0.006 5	32	69	205	442	802	1 304	2 970	4 241	5 809	9 949	16 178
0.007 0	33	72	213	459	832	1 353	3 084	4 401	6 025	10 325	16 789
0.007 5	35	74	220	475	861	1 400	3 190	4 555	6 236	10 687	17 379
0.008 0	36	77	228	491	890	1 447	3 295	4 705	6 441	11 038	17 949
0.008 5	37	79	235	506	917	1 491	3 397	4 850	6 639	11 377	18 501
0.009 0	38	82	242	520	944	1 535	3 495	4 990	6 832	11 707	19 037
0.010	40	86	255	549	995	1 618	3 684	5 260	7 201	12 341	20 067
0.011	42	91	267	575	1 043	1 697	3 964	5 517	7 553	12 943	21 047
0.012	44	95	279	601	1 090	1 772	4 036	5 762	7 888	13 519	21 983
0.013	46	99	290	626	1 134	1 844	4 200	5 997	8 210	14 070	22 880
0.014	47	102	301	649	1 177	1 914	4 359	6 224	8 520	14 602	23 744
0.015	49	106	312	672	1 218	1 981	4 512	6 442	8 820	15 114	24 577
0.016	51	109	322	694	1 258	2 046	4 660	6 654	9 109	15 610	25 383
0.017	52	113	332	715	1 297	2 109	4 804	6 858	9 389	16 090	26 164
0.018	54	116	342	736	1 335	2 170	4 943	7 057	9 661	16 557	26 923
0.019	55	119	351	756	1 371	2 230	5 078	7 250	9 926	17 010	27 661
0.020	57	122	360	776	1 407	2 288	5 210	7 439	10 184	17 452	28 379
0.021	58	125	369	795	1 442	2 344	5 339	7 623	10 435	17 883	29 080
0.022	59	128	378	814	1 475	2 399	5 465	7 802	10 681	18 304	29 765
0.023	61	131	386	832	1 509	2 453	5 587	7 977	10 921	18 715	30 433
0.024	62	134	395	850	1 541	2 506	5 708	8 149	11 156	19 118	31 088
0.025	63	137	403	867	1 573	2 558	5 825	8 317	11 386	19 512	31 729
0.026	64	139	411	885	1 604	2 608	5 941	8 482	11 611	19 900	32 357
0.027	66	142	419	902	1 635	2 658	6 054	8 643	11 833	20 278	32 974
0.028	67	145	426	918	1 665	2 707	6 165	8 802	12 050	20 650	33 579
0.029	68	147	434	934	1 694	2 755	6 274	8 958	12 263	21 015	34 173
0.030	69	150	441	950	1 723	2 802	6 381	9 111	12 473	21 375	34 757
0.031	70	152	449	966	1 751	2 848	6 487	9 261	12 679	21 728	35 332
0.032	72	155	456	981	1 779	2 894	6 591	9 410	12 882	22 076	35 897
0.033	73	157	463	997	1 807	2 938	6 693	9 555	13 081	22 418	36 454
0.034	74	159	470	1 012	1 834	2 983	6 793	9 699	13 278	22 755	37 002
0.035	75	162	477	1 026	1 861	3 026	6 893	9 841	13 472	23 087	37 542
0.036	76	164	483	1 040	1 887	3 069	6 990	9 980	13 663	23 415	38 075
0.037	77	166	490	1 055	1 913	3 111	7 087	10 118	13 852	23 738	38 600
0.038	78	168	497	1 070	1 939	3 153	7 182	10 254	14 038	24 056	39 118
0.039	79	171	503	1 083	1 965	3 195	7 276	10 388	14 221	24 370	39 630
0.040	80	173	510	1 097	1 990	3 235	7 368	10 520	14 402	24 681	40 134
0.042	82	177	522	1 124	2 039	3 315	7 550	10 780	14 758	25 291	41 126

续表 9.11

水力坡度 \ 管径/mm \ 充满度	0.50						0.65			0.80	
	75	100	150	200	250	300	350	400	450	500	600
0.044	84	181	534	1 151	2 087	3 393	7 728	11 034	15 105	25 886	42 093
0.046	86	185	546	1 177	2 133	3 470	7 902	11 282	15 445	26 468	43 039
0.048	88	189	558	1 202	2 179	3 544	8 072	11 524	15 777	27 037	43 965
0.050	90	193	570	1 227	2 224	3 617	8 238	11 762	16 102	27 594	44 872
0.055	94	202	597	1 287	2 333	3 793	8 640	12 336	16 888	28 941	47 062
0.060	98	212	624	1 344	2 437	3 962	9 024	12 884	17 639	30 228	49 154
0.065	102	220	650	1 399	2 536	4 124	9 393	13 410	18 359	31 462	51 161
0.070	106	228	674	1 451	2 632	4 280	9 747	13 917	19 052	32 650	53 093
0.075	110	236	698	1 502	2 724	4 430	10 090	14 405	19 721	33 796	54 956
0.080	113	244	720	1 552	2 813	4 575	10 420	14 878	20 368	34 904	56 758

注：本表降雨强度按 100 mm/h 计算，管道粗糙系数取 0.014。

表 9.12　埋地管满流时最大允许汇水面积　　m^2

水力坡度 \ 管径/mm	100	150	200	250	300	350	400	450	500	600
0.001 0	55	161	347	629	1 022	1 542	2 202	3 014	3 992	6 491
0.001 5	66	197	425	770	1 252	1 888	2 696	3 691	4 889	7 949
0.002 0	77	228	490	889	1 446	2 181	3 113	4 262	5 645	9 179
0.002 5	86	254	548	994	1 616	2 438	3 481	4 765	6 311	10 263
0.003 0	95	279	601	1 089	1 771	2 671	3 813	5 220	6 914	11 242
0.003 5	102	301	648	1 176	1 912	2 885	4 118	5 638	7 467	12 143
0.004 0	109	322	693	1 257	2 044	3 084	4 403	6 028	7 983	12 981
0.004 5	116	342	735	1 333	2 168	3 271	4 670	6 393	8 467	13 769
0.005 0	122	360	775	1 406	2 286	3 448	4 923	6 739	8 925	14 514
0.005 5	128	377	813	1 474	2 397	3 616	5 163	7 068	9 361	15 222
0.006 0	134	394	849	1 540	2 504	3 777	5 393	7 382	9 777	15 899
0.006 5	139	410	884	1 603	2 606	3 931	5 613	7 684	10 176	16 548
0.007 0	144	426	917	1 663	2 705	4 080	5 825	7 974	10 561	17 173
0.007 5	149	441	949	1 721	2 799	4 223	6 029	8 354	10 931	17 775
0.008 0	154	455	981	1 778	2 891	4 361	6 227	8 525	11 290	18 359
0.008 5	159	469	1 011	1 833	2 980	4 495	6 418	8 787	11 637	18 923
0.009 0	164	483	1 040	1 886	3 067	4 626	6 605	9 042	11 975	19 472
0.010	173	509	1 096	1 988	3 233	4 876	6 962	9 531	12 623	20 526
0.011	181	534	1 150	2 085	3 390	5 114	7 302	9 996	13 239	21 527

注：本表降雨强度按 100 mm/h 计算。

3. UPVC 雨水管的水力计算

雨水悬吊管及雨水埋地管的水力计算，见表 9.13。

表 9.13 UPVC 雨水管水力计算

类别	充满度	DN /mm	壁厚 /mm	内径 /mm	比阻 1000A	系数 K_c	Q_{min} /(L·s^{-1})	Q_l /(L·s^{-1})	Q_{max} /(L·s^{-1})
雨水悬吊	0.8	110	3.2	103.6	0.1557	0.1383	4.007	7.231	19.63
		160	4.0	152	0.02015	0.06426	7.045	15.56	54.57
雨水埋地	1.0	110	3.2	103.6	0.1487	0.1186	4.100	8.432	20.09
		160	4.0	152	0.01925	0.05511	7.207	18.15	55.83
		200	5.0	190	0.005856	0.03527	13.07	28.35	101.2
		225	5.0	215	0.003029	0.02754	18.17	36.31	140.7
		250	5.0	240	0.001685	0.02210	24.36	45.25	188.7
		280	6.3	267.4	0.0009464	0.01781	32.51	56.15	25.18
		315	6.3	302.4	0.0004911	0.01392	45.12	71.84	349.5

表中 A 为比阻，K_C 为流速系数，Q_{min} 是最小坡度时的流量(L/s)，Q_{max} 是坡度 0.06 时的流量(L/s)，Q_l 是管内流速为 1 m/s 时的流量(L/s)。在某一确定流量 Q(L/s) 时，可根据管道类别、充满度要求及管长情况，查出相应的 1000A 和 K_C 值，利用 $i=AQ^2$ 和 $v=K_CQ$ 公式算出水力坡降 i 和流速 v(m/s) 值。

【例 9.1】 已知天津某车间全长 104 m，跨度为 18 m，利用拱形屋架及大型屋面所形成的矩形凹槽作为天沟。天沟宽度为 0.65 m，天沟深为 0.25 m，天沟内积水厚度按 0.15 m 计算，天沟坡度为 0.005，天沟表面铺绿豆砂，其粗糙系数 n 为 0.025，天沟布置见图 9.10 。要求计算天沟的排水量能否满足要求，选用雨水斗，确定立管管径及溢流口泄流量。

【解】

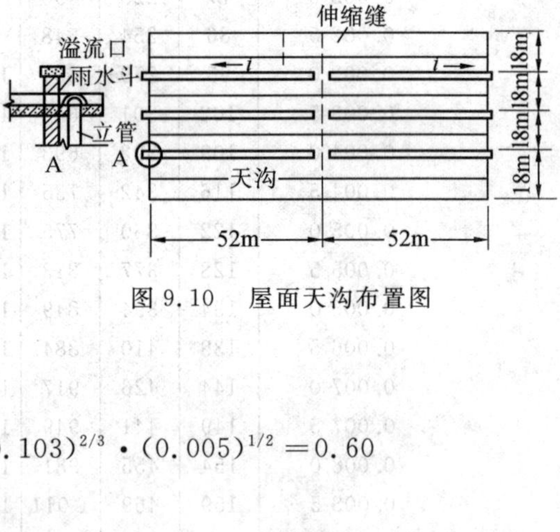

图 9.10 屋面天沟布置图

(1) 天沟的过水断面积 w

$$w/\text{m}^2=0.65\times 0.15=0.097\ 5$$

(2) 湿周 χ

$$\chi/\text{m}=0.65+2\times 0.15=0.95$$

(3) 水力半径

$$R/\text{m}=\frac{w}{\chi}=\frac{0.097\ 5}{0.95}=0.103$$

(4) 天沟的水流速度 v

$$v/(\text{m}\cdot\text{s}^{-1})=\frac{1}{n}R^{2/3}i^{1/2}=\frac{1}{0.025}(0.103)^{2/3}\cdot(0.005)^{1/2}=0.60$$

(5) 天沟的排水量 Q

$$Q/(\text{L}\cdot\text{s}^{-1})=v\cdot w=0.60\times 0.097\ 5=58.5$$

(6) 天沟的汇水面积 F_w

$$F_w/\text{m}^2=104\div 2\times 18=936$$

(7) 暴雨量计算。当重现期为 1 a 时，查《建筑给水排水设计手册》，表 4.2-2。

$$q_5=2.77\ \text{L}/(\text{s}\times 10^2\cdot\text{m}^2)$$

$$h_5=100\ \text{mm/h}$$

因此屋面雨水设计流量 q_r 为

$$q_r/(\text{L}\cdot\text{s}^{-1})=k_1\cdot F_w\cdot q_5\times 10^{-2}=1.5\times 936\times 2.77\times 10^{-2}=38.9$$

故天沟的排水量 58.5 L/s＞1 a 重现期暴雨量 38.9 L/s，因此，天沟断面可以满足屋面雨水排泄要求。

(8) 雨水斗选用。雨水斗依据小时降雨厚度 h_5 和允许汇水面积选定，查表 9.7 单斗系统允许汇水面积表，采用直径 150 mm 的 79 型雨水斗，当 $h_5=100$ mm/h 时，其允许汇水面积为 1 134 m^2，可以满足 936 m^2 的要求。

(9) 雨水排水立管。查表 9.5，立管直径采用 150 mm，则允许泄流量为 42 L/s＞38.9 L/s，能满足要求。

(10) 溢流口计算。在天沟末端山墙上开一个溢流口，口宽采用 0.65 mm，堰上水头如为 0.15 m，由溢流口排水量公式(9.5) 及流量系数 $m=320$ 计算为

$$q_{\text{rL}}/(\text{L}\cdot\text{s}^{-1})=mb\sqrt{2gH^3}=320\times0.65\sqrt{2\times9.81\times0.15^3}=53.5>38.9$$

可以满足要求。

【例 9.2】 北京地区某厂房屋面天沟每段汇水面积为 $20\times23=460$ m^2，采用单斗内排水系统，管道系统采用如图 9.11 所示，要求进行该雨水系统的水力计算($k_1=1$)。

【解】

(1) 确定降雨强度 q_5。采用重现期 $p=1$ a，降雨历时 $t=5$ min，查《建筑给水排水设计手册》，得

$$q_5=3.23\ \text{L}/(\text{s}\times10^2\cdot\text{m}^2)$$

$$h_5=116\ \text{mm/h}$$

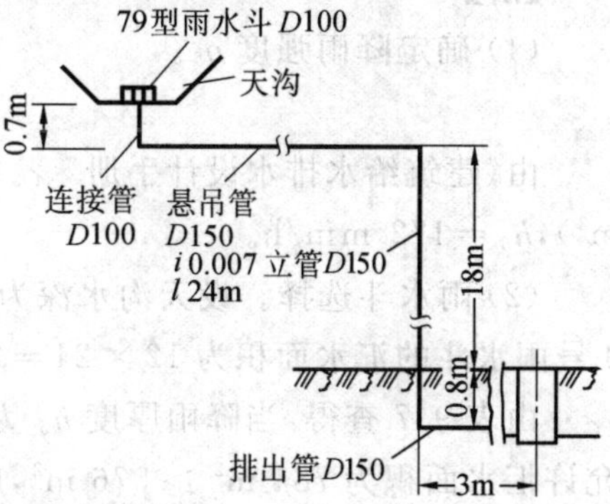

图 9.11　雨水管道系统图

(2) 选择雨水斗。当小时降雨厚度 h_5 为 116 mm 时，由表 9.7 查得 79 型雨水斗直径为 100 mm 时，最大允许汇水面积为 465 m^2，大于实际汇水面积 460 m^2，所以该种雨水斗可满足泄流要求。

(3) 连接管。连接管采用与雨水斗出口直径相同的管径，即 $D=100$ mm。

(4) 悬吊管。将屋面汇水面积换算为相当于 h_5 为 100 mm/h 的汇水面积。

换算系数 $k=\dfrac{h_5}{100}=\dfrac{116}{100}=1.16$

则计算汇水面积 $F_h/\text{m}^2=kF_{100}=1.16\times460=534$

由于单斗系统较多斗系统的泄水能力大 20%，由表 9.8 查得，当悬吊管直径 $D=150$ mm、坡度 $i=0.007$ 时，单斗系统最大允许汇水面积为 $449\times1.2=539$ m^2，大于要求的汇水面积 534 m^2，故选用 $D=150$ mm 的悬吊管，其安装坡度为 0.007。

(5) 立管。由表 9.9 查得，当立管管径为 100 mm 时，最大允许汇水面积为 680 m^2，大于所需汇水面积 460 m^2，但《建筑给水排水设计规范》中规定，立管管径不得小于悬吊管的管径，所以立管管径采用 150 mm。

(6) 排出管。排出管采用与立管相同的管径 $D=150$ mm。

(7) 埋地管。由表 9.11 查得当管径为 250 mm，坡度为 0.003，充满度为 0.5 时，埋地管的最大允许汇水面积为 545 m^2，大于所需的 534 m^2 可以满足排水要求。

【例 9.3】 已知深圳某厂房采用多斗内排水系统，其布置如图 9.12 所示，要求进行雨水内排水系统水力计算($k_1=1$)。

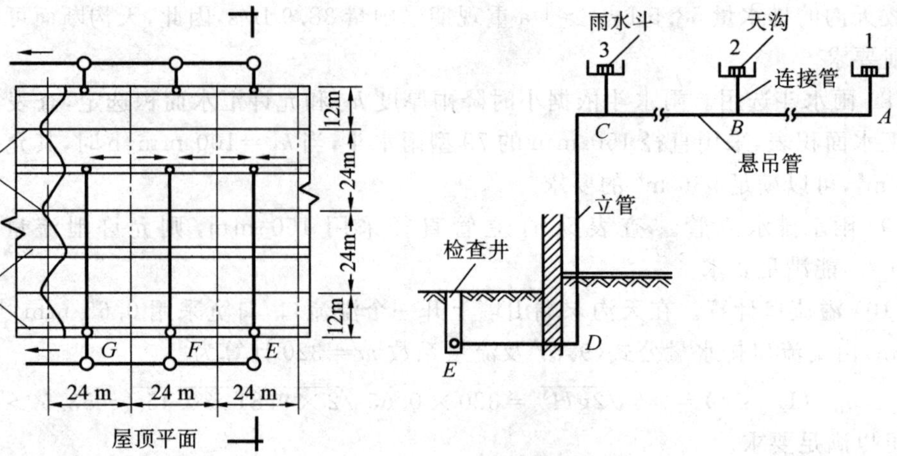

图 9.12　雨水管道系统布置

【解】

(1) 确定降雨强度 q_5。

$$h_5 = 172\ \mathrm{mm/h}$$

由《建筑给水排水设计手册》表 4.2－2 查得，当 $P = 1\mathrm{a}$ 时，深圳市 $q_5 = 4.78\ \mathrm{L/(s \times 10^2 \cdot m^2)}$，$h_5 = 172\ \mathrm{mm/h}$。

(2) 雨水斗选择。设天沟水深为 0.08 m，1、2 号雨水斗的汇水面积均为 $24 \times 24 = 576\ \mathrm{m^2}$，3 号雨水斗的汇水面积为 $12 \times 24 = 288\ \mathrm{m^2}$。

由表 9.7 查得，当降雨厚度 h_5 为 180 mm/h，采用 79 型雨水斗，当 D 为 200 mm 时，最大允许汇水面积为 $784\ \mathrm{m^2} > 576\ \mathrm{m^2}$，所以，1、2 号雨水斗选用 $D = 200$ 的 79 型雨水斗，3 号雨水斗选用 79 型 $D = 150$ mm，其最大允许汇水面积为 $518\ \mathrm{m^2} > 288\ \mathrm{m^2}$，能满足排水要求。

(3) 连接管。连接管采用与雨水斗相同的管径，即 1、2 号雨水斗连接管 $d_{1-A} = d_{2-B} = 200$ mm；3 号雨水斗连接管 d_{3-C} 采用 150 mm。

(4) 悬吊管。

换算系数 $= \dfrac{h_5}{100} = \dfrac{172}{100} = 1.72$

悬吊管 A—B 段汇水面积 $F_{AB}/\mathrm{m^2} = 1.72 \times 576 = 991$

悬吊管 B—C 段汇水面积 $F_{BC}/\mathrm{m^2} = 991 \times 2 = 1\,982$

由表 9.8 查得，当悬吊管坡度 $i = 0.008$、管径 $D = 200$ 时，悬吊管最大允许汇水面积为 $1\,034\ \mathrm{m^2} > 991\ \mathrm{m^2}$，所以 A—B 管段直径采用 200 mm，$i = 0.008$；同理，由表 9.8 查得，当 $i = 0.009$，$D = 250$ mm 时最大允许汇水面积为 $1\,986\ \mathrm{m^2} > 1\,982\ \mathrm{m^2}$，所以 B—C 管段直径采用 250mm，$i = 0.009$。

(5) 立管。3 号雨水斗的汇水面积换算为 100 mm/h 的汇水面积为 $288 \times 1.72 = 495\ \mathrm{m^2}$。

立管负担的总汇水面积为 $1\,982 + 495 = 2\,477\ \mathrm{m^2}$，由表 9.9 查得，当立管直径为 200 mm 时，其最大允许汇水面积为 $2\,700\ \mathrm{m^2} > 2\,477\ \mathrm{m^2}$，但是按规范规定，立管管径不得小于悬吊管管径的要求，立管选用与悬吊管 B—C 段相同的管径，即采用 250 mm。

(6) 排出管。排出管采用与立管相同的直径，即为 250 mm。

(7) 埋地管。检查井 E、F 间的埋地管，承受的汇水面积为 $2\,477\ \mathrm{m^2}$，由表 9.11 查得，当

$D=350$ mm，$i=0.005$ 时，其最大允许汇水面积为 2 605 m^2 ＞2 477 m^2，此时充满度为 0.65，可以满足要求。因此，E—F 段采用管径 350 mm，$i=0.005$。

检查井 F、G 间的埋地管，承受的汇水面积为 $2\times 2\ 477=4\ 954$ m^2，由表 9.11 查得，当 $D=450$ mm，$i=0.005$ 时，其最大允许汇水面积为 5 092 m^2 ＞4954 m^2，此时充满度为 0.65，可以满足排水要求，因此，该管段采用管径 450 mm，$i=0.005$。

检查井 G 以后的管段，承担的汇水面积为 $3\times 2\ 477=7\ 431$ m^2，因此，由表 9.11 可查得，该管段直径为 500 mm，$i=0.004$，充满度为 0.8 时，能负担的汇水面积为 7 805 m^2 ＞7 431 m^2，可以满足排水要求。

思考题与习题

9.1　排除屋面雨水的方式一般有几种？每种排水方式的特点如何？

9.2　天沟外排水系统是由哪些部分组成的？对各部分有何基本要求？

9.3　雨水内排水系统分为哪两类？其适用条件是什么？

9.4　屋面雨水排水系统的布置有哪些要求？

9.5　什么叫降雨强度、降雨历时、小时降雨厚度和重现期？

9.6　如何计算屋面雨水设计流量？

9.7　如何进行天沟外排水系统的水力计算？

9.8　如何进行雨水内排水系统水力计算？

单元十 污(废)水抽升与局部污水处理

【教学目标】通过项目教学活动，培养学生具备确定污(废)水抽升方法的能力；培养学生能够进行生活污水局部处理方法设计计算的能力。培养学生良好的职业道德、自我学习能力、实践动手能力和耐心细致的能够分析和处理问题的能力，以及诚实、守信、善于沟通和合作的专业素养。

【知识目标】

1. 掌握污(废)水抽升方法；
2. 掌握生活污水局部处理设计计算方法。

【主要学习内容】

任务一 污(废)水抽升

某些工业企业建筑或民用建筑(如地下室、人防建筑等)，因室内标高较低，可能造成污(废)水不能自流排放，所以必须经抽升后排至室外排水系统。

一、污(废)水抽升设备

离心式水泵是建筑内部污水抽升最常用的设备，主要有潜水泵、液下泵和卧式离心泵。其他还有气压扬液器、射流泵等。抽升设备的类型应根据污(废)水的水质(如悬浮物、腐蚀程度、水温等)、水量、抽升高度及建筑物性质等因素确定。几种常用抽升设备的适用条件、优缺点见表10.1。

表10.1 常用污水提升设备比较

名称	适用条件	优点	缺点
离心水泵	各种不同性质的污水的经常性扬升	1. 一般效率较高，工作可靠 2. 型号、规格较多，适用范围较广 3. 操作管理方便	1. 密封不易严密，漏泄和腐蚀不易解决 2. 一般叶轮间隙较小，易堵塞 3. 抽吸式安装时，启动时需灌水或抽水
气压扬液器	一般用于有压缩空气管道的工业厂房和卫生要求较高的民用建筑，常用以经常性的扬升	1. 不易堵塞，容易防腐，工作可靠 2. 维修、管理简单，卫生条件较好 3. 施工安装容易，投资省	1. 效率低(一般为10% ～ 20%) 2. 需要供给压缩空气

续表 10.1

名　称	适用条件	优　点	缺　点
喷射泵	一般用于小流量、较经常的污水扬升。扬升高度不大于 10 m	1. 设备简单,投资省 2. 结构紧凑,占地小 3. 工作可靠,维修、管理简单,容易防腐	1. 效率低(一般为 15% ～ 30%) 2. 必须供给压力工作介质(水、蒸汽、压缩空气等)

水泵的选择主要依据设计流量和扬程。当水泵为自动控制启闭时,水泵设计流量按排水的设计秒流量计算;当水泵为人工控制启闭时,其设计流量按排水的最大小时流量计算。在确定水泵的扬程时,应根据水泵提升管段相应流量下所需的压力与提升高度相加得之。考虑水泵在使用过程中因堵塞而使阻力加大的因素,可增大 1 ～ 2 kPa,作为安全扬程。

水泵机组选择时应注意以下几点。

(1) 尽量选用污水泵和杂质泵。当排除酸性或腐蚀性废水时,应选择耐腐蚀水泵。

(2) 选泵时应使工作点处于水泵工作高效区,以节省电耗。

(3) 污(废)水泵站应设备用机组(一般可备用一台)。

二、集水池

由于污水、废水来水量一般是不均匀的,所以必须设置集水池来收集和调节污水量,以便使抽升设备能够经济运行。

集水池的容积一般按以下方法确定。当水泵为自动控制启动时,不得小于最大一台水泵 5 min 的出水量。但水泵启动次数每小时不得超过 6 次;当水泵为人工控制启动时,集水池容积按流入的污水量和水泵工作情况来确定,一般采用 15 ～ 20 min 最大小时流入量,水泵每小时启动次数不超过 3 次,否则将给运行管理带来不便。当污水流入量很小时,为了便于管理,水泵可采用人工定时启动,集水池有效容积能够接纳水泵两次启动间的最大流入量,但生活污水集水池不得大于 6 h 的平均小时污水量,工业废水集水池不得大于最大班 4 h 的污水量,以防污水因在集水池中停留时间过长而沉淀腐化。

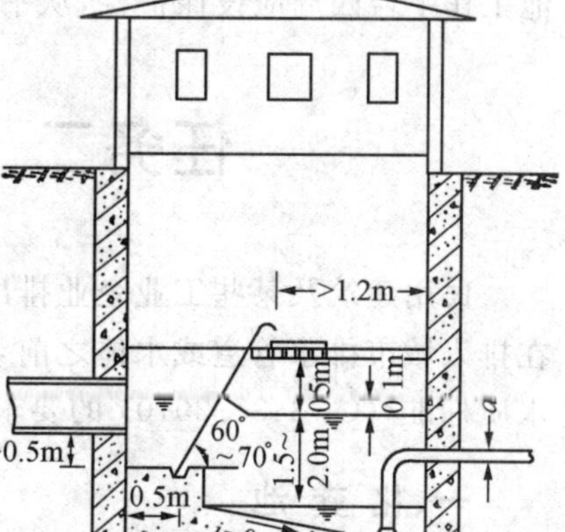

图 10.1　集水池的布置

在集水池前,一般要设置格栅,目的是用来拦截污水中大块悬浮物,以保护水泵安全运行及防止吸水管堵塞。格栅由一组平行的金属栅条组成,倾斜放置在污水流经的渠道上。在污水泵站中,一般采用格栅和集水池合建的形式,见图 10.1 将格栅设置在集水池污水进口处。格栅间隙的大小可按污水泵型号确定,见表 10.2。格栅栅条形状一般为圆形、矩形、方形等。

表 10.2　格栅栅条间距与截留污物数量

栅　条　间　距/mm	截留污物(每人每天)/L	格栅后可安装的水泵型号
≤20	4 ～ 6	$2\frac{1}{2}$ PWA
≤40	2.7	4 PWA
≤70	0.8	6 PWA
≤90	0.5	8 PWA

生活污水集水池不得有渗漏，池壁应采取防腐措施，集水池池底设有不小于0.01的坡度，坡向吸水坑，池底应设冲洗管，以防污泥在池中沉淀。集水池应装设水位指示装置，以方便操作管理，集水池还应设置通气管，将池内臭气排入大气。

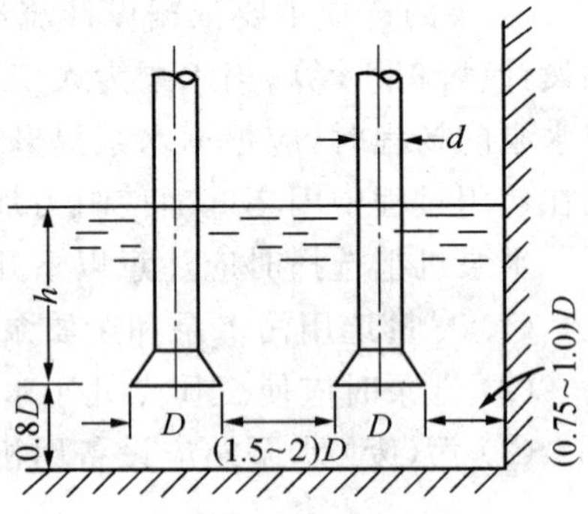

图 10.2　吸水管的布置

集水池的有效水深(最高水位至最低水位间距)一般为1.5 ～ 2.0 m。清理格栅工作平台应比最高水位高出0.5 m。格栅清理分人工清理和机械清理两种，如采用人工清理，其平台宽度不小于1.2 m，若采用机械清理时，视机械外形尺寸确定。为了保证良好的吸水条件，在集水池底部设吸水坑，吸水坑的大小取决于吸水管的布置，其布置尺寸要求见图 10.2。吸水管喇叭口下缘距集水池最低水位不小于 0.5 m，距坑底不小于喇叭进口直径的 0.8 倍，集水池工作平台四周应设保护栏，从平台到池底应设有爬梯。

任务二　生活污水的局部处理

民用建筑及某些工业企业排出的污水，其中含有大量的悬浮物、油类物质及高温污物等，在排入城市排水管道或水体之前，必须进行局部处理，达到国家规定的《污水排入城镇下水道水质标准》(CJ 343—2010) 的要求后才能排放。下面介绍几种常用的污水局部处理构筑物。

一、化 粪 池

民用建筑和工业企业建筑排出的污水中含有大量粪便、纸屑等悬浮物和病原体，易使管道堵塞、细菌繁殖而影响环境。

化粪池是较简单的污水沉淀和污泥消化处理的构筑物。污水从池子首端进入，在池内停留 12 ～ 24 h，澄清水从池子末端上部流出，悬浮物在重力作用下沉入池底，污水中悬浮物去除率可达60% 左右。沉于池底的悬浮物(污泥) 在池内贮存一段时间(最少 90 d)，在无氧或缺氧的条件下，以及在兼氧菌和厌氧菌作用下，污泥中部分有机物进行厌氧分解，转化为 H_2O、CH_4、H_2S、NH_4^+、N^+ 等。经化粪池处理后，污水中无机物去除率可达 20% 左右，同时能消灭细菌及病毒约 25% ～ 75% 左右。污泥经化粪池发酵后可以用作肥料。

化粪池是一种构造简单、行之有效的生活污水局部处理构筑物，在我国得到广泛应用。但是化粪池去除有机物能力差，出水呈酸性，且具有恶臭，仍不符合卫生要求。

化粪池一般用砖或钢筋混凝土砌筑，有圆形和矩形两种，目前在国家标准图集中给定的化粪池都采用矩形。为了减少污水与腐化污泥的接触时间及便于污泥清掏，化粪池一般分为双格或三格。当每日通过化粪池的污水量不大于 10 m^3 时，应采用双格化粪池；当每日通过的污水量大于 10 m^3 时，应采用三格化粪池。不论几格，对化粪池来讲，第一格沉淀效果最好，沉淀物最多。因此，当分格时，双格化粪池要求第一格容积占总容积 75%；三格化粪池要求第一格容积占总容积 50%，其他两格容积各占总容积 25%。此外，在国家标准图集中化粪池还有单池、双池之分，当化粪池有效容积不小于 75 m^3 时，一般做成双池。化粪池顶面有覆土的，也有不覆土的，具体按化粪池进水管埋深而定。图 10.3 所示为砖砌三格矩形标准化粪池(顶面覆土)。

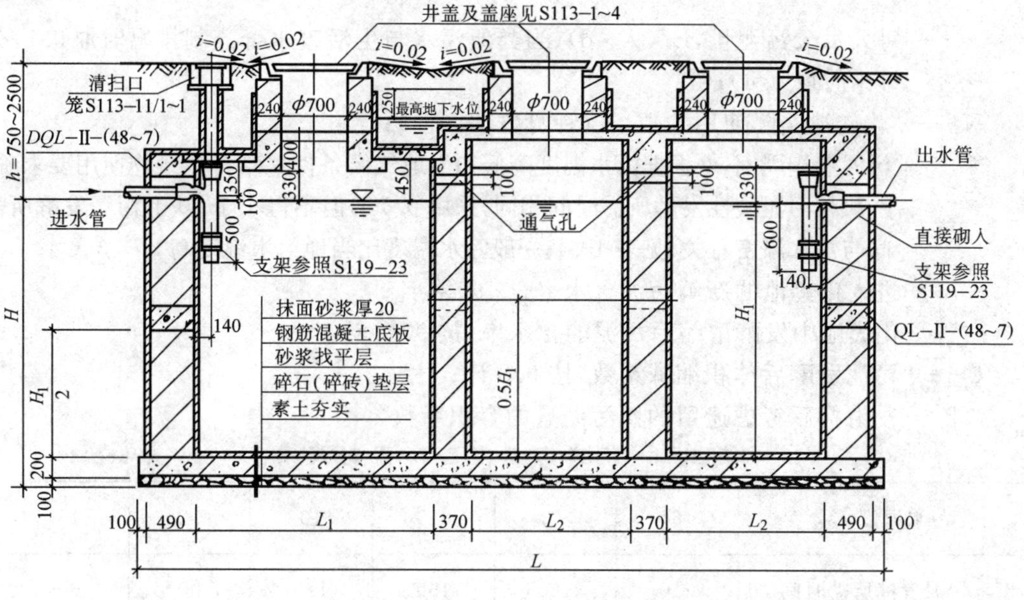

图 10.3　三格化粪池

矩形化粪池的长、宽、高三者比例，应根据水流速度、沉降速度通过水力计算确定。但是，为了便于施工与管理，规定化粪池宽度不得小于 0.75 m，长度不得小于 1.0 m，深度不得小于 1.3 m(深度系指从溢流水面到化粪池底的距离)。化粪池的直径不得小于 1.0 m。在化粪池进口处应设置导流装置，格与格之间和化粪池出口处应设置拦截污泥浮渣的设施。化粪池格与格之间和化粪池与进口连接井之间应设通气孔洞。

化粪池的总容积 V 由污水部分容积 V_1，沉淀污泥部分容积 V_2 和保护空间容积 V_3 三部分组成即

$$V = V_1 + V_2 + V_3 \tag{10.1}$$

污水部分的容积 V_1 为

$$V_1 = \frac{Nqt}{24 \times 1\,000} \tag{10.2}$$

式中　N —— 化粪池实际使用人数，在计算单独建筑物的化粪池时，为总人数乘以 α，α 为不同类型建筑中化粪池实际使用人数与总人数的百分比，见表 10.3；

q —— 每人每天的生活污水量，L/(人 · d)，与用水量相同；当粪便污水单独排出时，可采用 20 ~ 30 L/(人 · d)；

t —— 污水在化粪池中的停留时间，根据污水量的大小采用 12 ~ 24 h，当污水量较小

或对排水水质要求较高时取大值。

表 10.3　实际使用化粪池人数与总人数的百分比系数 α

医院、疗养院、幼儿园(有住宿)	$\alpha = 1.00$
住宅、集体宿舍、旅馆	$\alpha = 0.70$
办公楼、教学楼、工业企业生活间	$\alpha = 0.40$
公共食堂、影剧院、体育场和其他类似的公共场所(按座位计)	$\alpha = 0.10$

浓缩污泥部分的容积 V_2

$$V_2 = \frac{aNT(1.00 - b)k \times 1.2}{(1.00 - c) \times 1\,000} \tag{10.3}$$

式中　a —— 每人每天污泥量，L/(人·d)(当粪便污水与生活废水合流制排出时取0.7，分流排出时取0.4)；

N —— 化粪池实际使用人数，人(计算方法同前)；

T —— 污泥清掏周期，d(根据污水温度高低和当地气候条件并结合建筑物使用要求确定，一般与污泥酸性发酵所需时间相同，采用0.3 a，但不得小于90 d，污泥发酵所需时间与污水温度有关，见表10.4；一般污水温度比当地给水温度高2～3 ℃)；

b —— 进入化粪池的新鲜污泥含水率，按95%计；

c —— 化粪池中发酵浓缩后污泥的含水率，按90%计；

k —— 污泥发酵后体积缩减系数，按0.8计；

1.2 —— 清掏后考虑遗留的熟污泥量的容积系数。

表 10.4　新鲜污泥发酵所需时间

污水温度 /℃	6	7	8.5	10	12	15
新鲜污泥发酵所需时间 /d	210	180	150	120	90	60

保护容积 V_3 应根据化粪池大小确定，一般保护高度为250～450 mm。

据化粪池有效容积($V_1 + V_2$)或使用人数，即可参阅《给排水国家标准图集》S2选用标准化粪池。选用时主要根据有：化粪池的材质(砖或钢筋混凝土)；化粪池进水管管内底的埋深；化粪池顶面以上是否覆土；地下水位是否高于化粪池底板(高于底板者为有地下水，低于底板者为无地下水)；化粪池以上的地面是否过汽车(不过汽车的活荷载为4 kN/m^2，可过汽车的活荷载为汽—15级载重汽车)；化粪池的占地尺寸；化粪池容积编号(即池号)及隔墙过水孔高度代号等因素，由此确定所需化粪池的型号及所在图集编号。化粪池型号的含意如下。

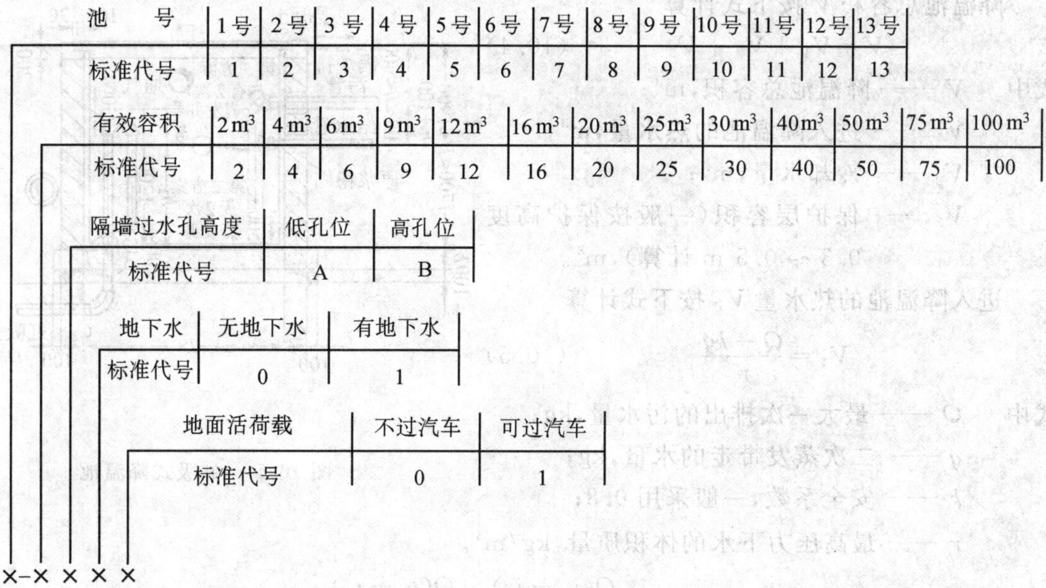

在工程设计中选用全国通用标准化粪池时，应在设计文件中明确该化粪池以下内容：化粪池的型号及所在图集号；进、出水管的管径及管内底埋设深度；人孔井盖及盖座材质；是否设置木制保温盖；占地尺寸等等。

化粪池的设置位置应便于清掏，宜设于建筑物背大街的一侧，靠近卫生间，不宜设在人经常停留的场所。要求化粪池距离地下取水构筑物不得小于 30 m，离建筑物净距不宜小于 5 m，距生活饮用水贮水池应有不小于 10 m 的卫生防护净距。

二、降 温 池

当排水水温高于40 ℃时，会蒸发大量气体，给管道维护管理带来困难，同时对管道接口、密封和管道寿命产生影响，因此，《建筑给排水设计规范》(GB 50015—2010) 规定："温度高于40 ℃的污(废)水，排入城镇排水管道前，应采取降温措施"，一般宜设降温池。降温池降温的方法主要为二次蒸发，通过水面散热添加冷却水的方法，以利用废水冷却降温为好。

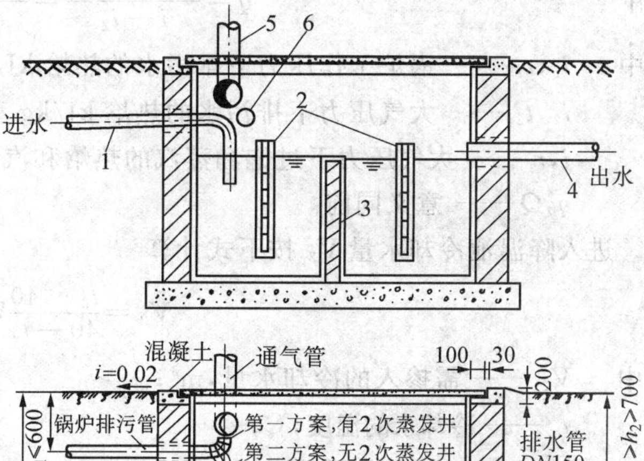

图 10.4　隔板式降温池

对温度较高的污(废)水，应考虑将其所含热量回收利用，然后再采用冷却水降温的方法，当污水(废水)中余热不能回收利用时，可以采用常压下先二次蒸发，然后再冷却降温，如图

10.4、10.5 所示。

降温池总容积 V 按下式计算

$$V = V_1 + V_2 + V_3 \tag{10.4}$$

式中 V —— 降温池总容积，m^3；

V_1 —— 进入降温池的热水量，m^3；

V_2 —— 冷却水量，m^3；

V_3 —— 保护层容积（一般按保护高度 0.3 ～ 0.5 m 计算），m^3。

进入降温池的热水量 V_1 按下式计算

$$V_1 = \frac{Q - kq}{r} \tag{10.5}$$

式中 Q —— 最大一次排出的污水量，kg；

q —— 二次蒸发带走的水量，kg；

k —— 安全系数，一般采用 0.8；

r —— 最高压力下水的体积质量，kg/m^3。

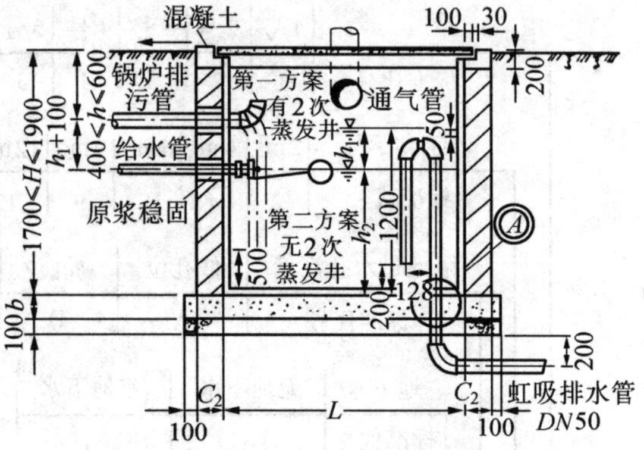

图 10.5 虹吸式降温池

其中
$$q = \frac{Q(i_1 - i_2)}{i - i_2} = \frac{Q(t_1 - t_2)}{r} \tag{10.6}$$

式中 i_1, t_1 —— 锅炉工作压力下排污水的热焓 kJ/kg 和温度 ℃；

i_2, t_2 —— 大气压力下排污水的热焓 kJ/kg 和温度 ℃（一般按 100℃ 采用）；

i, r —— 大气压力下过饱和蒸汽的热焓和汽化潜热 kJ/kg；

q, Q —— 意义同前。

进入降温池冷却水量 V_2 按下式计算

$$V_2 = \frac{t_2 - 40}{40 - t_e} V_1 \tag{10.7}$$

式中 V_2 —— 需掺入的冷却水量，m^3；

t_e —— 冷却水的温度，℃；

V_1, V_2 —— 意义同前。

间断排水的降温池，其容积应按最大排水量与所需冷却水量的总和计算。连续排水的降温池，其容积应保证冷热水充分混合。一般小型锅炉房均为定期排污，应按间断排水的降温池计算。

降温池一般设于室外。如设于室内，水池应密闭，并应设置人孔和通向室外的通气管。

三、隔 油 池（井）

食品加工厂、饮食业、公共食堂等污水中，含有较多的食用油脂，此类油脂进入排水管道后，随着水温的下降，会凝固并附着在管壁上，使管道过水断面逐渐缩小而堵塞管道。汽车修理间及汽车洗车的排水中含有少量汽油、煤油、柴油等轻质油，进入排水管道后，产生的挥发性气体会聚集在检查井和管道空间，当达到一定浓度后会产生爆炸使管道受到破坏，引起火灾及危害维护管理人员的人身安全。因此，对上述两类含油污水需进行隔油处理。为了使积留下来的油脂有重复利用的条件，粪便污水和其他污水不得排入隔油池内。图 10.6 为隔油井示意图。

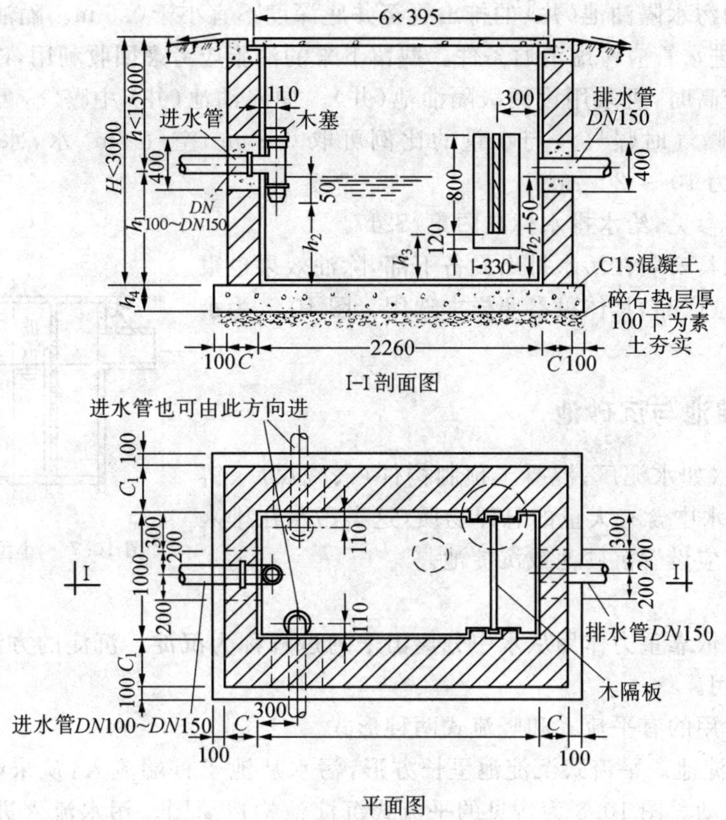

图 10.6　隔油池(井)示意图

隔油池(井)有效容积可按下式计算

$$V = Q_{\max} \cdot 60 \cdot t \tag{10.8}$$

式中　V —— 隔油池(井)有效容积，m^3；

$Q_{\max}$ —— 污水设计秒流量，m^3/s；

t —— 污水在池内停留时间，min(含食用油污水采用 2 ～ 10 min；含汽油、柴油、煤油等污水采用 0.5 ～ 1.0 min)。

污水设计秒流量按以下公式计算

$$Q_{\max} = A \cdot v \tag{10.9}$$

式中　$Q_{\max}$ —— 同前；

A —— 隔油池(井)有效部分的过水断面，m^2；

v —— 池内污水流速(含食用油污水流速不大于 0.005 m/s，含汽油、柴油、煤油等污水采用 0.002 ～ 0.01 m/s，具体应视含油量大小及各种油类体积质量而定)，m/s。

隔油池(井)内存油部分的容积不得小于该池(井)有效容积的 25%，清掏周期不宜大于 6 d，以免污水中有机物因发酵产生臭味而影响环境卫生。

对挟带杂质的含油污水，应在隔油池(井)内设有沉淀部分容积，以保证隔油池(井)的隔油效果，其沉淀容积的大小应据水质使用情况、管理条件等确定，沉淀部分污水流速要求小于 0.3 m/s。

含有轻质油的污水隔油池(井)的排出管至井底深度不宜小于0.6 m。隔油池(井)应有活动盖板以便维修,进水管应考虑清通条件。截留下来的油脂应考虑回收利用,以变害为利。对处理水水质要求较高时,可采用设两级隔油池(井)。向隔油池(井)中曝气,可以更有效地去除上浮油脂,连续曝气时曝气量与水量的比例可取 0.2 m^3 空气 /m^3 水,水力停留时间取 30 min,气泡直径为 10 ～ 20 μm。

砖砌隔油井可参见《给水排水标准图集》S217。

采用小型隔油具安装在污水排出设备下部,除油效果也很理想,目前已有定型产品,具体可参照样本选用。图 10.7 为小型隔油池示意图。

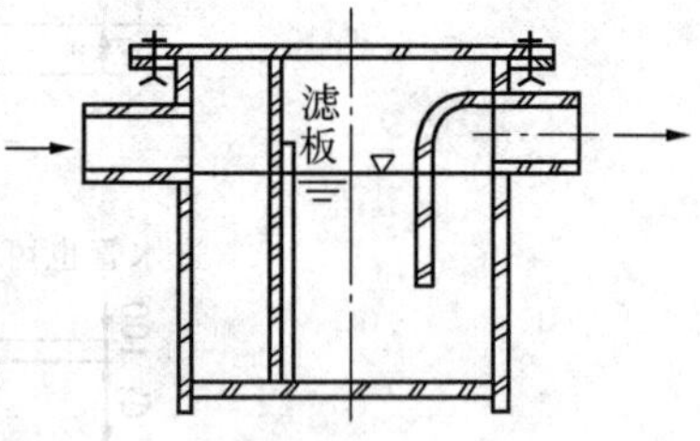

图 10.7　小型隔油池示意

四、小型沉淀池与沉砂池

某些工业企业(如水泥厂、混凝土预制构件厂、洗煤厂、铸造厂等)排出的污水中含有大量的悬浮物质,这类污水在排入城市地下水道之前应设置沉砂池或沉淀池。

1.沉淀池

水中悬浮颗粒依靠重力作用从水中分离出来的过程称为沉淀。沉淀的方法简单易行,效果好,得到广泛应用。

小型沉淀池常用的有平流式和竖流式两种形式。

(1) 平流式沉淀池。平流式沉淀池呈长方形,污水从池子首端流入,从末端流出,污水在池内按水平方向流动。图 10.8 为常见的平流式沉淀池构造简图。污水流入进水槽、进水堰,流入沉淀池中,水中悬浮物在重力作用下逐渐沉入底部,并滑入底部的污泥斗中,经排泥管道排出池外,澄清水在池的末端经出水堰溢入出水槽中。

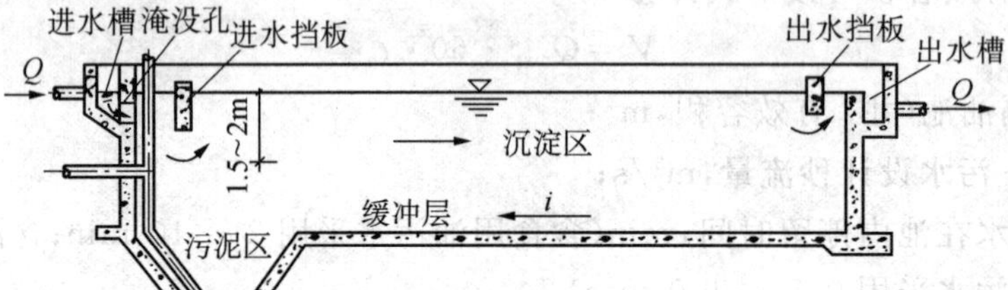

图 10.8　常见的平流式沉淀池构造简图

(2) 竖流式沉淀池。竖流式沉淀池外表多为圆形,也有方形和多边形,图 10.9 为圆形竖流式沉淀池。污水由中心管流入,由下部流出,经反射板的阻挡导向四周,分布于整个池子水平断面上,水流缓缓向上流动,澄清水通过设在池子表面四周的溢流堰流入集水槽排出,悬浮颗粒在重力作用下下沉至池底的污泥斗中,经排泥管道排除。

有关沉淀池的设计计算可参见《给水排水设计手册》第二册。

2.沉砂池

沉砂池的主要作用是去除污水中密度较大的无机性悬浮物,如砂粒、煤渣等。沉砂池的工作原理与沉淀池相同,为重力分离,即悬浮物在本身重力的作用下下沉至池底,从而从水中分离出来。沉砂池的基本型式有平流式和竖流式两种。以平流式最为常用,图 10.10 为平流式沉砂池构造简图,这种沉砂池的上部实际上是一加宽的明渠,两端设有闸板,以控制水流速度,在池子底部设 1 ～ 2 个沉砂斗，排砂可采用斗底带闸门的排砂管的重力排砂法，也可以采用射流泵、螺旋泵排砂的机械排砂法。

污水在沉砂池中停留时间不小于 30 s，一般采用 30 ～ 60 s。污水在池内最大流速为 0.3 m/s，最小流速为 0.15 m/s。有关沉砂池设计计算可参见《给水排水设计手册》第二册。

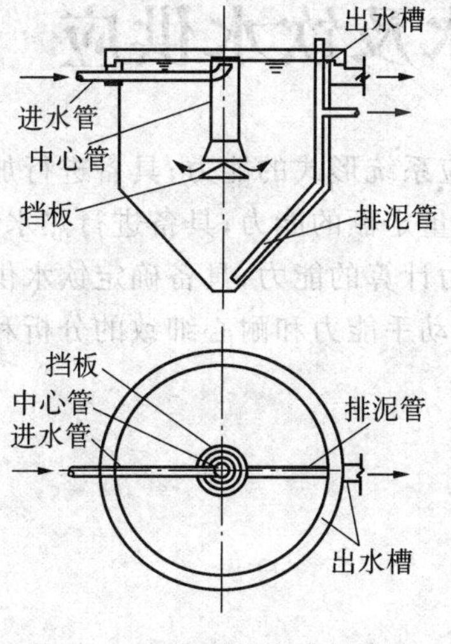

图 10.9　圆形竖流式沉淀池

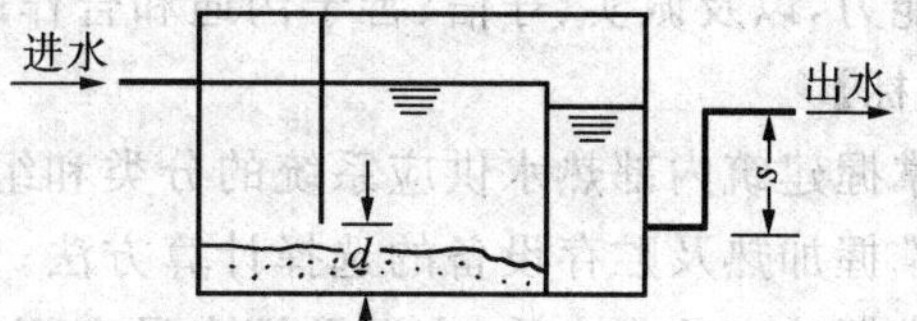

图 10.10　平流式沉砂池构造简图

思考题与习题

10.1　如何选择污(废)水抽升设备?

10.2　如何选择污水泵? 污水泵吸水管布置有哪些要求?

10.3　集水池的作用是什么? 如何确定集水池容积及集水池尺寸?

10.4　格栅的作用是什么? 如何确定格栅栅条的间隙?

10.5　化粪池的作用及原理是什么? 化粪池容积如何计算? 如何选择标准化粪池?

10.6　降温池作用是什么? 常用有哪几种形式? 如何选用标准降温池?

10.7　隔油池(井)的作用是什么? 如何计算隔油井的有效容积?

10.8　沉淀池的作用是什么? 工作原理是什么? 了解平流式沉淀池及竖流式沉淀池构造。

10.9　沉砂池的作用是什么?

单元十一　建筑内部热水及饮水供应

【教学目标】通过项目教学活动，培养学生具备选择热水供应系统形式的能力；具备进行加热及贮存设备的选择计算能力；具备确定热水水质、水温及用水量定额的能力；具备进行热水量、耗热量及热媒耗量计算的能力；具备进行热水供应管网的水力计算的能力；具备确定饮水供应方案的能力。培养学生良好的职业道德、自我学习能力、实践动手能力和耐心细致的分析和处理问题的能力，以及诚实、守信、善于沟通和合作的专业素养。

【知识目标】

1. 掌握建筑内部热水供应系统的分类和组成；
2. 掌握加热及贮存设备的选择计算方法；
3. 掌握确定热水水质、水温及用水量定额的方法；
4. 掌握热水量、耗热量及热媒耗量的计算方法；
5. 掌握热水供应管网水力计算的方法；
6. 掌握确定饮水供应方案的方法。

【主要学习内容】

建筑内的热水供应属于室内给水范畴。热水供应与冷水供应的主要不同点在于水温，其任务是以一定的加热方式把冷水加热到所需温度，通过管道系统将其输送到用户各配水点，满足各用户水质、水量、水压和水温的要求。

任务一　热水供应系统

一、热水供应系统的分类

建筑内部的热水供应系统按其供应的范围大小可分为局部热水供应系统、集中热水供应系统和区域热水供应系统。

局部热水供应系统供水范围较小，一般采用小型加热器在用水场所就地加热，供局部范围内一个或几个配水点使用。局部热水供应系统热水输送管道短，热损失小，系统简单，造价较低，维护管理方便。但是由于该系统具有热媒系统设施投资大，热源采用小型加热器热效率低，制备热水成本较高等缺点，一般只适用于热水用水量小且分散的建筑，如饮食店、理发店、门诊所、办公楼等。

集中热水供应系统供水范围较大，采用锅炉或换热器在锅炉房或热交换站中将水集中加热，通过热水管道向一栋或几栋建筑输送热水。集中热水供应系统热水输送距离较长，管道热损失大，设备系统复杂，建设投资较高。但是由于该系统具有加热设备集中、热效率高、管理方便等优点，适用于热水用水量大，用水点多且较集中的建筑，如旅馆、医院、住宅、公共浴室等。

区域热水供应系统供水范围比集中热水供应系统还要大的多。该系统一般以集中供热的热网做热源来加热冷水或直接从热网取水，通过室外热水管网向城市街坊、住宅小区各建筑输送热水。它一般适用于要求热水供应的建筑甚多且较集中的城镇住宅区和大型工业企业。

二、热水供应系统的组成

建筑内热水供应系统主要由热媒系统、热水供应系统、附件三部分组成，如图 11.1 所示。

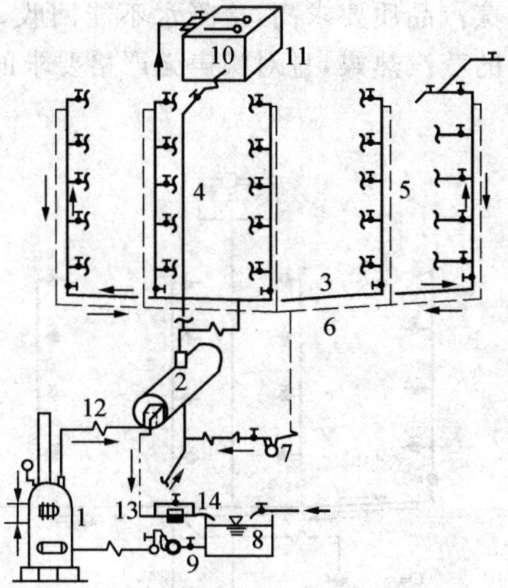

图 11.1　热媒为蒸汽的集中热水系统

1— 锅炉；2— 水加热器；3— 配水干管；4— 配水立管；5— 回水立管；6— 回水干管；7— 循环泵；8— 凝结水池；9— 冷凝水泵；10— 给水水箱；11— 透气管；12— 热媒蒸汽管；13— 凝水管；14— 疏水器

1. 热媒系统也称第一循环系统

该系统由热源、水加热器和热媒管网组成。由锅炉生产的蒸汽通过热媒管网送到水加热器加热冷水而后变成冷凝水，靠余压回到凝结水池，冷凝水和新补充的软化水经冷凝水泵作用压送至锅炉重新加热为蒸汽。如此循环完成热传递过程。如果热媒为热水的集中热水供应系统，只需将图 11.1 中第一循环系统的蒸汽锅炉改为热水锅炉，取消 14(疏水器)，8(凝结水池)，将 9(冷凝水泵) 改为热水循环泵，增加补水装置即可。

2. 热水供应系统也称第二循环系统

该系统由热水配水管网和回水管网组成。在水加热器中冷水被加热到一定温度经配水管网送至各个热水配水点，而消耗的冷水由高位水箱或给水管网直接补给。

在第二循环系统各立管、水平干管甚至支管处都设了回水管，其目的是在循环水泵的作用下使一定量的热水通过回水管流回加热器重新加热，以补充管网所散失的热量，从而保证了各配水点设计水温。

3. 附件

包括热媒和热水供应系统的控制附件、配水附件。如：温度自动调节器、疏水器、减压阀、安全阀、膨胀罐、补偿器、闸阀、水嘴等。

三、热水供水方式

1. 直接加热与间接加热

根据热水加热方式的不同分为直接加热和间接加热供水方式。

直接加热主要是利用热水锅炉，把冷水直接加热到所需温度或是通过蒸汽锅炉将蒸汽直接通入冷水混合转换成热水，该方式具有设备简单，热效率高，节能等优点。但对于蒸汽直接加热供水方式存在噪声大，对蒸汽品质要求高，冷凝水不能回收，热源需大量经水质处理的补充水等特点，适用于具有合格的蒸汽热媒，且对噪声无严格要求的公共浴室、洗衣房、工矿企业等用户，见图 11.2、11.3。

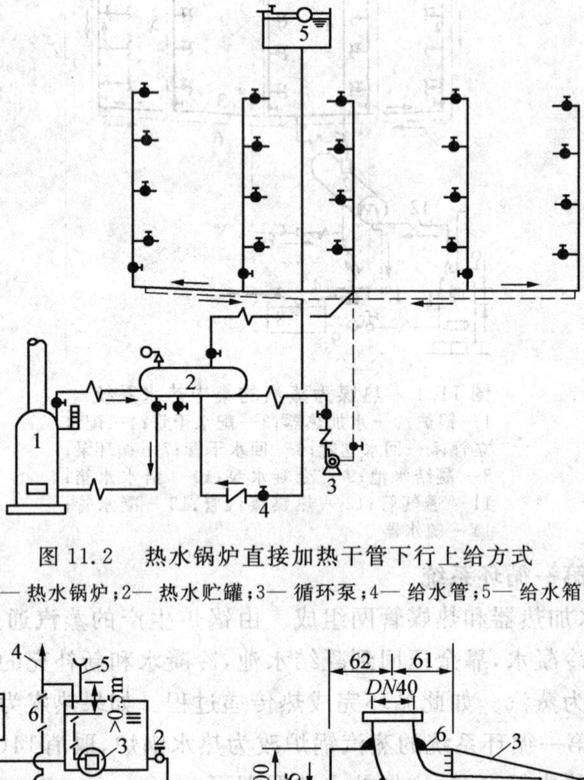

图 11.2 热水锅炉直接加热干管下行上给方式

1— 热水锅炉；2— 热水贮罐；3— 循环泵；4— 给水管；5— 给水箱

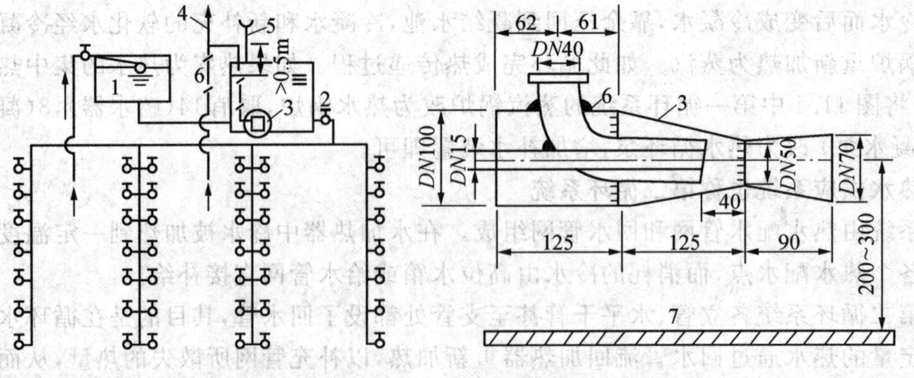

图 11.3 蒸汽直接加热上行下给方式

1— 冷水箱；2— 加热水箱；3— 消声喷射器；4— 排气阀；5— 透气管；6— 蒸汽管；7— 热水箱底

间接加热主要是利用热交换器，通过一定的传热面积将冷水加热到所需设计温度，见图 11.1，该方式最大特点是热媒与被加热水不直接接触。尽管其设备较直接加热复杂，热效率低，但由于蒸汽间接转换放热变成凝结水，可以回收重复利用，减轻热源锅炉所需补水的软化水处理量，并且热水水温和水量也较易调节，加热时不产生噪音等优点，适用于要求供水稳定、安全,对噪声要求低的旅馆、住宅、医院、办公楼等建筑。

2.开式系统和闭式系统

根据管网压力工况可分为开式系统和闭式系统。

开式系统,见图11.4。系统中不需设置安全阀或闭式膨胀水箱,只需设置高位冷水箱和膨胀管或高位开式加热水箱等附件。管网与大气相通,系统内的水压主要取决于水箱的设置高度,而不受室外给水管网水压波动影响,系统运行安全可靠并且稳定。其最大缺点是,高位水箱占用使用空间,开式水箱水质易受外界污染。因此,该系统适用于要求水压稳定,且允许设高位水箱的热水用户。

闭式系统,见图11.5。系统中管网不与大气相通,冷水直接进入水加热器。系统中需设安全阀、隔膜式压力膨胀罐或膨胀管、自动排气阀等附件,以确保系统安全运行。该系统具有管路简单,水质不易受到外界污染的优点。但由于系统供水水压稳定性较差,安全可靠性差,一般适用于不设屋顶水箱的热水供应系统。

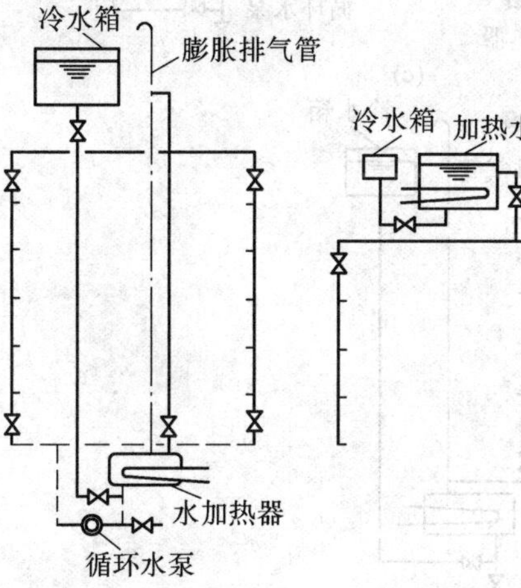

图11.4　开式热水供水方式

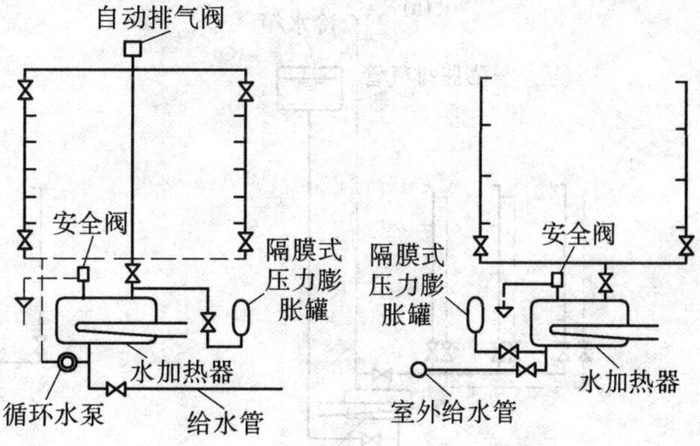

图11.5　闭式热水供水方式

3.强制循环和自然循环

根据热水循环动力不同,热水供水方式可分为机械强制循环方式和自然循环方式。强制循环在循环时间上还分为全日循环和定时循环。全日循环是指在热水供应时间内,循环水泵全日工作,热水管网中任何时刻都维持着设计水温的循环流量。该方式用水方便,适用于需全日供应热水的建筑,如宾馆、医院等。定时循环是指每天在热水供应前,将管网中冷却了的水强制循环一定时间,在热水供应时间内,根据使用热水的繁忙程度,使循环水泵定时工作。一般适用于每天定时供应热水的建筑中。自然循环不设循环水泵,仅靠冷热水密度差产生的热动力进行循环。该方式节能效果明显,一般用于小型或层数少的建筑中。

4.全循环、半循环、无循环管网的供水方式

根据设置循环管网的方式不同,又分为全循环、半循环、无循环管网的热水供水方式,见图11.6。全循环热水供水方式是指热水干管、立管及支管均能保持热水的循环,打开配水龙头均能及时得到符合设计水温要求的热水,该方式适用于有特殊要求的高标准建筑中。半循环热水供水方式又分为立管循环和干管循环的供水方式。立管循环是指热水干管和立管内均保持有热水循环,打开配水龙头只需放掉支管中少量的存水,就能获得规定水温的热水,该方式多用于设有全日供应热水的建筑和设有定时供应热水的高层建筑中;干管循环是指仅保持热水干管内的循环，使用前先用循环水泵把干管中已冷却的存水加热，打开配水龙头时只需放掉立管和支管内的冷水就可流出符合要求的热水，多用于采用定时供应热水的建筑中。无循环热水供水方式是指管网中不设任何循环管道，适用于热水供应系统较小，使用要求不高的定时供应系统，如公共浴室、洗衣房等。

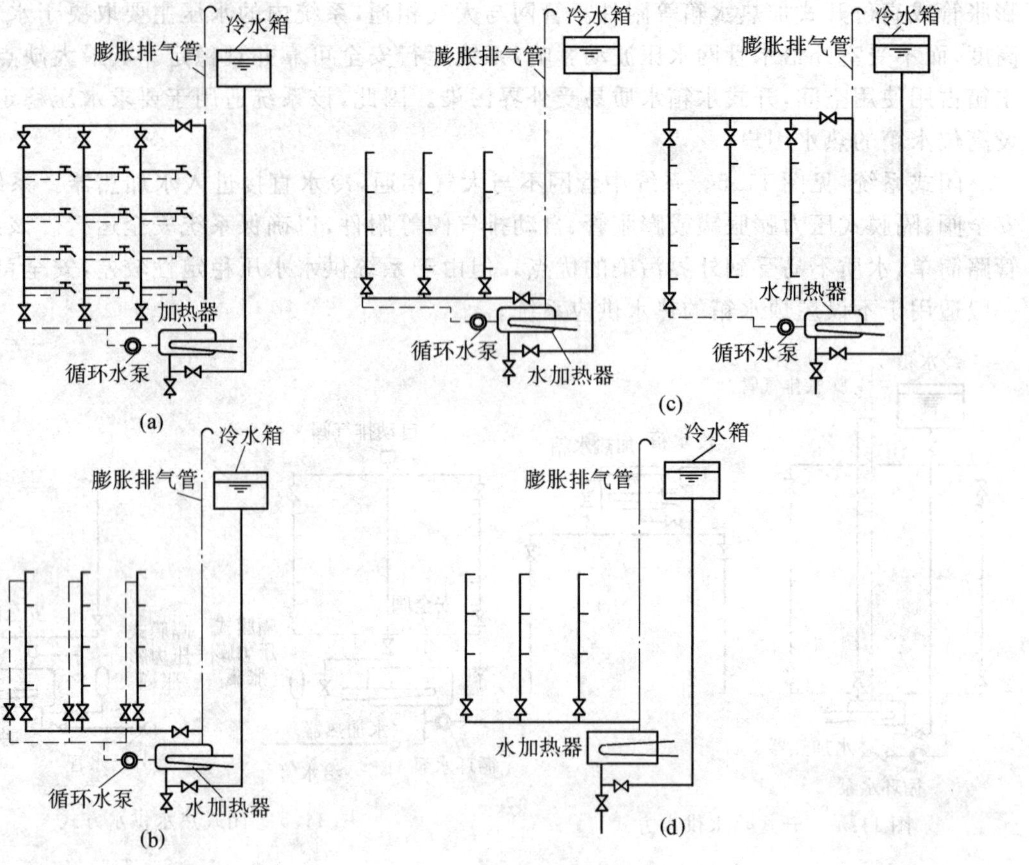

图 11.6　循环方式

(a) 全循环；(b) 立管循环；(c) 干管循环；(d) 无循环

以上所述为多层建筑常用的热水供水方式。对于高层建筑一般采用分区热水供应方式，应与给水系统的分区一致。根据水加热器设置位置不同可分为集中设置的分区热水供应系统和分散设置的分区热水供应系统。图 11.7 是集中设置的分区热水供应系统，各区水加热器、热水循环泵统一布置在地下室或底层辅助建筑等专用设备间内，集中管理，维护方便，对上区噪音影响较小。但由于该系统高区的配水主立管和回水管及膨胀管较长，高区水加热器承压较高的特点，一般适用于高度不大于 100 m 的高层建筑中。分散设置的分区热水供应系统，各区的水加热器、循环水泵分区设置，因而不需耐高压的水加热器和热水管道等附件，热水主立管及回水管长度短。但是由于设备分散布置，具有维护管理不便，防噪音要求高，热媒管道长等缺点，一般适用于高度在 100 m 以上的超高层建筑。

热水供应方式众多，在选择时应按设计规范要求，从不同角度，不同侧面对热水供应系统的选用条件及注意事项做出合理规定。

建筑物内热水供水方式的选择应根据建筑物的用途、使用要求、热水用水量、耗热量和用水点分布情况，进行技术和经济比较后确定。

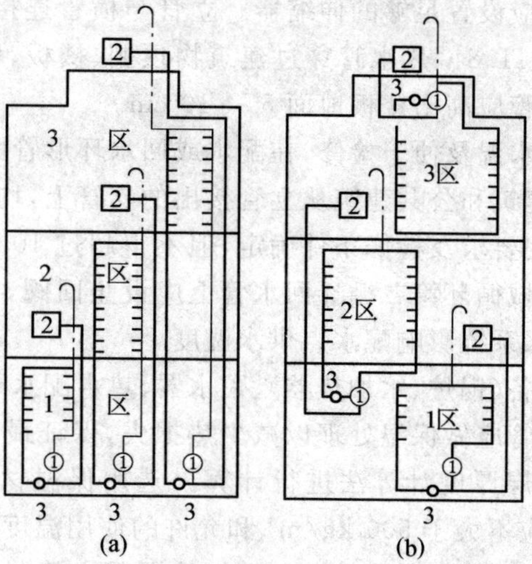

图 11.7　高层建筑分区热水供应方式

(a) 水加热器集中设置；(b) 水加热器分散设置

1— 水加热器；2— 冷水箱；3— 循环水泵

四、热水管网的布置与敷设

热水管网布置和敷设的要求基本与冷水给水管网相同。但应注意不同点和特殊要求。

热水管道常用管材与冷水管道有所区别，当管径大于 150 mm 时，可采用焊接钢管或无缝钢管；当管径小于及等于 150 mm 时，应采用镀锌钢管和相应的配件；建筑物标准要求较高时，如有条件可采用铜管。其布置原则是在满足各配水点水压、水量及水温的条件下，管线长度最短；一般与给水管平行布置，以保证各配水点冷热水压的大致平衡。

根据建筑物的特点及使用要求，热水管网可布置成下行上给和上行下给的供水方式。对于下行上给的热水管网，水平干管可敷设在室内地沟中或地下室顶部，对于上行下给的热水管网，水平干管可敷设在建筑物最高层吊顶内或技术层内。根据卫生设备标准及美观要求，即可暗装又可明装。上行下给式系统配水干管的最高点应设排气装置；下行上给式热水配水系统，应利用最高配水点放气。在这两种系统的最低点，均应有泄水装置；热水横管的敷设坡度不宜小于 0.003，以便放气和泄水，满足检修需要。下行上给系统设有循环管道时，其回水立管可在最高配水点以下（约 0.5 m）与配水立管连接；上行下给式系统中可将循环管道与各立管连接即可。

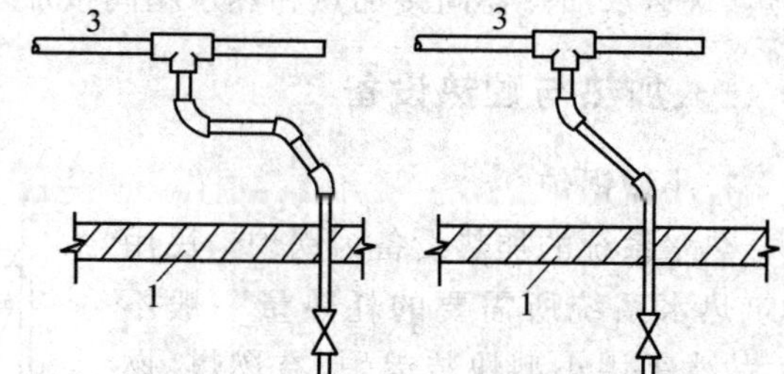

图 11.8　热水立管与水平干管的连接方式

1— 吊顶；2— 地板或沟盖板；3— 配水横管；4— 回水管

热水管道系统，应有补偿管道温度伸

缩的措施。干管的直线段应设置足够的伸缩器。立管与横管连接时，为避免管道伸缩应力破坏管网，应设乙字弯，见图 11.8。热水管穿过建筑物顶棚、楼板、墙壁和基础处，应加套管，保证自由伸缩。穿楼板的套管应高出楼板地面 5 ～ 10 cm。

为了调节水量、水压、水温及便于检修，在配水或回水环形管网的分水干管处、配水立管和回水管的端点，以及居住建筑和公共建筑从立管接出的支管上，均应设阀门。配水支管的阀门控制的配水点，应根据使用要求及检修条件确定，但不得超过 10 个。热水管道中水加热器或贮水器的冷水供水管和机械循环第二循环回水管上应设止回阀，以防止加热设备内水倒流被泄空，或防止冷水进入热水系统影响配水点供水温度。

热水系统中的加热设备(锅炉、水加热器)、贮水器、热水配水干管、机械循环回水干管和有结冻可能的自然循环回水管应做保温处理以减少热损失，保证最不利点的热水设计温度。保温层的厚度应按经济绝热层厚度计算法进行计算。选用保温材料时，其导热系数应不大于 0.139 W/(m · ℃)，密度应不大于 500 kg/m³ 和允许的使用温度。常用的保温材料有膨胀珍珠岩、膨胀蛭石、玻璃棉、矿渣棉、石棉、硅藻土和泡沫混凝土等制品。保温层施工方法有涂抹式、充填式、包扎式、预制式等。为增加保温结构的力学强度及防湿能力，在保温层外面一般均应有保护层。常用的保护层有石棉水泥保护层、麻刀灰保护层、玻璃布保护层、铁皮保护层等。

任务二　加热与贮热设备及附件

热水的加热方式有直接加热和间接加热两种。直接加热可分为锅炉直接加热、蒸汽直接加热、太阳能直接加热、电加热和煤气加热器直接加热；间接加热可分为容积式水加热器间接加热、快速水加热器间接加热和热水箱间接加热。

一、加热与贮热设备

1. 小型锅炉

热水系统的加热设备为锅炉。民用建筑热水系统所需要的耗热量一般不大，故常采用小型快装锅炉，有燃煤、燃油、燃气三种。

燃煤锅炉有立式和卧式两类。立式锅炉有横水管、横火管、直水管之分；卧式有外燃回水管、内燃回水管、快装卧式内燃之分。其中快装卧式内燃锅炉效率较高，具有体积小，安装简单等优点，其构造见图 11.9。使用燃煤锅炉燃料价格低、成本低、但污染环境。

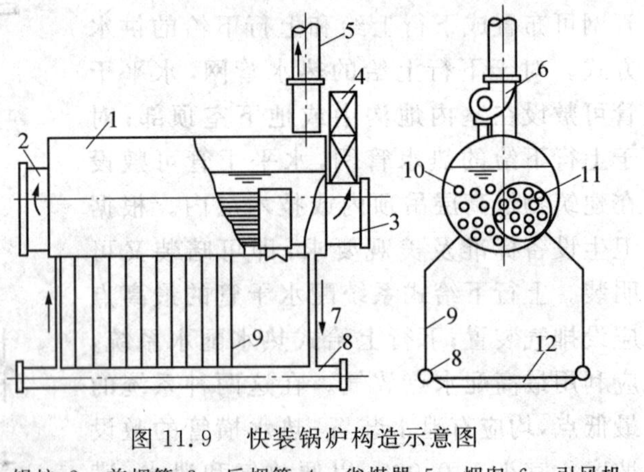

图 11.9　快装锅炉构造示意图

1— 锅炉；2— 前烟箱；3— 后烟箱；4— 省煤器；5— 烟囱；6— 引风机；7— 下降管；8— 联箱；9— 鳍片式水冷壁；10— 第 2 组烟管；11— 第 1 组烟管；12— 炉壁

燃油或燃气锅炉是通过燃烧器向正在燃烧的炉膛内喷射成雾状油或煤气，使燃烧迅速、完全，具有构造简单、体积小、热效率高、排污总量少等优点，其构造见图 11.10。

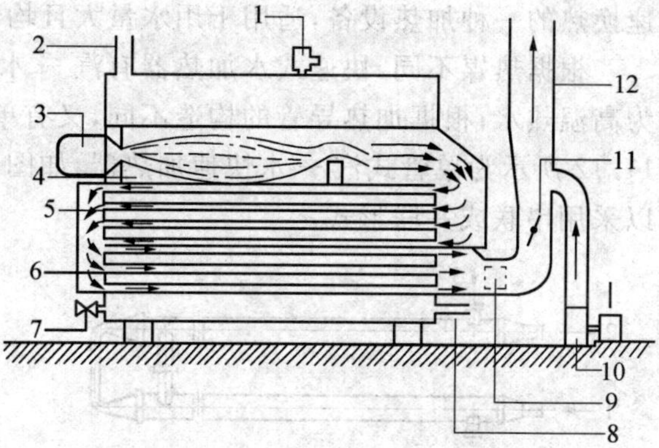

图 11.10　燃油(燃气)锅炉构造示意图

1— 安全阀；2— 热媒出口；3— 油(煤气)燃烧器；4— 二级加热管；5— 二级加热管；6— 三级加热管 7— 泄空阀；8— 回水(或冷水)入口；9— 导流器；10— 风机；11— 风档；12— 烟道

2. 水加热器

水加热器主要有容积式、快速式、半容积式、半即热式水加热器四种。

(1) 容积式水加热器。容积式水加热器是内部设有热媒导管具有热水贮存容积的设备，并具有加热冷水和贮备热水两种功能，热媒为蒸汽或热水，其型式有卧式、立式之分，见图 11.11。

容积式水加热器具有较大的贮存和调节能力，被加热水通过时压力损失小，用水点处压力变化平稳，出水温度较为稳定等优点。但在加热器中，水流缓慢，传热系数小，热交换效率低，且体积庞大占用过多的建筑空间。另外在热媒导管中心线以下约有 30% 的贮水容积是常温水或冷水，所以容积利用率很低。

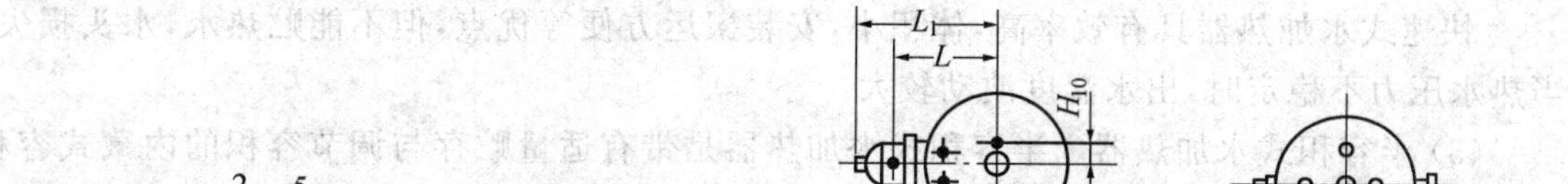

图 11.11　容积式热交换器总图

(a) 卧式加热器；(b) 立式加热器

1— 进水管；2— 出水管；3— 蒸汽(热水)管；4— 凝水(回水)管；5— 安全阀接管；6— 支座；7— 温度计管接头；8— 压力计管接头；9— 排污口；10— 回水管；11— 泄水管

(2) 快速式水加热器。快速式水加热器就是热媒与被加热水通过较大速度的流动进行快速换热的一种加热设备，适用于用水量大且均匀的建筑。

根据热媒不同，快速式水加热器有汽－水和水－水两种类型，前者热媒为蒸汽，后者热媒为高温热水；根据加热导管的构造不同，又有单管式、多管式、板式、波纹板式等多种形式，如图11.12所示为单管式汽－水快速加热器，如图11.13所示为多管式汽－水快速加热器，它们可以采用串联或并联形式。

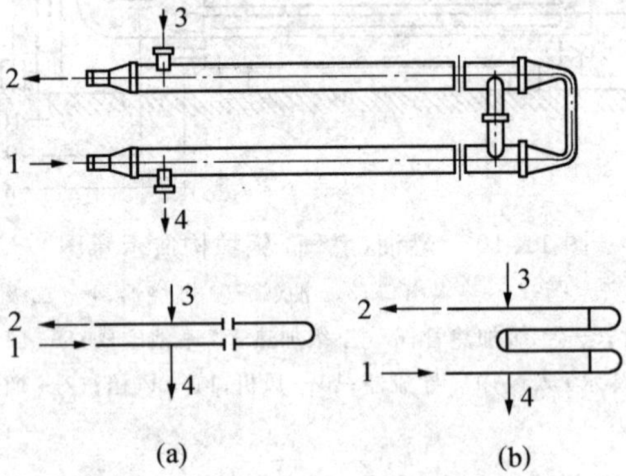

图 11.12　单管式汽－水快速加热器

(a) 并联；(b) 串联

1— 冷水；2— 热水；3— 蒸汽；4— 凝水

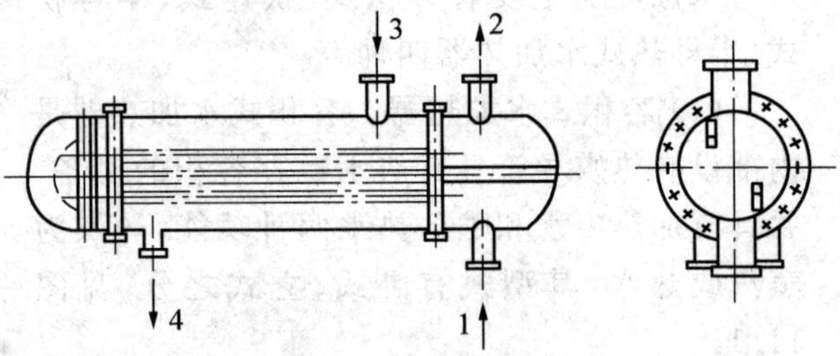

图 11.13　汽－水快速加热器

1— 冷水；2— 热水；3— 蒸汽；4— 凝结水

快速式水加热器具有效率高，体积小，安装搬运方便等优点，但不能贮热水，水头损失大，当热水压力不稳定时，出水温度波动较大。

(3) 半容积式水加热器。半容积式水加热器是带有适量贮存与调节容积的内藏式容积式水加热器，其设备工作原理见图11.14。半容积式水加热器具有体积小、加热快、换热充分、供水温度稳定、节水、节能等优点。

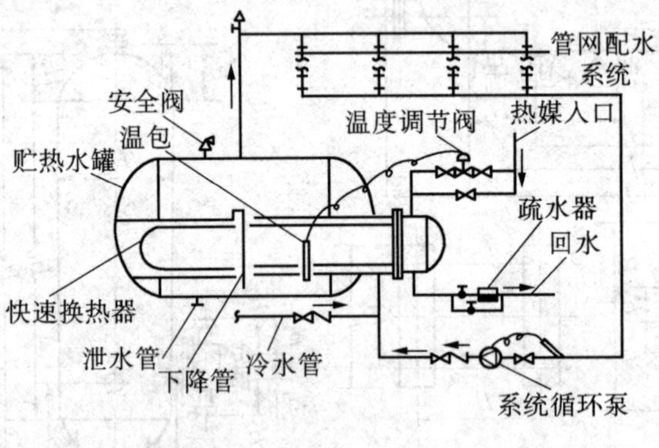

图 11.14　HRV 型半容积式水加热器工作系统图

(4) 半即热式水加热器。半即热式水加热器是带有超前控制，具有少量贮存容积的快速式水加热器，其构造见图11.15。半即式水加热器具有快速加热被加热水，浮动盘管自动除垢，热水出水温度稳定(偏差±2.2℃内)且体积小，节省占地面积等优点，适用于各种不同负荷需求的机械循环热水供应系统。

3. 加热水箱和热水贮水箱(罐)

加热水箱是一种简单的热交换设备，汽－水加热水箱构造，见图11.16。加热水箱适用于公共浴室等用水量大而均匀的定时热水供应系统。

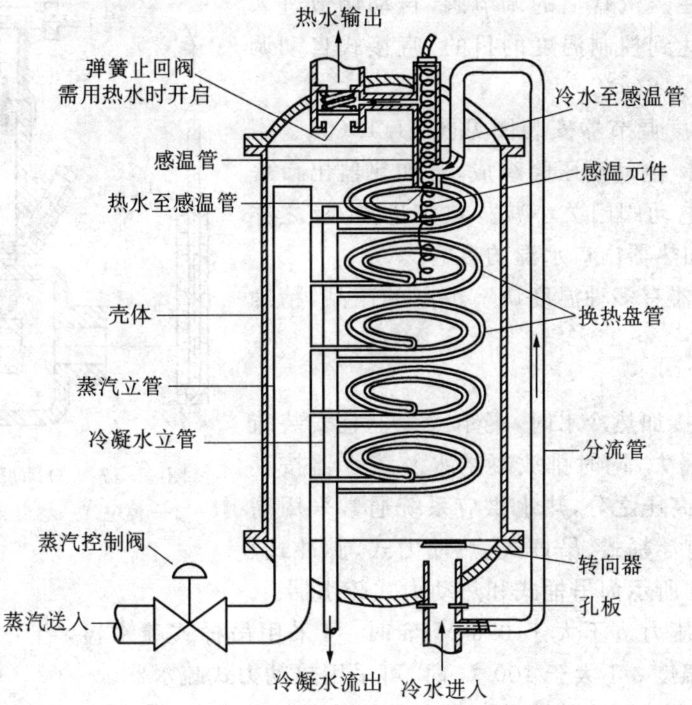

图 11.15　半即热式水加热器构造示意图

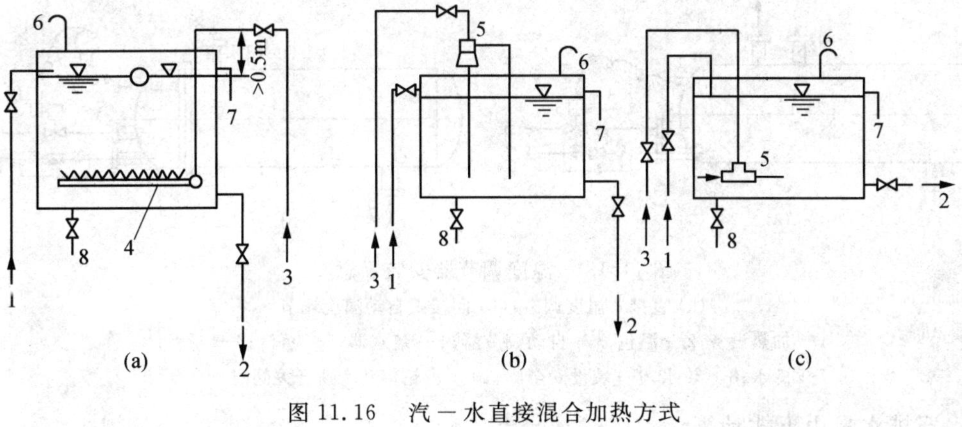

图 11.16　汽一水直接混合加热方式

1— 给水；2— 热水；3— 蒸汽；4— 多孔管；5— 消声汽水混合器；6— 排气管；7— 溢水管；8— 泄水管

热水贮水箱(罐)是一种专门调节热水量的容器,可在用水不均匀的热水供应系统中放置,以调节水量,稳定出水温度。

二、附　　件

如要保证系统在正常状态下运行,就需在系统中安装一系列附件。

1. 自动温度调节器

当加热器出口温度需要控制时,应设置直接式自动温度调节器或间接式自动温度调节器。

直接式自动温度调节器由温包、感温元件和调压阀组成,其构造见图 11.17。直接式自动温度调节器安装在加热器出口处,当温包内水温度变化时,温包感受温度的变化,并产生压力升降，传导到装设在蒸汽管上的调节阀，自动调节进入加热器的蒸汽量，达到控制温度的目的，直接式自动调节器安装图见图 11.18(a)。

间接式自动温度调节器安装图见图 11.18(b)。由温包、电触点温度计、电动调压阀组成，若加热器出口水温高于设计要求，电动阀门关小减少热媒进量，反之亦然，达到自动调节加热器出口水温的目的。

自动温度调节器有多种温度调节范围的产品，精确度可达 ±1 ℃。

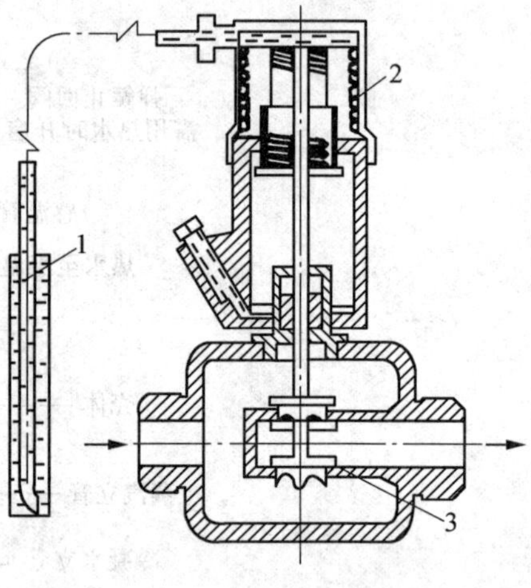

图 11.17　自动温度调节器构造

1— 温包；2— 感温元件；3— 调压阀

2. 疏水器

当采用蒸汽间接加热冷水时，凝结水管上宜安装疏水器，以防止蒸汽漏失，同时排放凝结水。疏水器按其工作压力有低压和高压之分，热水供应系统通常采用高压疏水器，常用的有浮桶式、吊桶式、热动力式、脉冲式、温调式等，图 11.19 所示为吊桶式和热动力式疏水器。

当热媒的工作压力 p 不大于 0.6 MPa 时，可采用吊桶式疏水器，当工作压力 p 不大于 1.6 MPa 时，排水温度 t 不大于 100 ℃ 时，可采用热动力式疏水器。

疏水器的选择应根据蒸汽耗量及疏水器的排水量和疏水器的前后工作压差 Δp 来确定。

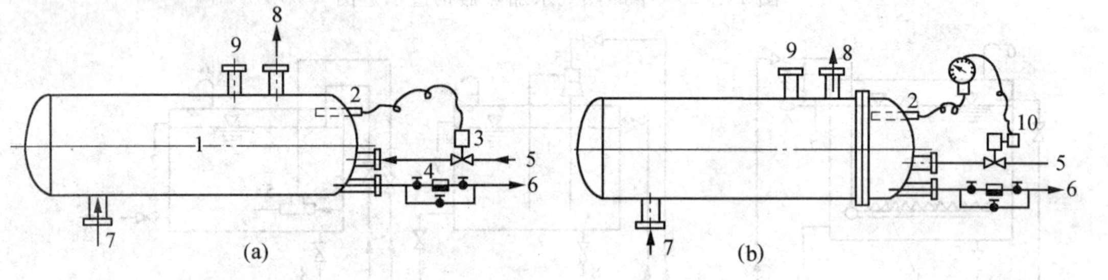

图 11.18　温度调节器安装示意图

(a) 直接式温度调节；(b) 间接式自动温度调节

1— 加热设备；2— 温包；3— 自动调节器；4— 疏水器；5— 蒸汽；6— 凝水；

7— 冷水；8— 热水；9— 装设安全阀；10— 齿轮传动变速开关阀门

疏水器排水量由下式计算

$$Q = Ad^2\sqrt{\Delta p} \tag{11.1}$$

$$\Delta p = p_1 - p_2 \tag{11.2}$$

式中　Q —— 疏水器排水量，kg/h；

A —— 疏水器的排水系数，根据产品样本确定；

d —— 疏水器的排水阀孔直径，mm；

Δp —— 疏水器前后压差，Pa；

p_1 —— 疏水器进口压力，Pa；

p_2 —— 疏水器出口压力，Pa。

3. 自动排气阀

排除管网中热水汽化产生的气体，以保证管网内热水通畅。若系统为下行上给式，则气体

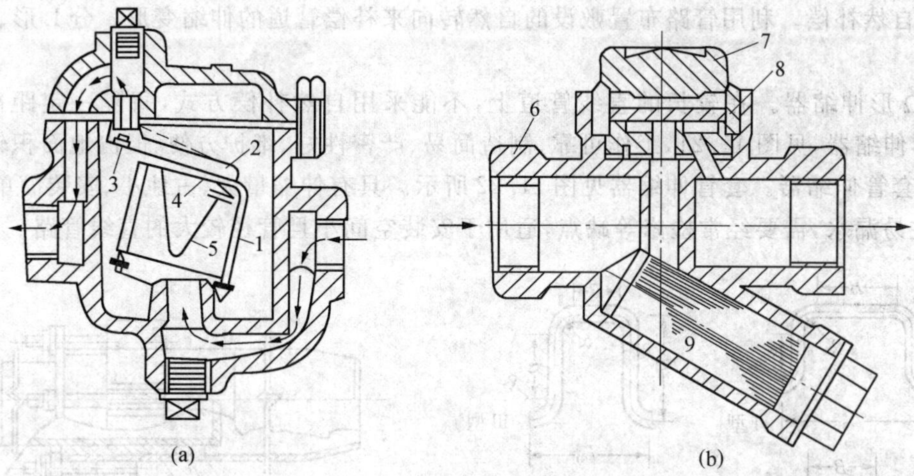

图 11.19　疏水器的构造

(a) 吊桶式疏水器；(b) 热动力式疏水器

1— 吊桶；2— 杠杆；3— 珠阀；4— 快速排气孔；5— 双金属弹簧片；6— 阀体；7— 阀盖；8— 阀片；9— 过滤器

可通过最高处配水龙头直接排出；若系统为上行下给式，则应在配水干管的最高部位设置。在开式热水系统中，最简单且安全的排气措施是在管网最高处装置排气管，向上伸至超过屋顶冷水箱的最高水位以上一定距离排出。

在闭式热水系统中，应在管网最高处安装自动排气阀来排气，排气阀的构造及装置示意图，见图 11.20。

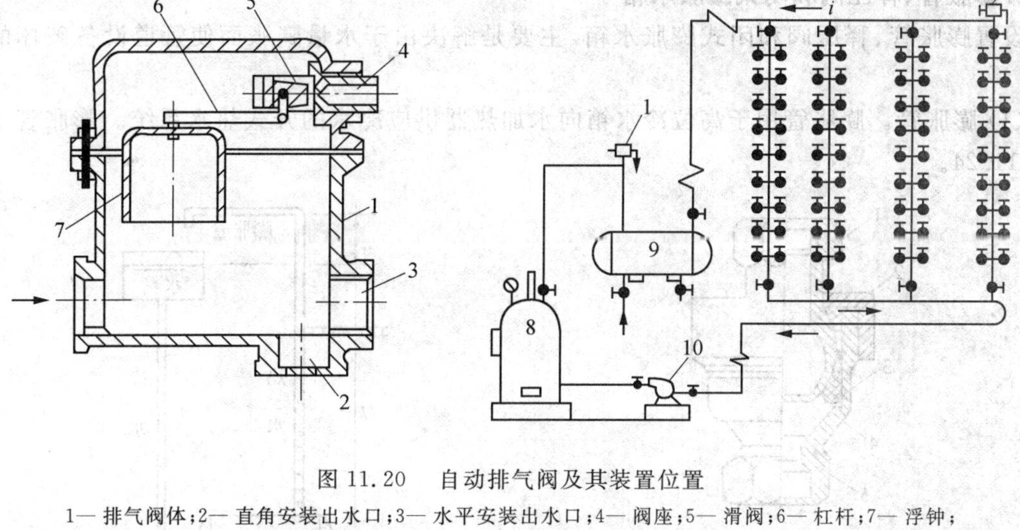

图 11.20　自动排气阀及其装置位置

1— 排气阀体；2— 直角安装出水口；3— 水平安装出水口；4— 阀座；5— 滑阀；6— 杠杆；7— 浮钟；8— 锅炉；9— 热水罐；10— 循环水泵

选择排气阀的根据是管网工作压力，当热水温度 $t_r \leqslant 95$ ℃，工作压力 $p \leqslant 2 \times 10^5$ Pa 时，选用排气孔径 $d = 2.5$ mm 的阀座，当工作压力 $p/\text{Pa} = 2 \times 10^5 \sim 4 \times 10^5$ 时，选用排气孔径 $d = 1.66$ mm 的阀座。

4. 管道伸缩器

金属管道的受热伸长量必须予以补偿，否则会使管道承受巨大应力，产生挠曲，接头破裂漏水，因此在较长的直线热水管路上，每隔一定距离应设伸缩器。其补偿附件有如下几种。

(1) 自然补偿。利用管路布置敷设的自然转向来补偿管道的伸缩变形。分 L 形、Z 形两种型式。

(2) Ω 形伸缩器。在较长的直线管道上，不能采用自然补偿方式，每隔一定距离设伸缩器。Ω 形伸缩器，见图 11.21，工作可靠、制造简易、严密性好、维护方便、但占地面积较大。

(3) 套管伸缩器。套管伸缩器见图 11.22 所示。具有伸缩量大、占地小、安装简单等优点，但也存在易漏水，需要经常检修等缺点，适用于安装空间小且管径较大的直线管路。

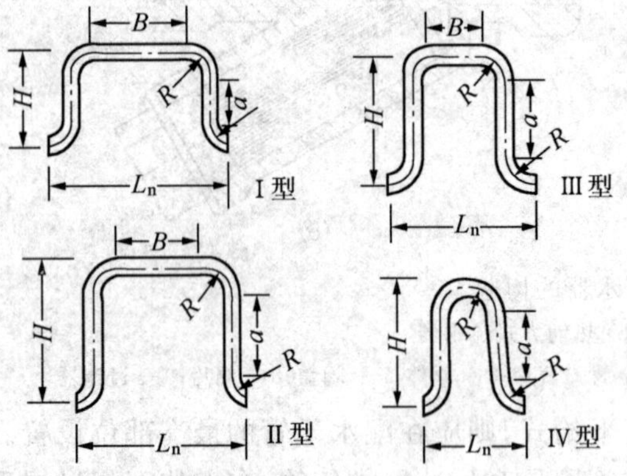

图 11.21　Ω 型伸缩器

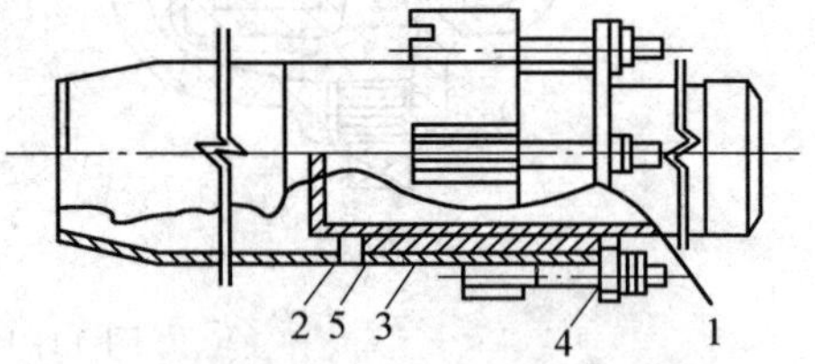

图 11.22　单向套管伸缩器

1— 芯管；2— 壳体；3— 填料圈；
4— 前压盘；5— 后压盘

(4) 球形伸缩器。球形伸缩器见图 11.23，具有伸长量大且占室内空间较 Ω 形小等优点，但造价较高。

5. 膨胀管、释压阀和闭式膨胀水箱

设置膨胀管、释压阀和闭式膨胀水箱，主要是解决由于水量膨胀而使管道设备破坏的方法。

(1) 膨胀管。膨胀管用于高位冷水箱向水加热器供应冷水的开式热水系统。膨胀管安装见图 11.24。

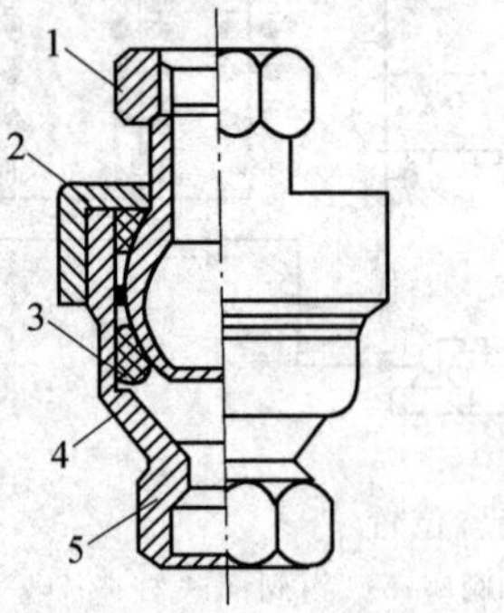

图 11.23　球形伸缩器

1— 球形接头；2— 压盖；3— 密封；
4— 卡环；5— 接头

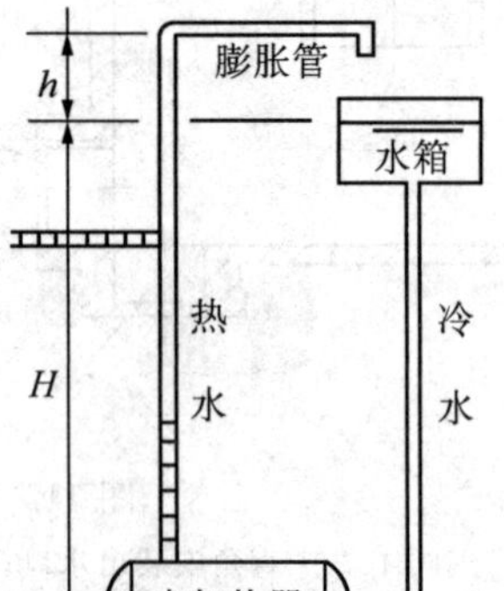

图 11.24　膨胀管

膨胀管应高出水箱最高水位有足够的高度，以免加热时热水从膨胀管中溢出。其设置高度按下式计算，其最小管径应满足表 11.1 要求。

$$h = H\left(\frac{\rho_L}{\rho_r} - 1\right) \tag{11.3}$$

式中　h —— 膨胀管高出水箱水面的最小垂直高度，m；

H —— 锅炉，水加热器底部至高位冷水箱水面的高度，m；

ρ_L —— 冷水的密度，kg/m^3；

ρ_r —— 热水的密度，kg/m^3。

表 11.1　膨胀管最小管径

锅炉或水加热器的传热面积 /m^2	<10	$10\sim15$	$15\sim20$	>20
膨胀管最小管径 /mm	25	32	40	50

膨胀管可与排气管结合使用，称为膨胀泄气管。膨胀管上严禁装设阀门，冬季需要采取保温措施。

(2) 释压阀与膨胀水箱。从室外给水管道直接进水的闭式热水系统，可在加热器上设置释压阀。在热水系统的压力超过释压阀设定压力时，释压阀开启，排出部分热水，使压力下降，而后再关闭，如此往复。安装释压阀简单，但灵敏度较低，可靠性差。

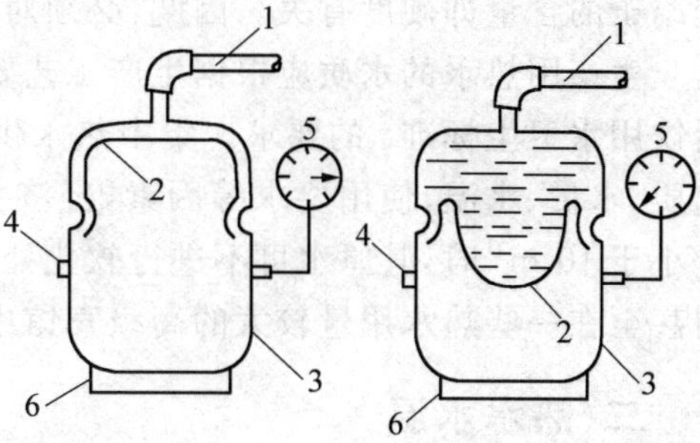

图 11.25　闭式隔膜膨胀水箱

1— 系统接口；2— 隔膜；3— 壳体；4— 气压调整口；5— 压力表；6— 座脚

膨胀水箱的构造，见图 11.25，适用于闭式热水系统，以吸收加热时的膨胀水量，一般安装在热水供水的总管上，也可安装在回水总管上或加热器冷水进水管上。

6.减压阀与节流阀

若蒸汽压力大于加热器所需蒸汽压力，则不能保证设备安全运行，此时应在蒸汽管上设置减压阀，以降低蒸汽压力。

减压阀应安装在水平管段上，并配有必要的附件，减压阀安装示意图，见图 11.26。

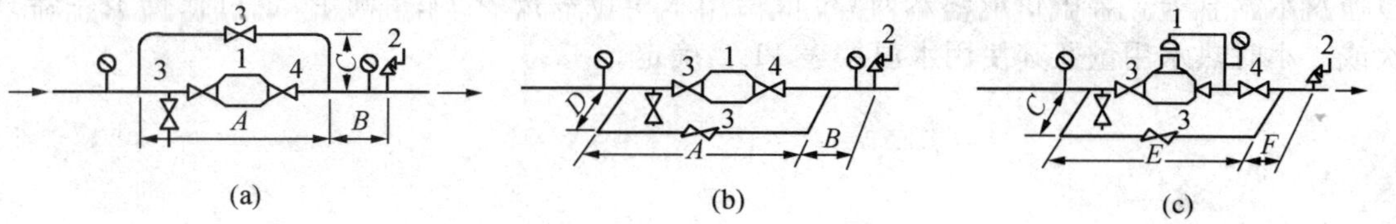

图 11.26　减压阀安装示意图

1— 减压阀；2— 安全阀；3— 法兰截止阀；4— 低压截止阀

节流阀用于热水供应系统回水管上，可粗略调节流量与压力，有直通式和角式两种，前者安装于直线管段上，后者安装于水平和垂直相交管段处。

任务三　热水水质、水温及用水量定额

一、热水水质

热水供应系统中的管道和设备的腐蚀与结垢是两个较普遍的问题，其直接影响了它们的使用寿命与投资维修费用。水中溶解氧的含量是腐蚀的主要因素；水垢的形成主要与水中钙、镁离子的含量即硬度有关。因此，必须对上述指标有一定要求。

生产用热水的水质应根据生产工艺要求确定。生活用热水的水质应符合我国现行的《生活饮用水卫生标准》的要求。集中热水供应系统的热水在加热前水质是否软化处理，应根据水质、水量、水温、使用要求等因素，经济技术比较确定。一般情况下，按 65 ℃ 计算的日用水量小于 10 m^3 时，其原水可不进行软化处理。软化处理一般采用离子交换、永磁化等方法。国内甚至在一些热水用量较大的高级宾馆中采用专用的除氧装置。

二、热水水温

计算使用的冷水计算温度应以当地最冷月平均水温确定，当无水温资料时，可按表 11.2 进行确定。生活用热水锅炉或水加热器出口的最高水温和配水点的最低水温可按表 11.3 进行确定。当热水供应系统的具体用途仅为盥洗和沐浴用时，热水锅炉或水加热器出口的最高水温和配水点的最低水温还可以在表 11.3 的基础上适当降低，但最低限度不能低于卫生器具的热水水温要求，即配水点最低水温不低于 40 ℃。

生产用热水水温应根据生产工艺要求确定。

三、热水量定额

生活用热水的定额与建筑物性质、卫生设备完善程度、当地气候条件、热水供应时间、生活习惯及水温有关。集中供应热水时，可根据用水单位数按表 11.4 确定，也可根据卫生器具 1 次或 1 小时热水用量及其使用水温按表 11.5 确定。

表 11.2　冷水计算温度　℃

区域	省、市、自治区、行政区		地面水	地下水	区域	省、市、自治区、行政区		地面水	地下水
东北	黑龙江		4	6～10	东南	江苏	偏北	4	10～15
	吉林		4	6～10			大部	5	15～20
	辽宁	大部	4	6～10		江西大部		5	15～20
		南部	4	10～15		安徽大部		5	15～20
华北	北京		4	10～15		福建	北部	5	15～20
	天津		4	10～15			南部	10～15	20
	河北	北部	4	6～10		台湾		10～15	20
		大部	4	10～15	中南	河南	北部	4	10～15
	山西	北部	4	6～10			南部	5	15～20
		大部	4	10～15		湖北	东部	5	15～20
	内蒙古		4	6～10			西部	7	15～20
西北	陕西	偏北	10～15	6～10		湖南	东部	5	15～20
		大部	4	10～15			西部	7	15～20
		秦岭以南	7	15～20		广东、港澳		10～15	20
	甘肃	南部	4	10～15		海南		15～20	17～22
		秦岭以南	7	15～20	西南	重庆		7	15～20
	青海	偏东	4	10～15		贵州		7	15～20
	宁夏	偏东	4	6～10		四川大部		7	15～20
		南部	4	10～15		云南	大部	7	15～20
	新疆	北疆	5	10～11			南部	10～15	20
		南疆	—	12					
		乌鲁木齐	8	12					
东南	山东		4	10～15		广西	大部	10～15	20
	上海		5	15～20			偏北	7	15～20
	浙江		5	15～20		西藏		—	5

表 11.3　直接供应热水的热水锅炉、热水机组或水加热器出口的最高水温和配水点的最低水温　℃

水质处理情况	热水锅炉、热水机组或水加热器出口的最高水温	配水点的最低水温
原水水质无需软化处理，原水水质需水质处理且有水质处理	75	50
原水水质需水质处理但未进行水质处理	60	50

表 11.4 热水用水定额

序号	建筑物名称	单　位	最高日用水定额 /L	使用时间 /h
	住宅			
1	有自备热水供应和沐浴设备	每人每日	40 ～ 80	24
	有集中热水供应和沐浴设备	每人每日	60 ～ 100	24
2	别墅	每人每日	70 ～ 110	24
3	酒店式公寓	每人每日	80 ～ 110	24
	宿舍			
4	Ⅰ类、Ⅱ类	每人每日	70 ～ 100	24 或定时供应
	Ⅲ类、Ⅳ类	每人海日	40 ～ 80	
	招待所、培训中心、普通旅馆			
	设公用盥洗室	每人每日	25 ～ 40	
5	设公用盥洗室、淋浴室	每人每日	40 ～ 60	24 或定时供应
	设公用盥洗室、淋浴室、洗衣室	每人每日	50 ～ 80	
	设单独卫生间、公用洗衣室	每人每日	60 ～ 100	
	宾馆客房			
6	旅客	每床位每日	120 ～ 160	24
	员工	每人每日	40 ～ 50	
	医院住院部			
	设公用盥洗室	每床位每日	60 ～ 100	
	设公用盥洗室、淋浴室	每床位每日	70 ～ 130	24
7	设单独卫生间	每床位每日	110 ～ 200	
	医务人员	每人每班	70 ～ 130	
	门诊部、诊疗所	每病人每日	7 ～ 13	8
	疗养院、休养所住房部	每床位每日	100 ～ 160	24
8	养老院	每床位每日	50 ～ 70	24
	幼儿园、托儿所			
9	有住宿	每儿童每日	20 ～ 40	24
	无住宿	每儿童每日	10 ～ 15	10
	公共浴室			
10	淋浴	每顾客每次	40 ～ 60	12
	淋浴、浴盆	每顾客每次	60 ～ 80	
	桑拿浴（淋浴、按摩池）	每顾客每次	70 ～ 100	
11	理发室、美容院	每顾客每次	10 ～ 15	12
12	洗衣房	每公斤干衣	15 ～ 30	8

续表 11.4

序号	建筑物名称	单　位	最高日用水定额 /L	使用时间 /h
13	餐饮厅			
	营业餐厅	每顾客每次	15 ～ 20	10 ～ 12
	快餐店、职工及学生食堂	每顾客每次	7 ～ 10	11
	酒吧、咖啡厅、茶座、卡拉 OK 房	每顾客每次	3 ～ 8	18
14	办公楼	每人每班	5 ～ 10	8
15	健身中心	每人每次	15 ～ 25	12
16	体育场(馆)			
	运动员淋浴	每人每次	17 ～ 26	4
17	会议厅	每座位每次	2 ～ 3	4

注:① 表内所列用水定额均已包括在给水用水定额中。② 本表 60℃ 热水水温为计算温度,卫生器具使用时的热水水温见表 11.3。

表 11.5　卫生器具的 1 次和 1h 热水用水定额及水温

序号	卫生器具名称	一次用水量 /L	小时用水量 /L	使用水温 /℃
1	住宅、旅馆、别墅、宾馆、酒店式公寓			
	带有淋浴器的浴盆	150	300	40
	无淋浴器的浴盆	125	250	40
	淋浴器	70 ～ 100	140 ～ 200	37 ～ 40
	洗脸盆、盥洗槽水嘴	3	30	30
	洗脸盆(池)	—	180	50
2	宿舍、招待所、培训中心			
	淋浴器:有淋浴小间	70 ～ 100	210 ～ 300	37 ～ 40
	无淋浴小间	—	450	37 ～ 40
	盥洗槽水嘴	3 ～ 5	50 ～ 80	30
3	餐饮业			
	洗涤盆(池)	—	250	50
	洗脸盆:工作人员用	3	60	30
	顾客用	—	120	30
	淋浴器	40	400	37 ～ 40
4	幼儿园、托儿所			
	浴　盆:幼儿园	100	400	35
	托儿所	30	120	35
	淋浴器:幼儿园	30	180	35
	托儿所	15	90	35
	盥洗槽水嘴	15	25	30
	洗涤盆(池)	—	180	50

续表 11.5

序号	卫生器具名称	一次用水量 /L	小时用水量 /L	使用水温 /℃
5	医院、疗养院、休养所			
	洗手盆	—	15 ～ 25	35
	洗涤盆(池)	—	300	50
	淋浴器	—	200 ～ 300	37 ～ 40
	浴盆	125 ～ 150	250 ～ 300	40
6	公共浴室			
	浴盆	125	250	40
	淋浴器:有淋浴小间	100 ～ 150	200 ～ 300	37 ～ 40
	无淋浴小间	—	450 ～ 540	37 ～ 40
	洗脸盆	5	50 ～ 80	35
7	办公楼　洗手盆	—	50 ～ 100	35
8	理发室　美容院			
	洗脸盆	—	35	35
9	实验室			
	洗脸盆	—	60	50
	洗手盆	—	15 ～ 25	30
10	剧场			
	淋浴器	60	200 ～ 400	37 ～ 40
	演员用洗脸盆	5	80	35
11	体育场			
	淋浴器	30	300	35
12	工业企业生活间			
	淋浴器:一般车间	40	360 ～ 540	37 ～ 40
	脏车间	60	180 ～ 480	40
	洗脸盆或盥洗槽水龙头:一般车间	3	90 ～ 120	30
	脏车间	5	100 ～ 150	35
13	净身器	10 ～ 15	120 ～ 180	30

注:一般车间指现行的《工业企业设计卫生标准》GBZ1 中规定的 3、4 级卫生特征的车间,脏车间指该标准中规定的 1、2 级卫生特征的车间。

任务四　热水量、耗热量及热媒耗量的计算

热水量、耗热量和热媒耗量是热水供应系统中选择设备和管网计算的主要依据。

一、耗热量计算

集中热水供应系统的设计小时耗热量，应根据用水情况和冷、热水温差计算。

(1) 全日制供应热水的宿舍（Ⅰ类、Ⅱ类）、住宅、别墅、酒店式公寓、招待所、培训中心、旅馆、宾馆的客房（不含员工）、医院住院部、养老院、幼儿园、托儿所（有住宿）、办公楼等建筑的集中热水供应系统的设计小时耗热量应按式(11.4)计算，即

$$Q_h = K_h \frac{mq_r C \cdot (t_r - t_1)\rho_r}{86400} \tag{11.4}$$

式中　Q_h—— 设计小时耗热量，W；

m—— 用水计算单位数，人数或床位数；

q_r—— 热水用水定额，L/(人·d) 或 L/(床·d) 等，按表 11.4 采用；

C—— 水的比热，$C = 4\,187$ J/(kg·℃)；

t_r—— 热水温度，$t_r = 60$ ℃；

t_1—— 冷水计算温度，℃，按表 11.2 选用；

ρ_r—— 热水密度，kg/L；

K_h—— 热水小时变化系数，全日供应热水时可按表 11.6 采用。

表 11.6　热水小时变化系数 K_h 值

类别	住宅	别墅	酒店式公寓	宿舍（Ⅰ类、Ⅱ类）	招待所、培训中心、普通旅馆	宾馆	医院、疗养院	幼儿园、托儿所	养老院
热水用水定额[L·(人〔床〕·d)$^{-1}$]	60～100	70～110	80～100	70～100	25～50 40～60 50～80 60～100	120～160	60～100 70～130 110～200 100～160	20～40	50～70
使用人(床)数	≤100～≥6000	≤100～≥6000	≤150～≥1200	≤150～≥1200	≤150～≥1200	≤150～≥1200	≤50～≥1000	≤50～≥1000	≤50～≥1000
K_h	4.8～2.75	4.21～2.47	4.00～2.58	4.80～3.20	3.84～3.00	3.33～2.60	3.63～2.60	4.80～3.20	3.20～2.74

注：①K_h 应根据热水用水定额高低、使用人（床）数多少取值，当热水用水定额高、使用人（床）数多时取低值，反之取高值，使用人（床）数小于等于下限值及大于等于上限值的，K_h 就取下限值及上限值，中间值可用内插法求得；② 设有全日集中热水供应系统的办公楼、公共浴室等表中未列入的其他类建筑的 K_h 值可按表 11.6 中给水的小时变化系数选值。

(2) 定时供应热水的住宅、旅馆、医院及工业企业生活间、公共浴室、宿舍（Ⅲ类、Ⅳ类）、剧院化妆间、体育馆（场）运动员休息室等建筑的集中热水供应系统的设计小时耗热量应按式

(11.5) 计算,即

$$Q_h=\sum\frac{q_h(t_r-t_1)\rho_r N_0 bC}{3\ 600} \tag{11.5}$$

式中 Q_h—— 设计小时耗热量,W;

q_h—— 卫生器具用水的小时用水定额,L/h,应按表 11.4 采用;

C—— 水的比热,$C=4\ 187$ J/(kg·℃);

t_r—— 热水温度,按表 11.3 采用;

t_1—— 冷水计算温度,℃,按表 11.2 选用;

ρ_r—— 热水密度,kg/L;

N_0 —同类型卫生器具数;

b—— 卫生器具的同时使用百分数:住宅、旅馆,医院、疗养院病房,卫生间内浴盆或淋浴器可按 70% ~ 100% 计,其他器具不计,但定时连续供水时间应大于等于 2 h;工业企业生活间、公共浴室、学校、剧院、体育馆(场)等的浴室内的淋浴器和洗脸盆均按 100% 计;住宅一户带多个卫生间时,可按一个卫生间计算。

(3) 设有集中热水供应系统的居住小区的设计小时耗热量,当居住小区内配套公共设施的最大用水时时段与住宅的最大用水时时段一致时,应按两者的设计小时耗热量叠加计算;当居住小区内配套公共设施的最大用水时时段与住宅的最大用水时时段不一致时,应按住宅的设计小时耗热量加配套公共设施的平均小时耗热量叠加计算。

(4) 具有多个不同使用热水部门的单一建筑(如旅馆内具有客房卫生间、职工用淋浴间、洗衣房、厨房、游泳池及健身娱乐设施等多个热水用户)或多种使用功能的综合性建筑(如同一栋建筑内具有公寓、办公楼、商业用房、旅馆等多种用途),当其热水由同一热水系统供应时,设计小时耗热量,可按同一时间内出现用水高峰的主要用水部门的设计小时耗热量加其他用水部门的平均小时耗热量计算。

二、热水量计算

设计小时热水量,可按式(11.6) 计算,即

$$q_{rh}=\frac{Q_h}{1.163(t_r-t_1)\rho_r} \tag{11.6}$$

式中 q_{rh}—— 设计小时热水量,L/h;

Q_h—— 设计小时耗热量,W;

t_r—— 热水温度,按表 11.3 采用;

t_1—— 冷水计算温度,℃,按表 11.2 选用;

ρ_r—— 热水密度,kg/L。

三、热源及热媒耗量计算

1. 热源

集中热水供应系统的热源,宜首先利用工业余热、废热、地热和太阳能,当没有条件利用时,宜优先采用能保证全年供热的热力管网作为集中热水供应的热源。

当区域性锅炉房或附近的锅炉房能充分供给蒸汽或高温水时,宜采用蒸汽或高温水作集中热水供应系统的热媒。

当上述条件都不具备时，可设燃油、燃气热水机组或电蓄热设备等供给集中热水供应系统的热源或直接供给热水。

局部热水供应系统的热源宜采用太阳能及电能、燃气、蒸汽等。

2. 热媒耗量计算

根据热媒种类和加热方式不同，热媒耗量应按不同的方法计算。

(1) 采用蒸汽直接加热时，蒸汽耗量按式(11.7)计算，即

$$G=(1.10\sim1.20)\frac{3.6Q_h}{i''-i'} \tag{11.7}$$

式中　G——蒸汽耗量，kg/h；

Q_h——设计小时耗热量，W；

i''——蒸汽的热焓，kJ/kg，按表11.7选用；

i'——蒸汽与冷水混合后的热水热焓，kJ/kg，$i'=4.187t_{mz}$，其中t_{mz}为蒸汽与冷水混合后的热水温度，℃，应由产品样本提供，参考值见表11.8和表11.9。

表11.7　饱和水蒸气的性质

绝对压力/MPa	饱和水蒸气温度/℃	热　焓/(kJ·kg^{-1})		水蒸气的气化热/(kJ·kg^{-1})
		液 体	蒸 汽	
0.1	100	419	2679	2260
0.2	119.6	502	2707	2205
0.3	132.9	559	2726	2167
0.4	142.9	601	2738	2137
0.5	151.1	637	2749	2112
0.6	158.1	667	2757	2090
0.7	164.2	694	2767	2073
0.8	169.6	718	2773	2055

表11.8　导流型容积式水加热器主要热力性能参数

热媒参数	传热系数K/[W·(m^2·℃)$^{-1}$]		热媒出水温度t_{mz}/℃	热媒阻力损失Δh_1/MPa	被加热水水头损失Δh_2/MPa	被加热水温升Δt/℃
	钢盘管	铜盘管				
0.1～0.4 MPa的饱和蒸汽	791～1093	872～1204 2100～2550 2500～3400	40～70	0.1～0.2	≤0.005 ≤0.01 ≤0.01	≥40
70～150℃的高温水	616～945	680～1047 1150～1450 1800～2200	50～90	0.01～0.03 0.05～0.1 ≤0.1	≤0.005 ≤0.01 ≤0.01	≥35

注：① 表中铜管的K值及Δh_1、Δh_2中的二行数字由上而下分别表示U型管、浮动盘管和铜波节管三种导流型容积式水加热器的相应值。② 热媒为蒸汽时，K值与t_{mz}对应；热媒为高温水时，K值与Δh_1对应。

表 11.9　容积式水加热器主要热力性能参数

热媒参数	传热系数 $K/[W\cdot(m^2\cdot℃)^{-1}]$		热媒出水口温度 t_{mz}/℃	热媒阻力损失 Δh_1/MPa	被加热水水头损失 Δh_2/MPa	被加热水温升 Δt/℃	容器内冷水区容积 V_L/%
	钢盘管	铜盘管					
0.1～0.4 MPa 的饱和蒸汽	689～756	814～872	≤100	≤0.1	≤0.005	≥40	25
70～150 ℃ 的高温水	926～349	348～407	60～120	≤0.03	≤0.005	≥23	25

注：容积水加热器即传统的二行程光面 U 型管式容积式水加热器。

(2) 采用蒸汽间接加热时，蒸汽耗量按式(11.8)计算，即

$$G=(1.10\sim1.20)\frac{3.6Q_h}{\gamma_h} \tag{11.8}$$

式中　G—— 蒸汽耗量，kg/h；

Q_h—— 设计小时耗热量，W；

γ_h—— 蒸汽的汽化热，kJ/kg，按表 11.7 选用。

(3) 采用高温热水间接加热时，高温热水耗量按式(11.9)计算，即

$$G=(1.10\sim1.20)\frac{Q_h}{1.163(t_{mc}-t_{mz})} \tag{11.9}$$

式中　Q_h—— 设计小时耗热量，单位为 W；

G—— 高温热水耗量，kg/h；

t_{mc}、t_{mz}—— 高温热水进口与出口水温，℃，参考值见表 11.8 和表 11.9；

1.163— 单位换算系数。

任务五　加热及贮热设备的选择

在集中热水供应系统中，贮热设备有容积式水加热器和加热水箱等，其中快速式水加热器只起加热作用；贮水器只起贮存热水作用。加热设备的计算是确定加热设备的加热面积和贮水容积。

一、加热设备供热量的计算

(1) 容积式水加热器或贮热容积与其相当的水加热器、热水机组的设计小时供热量 当无小时热水用量变化曲线时，容积式水加热器或贮热容积及相应水加热器的设计小时供热量按式(11.10)计算，即

$$Q_g=Q_h-1.163\frac{\eta V_r}{T}(t_r-t_1)\rho_r \tag{11.10}$$

式中　Q_g—— 容积式水加热器的设计小时供热量，W；

Q_h—— 设计小时耗热量，W；

η—— 有效贮热容积系数。容积式水加器 $\eta=0.7\sim0.8$，导流型容积式水加热器 $\eta=0.8\sim0.9$；

V_r—— 总贮热容积,L;

T—— 设计小时耗热量持续时间,h ,$T=2\sim4$ h;

t_r—— 热水温度,℃,按设计水加热器出水温度计算;

t_1—— 冷水温度,℃;

ρ_r—— 热水密度,kg/L。

公式(11.10) 前部分为热媒的供热量,后部分为水加热器已贮存的热量。

(2) 半容积式水加热器或贮热容积与其相当的水加热器、热水机组的供热量按设计小时耗热量计算。

(3) 半即热式、快速式水加热器及其他无贮热容积的水加热设备的供热量按设计秒流量计算。

二、水加热器加热面积的计算

容积式水加热器、快速式水加热器和加热水箱中加热排管或盘管的传热面积应按式(11.11) 计算,即

$$F_{jr}=\frac{C_r Q_z}{\varepsilon K\Delta t_j} \tag{11.11}$$

式中　F_{jr}—— 表面式水加热器的加热面积,m^2;

Q_z—— 制备热水所需热量,可按设计小时耗热量计算,W;

K—— 传热系数,单位为 $W/m^2\cdot k$,可参见表 11.10、表 11.11 查用;

ε—— 由于水垢和热媒分布不均匀影响传热效率的系数,一般采用 $0.6\sim0.8$;

C_r—— 热水供应系统的热损失系数,$C_r=1.10\sim1.15$;

Δt_j—— 热媒和被加热水的计算温差,℃,按水加热形式,按式(11.12) 和式(11.13) 计算。

表 11.10　容积式水加热器中盘管的传热系数 K 值

热媒种类		热媒流速 $/(m\cdot s^{-1})$	被加热水流速 $/(m\cdot s^{-1})$	$K/[W\cdot(m^2\cdot ℃)^{-1}]$	
				铜盘管	钢盘管
蒸汽压力 /MPa	≤0.07	—	<0.1	640～698	756～814
	>0.07	—	<0.1	698～756	814～872
热水温度 70～150 ℃		0.5	<0.1	326～349	384～407

注:表中 K 值是按盘管内通过热媒和盘管外通过被加热水。

表 11.11　快速热交换器的传热系数 K 值

被加热水流速 $/(m\cdot s^{-1})$	传热系数 $K/(W\cdot(m^2\cdot ℃)^{-1})$							
	热媒为热水时,热水流速 $/(m\cdot s^{-1})$						热媒为蒸汽时,蒸汽压力 /kPa	
	0.5	0.75	1.0	1.5	2.0	2.5	≤100	>100
0.5	1105	1279	1400	1512	1628	1686	2733/2152	2558/2035
0.75	1244	1454	1570	1745	1919	1977	2431/2675	3198/2500
1.00	1337	1570	1745	1977	2210	2326	3954/3082	3663/2908
1.50	1512	1803	2035	2326	2558	2733	4536/3722	4187/3489
2.00	1628	1977	2210	2558	2849	3024	—/4361	—/4129
2.50	1745	2093	2384	2849	3198	3489	—	—

注:热媒为蒸汽时,表中分子为两回程汽一水快速式水加热器将被加热水的水温升高 20～30 ℃ 的 K 值;分母为四回程将被加热水的水温升高 60～65 ℃ 时的 K 值。

(1) 容积式水加热器、半容积式水加热器的热媒与被加热水的计算温差 Δt_j 采用算术平均温度差，按式(11.12) 计算，即

$$\Delta t_{\mathrm{j}}=\frac{t_{\mathrm{mc}}+t_{\mathrm{mz}}}{2}-\frac{t_{\mathrm{c}}+t_{\mathrm{z}}}{2} \tag{11.12}$$

式中 Δt_{j}—— 计算温度差，℃；

t_{mc}、t_{mz}—— 热媒的初温和终温，℃，热媒为蒸汽时，按饱和蒸汽温度计算，可查表(11.7) 确定；热媒为热水时，按热力管网供、回水的最低温度计算，但热媒的初温与被加热水的终温的温度差，不得小于 10℃；

t_{c}、t_{z}—— 被加热水的初温和终温，℃。

(2) 半即热式水加热器、快速式水加热器热媒与被加热水的温差采用平均对数温度差按式(11.13) 计算，即

$$\Delta t=\frac{\Delta t_{\max}-\Delta t_{\min}}{\ln\dfrac{\Delta t_{\max}}{\Delta t_{\min}}} \tag{11.13}$$

式中 $\Delta t_{\max}$—— 热媒和被加热水在水加热器一端的最大温差，℃；

$\Delta t_{\min}$—— 热媒和被加热水在水加热器另一端的最小温差，℃。

加热设备加热盘管的长度，按式(11.14) 计算，即

$$L=\frac{F_{\mathrm{jr}}}{\pi D} \tag{11.14}$$

式中 L—— 盘管长度，m；

D—— 盘管外径，m；

F_{jr}—— 加热器的传热面积，m^2。

三、热水贮水器容积的计算

热水器贮水容积的确定 由于供热量和耗热量之间存在差异，需要一定的贮热容积加以调节，而在实际工程中，有些理论资料又难以收集，可用经验法确定贮水器的容积，可按式(11.15) 计算，即

$$V=\frac{60TQ_{\mathrm{h}}}{(t_{\mathrm{r}}-t_1)C} \tag{11.15}$$

式中 V—— 贮水器的贮水容积，L；

T—— 贮热时间，按表 11.12 确定，min；

Q_{h}—— 热水供应系统设计小时耗热量，W；

t_{r}、t_1、C 同公式(11.5)。

表 11.12　水加热器的贮热量

加热设备	以蒸汽和 95 ℃ 以上的热水为热媒时		以 < 95 ℃ 的热水为热媒时	
	工业企业淋浴室	其他建筑物	工业企业淋浴室	其他建筑物
容积式水加热器或加热水箱	≥ 30 minQ_h	≥ 45 minQ_h	≥ 60 minQ_h	≥ 90 minQ_h
导流式容积式水加热器	≥ 20 minQ_h	≥ 30 minQ_h	≥ 40 minQ_h	≥ 45 minQ_h
半容积式水加热器	≥ 15 minQ_h	≥ 15 minQ_h	≥ 25 minQ_h	≥ 30 minQ_h

注：半即热式、快速式水加热器的热媒按设计流量供应，且有完善可靠的温度自动调节装置时，可不设贮水器。表中容积式水加热器是指传统的二行程式容积式水加热产品，壳内无导流装置，被加热水无组织流动，存在换热不充分、传热系数值 K 低的缺点。

按式(11.15) 确定的容积式水加热器或水箱容积后，有导流装置时，计算容积应附加 10% ～ 15%；当冷水下进上出时，容积宜附加 20% ～ 25%；当采用半容积式水加热器时，或带有强制罐内水循环装置的容积式水加热器，其计算容积可不附加。

任务六　热水供应管网的水力计算

热水供应管网的水力计算，包括热媒管网与热水管网的水力计算两大部分，它们又分别称为第一循环管网与第二循环管网的水力计算，而热水管网的水力计算，又包括热水配水管网和热水循环管网的水力计算两部分。上述管网的水力计算，其主要目的是，计算管网各管道的设计流量，并按设计要求计算相应管道的管径及压力损失，进而确定热水系统的循环方式及选择相应的设备，如循环水泵、疏水器、膨胀设施等。

一、第一循环管网的水力计算

热水供应系统使用的热媒，主要是高压蒸汽和高温热水。根据热媒的性质和流态，其管网计算分述如下。

1. 热媒为高压蒸汽管网

以高压蒸汽为热媒的第一循环管网水力计算，主要包括高压蒸汽管和凝结回水管两部分。而对采用蒸汽直接加热的热媒高压蒸汽管网，因其凝结水不回收，故只需进行高压蒸汽管水力计算即可。

(1) 高压蒸汽管。热媒高压蒸汽管一般按管道的允许流速和相应的比压降确定管径和压力损失。高压蒸汽管道常用的流速可按表 11.13 确定，通过管道的设计流量按公式(11.7)、(11.8) 确定。根据设计流量查附录 12，可确定管径和比压降，计算管道的压力损失。

(2) 凝结水管。蒸汽放热产生的凝结水是锅炉高品位的补水，因而蒸汽间接加热产生凝结水必须回收，通常采用较简单且节能的余压凝结水回收系统，见图 11.27。该系统的凝结水是利用疏水器后的余压(也称背压) 输送到凝结水池的。总体而言，可分为 5—6，6—7 两段。从加热器出口至疏水器前的 5—6 管段，虽然这段凝水管路不长，但由于疏水器间歇工作，使得

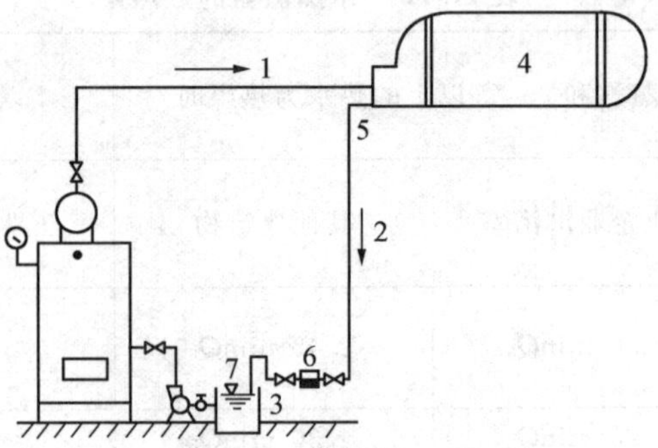

图 11.27　余压凝结水系统图式

1— 蒸汽；2— 凝结水；3— 凝结水池；4— 水加热器

5— 凝水管；6— 疏水器；7— 凝水管出口

该管路内常是凝结水和蒸汽交替充塞，有时还有空气夹在其中，并且流动状态随蒸汽与凝水的比例和流速大小发生变化。因此该管段流动情况较复杂，计算时应按非满管流动考虑。在实际工程设计中，其管径可按公式(11.6)计算的设计小时耗热量查表11.14确定，不需详细计算管道压力损失。

表 11.13　高压蒸气管道常用流速

管径 /mm	15 ～ 20	25 ～ 32	40	50 ～ 80	100 ～ 150	≥ 200
流速 /($m \cdot s^{-1}$)	10 ～ 15	15 ～ 20	20 ～ 25	25 ～ 35	30 ～ 40	40 ～ 60

表 11.14　由加热器至疏水器间不同管径通过的小时耗热量　($kJ \cdot h^{-1}$)

DN/mm	15	20	25	32	40	50	70	80	100	125	150
热量 /(kJ · h)	33 494	108 857	167 472	355 300	460 548	887 602	2 101 774	3 089 232	4 814 820	7 871 184	17 835 768

由疏水器至凝结水池的6—7管段，其凝水的流动状态，可视为均匀分布的乳状混合物，属于满管流动。概略计算可按表11.15进行。计算中6—7管段的热量按下式确定

$$Q_j = 1.25Q \tag{11.16}$$

式中　Q_j —— 余压凝结水管中的计算小时耗量，kJ/h；

Q —— 高压蒸汽设计小时耗热量，kJ/h，可按式(11.7)计算；

1.25 —— 考虑系统启动时管道设备本体温度较低，凝结水量增大的系数。

凝水从凝结水池至锅炉是靠凝结水泵动力实现的，因此该管段也称为机械回水，其水力计算完全按热水管路水力计算进行，与下述热媒为热水管网的水力计算相同。系统中凝结水池、凝结水泵等设备的选择，参照锅炉房设计手册有关规定即可。

2. 热媒为热水管网

热媒为热水的第一循环系统，主要由用于连接热水锅炉与水加热器或贮水器（热水贮罐或热水箱）的热媒热水配水管道和回水管道的组成，见图11.28所示，其管径可根据公式(11.9)计算小时耗量为设计流量，按附录13查得，管中流速宜控制在1.2 m/s以下，沿程压力损失控制在50 ～ 100 Pa/m为宜，同时计算出管路的总压力损失 H_m。

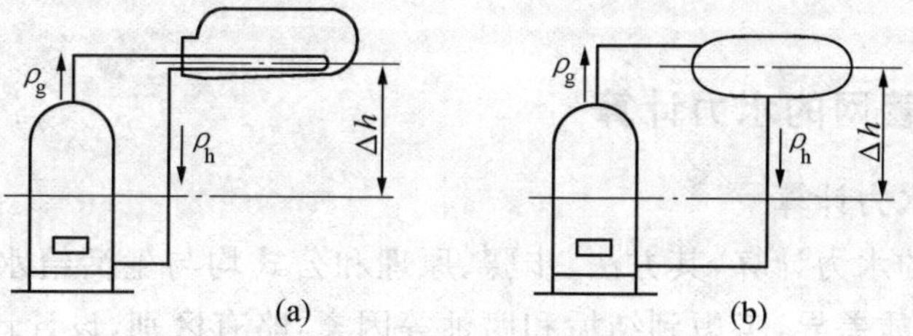

图 11.28　自然循环压力

(a) 热水锅炉与水加热器连接(间接加热);

(b) 热水锅炉与贮水器连接(直接加热)

表 11.15　余压凝结水管 6—7 管段管径选择

P/kPa (绝对大气压)	管径 DN/mm											
17.7	15	20	25	32	40	50	70	125	150	159×5	219×6	219×6
19.6	15	20	25	32	50	70	100	125	159×5	219×6	219×6	219×6
24.5～29.4	20	25	32	40	50	70	100	150	159×5	219×6	219×6	219×6
＞29.4	20	25	32	40	50	70	100	150	219×6	219×6	219×6	273×7
$R/(mmH_2O \cdot m^{-1})$	按上述管通过热量 ($kJ \cdot h^{-1}$)											
5	39 147	87 090	174 171	253 301	571 498	1 084 381	2 369 728	3 307 572	6 615 144	12 895 344	13 774 572	21 436 416
10	43 543	131 047	283 028	357 971	803 866	1 532 369	3 257 330	4 689 216	9 294 696	18 212 580	19 468 620	30 228 696
20	65 314	185 057	370 532	506 603	1 138 810	2 168 762	4 605 480	6 615 144	13 146 552	25 748 820	31 526 604	42 705 306
30	82 899	217 714	477 295	619 640	1 394 204	2 553 948	5 652 180	8 122 392	16 077 312	10 467 000	33 703 740	52 335 000
40	108 852	251 208	544 284	715 943	1 607 731	3 077 298	6 531 408	9 378 432	18 599 392	36 425 160	39 146 580	60 289 920
50	152 400	283 865	611 273	799 679	1 800 324	3 416 429	7 285 032	10 467 000	20 766 528	39 565 260	43 542 720	67 826 160

图 11.28 中,热媒管网的热水自然循环压力值按下式计算

$$H_z = \Delta h g(\rho_h - \rho_g) \tag{11.17}$$

式中　H_z —— 热水自然循环压力,Pa;

Δh —— 锅炉中心与水加热器盘管中心或贮水器中心垂直距离,m;

g —— 重力加速度,$g = 9.81\ m/s^2$;

ρ_h —— 锅炉至水加热器(贮水器)回水管中热水平均密度,kg/m^3;

ρ_g —— 锅炉至水加热器(贮水器)配水管中热水平均密度,kg/m^3。

按上述计算结果,对 H_z 与 H_m 进行比较,为确保自然循环安全可靠,应满足以下条件

$$H_z \geqslant (1.10 \sim 1.15)(H_m + H_j') \tag{11.18}$$

式中　H_j' —— 热媒通过加热设备的压力损失,对于容积式水加热器,热水锅炉和热水贮罐等可忽略不计。

当 H_z 满足不了上式要求,并相差较大时,则应采用机械循环方式依靠水泵强制循环。循环水泵流量为管网设计流量,扬程应按 H_z 与系统总压力损失差值而定,为确保可靠循环,应

略有裕量。

二、第二循环管网的水力计算

1. 配水管网的水力计算

热水配水管网的水力计算，其方法、步骤、原理和公式均与生活给水系统水力计算基本相同，但由于水温和水质差异，考虑到结垢和腐蚀等因素，略有区别，设计计算时应掌握以下几个要点。

(1) 配水管网的设计流量按冷水系统的设计秒流量公式计算。卫生器具的额定流量、当量值、支管管径和最低工作压力与室内给水系统相同。管网的最大小时热水量按式(11.4)、(11.5) 和(11.6) 计算。

(2) 管道水力计算按"热水管道水力计算表"来查，见附录 14。该表中热水计算温度按 60 ℃ 考虑，管壁绝对粗糙度按 1.0 mm 计算。

(3) 控制管道中的流速，不宜大于 1.5 m/s。对防止噪声有严格要求的建筑或管径 ≤ 25 mm 的管道，宜采用 0.6 ～ 0.8 m/s。

(4) 管网的局部压力损失一般可按沿程压力损失的 25% ～ 30% 进行估算。

最后，计算出配水管网总压力损失，计算或复核管网所需水压，选择加压设备。

2. 回水管网的水力计算

设置回水管道的目的是使热水在系统中循环流动及时补充管网散热损失，保证各配水点设计水温。其运行方式有自然循环和机械循环两种。自然循环是利用管网中水温不同而产生水的相对密度差，而循环流动的方式；机械循环是指当自然循环作用压力低于循环流量所产生的压力损失时，必须采用水泵强制循环的方式。因此，回水管网的水力计算，除了确定回水管管径外，还要讨论自然循环的可行性，以便采取必要的措施。

(1) 自然循环管网计算。

① 确定循环回水管管径。热水配水管道的管径确定后，其相应位置的回水管道管径可按比配水管道的管径小 1 ～ 2 号的办法确定。但在自然循环管网系统中，应比机械循环适当大些，甚至可与相应配水管管径相等。回水管最小管径不得小于 20 mm。

② 选定配水管路最大计算温降 ΔT。配水计算管路的最大计算温降 ΔT，即为加热设备出口水温与最远配水点水温的温度差，它一方面对管网循环流量有所影响，同时还关系到各管段起、终点水温的计算，因此，应根据系统大小和循环方式确定。一般以 5 ～ 10 ℃ 为宜，最大不应超过 15 ℃。在系统较大和采用自然循环时，宜取较大温差。回水管道的温降，一般采用 5 ℃。

③ 计算配水管网各管段的起、终点水温 t_c、t_z。要计算管段热损失，必须先确定各计算管段的起点和终点水温。目前国内有三种估算方法，分别为平均管长温降法、温降因素法、面积比温降法。相比而言，后两种计算结果精确程度要优于平均管长温降法，更切合实际，因此，以下简介后两种计算方法。

a. 温降因素法。

按以下三个公式进行计算

$$\Delta t = M \frac{\Delta T}{\sum M} \tag{11.19}$$

$$M=\frac{l(1-\eta)}{d} \tag{11.20}$$

$$t_z=t_c-\Delta t \tag{11.21}$$

式中　Δt —— 计算管段温度降，℃；

ΔT —— 配水管路最大计算温度降，℃；

M —— 计算管段温降因素；

$\sum M$ —— 计算管段温降因素之和；

l —— 计算管段长度，m；

η —— 保温系数，不保温时 $\eta=0$，简单的保温 $\eta=0.60$，较好的保温 $\eta=0.7\sim0.8$；

d —— 计算管段的管径，mm；

t_z —— 计算管段终点水温，℃；

t_c —— 计算管段起点水温，℃。

b.面积比温降法。

按以下两公式进行计算

$$\Delta t'=\frac{\Delta T}{\sum F} \tag{11.22}$$

$$t_z=t_c-\Delta t'F \tag{11.23}$$

式中　$\Delta t'$ —— 配水管网中的面积比温降，℃/m²；

ΔT、t_z、t_c —— 同式(11.19)、(11.21)；

$\sum F$ —— 计算管路配水管网的总外表面积，m²；

F —— 计算管段的散热面积，m²，可按表11.16计算。

表11.16　每m长普压钢管在不同保温层厚度时的展开面积　m²

保温层厚度	DN/mm								
mm	20	25	32	40	50	70	80	90	100
0	0.084	0.1052	0.1327	0.1508	0.1385	0.2372	0.2780	0.3130	0.3581
25	0.24111	0.2623	0.2892	0.2079	0.3456	0.3943	0.4351	0.4750	0.5152
30	0.2725	0.2937	0.3212	0.3393	0.3769	0.4257	0.4665	0.5064	0.5466
40	0.3354	0.3566	0.3841	0.4021	0.4398	0.4885	0.5294	0.5693	0.6095

④ 计算配水管网各管段热损失 q_s

$$q_s=\pi DlK(1-\eta)(t_m-t_k) \tag{11.24}$$

式中　q_s —— 计算管段的热损失，W；

K —— 无保温时管道的传热系数，对普通钢管约为11.6 W/m²·℃；

D —— 管道的外径，mm；

t_m —— 计算管段的平均水温，℃，$t_m=\frac{t_z+t_c}{2}$；

t_k —— 计算管段周围的空气温度，℃，无资料时可按表11.17采用；

l、η —— 同式(11.20)。

表 11.17　管道周围的空气温度 t_k

管道敷设情况	t_k/℃
采暖房间内明管敷设	18 ～ 20
采暖房间内暗管敷设	30
敷设在不采暖房间的顶棚内	采用一月份室外平均气温
敷设在不采暖的地下室内	5 ～ 10
敷设在室内地下管沟内	35

⑤ 计算配水管网总热损失 Q_s。计算配水管网总热损失，它是为了补偿配水管网在用水低峰时，管道向周围散失的热量。保持其在管网中循环流动，从而保证各配水点的水温。将各管段的热损失相加便得到配水管网总热损失 Q_s，即$Q_s=\sum_{i=1}^{n}q_s$。Q_s 也可按设计小时耗热量的 5% ～ 10% 来估算，其取值可视系统大小而定。系统范围大，配水管线长，可取大值，反之，取小值。

⑥ 计算总循环流量 Q_x。计算方法如下

$$Q_x=\frac{Q_s}{C_b\Delta T} \tag{11.25}$$

式中　Q_x —— 管网总循环流量，L/s；

Q_s —— 配水管网总热损失，w；

C_b —— 水的比热，kJ/(kg · ℃)；一般取 $C_b=4.187$ kJ/(kg · ℃)；

ΔT —— 配水管路最大计算温度降，℃。

⑦ 计算配水管网各管段的循环流量。在确定总循环流量 Q_x 后，从加热器后的第一个节点开始，依次进行循环流量分配，见图 11.29 所示。对任一节点，流向该节点的各循环流量之和等于流过该节点的循环流量之和，各分支管段的循环流量与其以后全部循环配水管道的热损失之和成正比，即

$$q_{(n+1)x}=q_{nx}\frac{\sum q_{(n+1)s}}{\sum q_{ns}} \tag{11.26}$$

式中　q_{nx}，$q_{(n+1)x}$ ——n，$n+1$ 管段所通过的循环流量，L/s；

$\sum q_{(n+1)s}$ ——$n+1$ 管段及其后各循环配水管段热损失之和，W；

$\sum q_{ns}$ ——n 管段及其后各循环配水管段热损失之和，W。

按公式(11.26)，依次进行各配水管段循环流量分配。

⑧ 复核各配水管段的终点水温，计算公式如下

$$t_z'=t_c-\frac{q_s}{C_bq_x} \tag{1.27}$$

式中　t_z' —— 各计算管段终点水温，℃；

t_c —— 各计算管段起点水温，℃；

q_s —— 各计算管段的热损失，W；

q_x —— 各计算管段的循环流量，L/s。

C_b—— 同公式(11.25)。

如计算结果 t_z' 与原公式(11.21)或(11.23)确定的温度 t_z 相差较大，应以 $t_z''=\frac{t_z+t_z'}{2}$ 作为各计算管段的终点水温，重新进行上述④～⑧的运算，直至 t_z' 与 t_z 相近为止。

⑨ 计算循环管网的总压力损失。管路中通过循环流量时所产生的压力损失按下式计算

$$H=(H_p+H_h)+H_j \qquad (11.28)$$

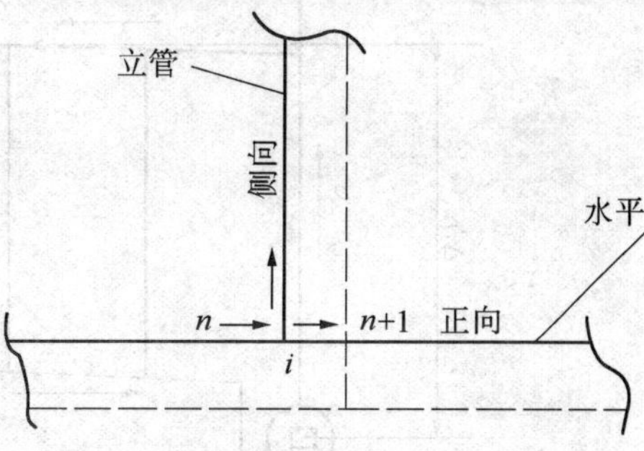

图 11.29　计算用图

式中　H —— 循环管网的总压力损失，kPa；

H_p —— 循环流量通过配水计算管段的压力损失(包括沿程和局部压力损失)，kPa；

H_h —— 循环流量通过回水计算管段的压力损失，kPa；

H_j —— 循环流量通过水加热器的压力损失，kPa。

⑩ 校核自然循环的可行性。在小型或层数少的建筑物中，可采用自然循环热水供应系统，该方式具有明显的节能效果。但形成自然循环的条件主要取决于自然循环作用压力值 H_x 的大小，要求 H_x 必须能够克服循环管网的总压力损失 H，方可进行自然循环。其中考虑到系统运行的安全性和技术经济的合理性，一般留有一定的裕量。即形成的条件是 $H_x \geqslant 1.35H$。热水管网自然循环作用压力 H_x，可根据管网布置形式按下式进行计算。

a. 上行下给式热水管网(图 11.30(a))

$$H_x=\Delta h g(\rho_3-\rho_4)\times 10^{-3} \qquad (11.29)$$

式中　H_x —— 热水管网的自然循环作用压力，kPa；

Δh —— 水加热器或锅炉中心与上行横干管中点的标高差，m；

g —— 重力加速度，m/s^2；

ρ_3 —— 最远立管中热水的平均密度，kg/m^3；

ρ_4 —— 配水总立管中热水的平均密度，kg/m^3。

b. 下行上给式热水管网(图 11.30(b))

$$H_x=[\Delta h_1 g(\rho_7-\rho_8)+g(\Delta h-\Delta h_1)(\rho_5-\rho_6)]\times 10^{-3} \qquad (11.30)$$

式中　Δh_1 —— 水加热器或锅炉中心与立管底部的标高差，m；

Δh —— 热水贮罐中心至立管顶部的标高差，m；

ρ_5、ρ_6 —— 最远处回水立管，配水立管中热水的平均密度，kg/m^3；

ρ_7、ρ_8 —— 水平干管回水管段，配水管段中热水的平均密度，kg/m^3。

当计算结果不能满足要求时，即 $H_x<1.35H$ 时，可将系统管径适当放大，以减少管网压力损失。但是放大管径如在经济上显得不合理时，应在回水管上设置循环水泵，采用机械循环的热水供应方式。

(2) 机械循环管网计算。机械循环管网计算与自然循环管网计算相比，除无自然循环作用压力计算外，其计算内容、方法和步骤等完全相同。此外，由于该方式在其回水管上增设了循环水泵，因此，还要计算循环水泵流量和扬程，进行水泵选择。

机械循环可分全日循环和定时循环两种方式。

① 全日循环。该系统中循环水泵的流量和扬程应按下式计算选定

$$Q_b \geqslant Q_x+Q_f \qquad (11.31)$$

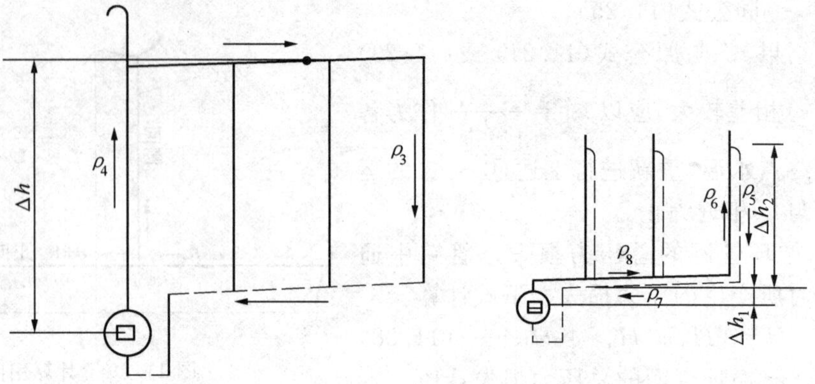

图 11.30 热水系统自然循环压力计算用图

(a) 上行下给管网;(b) 下行上给管网

$$H_b \geqslant \left(\frac{Q_x + Q_f}{Q_x}\right)^2 H_p + H_h + H_j \tag{11.32}$$

式中 Q_b —— 循环水泵流量,L/h;

Q_x —— 管网总循环流量,L/h;

Q_f —— 循环附加流量,一般取设计小时用水量的 15%,L/h;

H_b —— 循环水泵的扬程,kPa。

H_p、H_h、H_j 同公式(11.28)。

上式考虑循环附加流量 Q_f,是由于系统的总循环流量 Q_x,系指管网不配水时为使配水点的水温不低于规定温度所需的最小循环流量。如按此流量选择循环水泵,则当热水供应系统大量用水时,系统的循环流量就会降低,配水点的水温则低于规定温度。因此,选泵时应考虑有一个附加流量。

② 定时循环。该系统中循环水泵的流量和扬程应按下式计算选定

$$Q_b \geqslant (2 \sim 4)V \tag{11.33}$$

$$H_b \geqslant H \tag{11.34}$$

式中 2 ~ 4 —— 每小时循环次数;

V —— 具有循环作用的管网水容积,L,应包括配水管网和回水管网的容积,但不包括无回水管道的各管段和贮水器,加热设备的容积;

H —— 循环管网的总压力损失,kPa,计算方法见公式(11.28)。

按上述方法计算得出的所需水泵流量和扬程,即可进行循环水泵选型工作。但应注意在热水机械循环系统中,所需扬程较小,因此要选低扬程的水泵,宜采用管道泵。如所选水泵扬程过高,在实际运行中,易在管网某些部位形成负压区,影响热水系统正常工作。循环水泵必须设在回水管上,水泵设置位置较低,泵体承受的静水压力较高,设计时应加以考虑。

任务七　饮水供应

一、饮水供应系统及制备方法

1.开水与冷水的饮用水供应

饮水供应主要有开水供应系统和冷水供应系统两类。应根据当地的生活习惯和建筑物的使用性质等因素，确定采用哪种系统。

开水供应系统适用于办公楼、旅馆、大学学生宿舍、军营等场所。冷水供应系统适用于大型娱乐场所等公共建筑、工矿企业生产热车间。

开水供应系统分集中开水供应和管道输送开水两种方式。

集中开水供应是在开水间集中制备开水，用容器取水饮用，见图 11.31。该方式适合于机关、学校等建筑。开水间宜靠近锅炉房、食堂等有热源的地方。每个开水间的服务半径一般不宜大于 250 m，也可以在建筑物内每层设开水间，其服务半径不宜大于 70 m。

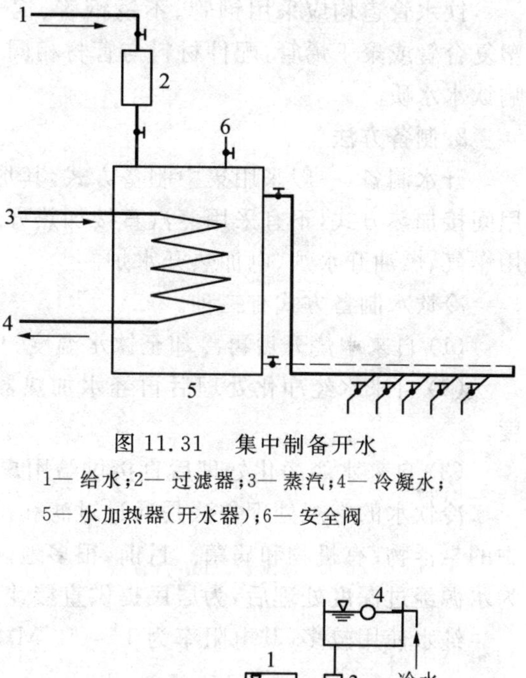

图 11.31　集中制备开水

1— 给水；2— 过滤器；3— 蒸汽；4— 冷凝水；5— 水加热器(开水器)；6— 安全阀

管道输送开水供应方式是采用集中制备开水，用管道输送到各开水供应点，见图 11.32。该系统要求水加热器出水水温不小于 105 ℃，回水温度为 100 ℃。为保证供应点的水温，系统采用机械循环方式。加热设备可设于底层，采用下行上给的全循环方式，见图 11.32(a)；也可以设于顶层，采用上行下给的全循环方式，见图 11.32(b)。

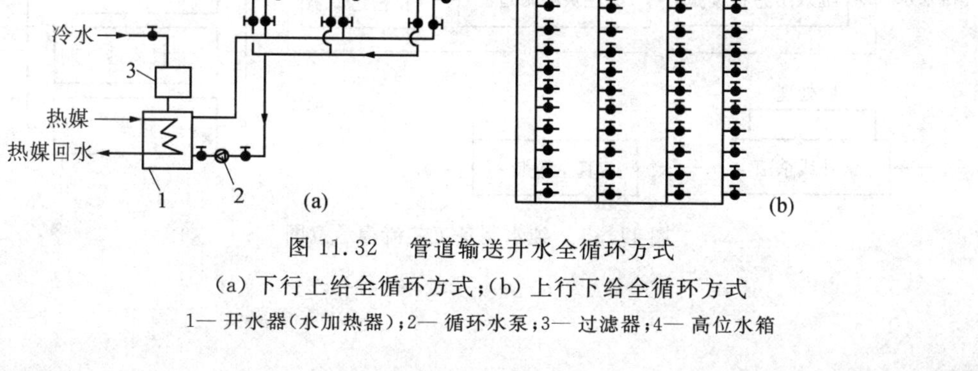

图 11.32　管道输送开水全循环方式

(a) 下行上给全循环方式；(b) 上行下给全循环方式

1— 开水器(水加热器)；2— 循环水泵；3— 过滤器；4— 高位水箱

冷饮水供应系统，见图 11.33，适用于中小学校、体育场、游泳场、火车站等人员流动较集中的公共场所。人们从饮水器中直接喝水，既方便又卫生。饮水器构造见图 11.34。

冷饮水的供应水温，在夏季一般不用加热，冷饮水温与自来水水温相同即可；在冬季，冷饮水温度一般为 35 ～ 40 ℃，与人体温度接近，饮用后无不适感觉。

冷饮水供应系统，应避免水流滞留影响水质，需要设置循环管道，循环回水也应进行消毒灭菌处理。

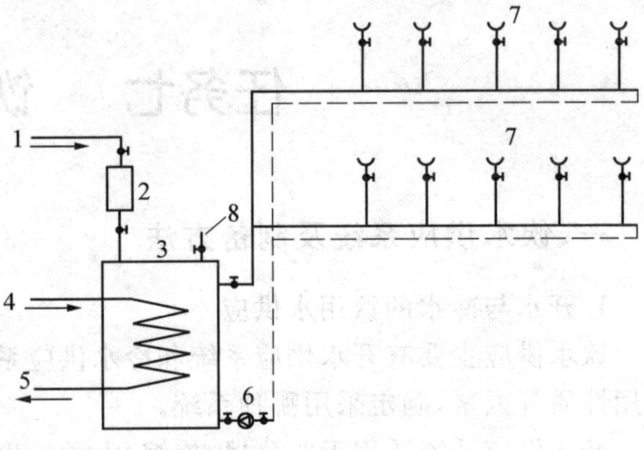

图 11.33　冷饮水供应系统

1— 冷水；2— 过滤器；3— 水加热器（开水器）；4— 蒸汽；5— 冷凝水；6— 循环泵；7— 饮水器；8— 安全阀

饮水管道均应采用铜管、不锈钢管、铝塑复合管或聚丁烯管，配件材料与管材相同，保证材质不影响饮水水质。

2. 制备方法

开水制备，一般采用集中制备方式，其加热方法一般采用间接加热方式，不宜采用蒸汽直接加热方式。目前，常采用燃气、燃油开水炉、电加热开水炉。

冷饮水制备方式有三种。

(1) 自来水烧开后再冷却至饮水温度。

(2) 自来水经净化处理后再经水加热器加热至饮水温度。

(3) 自来水经净化处理后直接供给用户或饮水点。

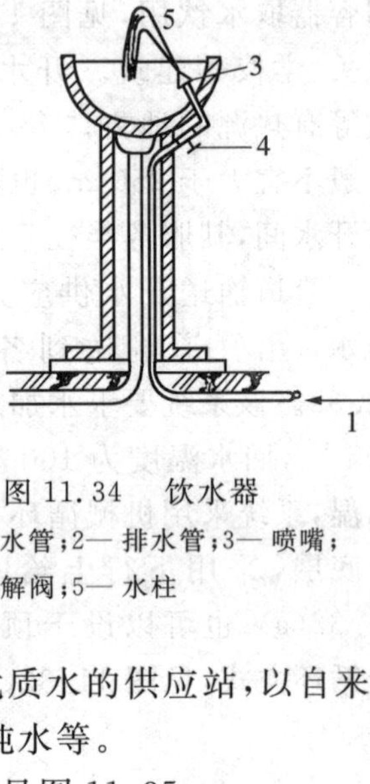

图 11.34　饮水器

1— 供水管；2— 排水管；3— 喷嘴；4— 调解阀；5— 水柱

冷饮水的常规处理方法是通过过滤和消毒去除自来水中的悬浮物、有机物和病菌。目前，很多地区居住小区内部建立了优质水的供应站，以自来水为水源经过深度处理后，为居民提供直接饮用的优质水，如蒸馏水、纯水等。

纯水使用较多，其电阻率为 1 ～ 10 MΩcm。纯水制备工艺流程见图 11.35。

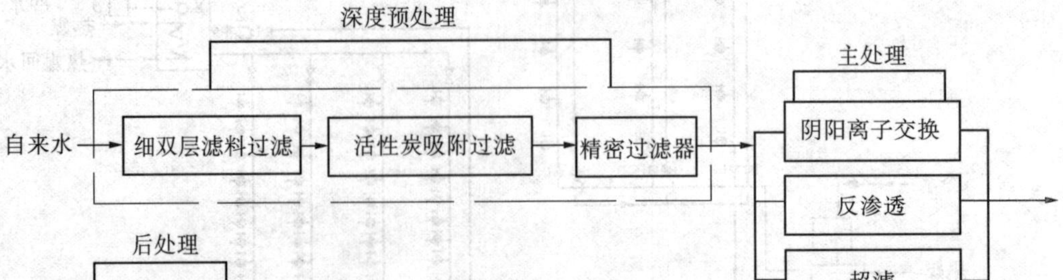

图 11.35　纯水制备工艺流程示意图

二、饮水供应的水力计算

饮用开水和冷饮水的用水量应根据饮水定额和小时变化系数计算，饮水定额和小时变化系数按表 11.18 选用。

表 11.18　饮用水定额及小时变化系数

建筑物名称	单位	饮水定额 /L	小时变化系数 K_h
热车间	每人每班	3～5	1.5
一般车间	每人每班	2～4	1.5
工厂生活间	每人每班	1～2	1.5
办公楼	每人每班	1～2	1.5
集体宿舍	每人每班	1～2	1.5
教学楼	每学生每日	1～2	2.0
医院	每病床每日	2～3	1.5
影剧院	每观众每场	0.2	1.0
招待所、旅馆	每客人每日	2～3	1.5
体育馆(场)	每观众每日	0.2	1.0

注:小时变化系数系指开水供应时间内的变化系数。

(1) 最大时饮用水量计算公式

$$q_{E_{max}} = K_k \frac{m \cdot q_E}{T} \tag{11.35}$$

式中　$q_{E_{max}}$ —— 最大时饮用水量，L/h；

K_k —— 小时变化系数；

q_E —— 饮水定额 L/(人·d) 或 L/(床·d) 或 L/(人·d)，见表 11.18；

m —— 用水计算单位数，人数或床位数等；

T —— 供应饮用水时间，h。

(2) 开水制备所需的最大时耗热量计算公式

$$Q_k = (1.05 \sim 1.10)(t_k - t_L) q_{E_{max}} \cdot C_b \tag{11.36}$$

式中　Q_k —— 最大时耗热量，kJ/h；

t_k —— 开水温度，集中开水供应系统按 100℃ 计；管道输送全循环系统按 105℃ 计算；

t_L —— 冷水计算温度，按表(11.2) 计算；

C_b —— 水的比热，$C = 4.187$ kJ/(kg·℃)；

$q_{E_{max}}$ —— 同上式。

(3) 冷饮水需要加热时，冷饮水制备所需的最大时耗热量计算公式

$$Q_K = (1.05 \sim 1.10)(t_E - t_L) q_{E_{max}} \cdot C_b \tag{11.37}$$

式中　t_E —— 冬季冷饮水的温度，一般取 40℃；

其他符号同上式。

管网的计算方法和步骤，以及设备选择方法与热水管网相同。但供水系统管道的流速一般不大于 1.0 m/s，循环管道的流速不大于 2 m/s。

思考题与习题

11.1　集中热水供应系统的供水方式与适用范围如何?

11.2　热水管道在布置与敷设方面与冷水管道相比有哪些不同和特殊要求？

11.3　热水供应系统几种常用的水加热器的构造与工作原理？

11.4　集中热水供应系统中贮水器的容积如何确定？

11.5　热水用水量的计算方法有几种？各适用于何种类型建筑？

11.6　怎样根据热水用水量计算耗热量？

11.7　热水配水管网的水力计算方法与室内给水管网相比有哪些不同？

11.8　怎样计算配水管道的热损失和各管段的循环流量与总循环流量？

11.9　怎样确定循环水泵的流量与扬程？

11.10　冷饮水常用的制备方法有哪些？

单元十二 建筑中水系统

【教学目标】通过项目教学活动，培养学生具备确定建筑中水系统方案的能力；具备选择建筑中水系统形式的能力；具备进行中水管道的布置与敷设的能力；具备确定中水处理方法的能力；具备进行建筑中水安全防护与控制的能力。培养学生良好的职业道德、自我学习能力、实践动手能力和耐心细致的分析和处理问题的能力，以及诚实、守信、善于沟通和合作的专业素养。

【知识目标】

1. 掌握建筑中水系统的分类和组成；
2. 掌握中水水源及水质标准要求；
3. 掌握中水管道的布置与敷设方法；
4. 掌握中水处理方法；
5. 掌握建筑中水安全防护与控制方法；

【主要学习内容】

任务一 建筑中水系统的任务及其分类组成

随着国民经济的发展，城市用水量大幅度上升，给水量和排水量日益增大，使给水、排水系统的扩建费用、动力费用和管理费用增加，同时对水资源保护也带来了一定的困难。鉴于上述情况，中水技术得到了越来越多的应用，并已形成了一定的规模。

一、建筑中水系统的任务

所谓“中水”，是相对于“上水”（给水）和“下水”（排水）而言的。建筑中水系统是指民用建筑或建筑小区使用后的各种污、废水，经处理回用于建筑或建筑小区作为杂用水。

建筑中水技术的开发利用，具有较大的现实意义。它不但可以有效地利用和节约有限的淡水资源，而且可减少污废水的排放量，减轻水环境的污染，同时还可缓解城市下水道的超负荷运行现象。近年来我国各地纷纷开展了污废水回用的试验研究，中水工程的实例日益增多。根据不同民用建筑物用水量统计，一般杂用水量为生活总用水量的30％～40％，如果我国缺水地区广泛地开展中水利用，那将是最有效的节水措施。随着我国水资源短缺和水源污染的加剧，污水回用技术、一体化中水处理设备的研制和中水工程建设的发展进入快速发展阶段。2002年，建设部标准定额司将《污水回用设计规范》和《建筑中水设计规范》进行修编，制定了《建筑中水设计规范》(GB 50336—2002)。中水作为可靠的第二水源则成为必然的趋势。已运行的中水水质抽测结果表明，其出水水质符合生活杂用水水质标准，长期用于冲厕、绿化、洗车等未见不良后果。这些已运行的中水工程为中水技术的开发提供了宝贵的经验，并为中水技术的推广提供了可靠的依据。

二、中水系统的分类

根据服务范围，中水系统可以分为建筑中水系统、小区中水系统和城镇中水系统三类。

1.建筑中水系统

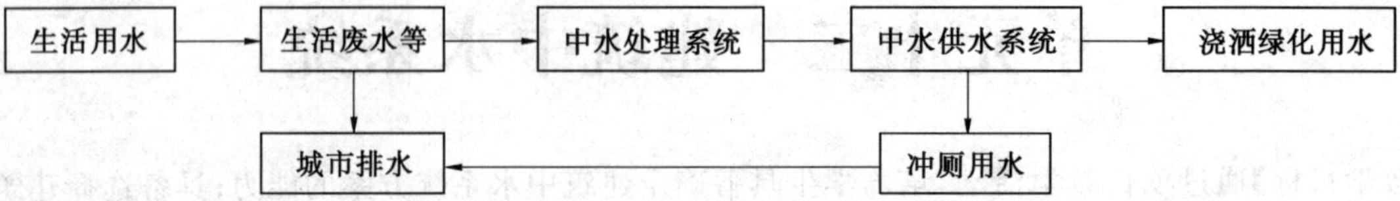

图 12.1 建筑中水系统

建筑中水系统是指单幢建筑物或几幢相邻建筑物所形成的中水系统，系统框图如图 12.1 所示。建筑中水系统适用于建筑内部的排水系统采用分流制的情况，生活污水单独排入城市排水管网或化粪池。水处理设施设在地下室或邻近建筑物的外部。建筑内部由生活饮用水管网和中水供水管网分质供水。目前，建筑中水系统主要在宾馆、饭店中应用。

2.小区中水系统

小区中水系统的中水原水，取自居住小区内各建筑物排放的污水、废水，系统框图如图 12.2 所示。根据居住小区所在城镇排水设施的完善程度，确定室内排水系统，但应使居住小区给排水系统与建筑内部给排水系统相配套。目前，采用自建中水处理系统的居住小区多采用分流制，以杂排水为中水水源。居住小区和建筑内部供水管网分为生活饮用水和杂用水双管路配水系统。此系统多用于居住小区、机关大院和高等院校等。

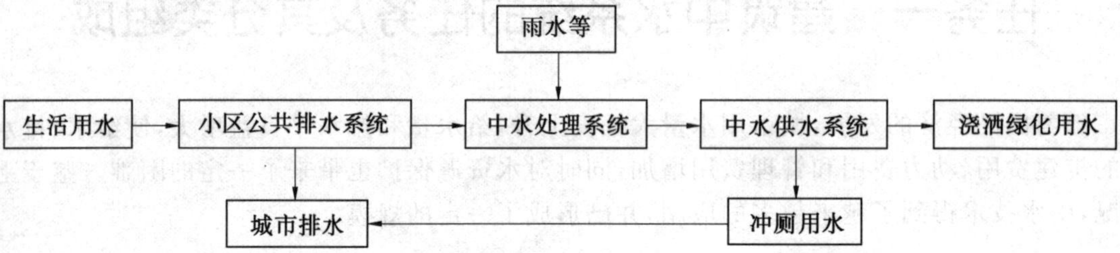

图 12.2 小区中水系统

3.城镇中水系统

城镇中水系统以城镇二级生物处理污水厂的出水和部分雨水为中水水源，经提升后送到中水处理站，处理达到生活杂用水水质标准后，供本城镇作杂用水使用，系统框图如图 12.3 所示。城镇中水系统不要求室内外排水系统必须污水、废水分流，但城镇应有污水处理厂，城镇和建筑内部供水管网应分为生活饮用水和杂用水双管路配水系统。

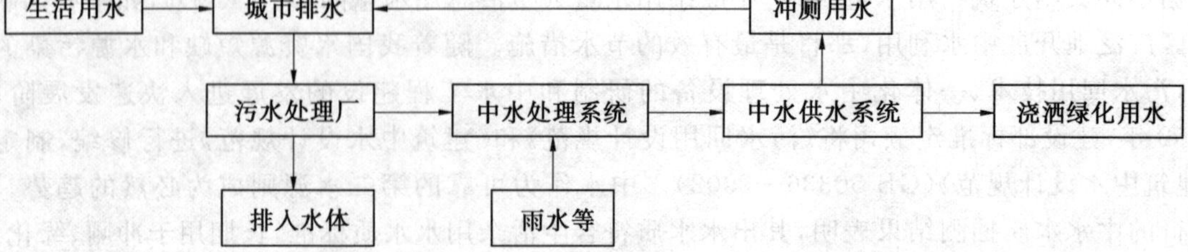

图 12.3 城镇中水系统

三、建筑中水系统的组成

中水系统由原水收集系统、处理系统和供水系统三部分组成。

1. 中水原水收集系统

中水原水指选作为中水水源而未经处理的水。中水的原水收集系统是指收集、输送中水原水到中水处理设施的管道系统和一些附属构筑物。根据中水原水的水质，中水原水收集系统可分为污水、废水分流制和合流制两类。合流制是以全部生活排水为中水水源，集取容易，不需要另设污水、废水分流排水管道，管网建设费用大大减少。但应设有超越管线，以便出现事故时，可直接排放。我国的中水试点工程是以生活排水作为中水水源的，后经不断实践，发现中水原水系统宜采用污水、废水分流制。

2. 中水处理系统

中水处理系统的设置应根据中水的原水水量、水质和使用要求等因素，经过技术经济比较后确定。一般将整个处理过程分为预处理、主处理和后处理三个阶段。

(1)预处理设施。预处理设施有化粪池、格栅和调节池等。

①化粪池。以生活污水为原水的中水系统，必须在建筑物的粪便排水系统中设置化粪池，使污水得到初级处理。化粪池的作用与计算详见本书单元十。

②格栅。格栅的作用是截流中水原水中漂浮和悬浮的机械杂质，如毛发、布头和纸屑等。

③调节池。调节池的作用是对原水流量和水质起调节均化作用，保证后续处理设备的稳定和高效运行。

(2)主要处理设施。中水主要处理设施有沉淀池、气浮池、生物接触氧化池、生物转盘等。

①沉淀池。沉淀池通过自然沉淀或投加混凝剂，使污水中悬浮物借重力沉降作用从水中分离。

②气浮池。气浮池通过压缩空气进入污水后在水中析出的微小气泡，将水中比重接近于水的微小颗粒粘附，并随气泡上升至水面，形成泡沫浮渣而去除。

③生物接触氧化池。在生物接触氧化池内设置填料，填料上长满生物膜，污水与生物膜相接触，在生物膜上微生物的作用下，分解流经其表面的污水中的有机物，使污水得到净化。

④生物转盘。生物转盘的作用机理与生物接触氧化池基本相同，生物转盘每转动一周，即进行一次吸附—吸氧—氧化—分解过程，衰老的生物膜在二沉池中被截留。

(3)后处理设施。当中水水质要求高于杂用水时，应根据需要增加深度处理，即中水再经过后处理设施处理，如过滤、消毒等。

滤池的作用是去除二级处理水中残留的悬浮物和胶体物质，对 BOD、COD、铁等也有一定的去除作用。

消毒设备主要有加氯设备和臭氧发生器。该种设备向污水中投放一定比例的液氯或通过臭氧发生器产生的臭氧输入污水中而杀灭细菌和病毒，达到消毒要求的指标。

几种中水处理构筑物见图 12.4～12.6。

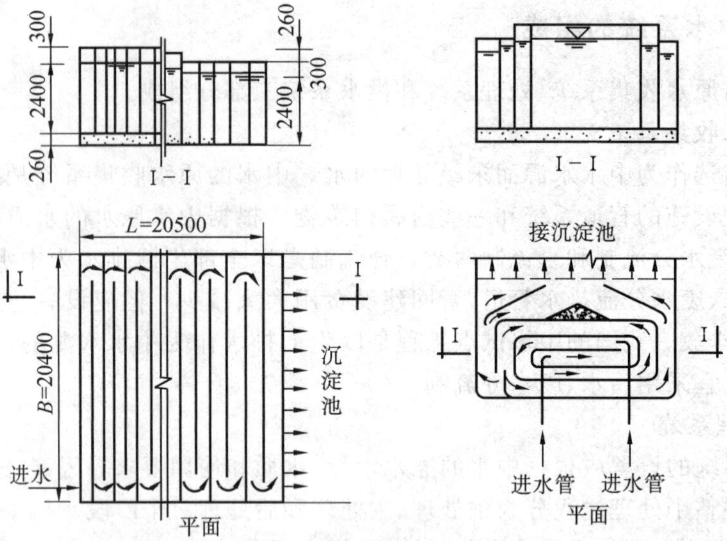

图 12.4　隔板絮凝池

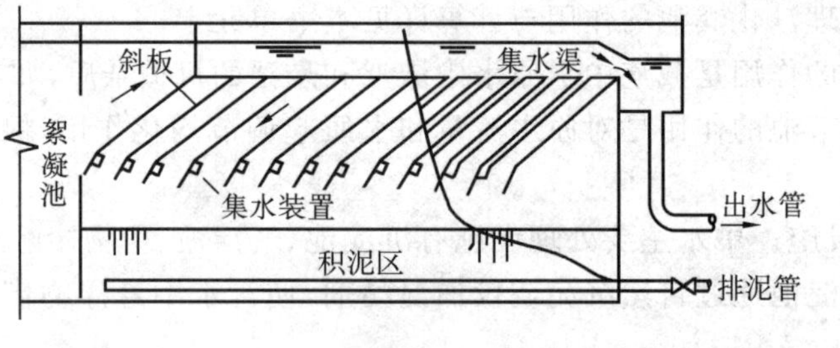

图 12.5　同向流斜板沉淀池

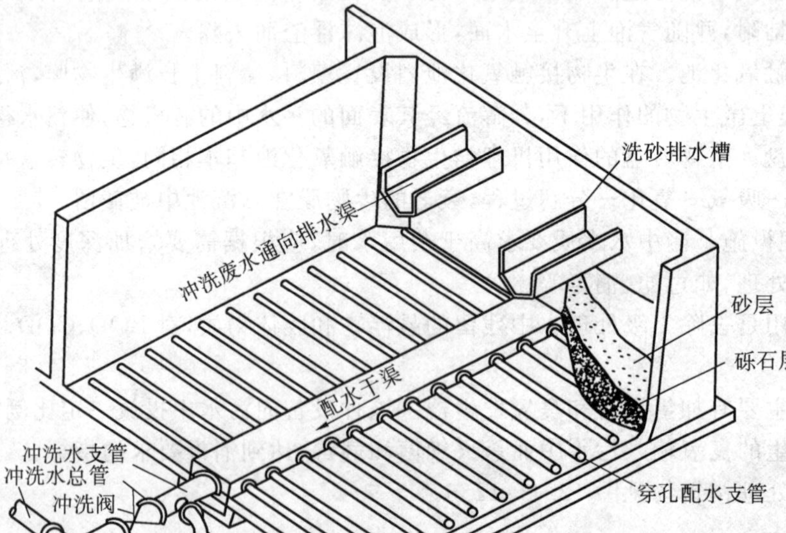

图 12.6　普通快滤池

3. 中水供水系统

中水供水系统应单独设立，包括中水配水管网、中水贮水池、中水高位水箱、中水泵站或中水气压给水设备等。

原水经中水处理设施处理后成为中水，首先流入中水贮水池，再经水泵提升后与建筑内部的中水供水系统连接，建筑物内部的中水供水管网与给水系统相似。

任务二　中水水源及水质标准

一、中水水源

中水水源的选用应根据原排水的水质、水量、排水状况和中水所需的水质、水量等确定。建筑中水水源一般可选用建筑物内或居住小区内的生活排水及其他可以利用的水源。

1. 建筑物中水水源

(1)建筑物中水水源可选择的种类和选择顺序

卫生间、公共浴室的盆浴和淋浴等的排水；盥洗排水；空调循环冷却系统排水；冷凝水；游泳池排污水；洗衣排水；厨房排水；冲厕排水。

(2)建筑中水原水量

原水量按下式计算

$$Q_y = \sum \alpha \cdot \beta \cdot Q \cdot b \tag{12.1}$$

式中　Q_y—— 中水原水量，m^3/d；

α—— 最高日给水量折算成平均日给水量的折减系数，一般取 0.67 ～ 0.91；

β—— 建筑物按给水量计算排水量的折减系数，一般取 0.8 ～ 0.9；

Q—— 建筑物最高日生活给水量，按《建筑给水排水设计规范》(GB 50015—2003) 中的用水定额计算确定，m^3/d；

b—— 建筑物用水分项给水百分率。各类建筑物的分项给水百分率应以实测资料为准，在无实测资料时，可参照表 12.1 选取。

表 12.1　各类建筑物分项给水百分率　%

项 目	住 宅	宾馆、饭店	办公楼、教学楼	公共浴室	餐饮业、营业餐厅
冲 厕	21.3～21	14～10	66～60	5～2	6.7～5
厨房	20～19	14～12.5	—	—	95～93.3
沐 浴	32～29.3	50～40	—	98～95	—
盥 洗	6.7～6.0	14～12.5	40～34	—	—
洗 衣	22.7～22	18～15	—	—	—
总 计	100	100	100	100	100

注：沐浴包括盆浴和淋浴。

用作中水水源的水量宜为中水回用水量的 110%～115%。

综合医院污水作为中水水源时,必须经过消毒处理,产出的中水仅可用于独立的不与人直接接触的系统;传染病医院、结核病医院污水和放射性废水,不得作为中水水源。

建筑屋面雨水可作为中水水源。

(3)建筑中水原水水质

中水原水水质应以实测资料为准,在无实测资料时,各类建筑物各种排水的污染物浓度可以参照表 12.2。

在不同的生活地区,人们的生活习惯不同,污水中的污染物成分也不尽相同,相差较大,但人均排出的污染物浓度比较稳定。建筑物排水的污染浓度与用水量有关,用水量越大,其污染浓度越低,反之则越高。设计时,应结合实际调查,分析后慎重取值。

2.居住小区中水水源

小区中水水源的合理选用,对处理工艺、处理成本及用户接受程度都会产生重要影响。居住小区中水水源的选择要依据水量平衡和技术经济比较确定,并应优先选择水量充裕稳定、污染物浓度低、水质处理难度小、安全且居民宜接受的中水水源。

(1)居住小区中水水源可选择的种类和选择顺序

小区内建筑物杂排水;小区或城市污水处理厂出水;相对洁净的工业排水;小区内的雨水;小区生活污水。

居住小区内建筑物杂排水是指冲便器污水以外的生活排水,包括居民的盥洗和沐浴排水、洗衣排水以及厨房排水。其中居民的洗浴排水,即优质杂排水,水质相对干净且水量充裕,可作为小区中水的优选水源。当城市污水处理厂出水达到中水水质标准时,居住小区可直接连接中水管道使用;当城市污水处理厂出水未达到中水水质标准时,可作为中水原水进一步处理,达到中水水质标准后方可使用。

(2)小区中水原水水量

小区建筑物分项排水原水量可按式(12.1)计算确定。

小区综合排水量的确定,按《建筑给水排水设计规范》(GB 50015—2003)的规定计算小区最高日给水量,再乘以式(12.1)中的折减系数 α,β。

(3)小区中水原水水质

中水原水水质应以实测资料为准。无实测资料,当采用生活污水为原水时,可按表12.3的综合水质取值;当采用城市污水处理厂出水为原水时,可按二级处理实际出水水质或相应标准执行。其他种类的原水水质则需实测。

二、中水水质标准

建筑中水的用途主要是城市污水再生利用分类中的城市杂用水。城市杂用水包括绿化用水、冲厕、街道清扫、车辆冲洗、建筑施工、消防等。回用时其水质必须符合国家制定的相应水质标准。

1.中水用做建筑杂用水和城市杂用水水质

如冲厕、道路清扫、消防、城市绿化、车辆冲洗、建筑施工等杂用,其水质应符合国家标准《城市污水再生利用 城市杂用水水质》(GB/T 18920—2002)的规定,见表 12.3。

表 12.2　各类建筑物各种排水污染物浓度表

mg/L

类别	住宅			宾馆、饭店			办公楼、教学楼			公共浴室			餐饮业、营业餐厅		
	BOD_5	COD_{Cr}	SS	BOD_5	COD_{Cr}	SS	BOD_5	COD_{Cr}	SS	BOD_5	COD_{Cr}	SS	BOD_5	COD_{Cr}	SS
冲厕	300～450	800～1 100	350～450	250～300	700～1 000	300～400	260～340	350～450	260～340	260～340	350～450	260～340	260～340	350～450	260～340
厨房	500～600	900～1 200	220～280	400～550	800～1 100	180～220	—	—	—	—	—	—	500～600	900～1100	250～280
沐浴	50～60	120～135	40～60	40～50	100～110	30～50	—	—	—	45～55	110～120	35～55	—	—	—
盥洗	60～70	90～120	100～150	50～60	80～100	80～100	90～110	100～140	90～110	—	—	—	—	—	—
洗衣	220～250	310～390	60～70	180～220	270～330	50～60	—	—	—	—	—	—	—	—	—
综合	230～300	455～600	155～180	140～175	295～380	95～120	195～260	260～340	195～260	50～65	115～135	40～65	490～590	890～1075	255～285

表 12.3 城市杂用水水质标准

序号	项目 / 指标	冲 厕	道路清扫、消防	城市绿化	车辆冲洗	建筑施工
1	pH 值	6.0～9.0				
2	色度/度 ≤	30				
3	嗅	无不快感				
4	浊度/NTU ≤	5	10	10	5	20
5	溶解性总固体/(mg·L^{-1}) ≤	1 500	1 500	1 000	1 000	—
6	BOD_5/(mg·L^{-1}) ≤	10	15	20	10	15
7	氨氮/(mg·L^{-1}) ≤	10	10	20	10	20
8	阴离子表面活性剂/(mg·L^{-1}) ≤	1.0	1.0	1.0	0.5	1.0
9	铁/(mg·L^{-1}) ≤	0.3	—	—	0.3	—
10	锰/(mg·L^{-1}) ≤	0.1	—	—	0.1	—
11	溶解氧/(mg·L^{-1}) ≥	1.0				
12	总余氯/(mg·L^{-1})	接触 30 min 后≥1.0,管网末端≥0.2				
13	总大肠菌群/(个·L^{-1}) ≤	3				

注:混凝土拌合用水还应符合混凝土拌合用水标准(JGJ 63—1989)的规定。

2. 中水用于景观环境用水水质

其水质应符合国家标准《城市污水再生利用景观环境用水水质》(GB/T 18921—2002)的规定,见表 12.4。

表 12.4 景观环境用水的再生水水质指标 mg/L

序号	项 目	观赏性景观环境用水			娱乐性景观环境用水		
		河道类	湖泊类	水景类	河道类	湖泊类	水景类
1	基本要求	无漂浮物,无令人不愉快的嗅和味					
2	pH 值	6～9					
3	BOD_5/(mg·L^{-1}) ≤	10	6		6		
4	SS/(mg·L^{-1}) ≤	20	10		—		
5	浊度/NTU ≤	—			5.0		
6	溶解氧 ≥	1.5			2.0		
7	总磷(以 P 计)/(mg·L^{-1}) ≤	1.0	0.5		1.0	0.5	
8	总氮/(mg·L^{-1}) ≤	15					
9	氨氮(以 N 计)/(mg·L^{-1}) ≤	5					
10	总大肠菌群/(个·L^{-1}) ≤	1 000		2 000	500		不得检出
11	余氯/(mg·L^{-1}) ≥	接触 30 min 后≥0.05(对于非加氯方式无此项要求)					
12	色度/度 ≤	30					
13	石油类/(mg·L^{-1}) ≤	1.0					
14	阴离子表面活性剂/(mg·L^{-1}) ≤	0.5					

注:①对于需要通过管道输送再生水的非现场回用情况一般采用加氯消毒方式;而对于现场回用情况不限制消毒方式。

②若使用未经过除磷脱氮的再生水作为景观环境用水,鼓励使用本标准的各方在回用地点积极探索通过人工培养具有观赏价值水生植物的方法,使景观水的氮磷满足表中的要求,使再生水中的水生植物有经济合理的出路。

中水用于食用作物、蔬菜浇灌用水时，应符合《农用灌溉水质标准》(GB 5084—1992)的要求；中水用于供暖系统补水等其他用途时，其水质应达到相应使用要求的水质标准；当中水同时满足多种用途时，其水质应按最高水质标准确定。

任务三　中水管道的布置与敷设

中水管道系统分中水原水集水系统和中水供水系统。

一、中水原水集水系统

中水原水集水系统根据体制不同分为合流制和分流制集水系统。

1. 合流制集水系统

合流制集水系统将生活污水和生活废水用一套排水管道排出的系统。集水系统的立管、支管均同建筑内部排水设计。集流干管可设计为室内集流干管或室外集流干管。其他设计要求及管道计算均同建筑内部排水设计。

2. 分流集水系统

(1)分流集水的优缺点。

①中水原水水质较好，可简化处理流程，降低处理设施造价，应优先选用分流集水系统作为中水水源。

②水量基本平衡，对某些有洗涤、洗浴设施的宾馆、住宅和公共建筑，其杂排水量大体上可满足厕所、浇洒等杂用水水量。

③符合人们的习惯和心理上的要求，据日本民意测验，对杂排水处理回用的接受程度要比污水高。

④处理站散发臭味较小。

⑤减少污水量和减小化粪池容积，总处理成本可以降低。

⑥缺点是需要增设一套分流管道，增加管道费用。

(2)适于设置分流管道的建筑。

①有洗浴设备且和厕所分开设置的住宅；

②有集中盥洗设备的办公楼、教学楼、旅馆、招待所、集体宿舍；

③公共浴室、洗衣房；

④大型宾馆、饭店。

(3)分流管道布置和敷设。分流管道布置是否合理顺畅与卫生间的位置、卫生器具的布置直接相关。

①便器与洗浴设置最好分设或分侧布置，以便用单独支管、立管排出。

②多层建筑洗浴设备宜上下对应布置，以便接入单独立管。

③高层公共建筑的排水管宜采用污水、废水、通气三管组合管系。

④明装污废水立管宜在不同墙角布设以利美观，污废水支管不宜交叉，以免横支管标高降低过大。

⑤室内外原水集水管及附属构筑物均应防渗、防漏，井盖应做“中”字标志。

⑥中水原水系统应设分流、溢流设施和超越管，其标高应能满足重力排放要求。设置这些

设施具有如下功能：既能把原水引入处理系统，又能把多余水量或事故停运时的原水排入排水系统而不影响原建筑排水系统的使用，又不能产生倒灌。

⑦其他设置、敷设有关要求同排水管道。

二、中水供水系统

中水供水系统的管网系统类型、供水方式、系统组成、管道布置敷设以及水力计算和建筑给水系统基本相同，只是在供给范围、水质、使用等方面有限定和特殊要求。

1. 对中水管道和设备的要求

(1)中水供水系统必须独立设置。

(2)中水管道必须具有耐腐蚀性，因为中水保持有余氯和多种盐类，产生多种生物和电化腐蚀，采用塑料管、衬塑复合管和玻璃钢管比较适宜。

(3)不能采用耐腐蚀材料的管道和设备，应做好防腐蚀处理，使其表面光滑，易于清洗结垢。

(4)中水供水系统应根据使用要求安装计量装置。

(5)中水管道不得装设取水龙头，便器冲洗宜采用密闭型设备和器具。绿化、浇洒、汽车冲洗宜采用壁式或地下式的给水栓。

(6)中水管道、设备及受水器具应按规定着浅绿色，以免引起误用。

2. 中水供水系统型式

常用的中水供水系统有余压给水系统、水泵水箱给水系统、气压给水系统三种型式，见图12.7～12.9。

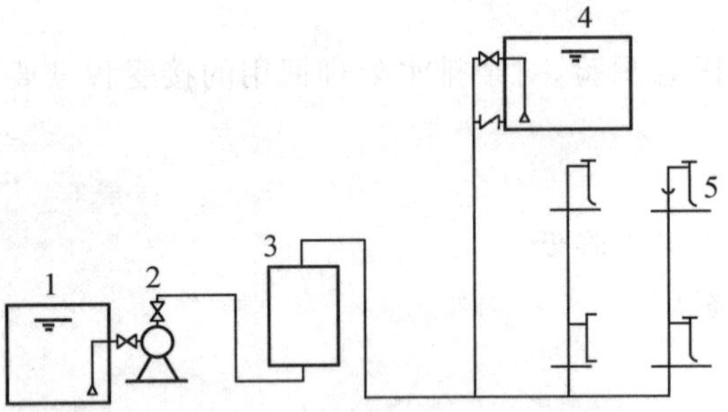

图 12.7 余压给水系统

1—中水贮池；2—水泵；3—中水用水设备；4—高位水箱；5—余压中水用水器具

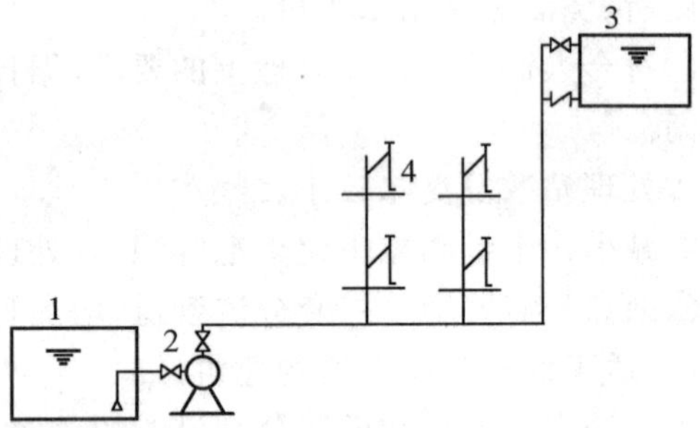

图 12.8 水泵水箱给水系统

1—中水贮池；2—水泵；3—高位水箱；4—中水用水器具

三、水量平衡

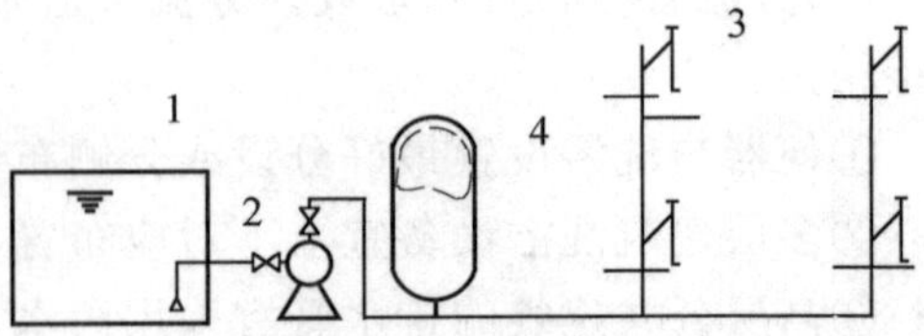

图 12.9 气压给水系统

1—中水贮池；2—水泵；3—中水用水器具；4—气压罐

水量平衡即中水原水量、处理量与中水用量、给水补水量等通过计算、调整使其达到总量和时序上的稳定和一致。中水系统和一般建筑给排水系统工作状况有些不同，它要使原水收集、水质处理和供给使用几部分做到有机结合，而且要使系统在原水及用水很不稳定的情况下做到协调运作，因此，中水系统中的水量平衡就显得十分重要。

1. 水量平衡措施

为使中水原水量及处理量、中水产出量及中水用量之间保持均衡，使中水产量与中水用量在一日中逐时内的不均匀变化，以及一年内各季的变化得到调节，就必须采取水量平衡措施。调节水量平衡的方法主要有以下几种。

(1)前贮存式即将污水或废水在处理前贮存，将不均匀的排水集中起来再经处理设备进行连续稳定的处理。此种方式调节简便，但污废水在前贮存池的沉淀和厌氧腐败问题需解决，此种方式适用于中水集中、用量较大的情况。

(2)预处理后的贮存(中贮存式)是将不均匀的排水经预处理后贮存起来，再经深度处理后使用。这种方式适用于预处理设备为批量式的初处理设备或耐冲击负荷的设备，以及深度处理与供水联动的设备，中贮存池也常与处理构筑物相结合。

(3)后贮存式即贮存中水，这种方式适用于间断式处理设备。收集一定量的污废水进行处理，处理后的水贮存于较大的水池(水箱)中供使用。

(4)自动调节式。调节池(箱)均做得不很大，利用水位控制处理设备运行，按照随处理随使用的原则进行，不够用时由自来水补充，这种方式适用于排水量比较充足且中水用量比较均匀的情况，但也使部分原水溢流走。

(5)前贮后贮并用。通常而稳妥的方法是设置原水调节池，用来调节原水量与处理量的不均衡；处理后设中水调节池，调节中水量与中水用水量的不均衡。这种水量平衡方式也是《建筑中水设计规范》(GB 50336—2002)明确推荐的平衡方式。

2. 水量调节

中水系统中应设调节池(箱)，其作用是调节中水原水量和处理水量的供求不均衡的关系。调节池(箱)的调节容积应按中水原水量及处理量的逐时变化曲线计算。在缺乏上述资料时，其调节容积可按下列方法计算：

(1)连续运行时，调节容积可按日处理水量的35%～50%计算；

(2)间歇运行时，调节容积可按处理工艺运行周期计算。

处理设施后应设中水贮存池(箱)，其作用是调节中水处理水量和中水供水量需求不均衡的关系。中水贮存池(箱)的调节容积应按处理量及中水用量的逐时变化曲线求算。在缺乏上述资料时，其调节容积可按下列方法计算：

①连续运行时，调节容积可按中水系统日用水量的25%～35%计算；

②间歇运行时，调节容积可按处理设备运行周期计算；

③当中水供水系统设置供水箱采用水泵一水箱联合供水时，其供水箱的调节容积不得小于中水系统最大小时用水量的50%。

中水贮存池或中水供水箱上应设自来水补水管，其管径按中水最大时供水量计算确定。

3. 水量平衡图

为使中水系统水量平衡规划更直接明了，应做出水量平衡图。该图是用图线和数字表示出中水原水的收集、贮存、处理、使用之间的关系。水量平衡图的内容应包括以下要素。

(1)中水原水的产生部位及原水量、建筑的原排水量、贮存量、排水量。

(2)中水处理量及处理消耗量。

(3)中水各用水点的用量及总用水量。

(4)中水损耗量和中水贮存量。

(5)自来水(高质量水)的用量,对中水系统的补给量。

(6)规划范围内的污水排放量、回用量、给水量及其所占比率。

以上各种要素的计算详见《给水排水设计手册》第五册。水量平衡图例,见图 12.10。

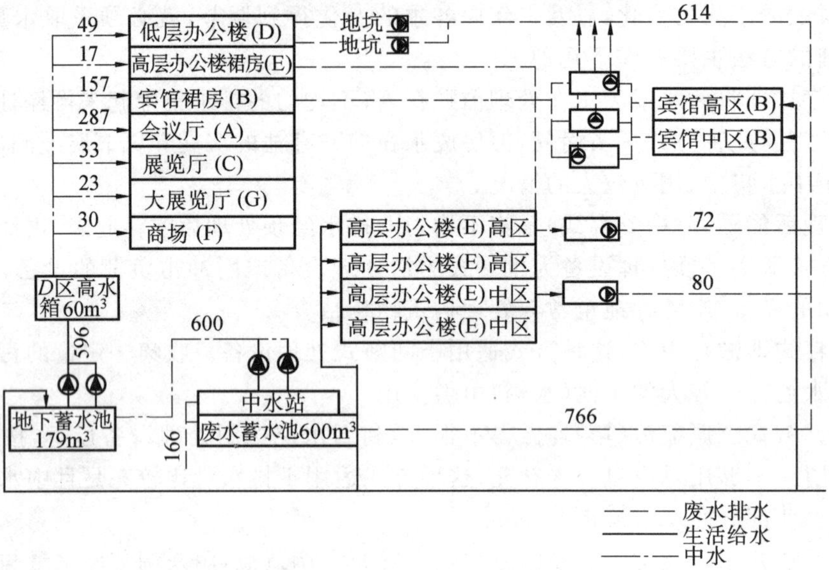

图 12.10 国贸中心中水水量平衡图

任务四 中水处理

一、中水处理工艺流程的选择

中水处理工艺流程应根据中水原水的水质、水量和中水的水质、水量及使用要求等因素,经技术经济比较后确定。

当以优质杂排水或杂排水作为中水原水时,因水中有机物浓度较低,处理目的主要是去除原水中的悬浮物和少量有机物,降低水的浊度和色度,可采用以物化处理为主的工艺流程,或采用生物处理和物化处理相结合的工艺流程,如图 12.11 所示。采用膜处理工艺时,应有保障其可靠进水水质的预处理工艺和易于膜的清洗、更换的技术措施。

当以含有粪便污水的排水作为中水原水时,因中水原水中有机物和悬浮物浓度都很高,中水处理的目的是同时去除水中的有机物和悬浮物,宜采用二级生物处理与物化处理相结合的处理工艺流程,如图 12.12 所示。

当利用污水处理站二级处理出水作为中水水源时,处理目的主要是去除水中残留的悬浮物,降低水的浊度和色度,宜选用物化处理或与生化处理结合的深度处理工艺流程,如图12.13 所示。

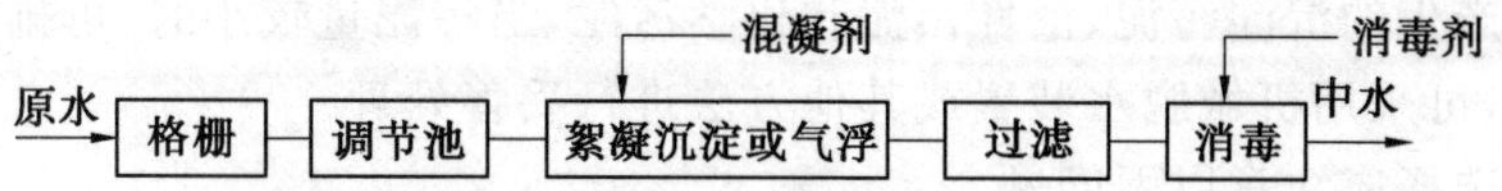

(a) 物化处理工艺流程（适用于优质杂排水）

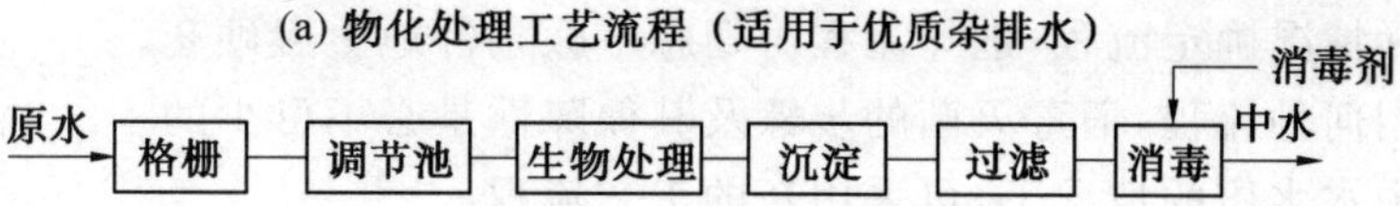

(b) 生物处理和深度处理相结合的工艺流程

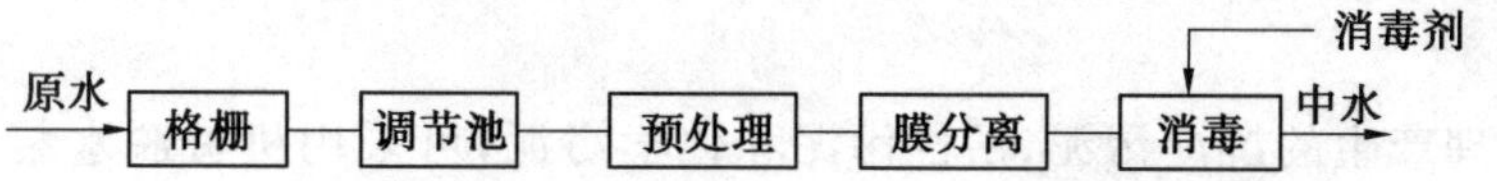

(c) 预处理和膜分离相结合的处理工艺流程

图 12.11　优质杂排水和杂排水为中水水源时的水处理工艺流程

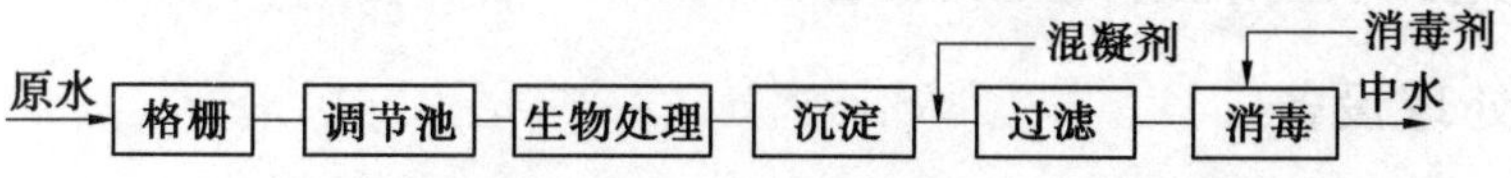

(a) 生物处理和深度处理相结合的工艺流程

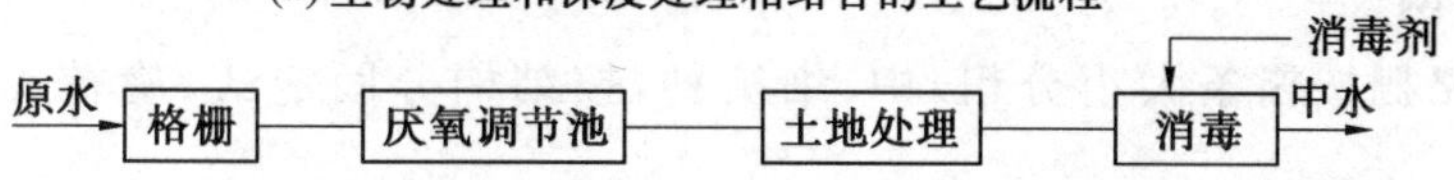

(b) 生物处理和土地处理相结合的工艺流程

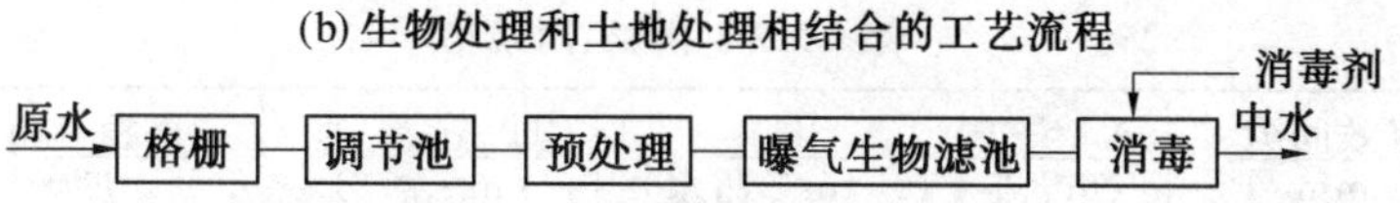

(c) 曝气生物滤池处理工艺流程

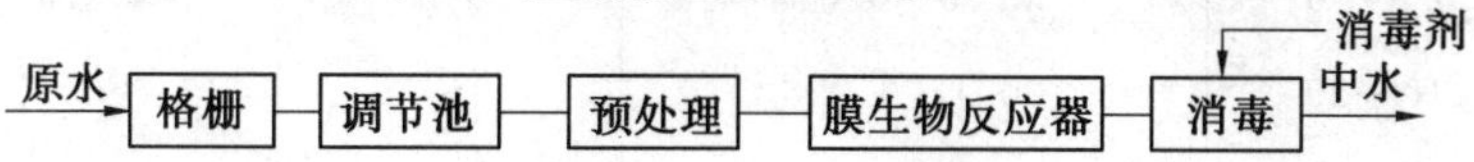

(d) 生物反应器处理工艺流程

图 12.12　生活排水为中水水源时的水处理工艺流程

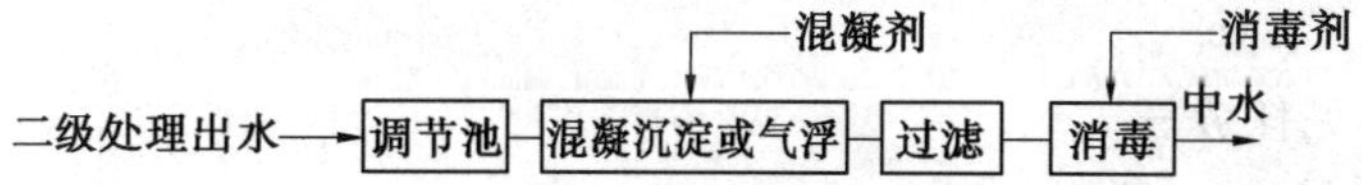

(a) 物化法深度处理工艺流程

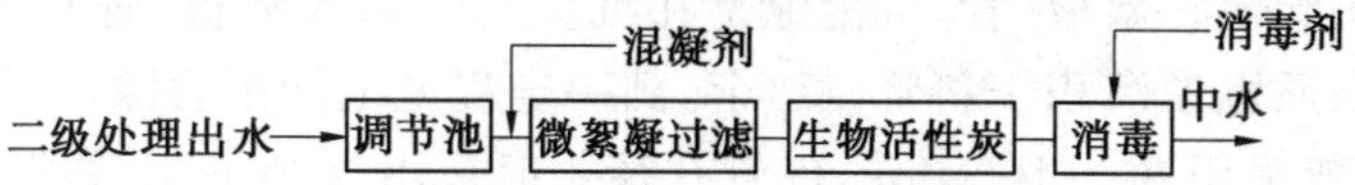

(b) 物化与生化结合的深度处理流程

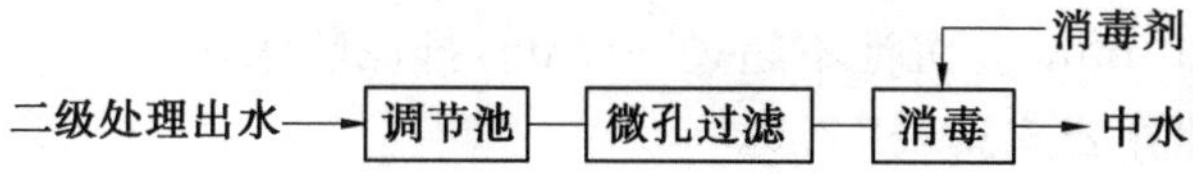

(c) 微孔过滤处理工艺流程

图 12.13　污水处理站二级出水作中水水源时的水处理工艺流程

当中水用于供暖系统补充水等用途，采用一般处理工艺不能达到相应用水水质标准要求时，应增加深度处理设施。选用中水处理一体化装置或组合装置时，装置应具有可靠的处理效果参数，其出水水质应符合使用用途要求的水质标准。

中水处理产生的沉淀污泥、活性污泥和化学污泥，当污泥量较小时，可排至化粪池处理，当污泥量较大时，可采用机械脱水装置或其他方法进行妥善处理。

工艺流程选择应注意以下问题。

(1)根据实际情况确定流程，选择流程时切忌不顾条件地生搬硬套。

(2)无论采用何种流程，消毒灭菌的步骤及其保障性是必不可少的。

(3)在确保中水水质的情况下，可采用新的工艺流程。

(4)中水用于水景、空调、冷却用水时，采用一般处理不能达到相应水质标准时，应增加深度处理设施。

(5)中水处理产生的沉淀污泥、活性污泥和化学污泥，可采用机械脱水装置或自然干化池进行脱水干化处理，或排至化粪池处理。

(6)应充分注意中水处理给建筑环境带来的臭味、噪声的危害。

(7)尽可能选择小型、高效、定型的设备。

二、中水处理设备

1. 格栅、格网

中水处理格栅按栅条大小分粗、中、细三种，按结构分固定式、旋转式和活动式，详见表12.5。

表 12.5 格栅、网规格

种类	有效间隙 mm	栅渣量 (m^3 渣·10^{-3} m^{-3} 污水)	过栅流速 ($m \cdot s^{-1}$)	格栅倾角 度	水头损失 m
粗格栅	20～50	0.03～0.01	1.0	45～75	0.08
中格栅	10～20	0.1～0.05	～	>60	～
细格栅	10～2.5	不宜用于污水	0.6	>60	0.15
格网	12 目～18 目	用于洗浴废水		0～90	

2. 调节池

调节池容积详见任务三。

3. 沉淀(气浮)池

(1)斜板(管)沉淀池。斜板(管)沉淀池是在沉淀池中加入斜板(管)，水流从上向下、从下向上或水平流动，杂质颗粒沉积于斜管(板)上，到一定程度上加以去除。

斜板间净距一般采用 80～100 mm，斜管孔径一般采用≥80 mm，斜板(管)斜长一般采用1～1.2 m，倾角采用60°，底部缓冲层高度不宜<1.0 m，上部水深采用 0.7～1.0 m。池内停留时间初沉池不超过 30 min，二沉池不超过 60 min，排泥静水压力不得小于 1.5 m H_2O。

斜板(管)沉淀池计算公式见表 12.6。

表 12.6　斜板(管)沉淀池计算公式

项　目	公　式	符号说明
池子水面面积	$F=\frac{Q_{max}}{nq\times 0.91}$	Q_{max}——最大设计流量(m^3/h) n——池数(个) q——设计表面负荷($m^3/(m^2\cdot h)$),一般采用 1~3 0.91——斜板区面积利用系数
池子平面尺寸	圆形池直径 $D=\sqrt{\frac{4F}{\pi}}$ 方形池边长 $a=\sqrt{F}$ 矩形　$F=ab$	
池内停留时间	$t=\frac{60(h_2+h_3)}{q'}$	h_2——斜板(管)区上部水深(m),一般采用 0.5~1 h_3——斜板(管)高度(m),一般为 0.866~1
污泥部分所需的容积	$V=\frac{SNT}{1000n}$ $V=\frac{Q_{max}(C_1-C_2)\times 24\times 100T}{K_2\gamma(100-\rho_0)n}$	S——每人每日污泥量(升/人·d),一般采用 0.3~0.8 N——设计人口数(人) T——污泥室贮泥周期(d) C_1、C_2——进、出水悬浮物浓度(t/m^3) K_2——污水量总变化系数 γ——污泥的密度(t/m^3),值约为 1
污泥斗容积	圆锥体 $V_1=\frac{\pi h_5}{3}(R^2+Rr_1+r_1^2)$ 方锥体 $V_1=\frac{h_5}{6}(2a^2+2aa_1+2a_1^2)$	ρ_0——污泥含水率(%) h_5——污泥斗高度(m) R——污泥斗上部半径(m) r_1——污泥斗下部半径(m) a_1——污泥斗下部边长(m)
沉淀池总高度	$H=h_1+h_2+h_3+h_4+h_5$	h_1——超高(m) h_4——斜板(管)区底部缓冲层高度(m),一般采用 0.6~1.2

(2)气浮池。气浮池设计要点及计算公式详见《给水排水设计手册》第五册

4. 接触氧化池

接触氧化池由池体、填料、布水装置和曝气系统等组成。接触氧化池多采用鼓风曝气,气水比为(10~15):1,溶解氧含量维持在 2.5~3.5 mg/L 之间,进水浓度 BOD_5 控制在 100~250 mg/L 之间。其填料一般为蜂窝型填料和纤维型软性填料,填料层高度不小于 1.5 m,蜂窝型孔径不小于 $\phi 25$,填料的体积按填料容积负荷和平均日污水量计算,对生活污水的容积负荷一般为 1000~1800 g $BOD_5/(m^3\cdot d)$,接触时间为 2~3 h。

接触氧化池计算公式见表 12.7。

表 12.7 接触氧化池计算公式

项　目	公　式	符号说明
接触氧化池的有效容积(即填料体积)	$V=\frac{Q(L_a-L_t)}{M}$	V——氧化池的有效容积,m^3 Q——平均日污水量,m^3/d L_a——进水 BOD_5 浓度,mg/L L_t——出水 BOD_5 浓度,mg/L M——容积负荷,$gBOD_5/(m^3 \cdot d)$
氧化池总面积	$F=\frac{V}{H}$	F——氧化池总面积,m^2 H——填料层高度,m
氧化池分格数	$n=\frac{F}{f}$	n——池子格数,个,$n \geqslant 2$ 个 f——每格池子面积,m^2,$f \leqslant 25m^2$
校核接触时间	$t=\frac{nfH}{Q}$	t——接触池有效接触时间,h
氧化池总高度	$H_0=H+h_1+h_2+(m-1)h_3+h_4$	H_0——氧化池总高度,m h_1——超高,m,$h_1=0.3 \sim 0.5$ m h_2——填料上水深,m,$h_2=0.4 \sim 0.5$ m h_3——填料层间隙高,m,$h_3=0.2 \sim 0.3$ m h_4——配水区高度,m,当采用多孔管曝气时不考虑进入检修 $h_4=0.5$ m
需气量	$D=D_0Q$ $D=\frac{Q(L_a-L_t)}{M' \times 10^3}$	D——需气量,m^3/d D_0——每立方米污水需气量,m^3/m^3 $D_0=15 \sim 20\ m^3/m^3$ M'——曝气量 BOD 负荷,$m^3/(kg \cdot BOD)$ 一般 $M'=40 \sim 80$

5. 生物转盘

生物转盘由盘片、接触反应槽、转轴及驱动装置组成。转盘的 40%～50% 浸没在槽内的污水中,当转盘转动时,即进行生化处理。生物转盘因室内臭味和对管理要求严格,现在已不常采用。

6. 絮凝池

絮凝池是池内投入混凝剂,使池内发生混凝反应,池内悬浮物形成絮凝体而在沉淀池内去除。絮凝池常用混凝剂见表 12.8,混凝剂一般采用湿投,调制 5%～20% 浓度的溶液,混凝剂投加时,根据规模和场所的情况,可采用重力投加、水泵吸水管投加、水射器投加、加药泵投加。

表 12.8　常用混凝剂

名　称　(分子式)	一　般　介　绍
硫酸铝(分精制和粗制) $Al_2(SO_4)_3 \cdot 18H_2O$	固体、水解作用缓慢 精制:无水硫酸铝含量 50%～52% 粗制:无水硫酸铝含量 20%～25% 适用水温为 20～40 ℃
明　矾 $Al_2(SO_4)_3 \cdot K_2SO_4 \cdot 24H_2O$	固体、水解作用缓慢 精制:无水硫酸铝含量 50%～52% 粗制:无水硫酸铝含量 20%～25% 适用水温为 20～40 ℃
铁　盐 硫酸亚铁(绿矾)$FeSO_4 \cdot 7H_2O$ 三氯化铁 $FeCl_3 \cdot 6H_2O$	腐蚀性大 矾花形成快,结得大,沉淀速度快 硫酸亚铁适用于碱度高、浊度高的水 三氯化铁适用于浊度高的水
碱式氯化铝 $Al_n(OH)_mCl_{3n-m}$ 简写 PAC	无机高分子化合物 净化效率高、效果好、出水浊度低、色度小 温度适应性高,pH 适用范围宽 设备简单、操作方便、腐蚀性小,成本低
聚合硫酸铁 $\left[Fe_2(OH)_n(SO_4)_{3}-\frac{n}{2}\right]_m$ 简写 PFS	棕褐色黏稠液体,可与水任意比例互溶 密度(20 ℃)为 1.45～1.50 在水中存在着大量的聚合铁络合离子,凝聚性能好,絮凝颗粒比重大、沉降快 腐蚀性小,pH 适用范围宽

7. 滤池

滤池一般采用定型产品,其主要性能参数见表 12.9。

8. 消毒

消毒是中水使用安全性保障的重要一步,消毒剂的选择和投加,参见表 12.10。

9. 活性炭吸附

对于常规水处理中难于去除的物质,可以利用活性炭吸附,它可以除臭、去色、脱氯、去除有机物、重金属、合成洗涤剂、病毒、有毒物质和放射性物质等。

表 12.9 常用过滤设备的主要参数及比较

设备名称	过滤速度 (m·h⁻¹)	反洗强度 (m·h⁻¹)	反洗时间 min	最大运行阻力 (mH_2O)	滤料级配		备注
					粒径 mm	厚度 mm	
石英砂滤料压力过滤器(包括立式、卧式)	6～12 (8～12)	单独水洗 40～60(43～54) 气水混洗 风量 60～90 水量 20～25	单独水洗 6～10(5) 气水混洗 风洗 10 水洗 6～10	6～9	0.4～1.0 1.0～1.2 3.0～5.0 6.0～12.0 12.0～25.0	600～700 100～200 100 100 150	
无烟煤滤料压力过滤器	8～14	单独水洗: 15～25	单独水洗: 6～10	5～8	0.5～1.0 1.0～1.5 4.0～8.0 8.0～12.0 12.0～20.0 20.0～25.0	500 200 100 100 100 150	
泡沫塑料珠滤料压力过滤器	20～25 (20～25)	25～35 (43～54)	3～5 (5)	1～2	1～2	600～900	滤料轻于水 $\rho=80\sim100$ kg/m³
硅藻土滤料压力过滤器	2.0～5.0	2.0～5.0		15～20	20 μm	0.2～0.5	
石英砂滤料重力式无阀滤池和虹吸滤池	(8～12)	50～60 (43～54)	4～5 (5～7)	1.5～2.0 (1.5～2.0)	0.5～1.0 1～2 2～4 4～8 8～15	700 80 70 70 80	
纤维球滤料压力滤器	10～15	气水混洗 气 90～160 水 50～54	5～10	2～5	均一	＞600	滤料略重于水

注:上述处理设备大都有定型产品,可根据实际情况选用。

除了上面介绍的中水处理技术及设备外,近年来又发展了一些新的处理形式,较传统处理方法具有容积负荷大、效率高、BOD去除率高、占地面积小、耐冲击负荷、不发生污泥膨胀等优点,适合在中水处理中开发应用。

三、中水处理站

中水处理站位置应根据建筑的总体规划、中水原水的产生、中水用水的位置、环境卫生和管理维护要求等因素确定。以生活污水为原水的地面处理站与公共建筑和住宅的距离不宜小于 15 m,建筑物内的中水处理站宜设在建筑物的最底层,建筑群的中水处理站宜设在其中心建筑的地下室或裙房内,小区中水处理站按规划要求独立设置,处理构筑物宜为地下式或封闭式。

中水处理站面积应按处理工艺确定,并留有发展空间。对于居住小区中水处理站,加药贮药间和消毒剂制备贮存间宜与其他房间隔开,并有直接通向室外的门;对于建筑物内的中水处理站,宜设置药剂贮存间。中水处理站应设有值班室和化验室等。

中水处理站内处理构筑物及处理设备应布置合理、紧凑,满足构筑物施工、设备安装、运行调试、管道敷设及维护管理的要求。

中水处理站应设集水坑，当无法重力排水时，应设置潜水泵排水。排水泵一般设置两台，一用一备，排水能力不应小于最大小时来水量。

中水处理站应设有适应处理工艺要求的供暖、通风、换气、照明、给水、排水设施。中水处理站应采取有效的除臭、隔音降噪和减振措施，具备污泥(渣)的存放和外运条件。

中水处理站的位置及布置要求如下。

(1)中水处理站是中水处理设施集中设置的场所，应设置在所收集污废水的建筑和建筑群与中水回用地点便于连接的地方，且符合建筑总体规划的要求，如为单栋建筑的中水工程可以设置在地下室附近。

(2)建筑群的中水工程的处理站应靠近主要集水和用水地点，并有单独的进出口、道路，便于进出设备、排除污物。

(3)中水处理站的面积按处理工艺需要确定，并预留发展位置。

(4)处理站除设有处理设施的空间外，还应设有值班室、化验间、贮藏维修间等附属房间。

(5)处理设备的间距不应小于 0.6 m，主要通道不小于 1.0 m，顶部有人孔的构筑物及设备距顶板不应小于 0.6 m。

(6)处理工艺中的化学药剂、消毒剂需妥善处理，并有必要的安全防护措施。

(7)处理间必须有通风换气、供暖、照明及给排水设施。

(8)中水处理站必须根据实际情况，采取隔音降噪及防臭气等污染措施。

表 12.10　消毒剂的选择及投加

消毒剂	投量/(mg · L^{-1})	投加方式	优缺点及适用条件
液氯(Cl_2 密度1.5 kg/m^3，氯气是空气的 2.5 倍)	5～10 mg/L，保持游离余氯大于 0.2 mg/L 接触时间不小于 30 min	氯瓶、加氯机投加可选负压式加氯机，若与水泵联动可选随动式加氯机。不允许将氯直接注入水中	效果可靠、有余氯的持续作用、操作简单、投量准确、成本低，但有机物多时会产生有机氯化物，氯气有毒应注意安全。 适用于液氯供应方便之处。
次氯酸钠溶液(成品)NaClO 有效氯占 10%～12%	按投氯量核算	重力式或压力式连续或间断投加，同溶液投加设备	效果同液氯，而且增加了安全性，适用于次氯酸钠溶液，容易购买，比液氯稍贵
次氯酸钠溶液发生器(电解食盐水生成 NaClO 溶液)	按生产的次氯酸钠溶液的含氯量核算	重力式或压力式连续或间断投加，同溶液投加设备	效果同上，但发生器价高食盐溶液需处理，电极应定期清洗，耗电，适用于安全要求高和不易购买成品次氯酸钠溶液之处
漂白粉 CaOCl 漂粉精 $Ca(OCl)_2$	漂白粉含氯量 20%～30% 用量大 漂粉精含有效氯 60%～70%	溶于水中先制成 1%～2% 的清液后连续或间断投加	投加设备简单，价格便宜但投量不易准确，需溶解调制，清渣，劳动强度大，适用于要求不高或间断投加的小处理厂

续表 12.10

消毒剂	投量/(mg·L^{-1})	投加方式	优缺点及适用条件
臭氧 O_3,10 ℃时每升水中溶解0.381 L气	1～3,接触 10～15 min	通过接触反应装置,还应注意尾气的处置和利用	具有强氧化能力,能有效地降解污水中的有机物、色、味等,消毒效果好,接触时间短,不产生有机氯化物,但投资大、电耗高、制水成本高、且无保持作用,设备复杂管理麻烦
氯片,成分同漂粉	含氯有效量为65%～70%按此计算投量	专用氯片消毒器,污水流入溶解氯片并与之混合	设备简单、管理方便、基建费用低,要用特制氯片及专用消毒器,适用于小水量的小处理站
氯+碘化钾,Cl+KI强化消毒	加氯后再加少量碘化钾1%或2.5%的氯化钾	同液氯和消毒液的投加	消毒效果好,可以节省氯投量,减少因投氯过多造成的危害,投加变得稍加复杂
二氧化氯消毒剂发生器(电解食盐水)	杀菌能力是次氯酸钠溶液的5倍	ClO_2、Cl_2 等多种气态混合物。同液氯投加	多种强氧化剂,杀菌能力强,电耗高,耗盐较低,电流效率高,金属阳极寿命长

2. 中水处理站的隔音降噪及防臭措施

(1)中水处理站设置在建筑内部地下室时,必须与主体建筑及相邻房间严密隔开并做建筑隔音处理以防空气传声;转动设备及其与转动设备相连的基座、管道均应做减振处理以防振动。

(2)中水处理中散发的臭气必须妥善处理。常用的臭味处理方法有如下几种。

①防臭法。对产生臭气的设备加盖、加罩防止散发或收集处理。

②稀释法。把收集的臭气高空排放,在大气中稀释。

③化学法。采用水洗、碱洗及氧化除臭。

④燃烧法。将废气在高温下燃烧除掉臭味。

⑤吸附法。采用活性炭过滤吸附除臭。

⑥土壤除臭法。直接覆土或采用土壤除臭装置。

任务五　建筑中水安全防护与控制

建筑中水系统除了要保证中水供水的安全、卫生、可靠外,也应该注意管道结垢、腐蚀、管道误接、误用等影响安全性的因素。除此之外,为了保证建筑中水系统的正常运行和节水效果,必须进行必要的监测、控制。

一、建筑中水的安全防护

采用的安全防护措施有如下几项。

(1)中水管道严禁与生活饮用水管道连接，生活饮用水管道只能通过间接装置，向中水池(箱)补水。

(2)中水管道不宜暗装于墙体和楼面内，以防标记不清影响检修。

(3)生活饮用水补水管出口与中水贮水池内最高水位间，应有不小于 2.5 倍管径的空气隔断。

(4)中水管道与生活饮用水给水管道、排水管道平行埋设时，其水平净距不得小于 0.5 m；交叉埋设时，中水管道应位于生活饮用水给水管道下面、排水管的上面，其净距均不得小于 0.15 m。中水管道与其他专业管道的间距应按《建筑给水排水设计规范》(GB 50015—2003)中给水管道要求执行。

(5)中水贮水池(箱)设置的溢流管、泄水管，均应采用间接排水的方式排出，溢流管上应设隔网。

(6)中水管道应采取下列防止误接、误用的措施。

①中水管道外壁应涂浅绿色标志。

②中水池、阀门、水表及给水栓均应有明显的“中水”标志。

③中水工程验收时，应逐段进行检查以防止误接。

二、控制与管理

监测控制与管理中应注意下面的问题。

(1)对我国目前占绝大多数的中小型处理站，可装设就地指示的监测仪表，由人工操作或人工控制，一般按如下进行。

①日处理量小于等于 200 m^3 的小型处理站，可装设就地指示的检测仪表，人工操作即可。

②日处理量大于 200 m^3 而小于等于 1 000 m^3 的中型处理站，可配置必要的自动记录仪表。

③日处理量大于 1 000 m^3 的大型处理站，应考虑设置生物检查的自动系统，当水质不合格时应发出报警信号。

(2)根据处理工艺要求，处理构筑物的进水管和出水管上应设置取样管及计量装置。

(3)管理操作人员应经专门培训。

(4)水质监测周期(流量、色度、外观、pH 值、余氯等)的项目要经常进行，不少于每日 1 次，BOD、COD、大肠菌群等项目每日监测 1 次。

(5)水质监测发现不合格后，应及时采取水量和气量调节、反冲强弱、投药增减、污泥清除、机械调整等技术措施。

(6)建筑中水系统的管理有生产管理、技术管理和经济管理三个方面，各方面的管理都必须做到严格、有序、合理。

思考题与习题

12.1　建筑中水系统由哪几部分组成？建筑中水系统与小区中水系统有哪些不同？

12.2　如何选择中水水源？

12.3　建筑中水管道应如何布置？什么是水量平衡？水量平衡措施有哪些？调节池容积如何计算？

12.4 常见的中水工艺处理流程有哪些？常用的中水处理设备有哪些？各有什么作用？

12.5 布置中水处理站应注意什么？

12.6 建筑中水系统为什么要进行安全防护？安全防护措施有哪些？中水系统监测与管理中应注意哪些问题？

学习项目二 居住小区给水排水工程

单元十三 居住小区给水系统

【教学目标】通过项目教学活动，培养学生具备确定居住小区给水系统方案的能力；具备选择地下水取水构筑物形式的能力；具备进行小区给水管道布置的能力；具备进行水塔、贮水池和水泵选择布置的能力；具备选择小区给水系统常用管材、配件及附属构筑物的能力；具备进行居住小区给水管道水力计算的能力；具备识读居住小区给水管道施工图的能力。培养学生良好的职业道德、自我学习能力、实践动手能力和耐心细致的分析和处理问题的能力，以及诚实、守信、善于沟通和合作的专业素养。

【知识目标】

1. 掌握居住小区给水系统的分类与组成；
2. 掌握选择地下水取水构筑物方法；
3. 掌握小区给水管道的布置方法；
4. 掌握水塔、贮水池和水泵选择布置方法；
5. 掌握选择小区给水系统常用管材、配件及附属构筑物的方法；
6. 掌握居住小区给水管道水力计算方法；
7. 掌握识读居住小区给水管道施工图的方法。

【主要学习内容】

任务一 居住小区给水系统的分类与组成

我国城镇居住用地按住户和人口数量分为居住区和居住小区。居住小区以下可分居住组团和街坊等次级居住地，划分界线如下。

(1)居住区。居住户数 10 000～15 000 户，居住人口 30 000～50 000 人。

(2)居住小区。居住户数 2 000～3 500 户，居住人口 7 000～15 000 人。

(3)居住组团。居住户数 300～800 户，居住人口 1 000～3 000 人。

居住小区给水工程是指城镇中居住小区、居住组团、街坊和庭院范围内的建筑外部给水工程，不包括城镇工业区或中小工矿的厂区给水工程。居住小区给水工程是介于建筑给水和市政给水工程之间的过渡管段。

二、居住小区给水系统分类

常见的居住小区给水系统有以下几种形式。

(1)低压统一给水系统。对于多层建筑群体,生活给水和消防给水都不会需要过高的压力,因此采用低压统一给水系统。

(2)分压给水系统。在高层建筑和多层建筑混合的居住小区内,高层建筑和多层建筑显然所需压力差别较大,为了节能,混合区内宜采用分压给水系统。

(3)分质给水系统。在严重缺水地区或无合格原水地区,为了充分利用当地的水资源,降低成本,将冲洗、绿化、浇洒道路等用水水质要求低的水量从生活用水量中区分出来,确立分质给水系统。

(4)调蓄增压给水系统。在高层和多层建筑混合区内,为低层建筑所设的给水系统,也可对高层建筑的较低楼层供水,但是高层建筑较高的部分,无论是生活给水还是消防给水都必须调蓄增压,即设有水池和水泵进行增压给水。调蓄增压给水系统又分为分散、分片和集中调蓄增压系统。根据高层的数量、分布、高度、性质、管理和安全等情况,经技术经济比较后确定采用何种调蓄增压给水系统形式。

三、居住小区给水系统的组成

居住小区给水系统由以下几部分组成。

1. 小区给水管网

(1)接户管布置在建筑物周围,直接与建筑物引入管相接的给水管道。

(2)给水支管布置在居住组团内道路下与接户管相接的给水管道。

(3)给水干管布置在小区道路或城市道路下与小区支管相接的管道。

2. 贮水、调节、增压设备

指贮水池、水箱、水泵、气压罐、水塔等。

3. 室外消火栓

布置在小区道路两侧用来灭火的消防设备。

4. 给水附件

保证给水系统正常工作所设置的各种阀门等。

5. 自备水源系统

对于严重缺水地区或离城镇给水管网较远的地区,可设自备水源系统,一般由取水构筑物(以地下式为多)、水泵、净水构筑物、输水管网等组成。地下式取水构筑物以管井、大口井为主,水泵根据取水构筑物常采用深井泵,主要去除的水质指标为铁锰。

任务二　小区给水管道的布置

一、小区给水管道布置原则及要求

(1)小区干管应布置成环状或与城镇给水管道连成环网。小区支管和接户管可布置成枝状。

(2)小区干管宜沿用水量较大的地段布置，以最短距离向大用户供水。

(3)给水管道宜与道路中心线或主要建筑物呈平行敷设，并尽量减少与其他管道的交叉，如果采用塑料给水管，尚应符合有关规定。

(4)给水管道与其他管道平行或交叉敷设的净距，应根据管道的类型、埋深、施工检修的相互影响、管道上附属构筑物的大小和当地有关规定等条件确定，一般按表 13.1 和表 13.2 采用。

表 13.1　给水管与其他管段最小垂直净距　m

序号	管线名称		与给水管线的最小垂直净距
1	给水管线		0.15
2	污、雨水排水管线		0.40
3	热力管线		0.15
4	燃气管线		0.15
5	电信管线	直埋	0.15
		管沟	0.15
6	电力管线		0.15
7	沟渠(基础底)		0.50
8	涵洞(基础底)		0.15
9	电车(轨底)		1.00
10	铁路(轨底)		1.00

表 13.2　给水管道与其他管线及建(构)筑物之间的最小水平净距　m

序号	建(构)筑物或管线名称			与给水管线的最小水平净距	
				$D\leqslant200$ mm	$D>200$ mm
1	建筑物			1.0	3.0
2	污水、雨水排水管			1.0	1.5
3	燃气管	中低压	$P\leqslant0.4$MPa	0.5	
		高压	$0.4\text{MPa}\leqslant P\leqslant0.8$MPa	1.0	
			$0.8\text{MPa}\leqslant P\leqslant1.6$MPa	1.5	
4	热力管			1.5	
5	电力电缆			0.5	
6	电信电缆			1.0	
7	乔木(中心)			1.5	
8	灌木			1.5	
9	地上杆柱	通信照明<10kV		0.5	
		高压铁塔基础边		3.0	
10	道路侧石边缘			1.5	
11	铁路钢轨			5.0	

(5) 生活给水管道与污水管道交叉时，给水管应敷设在污水管道上面，且不应有接口重叠；当给水管道敷设在污水管道下面时，给水管的接口离污水管的水平净距不宜小于 1.0 m。

(6) 给水管道的埋设深度，应根据土层的冰冻深度、外部荷载、管材强度、与其他管道交叉等因素确定。室外给水管道最小覆土深度不得小于土壤冰冻线以下 0.15 m，车行道下的管线覆土深度不宜小于 0.7 m。

二、布置类型及特点

常见的小区给水系统布置有以下几种类型。

1. 直接给水方式

城镇给水管网的水量、水压能满足小区的供水要求，应采用直接给水方式。从能耗、运行管理、供水水质及接管施工等各方面来比较，都是最理想的供水方式。

2. 设有高位水箱的给水方式

城镇给水管网的水量、水压周期性不足时，应采用该给水方式，可以在小区集中设水塔或者分散设高位水箱。该方式具有直接给水的大部分优点，但是在设计、施工和运行管理中应注意避免水的二次污染，北方地区要有一定的防冻措施。

3. 小区集中或分散加压的给水方式

城镇给水管网的水量、水压经常性不足时，应采用小区集中或分散加压的方式，该给水方式由水泵结合水池、水塔、水箱、气压罐等供水，有多种组合方式，也各有其不同的优缺点，选择时应根据当地水源条件按安全、卫生、经济原则综合确定。

任务三　水塔、贮水池和水泵

水塔、贮水池、水泵和气压给水设备都是小区给水系统的贮水、调节、升压设备。

一、水　塔

1. 水塔的构造

水塔主要由水柜(或水箱)、塔体、管道、基础等组成，见图 13.1、13.2。

(1) 水柜(水箱)。水柜的作用是贮存水量，多采用圆形。在计算直径和高度的比例关系时，较合理的尺寸可参见表 13.3。

表 13.3　水柜经济尺寸

水柜容积 V/m^3	50	100	200
有效高度 H/m	4	4.5	4.5
直　　径 D/m	4	5.3	7.5

水柜可用钢材、钢筋混凝土制成。容积较小时，可用砖砌成。水柜应有良好的不透水性，在寒冷地区，应有一定的防冻措施。

(2) 塔体。塔体的作用是支承水柜，常用钢筋混凝土、砖石或钢材建成。近年来也采用装配式和预应力钢筋混凝土水塔，塔体形状有圆筒形和支柱形两种。

(3) 管道。水塔中管道的作用是向水柜输水，向管网供水，并保证输水、供水正常运行。

为了防止污染，进水管和出水管宜分开设置。图 13.1 中，进、出水管连接于给水干管 2，经此管由泵站(或外网) 输水至水塔，或由水塔经支管 3 送到管网。为了保证柜中水流的循环，进、出水管 1 的上端伸到水面附近，管顶设浮球阀，支管 3 设在下边，并装有滤网和单向阀，管 3 的上端应高出柜底 100 ～ 150 mm 以上，以防冲起的沉积物进入管 3。

水柜内应设置溢流管 12，管径宜与进、出水管相同，当进、出水管管径大于 200 mm 时，溢流管管径可相应小一号。溢流管上部设有喇叭口，喇叭口位置比设计最高水位高 20 mm 以上，溢流管一般和放空管 13 合并间接排入排水管或明沟。另外，为观察水柜内水位变化，应设浮标水尺或电气水位计。

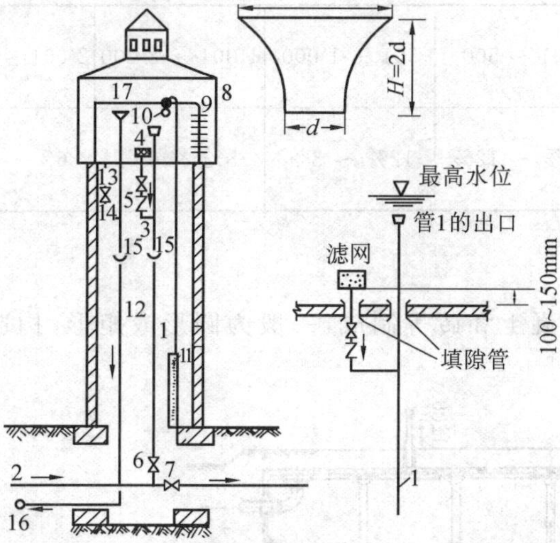

图 13.1　水塔的构造

1— 进出水管；2— 干管；3— 出水支管；4— 滤网；5— 单向阀；6、7— 闸门；8— 防冻外壳；9— 铁梯；10— 水位浮标；11— 水位浮尺；12— 溢流管；13— 放空管；14— 闸门；15— 伸缩接头；16— 排水管；17— 水柜

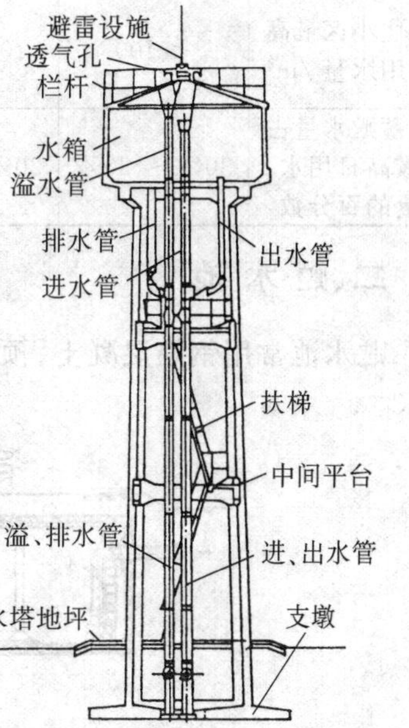

图 13.2　支柱式钢筋混凝土水塔

(4) 基础。基础的作用是支撑整个水塔。水塔的基础可采用独立基础、条形基础和整体基础。常用的材料有砖石、混凝土、钢筋混凝土等。

另外，水塔上还有一些附属设施，如避雷针、扶梯、平台、栏杆和照明设施等。

我国已编有容量 30 ～ 400 m^3，高度 15 ～ 32 m 水塔的《给水排水标准图集》S843 ～ S847，供选用。

2. 水塔高度和有效容积计算

(1) 水塔的设置高度。水塔的设置高度应满足如下条件：其最低水位应满足控制点的所需水压，用公式表示为

$$H \geqslant H_1 + H_2 + H_3 \tag{13.1}$$

式中　H—— 水塔水柜设计最低水位距该处设计地面的垂直高度，m；

H_1—— 控制点所在建筑物的接户管末端与水塔处地面的标高差，m；

H_2—— 水塔至控制点接户管末端的能量损失，m；

H_3—— 控制点接户管末端所需的压力，m。

如果泵站、水池、水塔联合工作，也可根据三者之间的水压关系来确定水塔的设置高度，详见有关的设计手册。

(2) 水塔的有效容积。水塔的有效容积可按下式计算

$$V \geqslant V_t + V_z + V_x \quad (13.2)$$

式中 V—— 水塔的有效容积,m^3;

V_t—— 水塔的调节水量,应根据供水曲线与用水量逐时变化曲线确定,如无上述资料,可按表 13.4 选取计算,m^3;

V_z—— 安全贮水量,根据供水可靠程度和用户用水情况确定,m^3;

V_x—— 消防贮水量(详见单元五),m^3。

表 13.4 水塔和高位水箱(池)生活用水的调蓄贮水量

居住小区最高日用水量 /m^3	<100	101 ~ 300	301 ~ 500	501 ~ 1 000	1 001 ~ 2 000	2 001 ~ 4 000
调蓄贮水量占最高日用水量的百分数	30% ~ 20%	20% ~ 15%	15% ~ 12%	12% ~ 8%	8% ~ 6%	6% ~ 4%

二、贮 水 池

贮水池常用钢筋混凝土、预应力钢筋混凝土和砖等制成,一般为圆形或矩形,构造见图 13.3。

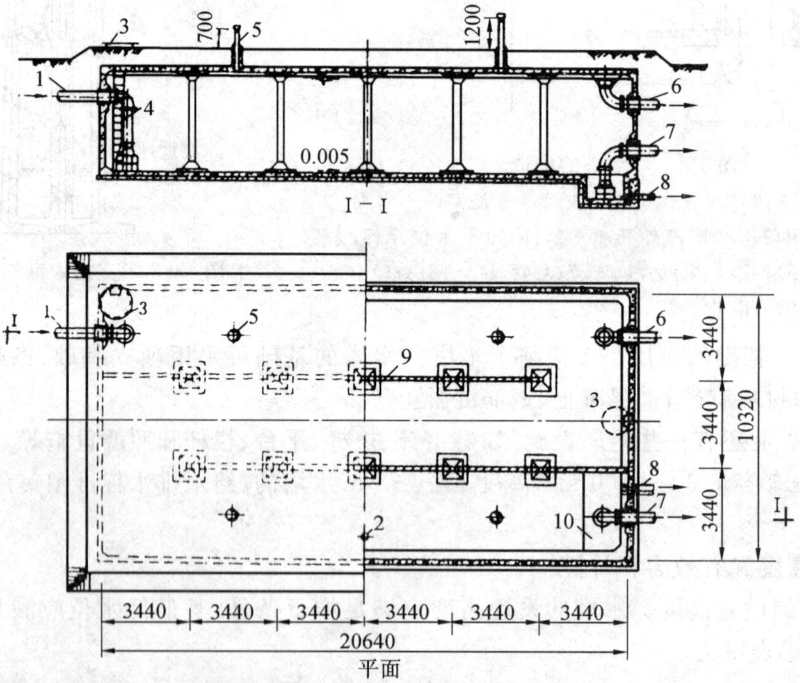

图 13.3 800 m^3 矩形钢筋混凝土贮水池

1—DN400 进水管;2— 水位尺孔;3— 检修孔;4— 铁梯;5— 通风管;6—DN400 溢水管;7—DN400 出水管;8—DN200 排水管;9— 导流墙;10— 集水坑

水池应有单独的进水管和出水管,接管位置应有利于水的循环;溢流管管径与进水管相同;放空管设在集水坑内。容积在 1 000 m^3 以上的水池,至少应设两个检修孔,其尺寸大小应满足配件进出。为加强循环,池内应设导流墙,另外还应设置通风孔。为保证消防用水不被挪用,可采用如图 13.4 的技术措施。水塔和高位水箱的生活用水调蓄贮水量可按表 13.4 估

算。

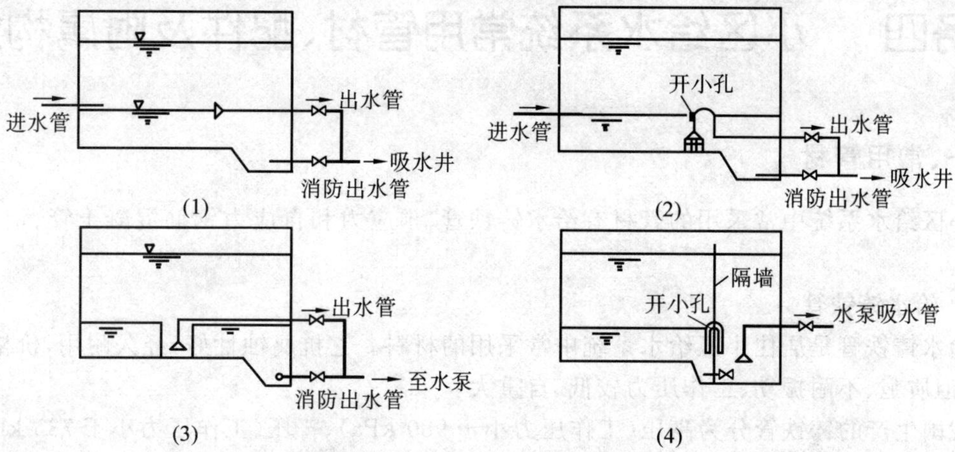

图 13.4　防止取用消防贮水的措施

三、水　　泵

1. 水泵设计流量的确定

(1) 水泵出水后无流量调节装置时，水泵出水量应按设计秒流量确定。

(2) 水泵出水后有流量调节装置(水泵连续运转)时，水泵出水量应按最大小时水量确定。

(3) 水泵采用人工操作定时运行时，应根据水泵运行时间，按下式确定

$$Q_b = \frac{Q_d}{T_b} \tag{13.3}$$

式中　Q_b—— 水泵出水量，m^3/h；

Q_d—— 最高日用水量，m^3/d；

T_b—— 水泵每天运行时间，h。

2. 水泵扬程的确定

(1) 当水泵与水塔(高位水箱)联合供水时

$$H_b \geqslant H_Y + \sum h \tag{13.4}$$

式中　H_b—— 水泵扬程，kPa；

H_Y—— 贮水池最低水位与水塔(高位水箱)最高水位之间的水静压强差，kPa；如水泵直接从外网抽水，应减去外网水压；

$\sum h$—— 水泵管路总的能量损失，kPa。

(2) 当水泵单独供水时

$$H_b \geqslant H_Y + \sum h + H_c \tag{13.5}$$

式中　H_Y—— 贮水池最低水位与控制点所在接户管末端的水位静压强差，kPa；

$\sum h$—— 贮水池至控制点接户管末端之间管路总的能量损失，kPa；

H_c—— 控制点要求其接户管提供的水压，kPa。

任务四　小区给水系统常用管材、配件及附属构筑物

一、常用管材

小区给水系统中常采用的管材有给水铸铁管、预应力和自应力钢筋混凝土管、钢管、塑料管等。

1. 给水铸铁管

给水铸铁管是居住小区给水系统中常采用的材料。它抗腐蚀性好，经久耐用，价格较钢管便宜，但质脆、不耐振动、工作压力较低、自重大。

我国生产的铸铁管分为高压（工作压力小于 980 kPa）、普压（工作压力小于 735 kPa）和低压（工作压力小于 441 kPa）三种，通常使用的是普压管。每根铸铁管长 4 ～ 6 m，管径 75 ～ 1 500 mm。此外还广泛使用一种球墨铸铁管，它具有铸铁管的耐腐蚀性和钢管的韧性。

铸铁管由于使用要求不同，一般分两种连接形式。一种是承插式，一种是法兰盘式，如图 13.5、13.6 所示。

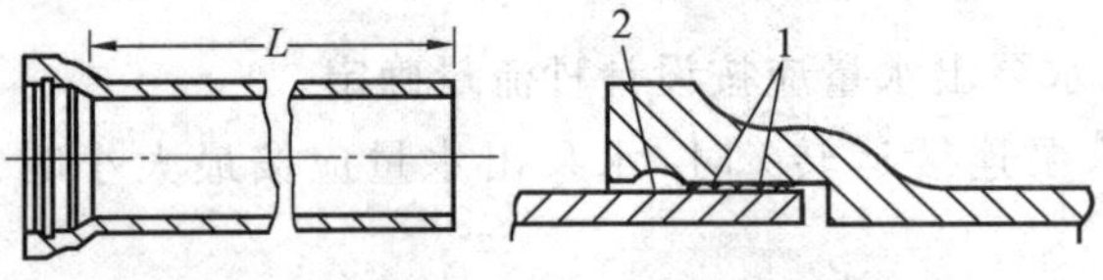

图 13.5　承插式接头

1— 麻丝；2— 石棉水泥等

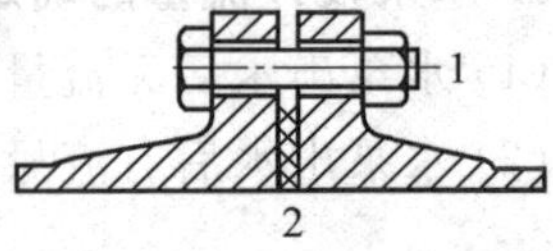

图 13.6　法兰式接头

1— 螺栓；2— 垫片

2. 预应力和自应力钢筋混凝土管

预应力钢筋混凝土管是混凝土管里的钢筋预先加纵向力和环向力制成，管径一般为 400 ～ 1 400 mm，管长 5 m，工作压力可达 0.4 ～ 1.2 MPa。

自应力钢筋混凝土管由矾土水泥、石膏和豆石为原料，用离心法制成，管径一般为 100 ～ 800 mm，管长 3 ～ 4 m，工作压力可达 0.4 ～ 1.0 MPa。

预应力和自应力钢筋混凝土管均具有良好的抗渗性和抗裂性，施工安装方便，输水性能好，但质重性脆。这两种管材都为承插式接口，用圆形断面的橡胶圈作为接口材料，转弯和管径变化处采用特制的铸铁配件，也可用钢板制作。

3. 钢管

钢管有焊接钢管和无缝钢管两种。焊接钢管又分直缝钢管和螺旋卷焊钢管。钢管的特点是强度高、耐振动、长度大、施工方便，但易生锈、价格高。普通钢管的工作压力不超过 1.0 MPa。高压管可采用无缝钢管。钢管一般采用焊接或法兰连接，小管径可用丝扣连接。

4. 塑料管

由于塑料管具有质轻、水力条件好、施工维护方便、不耗用钢材、不易受酸、碱等侵蚀的优点，目前已得到越来越广泛的应用。

(1) 硬聚乙烯（UPVC）管以聚氯乙烯树脂为主要原料，经挤压成型，适用于输送温度不超过 45 ℃ 的水，其管材公称压力和规格尺寸见表 13.5。

表 13.5　给水用硬聚氯乙烯管材公称压力和规格尺寸

公称外径 d_e	壁厚 e				
	公称压力 p_N				
	0.6 MPa	0.8 MPa	1.0 MPa	1.25 MPa	1.6 MPa
225	6.6	7.9	9.8	10.8	13.4
250	7.3	8.8	10.9	11.9	14.8
280	8.2	9.8	12.2	13.4	16.6
315	9.2	11.0	13.7	15.0	18.7
355	9.4	12.5	14.8	16.9	21.1
400	10.6	14.0	15.3	19.1	23.7
450	12.0	15.8	17.2	21.5	26.7
500	13.3	16.8	19.1	23.9	29.7
560	14.9	17.2	21.4	26.7	
630	16.7	19.3	24.1	30.0	
710	18.9	22.0	27.2		
800	21.2	24.8	30.6		
900	23.9	27.9			
1 000	26.6	31.0			

注:本表只列出了 200 mm 以上管径的规格。

(2) 聚乙烯(PE) 管由乙烯单体经高压或低压聚合而成的烯烃族树脂加工而成。

(3)ABS 管。ABS 树脂是丙烯腈－丁二烯－苯乙烯的共混物,并且其性质随共混物的比例不同而不同。它具有较高的耐冲击强度和表面硬度,并不受电腐蚀和土壤腐蚀。

(4) 聚丙烯(PP) 管。以石油炼制厂的丙烯气体为原料聚合成聚丙烯树脂,密度较小,并且其强度、刚度和热稳定性都高于聚乙烯管。

(5) 聚丁烯(PB) 管。聚丁烯树脂也是聚烯烃族中的一种,聚丁烯管具有独特的抗冷变形性能,在低于 80 ℃ 的条件下有良好的稳定性,并能抗细菌、藻类和霉菌。

除此之外,还有以金属材料和塑料复合而成的钢塑复合管、铝塑复合管等,其兼有金属管和塑料管的优点,使用范围也比较广泛。

二、给水管网附件

为了保证管网的正常运行,管网上必须装设一些附件,常用有以下几种。

1. 阀　门

阀门是控制水流、调节管道内的水量和水压,方便检修的重要附件,需在下列部位设置:① 小区干管从城镇给水管接出处;② 小区支管从小区干管接出处;③ 接户管从小区支管接出处;④ 环状管网需调节和检修处。

阀门一般设置在阀门井内,常采用的阀门一般是蝶阀和闸阀。

2. 排气阀和泄水阀

排气阀安装在管线的高起部位，用以在初运行时或平时及检修后排出管内的空气；在产生水击时可自动进入空气，以免形成负压。排气阀分单口和双口两种，见图 13.7、图 13.8。选用排气阀可参见表 13.6。地下管线的排气阀应安装在排气阀门井内。

图 13.7　单口排气阀

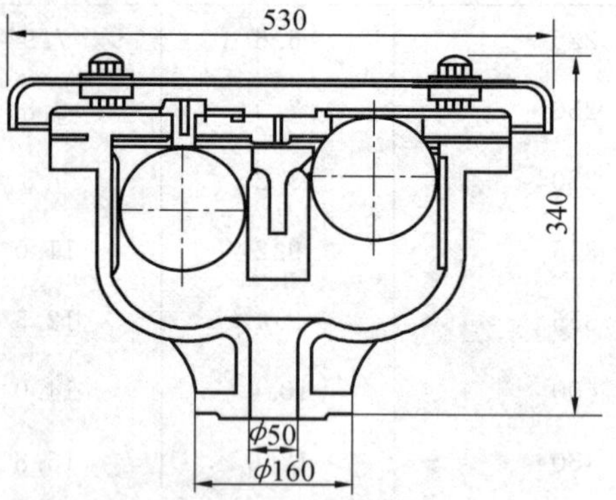

图 13.8　双口排气阀

表 13.6　排气阀选用

干管直径 D/mm	丁字管直径 d/mm	排气阀直径 /mm	备　　注
100 ～ 150 200 ～ 250 300 ～ 350	75 75 75	16 20 25	采用单口排气阀
400 ～ 500 600 ～ 800 900 ～ 1 200	75 75 100	50 75 100	采用双口排气阀

在管线的最低点须安装泄水阀，用以排除水管中的沉淀物，以及检修时放空存水。由管线放出的水可直接排入水体、管沟或排入泄水井内，再由水泵排除。

3. 室外消火栓

室外消火栓的介绍见本书单元五。

三、给水管网附属构筑物

1. 给水阀门井

地下管线的阀门一般设在阀门井内。阀门井分地面操作和井内操作两种方式，见图13.9、图 13.10。阀门井详细尺寸见表 13.7，适用于直径为 75 ～ 1 000 mm 的室外手动暗杆低压阀门，管道中心埋深在 6 m 以内的情况。

2. 管道支墩

给水管承插接口的管线在弯头、三通及管端盖板处，均能产生向外的推力。当推力较大时，会引起接头松动甚至脱节，造成漏水。因此管径大于等于 300 mm，且试验压力大于 980 kPa，或管道转弯角度大于 10° 时，必须设置支墩以保证管道输水安全。

为抵抗流体转弯时对管道的侧压力，在管道水平转弯处设侧向支墩，见图 13.11；在垂直向下转弯处设垂直向下弯管支墩，见图 13.12；在垂直向下转弯处用拉筋将弯管和支墩连成一体，见图 13.13。

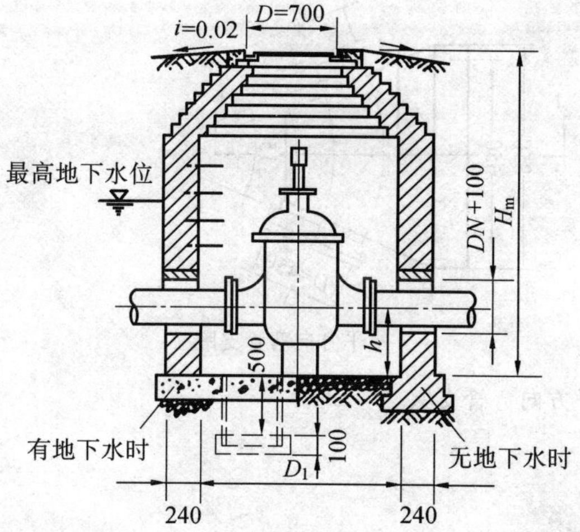

图 13.9　地面操作立式阀门井

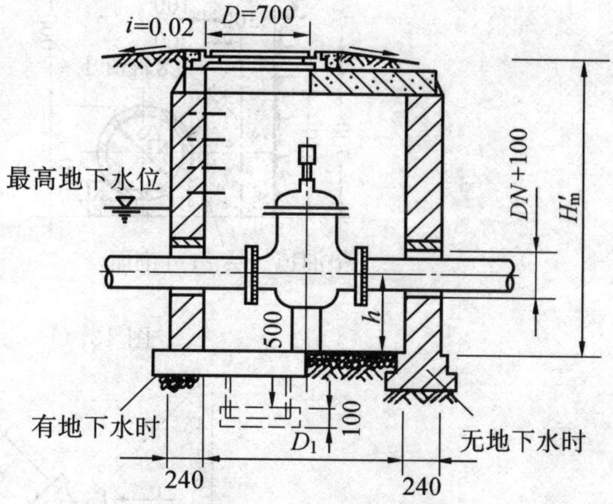

图 13.10　井下操作阀门井

表 13.7　阀门井尺寸

mm

阀门直径	阀门井内径 D_1	地面操作最小井深，H_m		井下操作最小井深 H_m'	管中心高于井底 h
		方头阀门	手轮阀门		
75(80)	1 000(1 200)	1 310	1 380	1 440	440
100	1 000(1 200)	1 380	1 440	1 500	450
150	1 200	1 560	1 630	1 630	475
200	1 400	1 690	1 800	1 750	500
250	1 400	1 800	1 940	1 880	525
300	1 600	1 940	2 130	2 050	550
350	1 800	2 160	2 350	2 300	675
400	1 800	2 350	2 540	2 430	700
450	2 000	2 480	2 850	2 680	725
500	2 000	2 660	2 980	2 740	750
600	2 200	3 100	3 480	3 180	800
700	2 400	—	3 660	3 430	850
800	2 400	—	4 230	3 990	900
900	2 800	—	4 230	4 120	950
1 000	2 800	—	4 850	4 620	1 000

注：① 括号内为井内操作的阀门井内径。

② 当安装蝶阀时，阀门井尺寸须考虑短管、松套接头位置及拆装可能。

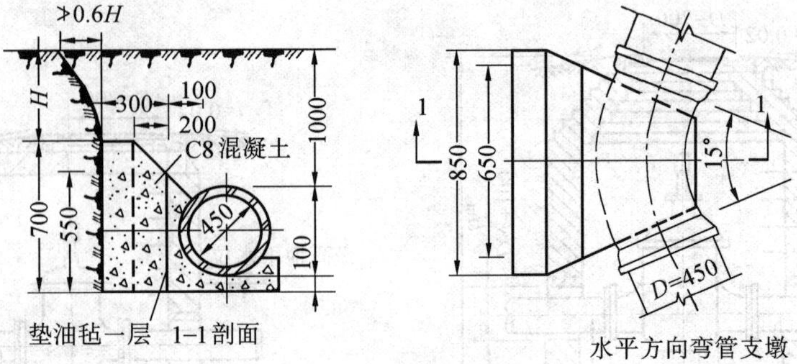

图 13.11　水平方向弯管支墩

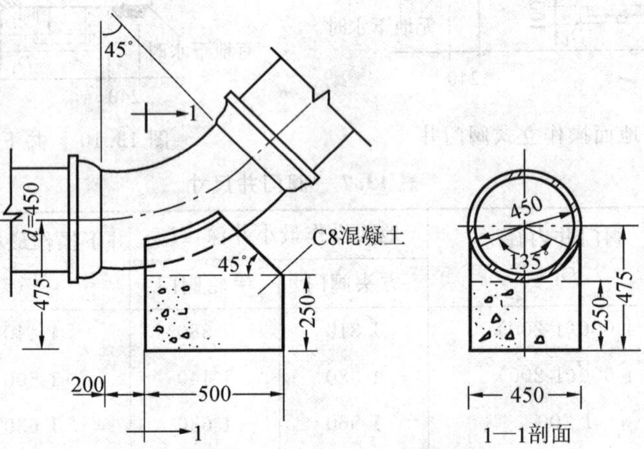

图 13.12　垂直向下弯管支墩

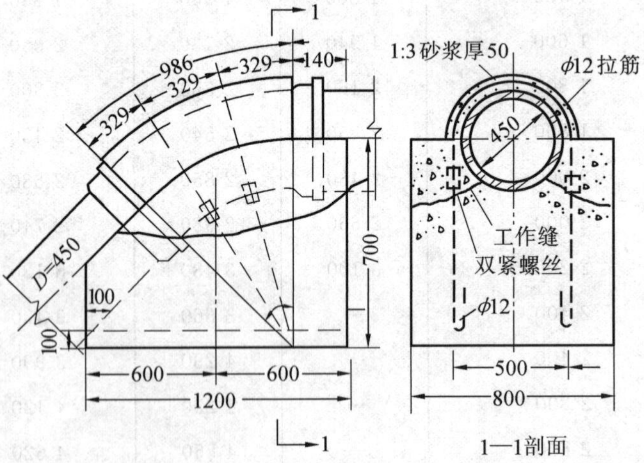

图 13.13　垂直向上弯管支墩

任务五　居住小区给水管道水力计算

一、居住小区给水设计用水量计算

居住小区给水设计用水量包括居民生活用水量、公共建筑用水量、消防用水量、浇洒道路和绿化用水量，以及管网漏失水量和未预见水量。消防用水量仅用于校核管网计算，不计入正常用水量。

(1) 居民最高日生活用水量

$$Q_1 = \sum_{i=1}^{n} \frac{q_{1i} N_{1i}}{1\,000} \tag{13.6}$$

式中　Q_1——居民最高日生活用水量，m^3/d；

q_{1i}——居住小区卫生器具设置不同而不同的生活用水定额(见表 13.8)，L/(人·d)；

N_{1i}——相同卫生器具设置的居住人数，人。

(2) 公共建筑最高日生活用水量 Q_2

$$Q_2 = \sum_{i=1}^{n} \frac{q_{2i} N_{2i}}{1\,000} \tag{13.7}$$

式中　q_{2i}——某类公共建筑生活用水量定额，见表 4.2；

N_{2i}——同类建筑物用水单位数。

表 13.8　居住小区居民生活用水定额及小时变化系数

住宅卫生器具设置标准	每户设有大便器、洗涤盆、无沐浴设备			每户设有大便器、洗涤盆和沐浴设备			每户设有大便器、洗涤盆、沐浴设备和集中热水供应		
分区＼用水情况	最高日 (L·(人·d)⁻¹)	平均日 (L·(人·d)⁻¹)	时变化系数	最高日 (L·(人·d)⁻¹)	平均日 (L·(人·d)⁻¹)	时变化系数	最高日 (L·(人·d)⁻¹)	平均日 (L·(人·d)⁻¹)	时变化系数
一	85 ～ 120	55 ～ 90	2.5 ～ 2.2	130 ～ 170	90 ～ 125	2.3 ～ 2.1	170 ～ 230	130 ～ 170	2.0 ～ 1.8
二	90 ～ 125	60 ～ 95	2.5 ～ 2.2	140 ～ 180	100 ～ 140	2.3 ～ 2.1	180 ～ 240	140 ～ 180	2.0 ～ 1.8
三	95 ～ 130	65 ～ 100	2.5 ～ 2.2	140 ～ 180	110 ～ 150	2.3 ～ 2.1	185 ～ 245	145 ～ 185	2.0 ～ 1.8
四	95 ～ 130	65 ～ 100	2.5 ～ 2.2	150 ～ 190	120 ～ 160	2.3 ～ 2.1	190 ～ 250	150 ～ 190	2.0 ～ 1.8
五	85 ～ 120	55 ～ 90	2.5 ～ 2.2	140 ～ 180	100 ～ 140	2.3 ～ 2.1	180 ～ 240	140 ～ 180	2.0 ～ 1.8

注：① 本表所列用水量已包括居住小区内小型公共建筑的用水量，但未包括浇洒道路，大面积绿化和大型公共建筑的用水量。

② 所在地区的分区见现行的《室外给水设计规范》中规定。

③ 如当地居民生活用水量与表 13.8 规定有较大出入时，其用水定额可按当地生活用水量资料适当增减。

(3) 居住小区浇洒道路和绿地用水量 Q_3

$$Q_3=\frac{q_3N_3K}{1\,000}+\frac{q_3{}'N_3{}'}{1\,000} \tag{13.8}$$

式中 q_3—— 浇洒道路用水定额(见表 13.9),L/(m² · 次);

N_3—— 需浇洒的道路面积,m²;

K——1 天的浇洒次数,次;

$q_3{}'$—— 绿化用水定额(见表 13.9),L/(m² · d);

$N_3{}'$—— 需绿化的面积,m²。

表 13.9 浇洒道路和绿化用水定额

项　目	用水量定额	浇洒次数
浇洒道路用水	1.0 ～ 1.5 L/(m² · 次)	2 ～ 3 次 /d
绿化用水	1.5 ～ 2.0 L/(m² · d)	

(4) 居住小区管网漏失水量与未预见水量 Q_4

居住小区管网漏失水量及未预见水量之和,可按小区最高日用水量的 10% ～ 15% 计算。

居住小区消防用水量见本书单元五。

居住小区最高日用水量 Q 为

$$Q=(1.10 \sim 1.15)\times(Q_1+Q_2+Q_3) \tag{13.9}$$

居住区日用水量、小时用水量,随气候、生活习惯等因素的不同而不同,夏季比冬季用水多,假日比平时高,在一日之内又以早饭、晚饭前后用水最多。给水系统必须能适应这种变化,才能确保用户对水量的要求。为了反映用水量逐日、逐时的变化幅度大小,在给水工程中,引入了两个重要的特征系数 —— 日变化系数和时变化系数。这两个特征系数在一定程度上反映了用水量的变化情况,在实际运用中,经常应用水量逐时变化曲线来详细反映用水量的变化情况。

(1) 日变化系数　以 K_d 表示,其意义可用下列公式表示

$$K_d=\frac{Q_d}{\overline{Q}_d} \tag{13.10}$$

式中 Q_d—— 最高日用水量,即设计年限内用水量最多 1 日的水量,m³/d;

$\overline{Q}_d$—— 平均日用水量,m³/d。

(2) 时变化系数　以 K_h 表示,其意义可按下式表达

$$K_h=\frac{Q_h}{\overline{Q}_h} \tag{13.11}$$

式中 Q_h—— 最高日最高时用水量,m³/h;

$\overline{Q}_h$—— 最高日平均时用水量,m³/h。

二、居住小区给水设计流量

居住小区的供水范围和服务人口数介于城市给水和建筑给水之间,有其独特的用水特点和规律。居住小区给水管道的设计流量既不同于建筑内部的设计秒流量,又不同于城市给水最大时流量,应根据《建筑给水排水设计规范》(GB 50015) 进行计算,现行的版本为 2009 年

版。

(1) 居民生活用水量。居住小区的室外给水管道的干管设计流量应根据管段服务人数、用水定额及卫生器具设置标准等因素确定，服务人数大于表 13.10 中给水干管的计算人数，最大时用水量为管段流量。服务人数小于等于表 13.10 中室外给水管段的计算人数，管段设计流量为住宅建筑的生活给水管道的设计秒流量，见单元四任务二。

表 13.10　居住小区室外给水管道设计流量计算人数

每户 N_g / $q_0 k_h$	3	4	5	6	7	8	9	10
350	10200	9600	8900	8200	7600	—	—	—
400	9100	8700	8100	7600	7100	6650	—	—
450	8200	7900	7500	7100	6650	6250	5900	—
500	7400	7200	6900	6600	6250	5900	5600	5350
550	6700	6700	6400	6200	5900	5600	5350	5100
600	6100	6100	6000	5800	5650	5300	5050	4850
650	5600	5700	5600	5400	5250	5000	4800	4650
700	5200	5300	5200	5100	4950	4800	4600	4450

(2) 公共建筑用水量。

① 当管网服务人数小于等于表 13.10 中数值的室外给水管段，居住小区内配套的文体、餐饮娱乐、商铺及市场等设施的流量可按生活给水秒流量计算。

② 服务人数大于表 13.10 中数值的室外给水干管，居住小区内配备的文体、餐饮娱乐、商铺及市场等设施的节点流量可按生活最大时流量计算。

③ 居住小区内配套的文教、医疗保健、社区管理等设施，以及绿化和景观用水、道路及广场洒水、公共设施用水等，均以平均时用水量为计算流量。

[例 13.1]　北京某居住组团，共有 12 幢住宅楼 600 户，每户 4 人。其中 300 户住宅每户设有坐便器、洗脸盆、浴盆、洗涤盆、洗衣机水龙头各 1 个，另外 300 户每户卫生器具设置情况与前面相同，但有热水供应。居住组团内设有托儿所，托儿所床位 90 个，有 2m 长冲洗水箱大便槽 3 个，盥洗槽 3 个(上有 3×6＝18 个普通水龙头)，蹲便器 4 个，污水盆 5 个，洗涤盆 2 个。组团内车行道路面积 8 000 m^2，绿化面积 5 000 m^2，洒水栓 10 个。试计算该居住组团的最高日用水量和生活给水干管的设计流量。

【解】

1. 该居住组团的最高日用水量

(1) 居民生活用水量 Q_1

由表 13.8 查得，无热水供应用户生活用水定额取为 160 L/(人·d)，有热水供应用户生活用水定额取为 220 L/(人·d)。

$$Q_1/(\mathrm{m}^3\cdot\mathrm{d}^{-1})=\sum_{i=1}^{n}\frac{q_{1i}N_{1i}}{1\ 000}=\frac{160\times(300\times4)}{1\ 000}+\frac{220\times(300\times4)}{1\ 000}=456$$

(2) 居住小区大型公共建筑物用水量 Q_2

居住组团内大型公共建筑仅有托儿所，按日托计，由表 4.2 查得，生活用水定额取为

50 L/(人·d)。则计算如下

$$Q_2/(\mathrm{m^3 \cdot d^{-1}})=\frac{q_2 N_2}{1\,000}=\frac{50\times 90}{1\,000}=4.5$$

(3) 浇洒绿化用水量，由表 13.9 查得，浇洒道路用水定额取为 1.0 L/(m² · 次)，浇洒次数取为 2 次 /d。绿化用水定额取为 1.5 L/(m² · d)。

$$Q_3/(\mathrm{m^3 \cdot d^{-1}})=\frac{q_3 N_3 K}{1\,000}+\frac{q_3' N_3'}{1\,000}=\frac{1.0\times 8\,000\times 2}{1\,000}+\frac{1.5\times 5\,000}{1\,000}=23.5$$

(4) 管网漏水量与未预见水量取 $Q_1+Q_2+Q_3$ 的 15%，则该居住组团最高日用水量为

$$Q_d/(\mathrm{m^3 \cdot d^{-1}})=1.15\times(Q_1+Q_2+Q_3)=1.15\times(456+4.5+23.5)=556.6$$

2. 生活给水干管设计流量计算

(1) 该小区均为普通住宅，查表 4.1，用水定额取为 200 L/(人 · d)，小时变化系数 $K_h=2.5$，户内的平均当量数为 4.5。

(2) 出流概率

最大用水时卫生器具给水当量平均出流概率，按公式(4.5) 计算

$$U_0=\frac{100 q_L \cdot m K_h}{0.2 N_g T 3600}=\frac{100\times 200\times 4\times 2.5}{0.2\times 4.5\times 24\times 3600}=2.57\%$$

查表 4.6，$U_0-\alpha_c$ 值对应表，U_0 为 2.5% 时，$\alpha_c=0.1512$；U_0 为 3.0% 时，$\alpha_c=0.019\,39$；当 $U_0=2.57\%$，$\alpha_c=0.01572$。总当量数为 $N_g=600\times 4.5=2700$

引入管卫生器具给水当量的同时出流概率，按以式(4.7) 计算

$$U=100\,\frac{1+\alpha_c(N_g-1)^{0.49}}{\sqrt{N_g}}=100\times\frac{1+0.01572(2700-1)^{0.49}}{\sqrt{2700}}=3.38\%$$

(3) 引入管流量

$q=0.2\cdot U\cdot N_g=0.2\times 3.38\%\times 2700=18.25$ L/s，考虑管网漏失及未预见水量，引入管的设计流量为 1.1 × 18.25 = 20.08 L/s。

三、居住小区给水管道水力计算

居住小区给水管道水力计算的目的是确定各管段的管径，校核消防时和事故时的流量，选择升压及贮水设备。

管段设计流量确定后，确定管道直径和压力损失，当给水外网为枝状管网时，其方法与建筑给水管道计算基本相同。当管径为 100 ～ 400 mm 时，管内流速为 0.6 ～ 0.9 m/s；管径大于 400 mm时，流速取 0.9～1.4 m/s。给水管道的局部压力损失除水表和止回阀等需要单独计算外，其他可按沿程压力损失的 15% ～ 20% 计算。

四、居住小区给水管校核

当生活给水管道上设有室外消火栓时，管道直径应按生活给水流量和消防给水流量之和进行校核。如果采用低压给水系统，管道的压力应保证灭火时最不利消火栓水压从地面算起不低于 0.1 MPa。

如给水管网上设有两条及两条以上的管道与城市给水管网连成环状时，应保证一条检修关闭时，其余连接管应能供应 70% 的生活给水量。

五、居住小区给水系统水压

居住小区从城市给水管网直接供水时，给水管道的管径应根据管道的设计流量、城市给水

管网能保证的最低水压和最不利配水点所需水压确定。

任务六　居住小区给水管道施工图

居住小区给水管道施工图是进行施工安装、工料分析、编制施工图预算的重要依据。它主要由管道平面图、管道纵剖面图和大样图组成。

一、小区给水管道施工图

管道平面图是小区给水管道系统最基本的图形，通常采用1∶500～1∶1 000的比例绘制，在管道平面图上应能表达出如下内容。

(1) 现状道路或规划道路的中心线及折点坐标。

(2) 管道代号、管道与道路中心线，或永久性固定物间的距离、节点号、间距、管径、管道转角处坐标及管道中心线的方位角，穿越障碍物的坐标等。

(3) 与管道相交或相近平行的其他管道的状况及相对关系。

(4) 主要材料明细表及图纸说明。

图 13.14 为某居住小区给水管道平面图的一部分。

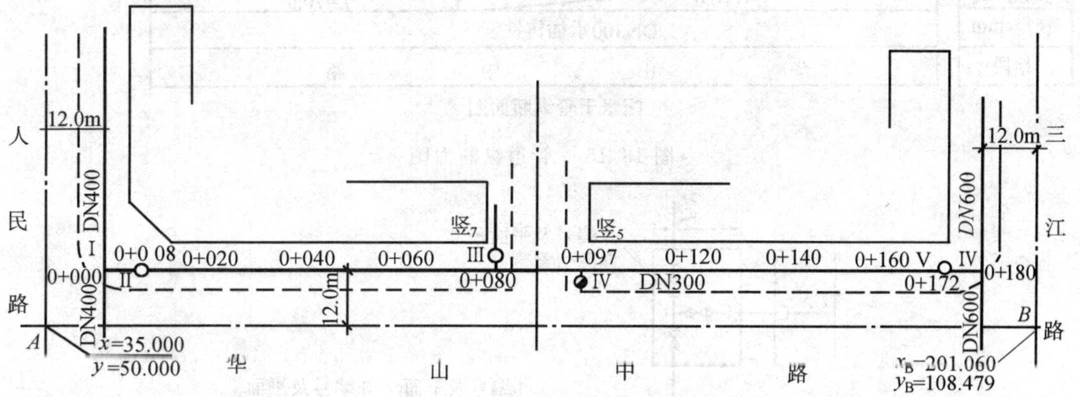

图 13.14　管道平面图

二、小区给水管道纵剖面图

管道纵剖面图是反映管道埋设情况的主要技术资料，一般纵向比例是横向比例的 5 ～ 20 倍(通常取 10 倍)。管道纵剖面图主要表达以下内容。

(1) 管道的管径、管材、管长和坡度、管道代号。

(2) 管道所处地面标高、管道的埋深。

(3) 与管道交叉的地下管线、沟槽的截面位置、标高等。

管道纵剖面图见图 13.15。

三、节 点 详 图

小区给水管网设计中，若平面图与纵剖面图不能描述完整、清晰，则应以大样图的形式加以补充。大样图可分为节点详图、附属设施大样图、特殊管段布置大样图。

节点详图是用标准符号绘出节点上各种配件（三通、四通、弯管、异径管等）和附件（阀门、消火栓、排气阀等）的组合情况，见图 13.16、13.17。

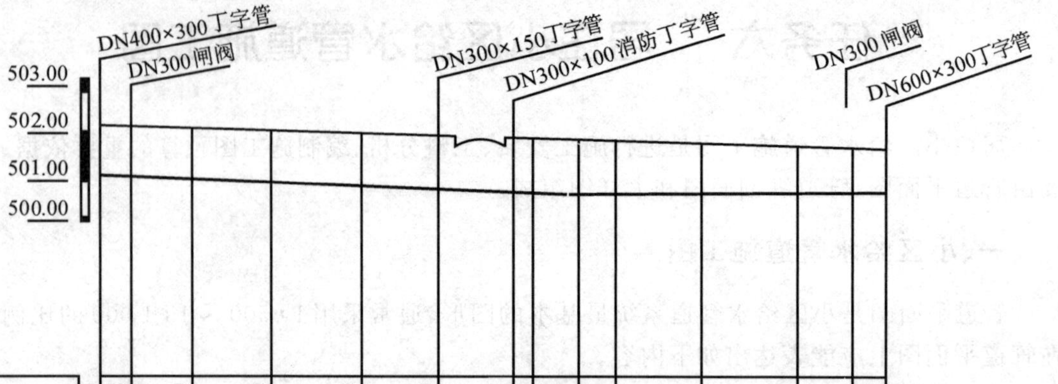

桩号	0+000	0+008	0+020	0+040	0+060	0+080	0+097	0+100	0+110	0+120	0+140	0+160	0+172	0+180
地面标高 m	502.20	502.20	502.10	501.90	501.80	501.70	501.70	501.70	501.65	501.60	501.50	501.45	501.40	501.40
设计管中心标高/m	500.90	500.83	500.76	500.62	500.47	500.32	500.16	500.18	500.10	500.10	500.10	500.10	500.10	500.10
坡度 / 距离/m	i=0.007 L=110.0								i=0.00 L=70.0					
管径/mm	DN300承插铸铁管													
地段	华山中路													

配水干管纵断面图

图 13.15　管道纵断面图

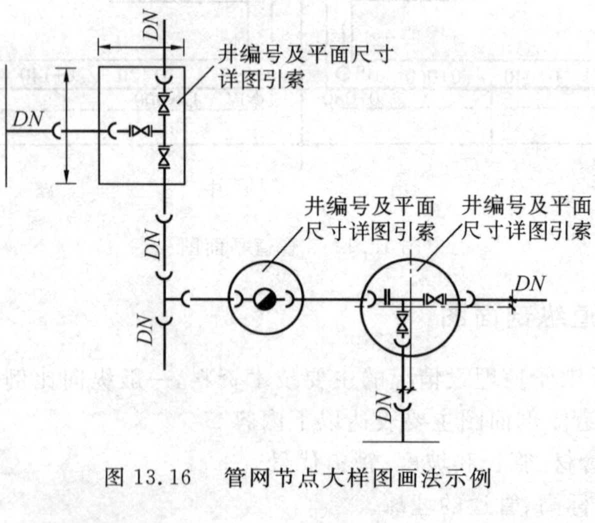

图 13.16　管网节点大样图画法示例

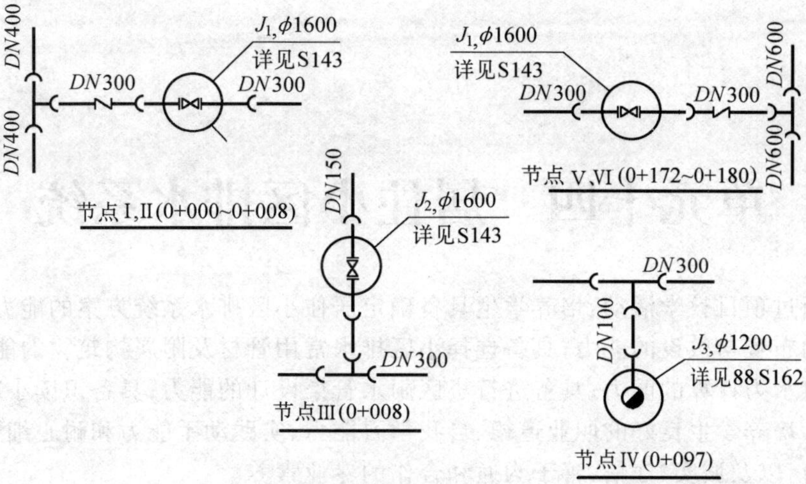

图 13.17　管道带状平面图及节点大样图

思考题与习题

13.1　居住小区给水范围是什么？居住小区给水系统有哪几部分组成？

13.2　居住小区给水管道如何布置？布置形式有哪些？各有何优缺点？

13.3　水塔的作用是什么？它有哪几部分组成？其有效容积和设置高度如何计算？

13.4　贮水池的作用和构造如何？它的容积如何确定？

13.5　居住小区给水系统常用管材有哪些？各有何优缺点？常用附件有哪些？各有何作用？

13.6　居住小区给水系统设计流量如何计算？如何进行管道水力计算？

13.7　居住小区给水系统施工图有哪些？通过这些施工图各能识读出哪些内容？

单元十四 居住小区排水系统

【教学目标】通过项目教学活动，培养学生具备确定居住小区排水系统方案的能力；具备进行小区排水管道的布置与敷设的能力；具备选择小区排水常用管材及附属构筑物的能力；具备进行小区污水管道水力计算的能力；具备进行小区雨水管渠设计的能力；具备识读小区排水管道施工图的能力。培养学生良好的职业道德、自我学习能力、实践动手能力和耐心细致的分析和处理问题的能力，以及诚实、守信、善于沟通和合作的专业素养。

【知识目标】

1. 掌握居住小区排水系统的分类与组成；
2. 掌握小区排水管道的布置与敷设方法；
3. 掌握选择排水常用管材及附属构筑物的方法；
4. 掌握小区污水管道水力计算方法；
5. 掌握小区雨水管渠设计的方法；
6. 掌握识读居住小区排水管道施工图的方法。

【主要学习内容】

任务一 概 述

一、污水的分类

在居住小区及工业企业内部，日常生活和生产过程中使用大量的水，水在使用过程中受到不同程度的污染，改变了原有的化学成分和物理性质，成为污水。污水按其来源不同可分为生活污水、工业废水和雨水三类。

在建筑小区和工业企业中，应当有组织及时地进行污废水处理和排放，否则就会污染和破坏环境，形成公害，影响生活和生产。为了系统的排除污废水而建设的一整套工程设施称为排水系统。居住小区排水系统的任务就是将工业企业及建筑小区的各种污水经济合理地输送到城市排水管道中去。

二、排水系统的体制

居住小区生活污水、工业废水和雨水是采用一个管渠系统来排除，还是采用两个及两个以上各自独立的管渠系统来排除，污水的这种不同的排除方式称为排水系统体制。建筑小区排水系统的体制主要分为分流制和合流制两种类型。

1. 分 流 制

居住小区分流制排水系统是指将生活污水、工业废水和雨水、融雪水及其他废水分别在两套或两套以上各自独立的管渠内排除，这种系统称为分流制排水系统，见图 14.1。其中排除生活污水、工业废水的系统称为污水排水系统；只排除工业废水的称工业废水排水系统；排除雨水、融雪水、生产废水和其他废水的系统，称为雨水排水系统。

2. 合 流 制

居住小区合流制排水系统是指将生活污水、工业废水和雨水混合在同一管渠内排除的排水系统，见图 14.2。

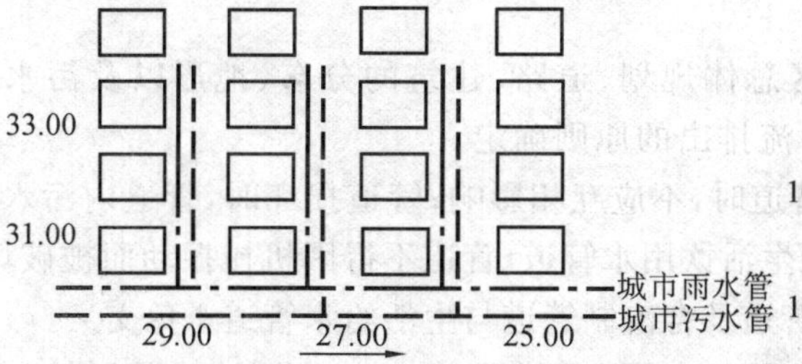

图 14.1　小区分流制排水系统示意图

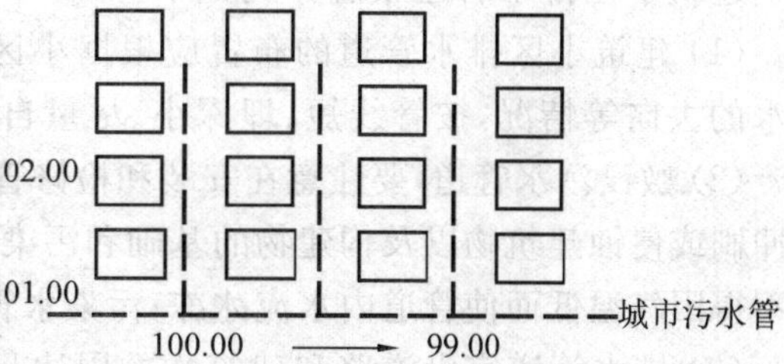

图 14.2　小区合流制排水系统示意图

居住小区排水系统体制的选择，应根据城镇排水体制，环境保护要求等因素综合比较确定。对于新建小区，若城镇排水体制为分流制，且当小区附近有合适的雨水排放水体或小区远离城镇为独立的排水体系等情况时，宜采用分流制。若居住小区的污水需要进行回用时，应设置分质、分流的排水体制。

根据我国目前加快城市污水集中处理工程建设的城建方针，居住小区的污水一般应排入城市排水管道系统，故居住小区排水体制一般与城镇排水体制相同。

三、排水系统的组成

1. 污水排水系统的组成

污水排水系统主要由以下部分组成：

(1) 建筑内部排水系统及设备；

(2) 小区室外排水管道；

(3) 小区污水泵站及压力管道；

(4) 小区污水处理站。

图 14.3 为居住小区污水排放系统示意图。

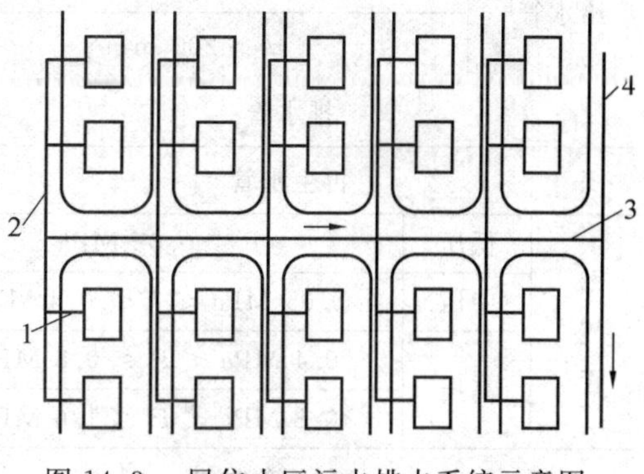

图 14.3　居住小区污水排水系统示意图

1— 排出管；2— 户前管；3— 支管；4— 干管

2. 工业废水排水系统的组成

工业废水排水系统主要由以下部分组成：

(1) 车间内部管道系统和设备；

(2) 厂区管道系统；

(3) 污水泵站及压力管道；

(4) 废水处理站。

3. 雨水排水系统的组成

小区内雨水排水系统主要由以下部分组成：

(1) 房屋雨水管道系统和设备；

(2) 建筑小区雨水管道及雨水口；

(3) 城镇雨水管道。

任务二　小区排水管道的布置与敷设

建筑小区排水管道布置原则如下。

(1) 建筑小区排水管道的布置应根据小区总体规划、道路、建筑的分布、地形以及污水和雨水的去向等情况，按管线短、埋深小、尽量自流排出的原则确定。

(2) 敷设污水管道，要注意在安装和检修管道时，不应互相影响；管道损坏时，管道内污水不得冲刷或侵蚀建筑物以及构建物的基础和污染生活饮用水管道；管道不得因机械振动而被破坏，也不得因气温低而使管道内水流冰冻；污染水管道及合流制管道与生活给水管道避免交叉。

(3) 排水管道宜沿道路和建筑物的周边呈平行布置，路线最短，减少转弯，并尽量减少相互间及与其他管线、河流及铁路间的交叉。检查井间的管段应为直线；管道与铁路、道路交叉时，应尽量垂直于路的中心线；干管应靠近主要排水建筑物，并布置在连接支管较多的一侧；管道应尽量布置在道路外侧的人行道或草地的下面。不允许平行布置在铁路的下面和乔木的下面，应尽量远离生活饮用水给水管道。

(4) 排水管道与建筑物基础的水平净距为：当管道埋深浅于基础时，应不小于1.5 m；当管道埋深深于基础时应不小于2.5 m。排水管道与其他管线、建筑物的水平和垂直净距可按表14.1采用。

表 14.1　排水管道和其他地下管线(构筑物)的最小净距

<table>
<tr><th colspan="3">名　　称</th><th>水平净距 /m</th><th>垂直净距 /m</th></tr>
<tr><td colspan="3">建筑物</td><td>见注3</td><td></td></tr>
<tr><td rowspan="2">给水管</td><td colspan="2">$d \leqslant 200$ mm</td><td>1.0</td><td rowspan="2">0.4</td></tr>
<tr><td colspan="2">$d > 200$ mm</td><td>1.5</td></tr>
<tr><td colspan="3">排水管</td><td></td><td>0.15</td></tr>
<tr><td colspan="3">再生水管</td><td>0.5</td><td>0.4</td></tr>
<tr><td rowspan="4">燃气管</td><td>低压</td><td>$P \leqslant 0.05$ MPa</td><td>1.0</td><td>0.15</td></tr>
<tr><td>中压</td><td>0.05 MPa $< P \leqslant$ 0.4 MPa</td><td>1.2</td><td>0.15</td></tr>
<tr><td rowspan="2">高压</td><td>0.4 MPa $< P \leqslant$ 0.8 MPa</td><td>1.5</td><td>0.15</td></tr>
<tr><td>0.8 MPa $< P \leqslant$ 1.6 MPa</td><td>2.0</td><td>0.15</td></tr>
<tr><td colspan="3">热力管线</td><td>1.5</td><td>0.15</td></tr>
<tr><td colspan="3">电力管线</td><td>0.5</td><td>0.5</td></tr>
<tr><td colspan="3" rowspan="2">电信管线</td><td rowspan="2">1.0</td><td>直埋 0.5</td></tr>
<tr><td>管块 0.15</td></tr>
<tr><td colspan="3">乔木</td><td>1.5</td><td></td></tr>
</table>

续表 14.1

名　　称		水平净距 /m	垂直净距 /m
地上柱杆	通讯照明及 <10 kV	0.5	
	高压铁塔基础边	1.5	
道路侧石边缘		1.5	
铁路钢轨(或坡脚)		5.0	轨底 1.2
电车(轨底)		2.0	1.0
架空管架基础		2.0	

注:① 表列数字除注明者外,水平净距均指外壁净距,垂直净距系指下面管道的外顶与上面管道基础底间净距。

② 采取充分措施(如结构措施)后,表列数字可以减小。

③ 与建筑物水平净距,管道埋深浅于建筑物基础时,不宜小于 2.5 m,管道埋深深于建筑物基础时,按计算确定,但不应小于 3.0 m。

(5) 排水管线尽量避免穿越地上和地下构筑物。

(6) 管线应布置在建筑物排出管多并且排水量较大的一侧。

(7) 排水管道转弯和交接处,水流转角应不小于 90°,当管径小于 300 mm,且跌水水头大于 0.3 m 时可不受此限制。

(8) 居住小区污水管与室内排出管连接处、管道交汇处、转弯、跌水、管径或坡度改变处以及直线管段上一定距离应设检查井。小区内的生活排水管管径小于等于 150 mm 时,检查井间距离不宜大于 20 m;管径大于等于 200 mm 时,检查井间距不宜大于 30 m。

(9) 污水管材应根据污水性质、成分、温度、地下水侵蚀性,外部荷载、土壤情况和施工条件等因素,因地制宜就地取材。一般情况下,重力流排水管宜选用埋地塑料管、混凝土或钢筋混凝土管;排至小区污水处理装置的排水宜采用塑料排水管;穿越管沟、河道等特殊地段或承压的管段可采用钢管或球墨铸铁管,若采用塑料管应外加金属套管(套管直径较塑料管外径大 200 mm);当排水温度大于 40℃ 时应采用金属排水管;输送腐蚀性污水的管道可采用塑料管。

(10) 管道基础应根据管道材质、接口形式和地质条件确定,对地基松软或不均匀沉降地段,管道基础应采取加固措施。

(11) 管道接口应根据管道材质和地质条件确定,可采用刚性接口或柔性接口,污水及合流管道宜选用柔性接口。当管道穿过粉砂、细砂层并在最高地下水位以下,或在地震设防烈度为 8 度设防区时应采用柔性接口。

(12) 设计排水管道时,应防止在压力流情况下使接户管发生倒灌。

(13) 污水管道和合流管道应根据需要设通风设施。

(14) 管顶最小覆土深度,应根据管材强度、外部荷载、土壤冰冻深度和土壤性质等条件,结合当地埋管经验确定。管顶最小覆土深度:人行道下 0.6 m,车行道下 0.7 m 为宜。

(15) 一般情况下,排水管道宜埋设在冰冻线以下。当该地区或条件相似地区有浅埋经验或采取相应措施时,也可埋设在冰冻线以上,其浅埋数值应根据该地区经验确定,但应保证排水管道安全运行。

(16) 道路红线宽度超过 50 m 的城镇干道，宜在道路两侧布置排水管道。

(17) 设计压力管道时，应考虑水锤的影响。在管道的低点以及每隔一定距离处，应设排气装置；在管道的低点以及每隔一定距离处，应设排空装置。

(18) 承插式压力管道应根据管径、流速、转弯角度、试压标准和接口的摩擦力等因素，通过计算确定是否在垂直或水平方向转弯处设置支墩。

(19) 压力管接入自流管渠时应有消能设施。

(20) 管道的施工方法，应根据管道所处土层性质、管径、地下水位、附近地下和地上建筑等因素，经技术经济比较确定，采用开槽、顶管或盾构施工等。

任务三　小区排水常用管材及附属构筑物

一、排水常用管材

排水管道材料应就地取材，且具有一定的强度、抗渗性能，同时还应具有良好的水力条件。常用的管道有混凝土管、钢筋混凝土管。穿越管沟、河流等特殊地段或承压地段可采用钢管和铸铁管。

1. 混凝土管和钢筋混凝土管

混凝土管和钢筋混凝土管便于就地取材，制造方便，可根据不同的抗压要求，制成无压管、低压管、预应力管等，所以在排水管道系统中得到普遍应用。它们的主要缺点是抗酸碱侵蚀及抗渗性能较差，管节短，接头多，施工复杂，自重大、搬运不便。

混凝土管和钢筋混凝土管管口通常有承插式、企口式、平口式，见图 14.4。

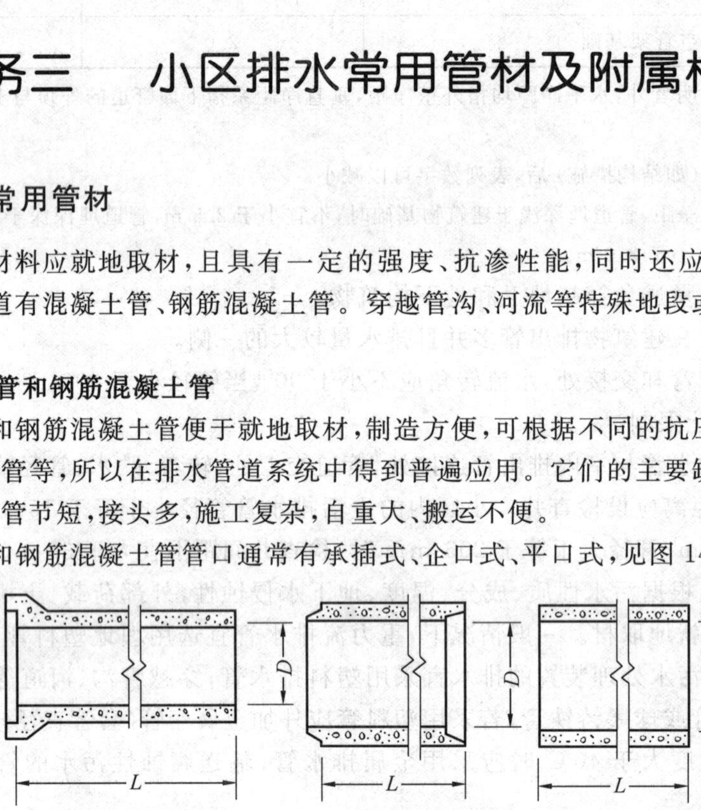

图 14.4　混凝土管和钢筋混凝土管

2. 金属管

常用的金属管有铸铁管或钢管。金属管质地坚固、抗压、抗震、抗渗性能好，内壁光滑，水流阻力小，管子每节长度大，接头少，但价格昂贵。钢管抗酸碱腐蚀能力差，一般只在外部荷载很大或对渗漏要求特别高的情况下考虑使用。

3. 塑料管

塑料管其优点是耐腐蚀，内壁光滑，重量轻，不易堵塞。

总之，选择管材时，在满足技术要求的前提下，应尽可能就地取材，以降低运输费用。

二、排水管道基础及接口

1. 排水管道的基础

合理选择排水管道基础，对排水管道的使用影响很大。排水管道基础应根据地质条件、布置位置、施工条件和地下水位等因素确定，一般可按下列规定选择。

(1) 当地质条件是干燥密实土层，管道不在车行道下，地下水位低于管底标高，且几种管道合槽施工时，可采用素土(或灰土)基础，但接口处应做混凝土枕基。

(2) 当地质条件是岩石和多石地层时，采用砂垫层基础，砂垫层厚度不宜小于200 mm，接口处应做混凝土枕基。

(3) 当地质条件是一般土层或各种潮湿土层，应根据具体情况采用90°～180°混凝土带状基础。

(4) 在施工超挖，地基松软或不均匀沉降地段，管道基础和地基应采取处理措施，如换土垫层或地基浅层压实加固等。

排水管道的基础分为地基、基础和管座三部分，见图14.5。目前常用的管道基础有砂土基础、混凝土枕基、混凝土带形基础。

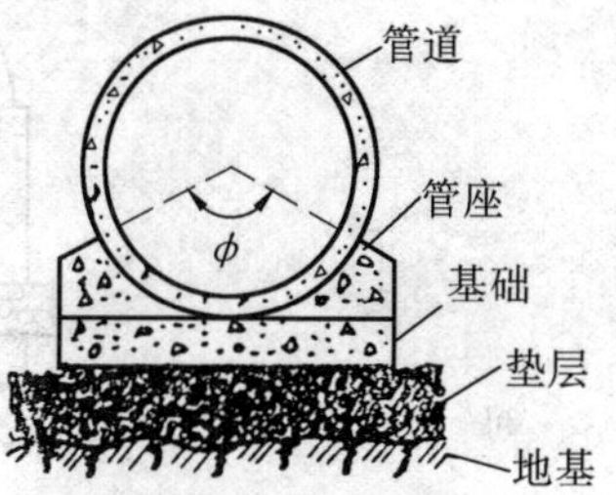

图 14.5　管道基础断面

① 砂土基础包括弧形素土基础及砂垫层基础，见图14.6。

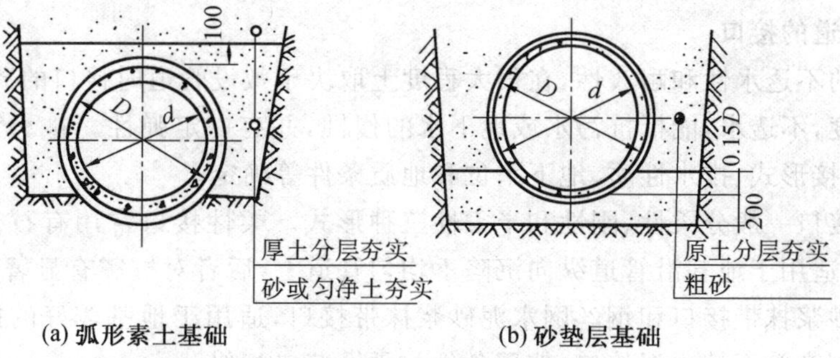

图 14.6　砂土基础

② 混凝土枕基是只在管道接口处才设置的管道局部基础，如图14.7所示，此种基础适用于干燥土壤中的雨水管道及不太重要的排水支管。

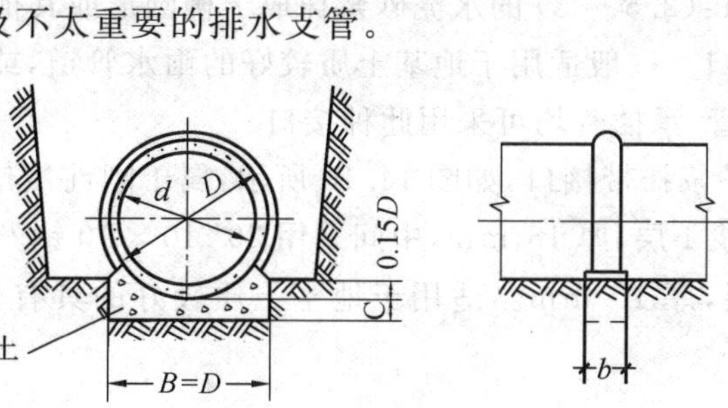

图 14.7　混凝土枕基

③ 混凝土带形基础是沿管道全长铺设的基础，按管座的不同可分为90°、135°、180°三种管座基础，如图14.8所示。这种基础适用于各种潮湿土壤，以及地基软硬不均匀的排水管道。

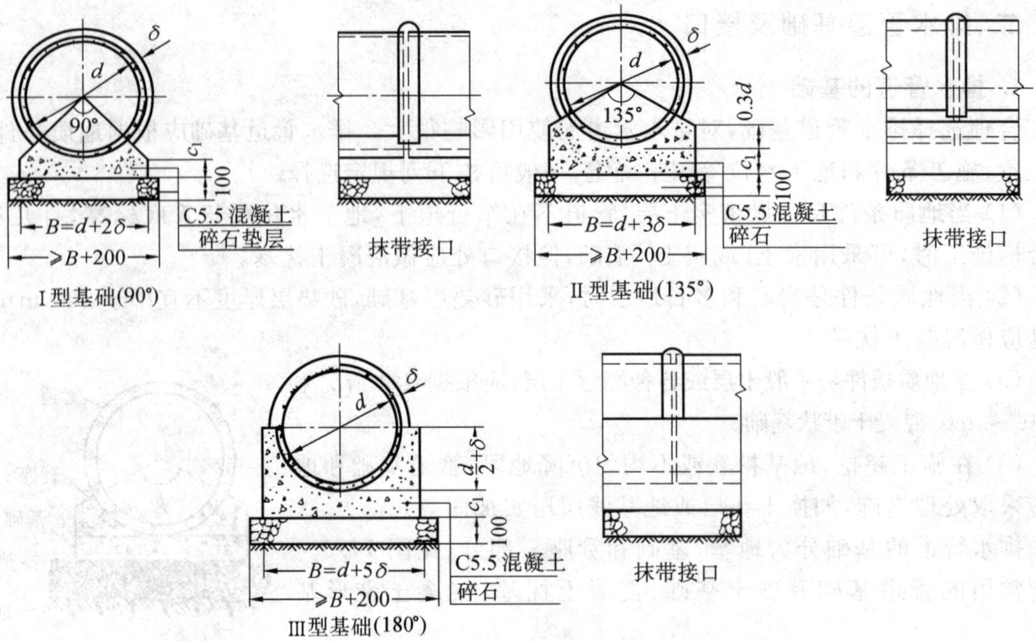

图 14.8 混凝土带形基础

2. 排水管道的接口

排水管道的不透水性和耐久性，在很大程度上取决于敷设管道时接口的质量，管道接口应具有足够的强度，不透水，能抵抗污水或地下水的侵蚀，并有一定弹性。排水管道的接口应根据管道材料、连接形式、排水性质、地下水位和地质条件等确定。

排水管道接口一般分柔性、刚性和半柔性三种形式。柔性接口常用有石棉沥青卷材接口和橡胶圈接口，适用于地基沿管道纵向沉陷不均匀管道上，后者对抗震有显著作用。刚性接口常用的有水泥砂浆抹带接口和钢丝网水泥砂浆抹带接口，适用于地基较好的排水管道上。半柔性接口有预制套管石棉水泥接口，使用条件与柔性接口相似。

(1) 水泥砂浆抹带接口如图 14.9 所示。

在管子接口处用 1:(2.5～3) 的水泥砂浆抹成半椭圆形或其他形状的砂浆带，带宽 120～150 mm，属于刚性接口。一般适用于地基土质较好的雨水管道，或用于地下水位以上的污水支线上，企口管、平口管、承插管均可采用此种接口。

(2) 钢丝网水泥砂浆抹带接口，如图 14.10 所示，属于刚性接口。将抹带范围的管外壁凿毛，抹 1∶2.5 水泥砂浆 1 层，厚 15 mm，中间采用 20# 10×10 钢丝网 1 层，两端插入基础混凝土，上面再抹砂浆 1 层，厚 10 mm。适用于地基土质较好的具有带形基础的雨水、污水管道上。

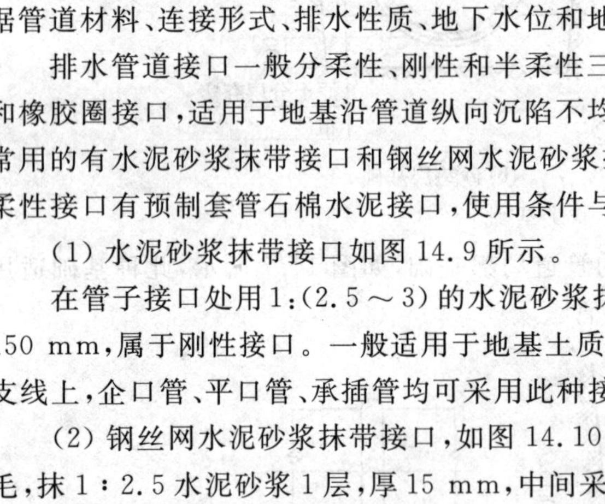

图 14.9 水泥砂浆抹带接口

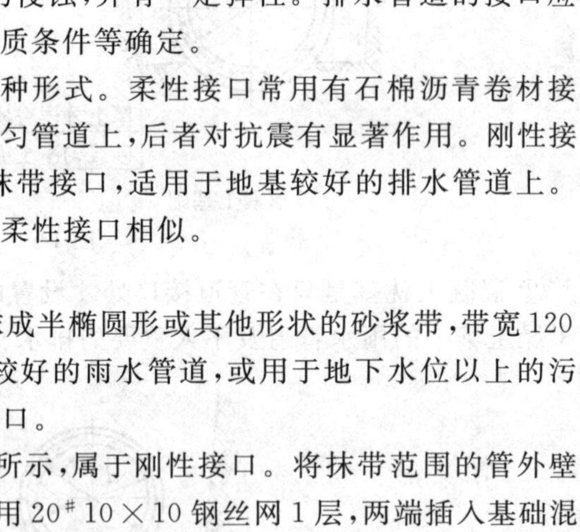

图 14.10 钢丝网水泥砂浆抹带接口

(3) 石棉沥青卷材接口，如图 14.11 所示，属于柔性接口。石棉沥青卷材为工厂加工，沥青玛𤥻脂质量配比为沥青:石棉:细砂＝7.5∶1∶1.5，适用于地基沿管道轴向沉陷不均匀地区。

(4) 预制套环石棉水泥(或沥青砂)接口，如图 14.12 所示，属于半柔性接口。石棉水泥质量比为水:石棉:水泥＝1∶3∶7(沥青砂配比为沥青:石棉:砂＝1∶0.67∶0.67)，适用于地基不均匀地段，或地基经过处理后可能产生不均匀沉陷且位于地下水位之下，内压低于 10 m 的管道上。

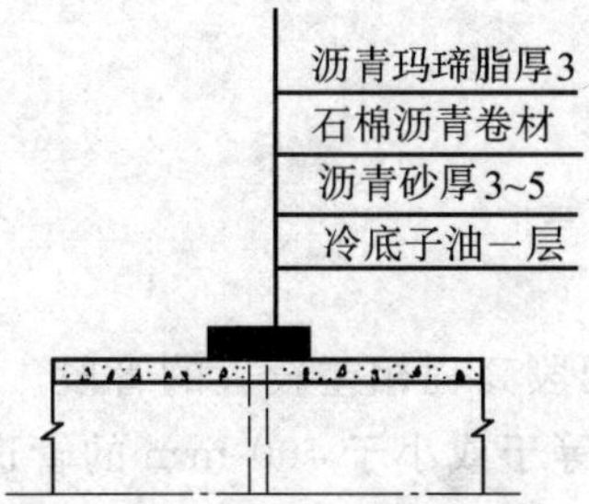

图 14.11　石棉沥青卷材接口

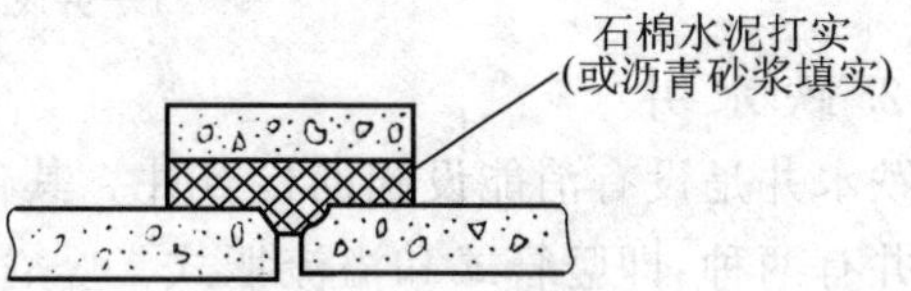

图 14.12　预制套环石棉水泥(沥青砂)接口

三、排水管渠上的附属构筑物

为了保证排水系统的正常工作，系统还要设置必要的附属构筑物，常设的附属构筑物有以下几种。

1. 检查井

检查井设置在排水管道的交汇处、转弯处，以及管径、坡度、高程变化处。直线管段上每隔一定距离设一处检查井。居住小区内检查井在直线管段上最大间距见表 14.2。

检查井一般采用圆形，由井底(包括基础)、井身和井盖三部分组成，见图 14.13。

表 14.2 检查井的最大间距

管径或暗渠净高 /mm	最大间距 /m	
	污水管道	雨水(合流)管道
200 ～ 400	40	50
500 ～ 700	60	70
8 00 ～ 1 000	80	90
1 100 ～ 1 500	100	120
1 600 ～ 2 000	120	120

检查井井底材料一般采用低等级混凝土，基础采用碎石、卵石、碎砖夯实或低等级混凝土。为使水流通过检查井时阻力较小，井底宜设半圆形或弧形流槽。井身材料采用砖、石、混凝土或钢筋混凝土。井身的构造与工人是否下井有密切关系，不需要下人的浅井，构造很简单，一般为直壁圆筒形；需要下人的较深检查井在构造上可分为工作室、渐缩部和井筒三部分，如图 14.13 所示。

检查井尺寸的大小，就按管道埋深、管径和操作要求来选定，详见《给水排水标准图集》。

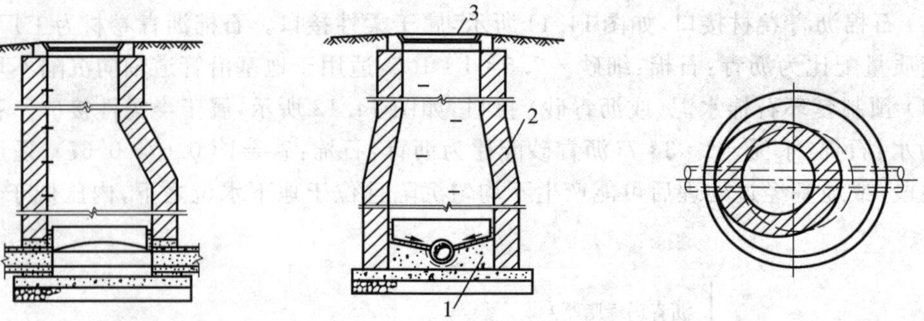

图 14.13　检查井

1— 井底;2— 井身;3— 井盖

2. 跌 水 井

跌水井是设有消能设施的检查井。其作用是连接两段高程相差较大的管段。目前常用的跌水井有两种,即竖管式和溢流堰式。竖管式用于直径等于或小于 400 mm 的管道;溢流堰式用于直径大于 400 mm 的管道。

竖管式跌水井的构造,见图 14.14,这种跌水井一般不做水力计算。管径不大于 200 mm 时,一次落差不宜超过 6 m。当管径为 300 ～ 600 mm 时,一次落差不宜超过 4.0 m。管径大于 600 mm 时,其一次跌水高度按水力计算确定。

溢流堰式跌水井的构造,见图 14.15。它的主要尺寸及跌水方式一般应通过水力计算确定。

当管道跌水高度在 1 m 以内时,可以不设跌水井,只要将检查井井底做成斜坡即可,不采取专门的跌水措施。

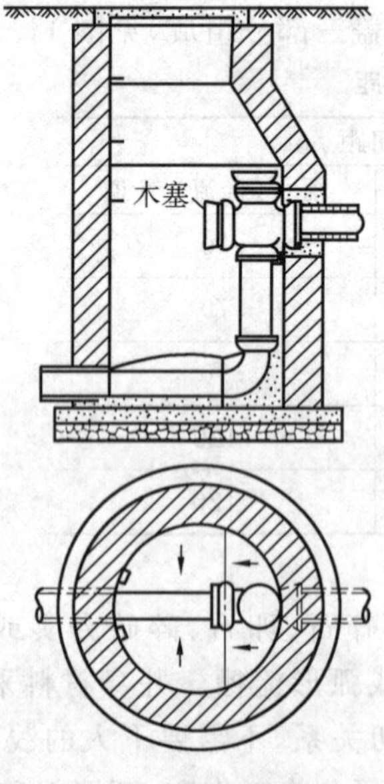

图 14.14　竖管式跌水井

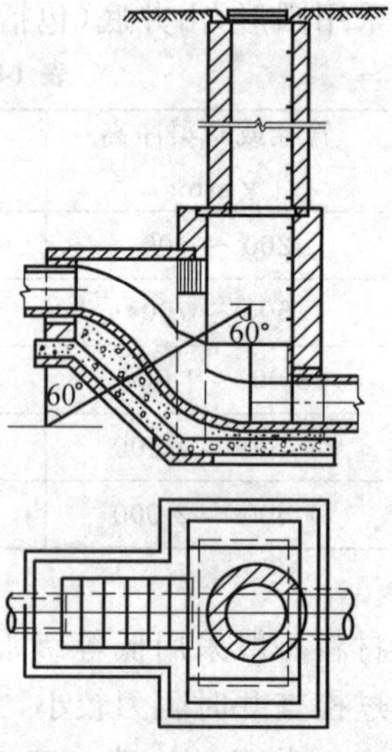

图 14.15　溢流堰式跌水井

3. 雨 水 口

雨水口用于收集地面雨水,然后经连接管流入雨水管道。合流制管道上的雨水口必须设有水封管,以免管道内的臭气散发到地面上来。

雨水口一般设在距交叉路口、路侧边沟有一定距离且地势低洼的地方。雨水口为一矩形井，常用砖砌或混凝土预制，它的构造包括进水箅、井筒和连接管三部分，见图 14.16。雨水口按进水箅在街道上的位置可分为边石雨水口、边沟雨水口，以及联合雨水口三种型式。

4. 水 封 井

当生产污水能产生引起爆炸或火灾的气体时，其废水管道系统中必须设水封井。水封井的位置应设在产生上述废水的生产装置、贮罐区、原料贮存场地、成品仓库、容器洗涤车间等废水排出口处或适当距离的干管上。水封井不宜设在车行道和行人众多的地段，并应适当远离产生明火的场地。水封深度一般采用 0.25 m。井上宜设通风管，井底宜设沉泥槽。其构造见图 14.17。

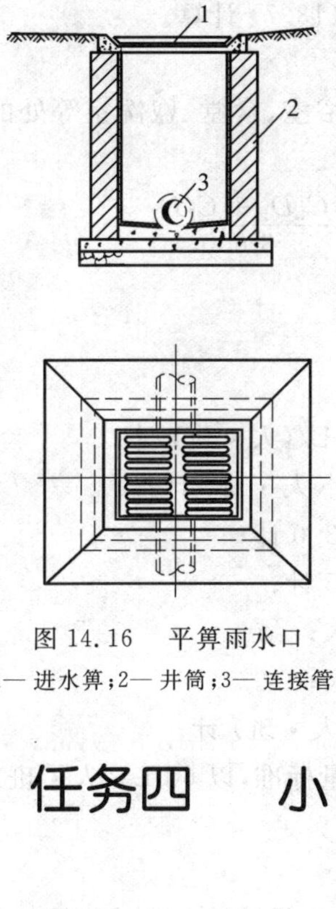

图 14.16　平箅雨水口

1— 进水箅；2— 井筒；3— 连接管

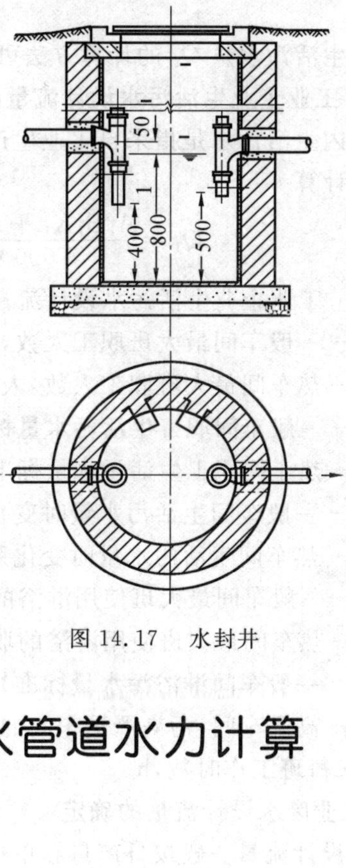

图 14.17　水封井

任务四　小区污水管道水力计算

一、污水设计流量的确定

污水管道水力计算的任务是合理地确定污水管道的管径、敷设坡度和埋设深度。因此，进行管道水力计算的首要任务，就是要合理的确定污水管道的设计流量。污水设计流量包括生活污水和工业废水两大类。

1. 居住小区生活污水设计流量的确定

居住小区生活污水设计流量按下式计算

$$Q_1 = \frac{n \cdot N \cdot K_Z}{24 \times 3\ 600} \tag{14.1}$$

式中　Q_1—— 居住小区生活污水设计流量，L/s；

n—— 居住区生活污水量定额，L/ 人 · d；

N—— 设计人口数,人;

K_Z—— 生活污水量总变化系数。

居住小区生活污水量定额应根据地区所处地理位置、气候条件、建筑内部卫生设备设置情况确定。根据《小区给水排水设计规范》规定,居住小区生活污水排水定额和小时变化系数可与小区生活给水定额和小时变化系数相同,见表 13.8。污水设计流量为最高日最高时污水流量,总变化系数 K_Z 为最高日最高时污水流量与平均日平均时污水流量的比值。

2. 居住小区公共建筑生活污水量的确定

居住小区内公共建筑生活污水量是指医院、中小学校、幼托、浴室、饭店、食堂、影剧院等排水量较大的公共建筑排出的生活污水量。在计算时,常将这些建筑的污水量作为集中流量单独计算。

公共建筑生活污水量 Q_2 的计算方法可参照公式(13.7) 计算。

3. 小区内工业企业生活污水设计流量的确定

工业企业内生活污水是指来自工业生产区厕所、浴室、食堂、盥洗室等处的污水量。其设计流量按下式计算

$$Q_3=\frac{A_1B_1K_1+A_2B_2K_2}{3\ 600\cdot T}+\frac{C_1D_1+C_2D_2}{3\ 600} \tag{14.2}$$

式中 Q_3—— 工业企业生活污水设计流量,L/s;

A_1—— 一般车间最大班职工人数,人;

A_2—— 热车间最大班职工人数,人;

B_1—— 一般车间职工生活污水量标准,以 25 L/(人·班) 计;

B_2—— 热车间职工生活污水量标准,以 35 L/(人·班) 计;

K_1—— 一般车间生活污水量时变化系数,以 3.0 计;

K_2—— 热车间生活污水量时变化系数,以 2.5 计;

C_1—— 一般车间最大班使用淋浴的职工数,人;

C_2—— 热车间最大班使用淋浴的职工人数,人;

D_1—— 一般车间淋浴污水量标准,以 40 L/(人·班) 计;

D_2—— 高温车间、污染严重车间的淋浴污水量标准,以 60 L/(人·班) 计;

T—— 每班工作时数,h。

4. 小区工业废水设计流量的确定

工业废水设计流量一般按日产量和单位产品的排水量计算。设计流量与各种工业的生产性质、工艺流程、生产设备及给水排水系统的组成等条件有关。

工业废水设计流量可按下式计算

$$Q_4=\frac{m\cdot M\cdot K_Z}{3\ 600\cdot T} \tag{14.3}$$

式中 Q_4—— 工业废水设计流量,L/s;

m—— 生产过程中每单位产品的废水量标准,L;

M—— 产品的平均日产量;

T—— 每日生产时数,h;

K_Z—— 总变化系数。

除上述的计算方法外,工业废水设计流量也可以按工业设备数量和每台设备每日的排水

量进行计算。

5. 小区污水总流量的确定

小区的污水包括居民生活污水、公共建筑生活污水、工业废水和工业企业生活污水四部分。因此，小区污水设计总流量为

$$Q = Q_1 + Q_2 + Q_3 + Q_4 \tag{14.4}$$

式中　Q—— 小区污水设计流量，L/s；

其他符号意义同前。

上述污水设计流量的计算方法是假定排出的各类污水在同一时间内出现最大流量，根据这种假定计算的污水总设计流量偏大，在各类污水排水量逐时变化规律资料缺乏的情况下，采用上述计算方法，简便可行，而且偏于安全。

二、污水管道水力计算

污水管道的水力计算任务是在管段所承担的污水设计流量已定的条件下，合理地确定污水管道的断面尺寸（管径）、坡度和埋设深度。

1. 污水管道水力计算基本公式

污水在管道内的流动属于无压流，污水管道的水力计算是按无压均匀流计算公式计算

$$Q = W \cdot v \tag{14.5}$$

$$v = C \cdot \sqrt{R \cdot i} \tag{14.6}$$

式中　Q—— 流量，m^3/s；

W—— 过水断面面积，m^2；

v—— 流速，m/s；

R—— 水力半径（过水断面面积与湿周的比值），m；

i—— 水力坡度（即水面坡度，等于管底坡度）；

C—— 流速系数或称谢才系数。

C 值一般按曼宁公式计算，即

$$C = \frac{1}{n} \cdot R^{\frac{1}{6}} \tag{14.7}$$

将公式（14.7）代入式（14.5）、（14.6），得

$$v = \frac{1}{n} \cdot R^{\frac{2}{3}} \cdot i^{\frac{1}{2}} \tag{14.8}$$

$$Q = \frac{1}{n} \cdot W \cdot R^{\frac{2}{3}} \cdot i^{\frac{1}{2}} \tag{14.9}$$

式中　n—— 管壁粗糙系数，该值根据管渠材料而定，见表 14.3。

表 14.3　排水管渠粗糙系数表

管　渠　种　类	n　值
陶土管　铸铁管	0.013
混凝土和钢筋混凝土管水泥砂浆抹面渠道	0.013 ～ 0.014
石棉水泥管　钢管	0.012

续表 14.3

管 渠 种 类	n 值
浆砌砖渠道	0.015
浆砌块石渠道	0.017
干砌块石渠道	0.020 ～ 0.025
土明渠(带或不带草皮)	0.025 ～ 0.030

在实际工程计算中，为简化计算，可根据上述公式制成“排水管渠水力计算表”，见附录 15。

2. 污水管道水力计算的规定

为了保证污水管道的正常运行，避免污水在管道内产生淤积和冲刷，在进行水力计算时，对采用的设计充满度、流速、坡度、最小管径和埋深等问题，做了如下规定。

(1) 设计充满度是污水在管道中的水深 h 和管径 D 的比值，如图 14.18 所示。

当 $h/D=1$ 时称为满流；当 $h/D<1$ 时称为非满流。污水管道按非满流进行设计，其最大设计充满度的规定见表 14.4。

表 14.4　最大设计充满度

管径 /mm	最大设计充满度
150 ～ 300	0.55
350 ～ 450	0.65
≥500	0.70

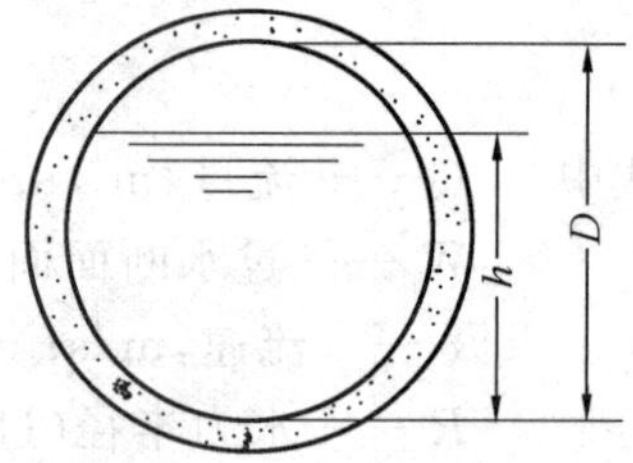

图 14.18　充满度示意

这样规定有如下几个原因。

① 污水流量时刻变化，难于精确计算。而且雨水或地下水可能渗入污水管道，因此，有必要保留一部分管道容积。

② 污水管道内沉积的污泥可能分解出一些有毒气体，故需留出适当空间，以利管道通风，排除有害气体。

③ 当管道埋设于地下水位以下时，必须考虑地下水渗入污水管道的水量，因此需保留一定的容积。

(2) 设计流速。与设计流量、设计充满度相应的水流平均流速称作设计流速。污水在管道内流动，如果流速太小，污水中的部分杂质可能下沉，产生淤积；如果流速过大，可能产生冲刷，甚至冲坏管道。为了防止管道中产生淤积或冲刷，设计流速不易过小或过大，应在最大和最小流速范围之内。现行《室外排水设计规范》规定，污水管道的最小设计流速为 0.6 m/s，明渠为 0.4 m/s。最大设计流速：金属管材为 10 m/s，非金属管材为 5 m/s。

(3) 最小管径。一般在污水管道的上游部分，设计污水量很小，若根据实际污水设计流量计算，则管径会很小。污水管道的养护管理经验证明，管径过小的污水管道极易堵塞，因此，为了污水管道养护管理的方便，规定了污水管道的最小管径。当按污水设计流量进行计算所求得的管径小于最小管径规定时，可以采用最小管径值。最小管径的规定见表 14.5。

表 14.5　最小管径和最小设计坡度

管别		位置	最小管径 /mm	最小设计坡度
污水管道	接户管	建筑物周围	150	0.007
	支管	组团内道路下	200	0.004
	干管	小区道路、市政道路下	300	0.003
雨水管和合流管道	接户管	建筑物周围	200	0.004
	支管及干管	小区道路、市政道路下	300	0.003
雨水连接管			200	0.01

注：① 污水管道接户管最小管径 150 mm，服务人口不宜超过 250 人(70 户)；超过 250 人(70 户)，最小管径宜用 200 mm。

② 进化粪池前污水管最小设计坡度：管径 150 mm 为 0.010 ～ 0.012；管径 200 mm 为 0.010。

(4) 最小设计坡度。相应于管内流速为最小设计流速时的管道坡度称为最小设计坡度。最小设计坡度与水力半径 R 和充满度有关，当水力半径 R 和充满度不同时，则有不同的最小设计坡度。最小设计坡度的规定见表 14.5。

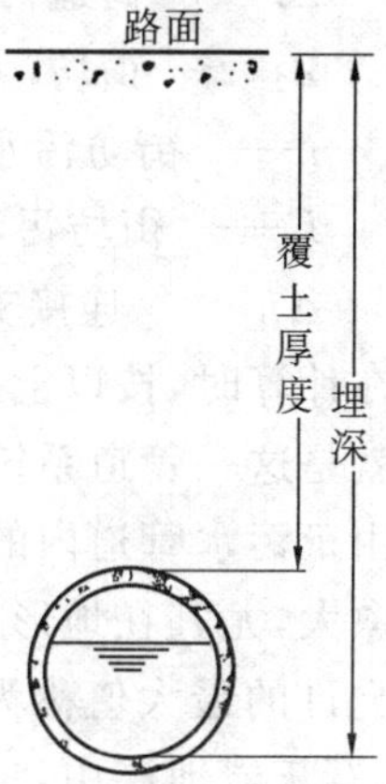

图 14.19　管道埋深

3. 小区污水管道埋设

管道埋设深度将直接影响管道系统的造价和施工期。管道埋深愈大，造价愈高，施工期愈长，因此合理地确定埋深是非常重要的。

管道的埋深分为管顶覆土厚度与管底埋设深度，见图 14.19。

为了降低工程造价，缩短施工期，管道埋设深度愈小愈好，但覆土厚度应有一个最小限值，否则就不能满足技术上的要求。这个最小限值称为最小覆土厚度。

污水管道的最小覆土厚度根据外部荷载、管材强度和土的冰冻等情况由以下因素确定。

(1) 必须防止管道因污水结冰和因土壤冻胀而损坏。《室外排水设计规范》规定：无保温措施的生活污水管道或水温与生活污水接近的工业废水管道，管底可埋设在冰冻线以上 0.15 m。有保温措施或水温较高的管道，管底在冰冻线以上的距离可以加大，其数值应根据该地区或条件相似地区的经验确定。

(2) 必须防止管壁因地面荷载而受到破坏。为了防止车辆压坏管道，管顶要求有一定的覆土厚度，覆土厚度的大小与管道本身的强度、地面荷载大小等因素有关。《室外排水设计规范》规定：在车行道下，管顶最小覆土厚度不宜小于 0.7 m，非车行道下的污水管道，其覆土厚度可以适当减少。

(3) 必须满足管道在衔接上的要求。住宅、公共建筑内产生的污水要能顺畅排入街道污水管网，就必须保证街道污水管网起点埋深大于或等于街道污水管网的终点埋深。而街坊污水管起点的埋深又必须等于或大于建筑物污水出户管的埋深。一般只满足安装要求时，污水出户管的最小埋深一般为 0.5 ～ 0.6 m，街坊或庭院污水管道的起端最小埋深也相应为 0.6 ～ 0.7 m。根据街坊污水管道起点的最小埋深，图 14.20 和公式(14.10) 计算出街道管网起点的

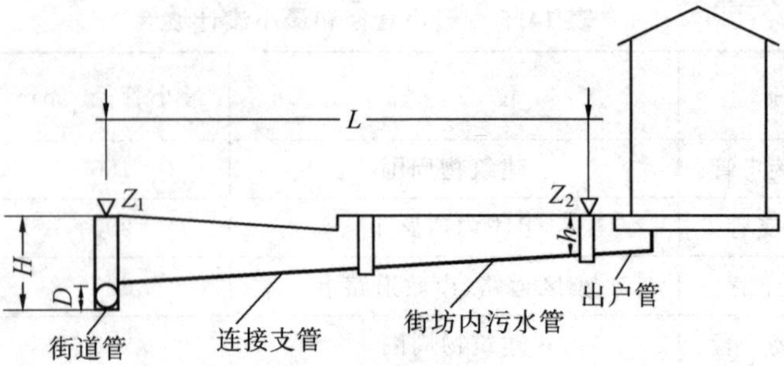

图 14.20　街道污水管最小埋深示意

最小埋设深度。

$$H = h + i \cdot L + Z_1 - Z_2 + \Delta h \tag{14.10}$$

式中　H—— 街道污水管网起点的最小埋深，m；

h—— 街坊污水管起点的最小埋深，m；

Z_1—— 街道污水管起点检查井处地面标高，m；

Z_2—— 街坊污水管起点检查井处地面标高，m；

i—— 街坊污水管和连接支管的坡度；

L—— 街坊污水管及连接支管的总长度，m；

Δh—— 连接支管与街道污水管的管内底高差，m。

在计算时，按以上三个方面的因素，得到三个不同的管底埋深或管顶覆土厚度值，其中最大值就是这一管道系统起端的允许最小覆土厚度或最小埋设深度。

由于污水管道内的水是靠重力流动，当管道的敷设坡度大于地面坡度时，管道的埋深就会愈来愈大，尤其在地形平坦地区更为突出。管道的埋深愈大，则造价愈高，施工期愈长。管道埋深允许的最大值称为最大允许埋深。一般在干燥土壤中，最大埋深不超过 7～8 m；在多水、流砂、石灰岩地层中，一般不超过 5 m。当管道埋深超过以上数值时，就得设置污水提升泵站抽升污水，以减少下游管段的埋设深度，降低工程造价。

4. 污水管道水力计算的方法和步骤

在具体进行污水管道水力计算时，首先应将管道系统划分出设计管段，确定各设计管段的污水设计流量，再确定各设计管段的管径、坡度和管底埋深。

(1) 设计管段和设计流量的确定。小区内污水管道采用最大小时流量作为设计流量。在污水管道系统中，从上游管段到下游管段，污水设计流量愈来愈大，也就是说污水流量沿线是增加的。为了简化计算，可假定某两个检查井之间的管段，采用的设计流量不变，且采用相同的管径和坡度，这种管段称为设计管段。因此，在进行整个污水系统设计时，应先把设计管段划分出来，然后对每个设计管段在流量不变的情况下，进行管径、坡度和埋深的计算。

每一个设计管段的污水设计流量(图 14.21)可能包括以下几种流量：① 本段流量 q_1 是从管段沿线街坊流来的污水量；② 转输流量 q_2 是从上游管段或旁侧管段流来的污水量；③ 集中流量 q_3 是从工业企业或其他大型公共建筑物流来的污水量。

对某一设计管段而言，本段流量沿线是变化的，但为了计算的方便，通常假定本段流量集中在起点进入设计管段。

本段流量可用下式计算

$$q_1 = F \cdot q_0 \cdot K_Z \tag{14.11}$$

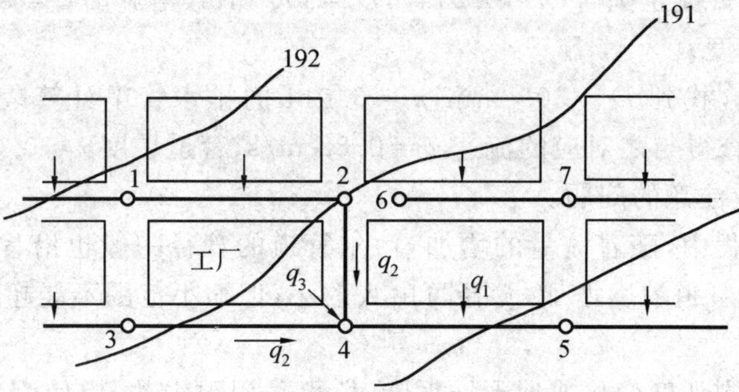

图 14.21　设计管段的设计流量

式中　q_1—— 设计管段的本段流量，L/s；

F—— 设计管段服务的街坊面积，$10^4\ m^2$；

K_Z—— 生活污水量总变化系数；

q_0—— 单位面积的本段平均流量，即比流量，L/(s·$10^4\ m^2$)；$q_0 = \dfrac{n \cdot P}{24 \times 3\ 600}$，其中，$n$ 为小区居民污水量定额，L/(人·d)；P 为人口密度，人/($10^4\ m^2$)。。

(2) 污水管道的衔接。污水管道的管径、坡度、高程、方向发生变化及支管接入的地方都需设置检查井。在设计时必须考虑在检查井内上下游管道衔接时的高程关系问题。管道在衔接时应满足以下要求：① 避免上游管段中形成回水而造成淤积；② 应尽量提高下游管段的高程，以减少管道埋深，降低造价。常用的衔接方法有水面平接和管顶平接两种，如图 14.22 所示。水面平接是指在水力计算中，使上游管段终端和下游管段起端在设计充满度下水面相平，即上游管段终端与下游管段起端的水面标高相同；管顶平接是指在水力计算中，使上游管段终端和下游管段起端的管顶标高相同。

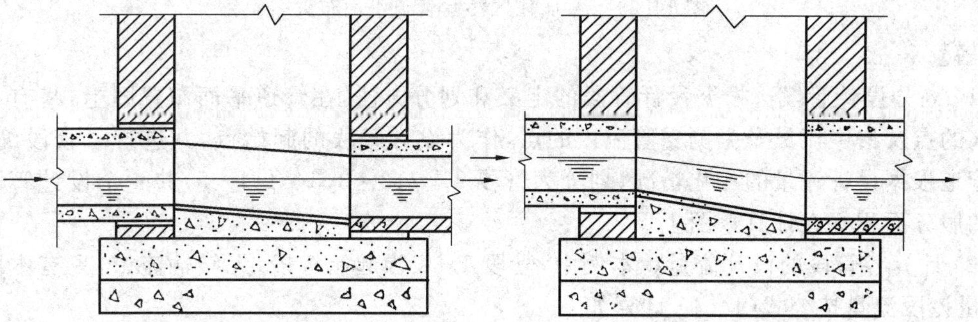

(a) 水面平接　　(b) 管顶平接

图 14.22　污水管道的衔接

(a) 水面平接　(b) 管顶平接

无论采用哪种衔接方法，下游管段起端的水面和管底标高都不得高于上游管段终端的水面和管底标高。通常管径相同采用水面平接，管径不同采用管顶平接。

(3) 水力计算图表。应用水力计算公式进行水力计算，比较复杂，为了简化计算，通常采用排水管渠水力计算表，见附录 15。对每一张表而言，管径 D 和粗糙系数 n 是已知的，表中有流量 Q、流速 v、充满度 h/D、管道坡度 i 四个参数。在使用时，知道其中两个，便可以在表中查出另外两个参数。

【例 14.1】 钢筋混凝土圆管($n=0.014$),$D=300$ mm,当流量 $Q=36.1$ L/s,$h/D=0.6$ 时,求流速 v 和管道坡度 i。

【解】 查附录 15,找到 $D=300$ mm,$n=0.014$ 的排水管渠计算表。在表中找到 $Q=36.1$ L/s,$h/D=0.6$ 查得与之对应的流速 $v=0.82$ m/s,管道坡度 $i=0.0035$。

(4) 水力计算中应注意的问题。

① 在水力计算过程中,随着流量的增加,污水管道的管径一般也沿程增大,但是,当管道穿过陡坡地段时,由于管道坡度增加,管径可由大改小,但缩小范围不能超过两级,并不得小于最小管径。

② 当地面高程有剧烈度变化或地形坡度陡时,可采用跌水井,应使管道坡度适当,以防止管内流速过大而冲刷管道。

③ 流量很小且地形平坦的上游管道,通过水力计算确定的管径较小,并且在满足最小允许流速的前提下,管道坡度较大,这样将使下游管道埋深大,为了提高下游管道标高,这样的管道可不进行水力计算,即按表 14.5 采用最小管径和最小坡度,这样的管段,称为非计算管段。

【例 14.2】 某居住区污水管平面布置如图 14.23 所示,Ⅰ 区有 6 000 人,Ⅱ 区有 4 500 人,Ⅲ 区有 5 000 人,Ⅳ 区有 8 000 人,各区街坊面积均为 10 000 m^2。Ⅱ 区有浴室 1 座,最高时污水量为 15 L/s,管道起点 1 最小埋深为 2.00 m;生活污水量标准为 100 L/(人·d),试进行管道水力计算。

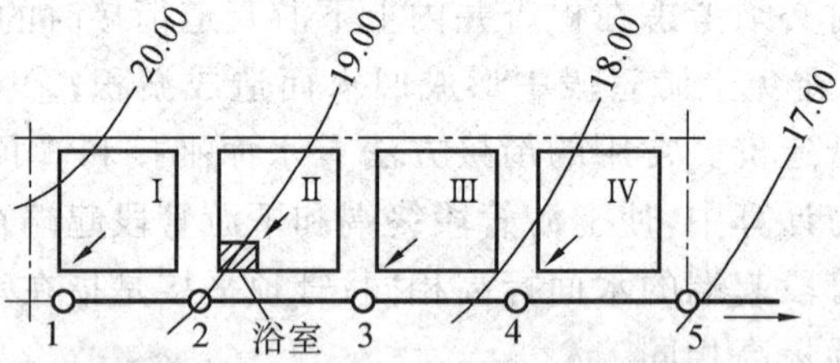

图 14.23 某居住区污水管道平面布置图

【解】

(1) 划分设计管段。根据设计管段的定义和划分方法,在管道平面布置图上,将有本段流量流入的点及集中流量及旁侧支管流入的点,作为设计管段的起始点,并进行了管段编号,本例的管道根据设计流量的变化情况,划分为管段 1—2、2—3、3—4、4—5,共 4 个设计管段。各管段的服务面积标在计算草图上。

(2) 计算各管段的设计流量。本例中,管段 1—2 为起始管段,无转输流量,只有本段流量 q_1,计量该段流量按公式(14.1)计算如下

$$Q_{1-2}/(\mathrm{L\cdot s^{-1}})=q_1=\frac{n\cdot N\cdot K_Z}{24\times 3\ 600}=\frac{100\times 6\ 000}{24\times 3\ 600}\times 2.24=15.6$$

K_Z 根据本管段的平均流量值由表 13.8 查得。各管段设计流量计算结果见表 14.6。

表 14.6　污水管道设计流量计算表

管段编号	居住区生活污水流量							集中流量			管段设计流量/(L·s^{-1})
	本段流量			转输平均流量/(L·s^{-1})	合计平均流量/(L·s^{-1})	K_2	q_1/(L·s^{-1})	本段流量/(L·s^{-1})	转输流量/(L·s^{-1})	q_2/(L·s^{-1})	
	街坊编号	设计人口/人	本段平均流量/(L·s^{-1})								
1—2	Ⅰ	6 000	6.96	—	6.96	2.24	15.6	—	—	—	15.6
2—3	Ⅱ	4 500	5.2	6.96	12.16	2.08	25.0	15	—	15	40.0
3—4	Ⅲ	5 000	5.79	12.16	17.93	1.96	35.1	—	15	15	50.1
4—5	Ⅳ	8 000	9.26	17.93	27.19	1.88	51.1	—	15	15	66.1

(3) 水力计算

在确定设计流量后，便可以从上游管段开始进行污水管道各设计管段的水力计算。一般列表进行计算，见表 14.7。水力计算方法与步骤如下。

表 14.7　污水管道水力计算表

管段编号	管段长度 l/m	管段设计流量 q/(L·s^{-1})	管径 D/mm	坡度 i	设计流速 v/(m·s^{-1})	设计充满度		降落量/m	标高/m						管内底埋深/m	
						h/D	水深 h/m		地面		水面		管内底			
									起点	终点	起点	终点	起点	终点	起点	终点
1	2	3	4	5	6	7	8	9	10	11	12	13	14	15	16	17
1—2	180	15.6	250	0.0041	0.7	0.47	0.117	0.740	19.600	19.000	17.720	16.980	17.600	16.860	2.00	2.14
2—3	200	40.0	300	0.0035	0.83	0.65	0.20	0.700	19.000	18.400	17.01	16.280	16.810	16.110	2.19	2.29
3—4	200	50.1	350	0.003	0.83	0.6	0.210	0.600	18.400	17.800	16.270	15.670	16.060	15.460	2.34	2.34
4—5	200	66.1	350	0.0035	0.92	0.7	0.250	0.700	17.800	17.100	15.670	14.970	15.420	14.720	2.38	2.38

① 将各设计管段的设计流量，管段长度，各设计管段起讫点检查井处地面高程分别列入计算表中 1、2、3、10、11 项。

② 计算出各管段的地面坡度，作为确定设计管段坡度的参考，地面坡度 = 地面高差 / 距离，例如管段 1—2 的地面坡度 $=(19.6-19)/180=0.003\ 3$。

③ 依据管段的设计流量，参考地面坡度，按照水力计算有关规定进行水力计算。查水力计算表，确定出管径 D、流速 v、设计充满度 h/D 及管道坡度 i 值，填入表中第 4、5、6、7 项。

例如，管段 1—2，设计流量为 15.6 L/s，如果选用 200 mm 管径，要使充满不超过最大允许充满度 0.60，则坡度必须采用 0.006 1，较地面参考坡度 0.003 3 相差较大，从而使管道埋深较大。为了减小坡度，选用 250 mm 管径，从表中查得流速 v 为 0.7 m/s 时，充满度 $h/D=0.47$，$i=0.004\ 2$，接近于地面坡度，而流速和充满度均符合规范要求，因此，管段 1—2 采用 $D250$，将设计数据填入表中相应各项。

④ 根据求得的管径和充满度确定管道中水深 h，并填入表中第 8 项，例如管段 1—2 的水深 $h/\mathrm{m}=D\cdot(h/D)=0.25\times0.47=0.117$。

⑤ 根据求得的管段坡度和长度计算管段降落量的 $i\cdot l$ 值，并填入表中第 9 项，例如管段

1—2 降落量 $i \cdot l/m = 0.0041 \times 180 = 0.740$。

⑥ 确定管段起端管底标高，并满足最小埋深的要求，将确定的起点埋深和起点管底标高填入表中第16、14项。例如1点，管内底标高 17.6 m，管内底埋深 2.0 m。

⑦ 根据管段起点标高和降落量计算管段终点管内底标高，填入表中第15项，例如管段1—2中的2点管内底高程等于1点管内底高程减去管段降落量，即为 17.60 − 0.74 = 16.86 m。

⑧ 根据各管段地面标高和管内底标高确定管段终点管底埋深，例如管段1—2中，2点管底埋深等于2点地面标高减去2点管内底标高，即为 19.0 − 16.86 = 2.14 m，填入表中第17项。

⑨ 据各点管内底标高和管道中的水深 h，确定管段起点和终点的水面标高，填入表中第12、13项，例如管段1—2中1点的水面标高等于1点的管内底标高与管段1—2中水深 h 之和，即为 17.6 + 0.117 = 17.72 m。

计算设计管段管内底标高时，要注意各管段在检查井中的衔接方式。

任务五　小区雨水管渠

排除城市、工厂及居住区的雨水是保证生产和保证人民生活的必要措施。城市雨水的径流总量与工业废水及生活污水量相比，并不很大。但全年雨水的绝大部分常在极短的时间内倾泻而下，雨水径流的特点是流量很大而历时很短，若不及时排除，就会造成巨大危害。雨水管渠系统的任务就是及时排除暴雨形成的地面径流，以保障城市、工厂和人民生命财产的安全。

一、小区雨水管渠布置与敷设

雨水管渠系统是由雨水口、连接管、雨水管道和出水口等主要部分组成的，见图 14.24。

对雨水管渠系统布置的基本要求是，布局经济合理，能及时通畅地排除降落到地面的雨水。小区雨水管渠布置应遵循以下原则。

(1) 雨水管渠的布置应根据小区的总体规划、道路和建筑布置，充分利用地形，使雨水以最短距离靠重力排入城市雨水管渠。雨水管渠系统平面布置见图 14.25。

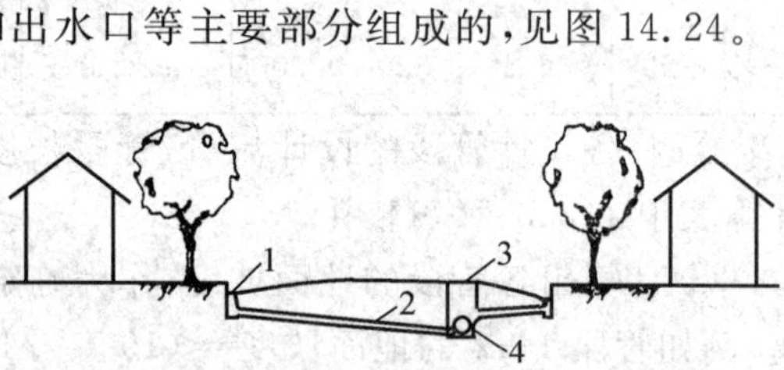

图 14.24　雨水管渠系统组成示意图

1— 雨水口；2— 连接管；3— 检查井；4— 干管

(2) 雨水管渠应平行道路敷设，宜布置在人行道或绿地下，而不宜布置在快车道路下。若道路宽度大于 40 m 时，可考虑在道路两侧分别设置雨水管道。

(3) 合理布置雨水口。小区雨水口的布置应根据地形、建筑物和道路的布置等因素确定。在道路交汇处，建筑物单元出入口附近，建筑物雨水落水管附近及建筑物前后空地和绿地的低洼点处，宜布置雨水口，见图 14.26。雨水口的数量应根据雨水口形式、布置位置、汇集流量和雨水口的泄水能力计算确定。

雨水口沿街布置间距一般为 25 ～ 50 m。雨水口连接管长度不宜超过 25 m。

平箅雨水口箅口设置宜低于路面 30 ～ 40 mm。

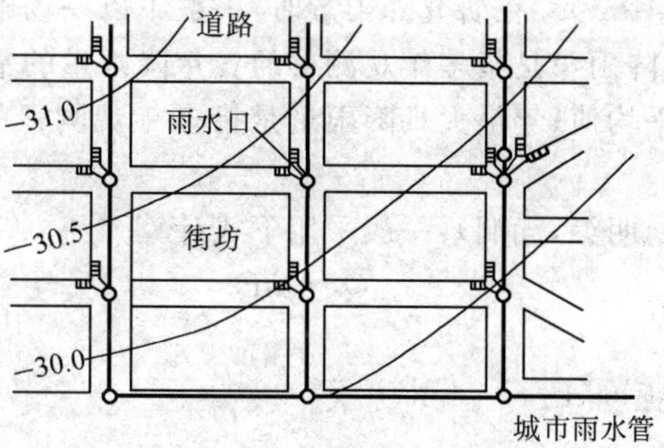

图 14.25　雨水管渠系统平面布置图

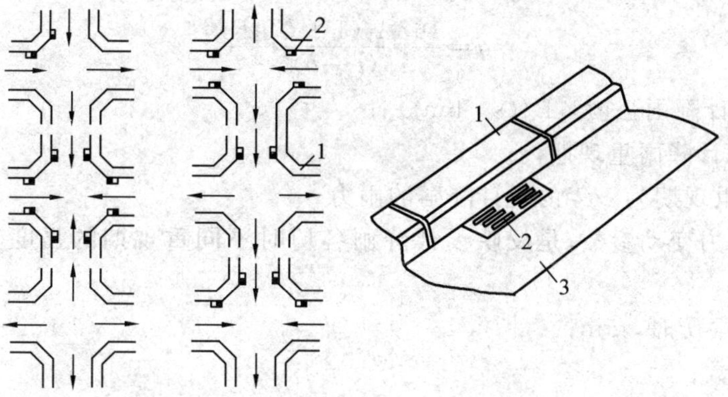

(a) 道路交叉路口雨水口布置　　(b) 雨水口位置

图 14.26　雨水口布置

(a) 道路交叉路口雨水口布置；(b) 雨水口位置

1— 路边石；2— 雨水口；3— 道路路面

二、雨水管渠设计流量的确定

1. 雨水量计算公式

为了进行雨水管道的水力计算，首先必须确定管道的雨水设计流量。雨水设计流量与降雨强度、汇水面积、地面覆盖情况等因素有关。

图 14.27 是由三个街区组成的雨水排除情况示意图。图中箭头表示地面坡向，雨水管渠沿道路中心敷设。道路的断面形式一般呈拱形中间高，两侧低。下雨时降落在街区地面和屋面上的雨水沿地面坡度流到道路两侧的边沟，道路边沟的坡度与道路的坡度一致。当雨水沿道路边沟流到道路交叉口时，便通过雨水口经检查井流入雨水管道。第一街区的雨水在 1 号检查井集中，流入管段 1—2；第 Ⅱ 街区的雨水在 2 号检查井集中同第 Ⅰ 街区流来的雨水汇合流入管段 2—3。其他管段的流量情况依此类推。

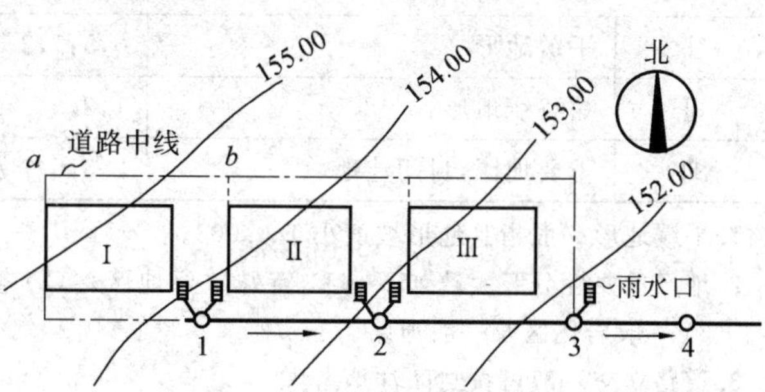

图 14.27　雨水排除情况示意

降雨量是指降雨的绝对量，即降雨深度。用 H 表示，单位以 mm 计，也可以用单位面积上

的降雨体积表示 $L/(10^4 \cdot m^2)$。在研究降雨量时，一般不以一场雨作为研究对象，而常以单位时间表示。例如，年平均降雨量是指多年观测得的各年降雨量的平均值；月平均降雨量是指多年观测得的各月降雨的平均值；年最大日降雨量是指多年观测得的一年中降雨量最大一日的绝对量。

雨水设计流量(管道，明渠，涵洞)：一般采用下式计算

$$Q=\phi qF \tag{14.12}$$

式中 ϕ—— 径流系数

q—— 设计降雨强度$[L/(s \cdot hm^2)]$；

F—— 汇水面积(hm^2)。

暴雨强度公式：一般采用下式

$$q=\frac{167A_1(1+C\lg P)}{(t+b)^n} \tag{14.13}$$

式中 q—— 设计降雨强度，$[L/(s \cdot hm^2)]$；

P—— 设计降雨重现期，a；

A_1—— 重现期为1年的设计降雨的雨力

C—— 雨力变动参数，是反映设计降雨各历时不同重现期的强度变化程度的参数之一；

t—— 降雨历时，min；

b—— 参数；

n—— 指数；

b，n 两个参数联用，共同反应同重现期的设计降雨随历时延长期强度递减变化的情况。

2. 基本参数的确定

(1) 设计降雨的重现期

设计降雨的重现期系数根据地形特点和地区建设性质(居住区，中心区，工厂区，干道，广场等)两项主要因素确定。一般按表14.8选用。

表14.8 设计降雨的重现期

地形分级		重现期(P)的选择范围(a)	说明
Ⅰ	平缓地形	0,5,1,2	选用原则主要是地区建设性质的重要性，其分缓见注2
Ⅱ	豁谷线地形	1,2,3	
Ⅲ	重要地区，封闭洼地	2,3,5 个别 10,20	

注：1. 平缓地形一般指其地形坡度小于0.003。

2. 地区重要性分级大致如下：(1) 特殊重要地区。(2) 重要地区，指干道，广场，中心区，仓库区，使馆区等。(3) 一般居住区及一般道路。

3. 道路立交一般可按封闭洼地考虑。

4. 当地气象特点也可作为选 P 的考虑因素，较大地区可选较大 P 值。

5. 本表用于平原城市的一般情况，至于特殊情况及山区城市，需另作考虑。

(2) 设计降雨历时

雨水管渠的设计降雨历时，根据推理公式的极限强度原理，即按设计汇流时间计算，它包括地面积水时间和管渠内流行时间两部分，计算公式为

$$t = t_1 + mt_2$$

式中　t—— 设计降雨历时，min；

t_1—— 地面集水时间，min；

t_2—— 管渠内流行时间，min；

m—— 延缓系数，暗管 $m=2$，明渠 $m=1.2$。

采用延缓系数可折减设计流量，表 14.9 为建议的暗管延缓系数的采用条件，供参考。

表 14.9　暗管延缓系数采用条件

降雨条件—雨峰在全场雨中的平均位置	m 值的采用	地面条件 —— 地面坡度	m 值的采用
在前 1/3 的时间内	可采用 $m=2$	<0.002	可采用 $m=2$
在前 1/3 − 1/2 的时间内	宜采用 $m=1.5$	在 0.002 − 0.005 之间	宜采用 $m=1.5$
在后 1/2 的时间内	不宜采用 m（即 $m=1$）	>0.005	不宜采用 m（即 $m=1$）

地面积水时间是管渠起点断面在设计重现期、设计历时降雨的条件下达到设计流量的时间，确定这个时间，要考虑地面积水距离、汇水面积、地面覆盖、地面坡度和降雨强度等因素。在地面坡度皆属平缓、地面覆盖互相接近、降雨强度都差不多的情况下（我国多数平原大中城市即属这种情况），地面积水距离成为主要因素。从汇水量上考察，平坦地形的地面集水距离的合理范围是 50 ～ 150 m，比较适中的是 80 ～ 120 m。

地面集水可参考图 14.28 选用。图上数据系按华北平原的平均降雨强度计算，基本上适用于东北平原、华北平原、长江中下游平原的城市，西北内陆、岭南沿海的平坦地形城市参用时可将集水时间适当加以调整，山区城市不适用。

表 14.10　边沟流速

地面集水距离 L/m	50	60	70	80	90	100	110	120	130	140	150
本断面流速 /$(m \cdot s^{-1})$	0.205	0.233	0.238	0.252	0.265	0.278	0.29	0.301	0.311	0.321	0.331
累计平均流速 $v_{平均}$/$(m \cdot s^{-1})$		0.21	0.22	0.23	0.24	0.25	0.26	0.27	0.28	0.29	0.30

注：地面集水时间计算(min) $t_1 = 5 + 1.25\dfrac{L-50}{v_{平均} \times 60}$；当 L 小于 50 m 时，t_1 采用 5 min。

(3) 径流系数

降雨条件（包括强度、历时、雨峰位置、强度递减情况、全场雨量、年雨量等）和地面条件（包括覆盖、坡度、汇水面积及其宽长比、地下水位、管渠疏密等）是影响径流系数的两大基本因素。其中降雨因素中的前期雨量，对径流系数的影响比较突出。在选用径流系数时，要注意各地不同雨型、不同年降雨量的影响。各种单一覆盖径流系数按表 14.11 采用。

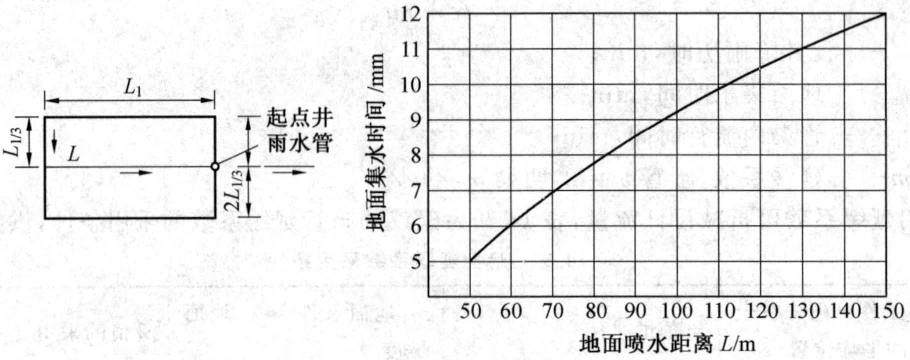

图 14.28　地面集水时间

注：本图系按下列条件计算绘制：

1. 来水量计算数据

地面集水距离(m)$L = 1\,\frac{1}{3}L_1$

汇水面积(hm^2)$F = L_1\,\frac{2}{3}L_1 \times \frac{1}{10\,000}$

径流系数 $\psi = 0.6$

设计重现期 $P = 0.5\text{a}$

降雨强度按 $q = \frac{1500}{(t+8)^{0.7}}$ 计算

2. 边沟排水量及流速计算数据：

道路纵坡 $= 0.001$

道路横坡 $= 0.03$

边沟 n 值 $= 0.015$

3. 按上述条件算得的边沟流速：见表 14.10

表 14.11　单一覆盖径流系数

覆盖种类	径流系数
各种屋面，混凝土和沥青路面	0.90
大块石铺砌路面、沥青表面处理的碎石表面	0.60
级配碎石路面	0.45
干砌砖石和碎石路面	0.40
非铺砌土地面	0.30
绿地和草地	0.15

各城市应参照降雨因素、地面因素等各种具体条件，根据单一覆盖径流系数用加权平均法计算综合径流系数，表 14.12 数据可作参考

表 14.12　城市综合径流系数

	不透水覆盖面积情况	综合径流系数
1	建筑稠密的中心区(不透水覆盖面积 > 70%)	0.7 ~ 0.8
2	建筑较密的居住区(不透水覆盖面积 50% ~ 70%)	0.6 ~ 0.7
3	一般建筑密度的居住区(不透水覆盖面积 40% ~ 50%)	0.5 ~ 0.6
4	建筑很稀的居住区(不透水覆盖面积 < 40%)	0.4 ~ 0.5

注:表中不透水覆盖面积情况的 1 ~ 3 一般相当市区,4 相当郊区。

任务六　小区排水管道施工图

小区排水管道施工图主要包括排水系统总平面图、小区排水管道平面布置图、管道纵断面图和详图。排水管道平面布置图和纵断面图是排水管道设计的主要图纸。

一、小区排水系统总平面布置图

小区排水系统总平面布置图,用来表示一个小区的排水系统的组成及管道布置情况,如图 14.29 所示,一般包括以下内容:① 小区建筑总平面图,图中应标明室外地形标高,道路、桥梁及建筑物底层室内地坪标高等;② 小区排水管网干管布置位置等;③ 图上注明各段排水管道的管径、管长、检查井及编号标高、化粪池位置等。

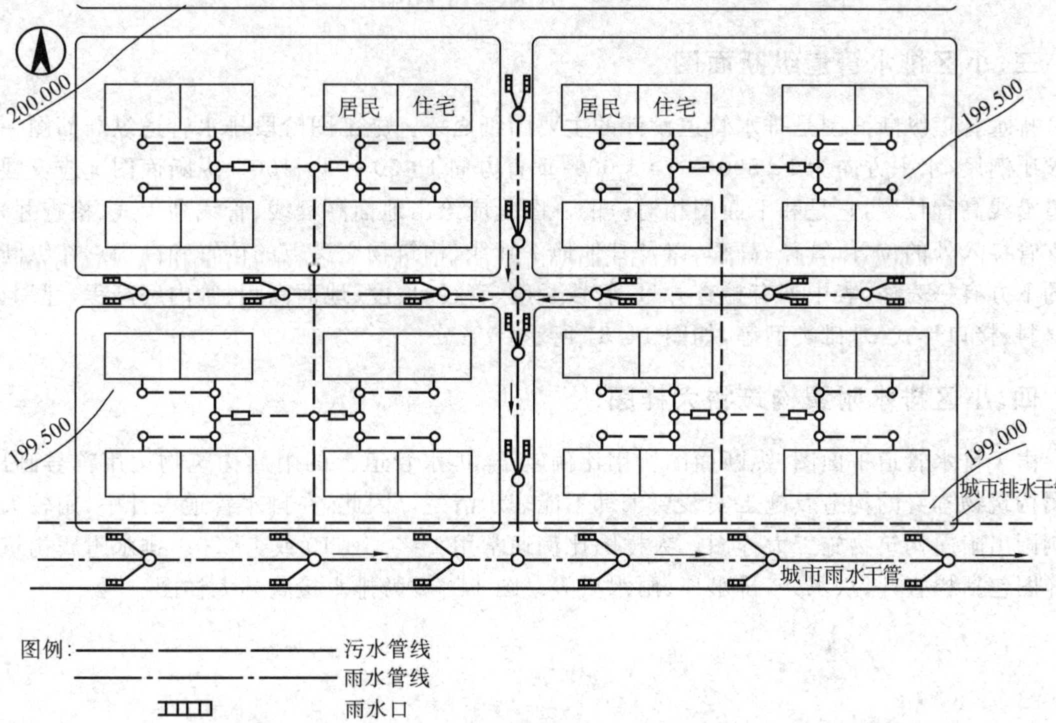

图 14.29　小区排水系统总平面布置图

二、小区排水管道平面图

小区排水管道平面图是排水管道设计的主要图纸，根据设计阶段的不同，图纸表现深度也有所不同。施工图阶段排水管道平面图一般要求比例尺为 1∶1 000 ～ 1∶5 000，图上标明地形、地物、河流、风玫瑰或指北针等。在管线上画出设计管段起终点的检查井并编上号码，标明检查的准确位置、高程，以及居住区街坊连接管或工厂废水排出管，接入污水干管管线，主干管的准确位置和高程。图上还应标有图例和施工说明，如图 14.30 所示。

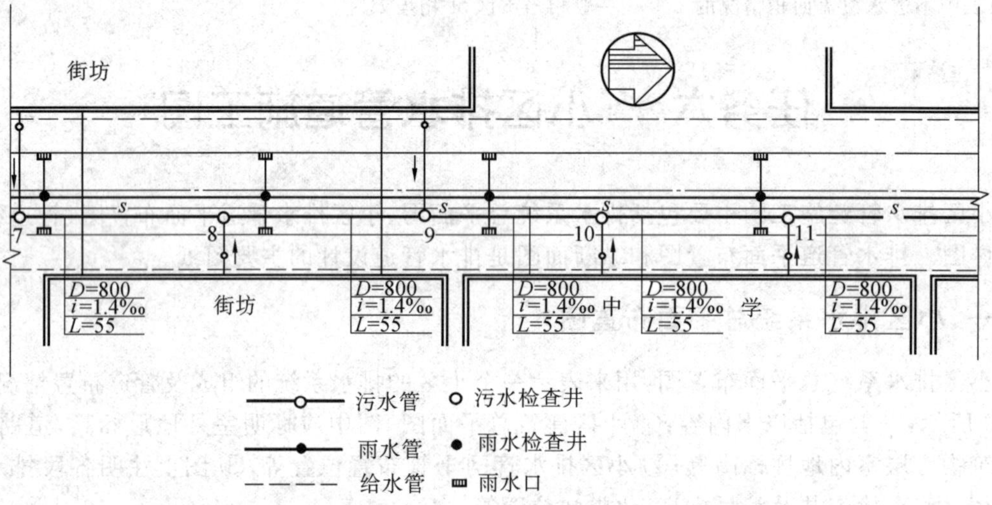

图 14.30　排水管道平面图

三、小区排水管道纵断面图

排水管道纵断面图是排水管道设计的主要图纸之一。施工图阶段排水管道纵断面图一般要求比例尺，水平方向为 1∶500 ～ 1∶1 000；垂直方向 1∶50 ～ 1∶100。纵断面图上应反映出管道沿线高程位置，它是和平面图相对应的。图上应绘出地面高程线、管线高程线、检查井，沿线支管接入处的位置、管径、高程，以及其他地下管线、构筑物交叉点的位置和高程。在纵断面图的下方有一表格，表中列有检查井号、管段长度、管径、坡度、地面高程、管内底高程、埋深、管道材料、接口形式、基础类型等，如图 14.31 所示。

四、小区排水附属构筑物大样图

由于排水管道平面图、纵断面图所用比例较小，排水管道上的附属构筑物均用符号画出，附属构筑物本身的构造及施工安装要求都不能表示清楚。因此，在排水管道设计中，用较大的比例画出附属构筑物施工大样图。大样图比例通常用 1∶5、1∶10 或 1∶20。排水附属构筑物大样图包括检查井、跌水井、排水口、雨水口等。图 14.32 为排水检查井大样图。

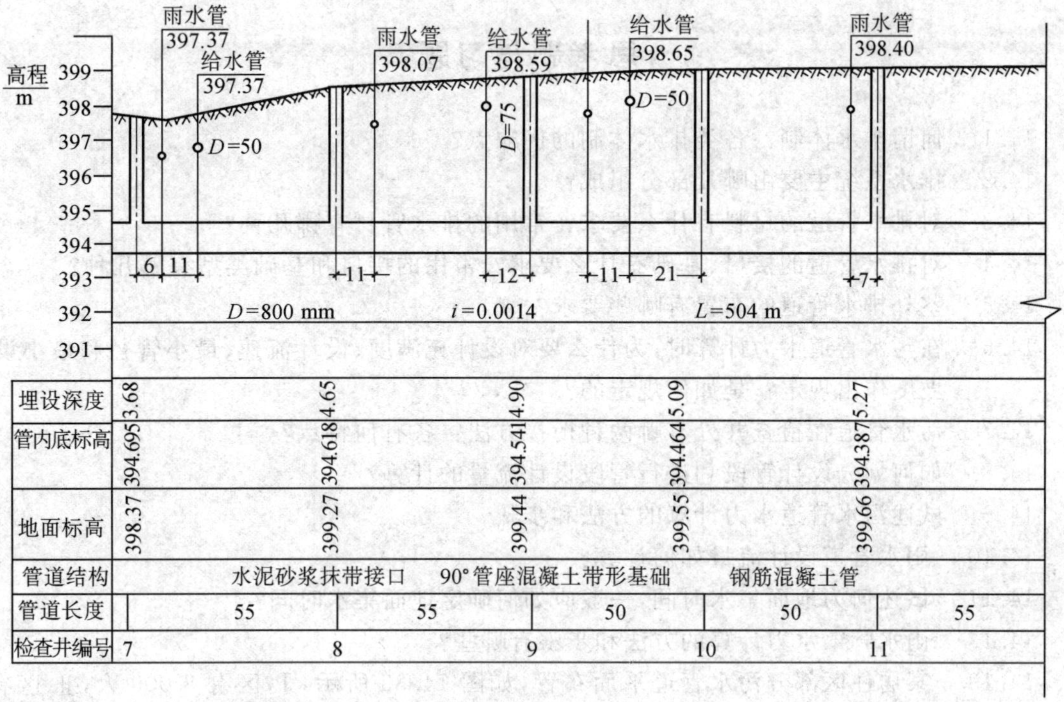

图 14.31　排水管道纵断面图

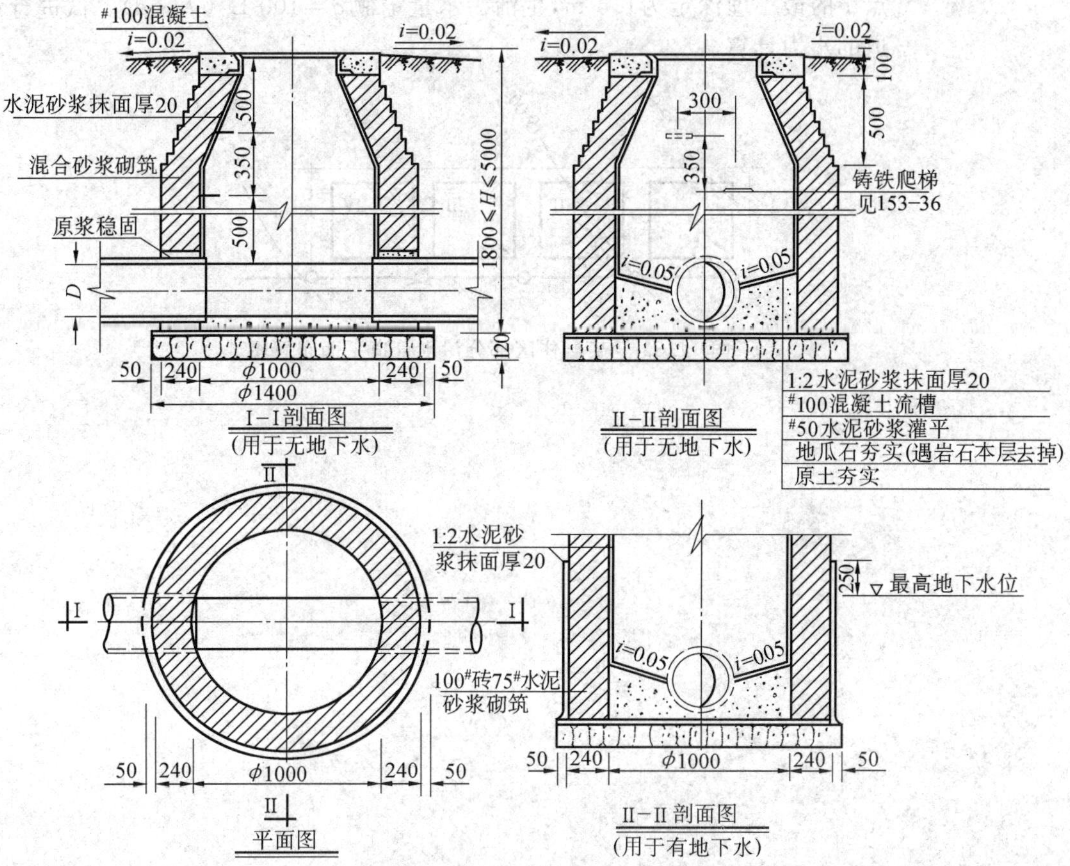

图 14.32　检查井大样图

思考题与习题

14.1 何谓排水体制？各类排水体制的优缺点？

14.2 排水系统主要由哪几部分组成？

14.3 对排水管道的材料有什么要求？常用的排水管材有哪几种？

14.4 对排水管道的接口、基础有什么要求？常用的接口和基础类型有哪几种？

14.5 室外排水管道的布置有哪些要求？

14.6 在污水管道水力计算时，为什么要对设计充满度、设计流速、最小管径和最小设计坡度作出规定？是如何规定的？

14.7 污水管道在检查井处有哪两种衔接方法？各有何特点？

14.8 如何划分设计管段和进行管段设计流量的计算？

14.9 试述污水管道水力计算的方法和步骤。

14.10 雨水管道设计流量如何计算？

14.11 试述何为地面集水时间，一般应如何确定地面集水时间？

14.12 雨水管渠水力计算的方法和步骤有哪些？

14.13 某居住区部分污水管道平面布置，如图 14.33 所示，Ⅰ 区有 8 000 人，Ⅱ 区有 5 000 人，Ⅲ 区有 6 000 人，Ⅳ 区有 6 000 人，Ⅰ 区最大时污水量为 25 L/s。管渠起点 1 的最小埋深定为1.5 m，生活污水量定额 $q=100$ L/(人 · d)。试进行污水管道的水力计算。

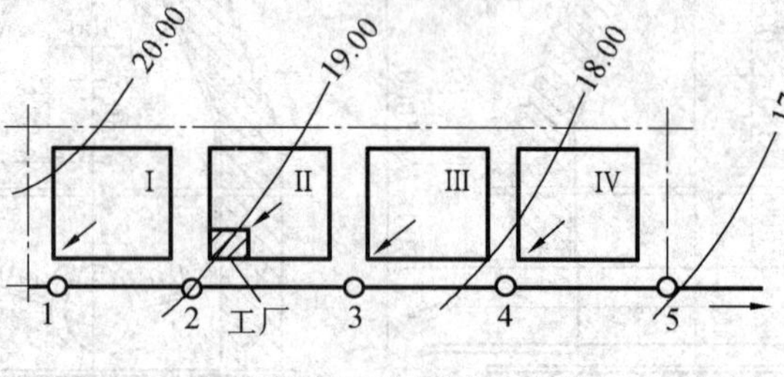

图 14.33 某居住区部分污水管道平面布置图

单元十五　特殊地区给水排水管道

【教学目标】通过项目教学活动，培养学生具备进行湿陷性黄土区给水排水管道设计的能力；具备进行地震区给水排水管道设计的能力。培养学生良好的职业道德、自我学习能力、实践动手能力和耐心细致的分析和处理问题的能力，以及诚实、守信、善于沟通和合作的专业素养。

【知识目标】

1. 掌握湿陷性黄土区给水排水管道设计方法；
2. 掌握地震区给水排水管道设计方法。

【主要学习内容】

任务一　湿陷性黄土区给水排水管道

一、湿陷性黄土区特点

我国的湿陷性黄土区主要分布在陕西、甘肃、山西、河南、内蒙古、青海、宁夏、新疆和东北的部分地区，湿陷性黄土的主要特点是在天然湿度下具有很高的强度，可以承受一般建筑物或构筑物的重量，但是在一定压力下受水浸湿后，黄土结构迅速被破坏，表现出极大的不稳定性，产生显著下沉的现象，故称做湿陷性黄土。

建筑在湿陷性黄土区的建筑物或构筑物，常因给排水管道漏水而造成湿陷事故，使建筑物遭受破坏，为了避免湿陷事故的发生，保证建筑物的安全和正常使用，在设计中不仅要考虑防止管道和构筑物的地基因受水浸湿而引起沉降的可能性，而且还要考虑给排水管道和构筑物漏水而使附近建筑物发生湿陷的可能性。对于湿陷性黄土地区的给排水管道，应根据我国《湿陷性黄土地区建筑规范》的规定，以及根据施工、维护、使用等条件，因地制宜，采取合理有效的措施。

二、管道布置要求

(1) 设计时，要求有关专业充分考虑湿陷性黄土的特点，尽量使给水点、排水点集中，避免管道过长，埋设过深，从而减少漏水机会。

(2) 管道布置应有利于及早发现漏水现象，以便及时维修和排除事故，为此，室内给排水管道应尽量明装，给水管由室外进入室内后，应立即翻出地面，排水支管应尽量沿墙敷设在地面上或悬吊在楼板下，厂房雨水管道应悬吊明装或采取外排水方式。

(3) 当室内埋地管道较多时，可视具体情况采取综合管沟的方案。

(4) 为便于检修，室内给水管道，在引入管、干管或支管上适当增加阀门。

(5) 给排水管道穿越建筑物承重墙或基础时，应预留孔洞。

(6) 在小区或街坊管网设计中，注意各种管道交叉排列，做好小区或街坊管网的管道综合布置。

三、管材及管道接口

1. 管材选用

敷设在湿陷性黄土地区的给排水管道，其材料应经久耐用，管材质量一般应高于一般地区的要求。

(1) 压力管道应采用钢管、给水铸铁管或预应力钢筋混凝土管。自流管道应采用铸铁管、离心成型钢筋混凝土管、内外上釉陶土管或耐酸陶土管。

(2) 室内排水采用排水沟时，排水沟应采用钢筋混凝土结构，并做防水面层。

(3) 湿陷性黄土对金属管材有一定的腐蚀作用，对埋地铸铁管应做好防腐处理，对埋地钢管及钢配件，应加强防腐处理。

2. 管道接口

给排水管道的接口必须密实、不漏水，并有柔性，即使在管道有轻微的不均匀沉降时，仍能保证接口处不渗不漏。

镀锌钢管一般采用螺纹连接；焊接钢管、无缝钢管采用焊接；承插式给水铸铁管，一般采用石棉水泥接口；承插式排水铸铁管，采用石棉水泥接口；承插式钢筋混凝土管、承插式混凝土管和承插式陶土管，一般采用石棉水泥沥青玛䵹脂接口，不宜采用水泥砂浆接口；钢筋混凝土或混凝土排水管，一般采用套管(套环) 石棉水泥接口，不宜采用平口抹带接口；自应力水泥砂浆接口和水泥砂浆接口等刚性接口，不易在湿陷性黄土地区采用。

四、检漏设施

检漏设施包括检漏管沟和检漏井。一旦管道漏水，水可沿管沟排至检漏井，以便及时发现进行检修。

1. 检漏管沟

埋设管道敷设在检漏管沟中，是目前广泛采用的方法，检漏管沟一般做成有盖板的地沟，沟内应做防水，要求不透水。常见的检漏沟见图 15.1 ～ 15.4。

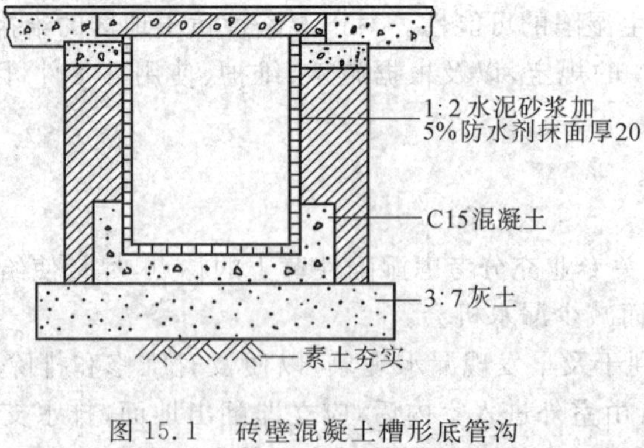

图 15.1　砖壁混凝土槽形底管沟

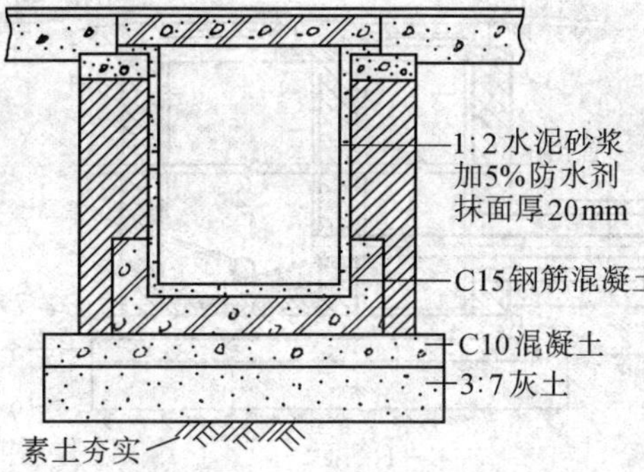

图 15.2　砖壁钢筋混凝土槽形底管沟

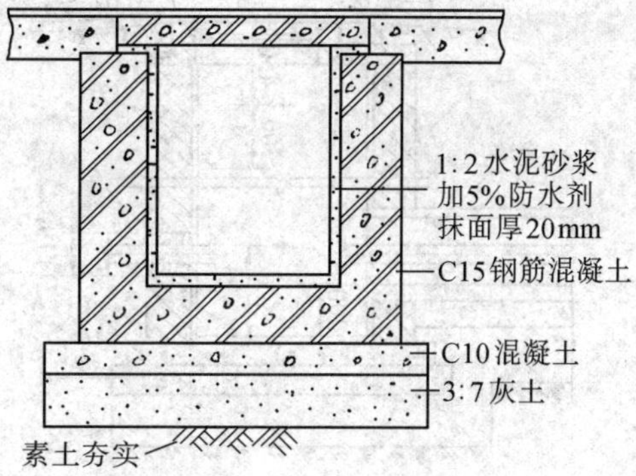

图 15.3　钢筋混凝土管沟

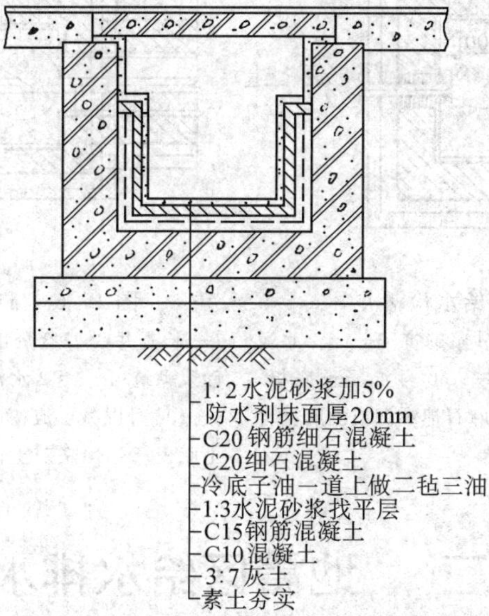

图 15.4　有油毡防水层的钢管混凝土管沟

对直径较小的管道，采用检漏管沟困难时，可采用套管，套管应采用金属管道或钢筋混凝土管。

检漏管沟的盖板不易明设，若为明设时应在人孔采取措施，防止地面水流入沟中。检漏管沟的沟底应坡向检查井或集水坑，坡度不应小于0.005，并应与管道坡度一致，以保证在发生事故时水能自流到检漏井或集水坑。

检漏管沟截面尺寸的选择，应根据管道安装与维修的要求确定，一般检漏管沟宽不宜小于600 mm，当管道多于两根以上时，应根据管道排列间距及安装检修要求确定管沟尺寸。

2. 检漏井

检漏井是与检漏管沟相连接的井室，用来检查给排水管道的事故漏水 。

检漏井的设置，以能及时检查各管段的漏水为原则，应设置在管沟末端或管沟沿线分段检漏处，并应防止地面水流入，其位置应便于寻找识别、检漏和维护。检漏井应设有深度不小于300 mm 的集水坑，可与检查井或阀门井共壁合建。但阀门井、检查井、消火栓井、水表井等，均不得兼做检漏井。检漏井的做法，见图 15.5 和图 15.6 所示。

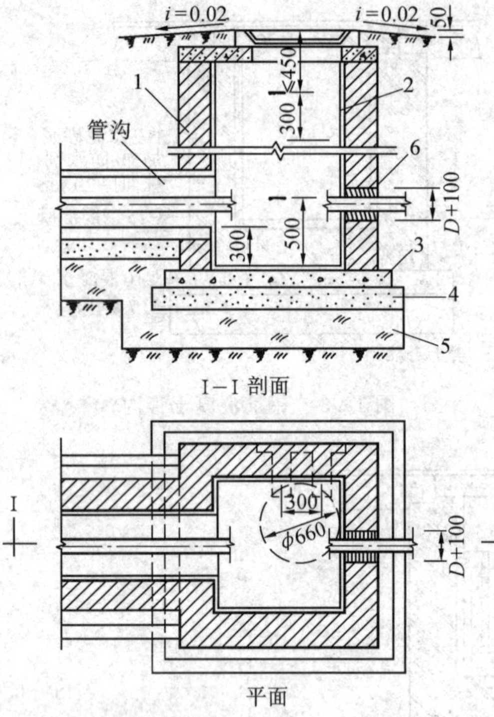

图 15.5　砖砌方形给水检漏井

1—75 号砖、50 号水泥白灰混合砂浆砌筑；2—1：2 水泥砂浆加 5% 防水剂抹面厚 20；3—150 号混凝土底板；4—3：7灰土；5— 土垫层；6— 油麻石棉水泥或油麻沥青胶砂

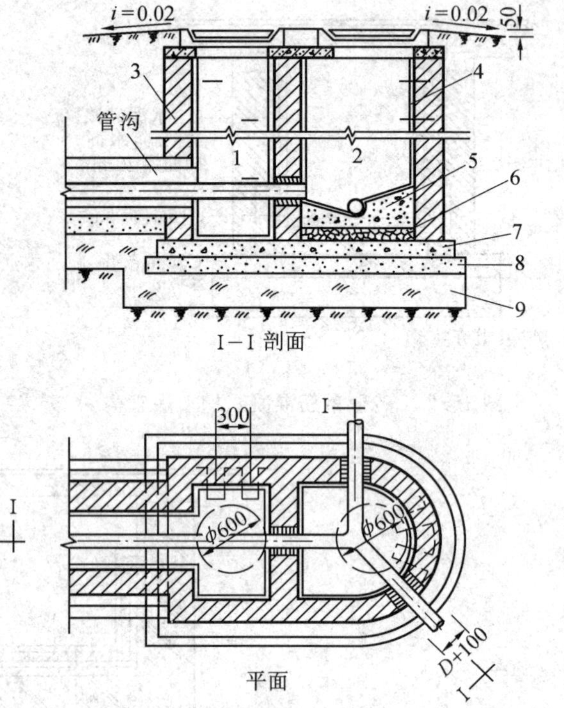

图 15.6　砖砌半圆形排水双联井

1— 检查井；2— 检漏井；3—75 号砖 50 号水泥白灰混合砂浆砌筑；4—1：2 水泥砂浆加 5% 防水粉抹面厚 20；5—100 号混凝土流槽；6— 碎砖或碎石；7—150 号混凝土底板；8—3：7 灰土；9— 土垫层

任务二　地震区给水排水管道

地震后，按受震地区地面影响和破坏的强度程度，地震烈度共分为 12 度，在 6 度及 6 度以下时，一般建筑物仅有轻微破坏，不致造成危害，可不设防；但是 7 度及以上时，一般建筑物将遭到破坏，造成危害，必须设防；10 度及 10 度以上时，因毁坏太严重，设防费用太高或无法设防，只能结合工程情况做专门处理研究。我国仅对于 7 ～ 9 度地震区的建筑物编制了规范和标准，本节介绍的也仅为 7 ～ 9 度地震地区给水排水工程一般设防要求。

一、地震防震的一般规定

根据地震工作以预防为主的方针，给水排水的设防要求是，在地震发生后，其震害不致使人民生命和重要生产设备遭受危害；建筑物和构筑物不需修理，或经一般修理后仍能继续使用；对管网的震害控在局部范围内，尽量避免造成次生灾害，并便于抢修和迅速恢复使用。

二、管道设计

1. 建筑外部管道设计要求

(1) 线路的选择与布置。地震区给水排水管道应尽量选择在良好的地基上，应尽量避免水平或竖向的急剧转弯；干管宜敷设成环状，并适当增设控制阀门，以便于分割供水和检查，如因实际需要，干管敷设成枝状时，宜增设连通管，如图 15.7 所示。

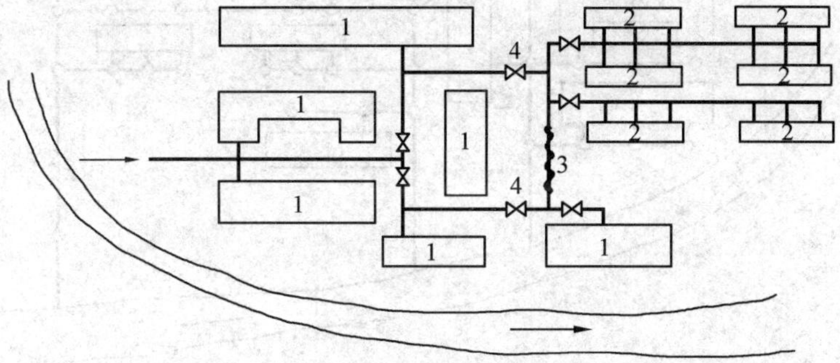

图 15.7　枝状管网连通管的设置

1— 厂房；2— 住宅；3— 连通管；4— 控制阀

(2) 管材选择。地震区给排水管材以选择延性较好或具有较好柔性、抗震性能良好的管材，例如钢管、胶圈接口的铸铁管和胶圈接口的预应力钢筋混凝土管。埋地管道应尽量采用承插式铸铁管或预应力钢筋混凝土管；架空管道可采用钢管或承插式铸铁管；过河的倒虹管以及穿过铁路或其他交通干线的管道，应采用钢管，并在两端设阀门；敷设在可液化土地段的给水管道主干管，宜采用钢管，并在两端增设阀门。

(3) 管道接口方式的选择。地震区给排水管道接口的改造是管道改善抗震性能的关键，采用柔性接口是管道抗震最有效的措施。柔性接口中，胶圈接口的抗震性能较好；胶圈石棉水泥或胶圈自应力水泥接口为半柔性接口，抗震性能一般；青铅接口由于允许变形量小，不能满足抗震要求，故不能作为抗震措施中的柔性接口。

阀门、消火栓两侧管道上应设柔性接口。埋地承插式管道的主要干支线的三通、四通、大于 45° 弯头等附件与直线管段连接处应设柔性接口。埋地承插式管道当通过地基地质突变处，应设柔性接口。

(4) 室外排水管网的设计要求。

① 地震区排水管道管线选择与布置应尽量选择良好的地基，宜分区布置，就近处理和分散出口。各个系统间或系统内的干线间，应适当设置连通管，以备下游管道被震坏时，作为临时排水之用，见图 15.8。连通管不做坡度或稍有坡度，以壅水或机械提升的方法，排出被震坏的排水系统中的污废水，污水干管应设置事故排出口。

② 设计烈度为 8 度、9 度，敷设在地下水位以下的排水管道，应采用钢筋混凝土管；在可液化土地段敷设的排水管道，应采用钢筋混凝土管和 UPVC 加筋排水塑料管。并设置柔性接口。圆形排水管应设管基，其接口应尽量采用钢丝网水泥抹带接口，接口做法详见国标 GBS 222—30—10。

2. 建筑内部管道设计要求

(1) 管材和接口。一般建筑物的给水系统采用镀锌钢管或焊接钢管，接口采用螺纹接口或焊接；排水系统采用排水铸铁管，石棉水泥接口。高层建筑的排水管道当采用排水铸铁管，石棉水泥接口时，管道与设备机器连接处须加柔性接口。

(2) 管道布置。管道固定应尽量使用刚性托架或支架，避免使用吊架；各种管道最好不穿过抗震缝，而在抗震缝两边各成独立系统，管道必须穿抗震缝时，须在抗震缝的两边各装一个

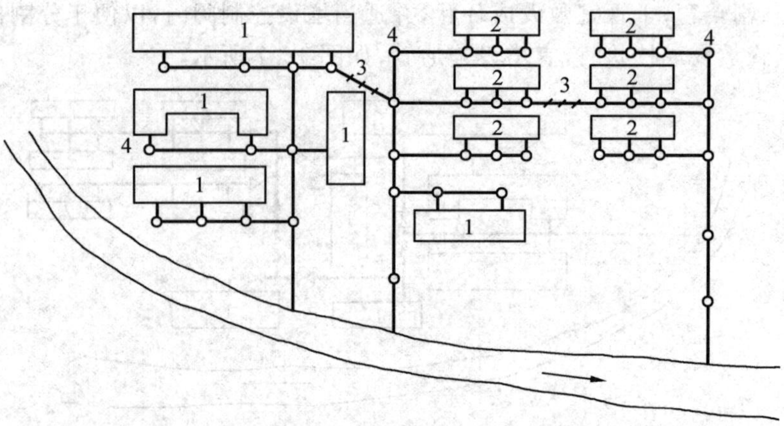

图 15.8 排水干管增设连通管

1— 厂房;2— 住宅;3— 连通管;4— 检查井

柔性接头;管道穿过内墙或楼板时,应设置套管,套管与管道间的缝隙,应填柔性耐火材料;管道通过建筑物的基础时,基础与管道间须留适当的空隙,并填塞柔性材料。

单元十六　建筑给水排水施工图及设计计算实例

【教学目标】通过项目教学活动，培养学生具备绘制建筑给水排水施工图及进行设计计算的能力。培养学生良好的职业道德、自我学习能力、实践动手能力和耐心细致的分析和处理问题的能力，以及诚实、守信、善于沟通和合作的专业素养。

【知识目标】

1. 掌握施工图的内容；

2. 掌握建筑内部给水、排水及热水供应系统设计计算方法。

【主要学习内容】

任务一　施工图内容

一、建筑给水排水施工图的作用、特点及组成

1. 建筑给水排水施工图的作用

一套房屋施工图，应该包括建筑施工图、结构施工图和设备施工图。建筑给水排水施工图是房屋设备施工图的一个重要组成部分。它主要用于解决建筑内部给水及排水方式、所用材料及设备的规格型号、安装方式及安装要求等问题；确定给水排水设施在房屋中的位置及与建筑结构、建筑物中其他设施的关系，以及施工操作要求等一系列内容，是重要的技术文件，是施工图预算和组织施工的主要依据文件，也是国家确定和控制基本建设投资的重要依据材料。

2. 建筑给水排水施工图的特点

在现实生活中，当你打开某一水龙头，水就会流出来。顺着这根管道，“饮水思源”，一直可以找到给该水龙头供水的自来水厂，甚至是取水水源（江、河、湖、泊）；当用过的水变成污水排入污水池后，顺着排水管道，一直可以找到污水处理厂。由此可见，建筑内部给水排水施工图的最大特点是管道首尾相连，来龙去脉清楚。从给水引入管到各用水点，从污水收集器到污水排出管，给水排水管道不会突然断开消失，也不会突然产生，具有十分清楚的连贯性。所以我们可以按照水的引入到污水的排出这条主线，循序渐进，逐一理清给水管道、排水管道及与之相连的给水排水设施。

3. 建筑给水排水施工图的组成

建筑给水排水施工图包括设计总说明、给水排水平面图、系统图（轴测图）、节点详图或大样图、施工说明及主要设备材料表等。

(1) 建筑给水排水施工图的说明。说明就是用文字而非图形的形式表达有关必须交待的技术内容。说明中交待的有关事项，往往对整套给水排水施工图都有着重要影响。说明所要记述的内容应视需要确定，以能够交待清楚设计人的意图为原则，没有特定的条条框框，一般

民用建筑与工业建筑给水排水说明的主要条款如下。

① 尺寸单位及标高标准。图中尺寸及管径单位以毫米（mm）计，标高以米（m）计，所注标高、给水管道以管中心线计，排水管道以管内底计。

② 管材连接方式。如给水管道采用铝塑复合管，铜件连接。排水管道采用 UPVC 塑料管，粘接。埋地管道采用排水铸铁管或陶土管，水泥接口，承插连接。室外排水管道采用混凝土管，水泥砂浆接口。

③ 消火栓安装。消火栓栓口中心线距室内地坪 1.10 m，安装型式详见国标 04S202。

④ 管道的安装坡度。凡是图中没有标注的生活排水管道的安装坡度为：直径为 50 时，$i=0.035$；直径为 100 时，$i=0.020$；直径为 150 时，$i=0.015$；直径为 200 时，$i=0.008$。

⑤ 排水管道检查口及伸缩节安装要求。排水立管检查口距离地面 1.0 m，底层、顶层及隔层立管均应设置。若排水立管为 UPVC 管，每层立管均应设伸缩节一只，安装高度距地面 2.0 m。

⑥ 立管与排出管连接。一般采用两个 45° 弯头相连接，以加大转弯半径，减少管道堵塞。

⑦ 卫生器具的安装标准。一般参见国标《给水排水标准图集》S3 中 99S304《卫生设备安装》，卫生器具的具体形式在图纸中说明。

⑧ 管线图中代号的含义。“J”代表冷水生活给水管，“R”代表热水给水管，“P”代表污水排水管，“L”代表立管等。

⑨ 管道支架及吊架做法。一般参见国标 03S402。

⑩ 管道保温。外露的给水管道均应有保温措施。材料可以根据实际情况选定，做法一般参见国标 03S401。

⑪ 管道防腐。埋地金属管道刷红丹底漆一道，热沥青两道。

⑫ 试压。给水管道安装完毕应做水压试验，试验压力按施工规范或设计要求确定。

⑬ 未尽事宜。未尽事宜，均根据现行国家标准《建筑给水排水及采暖工程施工质量验收规范》(GB 50242—2002) 执行。

另外，工程选用的主要材料及设备表应列明材料类别、规格、数量、设备品种、规格和主要尺寸。施工图应绘出工程图所用图例，并应将图纸编排有序，写出图纸目录。

(2) 平面布置图。给水排水平面图是给水排水施工图的重要组成部分，是绘制其他给水排水施工图的基础。就中小型工程而言，由于其给水、排水情况不是十分复杂，可以把给水平面图和排水平面图画在一起，即一张平面图中既绘制给水平面内容，又绘制排水平面内容。为防止混淆，有关管道、设备应用图例区分开来。对于高层建筑及其他较复杂的工程，其给水平面和排水平面应分开来绘制，可以分别绘制生活给水平面图、生产给水平面图、消防喷淋给水平面图、污水排水平面图、雨水排水平面图等。仅就给水排水平面图自身而言，根据不同的楼层位置又可以分为不同的平面图，即可以分别绘制底层给水排水平面图、标准层给水排水平面图（若干层的给水排水布置完全相同，可以只画一个标准层示意）、楼层给水排水平面图（凡是楼层给水排水布置方式不同，均应单独绘制出给水排水平面图）、顶层给水排水平面图、屋顶雨水排水平面图（有些设计将这一部分放在建筑施工图中绘制）、给水排水平面大样图等几个部分。

① 给水排水平面图的要求。给水排水平面图是在建筑平面图的基础上，根据给水排水工程制图的规定，绘制出的用于反映给水排水设备、管线的平面布置状况的图样。首先，用假想的水平面沿房屋窗台以上适当位置水平剖切并向下投影（只投影到下一层假想平面，对于底层

平面图应投影到室外地面以下的管道，对于顶层平面图则只投影到顶层地面）而得到的剖切投影图。这种剖切后的投影不仅反映了建筑中的墙、柱、门窗、洞口等内容，同时也能反映卫生设备、管道等内容。由于给水排水平面图的重点是反映有关给水排水管道、设备等内容，因此，建筑的平面轮廓线用细实线绘出，而有关管线、设备则用较粗的图线（符合给水排水工程图图例线的规定）绘出。给水排水平面图中的设备、管道等均采用图例的形式示意其平面位置。图中应标出给水排水设备、管道的规格、型号、代号等内容。对底层给水排水平面图而言，应该反映与之相关的室外给水排水设施的情况；对顶层给水排水平面图而言，应该反映屋顶水箱、水管、阀门等内容；对于雨水排水平面图而言，除了反映屋顶排水设施外，还应反映与雨水管相关连的阳台、雨篷、走廊的排水设施。

总之，给水排水平面图是以建筑平面图为基础，结合给水排水工程图的特点而绘制成的反映给水排水平面内容的图样。

② 室内给水排水平面图主要反映的内容有如下几种。

a. 给水排水设施在房屋平面图中处在什么位置，这是给水排水设施定位的重要依据。

b. 通过平面图可以知道，卫生设备、立管等平面布置的位置、尺寸关系，同时还可知道卫生设备、立管等前后、左右关系，相距尺寸。

c. 给水排水管道的平面走向，管材的名称、规格、型号、尺寸，管道支架的平面位置。

d. 给水及排水立管编号。

e. 管道的敷设方式、连接方式、坡度及坡向。

f. 管道剖面图的剖切符号、投影方向。

g. 与室内给水相关的室外引入管、水表节点、加压设备等平面位置。

h. 与室内排水相关的室外排水检查井、化粪池、排出管等平面位置。

i. 屋面雨水排水管道的平面位置、雨水排水口的平面布置、水流的组织、管道安装敷设方式。

j. 如有屋顶水箱，屋顶给水排水平面图还应反映水箱容量、平面位置，进出水箱的各种管道的平面位置、管道支架、保温等内容。

k. 各层平面图中，如给水、排水管道垂直相重合，平面位置可错开表示。

l. 平面布置图比例一般与建筑图相同，常用比例尺为 1∶100。施工详图可取 1∶50～1∶20。

m. 各层平面布置图上各种管道应标明编号，并应相互对应。

(3) 系统图（轴测图）。所谓系统图，就是采用轴测投影原理绘制的能够反映管道、设备三维空间关系的图样。系统图又称轴测图，俗称透视图。由于采用了轴测投影的原理，因而整个图样具有生动形象、立体感强、直观等特点。

室内给水系统图和排水系统图通常要分开绘制，分别表示给水系统和排水系统的空间关系。图形的绘制基础是各层给水排水平面图。在绘制给水排水系统图时，可把平面图中标出的不同的给水排水系统拿出来，单独绘制。通常，一个系统图能反映该系统全方位的关系。

① 室内给水排水系统图的组成。一般用单线表示管道，用图例表示卫生设备，用轴测投影的方法（一般采用45°三等正面斜轴测）绘制出的反映某一给水排水系统或整个给水排水系统空间关系的图样称为给水排水系统图。

就房屋而言，具有三个方位的关系，即上下关系（层高或总高）、左右关系（开间或总长）、前后关系（进深或总宽）。给水排水管道和设备布置在房屋建筑中，当然也具有这三个方位的关系。在给水排水系统图中，上下关系与高度相对应，是确定的；而左右、前后关系会因轴测投影方位不同而变化。人们在绘制系统图时一般并没有交待轴测投影的方位，但通常情况下，把房屋的南面（或正面）作为前面，把房屋的北面（或背面）作为后面，把房屋的西面（或左侧面）作为左面，把房屋的东面（或右侧面）作为右面。

② 室内给水排水系统图主要反映的内容。给水排水平面图与给水排水系统图相辅相成，互相说明又互为补充，反映的内容是一致的。给水排水系统图侧重于反映下列内容。

a. 系统编号。该系统编号与给水排水平面图的编号一致。

b. 管径。在给水排水平面图中，水平投影不具有积聚性的管道可以表示出其管径的变化，而就立管而言，因其投影具有积聚性，故不便于表示出管径的变化，所以在系统图中要标出各种管道的管径。

c. 标高。这里所说的标高包括建筑标高、给水排水管道的标高、卫生设备的标高、管件的标高、管径变化处的标高、管道的埋深等内容。管道埋地深度，可以用负标高加以标注。

d. 管道及设备与建筑的关系。比如管道穿墙、穿地下室、穿水箱、穿基础的位置，卫生设备与管道接口的位置等。

e. 管道的坡向及坡度。管道的坡度值无特殊要求时可参见说明中的有关规定，若有特殊要求时则应在图中用箭头标明。管道的坡向应在系统图中注明。

f. 重要管件的位置。在平面图无法示意的重要管件，如给水管道中的阀门、污水管道中的检查口等，应在系统图中明确标注，以防遗漏。

g. 与管道相关的给水排水设施的空间位置。如屋顶水箱、室外贮水池、水泵、加压设备、室外阀门井等与给水相关的设施的空间位置，以及室外排水检查井、管道等与排水相关的设施的空间位置等内容。

h. 分区供水、分质供水情况。对采用分区供水的建筑物，系统图要反映分区供水区域；对采用分质供水的建筑，应按不同水质，独立绘制各系统的供水系统图。

i. 雨水排水。雨水排水系统图要反映管道走向、落水口、雨水斗等内容。雨水排至地下以后，若采用有组织排水，还应反映出管道与室外雨水井之间的空间关系。

系统图中对用水设备及卫生器具种类、数量和位置完全相同的支管、立管可以不重复完全绘出，但应用文字标明。当系统图立管、支管在轴测方向重复交叉影响绘图时，可编号后断开移到图面空白处绘制。

建筑居住小区给水排水管道一般不绘系统图，但应绘制管道纵断面图（见单元十三、单元十四）。

(4) 给水排水详图。限于比例和图纸的篇幅，一套给水排水施工图不可能完完全全地、清清楚楚地画出全部需要表达的内容，同时随着设计和施工标准化，也没有必要每一项内容都在图纸上表达出来。由于比例的原因不能表达清楚的内容，可以通过画大样图的方法来解决；未能够在图上表达出来而又属于标准化范畴的内容，可以通过索引有关标准图册的方法来解决。

所谓大样图就是将给水排水平面图或给水排水系统图中的某一部位放大或剖切再放大而得到的图样。大样图表达了某一被表达部位的详细做法。给水排水施工图上的大样图有两类，一类是由设计人员在图纸上绘出的，另一类则是引自有关安装图册。除有特殊要求外，设计人员一般不专门绘制大样图，更多的则是引用标准图册上的有关做法。有关图册的代号，可参见说明中的有关内容或图纸上的索引号。

任务二　建筑内部给水、热水供应及排水系统设计计算实例

一、设计任务

根据上级有关部门批准的任务书，在哈尔滨某大学拟建一栋普通 8 层住宅，总面积近 4 800 m^2，每个单元均为 2 户，每户厨房内设洗涤盆 1 个，卫生间内设浴盆、洗脸盆、大便器（坐式）及地漏各 1 个。本设计任务是建筑单位工程中的给水（包括消防给水）、热水供应和排水工程项目。

二、设计资料

1. 建筑设计资料

建筑设计资料包括建筑物所在地建筑物所在地的总平面图（图 16.1）、建筑剖面图（图 16.2）、单元平面图（图 16.3）。

本建筑物为 8 层，除顶层层高为 3.0 m 以外，其余各层层高均为 2.8 m，室内、室外高差为 0.9 m，哈尔滨地区冬季冻土深度为 2.0m。

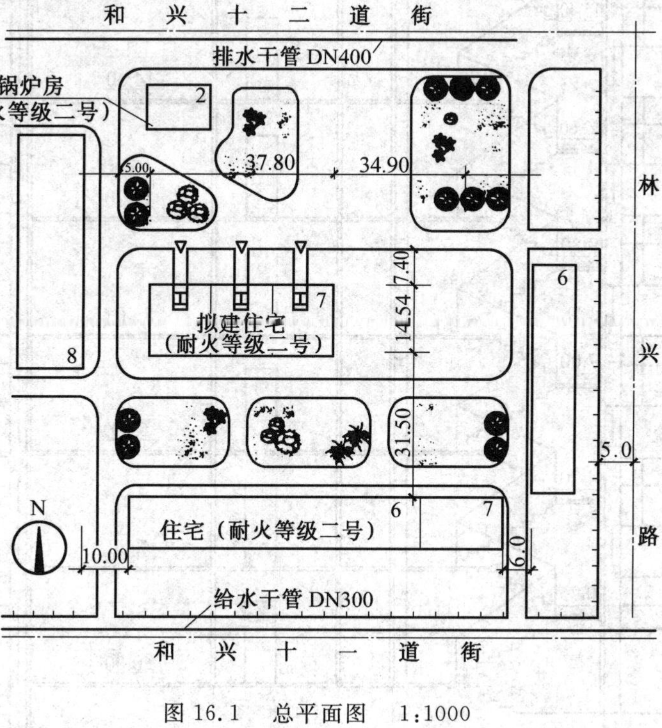

图 16.1　总平面图　1:1000

2. 小区给水排水资料

本建筑南侧的道路旁有市政给水干管作为该建筑物的水源，其口径为 DN300mm，常年可提供的工作压力为 150 kPa，管顶埋深为地面以下 2.20 m。

城市排水管道在该建筑物的北侧，其管径为 400mm，管内底距室外地坪 2.20 m。

三、建筑内部给水系统设计计算

(一) 系统选择

根据设计资料，已知室外给水管网常年可保证的给水工作压力为 150 kPa，经估算不满足最不利点的用水要求，如果室内设高位水箱供水，则会带来：① 建筑物的立面效果被破坏，水箱间的出现，使建筑多了一个设备层；② 结构荷载增大，水箱在建筑物的最高层，水箱的重量又比较大，荷载要层层向下传递。因此，选设高位水箱的供水方式不恰当，故室内给水系统的供水应采用水泵和贮水池联合工作的方式。即把室外给水管网所提供的满足《饮用水卫生标准》的自来水送至贮水池，再通过水泵加压送到各用户。

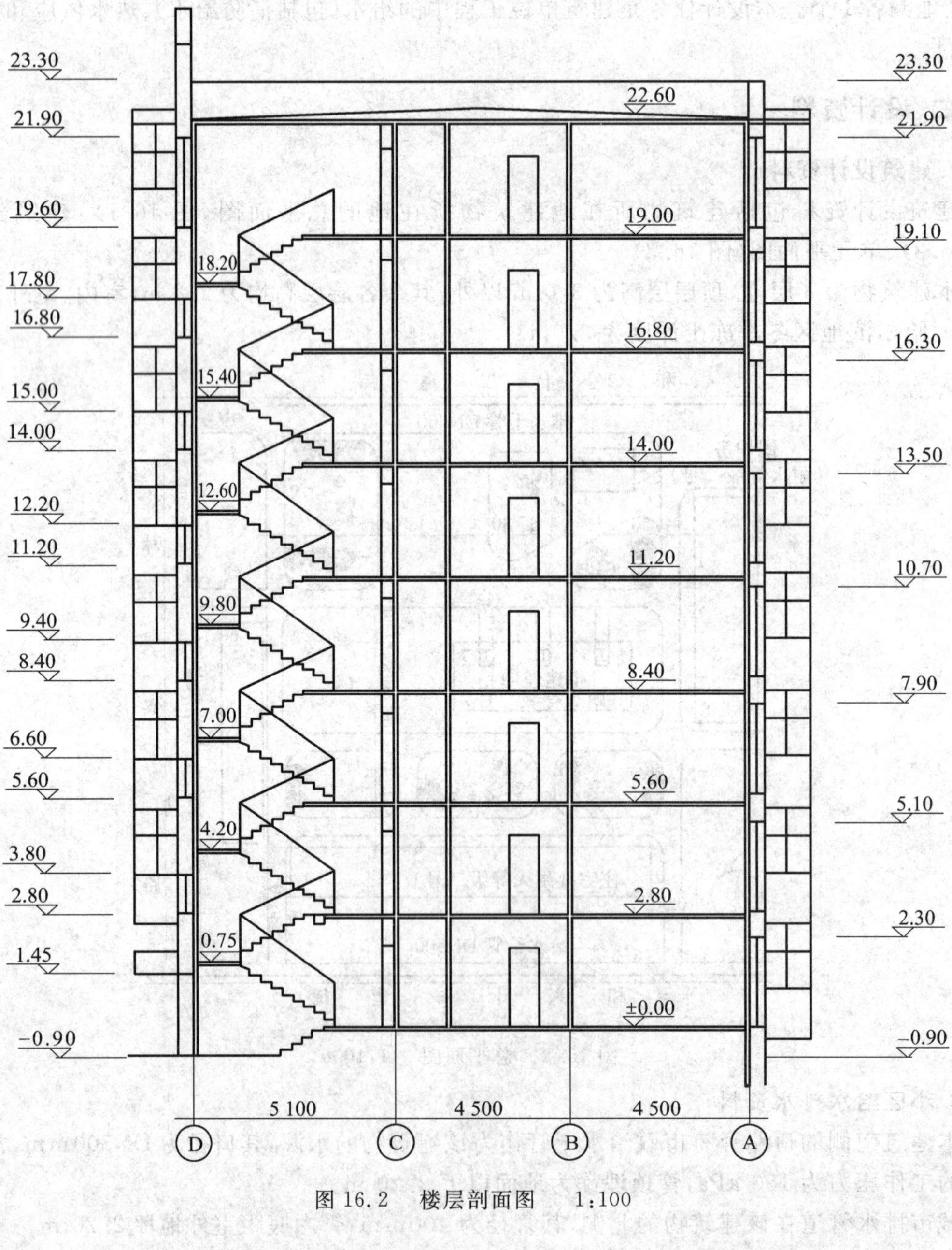

图 16.2　楼层剖面图　1:100

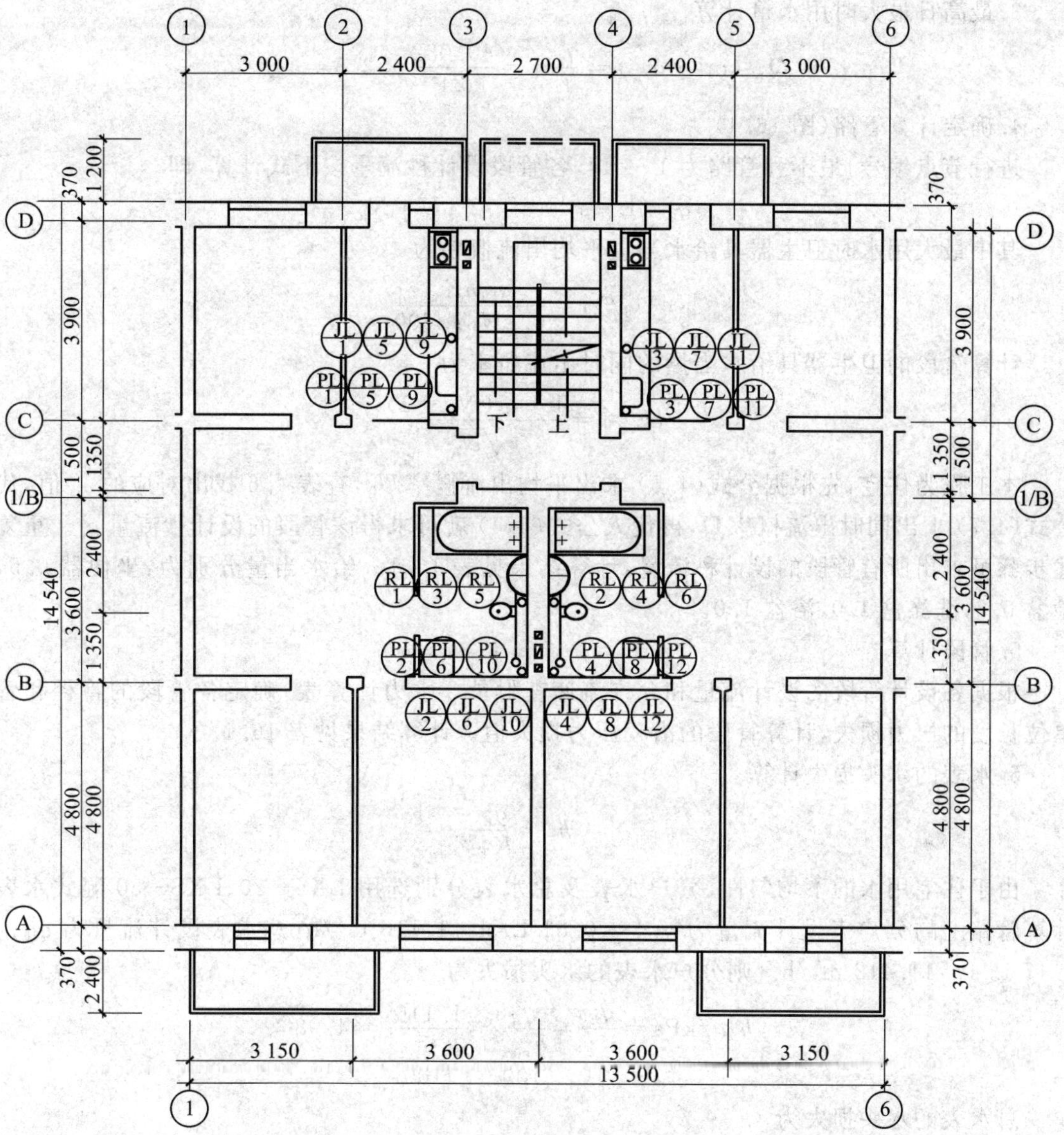

图 16.3　单元给水排水、热水平面图　1:50

各住户组成独立的给水系统，形成“一户一表”制供水，在室外集中设置水表井。采用下行上给式供水方式，引入管埋地引入到一层室内，干管沿一层地面下敷设，并分出通向各厨房、卫生间的立管。给水管道的室外部分采用给水铸铁管，室内部分采用建筑用 PP－R 管。

（二）设计计算

1. 给水用水量定额及小时变化系数

依据建筑物的性质和室内卫生设备之完善程度，由表 4－1 查得 $q_d = 210$ L/d，小时变化系数 $k_h = 2.5$。

2. 最高日用水量计算

$$Q_d = mq_d$$

m 是用水人数，可按每户 4 人估算，全楼共 48 户，用水人数约为 192 人，则

$$Q_d/(m^3 \cdot d^{-1}) = mq_d = 192 \times 210/1000 = 40032$$

3. 最高日最大时用水量计算

$$Q_h/(m^3 \cdot d^{-1}) = \frac{q_d}{T}k_h = \frac{40.032}{24} \times 2.5 = 4.2$$

4. 确定计算管路(图 16.4)

进行节点编号，最不利管路为 1 ～ 17，各管段设计秒流量按下式计算，即

$$q_g/(L \cdot s^{-1}) = 0.2 \cdot U \cdot N_g$$

其中最大用水时卫生器具给水当量平均出流概率为

$$U_b/\% = \frac{q_b m K_h}{0.2 N_g T 3600}$$

计算管段的卫生器具给水当量的同时出流概率为

$$U/\% = \frac{1 + \alpha_c(N_g - 1)}{\sqrt{N_g}}$$

本工程为住宅，先根据公式(4.5)求出平均出流概率 U_0，查表 4.6 找出对应的 α_c 值，代入公式(4.7)求出同时出流概率 U，再代人公式(4.4)就可求得该管段的设计秒流量 q_g。重复上述步骤可求出所有管段的设计秒流量，计算结果见表 16.1。给水当量分别为：坐便器 0.5，洗脸盆 0.8，洗涤盆 1.0，浴盆 1.0。

5. 管段计算

根据各设计管段的设计流量和允许流速查附录 3 水力计算表，确定各管段的管径和管道单位长度的压力损失，计算管段的沿程压力损失值。计算结果见表 16.1。

6. 水表的水头损失计算

$$h_z = \frac{q_E^2}{K_E}$$

由于住宅用水的不均匀性，分户水表及总水表分别选用 LXS—20、LXS—50 湿式水表。计算管路上的分户表设计流量为 $q_{3-4} = 0.31\ L/s = 1.116\ m^3/h$，总水表设计流量为 $q_{16-17} = 3.17\ L/s = 11.412\ m^3/h$。则分户水表的水头损失为

$$h_{分}/kPa = \frac{q_E^2}{K_E} = \frac{q_E^2}{\frac{q_{max}^2}{100}} = \frac{1.116^2}{\frac{5^2}{100}} = 4.98$$

总水表的水头损失为

$$h_{总}/kPa = \frac{q_E^2}{K_E} = \frac{q_E^2}{\frac{q_{max}^2}{100}} = \frac{11.412^2}{\frac{30^2}{100}} = 14.47$$

故水表总水头损失为

$$H_3/kPa = h_{分} + h_{总} = 4.98 + 14.47 = 19.45$$

7. 确定建筑物室内给水系统所需的总压力

$$H/kPa = H_1 + H_2 + H_3 + H_4 = 23.7 \times 10 + 1.3 \times 23.976 + 19.45 + 20 = 307.62$$

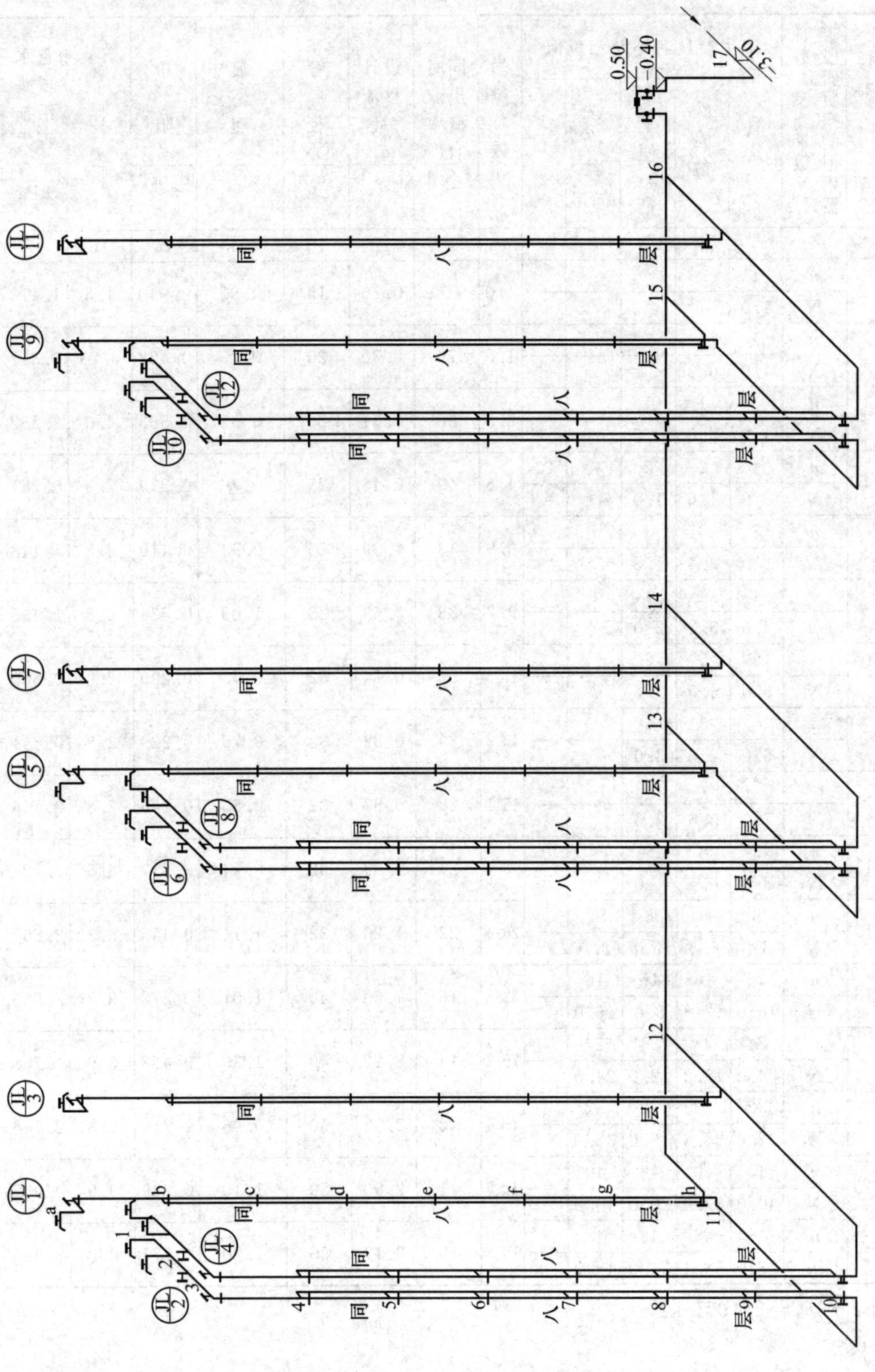

图 16.4　给水系统水力计算用图　1:100

表 16.1 室内给水管网水力计算表

序号	管段编号		管段所负担的卫生器具数 n 及当量数 N	卫生器具名称及当量值					当量总数 N_g	同时出流概率 U/%	设计秒流量 q_g/(L·s⁻¹)	管径 DN/mm	流速 v/(m·s⁻¹)	单阻 i/(kPa·m⁻¹)	管长 l/m	管段沿程水头损失 $h=(il)$/kPa
	自	至		浴盆 $N=1.0$	洗脸盆 $N=0.8$	坐便 $N=0.5$	洗涤盆 $N=1.0$									
1	2	3	4	5	6	7	8	9	10	11	12	13	14	15	16	17
1	1	2	n	1					1.0	100	0.20	15	0.99	0.940	1.5	1.410
			N	1.0												
2	2	3	n	1	1				1.8	76	0.30	20	0.79	0.422	0.75	0.317
			N	1.0	0.8											
3	3	4	n	1	1	1			2.3	68	0.31	20	0.92	0.563	4.0	2.252
			N	1.0	0.8	0.5										
4	4	5	n	2	2	2			4.6	49	0.45	25	0.76	0.279	2.8	0.781
			N	2.0	1.6	1.0										
5	5	6	n	3	3	3			6.9	43	0.59	25	0.94	0.410	2.8	1.148
			N	3.0	2.4	1.5										
6	6	7	n	4	4	4			9.2	38	0.69	25	1.09	0.534	2.8	1.495
			N	4.0	3.2	2.0										
7	7	8	n	5	5	5			11.5	32	0.74	32	0.75	0.200	2.8	0.560
			N	5.0	4.0	2.5										
8	8	9	n	6	6	6			13.8	29	0.82	32	0.79	0.229	2.8	0.641
			N	6.0	4.8	3.0										
9	9	10		7	7	7			16.1	28	0.87	32	0.85	0.266	2.8	0.745
			N	7.0	5.6	3.5										
10	10	11	n	8	8	8			18.4	27	0.99	32	0.94	0.317	8.6	2.726
			N	8.0	6.4	4.0										
11	11	12	n	8	8	8	8		26.4	22	1.20	32	1.14	0.455	6.3	2.867
			N	8.0	6.4	4.0	8.0									
12	12	13	n	16	16	16	16		52.8	16	1.69	40	1.01	0.272	9.8	2.666
			N	16.0	12.8	8.0	16.0									
13	13	14	n	24	24	24	24		79.2	14	2.22	40	1.33	0.438	3.9	1.708
			N	24.0	19.2	12.0	24.0									
14	14	15	n	32	32	32	32		105.6	12	2.53	50	0.96	0.219	9.8	2.146
			N	32.0	25.6	16.0	32.0									
15	15	16	n	40	40	40	40		132.0	11	2.90	50	1.10	0.239	3.9	0.932
			N	40.0	32.0	20.0	40.0									
16	16	17	n	48	48	48	48		158.4	10	3.17	50	1.20	0.271	9.8	2.656
			N	48.0	38.4	24.0	48.0									

合计：$\sum h_f = 23.976$ kPa。

8. 校核

室内给水管网所需的总压力 $H = 307.62$ kPa，室外管网所能提供的压力 150 kPa，$H > H_0$，故需设增压装置。本设计选用水泵作为升压设备。

水泵的出流量可按最大时用水量选择，即 $Q_h=4.2\ m^3/h$。

水泵的扬程应按该建筑物所需的总压力与吸水管路、压水管路的压力损失，以及水泵本身阻力与安全水压之和来确定，即

$$H_B=H+\sum h_s+\sum h_d+\sum h_b+H_{安全}$$

水泵吸水管路长 2 m，压水管路长 40 m(经实测计算得出)，初选一台工作泵，由所需流量 $Q=3.17\ L/s$ 可查得：

吸水管路　$v=0.9\ m/s$，$DN=70\ mm$，$i=0.305\ kPa/m$；

压水管路　$v=1.49\ m/s$，$DN=50\ mm$，$i=1.12\ kPa/m$；

故

$$H_B/kPa=307.62+2\times0.305+40\times1.12+20+20=393.03(39.3\ H_2O)$$

据此选得水泵型号为 IS50－32－200，$Q=15\ m^3/h$，$H=48\ m$，$N=5.5\ kW$。选择两台，一用一备。

(9) 贮水池容积的计算。本设计采用水泵、水箱联合供水的给水方式，因为市政给水管道不允许水泵直接从管网吸水，故在泵房内设生活贮水池，其容积按下式计算

$$W_H=V_T+V_x+V_{sg}$$

由于该建筑消防设有专用的消防贮水池，该建筑又无生产事故用水，故 $V_x+V_{sg}=0$，所以

$$W_H/m^3=V_T=20\%Q_d=20\%\times40.032=8.064$$

选择 15 号方形钢板水箱，尺寸为 3 000 mm × 2 000 mm × 2 000 mm，有效容积为 10 m³。

(三) 设计成果

1. 设计说明

(1) 本工程最大小时用水量为 4.2 m³/h，所需压力为 393 kPa。

(2) 管材选用：

给水管采用建筑用 PP－R 管。每层作一“π”型伸缩节，除立管分支外，禁有接头。管道采用热熔连接，排水管选用·埋地部分，车库内立管，干管采用铸铁排水管，其余部分均采用白色建筑排水用 UPVC 塑料管。塑料排水管道采用承插式胶粘接，每根立管上每层设伸缩节一个，悬吊横干管、横支管每 4m 必须设伸缩节一个，其余未注明者均按国标 93S341 执行。铸铁排水管采用承插连接，石棉水泥捻口。

(3) 防腐处理：

排水铸铁管除锈后，刷樟丹防锈漆两道，热沥青两道。

(4) 排水管采用的坡度：横支管：$i=0.035$；

排出管：DN100，$i=0.02$；DN150；$i=0.008$。

(5) 水表选用：湿式旋翼水表，分户水表系统为 LXS－20；总水表为 LXS－50 型。

(6) 卫生器具选用：

① 钢板搪瓷盆 1700 × 700 × 400(2100 开间用)，1400 × 700 × 400(1800 开间用)。

② 唐陶 HD11＃B 坐便器。

③ 双孔有沿台式洗脸盆，规格型号为 SLI－606 590 × 410 × 300。

④3 号白色陶瓷洗脸盆 560 × 400 × 300。

⑤1 号白色陶瓷洗菜盆 610 × 460 × 200。

⑥ 淋浴房 900 × 900 × 1900。

⑦ 污水盆 560 × 456 × 300。

(7) 消防管采用镀锌钢管，丝扣连接，内刷红丹防锈漆两道，外刷银粉漆两道。丁型铝合金单栓室内消火栓箱 800 × 650 × 160，消防箱暗装，水枪为 ϕ50 衬胶麻织水带，$L = 25$ m。

(8) 排水管道穿楼板时严格按照国际 96S341 — 13 施工。

(9) 排水管道安装完毕应按国际进行通水试验。

给水管道安装完毕后应按国际要求进行水压试验。

(10) 本图所注尺寸：标高以“m”计，其余均以“mm”计，给水管标高指管中心，排水管标高指管内底。

(11) 本图未注明者均按相应国际标准执行。

(12) 设计中使用的图例及采用的标准图目录。

表 16.2 为设计中采用的标准图目录。

表 16.2　采用标准图目录

序　号	名　　称	图集号
1	冷水龙头洗涤盆安装	国标 99S304 — 7
2	低水箱坐便器安装图(三)	国标 99S304 — 64
3	浴盆安装图	国标 99S304 — 104
4	陶瓷片密封龙头托架式洗脸盆安装图	国标 99S304 — 27
5	台式洗脸盆安装图	国标 99S304 — 39
6	污水盆安装图	国标 99S304 — 17
7	单柄淋浴龙头圆角淋浴房安装图(二)	国标 99S304 — 119
8	侧墙式通气帽安装图(Ⅰ 型)	国标 99S220 — 55
9	排水通气穿越屋面安装图	国标 99S220 — 56
10	清扫口安装图	国标 99S220 — 10
11	地漏安装图	国标 99S220 — 12
12	水表井安装图	国标 S145 — 7 — 14
13	丁型单阀室内消火栓箱	国标 99S202 — 4

2. 图纸

首层给水平面图及二 ～ 八层给水平面插页 1、2(图 16.5、图 16.6)，给水系统图见 16.7。

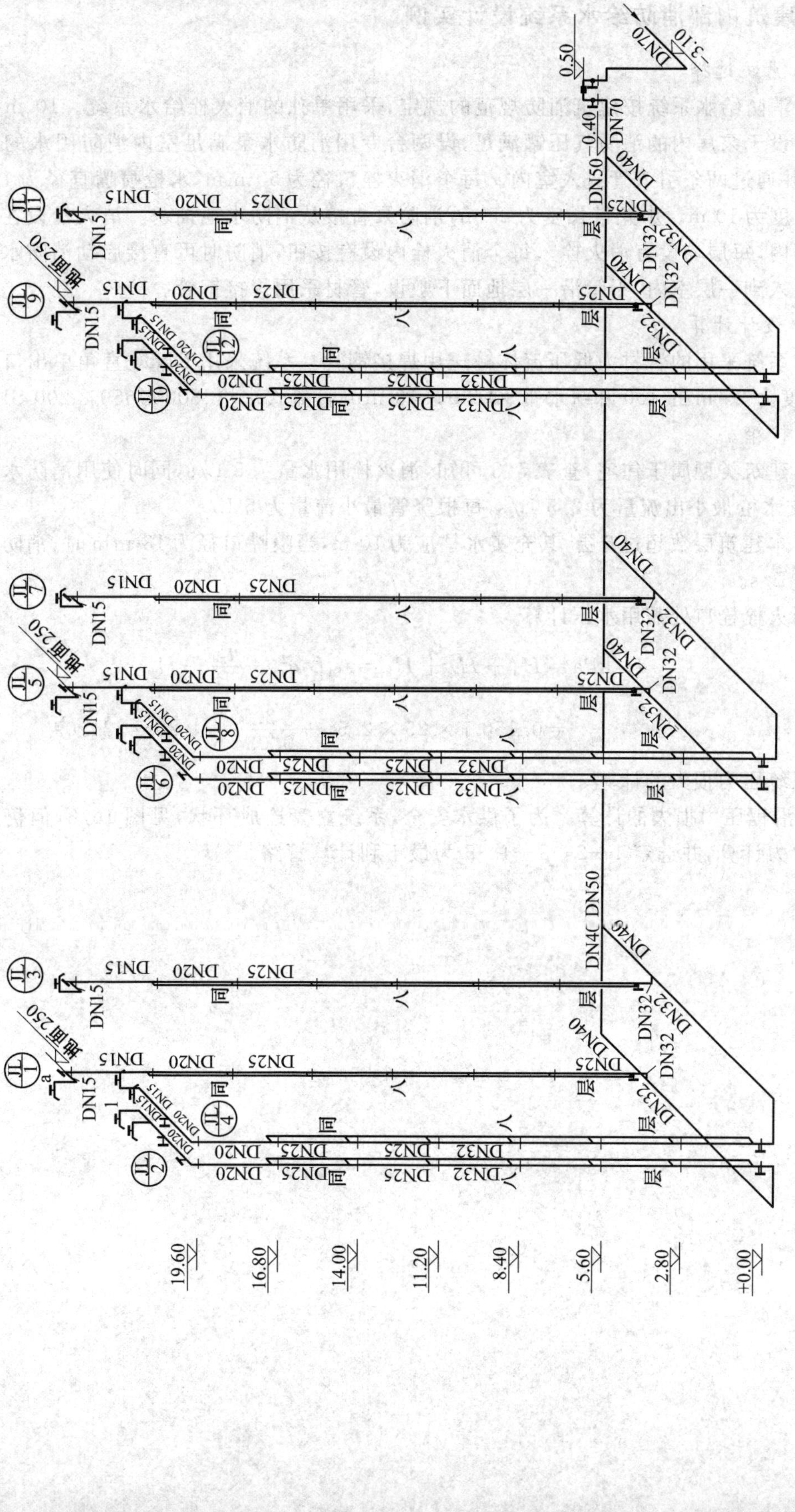

图 16.7　给水系统图　1:100

四、建筑内部消防给水系统设计实例

(一) 系统选择

室内消防给水系统按建筑消防规范的规定,采用单独的消火栓给水系统。10 min 室内消防用水由设于泵房内的消防气压罐满足,设两台专用消防水泵满足室内消防用水的水量和水压要求,并通过两条引入管送入室内。每个消火栓口径为50 mm,水枪喷嘴直径为13 mm,充实水柱长度为10 m。水龙带长度为25 m,消防泵直接从消防水池抽水。消火栓设在每个单元的楼梯间内,每层均设有消火栓。每个消火栓内设有按钮,消防时可直接启动消防水泵。引入管埋地引入到一层室内,干管沿一层地面下敷设,管材采用焊接钢管。

(二) 设计计算

已知系统采用的管材为低压流体输送用焊接钢管。系统采用 DN50 直角单出口式室内消火栓、长度为 25 m 的 ϕ50 麻织水带、QZ50×13 mm 直流式水枪、800×650×200 S162(甲型)钢制消火栓箱。

1. 本建筑类型属于住宅,查表 5.3 可知,消火栓用水量为 5 L/s,同时使用消防水枪数量为 2 支,每支水枪最小出流量为 2.5 L/s,每根竖管最小流量为 5 L/s。

由于本建筑层数超过6层,其充实水柱应为10 m,当喷嘴口径为13 mm时,消防水枪出流量为 2.5 L/s。

2. 消火栓栓口处需用水压计算

$$H/\text{kPa}=H_d+H_q+H_k=A_dL_dq_{xh}^2+\frac{q_{xh}^2}{B}+H_k$$

$$=0.150\,1\times 25\times 2.5^2+\frac{2.5^2}{0.034\,6}+20=224.09$$

3. 系统压力损失的计算。

(1) 沿程压力损失的计算。为了供水安全,系统立管连成环状,见图 16.8,但仍以枝状管网进行水力计算,并选定 1—2—3—4—5 为最不利计算管路。

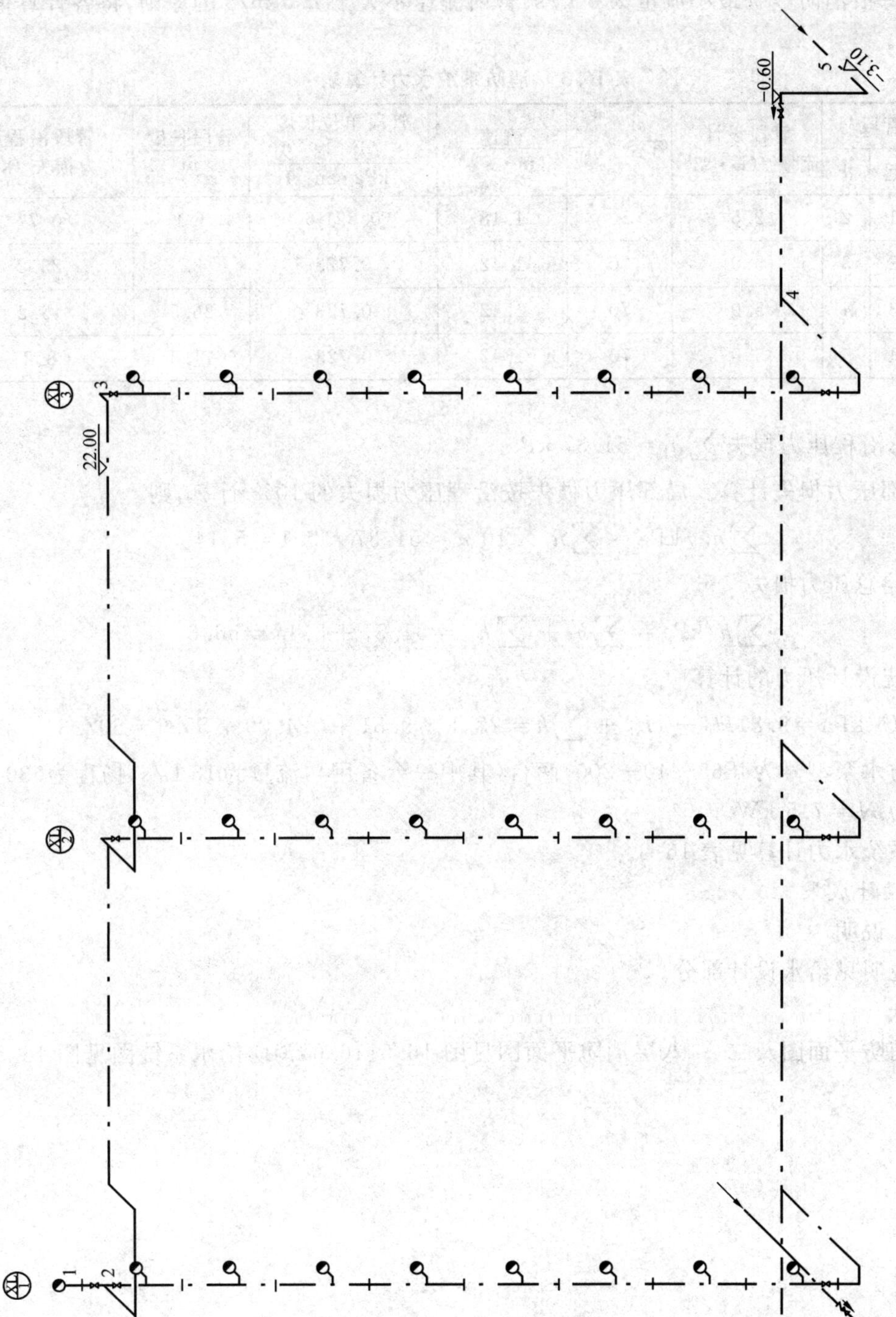

图 16.8　消防系统水力计算用图　1:100

根据每根消防竖管最小流量为 5 L/s、管内流速不大于 2.5 m/s 的原则，将各计算值填入表 16.3 中。

表 16.3　消防系统水力计算表

序号	管段号		管段设计流量 /(L·s^{-1})	管径 /mm	流速 (m·s^{-1})	管段单位长度压力损失 (kPa·m^{-1})	管段长度 m	管段沿程压力损失 /kPa
	起	止						
1	1	2	2.5	50	1.18	0.691 6	1.1	0.77
2	2	3	5.0	70	1.42	0.723	32	23.2
3	3	4	5.0	70	1.42	0.723	26.5	19.2
4	4	5	5.0	70	1.42	0.723	11.3	8.2

管路总沿程压力损失 $\sum h_f = 51.37$ kPa。

② 局部压力损失计算。局部压力损失按沿程压力损失的 10% 计算，则

$$\sum h_m/\text{kPa} = \sum h_f \times 10\% = 51.37 \times 0.1 = 5.14$$

③ 管路总压力损失

$$\sum h/\text{kPa} = \sum h_f + \sum h_m = 51.37 + 5.14 = 56.6$$

④ 系统设计压力的计算

$$H/\text{kPa} = 9.81H_0 + H_{xh} + \sum h = 23.1 \times 9.81 + 224.09 + 56.6 = 507.3$$

选消防水泵型号为IS65－40－200，两台（其中一台备用），流量为15 L/s，扬程为530 kPa，电机功率为 $N = 7.5$ kW。

消防系统水力计算见表 16.3。

（三）设计成果

1. 设计说明

设计说明见给水设计部分。

2. 图纸

首层消防平面图及二 ～ 八层消防平面图见图 16.5、16.6，消防给水系统图见图 16.9。

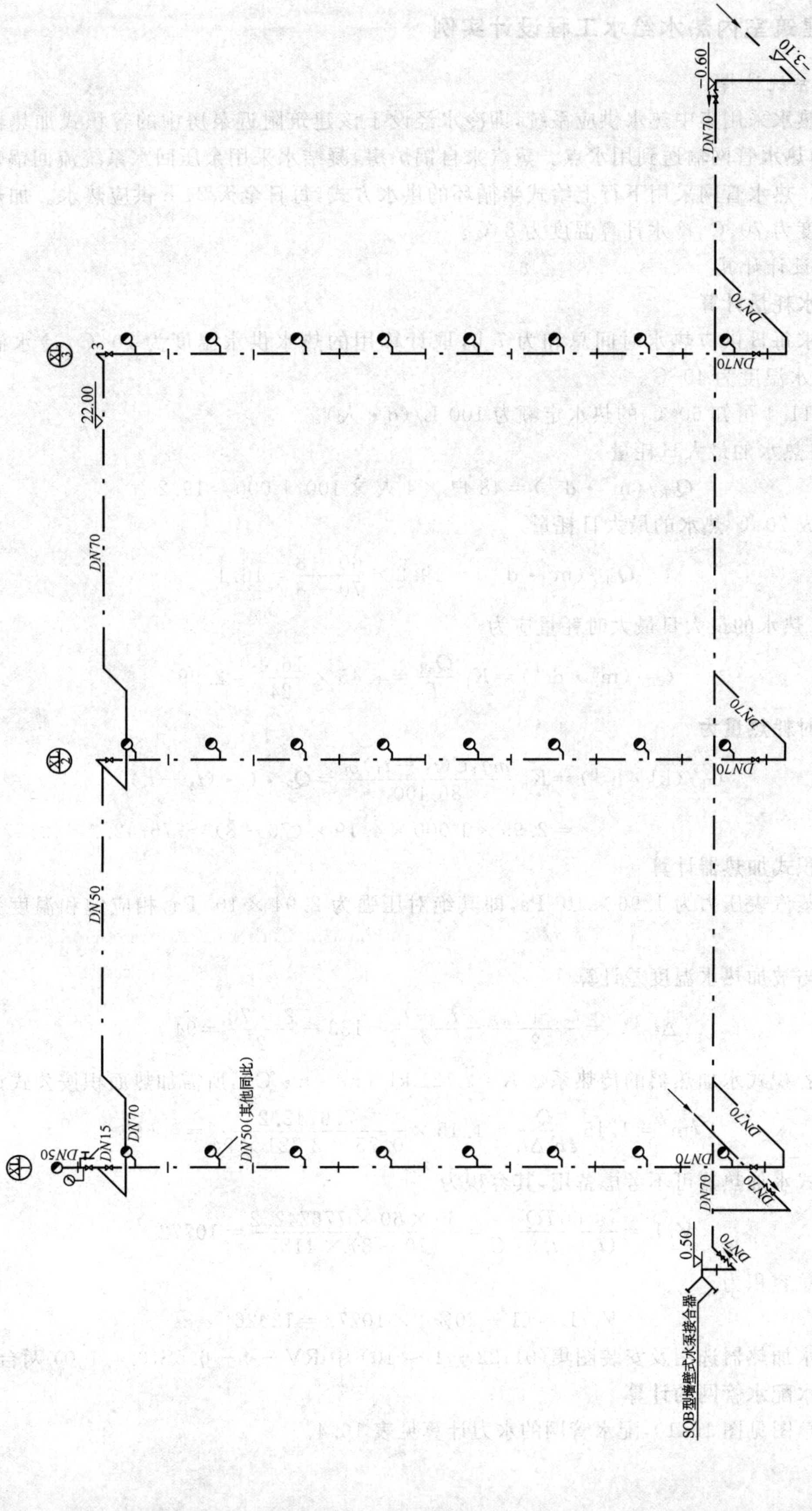

图 16.9　消防系统图　1:100

五、建筑室内热水给水工程设计实例

（一）系统选择

室内热水采用集中热水供应系统，即冷水经设于该建筑附近泵房中的容积式加热器加热后，经室内热水管网输送到用水点。蒸汽来自锅炉房，凝结水采用余压回水系统流回锅炉房的凝结水池。热水管网采用下行上给式半循环的供水方式，每日全天 24 h 供应热水。加热器热水出水温度为 70 ℃，冷水计算温度为 8 ℃。

（二）设计计算

1. 热水耗量计算

按要求每日供应热水时间总和为 7 h，取计算用的热水供水温度为 70 ℃，冷水温度为 8 ℃，混合水温度为 40 ℃。

查表 11.4 可知 60 ℃ 的热水定额为 100 L/(d · 人)。

60 ℃ 热水的最大日耗量

$$Q_{dR}/(m^3 \cdot d^{-1}) = 48\text{户} \times 4\text{人} \times 100/1\,000 = 19.2$$

折合成 70 ℃ 热水的最大日耗量

$$Q_{dR}/(m^3 \cdot d^{-1}) = 19.2 \times \frac{60-8}{70-8} = 16.1$$

70 ℃ 热水的最大日最大时耗量应为

$$Q_R/(m^3 \cdot d^{-1}) = K_h \frac{Q_{dR}}{T} = 4.45 \times \frac{16.1}{24} = 2.99$$

2. 小时耗热量为

$$G_h/(kJ \cdot h^{-1}) = K_h \frac{mq_1 C(t_1 - t_1)\rho_l}{86\,400} = Q_R \cdot C \cdot (t_h - t_l)$$

$$= 2.99 \times 1\,000 \times 4.19 \times (70-8) = 776742.2 \quad (215761\ W)$$

3. 容积式加热器计算

已知蒸汽表压力为 1.96×10^5 Pa，即其绝对压强为 2.94×10^5 Pa，相应饱和温度为 $t_s =$ 133 ℃。

热媒与被加热水温度差计算

$$\Delta t_j/℃ = \frac{t_{mc} + t_{mz}}{2} - \frac{t_c + t_z}{2} = 133 - \frac{8+70}{2} = 94$$

查得容积式水加热器的传热系数 $K = 2\,721$ kJ/(m² · h · ℃)，所需加热面积按公式计算为

$$F/m^2 = 1.15 \frac{Q}{\varepsilon K \Delta t_j} = 1.15 \times \frac{776742.2}{0.75 \times 2\,721 \times 94} = 4.66$$

容积式水加热器可不考虑备用，其容积为

$$V/L = \frac{60TQ}{(t_r - t_z) \cdot C} = \frac{60 \times 60 \times 776742.2}{(70-8) \times 4187} = 10772$$

贮热总容积为

$$V_x/L = (1 + 20\%) \times 10772 = 12926$$

根据水加热器选用及安装图集(01122－1～10) 中 RV－4－6.5S(0.4/1.0) 两台。

4. 热水配水管网的计算

计算草图见图 16.10，配水管网的水力计算见表 16.4。

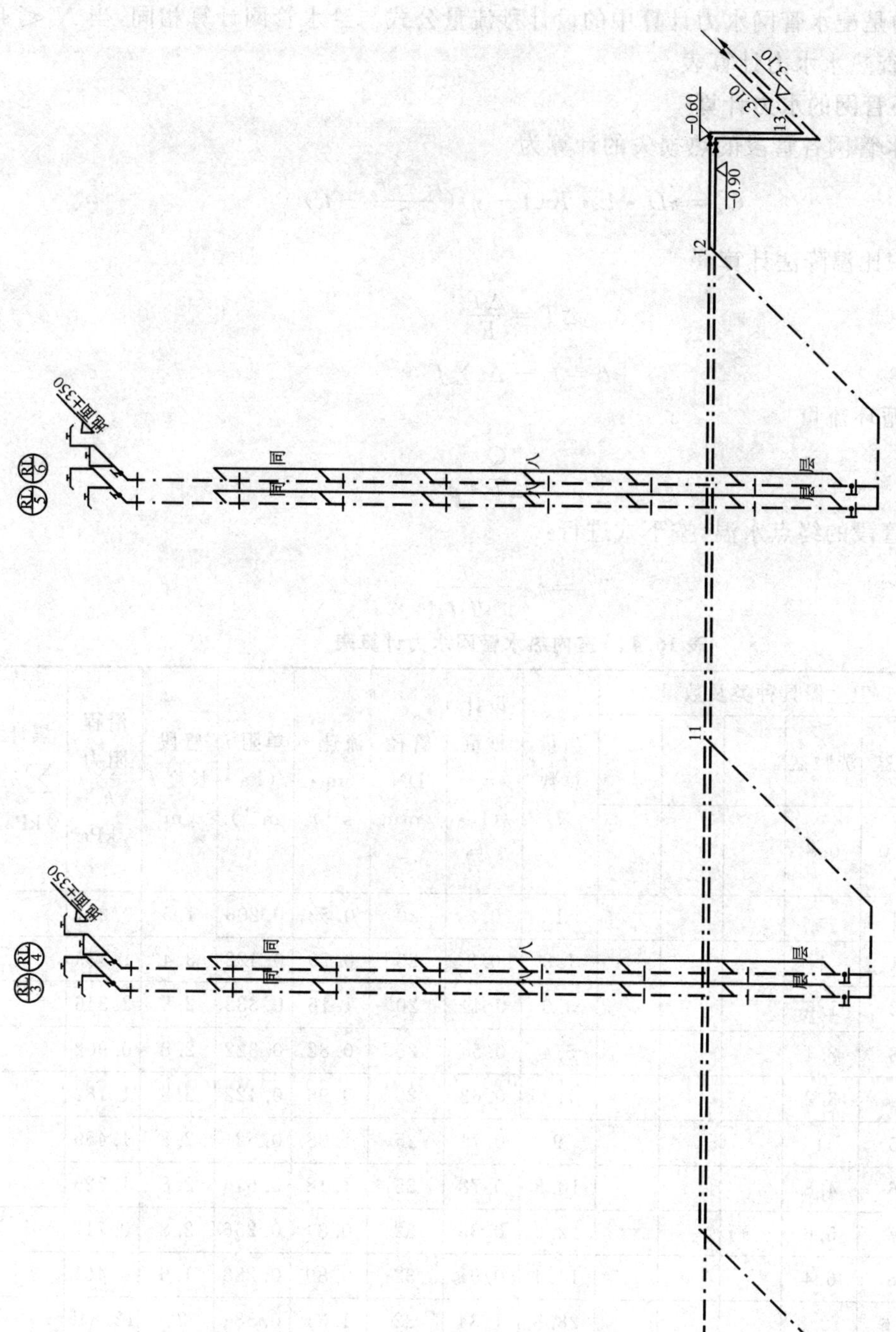

图 16.10　热水系统水力计算用图

应该说明的是配水管网水力计算中的设计秒流量公式与给水管网计算相同，当 $N<4$ 时按 100% 计，再查热水水力计算表。

5. 热水循环管网的水力计算

① 热水配水管网各管段的热损失的计算为

$$Q_s=\pi D\cdot L\cdot K(1-\eta)(\frac{t_c-t_z}{2}-t_j)$$

t_c 和 t_z 可按面积比温降法计算

$$\Delta T=\frac{\Delta T}{F}$$

$$t_z=t_c-\Delta t\sum f$$

② 计算总循环流量

$$q_x=\frac{Q_s}{C\Delta T\cdot\rho_r}$$

③ 校核各管段的终点水温，按下式进行：

$$t'_z=t_c-\frac{q_s}{cq_x\rho_r}$$

表 16.4 室内热水管网水力计算表

管段号	卫生器具种类及数量					当量总数 N_g	设计秒量 q_g /(L·s^{-1})	管径 DN /mm	流速 v (m·s^{-1})	单阻 i /(Pa·m^{-1})	管段长度 l /m	沿程阻力 h_f /kPa	累计 $\sum h_f$ /kPa
	浴盆	洗脸盆											
	1.0	0.8											
1～2	1	—				1	0.2	20	0.53	0.206	1.5	0.291	
2～3	1	1				1.8	0.3	20	0.79	0.422	3.4	1.435	
3～4	2	1.6				3.6	0.44	20	1.16	0.838	2.8	2.346	
4～5	3	2.4				5.4	0.54	25	0.82	0.322	2.8	0.902	
5～6	4	3.2				7.2	0.63	25	0.96	0.422	2.8	1.182	
6～7	5	4				9	0.71	25	1.08	0.521	2.8	1.459	
7～8	6	4.8				10.8	0.78	25	1.18	0.616	2.8	1.725	
8～9	7	5.6				12.6	0.85	32	0.84	0.256	2.8	0.717	
9～10	8	6.4				14.4	0.91	32	0.89	0.288	1.6	0.461	
10～11	16	12.8				28.8	1.34	32	1.31	0.584	22	12.848	
11～12	32	25.6				57.6	1.96	40	1.18	0.35	13.5	4.725	
12～13	48	38.4				86.4	2.48	40	1.488	0.526	8.4	4.419	
													32.51

6. 蒸汽管道的计算

已知小时热耗为 776742.2 kJ/h(每台加热器为 388371.1 kJ/h),小时蒸汽耗量为

$$G_{mh}/(\text{kg}\cdot\text{h}^{-1})=1.1\frac{Q}{r_{\eta}}=1.1\times\frac{776742.2}{2\ 167}=394$$

蒸汽管道的管径可查蒸汽管道管径计算表($\delta=0.2$ mm)(附录 12),选用 DN＝100 mm(总管),DN＝70 mm(至加热器上蒸汽支管)。

7. 蒸汽凝水管道计算

已知蒸汽的表压力为 200 kPa,采用开式重力凝水系统。

本工程的加热器为2台,每台凝水管管径为DN50。疏水器后管道的管径选为DN50,总回水干管的管径为 DN100。

8. 锅炉的选择

锅炉每小时供热量按下式计算

$$G_{g}/(\text{kJ}\cdot\text{h}^{-1})=(1.1\sim1.2)Q=1.15\times776742.2=893253.53$$

锅炉的蒸发量应为 893253.53/2167＝412 kg/h,选 0.5 t/h 快装锅炉一台。

(三) 设计成果

1. 设计说明

设计说明见给水设计部分。

2. 图纸

首层热水平面图及 二 ～ 八层热水平面图见 16.5、16.6,热水系统图见 16.11。

六、建筑室内排水工程设计实例

(一) 系统选择

该建筑排水系统采用合流制排放,即生活污水和生活废水通过一根排出管排向室外,经化粪池处理后排入城市排水管网。排水工程设计见图 16.5、16.6、16.12。

排水系统由卫生器具、排水管道、通气管道、检查口、清扫口、室外检查井、化粪池等组成。排水管道的室外部分采用混凝土管,室内部分采用建筑排水硬聚氯乙烯(PVC－U)管,粘接。

(二) 设计计算

该建筑由 3 个单元构成,3 个单元的排水系统完全相同,故只计算其中 1 个,见图 16.12。

系统 1 包括 16 个洗涤盆,排水当量为 2.0;16 个洗脸盆,排水当量为 0.75;16 个低水箱坐式大便器。排水当量为 6.0;16 个浴盆,排水当量为 3.0,则本系统的当量总数 $N_p=16\times(2.0+0.75+6.0+3.0)=188$,超过表 8.6 中允许负荷的卫生器具排水当量值,所以该系统排出管的管径及坡度需经计算确定。

1. 排水横支管管径和坡度的确定

(1) 立管 PLl、PL3 各层横支管排水当量总数为 2.0,据表 8.6 确定其各层横支管管径为 50;据表 8.3 确定其各层横支管坡度为 0.025。

(2) 立管 PL3、PL4 的各层横支管排水当量分别为:1—2 管段,$N_p=3.0+0.75=3.75$,据表 8.6 确定支管口径为 50,按表 8.3 确定支管坡度为 0.025;2—3 管段,$N_p=3.0+0.75+6.0=9.75$。据表 8.6 确定支管口径为 100,按表 8.3 确定支管坡度为 0.012。

2. 立管管径的确定

(1) 立管 PLl、PL3 管径的确定。该立管排水当量总数 $N_p=7\times2.0=14.0$,查表 8.6,该立

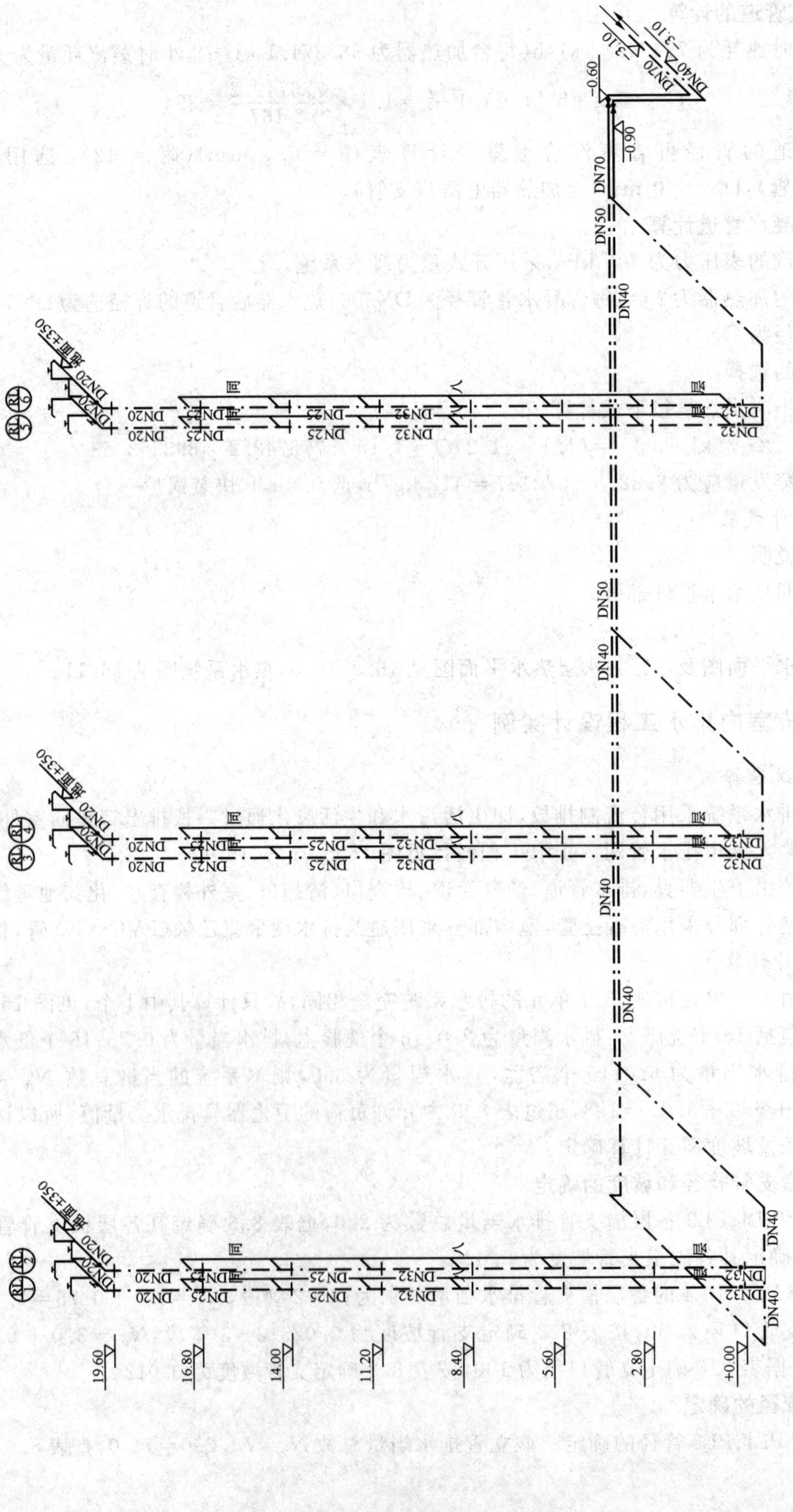

图 16.11 热水系统图 1:100

管口径为 50。

(2) 立管 PL2、PL4 管径的确定。该立管排水当量总数为 $N_p = 7 \times (3.0 + 0.75 + 6.0) = 68.25$，按表 8.6 查得该立管口径为 100。

3. 排出管的管径和坡度的确定。

(1)4—5 管段排水当量总数 $N_p = 7 \times (3.0 + 0.75 + 6.0) = 68.25$，查表 8.6，可知该管段口径为 100，查表 8.3，可知坡度为 0.012。

(2)5—6 管段排水当量总数 $N_p = 2 \times 7 \times (3.0 + 0.75 + 6.0) = 136.5$，超过表 8.6 中规定的允许负荷值，故需由计算确定其管径和坡度。

根据式(8.1)，$q_p = 0.12\alpha\sqrt{N_p} + q_{max}$，从表 8.2 查得住宅的 $\alpha = 1.5$，q_{max} 取低水箱坐式大便器的排水流量 2.0 L/s，所以排水管的设计流量为

$$q_p/(\mathrm{L \cdot s^{-1}}) = 0.12\alpha\sqrt{N_p} + q_{max} = 0.12 \times 1.5 \times \sqrt{136.5} + 2.0 = 4.1$$

根据 $q_p = 4.1$ L/s，查附录 6 可得管径应为 $D = 125$ mm，设计充满度 $h/D = 0.5$，流速 $v = 0.81$ m/s，坡度 $i = 0.01$。

(3)6—7 管段排水当量总数为 $N_p = 2 \times 8 \times (3.0 + 0.75 + 2.0 + 6.0) = 188$。

同上，$q_p/(\mathrm{L \cdot s^{-1}}) = 0.12 \times 1.5 \times \sqrt{188} + 2.0 = 4.47$。

根据 $q_p = 4.47$ L/s，查附录 6 可得管径应为 $D = 125$ mm，设计充满度 $h/D = 0.5$，流速 $v = 0.81$ m/s，坡度 $i = 0.01$。

(4)a—b 管段排水当量总数为 $N_p = 7 \times 2.0 = 14.0$，查表 8.6 可知，该管段口径为 100，查表 8.3 可知，坡度 $i = 0.012$。

(5)b—6 管段排水当量总数为 $N_p = 7 \times 2 \times 2.0 + 2 \times (3.0 + 0.75 + 6.0) = 47.5$，查表8.6 可知，该管段口径为 100，查表 8.3 可知，坡度为 $i = 0.012$。

4. 通气管管径的确定。由于哈尔滨地区冬季平均气温低于 −13℃，所以采用伞形通气帽，通气管口径比所处立管的口径大一个规格，即立管 PL1、PL2 通气管口径为 75，立管 PL2、PL4 通气管口径为 125。变径处从顶层天棚下 300 mm 处开始。

(三) 设计成果

1. 设计说明

设计说明见给水设计部分。

2. 图纸

首层排水平面图及二 ～ 八层排水平面图见图 16.5、16.6，排水系统图见 16.13。

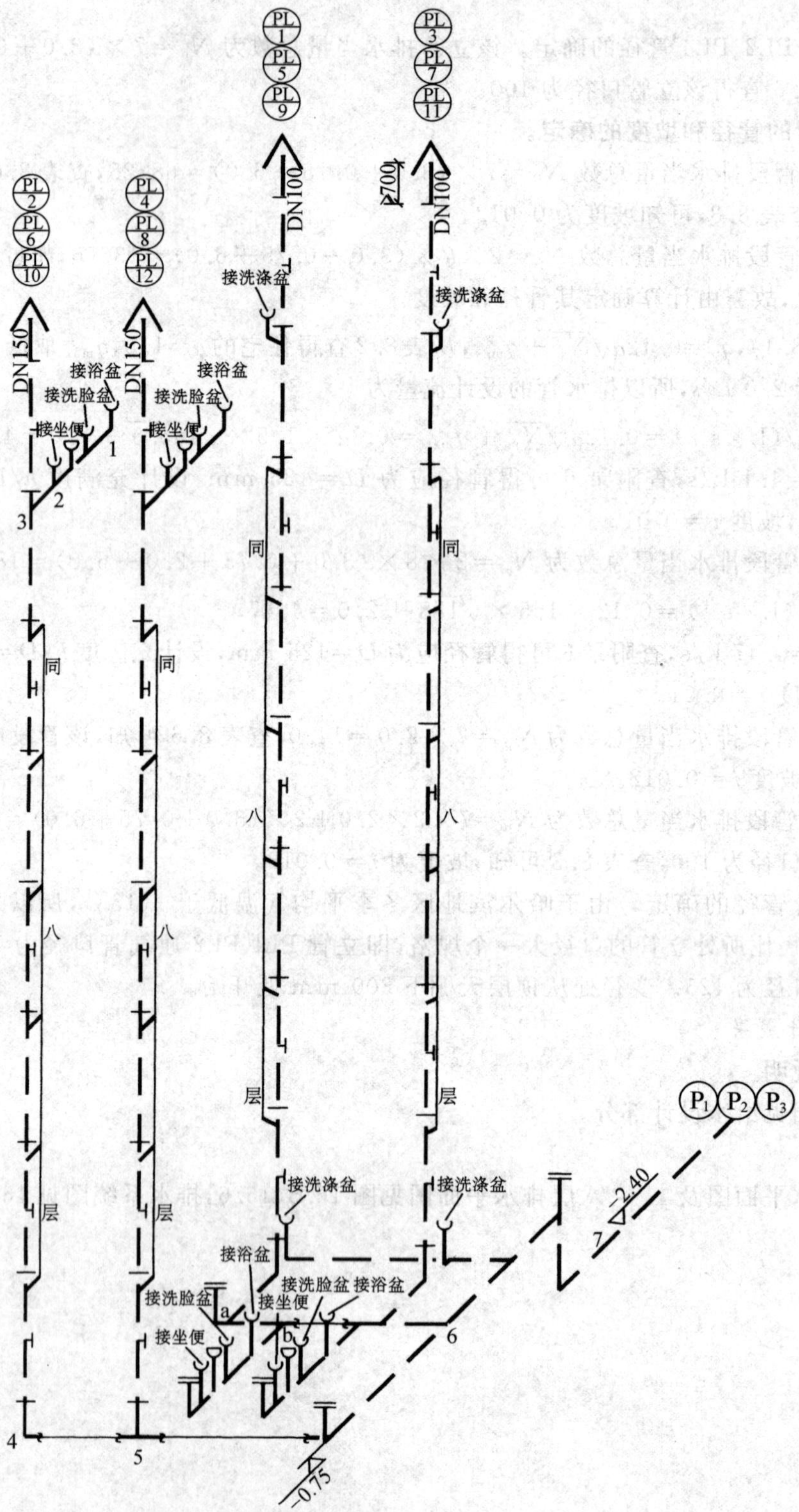

图 16.12　排水系统水力计算草图 1:100

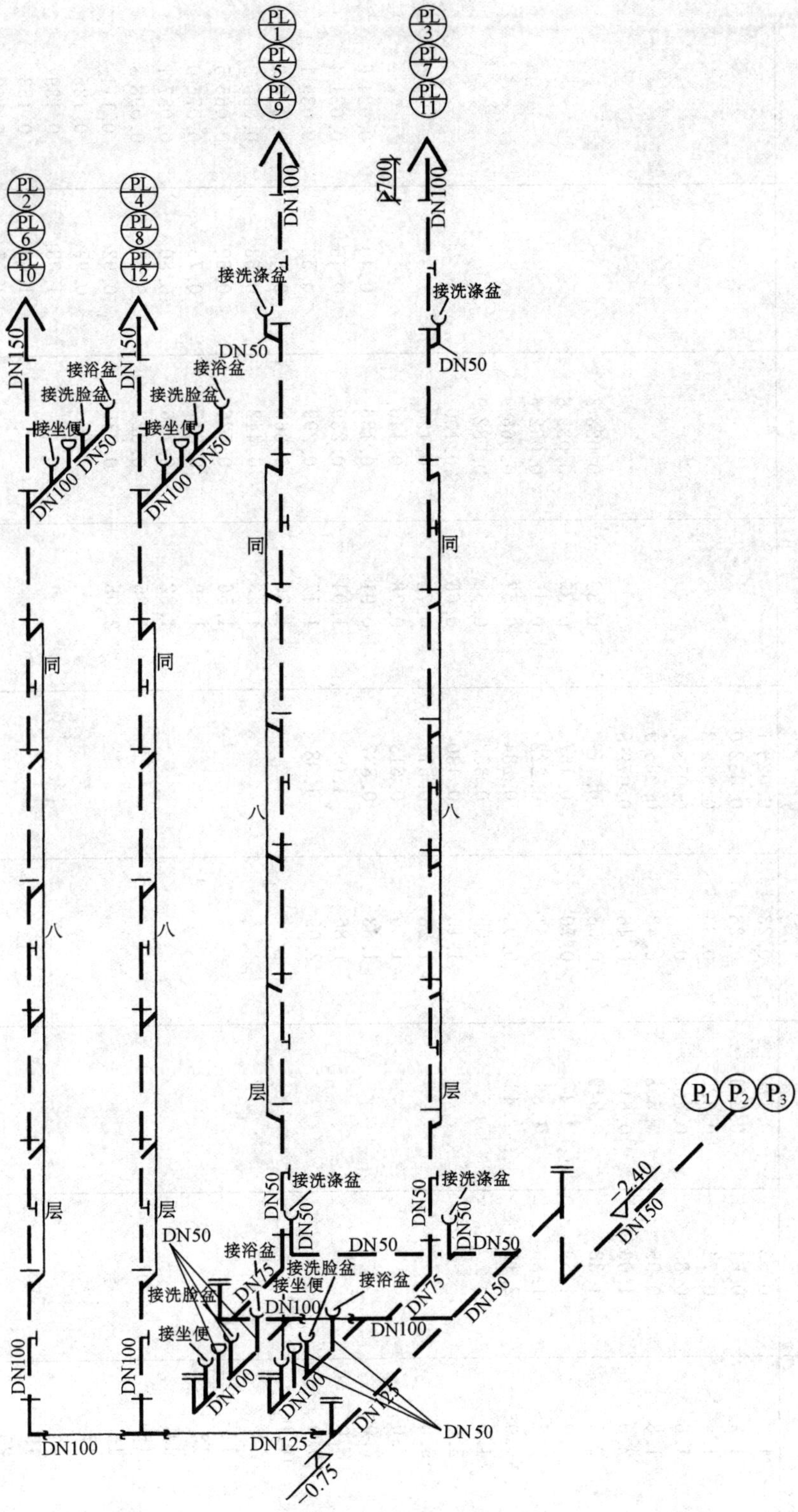

图 16.13　排水系统图 1:100

附　录

附录 1　给水铸铁管水力计算表

q_g	DN50		DN75		DN100		D150	
	v	i	v	i	v	i	v	i
1.0	0.53	0.173	0.23	0.023 1				
1.2	0.64	0.241	0.28	0.032 0				
1.4	0.74	0.320	0.33	0.042 2				
1.6	0.85	0.409	0.37	0.053 4				
1.8	0.95	0.508	0.42	0.065 9				
2.0	1.06	0.619	0.46	0.079 8				
2.5	1.33	0.949	0.58	0.119	0.32	0.028 8		
3.0	1.59	1.37	0.70	0.167	0.39	0.039 8		
3.5	1.86	1.86	0.81	0.222	0.45	0.052 6		
4.0	2.12	2.43	0.93	0.284	0.52	0.066 9		
4.5			1.05	0.353	0.58	0.082 9		
5.0			1.16	0.430	0.65	0.100		
5.5			1.28	0.517	0.72	0.120		
6.0			1.39	0.615	0.78	0.140		
7.0			1.63	0.837	0.91	0.186	0.40	0.024 6
8.0			1.86	1.09	1.04	0.239	0.46	0.031 4
9.0			2.09	1.38	1.17	0.299	0.52	0.039 1
10.0					1.30	0.365	0.57	0.046 9
11					1.43	0.442	0.63	0.055 9
12					1.56	0.526	0.69	0.065 5
13					1.69	0.617	0.75	0.076 0
14					1.82	0.716	0.80	0.087 1
15					1.95	0.822	0.86	0.098 8
16					2.08	0.935	0.92	0.111
17							0.97	0.125
18							1.03	0.139
19							1.09	0.153
20							1.15	0.169
22							1.26	0.202
24							1.38	0.241
26							1.49	0.283
28							1.61	0.328
30							1.72	0.377

注：q_g 以 L/s 计，管径 DN 以 mm 计，流速 v 以 m/s 计，压力损失 i 以 kPa/m 计。

附录 2　给水钢管水力计算表

q_g	DN15		DN20		DN25		DN32		DN40		DN50		DN70		DN80		DN100	
	v	i	v	i	v	i	v	i	v	i	v	i	v	i	v	i	v	i
0.05	0.29	0.284																
0.07	0.41	0.518	0.22	0.111														
0.10	0.58	0.985	0.31	0.208														
0.12	0.70	1.37	0.37	0.288	0.23	0.086												
0.14	0.82	1.82	4.3	0.38	0.26	0.113												
0.16	0.94	2.34	0.50	0.485	0.30	0.143												
0.18	1.05	2.91	0.56	0.601	0.34	0.176												
0.20	1.17	3.54	0.62	0.72	0.38	0.213	0.21	0.05										
0.25	1.46	5.51	0.78	1.09	0.47	0.318	0.26	0.07	0.20	0.03								
0.30	1.76	7.93	0.93	1.53	0.56	0.442	0.32	0.10	0.24	0.05								
0.35			1.09	2.04	0.66	0.586	0.37	0.141	0.28	0.08								
0.40			1.24	2.63	0.75	0.748	0.42	0.17	0.32	0.08								
0.45			1.40	3.33	0.85	0.932	0.47	0.22	0.36	0.11	0.21	0.031						
0.50			1.55	4.11	0.94	1.13	0.53	0.26	0.40	0.13	0.23	0.037						
0.55			1.71	4.97	1.04	1.35	0.58	0.31	0.44	0.15	0.26	0.044						
0.60			1.86	5.91	1.13	1.59	0.63	0.37	0.48	0.18	0.28	0.051						
0.65			2.02	6.94	1.22	1.85	0.68	0.43	0.52	0.21	0.31	0.059						
0.70					1.32	2.14	0.74	0.49	0.56	0.24	0.33	0.068	0.20	0.020				
0.75					1.41	2.46	0.79	0.56	0.60	0.28	0.35	0.077	0.21	0.023				
0.80					1.51	2.79	0.84	0.63	0.64	0.31	0.38	0.085	0.23	0.025				
0.85					1.60	3.16	0.90	0.70	0.68	0.35	0.40	0.096	0.24	0.028				
0.90					1.69	3.54	0.95	0.78	0.72	0.39	0.42	0.107	0.25	0.0311				
0.95					1.79	3.94	1.00	0.86	0.76	0.43	0.45	0.118	0.27	0.0342				
1.00					1.88	4.37	1.05	0.95	0.80	0.47	0.47	0.129	0.28	0.0376	0.20	0.016		
1.10					2.07	5.28	1.16	1.14	0.87	0.56	0.52	0.153	0.31	0.0444	0.22	0.019		
1.20							1.27	1.35	0.95	0.66	0.56	0.18	0.34	0.0518	0.24	0.022		
1.30							1.37	1.59	1.03	0.76	0.61	0.208	0.37	0.0599	0.26	0.026		
1.40							1.48	1.84	1.11	0.88	0.66	0.237	0.40	0.0683	0.28	0.029		
1.50							1.58	2.11	1.19	1.01	0.71	0.27	0.42	0.0772	0.30	0.033		
1.60							1.69	2.40	1.27	1.14	0.75	0.304	0.45	0.0870	0.32	0.037		
1.70							1.79	2.71	1.35	1.29	0.80	0.340	0.48	0.0969	0.34	0.041		
1.80							1.90	3.04	1.43	1.44	0.85	0.378	0.51	0.107	0.36	0.046		

续表

q_g	DN15		DN20		DN25		DN32		DN40		DN50		DN70		DN80		DN100	
	v	i	v	i	v	i	v	i	v	i	v	i	v	i	v	i	v	i
1.90							2.00	3.39	1.51	1.61	0.89	0.418	0.54	0.119	0.38	0.051		
2.0									1.59	1.78	0.94	0.460	0.57	0.13	0.40	0.056	0.23	0.014
2.2									1.75	2.16	1.04	0.549	0.62	0.155	0.44	0.066	0.25	0.017
2.4									1.91	2.56	1.13	0.645	0.68	0.182	0.48	0.077	0.28	0.020
2.6									2.07	3.01	1.22	0.749	0.74	0.21	0.52	0.090	0.30	0.023
2.8											1.32	0.869	0.79	0.241	0.56	0.103	0.32	0.026
3.0											1.41	0.998	0.85	0.274	0.60	0.117	0.35	0.029
3.5											1.65	1.36	0.99	0.365	0.70	0.155	0.40	0.039
4.0											1.88	1.77	1.13	0.468	0.81	0.198	0.46	0.050
4.5											2.12	2.24	1.28	0.586	0.91	0.246	0.52	0.062
5.0											2.35	2.77	1.42	0.723	1.01	0.30	0.58	0.074
5.5											2.59	3.35	1.56	0.875	1.11	0.358	0.63	0.089
6.0													1.70	1.04	1.21	0.421	0.69	0.105
6.5													1.84	1.22	1.31	0.494	0.75	0.121
7.0													1.99	1.42	1.41	0.573	0.81	0.139
7.5													2.13	1.63	1.51	0.657	0.87	0.158
8.0													2.27	1.85	1.61	0.748	0.92	0.178
8.5													2.41	2.09	1.71	0.844	0.98	0.199
9.0													2.55	2.34	1.81	0.946	1.04	0.221
9.5															1.91	1.05	1.10	0.245
10.0															2.01	1.17	1.15	0.269
10.5															2.11	1.29	1.21	0.295
11.0															2.21	1.41	1.27	0.324
11.5															2.32	1.55	1.33	0.354
12.0															2.42	1.68	1.39	0.385
12.5															2.52	1.83	1.44	0.418
13.0																	1.50	0.452
14.0																	1.62	0.524
15.0																	1.73	0.602
16.0																	1.85	0.685
17.0																	1.96	0.773
20.0																	2.31	1.07

注：q_g 以 L/s 计，管径 DN 以 mm 计，流速 v 以 m/s 计，压力损失 i 以 kPa/m 计。

附录 3　给水塑料管水力计算表

q_g	DN15		DN20		DN25		DN32		DN40		DN50		DN70		DN80		DN100	
	v	i	v	i	v	i	v	i	v	i	v	i	v	i	v	i	v	i
0.10	0.50	0.275	0.26	0.060														
0.15	0.75	0.564	0.39	0.123	0.23	0.033												
0.20	0.99	0.940	0.53	0.206	0.30	0.055	0.20	0.02										
0.30	1.49	0.193	0.79	0.422	0.45	0.113	0.29	0.040										
0.40	1.99	0.321	1.05	0.703	0.61	0.188	0.39	0.067	0.24	0.021								
0.50	2.49	4.77	1.32	1.04	0.76	0.279	0.49	0.099	0.30	0.031								
0.60	2.98	6.60	1.58	1.44	0.91	0.386	0.59	0.137	0.36	0.043	0.23	0.014						
0.70			1.84	1.90	1.06	0.507	0.69	0.181	0.42	0.056	0.27	0.019						
0.80			2.10	2.40	1.21	0.643	0.79	0.229	0.48	0.071	0.30	0.023						
0.90			2.37	2.96	1.36	0.792	0.88	0.282	0.54	0.088	0.34	0.029	0.23	0.018				
1.00					1.51	0.955	0.98	0.340	0.60	0.106	0.38	0.035	0.25	0.014				
1.50					2.27	1.96	1.47	0.698	0.90	0.217	0.57	0.072	0.39	0.029	0.27	0.012		
2.00							1.96	1.160	1.20	0.361	0.76	0.119	0.52	0.049	0.36	0.020	0.24	0.008
2.50							2.46	1.730	1.50	0.536	0.95	0.217	0.65	0.072	0.45	0.030	0.30	0.011
3.00									1.81	0.741	1.14	0.245	0.78	0.099	0.54	0.042	0.36	0.016
3.50									2.11	0.974	1.33	0.322	0.91	0.131	0.63	0.055	0.42	0.021
4.00									2.41	0.123	1.51	0.408	1.04	0.166	0.72	0.069	0.48	0.026
4.50									2.71	0.152	1.70	0.503	1.17	0.205	0.81	0.086	0.54	0.032
5.00											1.89	0.606	1.30	0.247	0.90	0.104	0.60	0.039
5.50											2.08	0.718	1.43	0.293	0.99	0.123	0.66	0.046
6.00											2.27	0.838	1.56	0.342	1.08	0.143	0.72	0.052
6.50													1.69	0.394	1.17	0.165	0.78	0.062
7.00													1.82	0.445	1.26	0.188	0.84	0.071
7.50													1.95	0.507	1.35	0.213	0.90	0.080
8.00													2.08	0.569	1.44	0.238	0.96	0.090
8.50													2.21	0.632	1.53	0.265	1.02	0.102
9.00													2.34	0.701	1.62	0.294	1.08	0.111
9.50													2.47	0.772	1.71	0.323	1.14	0.121
10.00															1.80	0.354	1.20	0.134

注：流量 q_g—L/s；管径 DN—mm；流速 v—m/s，水头损失 i—kPa/m。

附录 4　建筑物、构筑物危险等级举例

危险等级	举　例
严重危险级建筑物、构筑物	氯酸钾压碾厂房，生产和使用硝化棉、喷漆棉、火胶棉、赛璐珞胶片、硝化纤维的厂房 硝化棉、喷漆棉、火胶棉、赛璐珞胶片、硝化纤维库房 可燃物品的高架库房、地下库房 液化石油气贮配站的灌瓶间、实瓶库 演播室、电影摄影棚 剧院、会堂、礼堂的舞台葡萄架下部 乒乓球厂的轧坯、切片、磨球、分球、检验部位，赛璐珞制品加工厂等
中危险级建筑物、构筑物	双排停车的地下停车库、多层停车库和底层停车库 一类高层民用建筑的观众厅、营业厅、展览厅、多功能厅、餐厅、厨房以及办公室、过道、每层无服务台的客房和可燃物品库房 录音室和电视塔的塔楼餐厅、眺望层、公共用房、无窗厂房、地下建筑 国家级文物保护单位的重点砖木结构或木结构建筑 飞机发动机试验台准备间 设有空气调节系统的旅馆和综合办公楼的通道、办公室、餐厅、商店、库房和每层无服务台的客房 省级邮政楼的信函和包裹分拣库房、邮袋库综合商场、百货楼 棉纺厂的开包、梳理厂房，麻纺厂的开包、梳麻厂房，服务、针织厂房，木器制作厂房，火柴厂的烤梗和筛选部分，泡沫塑料的预发、成型、切片、压花部位 棉、毛、丝、麻、化纤、毛皮及其制品库房，香烟库房，火柴库房，难燃物品的高架库房、多层库房
轻危险级建筑物、构筑物	单排停车的地下停车库、多层停车库和底层停车库 剧院、会堂、礼堂（舞台部分除外）和电影院 医院、疗养院 体育馆、博物馆 旅馆、办公楼、教学楼

注：① 未列入本附录的建筑物、构筑物，可比照本附录举例，按《自动喷水灭火系统设计规范》第 2.0.1 条的划分原则确定。
② 一类高层民用建筑划分范围按照《高层民用建筑设计防火规范》的有关规定执行。

附录 5　喷头布置在不同场所时的布置要求

喷头布置场所	布置要求
除吊顶型喷头外，喷头与吊顶、楼板间距	不宜小于 7.5 cm，不宜大于 15 cm
喷头布置在坡屋顶或吊顶下面	喷头应垂直于倾斜面，间距按水平投影确定。但当屋面坡大于 1:3，而且在距屋脊 75 cm 范围内无喷头时，应在屋脊处增设一排喷头
喷头布置在梁、柱附近	对有过梁的屋顶或吊顶，喷头一般沿梁跨度方向布置在两梁之间，梁距大时，可布置成两排
	当喷头与梁边的距离为 20 ～ 180 cm 时，喷头溅水盘与梁底距离对直立型喷头为 1.7 ～ 34 cm；对下垂型喷头为 4 ～ 46 cm（尽量减小梁对喷头喷洒面积的阻挡）
喷头布置在门窗口处	喷头距洞口上表面距离不大于 15 cm；距墙面的距离宜为 7.5 ～ 15 cm

续　表

喷头布置场所	布置要求
在输送可燃物的管道内布置喷头时	沿管道全长间距不大于 3 m 均匀布置
输送易燃而有爆炸危险物品的管道	喷头应布置在该种管道外部的上方
生产设备上方布置喷头	当生产设备并列或重叠而出现隐蔽空间的时候 当其宽度大于 1 m 时,应在隐蔽空间增设喷头
仓库中布置喷头	喷头溅水盘距下方可燃物品堆垛不应小于 90 cm;距难燃物品堆垛不应小于 45 cm 在可燃物品或难燃物品堆垛之间应设一排喷头,且堆垛边与喷头的垂线水平距离不应小于 30 cm
货架高度大于 7 m 的自动控制货架库房内布置喷头	屋顶下面喷头间距不应大于 2 cm 货架内应分层布置喷头,垂直(高度)分层,当储存可燃物品时,不大于 4 m,当储存难燃物品时,不大于 6 m 此束喷头上应设集热板
舞台部位喷头布置	舞台葡萄架下应采用雨淋喷头 葡萄架以上为钢屋架时,应在屋面板下布置闭式喷头 舞台口和舞台与侧台、后台的隔墙上洞口处应设水幕系统
大型体育馆、剧院、食堂等净空高度大于 8 m 时	吊顶或顶板下可不设喷头
闷顶或技术夹层净高大于 80 cm,且有可燃气体管道、电缆电线等	其内应设喷头
装有自动喷水灭火系统的建筑物、构筑物,与其相连的专用铁路线月台、通廊	应布置喷头
装有自动喷水灭火系统的建筑物、构筑物内:宽度大于 80 cm 挑廊下;宽度大于 80 cm 矩形风道或 $D>1$ m 的圆形风道下面	应布置喷头
自动扶梯或螺旋梯穿楼板部位	应设喷头或采用水幕分隔
吊顶、屋面板、楼板下安装边墙喷头	要求在其两侧 1 m 和墙面垂直方向 2 m 范围内不应设有障碍物 喷头与吊顶、楼板、屋面板的距离应为 10 ~ 15 cm,距边墙距离应为 5 ~ 10 cm
沿墙布置边墙型喷头	沿墙布置为中危险级时,每个喷头最大保护面积为 8 m^2;轻危险级为 14 m^2。中危险级时,喷头最大间距为 3.6 m;轻危险级为 4.0 m

附录 6　建筑内部排水铸铁管水力计算表($n = 0.013$)

坡度	工业废水(生产废水和生产污水)										生产废水					
	$h/D = 0.6$				$h/D = 0.7$						$h/D = 1.0$					
	$D = 50$		$D = 75$		$D = 100$		$D = 125$		$D = 150$		$D = 200$		$D = 250$		$D = 300$	
	q	v	q	v	q	v	q	v	q	v	q	v	q	v	q	v
															53.00	0.75
0.0035													35.40	0.72	57.30	0.81
0.004											20.80	0.66	37.80	0.77	61.20	0.87
0.005									8.85	0.68	23.25	0.74	42.25	0.86	68.50	0.97
0.006							6.00	0.67	9.70	0.75	25.50	0.81	46.40	0.94	75.00	1.06
0.007							6.50	0.72	10.50	0.81	27.50	0.88	50.00	1.02	81.00	1.15
0.008					3.80	0.66	6.95	0.77	11.20	0.87	29.40	0.94	53.50	1.09	86.50	1.23
0.009					4.02	0.70	7.36	0.82	11.90	0.92	31.20	0.99	56.50	1.15	92.00	1.30
0.01					4.25	0.74	7.80	0.86	12.50	0.97	33.00	1.05	59.70	1.22	97.00	1.37
0.012					4.64	0.81	8.50	0.95	13.70	1.06	36.00	1.15	65.30	1.33	106.00	1.50
0.015			1.95	0.72	5.20	0.90	9.50	1.06	15.40	1.19	40.30	1.28	73.20	1.49	119.00	1.68
0.02	0.79	0.46	2.25	0.83	6.00	1.04	11.0	1.22	17.70	1.37	46.50	1.48	84.50	1.73	137.00	1.94
0.025	0.88	0.72	2.51	0.93	6.70	1.16	12.30	1.36	19.80	1.53	52.00	1.65	94.40	1.92	153.00	2.17
0.03	0.97	0.79	2.76	1.02	7.35	1.28	13.50	1.50	21.70	1.68	57.00	1.82	103.50	2.11	168.00	2.38
0.035	1.05	0.85	2.98	1.10	7.95	1.38	14.60	1.60	23.40	1.81	61.50	1.96	112.00	2.28	181.00	2.57
0.04	1.12	0.91	3.18	1.17	9.50	1.47	15.60	1.73	25.00	1.94	66.00	2.10	120.00	2.44	194.00	2.75
0.045	1.19	0.96	3.38	1.25	9.00	1.56	16.50	1.83	26.60	2.06	70.00	2.22	127.00	2.58	206.00	2.91
0.05	1.25	1.01	3.55	1.31	9.50	1.64	17.40	1.93	28.00	2.17	73.50	2.34	134.00	2.72	217.00	3.06
0.06	1.37	1.11	3.90	1.44	10.40	1.80	19.00	2.11	30.60	2.38	80.50	2.56	146.00	2.98	238.00	3.36
0.07	1.48	1.20	4.20	1.55	11.20	1.95	20.60	2.28	33.10	2.56	87.00	2.77	158.00	3.22	256.00	3.64
0.08	1.58	1.28	4.50	1.66	12.00	2.08	22.00	2.44	35.40	2.74	93.00	2.96	169.00	3.44	274.00	3.88

续 表

坡度	生产污水						生活污水											
	$h/D=0.8$						$h/D=0.5$								$h/D=0.6$			
	$D=200$		$D=250$		$D=300$		$D=50$		$D=75$		$D=100$		$D=125$		$D=150$		$D=200$	
	q	v	q	v	q	v	q	v	q	v	q	v	q	v	q	v	q	v
0.003					52.50	0.87												
0.0035			35.00	0.83	56.70	0.94												
0.004	20.60	0.77	37.40	0.89	60.60	1.01												
0.005	23.00	0.86	41.80	1.00	67.90	1.11											15.35	0.80
0.006	25.20	0.94	46.00	1.09	74.40	1.24											16.90	0.88
0.007	27.20	1.02	49.50	1.18	80.40	1.33									8.46	0.78	18.20	0.95
0.008	29.00	1.09	53.00	1.26	85.80	1.42									9.04	0.83	19.40	1.01
0.009	30.80	1.15	56.00	1.33	91.00	1.51									9.56	0.89	20.60	1.07
0.01	32.60	1.22	59.20	1.41	96.00	1.59							4.97	0.81	10.10	0.94	21.70	1.13
0.012	35.60	1.33	64.70	1.54	105.00	1.74					2.90	0.72	5.44	0.89	11.10	1.02	23.80	1.24
0.015	40.00	1.49	72.50	1.72	118.00	1.95			1.48	0.67	3.23	0.81	6.08	0.99	12.40	1.14	26.60	1.39
0.02	46.00	1.72	83.60	1.99	135.80	2.25			1.70	0.77	3.72	0.93	7.02	1.15	14.30	1.32	30.70	1.60
0.025	51.40	1.92	93.50	2.22	151.00	2.51	0.65	0.66	1.90	0.86	4.17	1.05	7.85	1.28	16.00	1.47	35.30	1.79
0.03	56.50	2.11	102.50	2.44	166.00	2.76	0.71	0.72	2.08	0.94	4.55	1.14	8.60	1.39	17.50	1.62	37.70	1.96
0.035	61.00	2.28	111.00	2.64	180.00	2.98	0.77	0.78	2.26	1.02	4.94	1.24	9.29	1.51	18.90	1.75	40.60	2.12
0.04	65.00	2.44	118.00	2.82	192.00	3.18	0.81	0.83	2.40	1.09	5.26	1.32	9.93	1.62	20.20	1.87	43.50	2.27
0.045	69.00	2.58	126.00	3.00	204.00	3.38	0.87	0.89	2.56	1.16	5.60	1.40	10.52	1.71	21.50	1.98	46.10	2.40
0.05	72.60	2.72	132.00	3.15	214.00	3.55	0.91	0.93	2.60	1.23	5.88	1.48	11.10	1.89	22.60	2.09	48.50	2.53
0.06	79.60	2.98	145.00	3.45	235.00	3.90	1.00	1.02	2.94	1.33	6.45	1.62	12.14	1.98	24.80	2.29	53.20	2.77
0.07	86.00	3.22	156.00	3.73	254.00	4.20	1.08	1.10	3.18	1.42	6.97	1.75	13.15	2.14	26.80	2.47	57.50	3.00
0.08	93.40	3.47	165.50	3.94	274.00	4.40	1.18	1.16	3.35	1.52	7.50	1.87	14.05	2.28	30.44	2.73	65.40	3.32

注：① 单位：q—L/s；v—m/s；D—mm。

② 工业废水栏内，生产污水仅适用于粗实线以下部分。

附录 7 塑料排水横管水力计算图

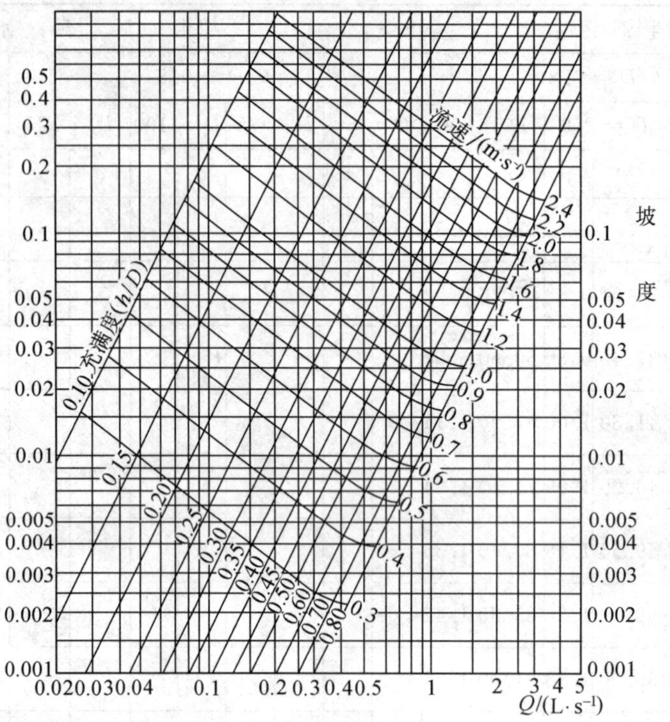

管径 50 mm×2 mm 横管计算图

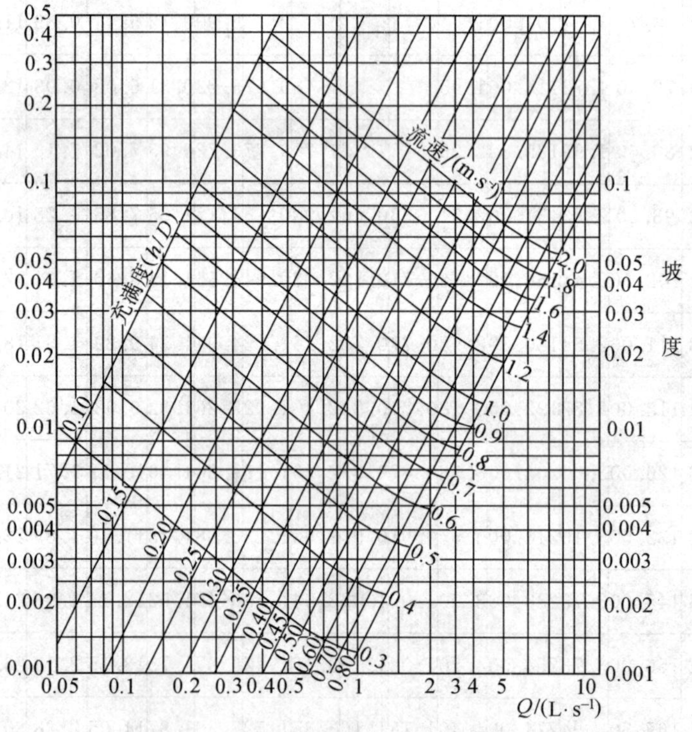

管径 75 mm×2.3 mm 横管计算图

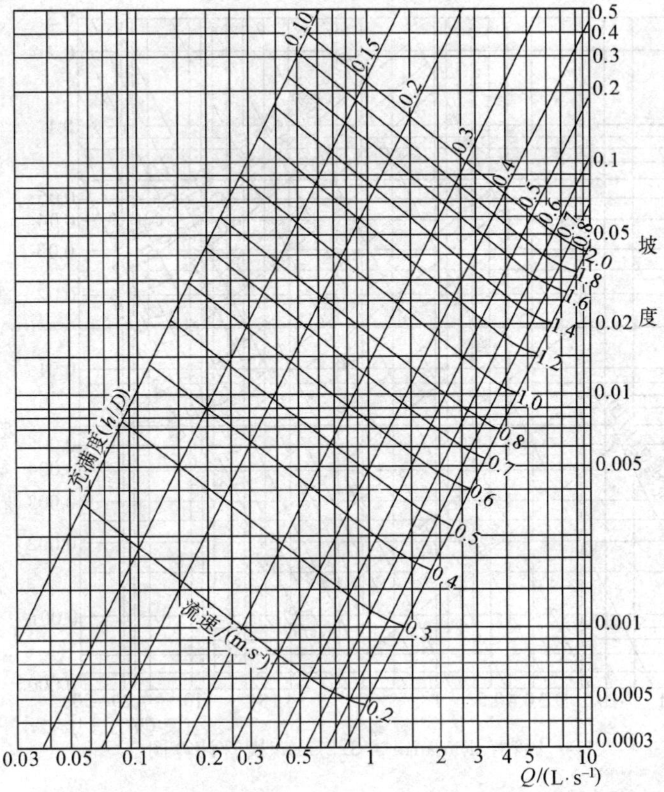

管径 90 mm×3.2 mm 横管计算图

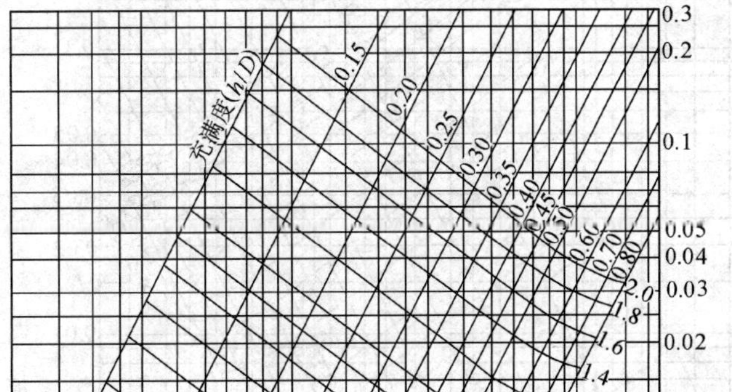

管径 110 mm×3.2 mm 横管计算图

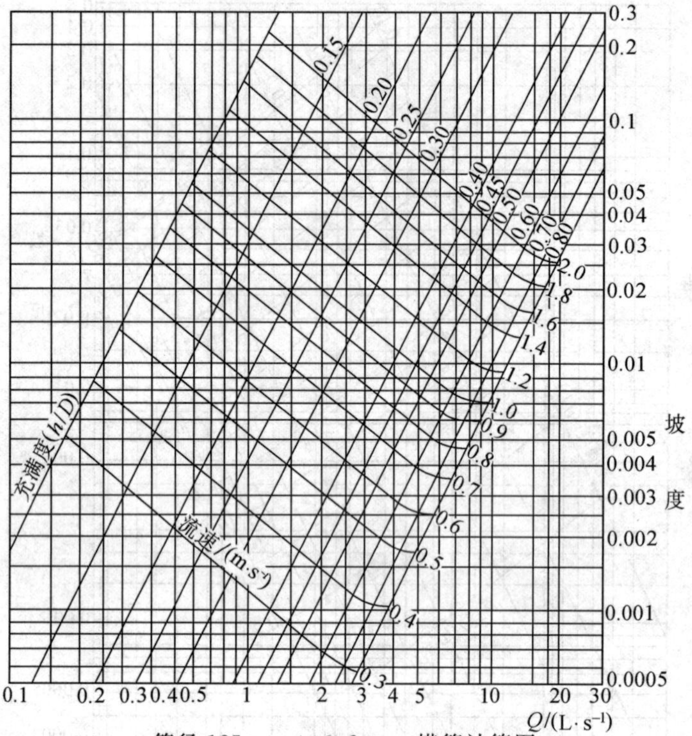

管径 125 mm×3.2 mm 横管计算图

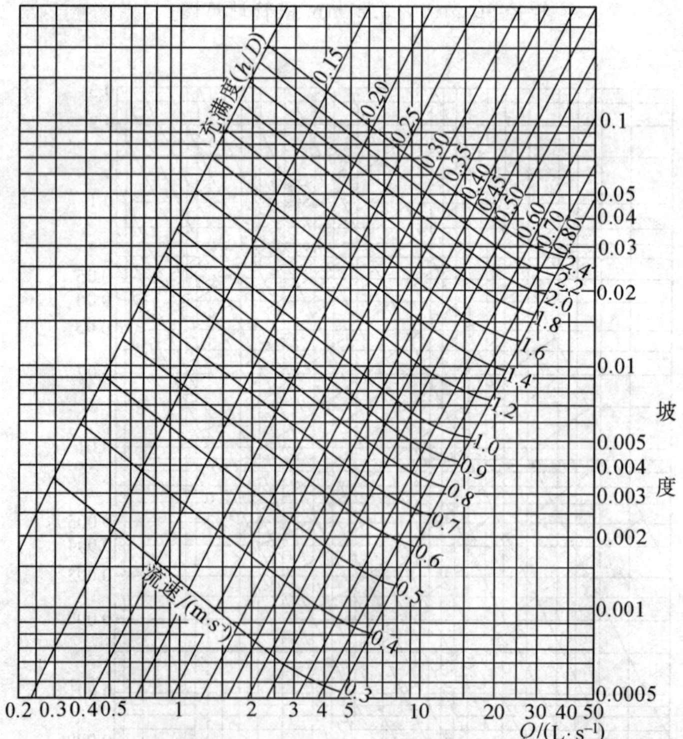

管径 160 mm×4 mm 横管计算图

附录8 建筑内部排水塑料管水力计算表($n=0.009$)

坡 度	$h/D=0.5$						$h/D=0.6$	
	$d_e=50$		$d_e=75$		$d_e=110$		$d_e=160$	
	q	v	q	v	q	v	q	v
0.002							6.48	0.60
0.004					2.59	0.62	9.68	0.85
0.006					3.17	0.75	11.86	1.04
0.007			1.21	0.63	3.43	0.81	12.80	1.13
0.010			1.44	0.75	4.10	0.97	15.30	1.35
0.012	0.52	0.62	1.58	0.82	4.49	1.07	16.77	1.48
0.015	0.58	0.69	1.77	0.92	5.02	1.19	18.74	1.65
0.020	0.66	0.80	2.04	1.06	5.79	1.38	21.65	1.90
0.026	0.76	0.91	2.33	1.21	6.61	1.57	24.67	2.17
0.030	0.81	0.98	2.50	1.30	7.10	1.68	26.51	2.33
0.035	0.88	1.06	2.70	1.40	7.67	1.82	28.63	2.52
0.040	0.94	1.13	2.89	1.50	8.19	1.95	30.61	2.69
0.045	1.00	1.20	3.06	1.59	8.69	2.06	32.47	2.86
0.050	1.05	1.27	3.23	1.68	9.16	2.17	34.22	3.01
0.060	1.15	1.39	3.53	1.84	10.04	2.38	37.49	3.30
0.070	1.24	1.50	3.82	1.98	10.84	2.57	40.49	3.56
0.080	1.33	1.60	4.08	2.12	11.59	2.75	43.29	3.81

注:表中单位 q—L/s;v—m/s;d_e—mm。

附录 9　粪便污水和生活废水合流排入化粪池最大允许实际使用人数表（污泥量为：每人每天 0.7 L）

污水量定额 (L·(人·d)⁻¹)	污水停留时间 h	污泥清挖周期 d	容积编号 1 号	2 号	3 号	4 号	5 号	6 号	7 号	8 号	9 号	10 号	11 号	12 号	13 号	隔墙过水孔高度代号
		有效容积/m³	2	4	6	9	12	16	20	25	30	40	50	75	100	
1	2	3	4	5	6	7	8	9	10	11	12	13	14	15	16	17
500	12	90	7	14	21	32	43	57	71	89	107	143	178	268	357	
		180	6	13	19	29	39	52	64	81	97	129	161	242	322	
		360	5	11	16	24	32	43	54	67	81	108	135	202	270	
	24	90	4	8	11	17	23	30	38	47	57	75	94	141	189	
		180	4	7	11	16	21	29	36	45	54	71	89	134	178	
		360	3	6	10	14	19	32	32	40	48	64	81	121	161	
400	12	90	9	17	26	39	52	69	87	109	130	174	217	326	434	
		180	8	15	23	35	46	61	77	96	115	154	192	288	384	
		360	6	12	19	28	37	50	62	78	93	125	156	234	312	
	24	90	5	9	14	21	28	37	46	58	70	93	116	174	232	
		180	4	9	13	20	26	35	43	54	65	87	109	163	217	
		360	4	8	12	17	23	31	38	48	58	77	96	144	192	
300	12	90	11	22	33	50	67	89	111	139	166	222	277	416	555	
		180	10	19	29	43	57	76	95	119	143	190	238	356	475	
		360	7	15	22	33	44	59	74	92	111	148	185	277	369	
	24	90	6	12	18	27	36	48	61	76	91	121	151	227	303	*A*
		180	6	11	17	25	33	44	55	69	83	111	139	208	277	
		360	5	10	14	21	29	38	48	59	71	95	119	178	238	
250	12	90	13	26	39	58	77	103	129	161	193	258	322	483	644	
		180	11	22	32	49	65	86	108	135	162	216	270	404	539	
		360	8	16	24	37	49	65	81	102	122	163	203	305	407	
	24	90	7	14	21	32	43	57	71	89	107	143	178	268	357	
		180	6	13	19	29	39	52	64	81	97	129	161	242	322	
		360	5	11	16	24	32	43	54	67	81	108	135	202	270	
200	12	90	15	31	46	69	92	123	154	192	230	307	384	576	768	
		180	12	25	37	56	75	100	125	156	187	249	312	467	623	
		360	9	18	27	41	54	72	91	113	136	181	226	339	453	
	24	90	9	17	26	39	52	69	87	109	130	174	217	326	434	
		180	8	15	23	35	46	61	77	96	115	154	192	288	384	
		360	6	12	19	28	37	50	62	78	93	125	156	234	312	
150	12	90	19	38	57	86	114	152	190	238	285	380	475	713	950	
		180	15	30	44	66	89	118	148	185	221	295	369	554	738	
		360	10	20	31	46	61	82	102	128	153	204	255	383	510	*B*
	24	90	11	22	33	50	67	89	111	139	166	222	277	416	555	
		180	10	19	29	43	57	76	95	119	143	190	238	356	475	
		360	7	15	22	33	44	59	74	92	111	148	185	277	369	*A*
125	12	90	22	43	65	97	129	173	216	270	323	431	539	809	1 078	
		180	16	33	49	73	98	130	163	203	244	325	407	610	813	
		360	11	22	33	49	65	87	109	136	164	218	273	409	545	*B*
	24	90	12	25	37	56	75	100	125	156	187	250	312	468	624	
		180	11	22	32	49	65	86	108	135	162	216	270	404	539	*A*
		360	8	16	24	37	49	65	81	101	122	163	203	305	407	

续　　表

污水量定额 (L·(人·d)$^{-1}$)	污水停留时间 h	污泥清挖周期 d	容积编号 1号	2号	3号	4号	5号	6号	7号	8号	9号	10号	11号	12号	13号	隔墙过水孔高度代号
			有效容积/m³ 2	4	6	9	12	16	20	25	30	40	50	75	100	
1	2	3	4	5	6	7	8	9	10	11	12	13	14	15	16	17
100	12	90	25	50	75	112	150	199	249	312	374	499	623	935	1 246	*A*
		180	18	36	54	81	109	145	181	226	272	362	453	679	905	
		360	12	23	35	52	69	93	116	145	178	234	292	439	585	*B*
	24	90	15	31	46	69	92	123	154	192	230	307	384	576	768	*A*
		180	12	25	37	56	75	100	125	156	187	249	312	467	623	
		360	9	18	27	41	54	72	91	113	136	181	226	339	453	
50	12	90	36	72	109	163	217	290	362	453	543	724	905	1 358	1 810	*B*
		180	23	46	69	104	139	185	231	289	351	468	585	877	1 170	
		360	12	23	35	52	69	93	116	145	198	265	331	496	661	
	24	90	25	50	75	112	150	199	249	312	374	499	623	935	1 246	*A*
		180	18	36	54	81	109	145	181	226	272	362	453	679	905	
		360	12	23	35	52	69	93	116	145	175	234	292	439	585	
35	12	90	42	84	126	189	251	335	419	524	628	838	1 047	1 571	2 095	*B*
		180	23	46	69	104	139	185	231	289	385	513	641	962	1 282	
		360	12	23	35	52	69	93	116	145	198	265	331	496	661	
	24	90	31	61	92	138	184	245	307	383	460	613	766	1 150	1 533	*A*
		180	21	42	63	94	126	168	209	262	314	419	524	786	1 047	
		360	12	23	35	52	69	93	116	145	192	256	321	481	641	
25	12	90	46	93	139	208	278	370	463	579	702	936	1 170	1 755	2 340	*B*
		180	23	46	69	104	139	185	231	289	397	529	661	992	1 323	
		360	12	23	35	52	69	93	116	145	198	265	331	496	661	
	24	90	36	72	109	163	217	290	362	453	543	724	905	1 358	1 810	*A*
		180	23	46	69	104	139	185	231	289	351	468	585	887	1 170	
		360	12	23	35	52	69	93	116	145	198	265	331	496	661	
20	12	90	46	93	139	208	278	370	398	498	746	994	1 243	1 864	2 485	
		180	23	46	69	104	139	185	231	289	397	529	661	992	1 323	
		360	12	23	35	52	69	93	116	145	198	265	331	496	661	
	24	90	40	80	119	179	239	318	398	498	597	796	995	1 493	1 990	
		180	23	46	69	104	139	185	231	289	373	497	621	932	1 243	*B*
		360	12	23	35	52	69	93	116	145	198	265	331	496	661	
10	12	90	46	93	139	208	278	370	463	579	794	1 058	1 323	1 984	2 645	
		180	23	46	69	104	139	185	231	289	397	529	661	992	1 323	
		360	12	23	35	52	69	93	116	145	198	265	331	496	661	
	24	90	46	93	139	208	278	370	463	579	794	994	1 323	1 984	2 645	
		180	23	46	69	104	139	185	231	289	397	529	661	992	1 323	
		360	12	23	35	52	69	93	116	145	198	265	331	496	661	

注：本表用于选定化粪池的有效容积编号及隔墙过水孔高度代号。

附录 10　粪便污水单独排入化粪池最大允许实际使用人数表(污泥量为:每人每天 0.4 L)

污水量定额 (L·(人·d)$^{-1}$)	污水停留时间 h	污泥清挖周期 d	容积编号													隔墙过水孔高度代号
			1 号	2 号	3 号	4 号	5 号	6 号	7 号	8 号	9 号	10 号	11 号	12 号	13 号	
			有效容积/m^3													
			2	4	6	9	12	16	20	25	30	40	50	75	100	
1	2	3	4	5	6	7	8	9	10	11	12	13	14	15	16	17
30	12	90	62	124	186	279	372	496	620	774	929	1 239	1 549	2 323	3 098	*A*
		180	40	81	121	182	242	323	404	504	605	807	1 009	1 513	2 018	*B*
		360	20	41	61	91	122	162	203	253	347	463	579	868	1 157	
	24	90	42	85	127	190	254	338	423	529	635	846	1 058	1 586	2 115	*A*
		180	31	62	93	139	186	248	310	387	465	620	774	1 162	1 549	
		360	20	40	61	91	121	161	202	252	303	404	504	757	1 009	*B*
20	12	90	73	147	220	330	440	587	733	916	1 100	1 466	1 833	2 749	3 666	
		180	40	81	122	182	243	324	405	506	673	898	1 122	1 683	2 244	
		360	20	41	61	91	122	162	203	253	347	463	579	868	1 157	
	24	90	54	107	161	241	322	429	536	671	805	1 073	1 341	2 012	2 682	*A*
		180	37	73	110	165	220	293	367	458	550	733	916	1 375	1 833	*B*
		360	20	41	61	91	122	162	203	253	337	449	561	842	1 122	

注:本表用于选定化粪池的有效容积编号及隔墙过水孔高度代号。

附录 11　化粪池标准图型号

附录 11(a)　砖砌化粪池(不覆土)型号表

图集号	池号	有效容积 m^3	无地下水				有地下水			
			顶面不过汽车		顶面可过汽车		顶面不过汽车		顶面可过汽车	
			孔位 *A*	*B*	*A*	*B*	*A*	*B*	*A*	*B*
92S213(一)	1	2	1－2*A*00	1－2*B*00	1－2*A*01	1－2*B*01	1－2*A*10	1－2*B*10	1－2*A*11	1－2*B*11
	2	4	2－4*A*00	2－4*B*00	2－4*A*01	2－4*B*01	2－4*A*10	2－4*B*10	2－4*A*11	2－4*B*11
	3	6	3－6*A*00	3－6*B*00	3－6*A*01	3－6*B*01	3－6*A*10	3－6*B*10	3－6*A*11	3－6*B*11
	4	9	4－9*A*00	4－9*B*00	4－9*A*01	4－9*B*01	4－9*A*10	4－9*B*10	4－9*A*11	4－9*B*11
	5	12	5－12*A*00	5－12*B*00	5－12*A*01	5－12*B*01	5－12*A*10	5－12*B*10	5－12*A*11	5－12*B*11
92S213(二)	6	16	6－16*A*00	6－16*B*00	6－16*A*01	6－16*B*01	6－16*A*10	6－16*B*10	6－16*A*11	6－16*B*11
	7	20	7－20*A*00	7－20*B*00	7－20*A*01	7－20*B*01	7－20*A*10	7－20*B*10	7－20*A*11	7－20*B*11
	8	25	8－25*A*00	8－25*B*00	8－25*A*01	8－25*B*01	8－25*A*10	8－25*B*10	8－25*A*11	8－25*B*11
	9	30	9－30*A*00	9－30*B*00	9－30*A*01	9－30*B*01	9－30*A*10	9－30*B*10	9－30*A*11	9－30*B*11
	10	40	10－40*A*00	10－40*B*00	10－40*A*01	10－40*B*01	10－40*A*10	10－40*B*10	10－40*A*11	10－40*B*11
	11	50	11－50*A*00	11－50*B*00	11－50*A*01	11－50*B*01	11－50*A*10	11－50*B*10	11－50*A*11	11－50*B*11

附录 11(b)　砖砌化粪池(覆土)型号表

图集号	池号	有效容积 m^3	无地下水				有地下水			
			顶面不过汽车		顶面可过汽车		顶面不过汽车		顶面可过汽车	
			孔位 *A*	*B*	*A*	*B*	*A*	*B*	*A*	*B*
92S213(三)	1	2	1－2*A*00	1－2*B*00	1－2*A*01	1－2*B*01	1－2*A*10	1－2*B*10	1－2*A*11	1－2*B*11
	2	4	2－4*A*00	2－4*B*00	2－4*A*01	2－4*B*01	2－4*A*10	2－4*B*10	2－4*A*11	2－4*B*11
	3	6	3－6*A*00	3－6*B*00	3－6*A*01	3－6*B*01	3－6*A*10	3－6*B*10	3－6*A*11	3－6*B*11
	4	9	4－9*A*00	4－9*B*00	4－9*A*01	4－9*B*01	4－9*A*10	4－9*B*10	4－9*A*11	4－9*B*11
	5	12	5－12*A*00	5－12*B*00	5－12*A*01	5－12*B*01	5－12*A*10	5－12*B*10	5－12*A*11	5－12*B*11
92S213(四)	6	16	6－16*A*00	6－16*B*00	6－16*A*01	6－16*B*01	6－16*A*10	6－16*B*10	6－16*A*11	6－16*B*11
	7	20	7－20*A*00	7－20*B*00	7－20*A*01	7－20*B*01	7－20*A*10	7－20*B*10	7－20*A*11	7－20*B*11
	8	25	8－25*A*00	8－25*B*00	8－25*A*01	8－25*B*01	8－25*A*10	8－25*B*10	8－25*A*11	8－25*B*11
	9	30	9－30*A*00	9－30*B*00	9－30*A*01	9－30*B*01	9－30*A*10	9－30*B*10	9－30*A*11	9－30*B*11
	10	40	10－40*A*00	10－40*B*00	10－40*A*01	10－40*B*01	10－40*A*10	10－40*B*10	10－40*A*11	10－40*B*11
	11	50	11－50*A*00	11－50*B*00	11－50*A*01	11－50*B*01	11－50*A*10	11－50*B*10	11－50*A*11	11－50*B*11
	12	75	12－75*A*00	12－75*B*00	12－75*A*01	12－75*B*01	12－75*A*10	12－75*B*10	12－75*A*11	12－75*B*11
	13	100	13－100*A*00	13－100*B*00	13－100*A*01	13－100*B*01	13－100*A*10	13－100*B*10	13－100*A*11	13－100*B*11
92S213(五)	$12_{双}$	75	12－75*A*00	12－75*B*00	12－75*A*01	12－75*B*01	12－75*A*10	12－75*B*10	12－75*A*11	12－75*B*11
	$13_{双}$	100	13－100*A*00	13－100*B*00	13－100*A*01	13－100*B*01	13－100*A*10	13－100*B*10	13－100*A*11	13－100*B*11

附录 11(c)　钢筋混凝土化粪池(不覆土)型号表

图集号	池号	有效容积 m^3	无地下水				有地下水			
			顶面不过汽车		顶面可过汽车		顶面不过汽车		顶面可过汽车	
			孔位 *A*	*B*	*A*	*B*	*A*	*B*	*A*	*B*
92S214(一)	1	2	1－2*A*00	1－2*B*00	1－2*A*01	1－2*B*01	1－2*A*10	1－2*B*10	1－2*A*11	1－2*B*11
	2	4	2－4*A*00	2－4*B*00	2－4*A*01	2－4*B*01	2－4*A*10	2－4*B*10	2－4*A*11	2－4*B*11
	3	6	3－6*A*00	3－6*B*00	3－6*A*01	3－6*B*01	3－6*A*10	3－6*B*10	3－6*A*11	3－6*B*11
	4	9	4－9*A*00	4－9*B*00	4－9*A*01	4－9*B*01	4－9*A*10	4－9*B*10	4－9*A*11	4－9*B*11
	5	12	5－12*A*00	5－12*B*00	5－12*A*01	5－12*B*01	5－12*A*10	5－12*B*10	5－12*A*11	5－12*B*11
92S214(二)	6	16	6－16*A*00	6－16*B*00	6－16*A*01	6－16*B*01	6－16*A*10	6－16*B*10	6－16*A*11	6－16*B*11
	7	20	7－20*A*00	7－20*B*00	7－20*A*01	7－20*B*01	7－20*A*10	7－20*B*10	7－20*A*11	7－20*B*11
	8	25	8－25*A*00	8－25*B*00	8－25*A*01	8－25*B*01	8－25*A*10	8－25*B*10	8－25*A*11	8－25*B*11
	9	30	9－30*A*00	9－30*B*00	9－30*A*01	9－30*B*01	9－30*A*10	9－30*B*10	9－30*A*11	9－30*B*11
	10	40	10－40*A*00	10－40*B*00	10－40*A*01	10－40*B*01	10－40*A*10	10－40*B*10	10－40*A*11	10－40*B*11
	11	50	11－50*A*00	11－50*B*00	11－50*A*01	11－50*B*01	11－50*A*10	11－50*B*10	11－50*A*11	11－50*B*11

附录 11(d)　钢筋混凝土化粪池(覆土)型号表

图集号	池号	有效容积 m^3	无地下水				有地下水			
			顶面不过汽车		顶面可过汽车		顶面不过汽车		顶面可过汽车	
			孔位A	B	A	B	A	B	A	B
92S214(三)	1	2	1－2A00	1－2B00	1－2A01	1－2B01	1－2A10	1－2B10	1－2A11	1－2B11
	2	4	2－4A00	2－4B00	2－4A01	2－4B01	2－4A10	2－4B10	2－4A11	2－4B11
	3	6	3－6A00	3－6B00	3－6A01	3－6B01	3－6A10	3－6B10	3－6A11	3－6B11
	4	9	4－9A00	4－9B00	4－9A01	4－9B01	4－9A10	4－9B10	4－9A11	4－9B11
	5	12	5－12A00	5－12B00	5－12A01	5－12B01	5－12A10	5－12B10	5－12A11	5－12B11
92S214(四)	6	16	6－16A00	6－16B00	6－16A01	6－16B01	6－16A10	6－16B10	6－16A11	6－16B11
	7	20	7－20A00	7－20B00	7－20A01	7－20B01	7－20A10	7－20B10	7－20A11	7－20B11
	8	25	8－25A00	8－25B00	8－25A01	8－25B01	8－25A10	8－25B10	8－25A11	8－25B11
	9	30	9－30A00	9－30B00	9－30A01	9－30B01	9－30A10	9－30B10	9－30A11	9－30B11
	10	40	10－40A00	10－40B00	10－40A01	10－40B01	10－40A10	10－40B10	10－40A11	10－40B11
	11	50	11－50A00	11－50B00	11－50A01	11－50B01	11－50A10	11－50B10	11－50A11	11－50B11
	12	75	12－75A00	12－75B00	12－75A01	12－75B01	12－75A10	12－75B10	12－75A11	12－75B11
	13	100	13－100A00	13－100B00	13－100A01	13－100B01	13－100A10	13－100B10	13－100A11	13－100B11
92S214(五)	12双	75	12－75A00	12－75B00	12－75A01	12－75B01	12－75A10	12－75B10	12－75A11	12－75B11
	13双	100	13－100A00	13－100B00	13－100A01	13－100B01	13－100A10	13－100B10	13－100A11	13－100B11

附录 11(e)　砖砌化粪池进水管管内底埋置深度及占地尺寸

图集号	池号	进水管管内底埋深/m	占地尺寸/m					
			无地下水			有地下水		
			长	宽	深	长	宽	深
92S213(一)	1	0.55～0.95	3.07	1.43	2.45～2.85	3.53	1.89	2.35～2.75
	2	0.55～0.95	5.28	1.69	2.45～2.85	5.48	1.89	2.35～2.75
	3	0.55～0.95	5.23	1.94	2.65～3.05	5.67	2.38	2.55～2.95
	4	0.55～0.95	6.47	2.44	2.65～3.05	6.81	2.88	2.55～2.95
	5	0.55～0.95	6.47	2.44	3.15～3.55	6.81	2.88	3.05～3.45
92S213(二)	6	0.55～0.95	7.92	2.94	2.75～3.15	8.26	3.38	2.65～3.05
	7	0.55～0.95	7.92	3.44	2.75～3.15	8.26	3.88	2.65～3.05
	8	0.55～0.95	7.92	3.44	3.15～3.55	8.26	3.88	3.05～3.45
	9	0.55～0.95	7.92	3.44	3.55～3.95	8.26	3.88	3.45～3.85
	10	0.55～0.95	9.32	3.44	3.65～4.05	9.66	3.88	3.55～3.95
	11	0.55～0.95	10.92	3.44	3.65～4.05	11.26	3.88	3.55～3.95
92S213(三)	1	0.85～2.50	3.07	1.43	2.75～4.40	3.53	1.89	2.65～4.30
	2	0.85～2.50	5.28	1.69	2.75～4.40	5.48	1.89	2.65～4.30
	3	0.85～2.50	5.23	1.94	2.95～4.60	5.67	2.38	2.85～4.50
	4	0.85～2.50	6.47	2.44	2.95～4.60	6.81	2.88	2.85～4.50
	5	0.85～2.50	6.47	2.44	3.45～5.10	6.81	2.88	3.35～5.00
92S213(四)	6	0.85～2.50	7.92	2.94	3.05～4.70	8.26	3.38	2.95～4.60
	7	0.85～2.50	7.92	3.44	3.05～4.70	8.26	3.88	2.95～4.60
	8	0.85～2.50	7.92	3.44	3.45～5.10	8.26	3.88	3.35～5.00
	9	0.85～2.50	7.92	3.44	3.85～5.50	8.26	3.88	3.75～5.40
	10	0.85～2.50	9.32	3.44	3.95～5.60	9.66	3.88	3.85～5.50
	11	0.85～2.50	10.92	3.44	3.95～5.60	11.26	3.88	3.85～5.50
	12	0.85～2.50	14.26	3.68	4.20～5.85	14.49	4.14	4.10～5.75
	13	0.85～2.50	15.46	4.18	4.20～5.85	15.69	4.64	4.10～5.75
92S213(五)	12双	0.85～2.50	9.76	6.31	4.15～5.80	10.20	6.75	4.05～5.70
	13双	0.85～2.50	11.56	6.31	4.15～5.80	12.00	6.75	4.05～5.70

附录 11(f)　钢筋混凝土化粪池进水管管内底埋置深度及占地尺寸

图集号	池　号	进水管管内底埋深/m	占地尺寸/m（无地下水及有地下水）		
			长	宽	深
92S214(一)	1	0.50～0.95	2.90	1.35	2.30～2.75
	2	0.50～0.95	4.85	1.35	2.30～2.75
	3	0.50～0.95	4.80	1.60	2.50～2.95
	4	0.50～0.95	5.95	2.10	2.50～2.95
	5	0.50～0.95	5.95	2.10	3.00～3.45
92S214(二)	6	0.50～0.95	7.15	2.60	2.60～3.05
	7	0.50～0.95	7.15	3.10	2.60～3.05
	8	0.50～0.95	7.15	3.10	3.00～3.45
	9	0.50～0.95	7.15	3.10	3.40～3.85
	10	0.50～0.95	8.65	3.10	3.50～3.95
	11	0.50～0.95	10.15	3.10	3.50～3.95
92S214(三)	1	0.75～2.50	2.90	1.35	2.55～4.30
	2	0.75～2.50	4.85	1.35	2.55～4.30
	3	0.75～2.50	4.80	1.60	2.75～4.50
	4	0.75～2.50	5.95	2.10	2.75～4.50
	5	0.75～2.50	5.95	2.10	3.25～5.00
92S214(四)	6	0.75～2.50	7.15	2.60	2.85～4.60
	7	0.75～2.50	7.15	3.10	2.85～4.60
	8	0.75～2.50	7.15	3.10	3.25～5.00
	9	0.75～2.50	7.15	3.10	3.65～5.40
	10	0.75～2.50	8.55	3.10	3.75～5.50
	11	0.75～2.50	10.15	3.10	3.75～5.50
	12	0.75～2.50	13.35	3.20	4.00～5.75
	13	0.75～2.50	14.55	3.70	4.00～5.75
92S214(五)	$12_{双}$	0.75～2.50	9.00	5.80	3.85～5.60
	$13_{双}$	0.75～2.50	10.80	5.80	3.85～5.60

附录 12 蒸汽管道管径计算表($\delta=0.2$ mm)

$\frac{DN}{mm}$	$\frac{v}{(m \cdot s^{-1})}$	P(表压)/kPa													
		6.9		9.8		19.6		29.4		39.2		49		59	
		$G/(kg \cdot h^{-1})$ $R/(kPa \cdot m^{-1})$													
		G	*R*	*G*	*R*	*G*	*R*	*G*	*R*	*G*	*R*	*G*	*R*	*G*	*R*
15	10	6.7	114	7.8	136	11.3	193	14.9	256	18.4	317	21.8	374	25.3	435
	15	10.0	256	11.7	300	17.0	437	22.4	577	27.6	663	32.4	825	37.6	958
	20	13.4	446	15.0	535	22.7	780	29.8	1020	30.8	1260	43.7	1500	50.5	1730
20	10	12.2	78	14.1	80	20.7	184	27.1	174	33.5	216	39.8	256	46.0	295
	15	18.2	175	21.1	202	31.1	302	38.6	353	50.3	486	57.7	538	69.0	665
	20	24.3	310	28.2	369	41.4	535	54.2	670	67.0	862	79.6	1024	92.0	1180
25	15	29.4	131	34.4	154	50.2	325	65.8	294	81.2	362	96.2	439	111.0	497
	20	39.2	230	45.8	274	66.7	401	87.8	523	108.0	655	128.0	762	149.0	882
	25	49.0	356	57.3	426	83.3	618	110.0	817	136.0	1020	161.0	1190	186.0	1380
32	15	51.6	92	60.2	108	88.0	158	115.0	206	142.0	248	169.0	270	195.0	357
	20	67.7	158	80.2	191	117.0	271	154.0	367	190.0	447	226.0	548	260.0	617
	25	85.6	250	100.0	296	147.0	443	193.0	574	238.0	697	282.0	832	325.0	964
	30	103.0	356	120.0	430	176.0	653	230.0	823	284.0	1030	338.0	1210	390.0	1380
40	20	90.6	138	105.0	160	154.0	233	202.0	308	249.0	359	283.0	415	343.0	524
	25	113.0	214	132.0	252	194.0	368	258.0	484	311.0	592	354.0	647	428.0	816
	30	136.0	312	158.0	361	232.0	530	306.0	680	374.0	855	444.0	1020	514.0	1180
	35	157.0	415	185.0	495	268.0	715	354.0	947	437.0	1170	521.0	1400	594.0	1570
50	20	134.0	107	157.0	128	229.0	185	301.0	242	371.0	300	443.0	358	508.0	405
	25	168.0	169	197.0	197	287.0	287	377.0	370	465.0	470	554.0	561	636.0	637
	30	202.0	241	236.0	286	344.0	414	452.0	538	558.0	676	664.0	805	764.0	920
	35	234.0	327	270.0	390	400.0	565	530.0	939	650.0	930	776.0	1100	885.0	1240
70	20	257.0	71	299.0	85	437.0	123	572.0	162	706.0	196	838.0	236	970.0	271
	25	317.0	110	374.0	131	542.0	189	715.0	251	88.0	306	1 052.0	370	1 200.0	415
	30	380.0	157	448.0	188	650.0	274	858.0	360	1 060.0	446	1 262.0	532	1 440.0	547
	35	445.0	216	525.0	258	762.0	374	1 005.0	495	1 240.0	607	1 478.0	730	1 685.0	816
80	25	454	91	528	106	773	155	1 012	204	1 297	270	1 480	296	1 713	342
	30	556	135	630	152	926	223	1 213	291	1 498	360	1 776	425	2 053	484
	35	634	177	738	206	1 082	304	1 415	396	1 749	490	2 074	580	2 400	671
	40	726	232	844	270	1 237	398	1 620	520	1 978	640	2 370	757	2 740	865
100	25	673	70	784	82	1 149	121	1 502	157	1 856	185	2 201	231	2 547	267
	30	808	102	940	118	1 377	174	1 801	226	2 220	280	2 640	331	3 058	384
	35	944	139	1 099	161	1 608	237	2 108	310	2 600	382	3 083	452	3 568	524
	40	1 034	166	1 250	208	1 832	307	2 396	400	2 980	500	3 514	587	4 030	667

注:1 mm H_2O = 10 Pa。

附录 13　热媒管道水力计算表(水温 $t = 70 \sim 95$ ℃ $k = 0.2$ mm)

公称直径 /mm		15		20		25		32		40	
内径 /mm		15.75		21.25							
Q (kJ·h^{-1})	G (kg·h^{-1})	R (kPa·m^{-1})	v (m·s^{-1})	R	v	R	v	R	v	R	v
1 047	10	0.5	0.016								
1 570	15	1.1	0.032								
2 093	20	1.9	0.030								
2 303	22	2.2	0.034								
2 512	24	2.6	0.037	0.6	0.020						
2 721	26	3.0	0.040	0.7	0.022						
2 931	28	3.5	0.043	0.8	0.024						
3 140	30	3.9	0.046	0.9	0.025						
3 350	32	4.4	0.049	1.0	0.027						
3 559	34	4.9	0.052	1.1	0.029						
3 768	36	5.5	0.056	1.2	0.031						
3 978	38	6.0	0.059	1.3	0.032						
4 187	40	6.7	0.062	1.45	0.034						
4 396	42	7.3	0.065	1.60	0.035						
4 606	44	7.9	0.069	1.75	0.037						
4 815	46	8.6	0.071	1.9	0.039						
5 024	48	9.3	0.074	2.05	0.040	0.6	0.025				
5 234	50	10.0	0.077	2.2	0.42	0.65	0.026				
5 443	52	10.8	0.080	2.35	0.044	0.7	0.027				
5 652	54	11.6	0.083	2.50	0.046	0.75	0.028				
6 071	56	12.4	0.087	2.7	0.047	0.8	0.029				
6 280	60	14.0	0.093	3.1	0.051	0.9	0.031				
7 536	72	19.6	0.112	4.3	0.061	1.2	0.037				
10 467	100	35.9	0.154	7.9	0.084	2.3	0.051	0.55	0.029		
14 654	140	66.8	0.216	14.6	0.118	4.2	0.072	1.01	0.041	0.51	0.031

附录 14 热水管水力计算表($t=60$ ℃ $\delta=1.0$ mm)

流量		DN15 mm		DN20		DN25		DN32		DN40		DN50		DN70		DN80		DN100	
($L\cdot h^{-1}$)	($L\cdot s^{-1}$)	R	v	R	v	R	v	R	v	R	v	R	v	R	v	R	v	R	v
360	0.10	1 690	0.75	224	0.35	51.8	0.2	11.8	0.12	4.84	0.084	1.29	0.051	0.32	0.03	0.11	0.02	0.03	0.012
540	0.15	3 810	1.13	504	0.53	117	0.31	26.5	0.17	10.9	0.125	2.9	0.076	0.72	0.045	0.25	0.031	0.06	0.018
720	0.20	6 780	1.51	897	0.7	207	0.41	47.2	0.23	19.4	0.17	5.15	0.1	1.27	0.06	0.45	0.041	0.11	0.024
1 080	0.30	15 260	2.26	2 020	1.06	466	0.61	106	0.35	42.6	0.25	11.6	0.15	2.87	0.09	1.01	0.061	0.25	0.036
1 440	0.40	27 130	3.01	3 590	1.41	829	0.81	189	0.47	77.4	0.33	20.6	0.2	5.1	0.12	1.79	0.082	0.45	0.048
1 800	0.50	42 390	3.77	5 600	1.76	1 290	1.02	295	0.53	121	0.42	32.2	0.25	7.96	0.15	2.8	0.1	0.58	0.06
2 160	0.60	—	—	8 070	2.21	1 860	1.22	425	0.7	174	0.5	46.4	0.31	11.5	0.18	4.03	0.12	0.98	0.072
2 520	0.70	—	—	10 990	2.47	2 540	1.43	578	0.82	237	0.59	63.1	0.36	15.6	0.21	5.49	0.14	1.33	0.084
2 880	0.80	—	—	14 350	2.82	3 320	1.63	755	0.93	310	0.67	82.4	0.41	20.4	0.24	7.17	0.16	1.74	0.096
3 600	1.0	—	—	22 420	3.53	5 180	2.04	1 180	1.17	484	0.84	129	0.51	31.8	0.3	11.2	0.2	2.72	0.12
4 320	1.2	—	—	—	—	7 460	2.44	1 700	1.4	697	1.00	185	0.61	45.9	0.36	16.1	0.24	3.93	0.14
5 040	1.4	—	—	—	—	10 160	2.85	2 310	1.64	949	1.17	252	0.71	62.4	0.42	21.9	0.29	5.34	0.17
5 760	1.6	—	—	—	—	13 260	3.26	3 020	1.87	1 240	1.34	329	0.81	81.5	0.48	28.7	0.33	6.98	0.19
6 480	1.8	—	—	—	—	—	—	3 820	2.1	1 570	1.51	417	0.92	103	0.54	36.3	0.37	8.83	0.22
7 200	2.0	—	—	—	—	—	—	4 720	2.34	1 940	1.67	515	1.02	127	0.6	44.8	0.41	10.9	0.24
7 920	2.2	—	—	—	—	—	—	5 200	2.45	2 130	1.71	568	1.07	140	0.63	49.4	0.43	12	0.25
8 280	2.4	—	—	—	—	—	—	6 800	2.81	2 790	2.01	742	1.22	183	0.72	64.5	0.49	15.7	0.29
9 360	2.6	—	—	—	—	—	—	7 980	3.04	3 270	2.18	870	1.32	215	0.78	75.7	0.53	18.4	0.31
10 080	2.8	—	—	—	—	—	—	9 250	3.27	3 790	2.34	1 010	1.43	250	0.84	87.8	0.57	21.4	0.34
10 800	3.0	—	—	—	—	—	—	—	—	4 360	2.51	1 160	1.53	287	0.9	101	0.61	24.5	0.36
11 520	3.2	—	—	—	—	—	—	—	—	4 960	2.68	1 320	1.63	326	0.96	115	0.65	27.9	0.38
12 240	3.4	—	—	—	—	—	—	—	—	5 590	2.85	1 490	1.73	368	1.02	130	0.69	31.5	0.41
12 960	3.6	—	—	—	—	—	—	—	—	6 270	3.01	1 670	1.83	413	1.08	145	0.73	35.3	0.43
13 680	3.8	—	—	—	—	—	—	—	—	7 360	3.26	1 960	1.99	484	1.17	170	0.8	41.5	0.47
14 400	4.0	—	—	—	—	—	—	—	—	7 740	3.35	2 060	2.04	509	1.2	179	0.82	43.6	0.48
15 120	4.2	—	—	—	—	—	—	—	—	—	—	2 270	2.14	562	1.26	198	0.81	48.1	0.5
15 840	4.4	—	—	—	—	—	—	—	—	—	—	2 500	2.24	617	1.33	217	0.9	52.8	0.53
16 560	4.6	—	—	—	—	—	—	—	—	—	—	2 730	2.34	674	1.38	237	0.94	59.7	0.55
17 280	4.8	—	—	—	—	—	—	—	—	—	—	2 970	2.44	734	1.44	258	0.98	62.8	0.58
18 000	5.0	—	—	—	—	—	—	—	—	—	—	3 220	2.55	796	1.51	280	1.02	68.1	0.6
18 720	5.2	—	—	—	—	—	—	—	—	—	—	3 480	2.65	861	1.57	303	1.06	737	0.62

续　表

流　量		DN15 mm		DN20		DN25		DN32		DN40		DN50		DN70		DN80		DN100	
$(L \cdot h^{-1})$	$(L \cdot s^{-1})$	R	v	R	v	R	v	R	v	R	v	R	v	R	v	R	v	R	v
19 440	5.4	—	—	—	—	—	—	—	—	—	—	3 760	2.75	929	1.63	327	1.1	79.5	0.65
20 160	5.6	—	—	—	—	—	—	—	—	—	—	4 040	2.85	999	1.69	351	1.14	85.5	0.67
20 880	5.8	—	—	—	—	—	—	—	—	—	—	4 340	2.95	1 070	1.75	377	1.18	91.7	0.7
21 600	6.0	—	—	—	—	—	—	—	—	—	—	4 640	3.06	1 150	1.81	403	1.22	98.1	0.72
22 320	6.2	—	—	—	—	—	—	—	—	—	—	4 950	3.16	1 220	1.87	430	1.26	105	0.74
23 040	6.4	—	—	—	—	—	—	—	—	—	—	5 280	3.26	1 300	1.93	459	1.3	112	0.77
24 480	6.8	—	—	—	—	—	—	—	—	—	—	5 960	3.46	1 470	2.05	518	1.39	126	0.82
25 200	7.0	—	—	—	—	—	—	—	—	—	—	6 320	3.56	1 560	2.11	549	1.43	134	0.84
25 920	7.2	—	—	—	—	—	—	—	—	—	—	—	—	1 650	2.17	581	1.47	141	0.86
26 640	7.4	—	—	—	—	—	—	—	—	—	—	—	—	1 740	2.23	613	1.51	149	0.86
27 360	7.6	—	—	—	—	—	—	—	—	—	—	—	—	1 840	2.29	647	1.55	157	0.91
28 080	7.8	—	—	—	—	—	—	—	—	—	—	—	—	1 940	2.35	681	1.59	166	0.94
28 800	8.0	—	—	—	—	—	—	—	—	—	—	—	—	2 040	2.41	717	1.63	175	0.96
29 520	8.2	—	—	—	—	—	—	—	—	—	—	—	—	2 140	2.47	753	1.67	183	0.98

注：R— 单位管长水头损失，kPa/m；v— 流速，m/s。

附录 15　排水管渠水力计算表

圆形断面 $D = 200$ mm

h/D	i / ‰													
	4		5		6		7		8		9		10	
	Q	v	Q	v	Q	v	Q	v	Q	v	Q	v	Q	v
0.10	0.40	0.25	0.45	0.28	0.50	0.30	0.54	0.33	0.57	0.35	0.61	0.37	0.64	0.39
0.15	0.95	0.32	1.06	0.36	1.16	0.39	1.26	0.42	1.34	0.45	1.42	0.48	1.50	0.51
0.20	1.71	0.38	1.91	0.43	2.09	0.47	2.26	0.50	2.41	0.54	2.56	0.57	2.70	0.60
0.25	2.66	0.43	2.98	0.49	3.26	0.53	3.62	0.58	3.76	0.61	4.00	0.65	4.21	0.69
0.30	3.81	0.48	4.26	0.54	4.67	0.59	5.05	0.54	5.39	0.68	5.72	0.72	6.03	0.76
0.35	5.11	0.52	5.71	0.58	6.26	0.64	6.76	0.63	7.22	0.74	7.67	0.78	8.08	0.82
0.40	6.56	0.56	7.34	0.62	8.04	0.69	8.60	0.74	9.28	0.79	9.85	0.84	10.4	0.88
0.45	8.11	0.59	9.07	0.66	9.94	0.72	10.7	0.78	11.5	0.84	12.2	0.89	12.8	0.94
0.50	9.73	0.62	10.9	0.69	11.9	0.76	12.9	0.82	13.8	0.88	14.6	0.93	15.4	0.98
0.55	11.4	0.64	12.7	0.72	14.0	0.79	15.1	0.85	16.1	0.91	17.1	0.97	18.0	10.2
0.60	13.1	0.66	14.6	0.74	16.0	0.81	17.3	0.89	18.5	0.94	19.6	1.00	20.7	1.05
0.65	14.7	0.68	16.5	0.76	18.0	0.83	19.5	0.90	20.8	0.96	22.1	1.02	23.8	1.08
0.70	16.3	0.69	18.2	0.78	20.0	0.86	21.6	0.92	23.0	0.98	24.1	1.04	25.8	1.10
0.75	17.7	0.70	19.8	0.79	21.8	0.86	23.6	0.93	25.1	0.99	26.6	1.05	28.1	1.11
0.80	19.0	0.71	21.3	0.79	23.3	0.87	25.2	0.93	26.9	1.00	28.6	1.06	30.1	1.12
0.85	20.0	0.70	22.4	0.79	24.6	0.86	26.6	0.93	28.4	1.00	30.1	1.06	31.7	1.12
0.90	20.7	0.70	23.2	0.78	25.4	0.85	27.5	0.92	29.3	0.99	31.1	1.05	32.8	1.10
0.95	20.9	0.68	23.4	0.76	25.6	0.83	27.7	0.90	29.6	0.96	31.1	1.02	33.1	1.07
1.00	19.5	0.62	21.8	0.69	23.3	0.76	25.8	0.82	27.5	0.88	29.2	0.93	30.8	0.98

续　表

h/D	i / ‰													
	11		12		13		14		15		16		17	
	Q	v	Q	v	Q	v	Q	v	Q	v	Q	v	Q	v
0.10	0.67	0.41	0.70	0.43	0.73	0.45	0.76	0.46	0.78	0.48	0.81	0.50	0.83	0.51
0.15	1.57	0.53	1.64	0.55	1.71	0.58	1.77	0.60	1.84	0.62	1.90	0.61	1.96	0.67
0.20	2.83	0.63	2.96	0.66	3.08	0.69	3.19	0.71	3.31	0.74	3.43	0.76	3.52	0.79
0.25	4.42	0.72	4.61	0.75	4.80	0.78	4.98	0.81	5.16	0.84	5.33	0.87	5.49	0.90
0.30	6.32	0.80	6.60	0.83	6.87	0.87	7.13	0.90	7.39	0.93	7.63	0.96	7.86	0.99
0.35	8.48	0.86	8.85	0.90	9.21	0.94	9.56	0.97	9.90	1.01	10.2	1.04	10.5	1.07
0.40	10.9	0.93	11.4	0.97	11.8	1.01	12.3	1.05	12.7	1.08	13.1	1.12	13.6	1.15
0.45	13.5	0.98	14.0	1.02	14.6	1.07	15.2	1.11	15.7	1.15	16.2	1.18	16.7	1.22
0.50	16.1	1.03	16.9	1.07	17.6	1.12	18.2	1.16	18.9	1.20	19.6	1.24	20.1	1.28
0.55	18.9	1.07	19.7	1.11	20.5	1.16	21.3	1.20	22.1	1.26	22.8	1.29	23.5	1.33
0.60	21.7	1.10	22.6	1.15	23.6	1.20	24.5	1.24	25.3	1.26	26.2	1.33	27.0	1.37
0.65	24.4	1.13	25.5	1.18	26.6	1.23	27.5	1.27	28.5	1.32	29.5	1.36	30.4	1.40
0.70	27.0	1.15	28.2	1.20	29.4	1.26	30.5	1.30	31.6	1.34	32.6	1.39	33.6	1.43
0.75	29.5	1.17	30.7	1.22	32.0	1.27	33.2	1.31	34.4	1.36	35.5	1.41	36.6	1.45
0.80	31.6	1.17	32.9	1.22	34.3	1.27	35.6	1.32	36.9	1.37	38.1	1.41	39.2	1.46
0.85	33.3	1.17	34.7	1.22	26.2	1.27	37.6	1.32	38.9	1.37	40.1	1.41	41.4	1.46
0.90	34.4	1.16	35.9	1.21	37.4	1.26	38.8	1.30	40.2	1.36	41.6	1.40	42.8	1.44
0.95	34.7	1.13	36.2	1.17	37.7	1.22	39.1	1.27	40.5	1.31	41.8	1.36	43.1	1.40
1.00	32.3	1.03	33.7	1.07	35.1	1.12	36.4	1.16	37.7	1.20	38.9	1.34	40.1	1.28

注：流量 Q—L/s；流速 v—m/s；粗糙系数 $n=0.014$（以下同）。

圆形断面 $D=250$ mm

h/D	i / ‰													
	3		3.5		4		4.5		5		5.5		6	
	Q	v	Q	v	Q	v	Q	v	Q	v	Q	v	Q	v
0.10	0.64	0.25	0.69	0.27	0.74	0.29	0.79	0.31	0.83	0.32	0.87	0.34	0.91	0.35
0.15	1.49	0.32	1.60	0.35	1.71	0.37	1.82	0.39	1.92	0.42	2.01	0.44	2.10	0.46
0.20	2.68	0.38	2.89	0.41	3.09	0.44	3.28	0.47	3.46	0.49	3.63	0.52	3.79	0.54
0.25	4.19	0.44	4.52	0.47	4.83	0.50	5.13	0.53	5.40	0.56	5.67	0.59	5.92	0.62
0.30	5.99	0.48	6.48	0.52	6.91	0.56	7.33	0.59	7.73	0.62	8.11	0.65	8.47	0.68
0.35	8.02	0.52	8.68	0.57	9.25	0.60	9.83	0.64	10.3	0.68	10.9	0.71	11.3	0.74
0.40	10.3	0.56	11.1	0.61	11.9	0.65	12.6	0.69	13.3	0.73	14.0	0.76	14.6	0.80
0.45	12.7	0.59	13.8	0.64	14.7	0.69	15.6	0.73	16.4	0.77	17.2	0.81	18.0	0.84
0.50	15.3	0.62	16.5	0.67	17.6	0.72	18.7	0.76	19.7	0.80	20.7	0.84	21.6	0.88
0.55	17.9	0.65	19.3	0.70	20.7	0.75	21.9	0.79	23.1	0.84	24.3	0.88	25.3	0.92
0.60	20.5	0.67	22.2	0.72	23.7	0.77	25.1	0.82	26.5	0.86	27.8	0.90	29.0	0.94
0.65	23.1	0.69	25.0	0.74	26.7	0.79	28.3	0.84	29.8	0.88	31.3	0.93	32.7	0.97
0.70	25.6	0.70	27.7	0.75	29.5	0.80	31.3	0.85	33.0	0.90	34.7	0.94	36.2	0.99
0.75	27.9	0.71	30.2	0.76	32.2	0.81	34.1	0.86	36.0	0.91	37.8	0.96	39.4	1.00
0.80	29.9	0.71	32.3	0.77	34.5	0.82	36.6	0.87	38.6	0.92	40.5	0.96	42.3	1.00
0.85	31.5	0.71	34.1	0.77	36.3	0.82	38.6	0.87	40.7	0.92	42.7	0.96	44.6	1.00
0.90	32.6	0.70	35.2	0.76	37.6	0.81	39.9	0.86	42.0	0.90	44.1	0.95	46.1	0.99
0.95	32.9	0.68	35.5	0.74	37.9	0.79	40.2	0.84	42.4	0.88	44.5	0.92	46.5	0.96
1.00	30.6	0.62	33.0	0.67	35.3	0.72	37.4	0.76	39.5	0.80	41.4	0.84	43.2	0.88

续　表

h/D	i / ‰													
	6.5		7		8		9		10		11		12	
	Q	v	Q	v	Q	v	Q	v	Q	v	Q	v	Q	v
0.10	0.94	0.37	0.98	0.38	1.05	0.41	1.11	0.43	1.17	0.46	1.23	0.48	1.28	0.50
0.15	2.18	0.47	2.27	0.49	2.42	0.53	2.57	0.56	2.71	0.59	2.84	0.62	2.97	0.64
0.20	3.94	0.56	4.09	0.59	4.37	0.62	4.64	0.66	4.89	0.70	5.13	0.73	5.35	0.77
0.25	6.16	0.64	6.39	0.67	6.84	0.71	7.25	0.76	7.64	0.80	8.01	0.84	8.37	0.87
0.30	8.81	0.71	9.15	0.74	9.77	0.79	10.4	0.84	10.9	0.88	11.5	0.93	12.0	0.97
0.35	11.8	0.77	12.2	0.80	13.1	0.85	13.9	0.91	14.6	0.96	15.4	1.00	16.0	1.05
0.40	15.2	0.83	15.7	0.86	16.8	0.92	17.8	0.97	18.8	1.03	19.7	1.08	20.6	1.12
0.45	18.7	0.87	19.5	0.91	20.8	0.97	22.1	1.03	23.2	1.09	24.4	1.14	25.5	1.19
0.50	22.5	0.92	23.4	0.95	25.0	1.02	26.5	1.08	27.9	1.14	29.3	1.19	30.6	1.24
0.55	26.3	0.95	27.4	0.99	29.2	1.05	31.0	1.12	32.7	1.18	34.3	1.24	35.8	1.29
0.60	30.2	0.98	31.4	1.02	33.5	1.09	35.6	1.16	37.5	1.22	39.3	1.28	41.0	1.33
0.65	34.0	1.01	35.3	1.05	37.7	1.12	40.1	1.19	42.2	1.25	44.3	1.31	45.2	1.37
0.70	37.7	1.03	39.1	1.07	41.8	1.14	44.3	1.21	46.7	1.27	49.0	1.34	51.2	1.39
0.75	41.0	1.04	42.6	1.08	45.5	1.15	48.3	1.22	50.9	1.29	53.4	1.35	55.7	1.41
0.80	44.0	1.04	45.6	1.08	48.8	1.16	51.8	1.23	54.5	1.30	57.2	1.36	59.7	1.42
0.85	46.3	1.04	43.1	1.08	51.4	1.16	54.6	1.23	57.5	1.30	60.3	1.36	63.0	1.42
0.90	47.7	1.03	49.8	1.07	53.2	1.14	56.4	1.21	59.5	1.28	62.4	1.34	65.1	1.40
0.95	48.3	1.01	50.2	1.04	53.7	1.11	56.9	1.18	60.0	1.26	62.9	1.31	65.7	1.36
1.00	45.0	0.92	46.7	0.95	49.9	1.02	53.0	1.08	55.8	1.14	58.6	1.19	61.1	1.24

圆形断面 $D=300$ mm

h/D	i / ‰													
	2.5		3		3.5		4		4.5		5		5.5	
	Q	v	Q	v	Q	v	Q	v	Q	v	Q	v	Q	v
0.10	0.95	0.26	1.04	0.28	1.12	0.30	1.20	0.33	1.27	0.35	1.34	0.36	1.41	0.38
0.15	2.21	0.33	2.42	0.36	2.61	0.39	2.79	0.42	2.96	0.45	3.12	0.47	3.27	0.49
0.20	3.08	0.40	4.36	0.43	4.71	0.47	5.03	0.50	5.34	0.53	5.63	0.56	5.91	0.59
0.25	6.22	0.45	6.82	0.49	7.36	0.53	7.86	0.57	8.35	0.60	8.80	0.64	9.23	0.67
0.30	8.90	0.50	9.75	0.55	10.5	0.59	11.2	0.63	11.9	0.67	12.6	0.70	13.2	0.74
0.35	11.9	0.54	13.1	0.59	14.1	0.64	15.1	0.68	16.0	0.73	16.8	0.76	17.7	0.80
0.40	15.3	0.58	16.8	0.64	18.1	0.69	19.3	0.73	20.5	0.78	21.6	0.82	22.7	0.86
0.45	18.9	0.61	20.7	0.67	22.4	0.73	23.9	0.77	25.4	0.82	26.7	0.87	28.1	0.91
0.50	22.7	0.64	24.9	0.70	26.9	0.76	28.7	0.81	30.5	0.86	32.1	0.91	33.7	0.95
0.55	26.6	0.67	29.1	0.73	31.5	0.79	33.6	0.84	35.7	0.90	37.6	0.94	39.6	0.99
0.60	30.5	0.69	33.4	0.76	36.1	0.82	38.6	0.87	40.9	0.92	43.1	0.97	45.3	1.02
0.65	34.3	0.70	37.6	0.77	40.7	0.84	43.4	0.89	46.1	0.95	48.6	1.00	51.0	1.05
0.70	38.0	0.72	41.7	0.79	45.0	0.85	48.1	0.91	51.0	0.97	53.8	1.02	56.4	1.07
0.75	41.4	0.73	45.4	0.80	49.0	0.86	52.4	0.92	55.6	0.98	58.6	1.03	61.5	1.08
0.80	44.4	0.73	48.6	0.80	52.6	0.87	56.1	0.93	59.6	0.98	62.8	1.04	65.9	1.09
0.85	46.8	0.73	51.3	0.80	55.4	0.87	59.2	0.92	62.8	0.98	66.2	1.03	69.4	1.08
0.90	48.4	0.72	53.0	0.79	57.3	0.86	61.2	0.91	65.0	0.97	68.4	1.02	71.8	1.07
0.95	48.8	0.70	53.5	0.77	57.8	0.83	61.7	0.89	65.5	0.94	69.0	0.99	72.4	1.04
1.00	45.4	0.64	49.8	0.70	53.8	0.76	57.4	0.81	60.9	0.86	64.2	0.91	67.4	0.95

续　表

h/D	i / ‰													
	6		7		8		9		10		11		12	
	Q	v	Q	v	Q	v	Q	v	Q	v	Q	v	Q	v
0.10	1.47	0.40	1.59	0.43	1.70	0.46	1.80	0.49	1.90	0.52	1.99	0.54	2.08	0.56
0.15	3.42	0.51	3.69	0.56	3.94	0.59	4.19	0.63	4.41	0.66	4.63	0.70	4.83	0.73
0.20	6.17	0.61	6.66	0.66	7.12	0.71	7.55	0.75	7.96	0.79	8.35	0.83	8.72	0.87
0.25	9.64	0.70	10.4	0.75	11.1	0.80	11.8	0.85	12.4	0.90	13.0	0.94	13.6	0.99
0.30	13.8	0.77	14.9	0.83	15.9	0.89	16.9	0.95	17.8	1.00	18.7	1.05	19.5	1.09
0.35	18.5	0.84	19.9	0.90	21.3	0.97	22.6	1.03	23.8	1.08	25.0	1.13	26.1	1.18
0.40	23.7	0.90	25.6	0.97	27.4	1.04	29.0	1.10	30.6	1.16	32.1	1.22	33.5	1.27
0.45	29.3	0.95	31.7	1.03	33.8	1.10	35.9	1.16	37.8	1.23	39.7	1.29	41.4	1.34
0.50	35.2	1.00	38.0	1.08	40.6	1.15	43.1	1.22	45.4	1.29	47.6	1.35	49.7	1.41
0.55	41.2	1.03	44.5	1.12	47.6	1.19	50.5	1.27	53.2	1.34	55.8	1.40	58.2	1.46
0.60	47.3	1.07	51.1	1.15	54.5	1.23	57.9	1.31	61.0	1.38	64.0	1.45	66.8	1.51
0.65	53.2	1.09	57.5	1.18	61.4	1.26	65.2	1.34	68.7	1.41	72.1	1.48	75.2	1.55
0.70	58.9	1.12	63.6	1.20	68.0	1.29	72.2	1.37	76.0	1.44	79.8	1.51	83.3	1.58
0.75	64.2	1.13	69.3	1.22	74.1	1.30	78.6	1.38	82.8	1.46	86.9	1.53	90.7	1.59
0.80	68.8	1.14	74.3	1.23	79.4	1.31	84.2	1.39	88.8	1.47	93.1	1.54	97.2	1.60
0.85	72.5	1.13	78.3	1.22	85.7	1.31	8.88	1.39	93.6	1.46	98.2	1.53	102.5	1.60
0.90	75.0	1.12	81.0	1.21	86.5	1.29	91.9	1.37	96.8	1.45	101.5	1.52	106.0	1.58
0.95	75.6	1.09	81.7	1.18	87.3	1.26	92.6	1.34	97.6	1.41	102.4	1.48	106.9	1.54
1.00	70.4	1.00	76.0	1.08	81.2	1.15	86.2	1.22	90.8	1.29	95.3	1.35	99.5	1.41

圆形断面 $D=350$ mm

h/D	i / ‰													
	2		2.5		3		3.5		4		4.5		5	
	Q	v	Q	v	Q	v	Q	v	Q	v	Q	v	Q	v
0.10	1.28	0.26	1.43	0.29	1.57	0.31	1.69	0.34	1.81	0.36	1.92	0.38	2.02	0.40
0.15	2.97	0.33	3.33	0.37	3.64	0.40	3.94	0.44	4.20	0.46	4.46	0.49	4.70	0.52
0.20	5.36	0.39	5.99	0.44	6.57	0.48	7.10	0.52	7.58	0.55	8.05	0.59	8.48	0.62
0.25	8.38	0.45	9.37	0.50	10.3	0.55	11.1	0.59	11.8	0.63	12.6	0.67	13.2	0.70
0.30	12.0	0.49	13.4	0.55	14.7	0.60	15.9	0.65	16.9	0.70	18.0	0.74	18.9	0.78
0.35	16.1	0.54	18.0	0.60	19.7	0.66	21.3	0.71	22.7	0.76	24.1	0.80	25.4	0.85
0.40	20.6	0.57	23.1	0.64	25.3	0.70	27.3	0.76	29.2	0.81	31.0	0.86	32.6	0.91
0.45	25.5	0.61	28.5	0.68	31.3	0.74	33.8	0.80	36.0	0.86	38.3	0.91	40.8	0.96
0.50	30.6	0.64	34.2	0.71	37.5	0.78	40.5	0.84	43.3	0.90	45.9	0.95	48.4	1.01
0.55	35.8	0.66	40.1	0.74	43.9	0.81	47.5	0.88	50.7	0.93	53.8	0.99	56.7	1.05
0.60	41.1	0.68	46.0	0.76	50.4	0.84	54.4	0.90	58.1	0.96	61.7	1.02	65.0	1.08
0.65	46.3	0.70	51.8	0.78	56.7	0.86	61.3	0.93	65.4	0.99	69.5	1.05	73.2	1.11
0.70	51.2	0.71	57.3	0.80	62.8	0.87	67.8	0.94	72.4	1.01	76.9	1.07	81.0	1.13
0.75	55.8	0.72	62.4	0.81	68.4	0.88	73.9	0.95	78.9	1.02	83.8	1.08	88.3	1.14
0.80	59.8	0.73	66.9	0.81	73.3	0.89	79.2	0.96	84.6	1.03	87.8	1.09	94.6	1.15
0.85	63.1	0.72	70.5	0.81	77.3	0.89	83.5	0.96	89.2	1.02	94.7	1.09	99.7	1.14
0.90	65.2	0.72	72.9	0.80	79.9	0.88	86.4	0.95	92.2	1.01	97.9	1.07	103.1	1.13
0.95	65.8	0.70	73.6	0.78	80.6	0.85	87.1	0.92	93.0	0.98	98.7	1.05	104.0	1.10
1.00	61.2	0.64	68.5	0.71	75.0	0.78	81.0	0.84	86.5	0.90	91.9	0.95	96.8	1.01

续 表

h/D	i / ‰													
	5.5		6.0		7		8		9		10		11	
	Q	v	Q	v	Q	v	Q	v	Q	v	Q	v	Q	v
0.10	2.12	0.42	2.22	0.44	2.39	0.48	2.56	0.51	2.71	0.54	2.86	0.57	3.00	0.60
0.15	4.93	0.55	5.15	0.57	5.57	0.62	5.95	0.66	6.31	0.70	6.65	0.74	6.98	0.77
0.20	8.90	0.65	9.29	0.68	10.0	0.74	10.7	0.78	11.4	0.83	12.0	0.87	12.6	0.92
0.25	13.9	0.74	14.5	0.77	15.7	0.83	16.7	0.89	17.8	0.95	18.7	1.00	19.7	1.05
0.30	19.9	0.82	20.8	0.86	22.4	0.92	24.0	0.99	25.4	1.05	26.8	1.10	28.1	1.16
0.35	26.6	0.89	27.8	0.93	30.1	1.00	32.1	1.07	34.1	1.14	35.9	1.20	37.7	1.26
0.40	34.2	0.95	35.8	1.00	38.6	1.07	41.2	1.15	43.8	1.22	46.1	1.28	48.4	1.35
0.45	42.3	1.01	44.2	1.05	47.7	1.14	51.0	1.20	54.1	1.29	57.0	1.36	59.8	1.42
0.50	50.8	1.06	53.1	1.10	57.3	1.19	61.2	1.27	65.0	1.35	68.5	1.42	71.8	1.49
0.55	59.5	1.10	62.1	1.15	67.1	1.24	71.7	1.32	76.1	1.40	80.2	1.48	84.1	1.55
0.60	68.2	1.13	71.3	1.18	77.0	1.28	82.2	1.36	87.3	1.45	92.0	1.53	96.5	1.60
0.65	76.8	1.16	80.2	1.21	86.7	1.31	92.6	1.40	98.3	1.48	103.6	1.56	108.6	1.64
0.70	85.0	1.18	88.8	1.23	95.9	1.33	102.5	1.42	108.5	1.51	114.6	1.59	120.2	1.67
0.75	92.6	1.20	96.8	1.25	101.5	1.35	111.6	1.44	118.5	1.53	124.9	1.61	131.0	1.69
0.80	99.3	1.20	103.7	1.26	112.0	1.36	119.6	1.45	127.0	1.54	133.8	1.62	140.0	1.70
0.85	104.7	1.20	109.3	1.25	118.1	1.36	126.1	1.45	133.9	1.54	141.1	1.62	148.0	1.70
0.90	108.3	1.19	113.1	1.24	122.1	1.34	130.4	1.43	138.5	1.52	145.9	1.60	153.0	1.68
0.95	109.2	1.16	114.0	1.21	123.1	1.30	131.5	1.39	139.6	1.48	147.1	1.56	154.3	1.63
1.00	101.6	1.06	106.1	1.10	114.6	1.19	122.4	1.27	129.9	1.36	136.9	1.42	143.6	1.49

圆形断面 $D=400$ mm

h/D	i / ‰													
	1.5		1.6		1.8		2		2.5		3		3.5	
	Q	v	Q	v	Q	v	Q	v	Q	v	Q	v	Q	v
0.10	1.58	0.24	1.63	0.25	1.73	0.26	1.82	0.28	2.04	0.31	2.24	0.34	2.42	0.37
0.15	3.68	0.31	3.80	0.32	4.03	0.34	4.25	0.36	4.75	0.40	5.21	0.44	5.62	0.48
0.20	6.63	0.37	6.85	0.38	7.26	0.41	7.65	0.43	8.56	0.48	9.38	0.52	10.1	0.57
0.25	10.3	0.42	10.7	0.44	11.3	0.46	12.0	0.49	13.4	0.54	14.7	0.60	15.8	0.64
0.30	14.8	0.47	15.3	0.48	16.2	0.51	17.1	0.54	19.1	0.60	21.0	0.68	22.6	0.72
0.35	19.8	0.51	20.5	0.52	21.7	0.55	22.9	0.58	25.6	0.65	28.1	0.72	30.3	0.77
0.40	25.5	0.54	26.3	0.56	27.9	0.59	29.4	0.63	32.9	0.70	36.1	0.77	39.0	0.83
0.45	31.5	0.57	32.6	0.59	34.5	0.63	36.4	0.66	40.7	0.74	44.6	0.81	48.2	0.88
0.50	37.8	0.60	39.1	0.62	41.4	0.66	43.7	0.70	48.8	0.78	53.5	0.85	57.8	0.92
0.55	44.3	0.63	45.8	0.65	48.5	0.69	51.2	0.72	57.2	0.81	62.7	0.89	67.7	0.96
0.60	50.8	0.65	52.5	0.67	55.6	0.71	58.7	0.75	65.6	0.83	71.9	0.91	77.7	0.99
0.65	57.2	0.66	59.1	0.68	62.7	0.72	66.1	0.76	73.9	0.85	81.0	0.94	87.5	1.01
0.70	63.3	0.67	65.4	0.70	69.3	0.74	73.1	0.78	81.8	0.87	89.6	0.95	96.8	1.03
0.75	69.0	0.68	71.3	0.71	75.6	0.75	79.7	0.79	89.1	0.88	97.6	0.97	105.5	1.04
0.80	73.9	0.69	76.4	0.71	81.0	0.75	85.4	0.79	95.5	0.89	104.6	0.97	113.0	1.05
0.85	77.9	0.68	80.5	0.71	85.4	0.75	90.0	0.79	100.7	0.88	110.3	0.97	119.2	1.05
0.90	80.6	0.68	83.3	0.70	88.3	0.74	93.1	0.78	104.1	0.87	114.1	0.96	123.3	1.03
0.95	81.3	0.66	84.0	0.68	89.0	0.72	93.9	0.76	105.0	0.85	115.1	0.93	124.3	1.01
1.00	75.6	0.60	78.2	0.62	82.8	0.66	87.3	0.70	97.7	0.78	107.1	0.85	115.7	0.92

续 表

h/D	i / ‰													
	4		4.5		5		6		7		8		9	
	Q	v	Q	v	Q	v	Q	v	Q	v	Q	v	Q	v
0.10	2.58	0.39	2.74	0.42	2.88	0.44	3.16	0.48	3.41	0.52	3.65	0.56	3.87	0.59
0.15	6.00	0.51	6.37	0.54	6.72	0.57	7.36	0.62	7.95	0.67	8.49	0.72	9.02	0.76
0.20	10.8	0.60	11.5	0.64	12.1	0.68	13.3	0.74	14.3	0.80	15.3	0.85	16.2	0.91
0.25	16.9	0.69	17.9	0.73	18.9	0.77	20.7	0.84	22.4	0.91	23.9	0.97	25.4	1.03
0.30	24.2	0.76	25.7	0.81	27.0	0.85	29.6	0.94	32.0	1.01	34.2	1.08	36.3	1.15
0.35	32.4	0.83	34.4	0.88	36.2	0.93	39.7	1.01	42.9	1.09	45.8	1.17	48.7	1.24
0.40	41.6	0.89	44.2	0.94	46.6	0.99	51.0	1.09	55.1	1.17	58.9	1.25	62.5	1.33
0.45	51.4	0.94	54.6	1.00	57.5	1.05	63.1	1.15	68.1	1.24	72.8	1.33	77.2	1.41
0.50	61.7	0.98	65.6	1.04	69.1	1.10	75.7	1.21	81.8	1.30	87.3	1.39	92.7	1.48
0.55	72.3	1.02	76.8	1.08	80.9	1.14	88.7	1.25	95.8	1.36	102.3	1.44	108.6	1.53
0.60	82.9	1.05	88.1	1.12	92.8	1.18	101.7	1.29	109.9	1.41	117.3	1.49	124.6	1.58
0.65	93.4	1.08	99.2	1.15	104.5	1.21	114.5	1.32	123.7	1.43	132.1	1.53	140.2	1.62
0.70	103.4	1.10	109.8	1.17	115.6	1.23	126.8	1.35	136.9	1.46	146.2	1.55	155.2	1.65
0.75	112.6	1.11	119.7	1.18	126.0	1.25	138.1	1.37	149.1	1.48	159.3	1.58	169.1	1.67
0.80	120.7	1.12	128.1	1.19	135.0	1.25	148.0	1.37	159.8	1.48	170.7	1.58	181.2	1.68
0.85	127.2	1.12	135.1	1.19	142.3	1.25	156.0	1.37	168.5	1.48	180.0	1.58	191.1	1.68
0.90	131.6	1.10	139.7	1.17	147.2	1.24	161.4	1.35	174.3	1.46	186.2	1.56	197.6	1.66
0.95	132.7	1.08	140.9	1.14	148.4	1.20	162.8	1.32	175.7	1.43	187.7	1.52	199.3	1.62
1.00	123.5	0.98	131.1	1.04	138.1	1.10	151.4	1.21	163.5	1.30	174.7	1.39	185.1	1.48

附录 16 给水管道设计秒流量计算表

U_0	1.0		1.5		2.0		2.5		3.0		3.5	
N_g	U/%	q/(L·s^{-1})	U/%	q/(L·s^{-1})	U/%	q/(L·s^{-1})	U/%	q/(L·s^{-1})	U/%	q/(L·s^{-1})	U/%	q/(L·s^{-1})
1	100.00	0.20	100.00	0.20	100.00	0.20	100.00	0.20	100.00	0.20	100.00	0.20
2	70.94	0.28	71.20	0.28	71.49	0.29	71.78	0.29	72.08	0.29	72.39	0.29
3	58.00	0.35	58.30	0.35	58.62	0.35	58.96	0.35	59.31	0.36	59.66	0.36
4	50.28	0.40	50.60	0.40	50.94	0.41	51.30	0.41	51.66	0.41	52.03	0.42
5	45.01	0.45	45.34	0.45	45.69	0.46	46.06	0.46	46.43	0.46	46.82	0.47
6	41.12	0.49	41.45	0.50	41.81	0.50	42.18	0.51	42.57	0.51	42.96	0.52
7	38.09	0.53	38.43	0.54	38.79	0.54	39.17	0.55	39.56	0.55	39.96	0.56
8	36.65	0.57	35.99	0.58	36.36	0.58	36.74	0.59	37.13	0.59	37.53	0.60
9	33.63	0.61	33.98	0.61	34.35	0.62	34.73	0.63	35.12	0.63	35.33	0.64
10	31.92	0.64	32.27	0.65	32.64	0.65	33.03	0.66	33.42	0.67	33.83	0.68
11	30.45	0.67	30.80	0.68	31.17	0.69	31.56	0.69	31.96	0.70	32.36	0.71
12	29.17	0.70	29.52	0.71	29.89	0.72	30.28	0.73	30.68	0.74	31.09	0.75
13	28.04	0.73	28.39	0.74	28.76	0.75	29.15	0.76	29.55	0.77	29.96	0.78
14	27.03	0.76	27.38	0.77	27.76	0.78	28.15	0.79	28.55	0.80	28.96	0.81
15	26.12	0.78	26.48	0.79	26.85	0.81	27.24	0.82	27.64	0.83	28.05	0.84
16	25.30	0.81	25.66	0.82	26.03	0.83	26.42	0.85	26.83	0.86	27.24	0.87

续 表

U_0	1.0		1.5		2.0		2.5		3.0		3.5	
N_g	$U/\%$	$q/(L\cdot s^{-1})$	$U/\%$	$q/(L\cdot s^{-1})$	$U/\%$	$q/(L\cdot s^{-1})$	$U/\%$	$q/(L\cdot s^{-1})$	$U/\%$	$q/(L\cdot s^{-1})$	$U/\%$	$q/(L\cdot s^{-1})$
17	24.56	0.83	24.91	0.85	25.29	0.86	25.68	0.87	26.08	0.89	26.49	0.90
18	23.88	0.86	24.23	0.87	24.61	0.89	25.00	0.90	25.40	0.91	25.81	0.93
19	23.25	0.88	23.60	0.90	23.98	0.91	24.37	0.93	24.77	0.94	25.19	0.96
20	22.67	0.91	23.02	0.92	23.40	0.94	23.79	0.95	24.20	0.97	24.61	0.98
22	21.63	0.95	21.98	0.97	22.36	0.98	22.75	1.00	23.16	1.02	23.57	1.04
24	20.72	0.99	21.07	1.01	21.45	1.03	21.85	1.05	22.25	1.07	22.66	1.09
26	19.92	1.04	20.27	1.05	20.65	1.07	21.05	1.09	21.45	1.12	21.87	1.14
28	19.21	1.08	19.56	1.10	19.94	1.12	20.33	1.14	20.74	1.16	21.15	1.18
30	18.56	1.11	18.92	1.14	19.30	1.16	19.69	1.18	20.10	1.21	20.51	1.23
32	17.99	1.15	18.34	1.17	18.72	1.20	19.12	1.22	19.52	1.25	19.94	1.28
34	17.46	1.19	17.81	1.21	18.19	1.24	18.59	1.26	18.99	1.29	19.41	1.32
36	16.97	1.22	17.33	1.25	17.71	1.28	18.11	1.30	18.51	1.33	18.93	1.36
38	16.53	1.26	16.89	1.28	17.27	1.31	17.66	1.34	18.07	1.37	18.48	1.40
40	16.12	1.29	16.48	1.32	16.86	1.35	17.25	1.38	17.66	1.41	18.07	1.45
42	15.74	1.32	16.09	1.35	16.47	1.38	16.87	1.42	17.28	1.45	17.69	1.49
44	15.38	1.35	15.74	1.39	16.12	1.42	16.52	1.45	16.92	1.49	17.34	1.53
46	15.05	1.38	15.41	1.42	15.79	1.45	16.18	1.49	16.59	1.53	17.00	1.56
48	14.74	1.42	15.10	1.45	15.48	1.49	15.87	1.52	16.28	1.56	16.69	1.60
50	14.45	1.45	14.81	1.48	15.19	1.52	15.58	1.56	15.99	1.60	16.40	1.64
55	13.79	1.52	14.15	1.56	14.53	1.60	14.92	1.64	15.33	1.69	15.74	1.73
60	13.22	1.59	13.57	1.63	13.95	1.67	14.35	1.72	14.76	1.77	15.17	1.82
65	12.71	1.65	13.07	1.70	13.45	1.75	13.84	1.80	14.25	1.85	14.66	1.91
70	12.26	1.72	12.62	1.77	13.00	1.82	13.39	1.87	13.80	1.93	14.21	1.99
75	11.85	1.78	12.21	1.83	12.59	1.89	12.99	1.95	13.39	2.01	13.81	2.07
80	11.49	1.84	11.84	1.89	12.22	1.96	12.62	2.02	13.02	2.08	13.44	2.15
85	11.15	1.90	11.51	1.96	11.89	2.02	12.28	2.09	12.69	2.16	13.10	2.23
90	10.85	1.95	11.20	2.02	11.58	2.09	11.98	2.16	12.38	2.23	12.80	2.30
95	10.57	2.01	10.92	2.08	11.30	2.15	11.70	2.22	12.10	2.30	12.52	2.38
100	10.31	2.06	10.66	2.13	11.04	2.21	11.44	2.29	11.84	2.37	12.26	2.45
110	9.84	2.17	10.20	2.24	10.58	2.33	10.97	2.41	11.38	2.50	11.79	2.59
120	9.44	2.26	9.79	2.35	10.17	2.44	10.56	2.54	10.97	2.63	11.38	2.73
130	9.08	2.36	9.43	2.45	9.81	2.55	10.21	2.65	10.61	2.76	11.02	2.87
140	8.76	2.45	9.11	2.55	9.49	2.66	9.89	2.77	10.29	2.88	10.70	3.00
150	8.47	2.54	8.83	2.65	9.20	2.76	9.60	2.88	10.00	3.00	10.42	3.12
160	8.21	2.63	8.57	2.74	8.94	2.86	9.34	2.99	9.74	3.12	10.16	3.25
170	7.98	2.71	8.33	2.83	8.71	2.96	9.10	3.09	9.51	3.23	9.92	3.37
180	7.76	2.79	8.11	2.92	8.49	3.06	8.89	3.20	9.29	3.34	9.70	3.49
190	7.56	2.87	7.91	3.01	8.29	3.15	8.69	3.30	9.09	3.45	9.50	3.61
200	7.38	2.95	7.73	3.09	8.11	3.24	8.50	3.40	8.91	3.56	9.32	3.73
220	7.05	3.10	7.40	3.26	7.78	3.42	8.17	3.60	8.57	3.77	8.99	3.95
240	6.76	3.25	7.11	3.41	7.49	3.60	7.88	3.78	8.29	3.98	8.70	4.17
260	6.51	3.28	6.86	3.57	7.24	3.76	7.63	3.97	8.03	4.18	8.44	4.39

续 表

U_0	1.0		1.5		2.0		2.5		3.0		3.5	
N_g	U/%	q/(L·s^{-1})	U/%	q/(L·s^{-1})	U/%	q/(L·s^{-1})	U/%	q/(L·s^{-1})	U/%	q/(L·s^{-1})	U/%	q/(L·s^{-1})
280	6.28	3.52	6.63	3.72	7.01	3.93	7.40	4.15	7.81	4.37	8.22	4.60
300	6.08	3.65	6.43	3.86	6.81	4.08	7.20	4.32	7.60	4.56	8.01	4.81
320	5.89	3.77	6.25	4.00	6.62	4.24	7.02	4.49	7.42	4.75	7.83	5.01
340	5.73	3.89	6.08	4.13	6.46	4.39	6.85	4.66	7.25	4.93	7.66	5.21
360	5.57	4.01	5.93	4.27	6.30	4.54	6.69	4.82	7.10	5.11	7.51	5.40
380	5.43	4.13	5.79	4.40	6.16	4.68	6.55	4.98	6.95	5.29	7.36	5.60
400	5.30	4.24	5.66	4.52	6.03	4.83	6.42	5.14	6.82	5.46	7.23	5.79
420	5.18	4.35	5.54	4.65	5.91	4.96	6.30	5.29	6.70	5.63	7.11	5.97
440	5.07	4.46	5.42	4.77	5.80	5.10	6.19	5.45	6.59	5.80	7.00	6.16
460	4.97	4.57	5.32	4.89	5.69	5.24	6.08	5.60	6.48	5.97	6.89	6.34
480	4.87	4.67	5.22	5.01	5.59	5.37	5.98	5.75	6.39	6.13	6.79	6.52
500	4.78	4.78	5.13	5.13	5.50	5.50	5.89	5.89	6.29	6.29	6.70	6.70
550	4.57	5.02	4.92	5.41	5.29	5.82	5.68	6.25	6.08	6.69	6.49	7.14
600	4.39	5.26	4.74	5.68	5.11	6.13	5.50	6.60	5.90	7.08	6.31	7.57
650	4.23	5.49	4.58	5.95	4.95	6.43	5.34	6.94	5.74	7.46	6.15	7.99
700	4.08	5.72	4.43	6.20	4.81	6.73	5.19	7.27	5.59	7.83	6.00	8.40
750	3.95	5.93	4.30	6.46	4.68	7.02	5.07	7.60	5.46	8.20	5.87	8.81
800	3.84	6.14	4.19	6.70	4.56	7.30	4.95	7.92	5.35	8.56	5.75	9.21
850	3.73	6.34	4.08	6.94	4.45	7.57	4.84	8.23	5.24	8.91	5.65	9.60
900	3.64	6.54	3.98	7.17	4.36	7.84	4.75	8.54	5.14	9.26	5.55	9.99
950	3.55	6.74	3.90	7.40	4.27	8.11	4.66	8.85	5.05	9.60	5.46	10.37
1 000	3.46	6.93	3.81	7.63	4.19	8.37	4.57	9.15	4.97	9.94	5.38	10.75
1 100	3.32	7.30	3.66	8.06	4.04	8.88	4.42	9.73	4.82	10.61	5.23	11.50
1 200	3.09	7.65	3.54	8.49	3.91	9.38	4.29	10.31	4.69	11.26	5.10	12.23
1 300	3.07	7.99	3.42	8.90	3.79	9.86	4.18	10.87	4.58	11.90	4.98	12.95
1 400	2.97	8.33	3.32	9.30	3.69	10.34	4.08	11.42	4.48	12.53	4.88	13.66
1 500	2.88	8.65	3.23	9.69	3.60	10.80	3.99	11.96	4.38	3.15	4.79	14.36
1 600	2.80	8.96	3.15	10.07	3.52	11.26	3.90	12.49	4.30	13.76	4.70	15.05
1 700	2.73	9.27	3.07	10.45	3.44	11.71	3.83	13.02	4.22	14.36	4.63	15.74
1 800	2.66	9.57	3.00	10.81	3.37	12.15	3.76	13.53	4.16	14.96	4.56	16.41
1 900	2.59	9.86	2.94	11.17	3.31	12.58	3.70	14.04	4.09	15.55	4.49	17.08
2 000	2.54	10.14	2.88	11.53	3.25	13.01	3.64	14.55	4.03	16.13	4.44	17.74
2 200	2.43	10.70	2.78	12.22	3.15	13.85	3.53	15.54	3.93	17.28	4.33	19.05
2 400	2.34	11.23	2.69	12.89	3.06	14.67	3.44	16.51	3.83	18.41	4.24	20.34
2 600	2.26	11.75	2.61	13.55	2.97	15.47	3.36	17.46	3.75	19.52	4.16	21.61
2 800	2.19	12.26	2.53	14.19	2.90	16.25	3.29	18.40	3.68	20.61	4.08	22.86
3 000	2.12	12.75	2.47	14.81	2.84	17.03	3.22	19.33	3.62	21.69	4.02	24.10
3 200	2.07	13.22	2.41	15.43	2.78	17.79	3.16	20.24	3.56	22.76	3.96	25.33
3 400	2.01	13.69	2.36	16.03	2.73	18.54	3.11	21.14	3.50	23.81	3.90	26.54
3 600	1.96	14.15	2.13	16.62	2.68	19.27	3.06	22.03	3.45	24.86	3.85	27.75
3 800	1.92	14.59	2.26	17.21	2.63	20.00	3.01	22.91	3.41	25.90	3.81	28.94
4 000	1.88	15.03	2.22	17.78	2.59	20.72	2.97	23.78	3.37	26.92	3.77	30.13

续 表

U_0	1.0		1.5		2.0		2.5		3.0		3.5	
N_g	U/%	q/(L·s^{-1})	U/%	q/(L·s^{-1})	U/%	q/(L·s^{-1})	U/%	q/(L·s^{-1})	U/%	q/(L·s^{-1})	U/%	q/(L·s^{-1})
4 200	1.84	15.46	2.18	18.35	2.55	21.43	2.93	24.64	3.33	27.94	3.73	31.30
4 400	1.80	15.88	2.15	18.91	2.52	22.14	2.90	25.50	3.29	28.95	3.69	32.47
4 600	1.77	16.30	2.12	19.46	2.48	22.84	2.86	26.35	3.26	29.96	3.66	33.64
4 800	1.74	16.71	2.08	20.00	2.45	23.53	2.83	27.19	3.22	30.95	3.62	34.79
5 000	1.71	17.11	2.05	20.54	2.42	24.21	2.80	28.03	3.19	31.95	3.59	35.94
5 500	1.65	18.10	1.99	21.87	2.35	25.90	2.74	30.09	3.13	34.40	3.53	38.79
6 000	1.59	19.05	1.93	23.16	2.30	27.55	2.68	32.12	3.07	36.82	$N_g = 5\,714$	
6 500	1.54	19.97	1.88	24.43	2.24	29.18	2.63	34.13	3.02	39.21	$u = 3.5\%$	
6 667									3.00	40.00	$q = 40.00$	
7 000	1.49	20.88	1.83	25.67	2.20	30.78	2.58	36.11				
7 500	1.45	21.76	1.79	26.88	2.16	32.36	2.54	38.06				
8 000	1.41	22.62	1.76	28.08	2.12	33.92	2.50	40.00				
8 500	1.38	23.46	1.72	29.26	2.09	35.47						
9 000	1.35	24.29	1.69	30.43	2.06	36.99						
9 500	1.32	25.10	1.66	31.58	2.03	38.50						
10 000	1.29	25.90	1.64	32.72	2.00	40.00						
11 000	1.25	27.46	1.59	34.95								
12 000	1.21	28.97	1.55	37.14								
13 000	1.17	30.45	1.51	39.29								
14 000	1.14	31.89	$N_g = 13\,333$									
15 000	1.11	33.31	$u = 1.5$									
16 000	1.08	34.69	$q = 40$									
17 000	1.06	36.05										
18 000	1.04	37.39										
19 000	1.02	38.70										
20 000	1.00	40.00										

U_0	4.0		4.5		5.0		6.0		7.0		8.0	
N_g	U/%	q/(L·s^{-1})	U/%	q/(L·s^{-1})	U/%	q/(L·s^{-1})	U/%	q/(L·s^{-1})	U/%	q/(L·s^{-1})	U/%	q/(L·s^{-1})
1	100.00	0.20	100.00	0.20	100.00	0.20	100.00	0.20	100.00	0.20	100.00	0.20
2	72.70	0.29	73.02	0.29	73.33	0.29	73.98	0.30	74.64	0.30	75.30	0.30
3	60.02	0.36	60.38	0.36	60.75	0.36	61.49	0.37	62.24	0.37	63.00	0.38
4	52.41	0.42	52.80	0.42	53.18	0.43	53.97	0.43	54.76	0.44	55.56	0.44
5	47.21	0.47	47.60	0.48	48.00	0.48	48.80	0.49	49.62	0.50	50.45	0.50
6	43.35	0.52	43.76	0.53	44.16	0.53	44.98	0.54	45.81	0.55	46.65	0.56
7	40.36	0.57	40.76	0.57	41.17	0.58	42.01	0.59	42.85	0.60	43.70	0.61
8	37.94	0.61	38.35	0.61	38.76	0.62	39.60	0.63	40.45	0.65	41.31	0.66
9	35.93	0.65	36.35	0.65	36.76	0.66	37.61	0.68	38.46	0.69	39.33	0.71
10	34.24	0.68	34.65	0.69	35.07	0.70	35.92	0.72	36.78	0.74	37.65	0.75
11	32.77	0.72	33.19	0.73	33.61	0.74	34.46	0.76	35.33	0.78	36.20	0.80
12	31.50	0.76	31.92	0.77	32.34	0.78	33.19	0.80	34.06	0.82	34.93	0.84
13	30.37	0.79	30.79	0.80	31.22	0.81	32.07	0.83	32.94	0.86	33.82	0.88

续　　表

U_0	4.0		4.5		5.0		6.0		7.0		8.0	
N_g	$U/\%$	$q/(L\cdot s^{-1})$	$U/\%$	$q/(L\cdot s^{-1})$	$U/\%$	$q/(L\cdot s^{-1})$	$U/\%$	$q/(L\cdot s^{-1})$	$U/\%$	$q/(L\cdot s^{-1})$	$U/\%$	$q/(L\cdot s^{-1})$
14	29.37	0.82	29.79	0.83	30.22	0.85	31.07	0.87	31.94	0.89	32.82	0.92
15	28.47	0.85	28.89	0.87	29.32	0.88	30.18	0.91	31.05	0.93	31.93	0.96
16	27.65	0.88	28.08	0.90	28.50	0.91	29.36	0.94	30.23	0.97	31.12	1.00
17	26.91	0.91	27.33	0.93	27.76	0.94	28.62	0.97	29.50	1.00	30.38	1.03
18	26.23	0.94	26.65	0.96	27.08	0.97	27.94	1.01	28.82	1.04	29.70	1.07
19	25.60	0.97	26.03	0.99	26.45	1.01	27.32	1.04	28.19	1.07	29.08	1.10
20	25.03	1.00	25.45	1.02	25.88	1.04	26.74	1.07	27.62	1.10	28.50	1.14
22	23.99	1.06	24.41	1.07	24.84	1.09	25.71	1.13	26.58	1.17	27.47	1.21
24	23.08	1.11	23.51	1.13	23.94	1.15	24.80	1.19	25.68	1.23	26.57	1.28
26	22.29	1.16	22.71	1.18	23.14	1.20	24.01	1.25	24.98	1.29	25.77	1.34
28	21.57	1.21	22.00	1.23	22.43	1.26	23.30	1.30	24.18	1.35	25.06	1.40
30	20.93	1.26	21.36	1.28	21.79	1.31	22.66	1.36	23.54	1.41	24.43	1.47
32	20.36	1.30	20.78	1.33	21.21	1.36	22.08	1.41	22.96	1.47	23.85	1.53
34	19.83	1.35	20.25	1.38	20.68	1.41	21.55	1.47	22.43	1.53	23.32	1.59
36	19.35	1.39	19.77	1.42	20.20	1.45	21.07	1.52	21.95	1.58	22.84	1.64
38	18.90	1.44	19.33	1.47	19.76	1.50	20.63	1.57	21.51	1.63	22.40	1.70
40	18.49	1.48	18.92	1.51	19.35	1.55	20.22	1.62	21.10	1.69	21.99	1.76
42	18.11	1.52	18.54	1.56	18.97	1.59	19.84	1.67	20.72	1.74	21.61	1.82
44	17.76	1.56	18.18	1.60	18.61	1.64	19.48	1.71	20.36	1.79	21.25	1.87
46	17.43	1.60	17.85	1.64	18.28	1.68	19.15	1.76	20.03	1.84	20.92	1.92
48	17.11	1.64	17.54	1.68	17.97	1.73	18.84	1.81	19.72	1.89	20.61	1.98
50	16.82	1.68	17.25	1.73	17.68	1.77	18.55	1.86	19.43	1.94	20.32	2.03
55	16.17	1.78	16.59	1.82	17.02	1.87	17.89	1.97	18.77	2.07	19.66	2.16
60	15.59	1.87	16.02	1.92	16.45	1.97	17.32	2.08	18.20	2.18	19.08	2.29
65	15.08	1.96	15.51	2.02	15.94	2.07	16.81	2.19	17.69	2.30	18.58	2.42
70	14.63	2.05	15.06	2.11	15.49	2.17	16.36	2.29	17.24	2.41	18.13	2.54
75	14.23	2.13	14.65	2.20	15.08	2.26	15.95	2.39	16.83	2.52	17.72	2.66
80	13.86	2.22	14.28	2.29	14.71	2.35	15.58	2.49	16.46	2.63	17.35	2.78
85	13.52	2.30	13.95	2.37	14.38	2.44	15.25	2.59	16.13	2.74	17.02	2.89
90	13.22	2.38	13.64	2.46	14.07	2.53	14.94	2.69	15.82	2.85	16.71	3.01
95	12.94	2.46	13.36	2.54	13.79	2.62	14.66	2.79	15.54	2.95	16.43	3.12
100	12.68	2.54	13.10	2.62	13.53	2.71	14.40	2.88	15.28	3.06	16.17	3.23
110	12.21	2.69	12.63	2.78	13.06	2.87	13.93	3.06	14.81	3.26	15.70	3.45
120	11.80	2.83	12.23	2.93	12.66	3.04	13.52	3.25	14.40	3.46	15.29	3.67
130	11.44	2.98	11.87	3.09	12.30	3.20	13.16	3.42	14.04	3.65	14.93	3.88
140	11.12	3.11	11.55	3.23	11.97	3.35	12.84	3.60	13.72	3.84	14.61	4.09
150	10.83	3.25	11.26	3.38	11.69	3.51	12.55	3.77	13.43	4.03	14.32	4.30
160	10.57	3.38	11.00	3.52	11.43	3.66	12.29	3.93	13.17	4.21	14.06	4.50
170	10.34	3.51	10.76	3.66	11.19	3.80	12.05	4.10	12.93	4.40	13.82	4.70
180	10.12	3.64	10.54	3.80	10.97	3.95	11.84	4.26	12.71	4.58	13.60	4.90
190	9.92	3.77	10.34	3.93	10.77	4.09	11.64	4.42	12.51	4.75	13.40	5.09
200	9.74	3.89	10.16	4.06	10.59	4.23	11.45	4.58	12.33	4.93	13.21	5.28

续　表

U_0	4.0		4.5		5.0		6.0		7.0		8.0	
N_g	U/%	q/(L·s^{-1})	U/%	q/(L·s^{-1})	U/%	q/(L·s^{-1})	U/%	q/(L·s^{-1})	U/%	q/(L·s^{-1})	U/%	q/(L·s^{-1})
220	9.40	4.14	9.83	4.32	10.25	4.51	11.12	4.89	11.99	5.28	12.88	5.67
240	9.12	4.38	9.54	4.58	9.96	4.78	10.83	5.20	11.70	5.62	12.59	6.04
260	8.86	4.61	9.28	4.83	9.71	5.05	10.57	5.50	11.45	5.95	12.33	6.41
280	8.63	4.83	9.06	5.07	9.48	5.31	10.34	5.79	11.22	6.28	12.10	6.78
300	8.43	5.06	8.85	5.31	9.28	5.57	10.14	6.08	11.01	6.61	11.89	7.14
320	8.24	5.28	8.67	5.55	9.09	5.82	9.95	6.37	10.83	6.93	11.71	7.49
340	8.08	5.49	8.50	5.78	8.92	6.07	9.78	6.65	10.66	7.25	11.54	7.84
360	7.92	5.70	8.34	6.01	8.77	6.31	9.63	6.93	10.50	7.56	11.38	8.19
380	7.78	5.91	8.20	6.23	8.63	6.56	9.49	7.21	10.36	7.87	11.24	8.54
400	7.65	6.12	8.07	6.46	8.49	6.80	9.35	7.48	10.23	8.18	11.10	8.88
420	7.53	6.32	7.95	6.68	8.37	7.03	9.23	7.76	10.10	8.49	10.98	9.22
440	7.41	6.52	7.83	6.89	8.26	7.27	9.12	8.02	9.99	8.79	10.87	9.56
460	7.31	6.72	7.73	7.11	8.15	7.50	9.01	8.29	9.88	9.09	10.76	9.90
480	7.21	6.92	7.63	7.32	8.05	7.73	8.91	8.56	9.78	9.39	10.66	10.23
500	7.12	7.12	7.54	7.54	7.96	7.96	8.82	8.82	9.69	9.69	10.56	10.56
550	6.91	7.60	7.32	8.06	7.75	8.52	8.61	9.47	9.47	10.42	10.35	11.39
600	6.72	8.07	7.14	8.57	7.56	9.08	8.42	10.11	9.29	11.15	10.16	12.20
650	6.56	8.53	6.98	9.07	7.40	9.62	8.26	10.74	9.12	11.86	10.00	13.00
700	6.42	8.98	6.83	9.57	7.26	10.16	8.11	11.36	8.98	12.57	9.85	13.79
750	6.29	9.43	6.70	10.06	7.13	10.69	7.98	11.97	8.85	13.27	9.72	14.58
800	6.17	9.87	6.59	10.54	7.01	11.21	7.86	12.58	8.73	13.96	9.60	15.36
850	6.06	10.30	6.48	11.01	6.90	11.73	7.75	13.18	8.62	14.65	9.49	16.14
900	5.96	10.73	6.38	11.48	6.80	12.24	7.66	13.78	8.52	15.34	9.39	16.91
950	5.87	11.16	6.29	11.95	6.71	12.75	7.56	14.37	8.43	16.01	9.30	17.67
1 000	5.79	11.58	6.21	12.41	6.63	13.26	7.48	14.96	8.34	16.69	9.22	18.43
1 100	5.64	12.41	6.06	13.32	6.48	14.25	7.33	16.12	8.19	18.02	9.06	19.94
1 200	5.51	13.22	5.93	14.22	6.35	15.23	7.20	17.27	8.06	19.34	8.93	21.43
1 300	5.39	14.02	5.81	15.11	6.23	16.20	7.08	18.41	7.94	20.65	8.81	22.91
1 400	5.29	14.81	5.71	15.98	6.13	17.15	6.98	19.53	7.84	21.95	8.71	24.38
1 500	5.20	15.60	5.61	16.84	6.03	18.10	6.88	20.65	7.74	23.23	8.61	25.84
1 600	5.11	16.37	5.53	17.70	5.95	19.04	6.80	21.76	7.66	24.51	8.53	27.28
1 700	5.04	17.13	5.45	18.54	5.87	19.97	6.72	22.85	7.58	25.77	8.45	28.72
1 800	4.97	17.89	5.38	19.38	5.80	20.89	6.65	23.94	7.51	27.03	8.38	30.15
1 900	4.90	18.64	5.32	20.21	5.74	21.80	6.59	25.03	7.44	28.29	8.31	31.58
2 000	4.85	19.38	5.26	21.04	5.68	22.71	6.53	26.10	7.38	29.53	8.25	33.00
2 200	4.74	20.85	5.15	22.67	5.57	24.51	6.42	28.24	7.27	32.01	8.14	35.81
2 400	4.65	22.30	5.06	24.29	5.48	26.29	6.32	30.35	7.18	34.46	8.04	38.60

续　表

U_0	4.0		4.5		5.0		6.0		7.0		8.0	
N_g	$U/\%$	$q/(L\cdot s^{-1})$	$U/\%$	$q/(L\cdot s^{-1})$	$U/\%$	$q/(L\cdot s^{-1})$	$U/\%$	$q/(L\cdot s^{-1})$	$U/\%$	$q/(L\cdot s^{-1})$	$U/\%$	$q/(L\cdot s^{-1})$
2 600	4.56	23.73	4.98	25.88	5.39	28.05	6.24	32.45	7.10	36.89	$N_g = 2\ 500$	
2 800	4.49	25.15	4.90	27.46	5.32	29.80	6.17	34.52	7.02	39.31	$u = 8.0\%$	
3 000	4.42	26.55	4.84	29.02	5.25	31.53	6.10	36.59	$N_g = 2\ 857$		$q = 40.00$	
3 200	4.36	27.94	4.78	30.58	5.19	33.24	6.04	38.64	$u = 7.0\%$			
3 400	4.31	29.31	4.72	32.12	5.14	34.95	$N_g = 3\ 333$		$q = 40.00$			
3 600	4.26	30.68	4.67	33.64	5.09	36.64	$u = 6.0\%$					
3 800	4.22	32.03	4.63	35.16	5.04	38.33	$q = 40.00$					
4 000	4.17	33.38	4.58	36.67	5.00	40.00						
4 200	4.13	34.72	4.54	38.17								
4 400	4.10	36.05	4.51	39.67								
4 600	4.06	37.37	$N_g = 4\ 444$									
4 800	4.03	38.69	$u = 4.5\%$									
5 000	4.00	40.00	$q = 40.00$									

参考文献

[1] 建筑给水排水制图标准(GB/T 50106－2001). 北京:中国计划出版社,2001.

[2] 建筑给水排水设计规范(GB 50015－2003). 北京:中国计划出版社,2009.

[3] 建筑设计防火规范(GB 50016－2006). 北京:中国计划出版社,2006.

[4] 高层民用建筑设计防火规范(GB 50045－95)(2005 年版). 北京:中国计划出版社,2005.

[5] 自动喷水灭火系统设计规范(GB 50084－2001)(2005 年版). 北京:中国计划出版社,2005.

[6] 建筑给水排水及采暖工程施工质量验收规范(GB 50242－2002). 北京:中国建筑工业出版社,2002.

[7] 自动喷水灭火系统施工及验收规范(GB 50261－2005). 北京:中国计划出版社,2005.

[8] 陆耀宗,姜文源,胡鹤均等. 建筑给水排水设计手册. 北京:中国建筑工业出版社,1992.

[9] 张宝军,陈思荣. 建筑给水排水工程. 武汉:武汉理工大学出版社,2008.

[10] 谷峡. 建筑给水排水工程(第 3 版). 哈尔滨:哈尔滨工业大学出版社,2009.

[11] 邢国清. 建筑给水排水系统安装. 北京:中国建筑工业出版社,2006.

[12] 邓爱华. 建筑给排水实训指导. 北京:科学出版社,2003.

[13] 张振迎. 建筑设备安装技术与实例. 北京:化学工业出版社,2009.

[14] 刘强,李亚峰,蒋白懿. 给水排水工程识图. 北京:化学工业出版社,2008.

[15] 贾历平. 建筑给水排水工程施工方案编制指导与范例精选. 北京:机械工业出版社,2009.

[16] 刘东辉,韩莹,陈宝全. 建筑水暖电施工技术与实例. 北京:化学工业出版社,2009.

[17] 吴国忠. 建筑给水排水与供暖管道工程施工技术. 北京:中国建筑工业出版社,2010.

[18] 李亚峰,尹士君. 给水排水工程专业毕业设计指南. 北京:化学工业出版社,2003.

[19] 宋波. 给水排水及采暖工程施工与验收手册. 北京:中国建筑工业出版社,2007.

[20] 民用建筑节水设计标准 GB 50555－2010. 北京:中国建筑工业出版社,2010.